Signaltheorie

Alfred Mertins

Signaltheorie

Grundlagen der Signalbeschreibung, Filterbänke, Wavelets, Zeit-Frequenz-Analyse, Parameter- und Signalschätzung

5. Auflage

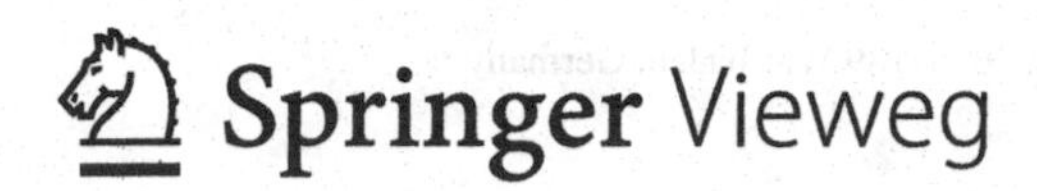

Prof. Dr.-Ing. Alfred Mertins
Institut für Signalverarbeitung
Universität zu Lübeck
Lübeck, Deutschland

ISBN 978-3-658-41528-0 ISBN 978-3-658-41529-7 (eBook)
https://doi.org/10.1007/978-3-658-41529-7

Die Deutsche Nationalbibliothek verzeichnet diese Publikation in der Deutschen Nationalbibliografie; detaillierte bibliografische Daten sind im Internet über http://dnb.d-nb.de abrufbar.

Planung/Lektorat: Reinhard Dapper
Springer Vieweg ist ein Imprint der eingetragenen Gesellschaft Springer Fachmedien Wiesbaden GmbH und ist ein Teil von Springer Nature.
Die Anschrift der Gesellschaft ist: Abraham-Lincoln-Str. 46, 65189 Wiesbaden, Germany

Das Papier dieses Produkts ist recyclebar.

Vorwort

Bei dem vorliegenden Lehrbuch handelt es sich um eine neu überarbeitete und erweiterte Fassung des erstmals 1996 im Teubner-Verlag erschienenen Buches *Signaltheorie*, von dem 1999 im Wiley-Verlag auch eine englische Ausgabe unter dem Titel *Signal Analysis: Wavelets, Filter Banks, Time-Frequency Transforms and Applications* erschienen ist. Bei der Originalausgabe bestand die Zielsetzung darin, einen Text zu schaffen, in dem grundsätzliche Prinzipien der Signalbeschreibung und neuere Konzepte der Signalanalyse und Signalverarbeitung beschrieben werden und der als Grundlage für Spezialvorlesungen in höheren Semestern der Elektrotechnik/Informationstechnik und Informatik dienen konnte. In den weiteren Auflagen wurde das in den Ingenieurwissenschaften üblicherweise im Rahmen einer Systemtheorie-Vorlesung vermittelte Grundwissen über die Beschreibung zeitkontinuierlicher und zeitdiskreter Systeme hinzugenommen, und der Text wurde mit zahlreichen neuen Beispielen versehen, die den Einstieg in die Thematik erleichtern sollen. Weiterhin wurde die Notation an einigen Stellen geringfügig geändert und vereinheitlicht.

Die ersten sechs Kapitel dieses Buches behandeln die klassischen Konzepte der Signalverarbeitung. Mit Ausnahme von Kapitel 2 entsprechen sie in weiten Teilen dem Stoff einer Vorlesung zur Signalverarbeitung, die ich an der Universität zu Lübeck für Studierende mehrerer Studiengänge halte. Das erste Kapitel gibt eine Einführung in Signale. Kapitel 2 beschreibt Signalräume und die mathematischen Prinzipien der diskreten Signalrepräsentation. Es liefert damit Hintergrundwissen, das in den späteren Kapiteln des Buches benötigt wird. Das dritte Kapitel ist der Beschreibung zeitkontinuierlicher Signale und ihrer Verarbeitung mit linearen zeitinvarianten Systemen gewidmet. Zur Vervollständigung und Abrundung wurde hier in der aktuellen Auflage eine Behandlung der Laplace-Transformation mit aufgenommen. In Kapitel 4 werden diskrete Systeme und ihre Analyse mittels der Fourier- und der Z-Transformation behandelt. Kapitel 5 beschäftigt sich mit Blocktransformationen, die in vielen Bereichen der Signalverarbeitung eingesetzt werden. Das sechste Kapitel enthält eine Einführung in die Methoden zur Beschreibung zufälliger Signale. Neben den klassischen Charakterisierungen und Transformationen enthält es auch eine Einführung in die Unabhängigkeitsanalyse (*independent component analysis*), die ihrerseits Grundlage neuer Konzepte der Signalanalyse und Quellentrennung ist. Die Kapitel 7 bis 11 enthalten Stoff für Vertiefungsveranstaltungen zur Signalverarbeitung. In Kapitel 7 werden Multiratensysteme beschrieben, die heute integraler Bestandteil vieler Signalverarbeitungs- und Codierungsalgorithmen sind. Die Kapitel 8 und 9 beinhalten die Kurzzeit-Fourier- und die Wavelet-Transformation. Im zehnten Kapitel werden die Wigner-Verteilung und andere quadratische Zeit-Frequenz-Analysemethoden behandelt. Kapitel 11 gibt eine Einführung in die Schätztheorie und in lineare Optimalfilter, die in der Signalverbesserung und der mehrkanaligen Signalverarbeitung Anwendung finden.

Anregungen zum Buch und entdeckte Fehler werden unter der E-Mail-Adresse

`Signaltheoriebuch@isip.uni-luebeck.de`

gerne entgegen genommen. Über den Online-Service des Springer-Verlags werden bekannte Fehler und deren Korrekturen dokumentiert, und es wird zusätzliches Material zum Buch präsentiert. Insbesondere wird hier eine Sammlung von Übungsaufgaben bereitgestellt.

An dieser Stelle möchte ich mich noch bei all den Personen bedanken, die bei der Erstellung des Buches geholfen haben. Insbesondere danke ich Frau Dr. rer. nat. Mariya Doneva, Frau M.Sc. Christine Droigk, Frau Christiane Ehlers, Frau Iris Kruck, Herrn Dr.-Ing. Alexandru Paul Condurache, Herrn Prof. Dr. rer. nat. Ulrich G. Hofmann, Herrn Dr.-Ing. Ole Jungmann, Herrn Prof. Dr.-Ing. Markus Kallinger, Herrn M.Sc. Marco Maaß, Herrn Dr.-Ing. Radoslaw Mazur, Herrn Dr.-Ing. Florian Müller und Herrn Dr. rer. nat. Stefan Strahl für die Durchsicht von Teilen des Manuskripts, entweder zu früheren oder zur jetzigen Auflage, die damit verbundene Mühe und die kritischen Anmerkungen, die zu zahlreichen Verbesserungen in der Darstellung des Stoffes geführt haben.

Lübeck im September 2023

Alfred Mertins

Inhaltsverzeichnis

Kapitel 1
Signale

Unter einem Signal versteht man den Verlauf einer messbaren Größe, die eine Information trägt. Handelt es sich dabei um einen zeitlichen Verlauf, so spricht man von einem Zeitsignal. Die Größe selbst kann die unterschiedlichsten Bedeutungen wie Spannung, Strom, Druck, Temperatur usw. haben. Typische Beispiele sind Sprach-, Audio- und Bildsignale, die in der Nachrichtentechnik auftretenden Sende- und Empfangssignale, sowie die in vielen Bereichen der Technik auftretenden Messsignale. Da die verschiedenen Signale sehr unterschiedliche Eigenschaften haben können, wird in diesem Kapitel zunächst einmal eine Charakterisierung von Signalen hinsichtlich einfacher Merkmale vorgenommen. Im Anschluss daran werden verschiedene Beispiele von häufig auftretenden Signalen behandelt. Hierzu gehören u. a. sinusförmige Signale, Rechteck- und Dreieckimpulse, Sprungfunktionen und der Dirac-Impuls. Diese Signale werden auch als Testsignale bezeichnet, weil man sie oft dazu einsetzt, um Systeme anzuregen und aus der Systemantwort auf die Systemeigenschaften zu schließen.

1.1 Charakterisierung von Signalen

Signale lassen sich auf der Basis vieler verschiedener Kriterien unterscheiden. Sie können zum Beispiel als Funktionen kontinuierlicher, aber auch diskreter Variablen definiert sein, und sie können ein- oder mehrdimensional sein. Der Wertevorrat kann endlich oder unendlich groß sein.

Zeitkontinuierliche Signale Ein eindimensionales zeitkontinuierliches Signal $x(t)$ ist eine Funktion der Zeit t, die für alle $t \in \mathbb{R}$ definiert ist. Ist der Wertevorrat kontinuierlich, so spricht man auch von einem analogen Signal. Bild 1.1 zeigt hierzu ein Beispiel, bei dem angenommen wurde, dass die kontinuierlich mit der Zeit variierenden Funktionswerte $x(t)$ den reellen Zahlen entnommen sind, d. h. $x(t) \in \mathbb{R}$. Derartige Signale treten in der Natur zum Beispiel als elektrische Spannungen oder Ströme, Druckverläufe akustischer Wellen oder als Verläufe anderer messbarer Größen auf.

Ergänzende Information Die elektronische Version dieses Kapitels enthält Zusatzmaterial, auf das über folgenden Link zugegriffen werden kann https://doi.org/10.1007/978-3-658-41529-7_1.

A. Mertins, *Signaltheorie*, https://doi.org/10.1007/978-3-658-41529-7_1

Bild 1.1 Zeitkontinuierliches Signal

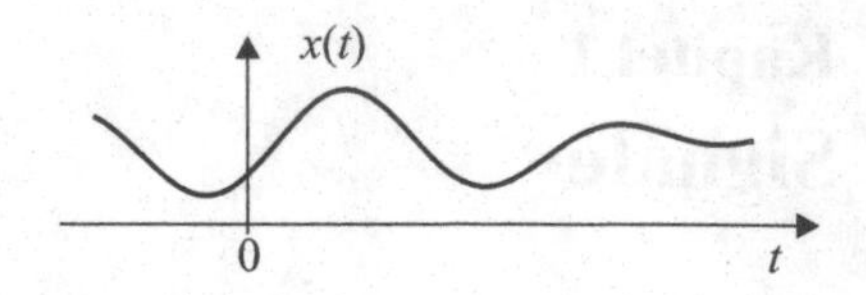

Neben reellen Signalen sind für die Signalverarbeitung auch komplexwertige Signale

$$x(t) = x_R(t) + j\,x_I(t), \qquad x(t) \in \mathbb{C}, \quad x_R(t), x_I(t) \in \mathbb{R}, \quad t \in \mathbb{R} \tag{1.1}$$

von Interesse. Darin bezeichnet j die imaginäre Zahl $j = \sqrt{-1}$. $x_R(t) = \Re\{x(t)\}$ ist der Real- und $x_I(t) = \Im\{x(t)\}$ der Imaginärteil von $x(t)$. Für den Betrag des komplexen Signals gilt

$$|x(t)| = \sqrt{x_R^2(t) + x_I^2(t)}. \tag{1.2}$$

Die Phase wird als

$$\varphi_x(t) = \arg\{x(t)\} \tag{1.3}$$

mit $-\pi < \varphi_x(t) \le \pi$ angegeben. Umgekehrt gilt $x(t) = |x(t)|e^{j\varphi_x(t)}$. Bild 1.2 zeigt hierzu ein Beispiel. Um die Phase einer komplexen Zahl $c = a + j\,b$ im Bereich $(-\pi, \pi]$ in eindeutiger Weise anzugeben, sind die Vorzeichen von a und b zu beachten. Es gilt

$$\varphi_c = \arg\{c\} = \begin{cases} \arctan(b/a) & \text{für } a > 0 \\ \arctan(b/a) + \pi & \text{für } a < 0,\ b \ge 0 \\ \arctan(b/a) - \pi & \text{für } a < 0,\ b < 0 \\ \frac{\pi}{2} & \text{für } a = 0,\ b > 0 \\ -\frac{\pi}{2} & \text{für } a = 0,\ b < 0 \\ \text{nicht definiert} & \text{für } a = 0,\ b = 0. \end{cases} \tag{1.4}$$

Durch Umkehr des Vorzeichens des Imaginärteils erhält man das zu $x(t)$ konjugiert komplexe Signal

$$x^*(t) = x_R(t) - j\,x_I(t) = |x(t)|\,e^{-j\varphi_x(t)}. \tag{1.5}$$

Für ein reellwertiges Signal gilt

$$x(t) = x_R(t) = \Re\{x(t)\} = x^*(t). \tag{1.6}$$

Komplexwertige Signale werden zum Beispiel in der Nachrichtenübertragung für die Generierung von Sendesignalen und die kompakte Repräsentation real existierender reellwertiger Signale eingeführt. Hierauf wird in Abschnitt 3.7 noch näher eingegangen. Weiterhin treten komplexwertige Signale zum Beispiel auch bei der Zeit-Frequenz-Analyse von reellen Signalen auf. Entsprechende Analysemethoden werden in den Kapiteln 7 bis 10 beschrieben. Schließlich führt bereits die für die Signalverarbeitung wichtige Fourier-Transformation automatisch auf komplexe

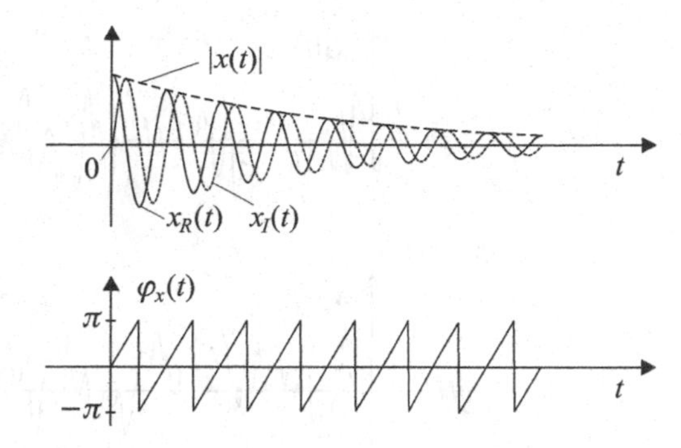

Bild 1.2 Realteil, Imaginärteil, Betrag und Phase des komplexen Signals $x(t) = e^{-at}[\cos(bt) + j\sin(bt)]$ für $t \geq 0$

Größen. Aus Gründen der einheitlichen Darstellung wird daher im Folgenden in der Regel von komplexwertigen Signalen ausgegangen.

Zeitdiskrete Signale Ein zeitdiskretes Signal ist im Wesentlichen eine Folge von reellen oder komplexen Werten $x(n)$ mit $n \in \mathbb{Z}$. Wenn der Definitionsbereich nicht explizit auf einen Wertebereich $n_1 \leq n \leq n_2$ eingeschränkt ist, wird davon ausgegangen, dass $x(n)$ für alle $n \in \mathbb{Z}$ definiert ist. Die grafische Darstellung erfolgt dabei wie in Bild 1.3 gezeigt. Bei der Folge $x(n)$ kann es sich zum Beispiel um Abtastwerte eines kontinuierlichen Signals $x_a(t)$ handeln, die in einem zeitlichen Abstand T entnommen wurden: $x(n) = x_a(nT)$. Eine Folge $x(n)$ kann aber auch auf andere Weise entstanden sein und kann auch den Ausgangspunkt darstellen, von dem aus in einem nachfolgenden Schritt ein zeitkontinuierliches Signal erzeugt wird.

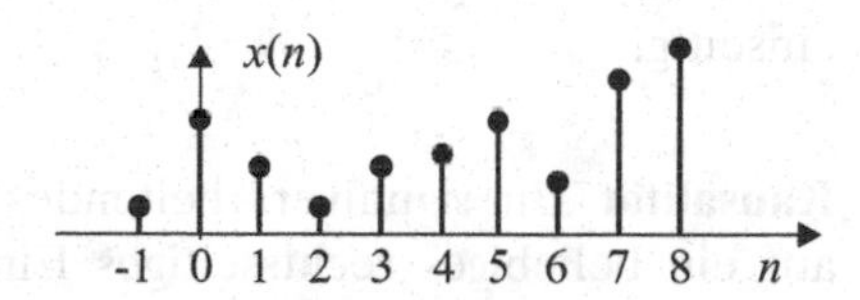

Bild 1.3 Zeitdiskretes Signal

Deterministische und zufällige Signale Eine weitere Unterscheidung erfolgt in deterministische und stochastische (zufällige) Signale. Ein deterministisches Signal ist für jeden Zeitpunkt t oder Index n vollständig bekannt. Bei Zufallssignalen ist es dagegen nicht möglich, den Verlauf im Voraus zu kennen, so dass Zufallssignale nur mit Methoden der Wahrscheinlichkeitsrechnung beschrieben werden können. Man spricht daher auch von Zufallsprozessen. Bei jeder erneuten Beobachtung eines Zufallsprozesses $x(t)$ erhält man eine andere Musterfunktion $x_i(t)$. Bild 1.4 zeigt hierzu einige Beispiele.

Zeitbegrenzte und einseitige Signale Ein Signal $x(t)$, das nur in einem Zeitintervall $t_1 \leq t \leq t_2$ ungleich null ist, das also $x(t) = 0$ für $t < t_1$ und $x(t) = 0$ für $t > t_2$ erfüllt, wird als zeitbegrenztes Signal bezeichnet. Ist ein Signal $x(t)$ nicht zeitbegrenzt, aber nur für $t \geq t_0$ ungleich null, so nennt man es rechtsseitig. Entsprechend heißt ein Signal linksseitig, wenn es nicht zeitbegrenzt und nur für $t \leq t_0$ ungleich null

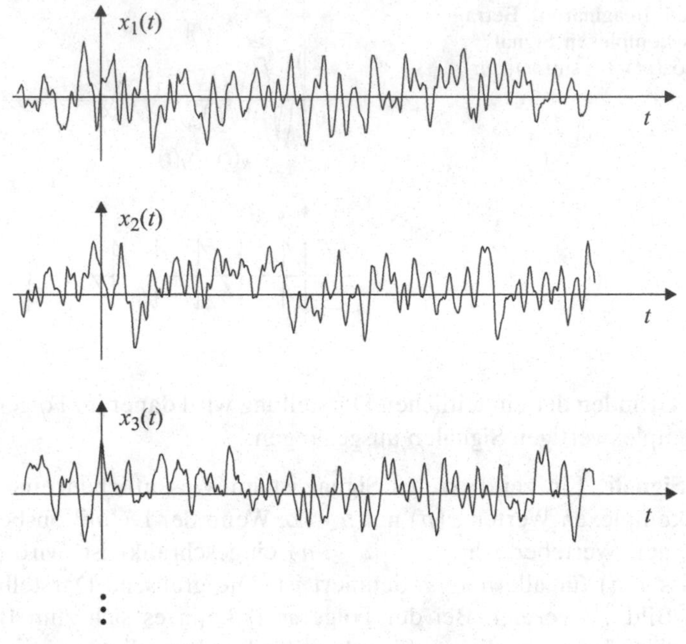

Bild 1.4 Musterfunktionen $x_i(t)$ eines Zufallsprozesses $x(t)$

ist. Ein zweiseitiges Signal dauert für alle Zeiten an und ist weder zeitbegrenzt noch einseitig.

Kausalität Ein signalverarbeitendes System heißt kausal, wenn seine Antwort $y(t)$ auf ein beliebiges rechtsseitiges Eingangssignal ($x(t) = 0$ für $t < t_0$) ebenfalls rechtsseitig mit $y(t) = 0$ für $t < t_0$ ist. Das Ausgangssignal darf also nicht vor dem Eingangssignal beginnen. Auch wenn die Kausalität als Systemeigenschaft eingeführt ist, wird dieser Begriff gleichermaßen zur Beschreibung von Signaleigenschaften verwendet. Von einem kausalen Signal spricht man, wenn das Signal für negative Zeiten gleich null ist, d. h. wenn $x(t) = 0$ für $t < 0$ gilt. Ein kausales Signal ist also ein rechtsseitiges Signal mit $t_0 = 0$. Ein antikausales Signal erfüllt dagegen $x(t) = 0$ für $t > 0$. Wenn ein Signal sowohl für negative als auch für positive Zeiten von null verschieden ist, spricht man von einem nichtkausalen Signal. Siehe Bild 1.5 für eine grafische Darstellung des Sachverhalts.

Symmetrien zeitkontinuierlicher Signale Signale werden oft hinsichtlich eventuell vorhandener Symmetrien unterschieden. Von einem zeitkontinuierlichen *Signal mit gerader Symmetrie* spricht man dann, wenn $x(t) = x(-t)$ für alle t gilt. Eine *ungerade Symmetrie* liegt vor, wenn das Signal für alle t die Eigenschaft $x(t) = -x(-t)$ besitzt. Für komplexwertige Signale ist zudem die Einteilung in Signale mit *konjugiert*

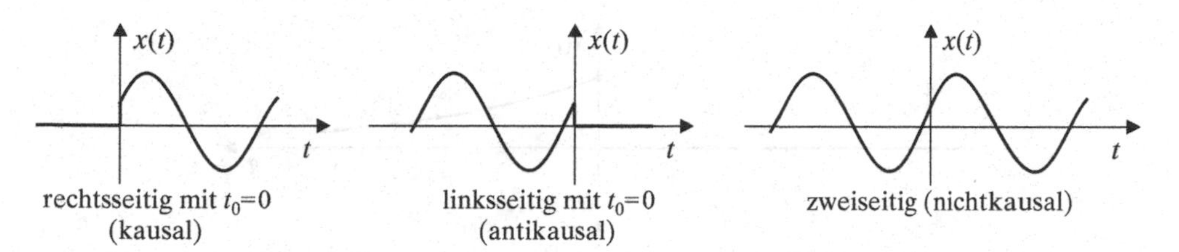

Bild 1.5 Einseitige und zweiseitige Signale

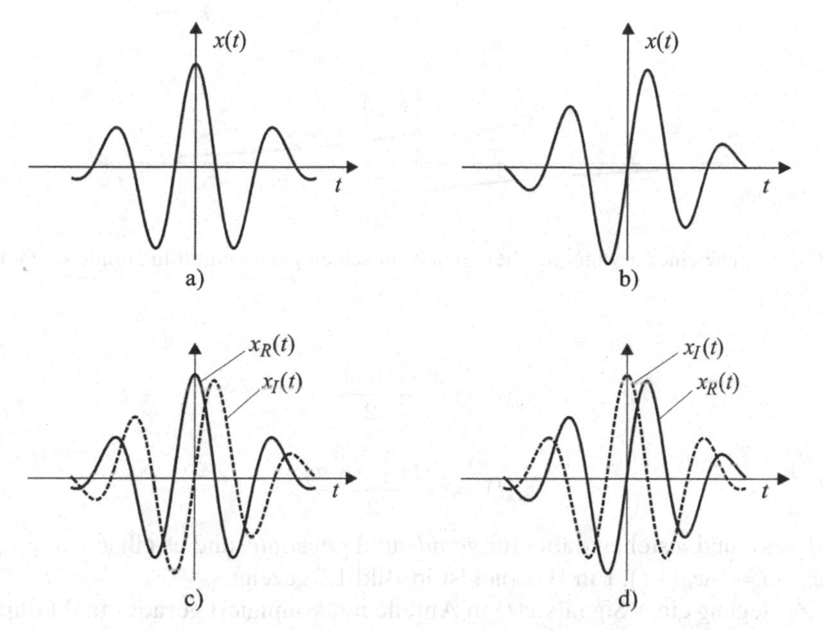

Bild 1.6 Symmetrien von Signalen. a) gerade; b) ungerade; c) konjugiert gerade; d) konjugiert ungerade

gerader und *konjugiert ungerader Symmetrie* von Bedeutung. Für ein Signal mit konjugiert gerader Symmetrie gilt $x(t) = x^*(-t)$ für alle t. Ein Signal mit konjugiert ungerader Symmetrie erfüllt $x(t) = -x^*(-t)$ für alle t. Bild 1.6 zeigt hierzu einige Beispiele.

Jedes beliebige zeitkontinuierliche Signal kann wie folgt in Anteile mit gerader und ungerader Symmetrie zerlegt werden:

$$x(t) = x_g(t) + x_u(t) \tag{1.7}$$

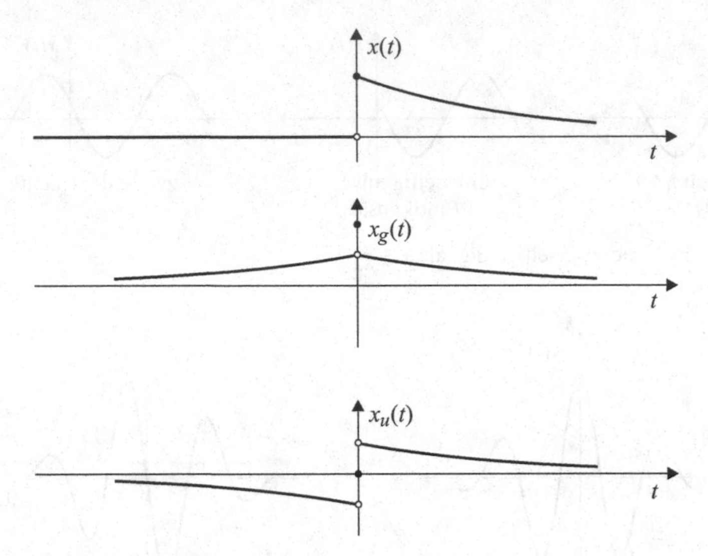

Bild 1.7 Zerlegung eines asymmetrischen Signals in seinen geraden und ungeraden Anteil

mit

$$x_g(t) = \frac{x(t) + x(-t)}{2} \tag{1.8}$$

und

$$x_u(t) = \frac{x(t) - x(-t)}{2}. \tag{1.9}$$

Die Indizes g und u stehen dabei für *gerade* und *ungerade*, und es gilt $x_g(t) = x_g(-t)$ sowie $x_u(t) = -x_u(-t)$. Ein Beispiel ist in Bild 1.7 gezeigt.

Die Zerlegung eines Signals $x(t)$ in Anteile mit konjugiert gerader und konjugiert ungerader Symmetrie lautet

$$x(t) = x_g(t) + x_u(t) \tag{1.10}$$

mit

$$x_g(t) = \frac{x(t) + x^*(-t)}{2} \tag{1.11}$$

und

$$x_u(t) = \frac{x(t) - x^*(-t)}{2}, \tag{1.12}$$

wobei $x_g(t) = x_g^*(-t)$ und $x_u(t) = -x_u^*(-t)$ gilt.

Symmetrien zeitdiskreter Signale Für zeitdiskrete Signale lauten die Definitionen für eine gerade bzw. ungerade Symmetrie $x_g(n) = x_g(-n)$ sowie $x_u(n) = -x_u(-n)$. Für die konjugiert gerade und ungerade Symmetrie gilt

$$x_g(n) = x_g^*(-n) \tag{1.13}$$

Bild 1.8 Signal mit einer Grundperiode von $T = 1$s

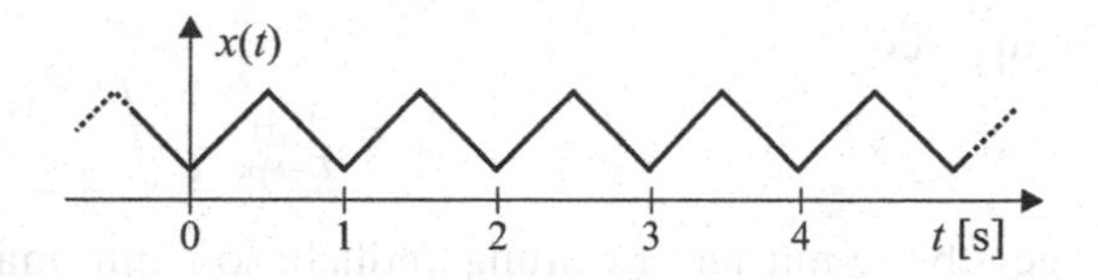

bzw.

$$x_u(n) = -x_u^*(-n). \tag{1.14}$$

Wie im kontinuierlichen Fall lassen sich die symmetrischen Anteile leicht berechnen. Für die Zerlegung in Anteile mit konjugiert gerader und ungerader Symmetrie gilt zum Beispiel

$$x(n) = x_g(n) + x_u(n) \tag{1.15}$$

mit

$$x_g(n) = \frac{x(n) + x^*(-n)}{2} \tag{1.16}$$

und

$$x_u(n) = \frac{x(n) - x^*(-n)}{2}. \tag{1.17}$$

Periodische und aperiodische Signale Unter einem periodischen zeitkontinuierlichen Signal versteht man ein Signal $x(t)$ mit der Eigenschaft

$$x(t) = x(t+T) \quad \text{für alle } t \in \mathbb{R}, \tag{1.18}$$

wobei T eine positive Konstante ist. Den kleinsten Wert für T, für den (1.18) erfüllt wird, nennt man die Grundperiode des Signals $x(t)$. Bild 1.8 zeigt hierzu ein Beispiel. Ein Signal, für das (1.18) nicht erfüllt werden kann, bezeichnet man als aperiodisch. Für periodische zeitdiskrete Signale gilt die entsprechende Definition

$$x(n) = x(n+N) \quad \text{für alle } n \in \mathbb{Z} \tag{1.19}$$

mit einem ganzzahligen $N > 0$, wobei hier der kleinste Wert für N die Grundperiode darstellt.

Energie- und Leistungssignale Zu den üblichen Charakterisierungen von Signalen gehört die Einteilung in Energie- und Leistungssignale. Hierzu wird ein deterministisches zeitkontinuierliches Signal $x(t)$ betrachtet, das reell- oder komplexwertig sein kann. Die *Energie* des Signals berechnet sich zu

$$E_x = \int_{-\infty}^{\infty} |x(t)|^2 \, dt. \tag{1.20}$$

Ist die Energie endlich, so spricht man von einem *Energiesignal* bzw. von einem quadratisch integrierbaren Signal. Ist die Energie unendlich, ist aber die durch den

Ausdruck

$$P_x = \lim_{T\to\infty} \frac{1}{T} \int_{-T/2}^{T/2} |x(t)|^2 \, dt \tag{1.21}$$

gegebene mittlere Leistung endlich, so nennt man $x(t)$ ein *Leistungssignal.*

Entsprechende Definitionen gelten für zeitdiskrete Signale. Die Energie eines zeitdiskreten Signals $x(n)$ ist durch

$$E_x = \sum_{n=-\infty}^{\infty} |x(n)|^2 \tag{1.22}$$

gegeben. Die mittlere Leistung lautet

$$P_x = \lim_{N\to\infty} \frac{1}{2N+1} \sum_{n=-N}^{N} |x(n)|^2. \tag{1.23}$$

Beschränkte Signale Für ein beschränktes zeitkontinuierliches Signal gilt

$$|x(t)| \leq A < \infty \quad \text{für alle } t \in \mathbb{R}, \tag{1.24}$$

und eine beschränkte Folge erfüllt

$$|x(n)| \leq B < \infty \quad \text{für alle } n \in \mathbb{Z}. \tag{1.25}$$

Die reellwertigen Größen A und B sind dabei die endlich großen Schranken.

Absolut integrierbare und summierbare Signale Ein absolut integrierbares Signal erfüllt die Bedingung

$$\int_{-\infty}^{\infty} |x(t)| \, dt \leq A < \infty, \tag{1.26}$$

und für ein absolut summierbares Signal gilt

$$\sum_{n=-\infty}^{\infty} |x(n)| \leq B < \infty. \tag{1.27}$$

Auf ein noch allgemeineres Konzept, bei dem Signale sogenannten normierten Vektorräumen zugeordnet werden, werden wir noch in Abschnitt 2.1 eingehen. Danach ist zum Beispiel ein quadratisch integrierbares zeitkontinuierliches Signal ein Element des Raumes $L_2(\mathbb{R})$. Ein absolut integrierbares Signal ist Element des Raumes $L_1(\mathbb{R})$.

1.2 Häufig verwendete Testsignale

Um die Eigenschaften von Systemen zu ermitteln, werden diese häufig mit einfachen Testsignalen angeregt, und es wird beobachtet, mit welchen Antworten die Systeme auf die Testsignale reagieren. Im Folgenden werden einige der gebräuchlichsten Testsignale genannt.

Bild 1.9 Beispiel eines Sinussignals

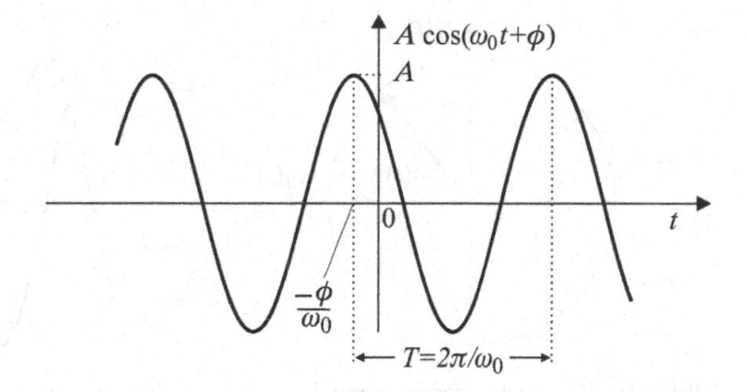

Zeitkontinuierliche Sinus- und Exponentialsignale Ein zeitkontinuierliches sinusförmiges Signal kann allgemein als

$$x(t) = A\cos(\omega t + \phi) \tag{1.28}$$

angegeben werden. Darin sind A eine reellwertige Amplitude, ϕ eine Phasenverschiebung, $\omega = 2\pi f$ die *Kreisfrequenz* mit der Einheit rad/s und f die Frequenz in Hz $= 1/\mathrm{s}$. Die Grundperiode beträgt $T = 1/f$, so dass in einem Zeitintervall der Länge τ genau $f \times \tau$ Perioden auftreten. Bild 1.9 zeigt ein Beispiel eines sinusförmigen Signals. Der Grund dafür, sinusförmige Signale eher über die Kosinus- als die Sinusfunktion zu definieren, liegt darin, dass so mit $\omega = 0$ und $\phi = 0$ in einfacher Weise die konstante Funktion $x(t) = A$ beschrieben werden kann.

Die sinusförmigen Signale stehen in enger Verbindung zu den komplexen Exponentialsignalen der Form

$$x(t) = A\,e^{j\omega t}. \tag{1.29}$$

Darin ist A eine im Allgemeinen komplexe Amplitude. Mit der Euler'schen Formel

$$e^{j\varphi} = \cos\varphi + j\sin\varphi \tag{1.30}$$

lässt sich das Exponentialsignal $e^{j\omega t}$ auch mit Sinus- und Kosinusfunktionen beschreiben:

$$e^{j\omega t} = \cos(\omega t) + j\sin(\omega t). \tag{1.31}$$

Bild 1.10 veranschaulicht das komplexe Exponentialsignal, das man sich als einen mit der Kreisfrequenz (Winkelgeschwindigkeit) ω umlaufenden Zeiger vorstellen kann. Der Realteil $x_R(t) = \Re\{e^{j\omega t}\}$ entspricht dem Kosinus-, der Imaginärteil $x_I(t) = \Im\{e^{j\omega t}\}$ dem Sinussignal.

Durch Bildung von $e^{j\omega t} \pm e^{-j\omega t}$ erhält man Gleichungen zur Beschreibung sinusförmiger Signale mittels komplexer Exponentialsignale:

$$\cos(\omega t) = \frac{e^{j\omega t} + e^{-j\omega t}}{2}, \tag{1.32}$$

$$\sin(\omega t) = \frac{e^{j\omega t} - e^{-j\omega t}}{2j}. \tag{1.33}$$

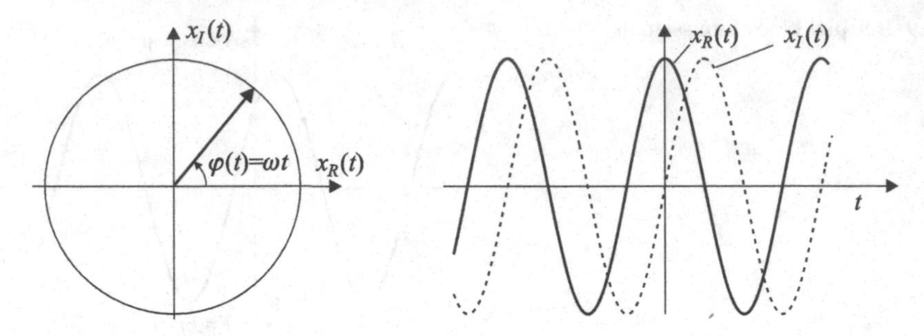

Bild 1.10 Zeigerdiagramm eines komplexen Exponentialsignals sowie sein Real- und Imaginärteil

Entsprechend gilt

$$A\cos(\omega t + \phi) = \frac{A}{2}\left[e^{j(\omega t + \phi)} + e^{-j(\omega t + \phi)}\right], \tag{1.34}$$

$$A\sin(\omega t + \phi) = \frac{A}{2j}\left[e^{j(\omega t + \phi)} - e^{-j(\omega t + \phi)}\right]. \tag{1.35}$$

Obwohl die Frequenz f bzw. die Kreisfrequenz ω aus physikalischer Sicht stets eine positive Größe ist, erkennt man anhand der oben gezeigten Darstellungen, dass sinusförmige Signale auch als Summe zweier komplexer Exponentialsignale verstanden werden können, bei denen ein Signal eine positive und das andere Signal eine negative Frequenz besitzt. Anders ausgedrückt bedeutet dies, dass ein sinusförmiges Signal als Summe zweier entgegengesetzt in der komplexen Ebene rotierender Zeiger angesehen werden kann.

Zeitdiskrete Sinussignale Ein zeitdiskretes sinusförmiges Signal kann in der Form

$$x(n) = A\cos(\omega n + \phi) \tag{1.36}$$

angegeben werden, wobei A eine reellwertige Amplitude, ϕ eine Phasenverschiebung und ω eine normierte Kreisfrequenz ist. Die normierte Frequenz $f = \omega/(2\pi)$ gibt dann die Zahl der Zyklen pro Zeitschritt an. Versteht man n als dimensionslos, so ist f ebenfalls dimensionslos, und ω besitzt die Einheit rad. Dennoch wird ω bei zeitdiskreten Signalen häufig mit der Einheit rad pro Wert angegeben, um auszudrücken, dass es sich bei ω um das in jedem Zeitschritt ($n \to n+1$) auftretende Winkelinkrement handelt. Wegen der Periodizitätseigenschaft

$$\cos(\omega n + \phi) = \cos((\omega + 2\pi)n + \phi) \quad \text{für alle } \omega \in \mathbb{R} \tag{1.37}$$

ist es sinnvoll, die normierte Kreisfrequenz im Bereich $[-\pi, \pi]$ oder $[0, 2\pi]$ zu betrachten. Die höchste erzielbare Schwingungsrate ergibt sich für $\omega = \pm\pi$, was einer normierten Frequenz von $f = \pm 1/2$ entspricht. Bild 1.11 zeigt hierzu Beispiele sinusförmiger Signale mit unterschiedlichen Frequenzen.

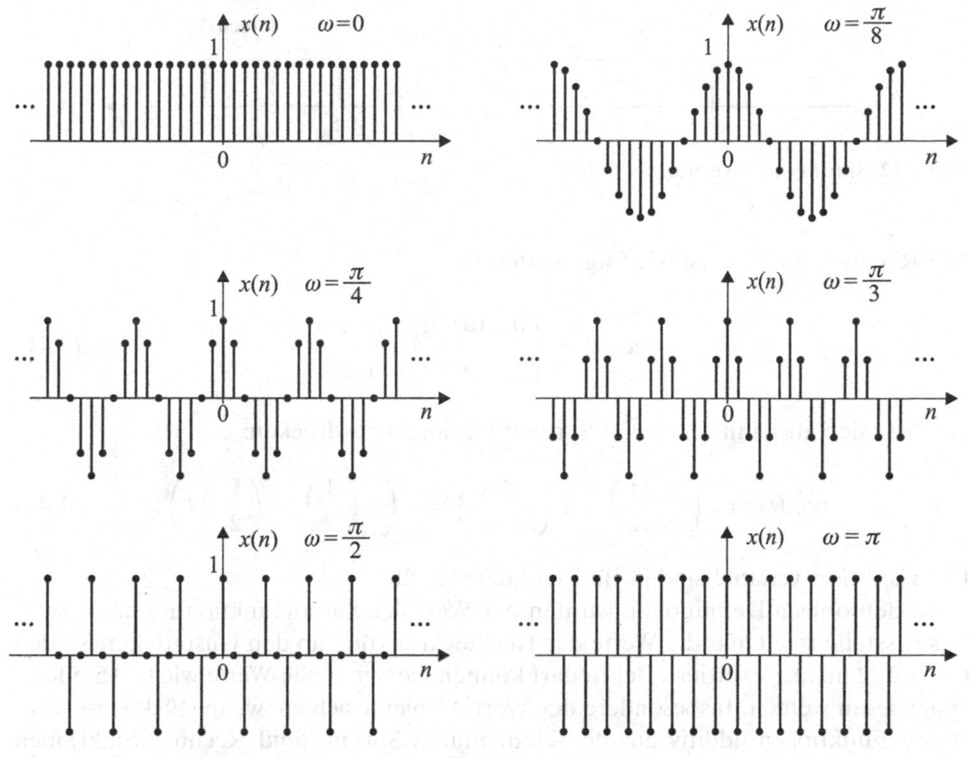

Bild 1.11 Zeitdiskrete sinusförmige Signale $x(n) = \cos(\omega n)$ mit unterschiedlichen Frequenzen

Anders als im zeitkontinuierlichen Fall ist ein zeitdiskretes Sinussignal nicht für jede beliebige Wahl von ω periodisch. Ein periodisches zeitdiskretes Sinussignal mit einer ganzzahligen Periodenlänge $N > 0$ ergibt sich nur dann, wenn

$$\cos(\omega n + \phi) = \cos(\omega[n + N] + \phi) \quad \text{für alle } n \in \mathbb{N} \tag{1.38}$$

gilt. Dies ist wiederum nur dann der Fall, wenn sich ωN als $\omega N = k \cdot 2\pi$ mit einem ganzzahligen k ausdrücken lässt. In Bezug auf die normierte Frequenz bedeutet dies, dass

$$f = \frac{k}{N} \tag{1.39}$$

das Verhältnis zweier ganzer Zahlen sein muss.

Sprung- und Rechteckfunktion Häufig verwendete aperiodische Testsignale sind die *Sprungfunktion* sowie die damit eng verwandte *Rechteckfunktion*. Die Sprungfunktion lautet

$$\varepsilon(t) = \begin{cases} 0 & \text{für } t < 0 \\ 1 & \text{für } t > 0. \end{cases} \tag{1.40}$$

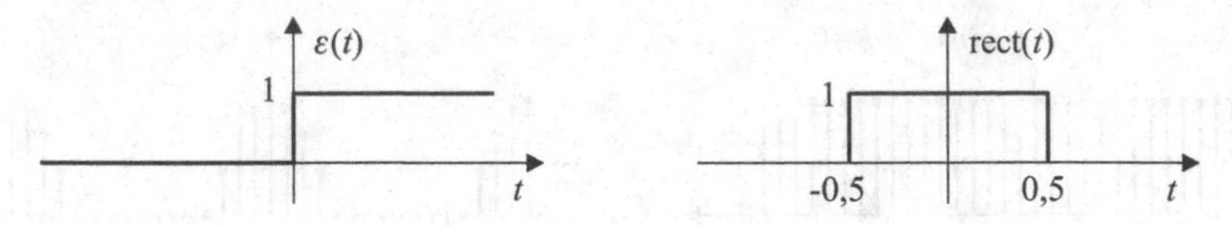

Bild 1.12 Sprung- und Rechteckfunktion

Die Rechteckfunktion ist wie folgt definiert:

$$\operatorname{rect}(t) = \begin{cases} 0 & \text{für } |t| > 1/2 \\ 1 & \text{für } |t| < 1/2. \end{cases} \tag{1.41}$$

Sie lässt sich auch mittels zweier Sprungfunktionen ausdrücken:

$$\operatorname{rect}(t) = \varepsilon\left(t + \frac{1}{2}\right) - \varepsilon\left(t - \frac{1}{2}\right) = \varepsilon\left(t + \frac{1}{2}\right) \cdot \varepsilon\left(\frac{1}{2} - t\right). \tag{1.42}$$

Die Funktionsverläufe sind in Bild 1.12 dargestellt.

In den obigen Definitionen wurden der Wert der Sprungfunktion an der Unstetigkeitsstelle $t = 0$ und die Werte der Rechteckfunktion an den Unstetigkeitsstellen $t = \pm 1/2$ nicht spezifiziert. Bei Bedarf können hier sinnvolle Werte wie 0, 0,5 oder 1 zugewiesen werden. Insbesondere der Wert 0,5 bietet sich an, wenn stückweise konstante Funktionen additiv aus den elementaren Sprung- und Rechteckfunktionen zusammengesetzt werden und dabei die Werte an den Unstetigkeitsstellen in eindeutiger Weise angegeben werden sollen.

Die Signumfunktion Die *Signumfunktion* lautet

$$\operatorname{sgn}(t) = \begin{cases} -1 & \text{für } t < 0 \\ 0 & \text{für } t = 0 \\ 1 & \text{für } t > 0. \end{cases} \tag{1.43}$$

Sie lässt sich auch wie folgt ausdrücken:

$$\operatorname{sgn}(t) = \begin{cases} 2\varepsilon(t) - 1 & \text{für } t \neq 0 \\ 0 & \text{für } t = 0. \end{cases} \tag{1.44}$$

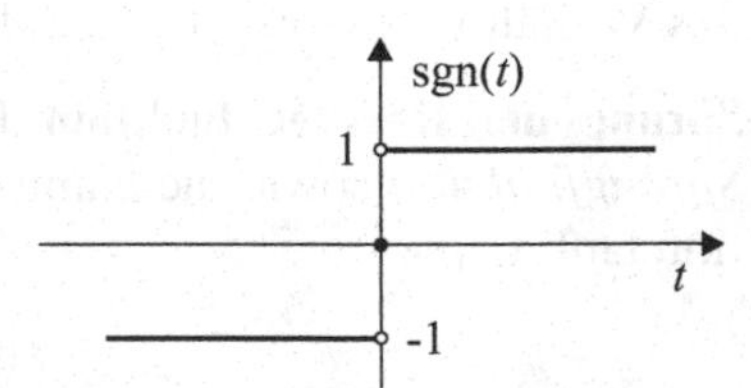

Bild 1.13 Signumfunktion

Die Sprungfolge Die zeitdiskrete Variante der Sprungfunktion ist die Sprungfolge

$$u(n) = \begin{cases} 1 & \text{für } n \geq 0 \\ 0 & \text{für } n < 0. \end{cases} \tag{1.45}$$

Die Sprungfolge wird häufig bei der Beschreibung diskreter Systeme eingesetzt.

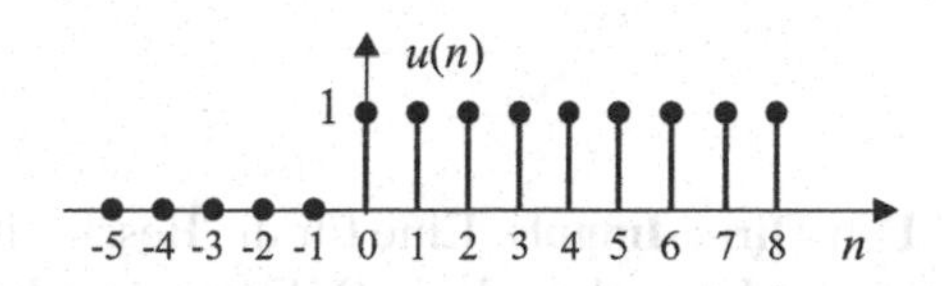

Bild 1.14 Sprungfolge

Die Dreiecksfunktion Ein weiteres einfaches Testsignal ist die Dreiecksfunktion. Sie lautet

$$\text{tri}(t) = \begin{cases} 1 - |t| & \text{für } |t| < 1 \\ 0 & \text{sonst.} \end{cases} \tag{1.46}$$

Die Gaußfunktion Die Gaußfunktion ist durch

$$x_{\text{gauss}}(t) = \frac{1}{\sqrt{2\pi\sigma^2}} e^{\frac{t^2}{2\sigma^2}} \tag{1.47}$$

mit $\sigma > 0$ gegeben. Die Fläche unter der in (1.47) definierten Funktion ist gleich eins. Die Gaußfunktion wird weniger zur Anregung von Systemen als vielmehr zum Entwurf von Systemen eingesetzt.

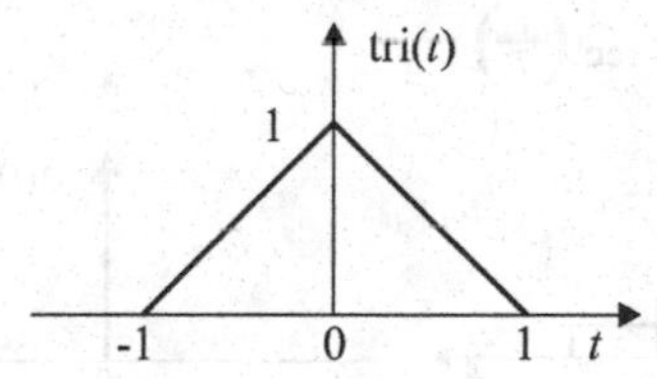

$x_{\text{gauss}}(t)$ 0 t

Bild 1.15 Dreiecks- und Gaußfunktion

Die si-Funktion Die si-Funktion (engl. *sinc function*) ist wie folgt definiert:[1]

$$\text{si}(t) = \begin{cases} \dfrac{\sin(t)}{t} & \text{für } t \neq 0 \\ 1 & \text{für } t = 0. \end{cases} \tag{1.48}$$

Die si-Funktion ist wie der Gaußimpuls unendlich ausgedehnt und wird ebenfalls oft beim Entwurf von Systemen betrachtet.

[1] In der Literatur existieren auch Definitionen wie $\text{sinc}(t) = \sin(\pi t)/(\pi t)$.

Bild 1.16 si-Funktion

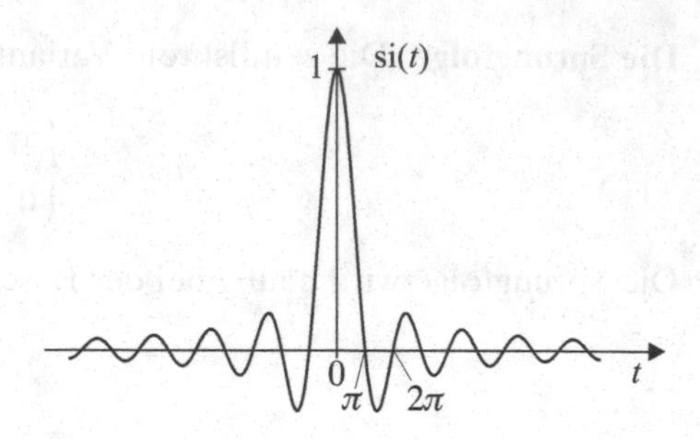

Der Dirac-Impuls Eine für die Beschreibung linearer Systeme wichtige Testfunktion ist der Dirac-Impuls $\delta_0(t)$. Er wird auch als Delta-Impuls, Dirac-Stoß oder Einheitsimpuls bezeichnet und besitzt für alle im Ursprung stetigen Funktionen $x(t)$ die Eigenschaft

$$\int_{-\infty}^{\infty} x(t)\,\delta_0(t)\,dt = x(0). \tag{1.49}$$

Mit $x(t) = 1$ folgt daraus

$$\int_{-\infty}^{\infty} \delta_0(t)\,dt = 1. \tag{1.50}$$

Der Dirac-Impuls ist keine Funktion im eigentlichen Sinne, weil er für $t \neq 0$ gleich null ist und das Integral über den Impuls dennoch eins ergibt. Anschaulich kann man sich den Dirac-Impuls zum Beispiel als Grenzwert der Gaußfunktion für $\sigma \to 0$ oder der skalierten rect-Funktion $\frac{1}{T}\mathrm{rect}(t/T)$ für $T \to 0$ vorstellen. Eine grafische Darstellung ist in Bild 1.17 gezeigt.

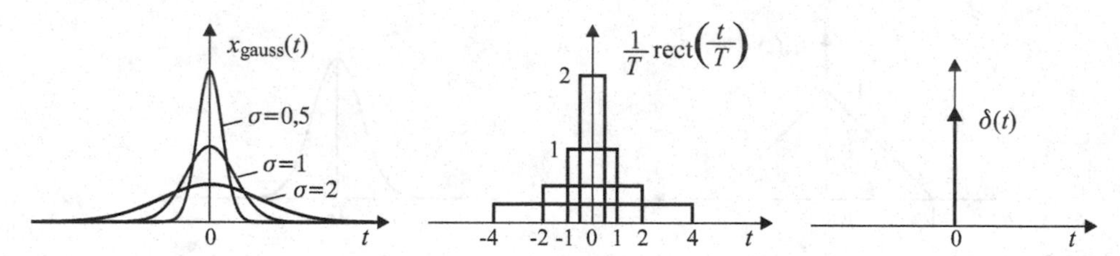

Bild 1.17 Serie von Gaußimpulsen (links), Rechteckimpulsen (Mitte) und das Symbol für den Dirac-Impuls (rechts)

Das Integral in (1.49) ist prinzipiell als Grenzwert einer Folge von Integralen zu verstehen. Nimmt man zum Beispiel den skalierten Rechteckimpuls und bildet den Grenzwert

$$\lim_{n\to\infty} \int_{-\infty}^{\infty} \frac{n}{T}\,\mathrm{rect}\left(\frac{nt}{T}\right) x(t)\,dt = \lim_{n\to\infty} \frac{n}{T} \int_{-T/(2n)}^{T/(2n)} x(t)\,dt, \tag{1.51}$$

so ergibt dies mit der Bezeichnung $X(t)$ für die Stammfunktion von $x(t)$

$$\lim_{n\to\infty} \frac{n}{T} \int_{-T/(2n)}^{T/(2n)} x(t)\, dt = \lim_{n\to\infty} \frac{\left[X\left(\frac{T}{2n}\right) - X\left(-\frac{T}{2n}\right)\right]}{\frac{T}{n}} = X'(t)\Big|_{t=0} = x(0). \quad (1.52)$$

Das Integral in (1.49) stellt damit im Wesentlichen eine symbolische Notation dar, über die der Wert $x(0)$ im Rahmen der Bildung eines Grenzwertes zugewiesen wird. Den Dirac-Impuls bezeichnet man auch als verallgemeinerte Funktion oder Distribution, und die Theorie zum Umgang mit verallgemeinerten Funktionen nennt man Distributionentheorie. Wir werden den Dirac-Impuls u. a. für die Beschreibung des Verhaltens linearer Systeme verwenden und daher im Folgenden einige der wichtigsten Rechenregeln nennen.

Zunächst einmal folgt aus der Definition unmittelbar die Linearität:

$$\int_{-\infty}^{\infty} [a\, x_1(t) + b\, x_2(t)]\, \delta_0(t)\, dt = a\, x_1(0) + b\, x_2(0). \quad (1.53)$$

Eine Zeitverschiebung ergibt

$$\int_{-\infty}^{\infty} x(t)\, \delta_0(t - t_0)\, dt = x(t_0). \quad (1.54)$$

Integranden der Form $x(t)\delta_0(t)$ können wie folgt vereinfacht werden:

$$x(t)\, \delta_0(t) = x(0)\, \delta_0(t). \quad (1.55)$$

Schließlich gilt noch die Symmetrie

$$\delta_0(t) = \delta_0(-t). \quad (1.56)$$

Die Repräsentation eines stetigen Signals $x(t)$ mittels des Dirac-Impulses ist wie folgt möglich:

$$x(t) = \int_{-\infty}^{\infty} x(\tau)\, \delta_0(t - \tau)\, d\tau = \int_{-\infty}^{\infty} x(t - \lambda)\, \delta_0(\lambda)\, d\lambda. \quad (1.57)$$

Gelegentlich treten in Herleitungen auch skalierte Versionen des Dirac-Impulses auf. Hierzu betrachten wir das Integral

$$y = \int_{-\infty}^{\infty} x(t)\, \delta_0(bt)\, dt. \quad (1.58)$$

Unter Verwendung der Substitution $\tau = bt$ ergibt sich

$$y = \frac{1}{|b|} \int_{-\infty}^{\infty} x\left(\frac{\tau}{b}\right) \delta_0(\tau)\, d\tau = \frac{1}{|b|} x(0). \quad (1.59)$$

Das heißt, es gilt der Zusammenhang

$$\delta_0(bt) = \frac{1}{|b|}\, \delta_0(t). \quad (1.60)$$

Bild 1.18 Doppel-Dirac-Impuls $\delta_0'(t)$

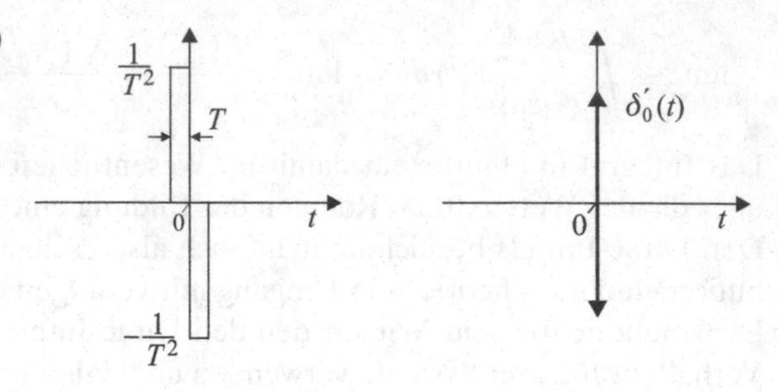

Die Integration des Dirac-Impulses liefert die Sprungfunktion:

$$\varepsilon(t) = \int_{-\infty}^{t} \delta_0(\tau)\, d\tau. \tag{1.61}$$

Entsprechend gilt umgekehrt im Sinne der verallgemeinerten Funktionen

$$\frac{d}{dt}\,\varepsilon(t) = \delta_0(t). \tag{1.62}$$

Der Dirac-Impuls erlaubt es somit, die Ableitung einer Sprungfunktion zu definieren, die im Riemann'schen Sinne eigentlich nicht existiert.

Die Ableitung $\delta_0'(t) = \frac{d}{dt}\delta_0(t)$ des Dirac-Impulses ist über folgende Eigenschaft definiert:

$$x'(t) = \int_{-\infty}^{\infty} x(t-\tau)\,\delta_0'(\tau)\, d\tau. \tag{1.63}$$

Der abgeleitete Impuls $\delta_0'(t)$ kann zum Beispiel als Grenzwert des Doppel-Rechteck-Impulses

$$\lim_{T\to 0}\left[\frac{1}{T^2}\mathrm{rect}\left(\frac{t+T/2}{T}\right) - \frac{1}{T^2}\mathrm{rect}\left(\frac{t-T/2}{T}\right)\right]$$

angenähert werden. Bild 1.18 zeigt die Approximation und das Symbol für den Doppelimpuls. Weitere Erläuterungen zum Dirac-Impuls findet man zum Beispiel in [1, 2, 3, 4].

Literaturverzeichnis

[1] A. Fettweis: *Elemente nachrichtentechnischer Systeme*. B. G. Teubner, Stuttgart, 1996.

[2] B. Girod, R. Rabenstein und A. K. E. Stenger: *Einführung in die Systemtheorie: Signale und Systeme in der Elektrotechnik und Informationstechnik*. Teubner, 4. Auflage, 2007.

[3] J.-R. Ohm und H. D. Lüke: *Signalübertragung*. Springer Vieweg, Berlin, 12. Auflage, 2014.

[4] R. Unbehauen: *Systemtheorie 1: Allgemeine Grundlagen, Signale und lineare Systeme im Zeit- und Frequenzbereich*. Oldenbourg, München, 8. Auflage, 2002.

Kapitel 2
Signalräume und diskrete Signaldarstellungen

Dieses Kapitel gibt eine Einführung in die mathematischen Begriffe zur Zuordnung von Signalen zu Funktionenräumen sowie in die Prinzipien der diskreten Signalrepräsentation. Zunächst erfolgt eine Beschreibung von Vektorräumen, metrischen und normierten Räumen, sowie von Räumen mit Skalarprodukt. Im Anschluss daran werden diskrete Signaldarstellungen betrachtet. Nach einer Erläuterung der Methode der Orthogonalreihenentwicklung wird die Fourier-Reihenentwicklung als Beispiel für ein vollständiges orthogonales Funktionensystem betrachtet. Schließlich werden noch Reihenentwicklungen bezüglich allgemeiner Funktionensysteme untersucht. Die dabei beschriebenen Zusammenhänge bilden zum Beispiel die Grundlage für das Verständnis der in späteren Kapiteln behandelten allgemeinen Filterbänke und biorthogonalen Wavelet-Reihen. Da die in diesem Kapitel angesprochene Theorie insgesamt sehr umfangreich ist, kann diese im Rahmen dieses Textes nur auszugsweise dargestellt werden. Für umfassendere Darstellungen sei auf die Literatur [1, 2, 3, 4, 5] verwiesen.

2.1 Signalräume

Im Folgenden werden die in der Mathematik gebräuchlichen Zuordnungen von Signalen zu Signalräumen betrachtet. Begonnen wird mit den linearen Vektorräumen. Dabei zeigt sich, dass nahezu jedes in der Praxis auftretende Signal als Vektor aufgefasst werden kann, sofern es mit den üblichen Rechenregeln zu behandeln ist. Im Anschluss an die Vektorräume werden noch metrische Räume, normierte Räume und Räume mit Skalarprodukt betrachtet.

2.1.1 Vektorräume

Um das Konzept der Vektorräume zu erläutern, betrachten wir eine nichtleere Menge von Objekten, auf der zwei Operationen definiert sind, die Addition von Objekten und die Multiplikation von Objekten mit Skalaren. Die Menge bezeichnen wir im

---

Ergänzende Information Die elektronische Version dieses Kapitels enthält Zusatzmaterial, auf das über folgenden Link zugegriffen werden kann https://doi.org/10.1007/978-3-658-41529-7_2.

A. Mertins, *Signaltheorie*, https://doi.org/10.1007/978-3-658-41529-7_2

Folgenden mit V. Die Addition verknüpft zwei Objekte $\boldsymbol{u}, \boldsymbol{v} \in V$ zu der Summe $\boldsymbol{u}+\boldsymbol{v}$. Die Multiplikation eines Objekts $\boldsymbol{u}$ mit einem Skalar $k \in K$ ergibt ein Objekt $k\boldsymbol{u}$. K bezeichnet dabei den Zahlenkörper, dem die Skalare entnommen sind. Von einem *linearen Vektorraum* spricht man dann, wenn die folgenden Axiome für alle Objekte $\boldsymbol{u}, \boldsymbol{v}, \boldsymbol{w} \in V$ und alle Skalare k und ℓ erfüllt sind:

1. Für Vektoren $\boldsymbol{u}, \boldsymbol{v} \in V$ gilt auch $\boldsymbol{u}+\boldsymbol{v} \in V$.
2. $\boldsymbol{u}+\boldsymbol{v}=\boldsymbol{v}+\boldsymbol{u}$.
3. $(\boldsymbol{u}+\boldsymbol{v})+\boldsymbol{w}=\boldsymbol{u}+(\boldsymbol{v}+\boldsymbol{w})$.
4. Es existiert ein Objekt $\mathbf{0} \in V$ (der Nullvektor), so dass $\mathbf{0}+\boldsymbol{u}=\boldsymbol{u}$.
5. Zu jedem Vektor $\boldsymbol{u} \in V$ existiert ein negativer Vektor $-\boldsymbol{u} \in V$ mit der Eigenschaft $\boldsymbol{u}+(-\boldsymbol{u})=\mathbf{0}$.
6. Es gilt $k\boldsymbol{u} \in V$ für beliebige Skalare k und Vektoren $\boldsymbol{u} \in V$.
7. $k(\boldsymbol{u}+\boldsymbol{v})=k\boldsymbol{u}+k\boldsymbol{v}$.
8. $(k+\ell)\boldsymbol{u}=k\boldsymbol{u}+\ell\boldsymbol{u}$.
9. $k(\ell\boldsymbol{u})=(k\ell)\boldsymbol{u}$.
10. $1\boldsymbol{u}=\boldsymbol{u}$.

Die Skalare können reell ($k, \ell \in \mathbb{R}$) oder komplex ($k, \ell \in \mathbb{C}$) sein. Sind sie reell, so spricht man von einem reellen Vektorraum. Sind die Skalare komplex, so spricht man von einem komplexen Vektorraum.

Die bekannteste Form eines Vektorraums sind Vektoren aus N-Tupeln $\boldsymbol{x} \in \mathbb{R}^n$ und reellen Skalaren $k \in \mathbb{R}$. Die Addition von Vektoren ist als komponentenweise Addition erklärt, und für die Verknüpfung von Skalaren gelten die üblichen Rechenregeln der Addition und Multiplikation. Die Multiplikation eines Vektors mit einem Skalar erfolgt, indem jede Komponente des Vektors mit dem Skalar multipliziert wird. Auch Matrizen $\boldsymbol{U} \in \mathbb{R}^{m \times n}$ bilden einen Vektorraum, wenn man die üblichen Rechenregeln zugrunde legt.

Die Menge der auf einem Intervall $[a, b]$ stetigen und beschränkten reellen Funktionen $f(t)$ bildet ebenfalls einen Vektorraum. Die Addition von Vektoren geschieht punktweise. Das neutrale Element ist $f_0(t)=0$ für alle $t \in [a, b]$. Der zu einem Vektor $f_i(t)$ negative Vektor ist $-f_i(t)$. Die Multiplikation eines Vektors $f_i(t)$ mit einem Skalar k geschieht, indem jeder Funktionswert mit dem Skalar multipliziert wird. Es lässt sich leicht überprüfen, dass alle Axiome bei Verwendung der üblichen Rechenregeln erfüllt sind.

Linearer Unterraum Eine nichtleere Untermenge W aus den Elementen eines Vektorraums V bildet einen *linearen Unterraum* von V, wenn W selbst ein linearer Vektorraum ist und gegenüber den linearen Operationen abgeschlossen ist. Das bedeutet, dass alle Verknüpfungen $\boldsymbol{u}+\boldsymbol{v}$ und $k\boldsymbol{u}$ von Elementen $\boldsymbol{u}, \boldsymbol{v} \in W$ wieder auf Elemente von W führen. Zudem ist V selbst ein linearer Unterraum von V.

Aufgespannter Unterraum Es sei $S = \{\boldsymbol{v}_1, \boldsymbol{v}_2, \ldots, \boldsymbol{v}_n\}$ eine nichtleere Menge von Vektoren in V mit endlichem n. Die Menge aller *Linearkombinationen*

$$\boldsymbol{w} = k_1\boldsymbol{v}_1 + k_2\boldsymbol{v}_2 + \ldots + k_n\boldsymbol{v}_n \tag{2.1}$$

mit beliebigen Skalaren $k_1, k_2, \ldots, k_n \in K$ wird als der durch $S = \{\boldsymbol{v}_1, \boldsymbol{v}_2, \ldots, \boldsymbol{v}_n\}$ aufgespannte Unterraum oder die lineare Hülle von S bezeichnet. Die Schreibweise lautet

$$W = \mathrm{span}\,\{\boldsymbol{v}_1, \boldsymbol{v}_2, \ldots, \boldsymbol{v}_n\}\,. \tag{2.2}$$

Sind zum Beispiel $\boldsymbol{v}_1$ und $\boldsymbol{v}_2$ Vektoren in $\mathbb{R}^3$, dann ist span $\{\boldsymbol{v}_1, \boldsymbol{v}_2\}$ die durch $\boldsymbol{v}_1$ und $\boldsymbol{v}_2$ aufgespannte Ebene.

Unter der Abschließung (bzw. der abgeschlossenen Hülle) einer unendlichen Menge von Vektoren $S = \{\boldsymbol{v}_1, \boldsymbol{v}_2, \boldsymbol{v}_3 \ldots\}$ versteht man die kleinste abgeschlossene Menge $\bar{S}$, die S enthält. Hierfür wird auch die Schreibweise $\bar{S} = \overline{\mathrm{span}}\ \{\boldsymbol{v}_i;\ i \in \mathbb{Z}\}$ verwendet.

Dimension und Basis Die *Dimension* eines Vektorraums V ist die maximale Anzahl linear unabhängiger Vektoren in V. Ist V ein Vektorraum der Dimension n, so bildet jede Menge von n linear unabhängigen Vektoren in V eine *Basis* für V. Das bedeutet, jeder Vektor $\boldsymbol{v} \in V$ lässt sich in eindeutiger Weise als Linearkombination der Basisvektoren darstellen:

$$\boldsymbol{v} = c_1\boldsymbol{v}_1 + c_2\boldsymbol{v}_2 + \ldots + c_n\boldsymbol{v}_n. \tag{2.3}$$

Die Skalare $c_1, c_2, \ldots, c_n$ bezeichnet man als die Koeffizienten der Linearkombination. Sie repräsentieren den Vektor $\boldsymbol{v}$ bezüglich der Basis $\{\boldsymbol{v}_1, \boldsymbol{v}_2, \ldots, \boldsymbol{v}_n\}$.

Beispiel 2.1 Wir betrachten die Menge der Polynome vom Grade n:

$$f_i(t) = a_{0,i} + a_{1,i}\,t + a_{2,i}\,t^2 + \ldots + a_{n,i}\,t^n, \qquad i = 1, 2, 3, \ldots\,.$$

Diese Menge bildet zusammen mit den üblichen Rechenregeln einen linearen Vektorraum V. Zudem bildet die Menge der Polynome vom Grade $m \leq n$,

$$g_i(t) = a_{0,i} + a_{1,i}\,t + a_{2,i}\,t^2 + \ldots + a_{m,i}\,t^m, \qquad i = 1, 2, 3, \ldots$$

einen linearen Unterraum von V, den wir im Folgenden mit W bezeichnen. Es ist leicht zu überprüfen, dass alle eingangs genannten Axiome erfüllt sind. Die Dimension des Raumes W ist gleich $m+1$, da maximal $m+1$ Polynome vom Grad m linear unabhängig voneinander sein können. Jede Menge von $m+1$ linear unabhängigen Polynomen bis zum Grade m bildet eine Basis für den Unterraum W. Ein Beispiel hierzu sind die Monome $m_k(t) = t^k$ mit $k = 0, 1, \ldots, m$. Es gilt

$$W = \mathrm{span}\,\{\boldsymbol{m}_0, \boldsymbol{m}_1, \ldots, \boldsymbol{m}_m\}\,,$$

wobei $\boldsymbol{m}_k$ das Monom $m_k(t)$ bezeichnet. Der Unterraum W wird aber auch durch andere Mengen von Vektoren aufgespannt, zu denen auch Mengen linear abhängiger Vektoren gehören: $W = \mathrm{span}\,\{\boldsymbol{m}_0, \boldsymbol{m}_1, \ldots, \boldsymbol{m}_m, \boldsymbol{m}_0 + \boldsymbol{m}_1, \boldsymbol{m}_1 + \boldsymbol{m}_2, \ldots\}\,.$

Summe und Durchschnitt von Unterräumen Die Menge

$$S = \{\boldsymbol{v};\ \ \boldsymbol{v} = \boldsymbol{v}_1 + \boldsymbol{v}_2,\ \ \boldsymbol{v}_1 \in M_1,\ \boldsymbol{v}_2 \in M_2\} \tag{2.4}$$

wird *Summe der Unterräume* M_1 und M_2 genannt. Die Schreibweise lautet

$$S = M_1 + M_2. \tag{2.5}$$

Die Summe $M_1 + M_2$ ist gleich der linearen Hülle der Vereinigung $M_1 \cup M_2$. Ist die Darstellung für jedes $\boldsymbol{v} \in S$ in (2.4) eindeutig, so stellt der lineare Unterraum S die *direkte Summe der Unterräume* M_1 und M_2 dar. Die Schreibweise für die direkte Summe lautet

$$S = M_1 \oplus M_2. \tag{2.6}$$

In diesem Fall ist der Durchschnitt

$$D = M_1 \cap M_2 = \{\boldsymbol{x};\ \ \boldsymbol{x} \in M_1,\ \boldsymbol{x} \in M_2\} \tag{2.7}$$

gleich dem Nullvektor: $M_1 \cap M_2 = \{\mathbf{0}\}$. Man spricht dabei auch von der direkten Zerlegung eines Vektorraums in lineare Unterräume oder von der Zerlegung eines Vektorraums in disjunkte lineare Unterräume.

Die Summe unendlich vieler Unterräume M_i, $i = 1, 2, \ldots$ eines Vektorraums S ist die Abschließung (engl. *closure*) bzw. die abgeschlossene Hülle der Vereinigung aller Unterräume M_i in S. Hierfür wird die Schreibweise $\mathrm{clos}_S\left(\cup_{i=1}^{\infty} M_i\right)$ verwendet.

Beispiel 2.2 Wir betrachten den Raum $\mathbb{R}^3$, der durch die Einheitsvektoren

$$\boldsymbol{e}_x = [1,0,0], \quad \boldsymbol{e}_y = [0,1,0], \quad \boldsymbol{e}_z = [0,0,1]$$

aufgespannt wird. Dieser Raum ist zum Beispiel die Summe der Unterräume $M_1 = \mathrm{span}\{\boldsymbol{e}_x, \boldsymbol{e}_y\}$ und $M_2 = \mathrm{span}\{\boldsymbol{e}_y, \boldsymbol{e}_z\}$, wobei M_1 die xy- und M_2 die yz-Ebene darstellt. Es gilt $\mathbb{R}^3 = M_1 + M_2$. Die Darstellung eines Vektors $\boldsymbol{x} = \boldsymbol{x}_1 + \boldsymbol{x}_2$ mit $\boldsymbol{x}_1 \in M_1$ und $\boldsymbol{x}_2 \in M_2$ ist jedoch nicht eindeutig, weil jeder Vektor $\boldsymbol{x} = [a_1, a_2, a_3]$ als

$$\boldsymbol{x} = \boldsymbol{x}_1 + \boldsymbol{x}_2 \quad \text{mit} \quad \boldsymbol{x}_1 = a_1\boldsymbol{e}_1 + (a_2 + c)\boldsymbol{e}_2 \quad \text{und} \quad \boldsymbol{x}_2 = -c\boldsymbol{e}_2 + a_3\boldsymbol{e}_3$$

geschrieben werden kann, wobei der Wert c beliebig ist.

2.1.2 Metrische Räume

Eine Funktion, die zwei Elementen x und y einer nichtleeren Menge X eine reelle Zahl $d(x, y)$ zuordnet, nennt man eine Metrik auf X, wenn sie die folgenden Axiome erfüllt:

$$1. \quad d(x,y) \geq 0, \qquad d(x,y) = 0 \ \text{ wenn und nur wenn } \ x = y, \tag{2.8}$$

$$2. \quad d(x,y) = d(y,x), \tag{2.9}$$

$$3. \quad d(x,z) \leq d(x,y) + d(y,z). \tag{2.10}$$

Durch Einführen einer Metrik d wird X zu einem metrischen Raum. Die Metrik $d(x, y)$ gibt gewissermaßen den Abstand der Elemente x und y an. Das erste Axiom besagt, dass ein Abstand nicht negativ sein kann. Das zweite Axiom drückt aus, dass der Abstand von x nach y gleich dem Abstand von y nach x sein muss. Das dritte Axiom ist die Dreiecksungleichung (siehe Bild 2.1), die besagt, dass der Abstand zweier Punkte nicht größer als die Summe der Abstände zu einem dritten Punkt sein darf.

Bild 2.1 Zur Dreiecksungleichung

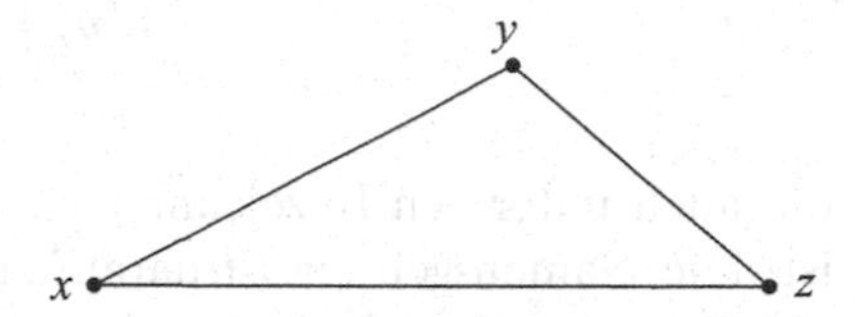

Zahlengerade und Zahlenebene Ein einfaches Beispiel für einen metrischen Raum ist die Zahlengerade mit der Metrik $d(x, y) = |x - y|$, $x, y \in \mathbb{R}$. Die komplexe Zahlenebene wird mit der Metrik $d(x, y) = \sqrt{(x^* - y^*)(x - y)}$, $x, y \in \mathbb{C}$ zu einem metrischen Raum.

Metriken für stetige und beschränkte Funktionen Für die auf einem Intervall $[a, b]$ stetigen und beschränkten Funktionen lässt sich zum Beispiel die folgende Metrik angeben, bei der „sup" das Supremum, also die kleinste obere Schranke, bezeichnet:

$$d(x, y) = \sup_{a \leq t \leq b} |x(t) - y(t)|. \tag{2.11}$$

Die häufig verwendete *euklidische Metrik* lautet

$$d(x, y) = \left[\int_a^b |x(t) - y(t)|^2 \, dt \right]^{1/2}. \tag{2.12}$$

Weiterhin ist folgende Metrik geläufig:

$$d(x, y) = \int_a^b |x(t) - y(t)| \, dt. \tag{2.13}$$

Metriken für N-Tupel Die *euklidische Metrik* für N-Tupel $(x(n_1), x(n_1 + 1), \ldots$ $\ldots, x(n_2))$ und $(y(n_1), y(n_1 + 1), \ldots, y(n_2))$ lautet

$$d(x, y) = \left[\sum_{n=n_1}^{n_2} |x(n) - y(n)|^2 \right]^{1/2}. \tag{2.14}$$

Eine *Maximumsmetrik* kann als

$$d(x,y) = \max_{n_1 \le n \le n_2} |x(n) - y(n)| = \lim_{p \to \infty} \left(\sum_{n=n_1}^{n_2} |x(n) - y(n)|^p \right)^{1/p} \tag{2.15}$$

eingeführt werden. Eine weitere häufig benutzte Metrik ist die *Manhattan-Metrik*

$$d(x,y) = \sum_{n=n_1}^{n_2} |x(n) - y(n)|, \tag{2.16}$$

die auch unter den Bezeichnungen *City-Block-Metrik* und *Taxicab-Metrik* bekannt ist. Die Namensgebung ist darauf zurückzuführen, dass sie die Strecke angibt, die ein Taxifahrer in Manhattan zurücklegen muss, um von einem Punkt x zu einem Punkt y zu gelangen.

Die *Kosinus-Metrik* zwischen zwei N-Tupeln $x, y \in \mathbb{R}^N \setminus \{0\}$ ist als

$$d(x,y) = 1 - \frac{\sum_{n=1}^{N} x(n) y(n)}{\left(\sum_{n=1}^{N} |x(n)|^2 \sum_{n=1}^{N} |y(n)|^2 \right)^{1/2}} \tag{2.17}$$

definiert. Es gilt $d(x,y) = 1 - \cos(\phi_{x,y})$, wobei $\phi_{x,y}$ der Winkel zwischen den N-Tupeln x und y ist.

Eine aus der Codierung bekannte Metrik ist die *Hamming-Distanz*

$$d(x,y) = \sum_{k=1}^{n} [(x_k + y_k) \bmod 2], \tag{2.18}$$

die die Anzahl der Stellen angibt, in denen sich zwei Codeworte $x = [x_1, x_2, \ldots, x_n]$ und $y = [y_1, y_2, \ldots, y_n]$ mit $x_i, y_i \in \{0, 1\}$ unterscheiden.

Folgen, Konvergenz und Vollständigkeit Eine Folge x_n von Elementen eines metrischen Raums X konvergiert gegen einen Grenzwert $x \in X$, wenn zu jedem $\varepsilon > 0$ ein positiver Index $n_0(\varepsilon)$ existiert, so dass

$$d(x_n, x) < \varepsilon \quad \text{für alle } n \ge n_0(\varepsilon) \tag{2.19}$$

gilt. Die hierfür übliche Schreibweise lautet $\lim_{n\to\infty} x_n = x$. Handelt es sich bei den Elementen des metrischen Raums um Funktionen $x(t)$ mit einem Definitionsbereich T, dann sind verschiedene Arten der Konvergenz zu unterscheiden. Strebt jede Folge $x_n(t)$ für jedes beliebige $t \in T$ und $n \to \infty$ gegen $x(t)$, so konvergiert die Folge punktweise gegen $x(t)$. Existiert zu jedem $\varepsilon > 0$ ein von t unabhängiger Index $n_0(\varepsilon)$, mit dem gilt

$$|x_n(t) - x(t)| < \varepsilon \quad \text{für alle } n > n_0(\varepsilon) \quad \text{und alle } t \in T, \tag{2.20}$$

dann liegt eine gleichmäßige Konvergenz vor. Die gleichmäßige Konvergenz schließt die punktweise Konvergenz mit ein, aber nicht umgekehrt. Konvergiert eine Folge stetiger Funktionen $x_n(t)$ gleichmäßig, dann ist auch der Grenzwert $x(t)$ stetig.

Eine Folge x_n heißt Cauchy-Folge, wenn zu jedem $\varepsilon > 0$ ein positiver Index $n_0(\varepsilon)$ gehört, so dass

$$d(x_m, x_n) < \varepsilon \quad \text{für alle } n, m \geq n_0(\varepsilon) \tag{2.21}$$

gilt. Das bedeutet, dass die Elemente mit zunehmendem Index n_0 immer enger beieinander liegen. Offenbar ist jede konvergente Folge auch eine Cauchy-Folge. Umgekehrt kann es jedoch vorkommen, dass eine Cauchy-Folge einen Grenzwert besitzt, der nicht Element des betrachteten Raumes X ist. Ein vollständiger metrischer Raum X liegt dann vor, wenn jede Cauchy-Folge in X auch einen Grenzwert in X hat.

2.1.3 Normierte Räume

Bei der Definition einer Norm geht man von der Vorstellung aus, ein Signal sei ein Vektor, der einem linearen Vektorraum X entstammt. Die Norm eines Vektors $\boldsymbol{x} \in X$ ist eine reelle Zahl, die als Länge des Vektors verstanden werden kann. Die Schreibweise für die Norm lautet $\|\boldsymbol{x}\|$.

Normen müssen den folgenden drei Axiomen genügen:

$$1. \quad \|\boldsymbol{x}\| \geq 0, \qquad \|\boldsymbol{x}\| = 0 \text{ wenn und nur wenn } \boldsymbol{x} = \boldsymbol{0}, \tag{2.22}$$

$$2. \quad \|\boldsymbol{x} + \boldsymbol{y}\| \leq \|\boldsymbol{x}\| + \|\boldsymbol{y}\|, \tag{2.23}$$

$$3. \quad \|\alpha \boldsymbol{x}\| = |\alpha| \, \|\boldsymbol{x}\|. \tag{2.24}$$

Darin ist α ein beliebiger Skalar ($\alpha \in \mathbb{C}$).

Normen für zeitkontinuierliche Signale Zu den gebräuchlichsten Normen für zeitkontinuierliche Signale $x(t)$ gehören die sogenannten L_p-Normen, die man in der Form

$$\|\boldsymbol{x}\|_{L_p} = \left[\int_a^b |x(t)|^p \, dt \right]^{1/p}, \qquad 1 \leq p < \infty \tag{2.25}$$

einführt. [1] Darin sind a und b die Intervallgrenzen, innerhalb derer das Signal $x(t)$ betrachtet wird. Die so normierten Signalräume werden als L_p-Räume bezeichnet.

---

[1] Um deutlich zu machen, dass die beschriebenen Zusammenhänge für alle Arten von Vektoren gelten, werden in diesem Kapitel alle Elemente von Vektorräumen durch Fettdruck hervorgehoben. In nachfolgenden Kapiteln wird Fettdruck dagegen nur noch für N-Tupel und Matrizen verwendet.

Für $p = 2$ erhält man die bekannte *euklidische Norm*:

$$\|\boldsymbol{x}\|_{L_2} = \sqrt{\int_a^b |x(t)|^2\, dt}\,, \qquad \boldsymbol{x} \in L_2(a, b). \tag{2.26}$$

Damit lässt sich die Signalenergie aus (1.20) auch in der Form

$$E_x = \int_{-\infty}^{\infty} |x(t)|^2\, dt = \|\boldsymbol{x}\|_{L_2}^2\,, \qquad \boldsymbol{x} \in L_2(\mathbb{R}) \tag{2.27}$$

ausdrücken, wobei für $L_2(-\infty, \infty)$ abkürzend $L_2(\mathbb{R})$ geschrieben wird.

Für die Definition von Normen ist die Integration im Lebesgue'schen Sinne von Bedeutung. Das Lebesgue-Integral kann als eine Verallgemeinerung des Riemann-Integrals verstanden werden (siehe zum Beispiel [4, 3]). Sofern ein Riemann-Integral existiert, liefert das entsprechende Lebesgue-Integral das gleiche Ergebnis. Das Lebesgue-Integral existiert allerdings auch für Funktionen, für die das Riemann-Integral nicht angegeben werden kann. Der wesentliche Unterschied liegt in der Existenz einer Nullmenge von Funktionen, über die das Lebesgue-Integral zu null wird. Zwei Funktionen $f(t)$ und $g(t)$ werden als *fast überall* gleich bezeichnet, wenn sie sich nur in der Nullmenge unterscheiden. Das bedeutet, falls eine Funktion $f(t)$ im Lebesgue'schen Sinne integrierbar ist und $f(t) = g(t)$ *fast überall* gilt, dann ist auch $g(t)$ im Lebesgue'schen Sinne integrierbar, und es gilt $\int_a^b f(t)dt = \int_a^b g(t)dt$. Für die Normen $L_p(a, b)$ bedeutet die Existenz einer Nullmenge, dass aus $\|\boldsymbol{x}\|_{L_p} = 0$ nicht auf $x(t) = 0$, sondern nur auf $x(t) = 0$ *fast überall* geschlossen werden kann.

Für $p \to \infty$ geht die Norm (2.25) in

$$\|\boldsymbol{x}\|_{L_\infty} = \operatorname*{ess\,sup}_{a \le t \le b} |x(t)| \tag{2.28}$$

über. Darin bezeichnet „ess sup" das essentielle (wesentliche) Supremum, das die kleinste obere Schranke darstellt, durch die $|x(t)|$ *fast überall* beschränkt ist. Für stetige Funktionen geht das essentielle Supremum in das gewöhnliche Supremum über.

Normen für zeitdiskrete Signale Ähnliche Überlegungen wie zuvor lassen sich auch für zeitdiskrete Signale $x(n)$ mit $n \in \mathbb{Z}$ anstellen. Hierzu wird ein Vektor $\boldsymbol{x}$ wie folgt definiert, dessen Elemente reell- oder komplexwertig sein können:[2]

$$\boldsymbol{x} = [x(n_1), x(n_1 + 1), \ldots, x(n_2)]^T\,. \tag{2.29}$$

Die den Räumen $L_p(a, b)$ entsprechenden Signalräume für diskrete Signale sind die Räume $\ell_p(n_1, n_2)$, die wie folgt normiert sind:

$$\|\boldsymbol{x}\|_{\ell_p} = \left[\sum_{n=n_1}^{n_2} |x(n)|^p\right]^{1/p}\,, \qquad 1 \le p < \infty. \tag{2.30}$$

[2] Der so definierte Vektor $\boldsymbol{x}$ ist ein Spaltenvektor. Das hochgestellte ^{T} bedeutet die Transposition des Zeilenvektors $[x(n_1), x(n_1 + 1), \ldots, x(n_2)]$.

Für $p = 2$ erhält man die euklidische Norm

$$\|\boldsymbol{x}\|_{\ell_2} = \sqrt{\sum_{n=n_1}^{n_2} |x(n)|^2}, \qquad \boldsymbol{x} \in \ell_2(n_1, n_2). \tag{2.31}$$

Damit lässt sich zum Beispiel die Energie eines unendlich langen zeitdiskreten Signals $x(n)$ wie folgt angeben:

$$E_x = \sum_{n=-\infty}^{\infty} |x(n)|^2 = \|\boldsymbol{x}\|_{\ell_2}^2, \qquad \boldsymbol{x} \in \ell_2(-\infty, \infty). \tag{2.32}$$

Anstelle von $\ell_2(-\infty, \infty)$ wird dabei auch $\ell_2(\mathbb{Z})$ geschrieben. Für $p \to \infty$ und endliche Werte für n_1 und n_2 geht (2.30) in

$$\|\boldsymbol{x}\|_{\ell_\infty} = \max_{n_1 \le n \le n_2} |x(n)| \tag{2.33}$$

über. Ist das Signal unendlich lang, so lautet die entsprechende Norm

$$\|\boldsymbol{x}\|_{\ell_\infty} = \sup_{-\infty < n < \infty} |x(n)|. \tag{2.34}$$

Der Abschätzung

$$\sum_{n=n_1}^{n_2} |x(n)|^2 \le \left[\sum_{n=n_1}^{n_2} |x(n)| \right]^2 \tag{2.35}$$

kann man entnehmen, dass ein absolut summierbares Signal auch quadratisch summierbar ist. Dies lässt sich verallgemeinern: Wenn $\boldsymbol{x} \in \ell_p(n_1, n_2)$ gilt, dann gilt auch $\boldsymbol{x} \in \ell_q(n_1, n_2)$ mit $q > p$.

Die durch die Norm induzierte Metrik Ein normierter Vektorraum ist auch gleichzeitig ein metrischer Raum. Die durch die Norm $\|\cdot\|$ induzierte Metrik ist dabei die Norm des Differenzvektors:

$$d(\boldsymbol{x}, \boldsymbol{y}) = \|\boldsymbol{x} - \boldsymbol{y}\|. \tag{2.36}$$

Beweis (Norm → Metrik). Für $d(\boldsymbol{x}, \boldsymbol{y}) = \|\boldsymbol{x} - \boldsymbol{y}\|$ folgt die Gültigkeit von (2.8) unmittelbar aus (2.22). Mit $\alpha = -1$ folgt aus (2.24)

$$\|\boldsymbol{x} - \boldsymbol{y}\| = \|\boldsymbol{y} - \boldsymbol{x}\|,$$

und (2.9) ist ebenfalls erfüllt. Für zwei Vektoren $\boldsymbol{x} = \boldsymbol{a} - \boldsymbol{b}$ und $\boldsymbol{y} = \boldsymbol{b} - \boldsymbol{c}$ gilt nach dem Normaxiom (2.23)

$$\|\boldsymbol{a} - \boldsymbol{c}\| = \|\boldsymbol{x} + \boldsymbol{y}\| \le \|\boldsymbol{x}\| + \|\boldsymbol{y}\| = \|\boldsymbol{a} - \boldsymbol{b}\| + \|\boldsymbol{b} - \boldsymbol{c}\|.$$

Es folgt $d(\boldsymbol{a}, \boldsymbol{c}) \le d(\boldsymbol{a}, \boldsymbol{b}) + d(\boldsymbol{b}, \boldsymbol{c})$, d. h. auch das dritte Metrikaxiom (2.10) ist erfüllt.
□

Beispiele für induzierte Metriken sind die durch die euklidischen Normen (2.26) und (2.31) induzierten *euklidischen Metriken* (2.12) und (2.14). Einige Metriken, wie zum Beispiel die Hamming-Distanz, sind allerdings nicht durch Normen induziert, weil die Elemente des metrischen Raumes keinem linearen Vektorraum entstammen.

Die Hölder'sche Ungleichung Gegeben seien zwei reelle Zahlen p und q mit

$$p, q > 1 \qquad \text{und} \qquad 1/p + 1/q = 1.$$

Ein solches Wertepaar p, q bezeichnet man als konjugierte Hölder-Exponenten.

Wir betrachten nun die N-Tupel

$$\begin{aligned} \boldsymbol{x} &= [x_1, x_2, \ldots, x_n], \\ \boldsymbol{y} &= [y_1, y_2, \ldots, y_n], \\ \boldsymbol{z} &= [x_1 y_1, x_2 y_2, \ldots, x_n y_n] \end{aligned} \tag{2.37}$$

mit $\boldsymbol{x} \in \ell_p$ und $\boldsymbol{y} \in \ell_q$. Der Vektor $\boldsymbol{z}$, der das elementweise Produkt von $\boldsymbol{x}$ und $\boldsymbol{y}$ darstellt, besitzt die Eigenschaft $\boldsymbol{z} \in \ell_1$, und es gilt die Hölder'sche Ungleichung

$$\|\boldsymbol{z}\|_1 \leq \|\boldsymbol{x}\|_p \cdot \|\boldsymbol{y}\|_q \,. \tag{2.38}$$

Das Gleichheitszeichen gilt genau dann, wenn $|x_k| = \lambda\,|y_k|$ oder $|y_k| = \lambda\,|x_k|$ für alle k mit $\lambda \geq 0$ erfüllt ist.

Für Funktionen $\boldsymbol{f} \in L_p(a,b)$ und $\boldsymbol{g} \in L_q(a,b)$, wobei p und q konjugierte Hölder-Exponenten sind, liegt $\boldsymbol{fg}$ in $L_1(a,b)$, und es gilt die Hölder'sche Ungleichung

$$\int_a^b |f(t)g(t)|\, dt \leq \left(\int_a^b |f(t)|^p\, dt\right)^{1/p} \left(\int_a^b |g(t)|^q\, dt\right)^{1/q}, \tag{2.39}$$

kurz

$$\|\boldsymbol{fg}\|_1 \leq \|\boldsymbol{f}\|_p \cdot \|\boldsymbol{g}\|_q \,. \tag{2.40}$$

Das Gleichheitszeichen ergibt sich, wenn $|f(t)|$ und $|g(t)|$ *fast überall* Vielfache voneinander sind.

Für $p = q = 2$ geht die Hölder'sche Ungleichung in die Cauchy-Schwarz'sche Ungleichung über.

Die Minkowski-Ungleichung Für $p \geq 1$ und $\boldsymbol{x}, \boldsymbol{y} \in \ell_p(k_1, k_2)$ bzw. $\boldsymbol{x}, \boldsymbol{y} \in L_p(a,b)$ gilt

$$\|\boldsymbol{x} + \boldsymbol{y}\|_p \leq \|\boldsymbol{x}\|_p + \|\boldsymbol{y}\|_p \,. \tag{2.41}$$

Das Gleichheitszeichen gilt dann, wenn einer der Vektoren $\boldsymbol{x}$ und $\boldsymbol{y}$ ein nichtnegatives Vielfaches des anderen ist, also wenn $\boldsymbol{x} = \lambda \boldsymbol{y}$ oder $\boldsymbol{y} = \lambda \boldsymbol{x}$ mit $\lambda \geq 0$ gilt.

Ein Vergleich von (2.41) mit dem Normaxiom (2.23) zeigt, dass die Minkowski-Ungleichung nichts anderes als eine spezielle Form der Dreiecksungleichung für die

p-Normen ist. Ausgeschrieben lautet sie

$$\left[\sum_{k=k_1}^{k_2} |x_k + y_k|^p\right]^{1/p} \leq \left[\sum_{k=k_1}^{k_2} |x_k|^p\right]^{1/p} + \left[\sum_{k=k_1}^{k_2} |y_k|^p\right]^{1/p} \tag{2.42}$$

bzw.

$$\left[\int_a^b |x(t) + y(t)|^p \, dt\right]^{1/p} \leq \left[\int_a^b |x(t)|^p \, dt\right]^{1/p} + \left[\int_a^b |y(t)|^p \, dt\right]^{1/p}. \tag{2.43}$$

Banachraum Ein *Banachraum* ist ein normierter linearer Raum, der bezüglich seiner Metrik $d(\boldsymbol{x}, \boldsymbol{y}) = \|\boldsymbol{x} - \boldsymbol{y}\|$ auch vollständig ist. Das bedeutet, dass jede Cauchy-Folge von Elementen des Raumes auch innerhalb des Raumes konvergiert.

Der Raum $\mathbb{R}$ der reellen Zahlen ist mit der Norm $\|x\| = |x|$ ein Banachraum, denn jeder Grenzwert, gegen den eine Cauchy-Folge konvergiert, ist eine reelle Zahl. Der Raum $\mathbb{C}$ der komplexen Zahlen $x = a + jb$ ist mit der Norm $\|x\| = (a^2 + b^2)^{1/2}$ ein Banachraum. Die normierten Räume L_p und ℓ_p mit den Normen (2.25) bzw. (2.30) sind ebenfalls Banachräume. Jeder normierte lineare Raum mit endlicher Dimension ist vollständig und damit auch ein Banachraum.

Hinweis An dieser Stelle sei darauf hingewiesen, dass in den nachfolgenden Kapiteln mit $\|\boldsymbol{x}\|$ stets die euklidische Norm eines Vektors $\boldsymbol{x}$ gemeint ist, soweit dies nicht anderweitig spezifiziert ist. Die p-Normen mit $p \neq 2$ werden durch den jeweiligen Index p gekennzeichnet, d. h. $\|\boldsymbol{x}\|_{L_p}$ bzw. $\|\boldsymbol{x}\|_{\ell_p}$ oder kurz $\|\boldsymbol{x}\|_p$.

2.1.4 Räume mit Skalarprodukt

Häufig betrachtete Signalräume sind die Räume $L_2(a, b)$ und $\ell_2(n_1, n_2)$, auf denen sich auch Skalarprodukte angeben lassen. Ein Skalarprodukt verknüpft zwei Signale $x(t)$ und $y(t)$ bzw. $x(n)$ und $y(n)$ zu einer komplexen Zahl. Die Schreibweise lautet $\langle \boldsymbol{x}, \boldsymbol{y} \rangle$. Ein Skalarprodukt muss dabei den folgenden Axiomen genügen:

1. $\langle \boldsymbol{x}, \boldsymbol{y} \rangle = \langle \boldsymbol{y}, \boldsymbol{x} \rangle^*,$ (2.44)
2. $\langle \alpha\boldsymbol{x} + \beta\boldsymbol{y}, \boldsymbol{z} \rangle = \alpha \langle \boldsymbol{x}, \boldsymbol{z} \rangle + \beta \langle \boldsymbol{y}, \boldsymbol{z} \rangle,$ (2.45)
3. $\langle \boldsymbol{x}, \boldsymbol{x} \rangle \geq 0, \quad \langle \boldsymbol{x}, \boldsymbol{x} \rangle = 0$ wenn und nur wenn $\boldsymbol{x} = \boldsymbol{0}$. (2.46)

Darin sind α und β Skalare mit $\alpha, \beta \in \mathbb{C}$, und $\boldsymbol{0}$ ist der Nullvektor. Das Skalarprodukt wird auch als *inneres Produkt* bezeichnet. Räume mit Skalarprodukt nennt man daher auch *Innenprodukträume.*

Typische Beispiele für Skalarprodukte sind

$$\langle \boldsymbol{x}, \boldsymbol{y} \rangle = \int_a^b x(t)\, y^*(t)\, dt, \qquad \boldsymbol{x}, \boldsymbol{y} \in L_2(a, b) \tag{2.47}$$

und

$$\langle \boldsymbol{x}, \boldsymbol{y} \rangle = \sum_{n=n_1}^{n_2} x(n)\, y^*(n), \qquad \boldsymbol{x}, \boldsymbol{y} \in \ell_2(n_1, n_2). \tag{2.48}$$

Für das Skalarprodukt (2.48) wird auch die Schreibweise

$$\langle \boldsymbol{x}, \boldsymbol{y} \rangle = \boldsymbol{y}^H \boldsymbol{x}, \qquad \boldsymbol{x}, \boldsymbol{y} \in \ell_2(n_1, n_2) \tag{2.49}$$

verwendet. Die Vektoren in (2.49) lauten dabei

$$\begin{aligned} \boldsymbol{x} &= [x(n_1), x(n_1+1), \ldots, x(n_2)]^T, \\ \boldsymbol{y} &= [y(n_1), y(n_1+1), \ldots, y(n_2)]^T. \end{aligned} \tag{2.50}$$

Der Vektor $\boldsymbol{y}^H$ entsteht aus dem Vektor $\boldsymbol{y}$ durch Transposition bei gleichzeitiger Konjugation der Elemente. Man bezeichnet einen Vektor $\boldsymbol{y}^H$ auch als den *Hermite'schen* oder *Transjugierten* des Vektors $\boldsymbol{y}$. Ist ein Vektor zu konjugieren, aber nicht zu transponieren, so wird dafür die Schreibweise $\boldsymbol{y}^*$ verwendet, es gilt $\boldsymbol{y}^H = [\boldsymbol{y}^*]^T$.

Es sind noch allgemeinere Definitionen von Skalarprodukten denkbar. Ein Skalarprodukt zeitkontinuierlicher Signale $x(t)$ und $y(t)$ lässt sich unter Hinzunahme einer reellen Gewichtungsfunktion $g(t)$ mit $g(t) > 0$ für alle $t \in (a, b)$ auch als

$$\langle \boldsymbol{x}, \boldsymbol{y} \rangle = \int_a^b g(t)\, x(t)\, y^*(t)\, dt \tag{2.51}$$

definieren.

Die allgemeine Definition für Skalarprodukte von N-Tupeln lautet

$$\langle \boldsymbol{x}, \boldsymbol{y} \rangle = \boldsymbol{y}^H \boldsymbol{G}\, \boldsymbol{x}, \qquad \boldsymbol{x}, \boldsymbol{y} \in \mathbb{C}^N, \tag{2.52}$$

wobei die Gewichtungsmatrix $\boldsymbol{G}$ *hermitesch* und *positiv definit* sein muss. Es muss also $\boldsymbol{G}^H = \boldsymbol{G}$ gelten, und für alle Eigenwerte λ_i der Matrix $\boldsymbol{G}$, die wegen $\boldsymbol{G}^H = \boldsymbol{G}$ nur reell sein können, muss $\lambda_i > 0$ gelten. Wie man leicht überprüfen kann, erfüllen die Skalarprodukte (2.51) und (2.52) die Anforderungen (2.44) – (2.46).

Selbst für Leistungssignale lässt sich ein Skalarprodukt definieren. Mit der Definition

$$\langle \boldsymbol{x}, \boldsymbol{y} \rangle = \lim_{T \to \infty} \frac{1}{T} \int_{-T/2}^{T/2} x(t)\, y^*(t)\, dt \tag{2.53}$$

wird die Menge $\tilde{L}_2(\mathbb{R})$ aller komplexwertigen Funktionen $x(t)$ mit $t \in \mathbb{R}$, für die das Lebesgue-Integral $\frac{1}{T} \int_{-T/2}^{T/2} |x(t)|^2\, dt$ zu jedem $T > 0$ existiert und der Grenzwert für $T \to \infty$ endlich ist, zu einem komplexen Vektorraum mit Skalarprodukt.

Die Rechenregeln für Skalarprodukte entsprechen im Wesentlichen denen für gewöhnliche Produkte von Skalaren. Es ist allerdings die Reihenfolge zu beachten, denn (2.44) zeigt, dass die Vertauschung der Reihenfolge zu einer Konjugation des Ergebnisses führt.

Der Gleichung (2.45) kann man entnehmen, dass ein skalarer Vorfaktor des linken Argumentes direkt vor das Skalarprodukt geschrieben werden kann, es gilt also $\langle \alpha \boldsymbol{x}, \boldsymbol{y} \rangle = \alpha \langle \boldsymbol{x}, \boldsymbol{y} \rangle$. Will man einen Vorfaktor des rechten Argumentes vor das Skalarprodukt schreiben, so ist dieser zu konjugieren, denn aus (2.44) und (2.45) folgt

$$\langle \boldsymbol{x}, \alpha \boldsymbol{y} \rangle = \langle \alpha \boldsymbol{y}, \boldsymbol{x} \rangle^* = [\alpha \langle \boldsymbol{y}, \boldsymbol{x} \rangle]^* = \alpha^* \langle \boldsymbol{x}, \boldsymbol{y} \rangle . \tag{2.54}$$

Bildet man das Skalarprodukt eines Signals $\boldsymbol{x}$ mit sich selbst, so ist das Ergebnis wegen (2.44) stets reell, es gilt $\langle \boldsymbol{x}, \boldsymbol{x} \rangle = \Re\{\langle \boldsymbol{x}, \boldsymbol{x} \rangle\}$.

Indem man ein Skalarprodukt definiert, erhält man gleichzeitig eine Norm und damit auch eine Metrik. Die durch die Einführung eines Skalarprodukts induzierte Norm lautet

$$\|\boldsymbol{x}\| = \langle \boldsymbol{x}, \boldsymbol{x} \rangle^{1/2} . \tag{2.55}$$

Dies wird im Folgenden zusammen mit der *Schwarz'schen Ungleichung* bewiesen, die für beliebige Signale $\boldsymbol{x}$ und $\boldsymbol{y}$ aus dem betrachteten Signalraum

$$| \langle \boldsymbol{x}, \boldsymbol{y} \rangle | \leq \|\boldsymbol{x}\| \; \|\boldsymbol{y}\| \tag{2.56}$$

lautet.[3] Das Gleichheitszeichen gilt in (2.56) genau dann, wenn $\boldsymbol{x}$ und $\boldsymbol{y}$ linear abhängig sind, also wenn einer der Vektoren ein Vielfaches des anderen Vektors ist.

Aus (2.55) wird deutlich, dass die in (2.47) und (2.48) angegebenen Skalarprodukte zu den Normen (2.26) bzw. (2.31) führen.

Beweis der Schwarz'schen Ungleichung. Die Gültigkeit des Gleichheitszeichens in der Schwarzschen Ungleichung (2.56) für den Fall linear abhängiger Vektoren lässt sich durch Einsetzen von $\boldsymbol{x} = \alpha \boldsymbol{y}$ bzw. von $\boldsymbol{y} = \alpha \boldsymbol{x}$ mit $\alpha \in \mathbb{C}$ in (2.56) und Umstellen des gewonnenen Ausdrucks unter Beachtung von (2.55) leicht überprüfen: Für $\boldsymbol{x} = \alpha \boldsymbol{y}$ gilt

$$| \langle \boldsymbol{x}, \boldsymbol{y} \rangle | = | \langle \alpha \boldsymbol{y}, \boldsymbol{y} \rangle | = |\alpha| \; \langle \boldsymbol{y}, \boldsymbol{y} \rangle = |\alpha| \; \|\boldsymbol{y}\|^2 = \|\alpha \boldsymbol{y}\| \; \|\boldsymbol{y}\| = \|\boldsymbol{x}\| \; \|\boldsymbol{y}\| .$$

Um die Schwarz'sche Ungleichung für den Fall linear unabhängiger Vektoren zu beweisen, wird ein beliebiger Vektor $\boldsymbol{z} = \boldsymbol{x} + \alpha \boldsymbol{y}$ betrachtet. Mit den Axiomen (2.44 - 2.46) gilt

$$\begin{aligned}
0 &\leq \langle \boldsymbol{z}, \boldsymbol{z} \rangle \\
&= \langle \boldsymbol{x} + \alpha \boldsymbol{y}, \boldsymbol{x} + \alpha \boldsymbol{y} \rangle \\
&= \langle \boldsymbol{x}, \boldsymbol{x} + \alpha \boldsymbol{y} \rangle + \langle \alpha \boldsymbol{y}, \boldsymbol{x} + \alpha \boldsymbol{y} \rangle \\
&= \langle \boldsymbol{x}, \boldsymbol{x} \rangle + \alpha^* \langle \boldsymbol{x}, \boldsymbol{y} \rangle + \alpha \langle \boldsymbol{y}, \boldsymbol{x} \rangle + \alpha \alpha^* \langle \boldsymbol{y}, \boldsymbol{y} \rangle .
\end{aligned}$$

[3] Die Schreibweise (2.56) der Schwarz'schen Ungleichung unterscheidet sich von der Hölder'schen Ungleichung mit $p = q = 2$ dadurch, dass in (2.56) der Betrag des Skalarprodukts gebildet wird, während die ℓ_1- bzw. L_1-Normen in (2.38) und (2.40) im Wesentlichen als Skalarprodukte der Beträge der Vektoren interpretiert werden können.

Dies gilt auch für das spezielle α (Annahme: $\boldsymbol{y} \neq \boldsymbol{0}$)

$$\alpha = -\frac{\langle \boldsymbol{x}, \boldsymbol{y} \rangle}{\langle \boldsymbol{y}, \boldsymbol{y} \rangle},$$

mit dem folgt

$$0 \leq \langle \boldsymbol{x}, \boldsymbol{x} \rangle - \frac{\langle \boldsymbol{x}, \boldsymbol{y} \rangle^* \langle \boldsymbol{x}, \boldsymbol{y} \rangle}{\langle \boldsymbol{y}, \boldsymbol{y} \rangle} - \frac{\langle \boldsymbol{x}, \boldsymbol{y} \rangle \langle \boldsymbol{y}, \boldsymbol{x} \rangle}{\langle \boldsymbol{y}, \boldsymbol{y} \rangle} + \frac{\langle \boldsymbol{x}, \boldsymbol{y} \rangle \langle \boldsymbol{x}, \boldsymbol{y} \rangle^* \langle \boldsymbol{y}, \boldsymbol{y} \rangle}{\langle \boldsymbol{y}, \boldsymbol{y} \rangle \cdot \langle \boldsymbol{y}, \boldsymbol{y} \rangle}.$$

Der zweite und der vierte Term heben sich auf, und man erhält

$$0 \leq \langle \boldsymbol{x}, \boldsymbol{x} \rangle - \frac{\langle \boldsymbol{x}, \boldsymbol{y} \rangle \langle \boldsymbol{y}, \boldsymbol{x} \rangle}{\langle \boldsymbol{y}, \boldsymbol{y} \rangle} = \langle \boldsymbol{x}, \boldsymbol{x} \rangle - \frac{|\langle \boldsymbol{x}, \boldsymbol{y} \rangle|^2}{\langle \boldsymbol{y}, \boldsymbol{y} \rangle}.$$

Daraus folgt

$$|\langle \boldsymbol{x}, \boldsymbol{y} \rangle|^2 \leq \langle \boldsymbol{x}, \boldsymbol{x} \rangle \cdot \langle \boldsymbol{y}, \boldsymbol{y} \rangle. \tag{2.57}$$

Der Vergleich von (2.57) mit (2.55) und (2.56) bestätigt die Schwarz'sche Ungleichung. □

Beweis (Skalarprodukt → Norm). Die Gültigkeit des Normaxioms (2.22) folgt unmittelbar aus (2.46). Für die Norm eines Vektors $\alpha \boldsymbol{x}$ ergibt sich aus (2.44) und (2.45)

$$\|\alpha \boldsymbol{x}\| = \langle \alpha \boldsymbol{x}, \alpha \boldsymbol{x} \rangle^{1/2} = [\, |\alpha|^2 \langle \boldsymbol{x}, \boldsymbol{x} \rangle \,]^{1/2} = |\alpha| \, \langle \boldsymbol{x}, \boldsymbol{x} \rangle^{1/2} = |\alpha| \, \|\boldsymbol{x}\|,$$

und die Gültigkeit von (2.24) ist ebenfalls gezeigt. Es wird nun der Ausdruck $\|\boldsymbol{x}+\boldsymbol{y}\|^2$ betrachtet. Es gilt

$$\begin{aligned} \|\boldsymbol{x}+\boldsymbol{y}\|^2 &= \langle \boldsymbol{x}+\boldsymbol{y}, \boldsymbol{x}+\boldsymbol{y} \rangle \\ &= \langle \boldsymbol{x}, \boldsymbol{x} \rangle + \langle \boldsymbol{x}, \boldsymbol{y} \rangle + \langle \boldsymbol{y}, \boldsymbol{x} \rangle + \langle \boldsymbol{y}, \boldsymbol{y} \rangle \\ &= \langle \boldsymbol{x}, \boldsymbol{x} \rangle + 2\Re\{\langle \boldsymbol{x}, \boldsymbol{y} \rangle\} + \langle \boldsymbol{y}, \boldsymbol{y} \rangle \\ &\leq \langle \boldsymbol{x}, \boldsymbol{x} \rangle + 2\,|\langle \boldsymbol{x}, \boldsymbol{y} \rangle| + \langle \boldsymbol{y}, \boldsymbol{y} \rangle. \end{aligned}$$

Unter Verwendung der Schwarz'schen Ungleichung folgt daraus

$$\|\boldsymbol{x}+\boldsymbol{y}\|^2 \leq \|\boldsymbol{x}\|^2 + 2\,\|\boldsymbol{x}\|\,\|\boldsymbol{y}\| + \|\boldsymbol{y}\|^2 = (\|\boldsymbol{x}\| + \|\boldsymbol{y}\|)^2,$$

und auch das Axiom (2.23) ist erfüllt. □

Hilbertraum Ein linearer Raum mit Skalarprodukt, der *vollständig* im Sinne der durch das Skalarprodukt induzierten Metrik ist, wird als *Hilbertraum* bezeichnet. Endlichdimensionale[4] Innenprodukträume und die Räume $\ell_2(n_1, n_2)$, $L_2(a,b)$ und $\tilde{L}_2(\mathbb{R})$ sind danach Hilberträume.

[4] In der ursprünglichen Definition eines Hilbertraumes wird weiterhin eine unendliche Dimension gefordert, heute werden von den meisten Autoren aber auch endlichdimensionale Räume als Hilberträume bezeichnet.

Orthogonalität und orthogonale Summen von Unterräumen Zwei Vektoren $\boldsymbol{x}$ und $\boldsymbol{y}$, deren Skalarprodukt gleich null ist, bezeichnet man als *orthogonal* zueinander. Hierbei liegt die Vorstellung zugrunde, dass die Vektoren $\boldsymbol{x}$ und $\boldsymbol{y}$ senkrecht aufeinander stehen, und es wird auch die Schreibweise $\boldsymbol{x} \perp \boldsymbol{y}$ verwendet. Sind zwei Vektoren $\boldsymbol{x}$ und $\boldsymbol{y}$ orthogonal zueinander und besitzen zudem jeweils die Norm eins, so bilden sie eine *orthonormale Basis* für den durch sie aufgespannten Unterraum.

Wenn U ein abgeschlossener Unterraum eines Hilbertraums X ist, dann ist X die direkte Summe von U und dem Orthogonalraum $U^{\perp}$:

$$X = U \oplus U^{\perp}. \tag{2.58}$$

Jeder Vektor $\boldsymbol{x}$ kann dann in eindeutiger Form als

$$\boldsymbol{x} = \boldsymbol{x}_1 + \boldsymbol{x}_2 \quad \text{mit} \quad \boldsymbol{x}_1 \in U,\ \boldsymbol{x}_2 \in U^{\perp} \tag{2.59}$$

dargestellt werden. Auf diese Art der Zerlegung werden wir in den nachfolgenden Abschnitten im Rahmen der orthogonalen Projektion zurückkommen. Die direkte Summe eines Raums U und eines dazugehörigen Orthogonalraums $U^{\perp}$ wird auch als *orthogonale Summe* bezeichnet. Zerlegt man einen Raum X derart in zwei Unterräume X_1 und X_2, dass die Teilsignale $\boldsymbol{x}_1 \in X_1$ und $\boldsymbol{x}_2 \in X_2$ mit $\boldsymbol{x} = \boldsymbol{x}_1 + \boldsymbol{x}_2$ für alle Signale $\boldsymbol{x} \in X$ orthogonal zueinander sind, dann ist der Raum X die orthogonale Summe der Unterräume X_1 und X_2. Hierfür wird die Schreibweise

$$X = X_1 \overset{\perp}{\oplus} X_2 \tag{2.60}$$

verwendet.

Beispiel Als Beispiel für die Anwendung der zuvor eingeführten Schreibweise der Skalarprodukte und der Zusammenhänge zwischen Skalarprodukten, Normen und Metriken betrachten wir die Schätzung eines unbekannten skalaren Amplitudenfaktors a aus einer gestörten Beobachtung $\boldsymbol{x} = a\boldsymbol{s} + \boldsymbol{n}$. Dabei wird davon ausgegangen, dass $\boldsymbol{n}$ ein mittelwertfreier, von a statistisch unabhängiger Störvektor ist. Zur Vereinfachung werden alle betrachteten Größen als reellwertig angesetzt. Als Kriterium zur Bestimmung eines Schätzwertes $\hat{a}$ verwenden wir die Minimierung des euklidischen Abstands $d(\boldsymbol{x}, \hat{a}\boldsymbol{s})$. Da ein Quadrieren des Abstands die Lage des Minimums nicht verändert, betrachten wir für die folgenden Überlegungen das Quadrat des Abstands. Es gilt

$$d^2(\boldsymbol{x}, \hat{a}\boldsymbol{s}) = \|\boldsymbol{x} - \hat{a}\boldsymbol{s}\|^2 = \langle \boldsymbol{x} - \hat{a}\boldsymbol{s}, \boldsymbol{x} - \hat{a}\boldsymbol{s} \rangle = \langle \boldsymbol{x}, \boldsymbol{x} \rangle - 2\hat{a} \langle \boldsymbol{x}, \boldsymbol{s} \rangle + \hat{a}^2 \langle \boldsymbol{s}, \boldsymbol{s} \rangle .$$

Nullsetzen der Ableitung $\frac{d}{d\hat{a}}[d^2(\boldsymbol{x}, \hat{a}\boldsymbol{s})]$ und Umstellen nach $\hat{a}$ ergibt die Berechnungsvorschrift

$$\hat{a} = \frac{\langle \boldsymbol{x}, \boldsymbol{s} \rangle}{\langle \boldsymbol{s}, \boldsymbol{s} \rangle}.$$

Die Eleganz der Verwendung der Schreibweise der Skalarprodukte besteht darin, dass bei der Herleitung der Lösung nicht spezifiziert werden musste, welche Definition des Skalarprodukts zugrunde liegt. Sind die Vektoren zum Beispiel auf ein

Intervall $[a, b]$ beschränkte kontinuierliche Signale, so lautet die Lösung

$$\hat{a} = \frac{\int_a^b x(t)s(t)\,dt}{\int_a^b s^2(t)\,dt}.$$

Handelt es sich um Tupel $\boldsymbol{x} = [x_1, x_2, \dots, x_n]^T \in \mathbb{R}^n$, $\boldsymbol{s} = [s_1, s_2, \dots, s_n]^T \in \mathbb{R}^n$, dann gilt

$$\hat{a} = \frac{\boldsymbol{s}^T \boldsymbol{x}}{\boldsymbol{s}^T \boldsymbol{s}}.$$

Zudem kann die Definition des Skalarprodukts auch Gewichtungen mit einer Funktion $g(t)$ oder einer Matrix $\boldsymbol{G}$ enthalten.

2.2 Orthogonalreihen

Unter einer Orthogonalreihe versteht man die Darstellung eines Signals als Linearkombination von Vektoren, die eine orthogonale bzw. orthonormale Basis für den betrachteten Signalraum bilden. Wir werden im Folgenden zunächst auf die Frage eingehen, wie die Koeffizienten der Linearkombination zur Darstellung eines gegebenen Signals mittels einer orthonormalen Basis erfolgen kann. Im Anschluss daran betrachten wir Projektionen auf Unterräume und die Erzeugung orthonormaler Basen aus gegebenen nichtorthogonalen Basen mit dem Gram-Schmidt-Verfahren. Nach einer Erläuterung der Energieerhaltung bei der Verwendung orthonormaler Basen folgt eine Beschreibung vollständiger orthonormaler Funktionensysteme.

2.2.1 Berechnung der Koeffizienten

Betrachtet wird ein Signal $\boldsymbol{x}$, das sich in der Form

$$\boldsymbol{x} = \sum_{i=1}^{n} \alpha_i\, \boldsymbol{u}_i \tag{2.61}$$

mit endlichem n darstellen lässt, wobei die Vektoren $\{\boldsymbol{u}_1, \boldsymbol{u}_2, \dots, \boldsymbol{u}_n\}$ die *Orthonormalitätsrelation*

$$\langle \boldsymbol{u}_i, \boldsymbol{u}_j \rangle = \delta_{ij}, \qquad 1 \le i, j \le n \tag{2.62}$$

erfüllen sollen. Darin ist δ_{ij} das *Kronecker-Symbol*

$$\delta_{ij} = \begin{cases} 1 & \text{für} \quad i = j \\ 0 & \text{sonst.} \end{cases} \tag{2.63}$$

Für alle Signale $\boldsymbol{x}$ in (2.61) gilt $\boldsymbol{x} \in X$ mit $X = \operatorname{span}\{\boldsymbol{u}_1, \boldsymbol{u}_2, \dots, \boldsymbol{u}_n\}$. Wegen (2.62) bilden die Vektoren $\boldsymbol{u}_1, \boldsymbol{u}_2, \dots, \boldsymbol{u}_n$ eine *orthonormale Basis* des Raumes X. Jeder

Vektor $\boldsymbol{u}_i,\ i = 1, 2, \ldots, n$ spannt einen eindimensionalen Unterraum auf, wobei der Raum X die orthogonale Summe dieser Unterräume ist.

Die Frage, wie man die Koeffizienten $\alpha_i,\ i = 1, 2, \ldots, n$ aus der Kenntnis des Signals $\boldsymbol{x}$ und der orthonormalen Basis $\{\boldsymbol{u}_1, \boldsymbol{u}_2, \ldots, \boldsymbol{u}_n\}$ berechnen kann, lässt sich sehr leicht beantworten. Hierzu muss nur das Skalarprodukt von (2.61) mit den Vektoren $\boldsymbol{u}_i,\ i = 1, 2, \ldots, n$ gebildet werden. Unter Ausnutzung von (2.62) erhält man die Berechnungsvorschrift

$$\alpha_i = \langle \boldsymbol{x}, \boldsymbol{u}_i \rangle, \qquad i = 1, 2, \ldots, n. \tag{2.64}$$

2.2.2 Orthogonale Projektion

In Gleichung (2.61) wurde davon ausgegangen, dass sich $\boldsymbol{x}$ mit insgesamt n Koeffizienten exakt darstellen lässt. Unter Umständen ist n dabei sehr groß, so dass sich für praktische Anwendungen die Frage nach einer bestmöglichen Approximation

$$\hat{\boldsymbol{x}} = \sum_{i=1}^{m} \beta_i\, \boldsymbol{u}_i \quad \text{mit} \quad m < n \tag{2.65}$$

im Unterraum $M_m = \operatorname{span}\{\boldsymbol{u}_1, \boldsymbol{u}_2, \ldots, \boldsymbol{u}_m\}$ stellt. Unter dem Approximationsfehler verstehen wir im Folgenden die durch das Skalarprodukt[5] induzierte Metrik

$$d(\boldsymbol{x}, \hat{\boldsymbol{x}}) = \|\boldsymbol{x} - \hat{\boldsymbol{x}}\| = \langle \boldsymbol{x} - \hat{\boldsymbol{x}}, \boldsymbol{x} - \hat{\boldsymbol{x}} \rangle^{\frac{1}{2}}. \tag{2.66}$$

Das Optimalitätskriterium lautet

$$\|\boldsymbol{x} - \hat{\boldsymbol{x}}\| \to \min. \tag{2.67}$$

Wegen der Orthogonalität der Basis lautet die Lösung[6] $\beta_i = \alpha_i,\ i = 1, 2, \ldots, m$, so dass man (2.65) unter Beachtung von (2.64) auch als

$$\hat{\boldsymbol{x}} = \sum_{i=1}^{m} \langle \boldsymbol{x}, \boldsymbol{u}_i \rangle\, \boldsymbol{u}_i \tag{2.68}$$

schreiben kann.

Da jeder Basisvektor $\boldsymbol{u}_i$ einen Unterraum aufspannt, der orthogonal zu den von allen anderen Basisvektoren $\boldsymbol{u}_j$ mit $j \neq i$ aufgespannten Unterräumen ist, wird der Signalraum X hier wie folgt zerlegt:

$$X = M_m \overset{\perp}{\oplus} M_m^{\perp} \tag{2.69}$$

mit

$$\boldsymbol{x} = \hat{\boldsymbol{x}} + \boldsymbol{\eta}, \quad \boldsymbol{x} \in X, \quad \hat{\boldsymbol{x}} \in M_m, \quad \boldsymbol{\eta} \in M_m^{\perp}. \tag{2.70}$$

---

[5] Das Skalarprodukt kann dabei durchaus eine Gewichtung besitzen.

[6] Der Beweis wird in Abschnitt 2.3.2 für allgemeine, nicht orthogonale Basissysteme geführt.

Bild 2.2 Orthogonale Projektion

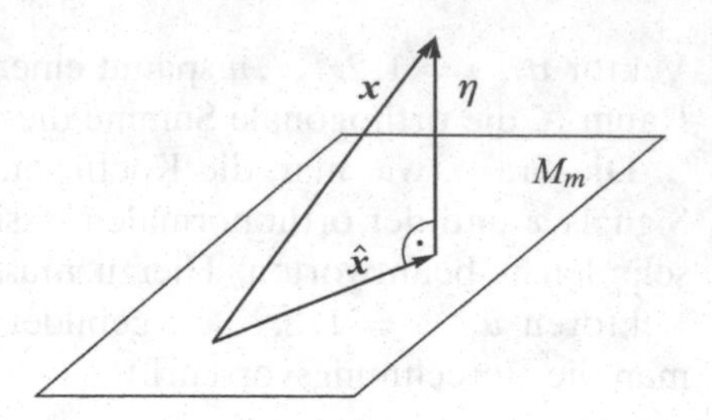

Der Differenzvektor $\boldsymbol{\eta} = \boldsymbol{x} - \hat{\boldsymbol{x}}$ ist orthogonal zu $\hat{\boldsymbol{x}}$ (Schreibweise: $\boldsymbol{\eta} \perp \hat{\boldsymbol{x}}$), und der Unterraum $M_m^{\perp}$ ist das orthogonale Komplement zum Unterraum M_m. Wegen $\boldsymbol{\eta} \perp \hat{\boldsymbol{x}}$ nennt man $\hat{\boldsymbol{x}}$ die *orthogonale Projektion* von $\boldsymbol{x}$ auf M_m. Bild 2.2 veranschaulicht diesen Sachverhalt.

Mit der Bezeichnung $\hat{\boldsymbol{x}} = P(\boldsymbol{x})$ für die orthogonale Projektion gilt die Beziehung

$$P(P(\boldsymbol{x})) = P(\boldsymbol{x}), \tag{2.71}$$

die besagt, dass eine zweimalige Projektion zum gleichen Ergebnis wie eine einmalige Projektion führt. Ein Vektor, der bereits dem Unterraum M_m entstammt, enthält außer dem Nullvektor keinen Anteil $\boldsymbol{\eta} \in M_m^{\perp}$ und verändert sich durch eine weitere Projektion nicht.

Wie sich leicht überprüfen lässt, gilt wegen der Orthogonalität von $\hat{\boldsymbol{x}}$ und $\boldsymbol{\eta}$ zwischen den Normen der Vektoren $\boldsymbol{x}, \hat{\boldsymbol{x}}$ und $\boldsymbol{\eta}$ der als *Satz des Pythagoras* bekannte Zusammenhang

$$\|\boldsymbol{x}\|^2 = \|\hat{\boldsymbol{x}} + \boldsymbol{\eta}\|^2 = \|\hat{\boldsymbol{x}}\|^2 + \|\boldsymbol{\eta}\|^2 . \tag{2.72}$$

2.2.3 Gram-Schmidt-Orthonormalisierungsverfahren

Aus jeder beliebigen Basis $\{\boldsymbol{b}_i;\ i = 1, 2, \ldots, n\}$ kann mit Hilfe des Gram-Schmidt-Verfahrens eine orthonormale Basis $\{\boldsymbol{u}_i;\ i = 1, 2, \ldots, n\}$ entwickelt werden. Die orthonormale Basis $\{\boldsymbol{u}_i;\ i = 1, 2, \ldots, n\}$ wird dabei schrittweise berechnet:

$$\begin{aligned}
\boldsymbol{w}_1 &= \boldsymbol{b}_1 \\
\boldsymbol{u}_1 &= \frac{\boldsymbol{w}_1}{\|\boldsymbol{w}_1\|} \\
\boldsymbol{w}_2 &= \boldsymbol{b}_2 - \langle \boldsymbol{b}_2, \boldsymbol{u}_1 \rangle\, \boldsymbol{u}_1 \\
\boldsymbol{u}_2 &= \frac{\boldsymbol{w}_2}{\|\boldsymbol{w}_2\|} \\
\boldsymbol{w}_3 &= \boldsymbol{b}_3 - \langle \boldsymbol{b}_3, \boldsymbol{u}_1 \rangle\, \boldsymbol{u}_1 - \langle \boldsymbol{b}_3, \boldsymbol{u}_2 \rangle\, \boldsymbol{u}_2 \\
\boldsymbol{u}_3 &= \frac{\boldsymbol{w}_3}{\|\boldsymbol{w}_3\|} \\
&\ \vdots
\end{aligned}$$

$$
\begin{aligned}
&\vdots \\
\boldsymbol{w}_i &= \boldsymbol{b}_i - \sum_{k=1}^{i-1} \langle \boldsymbol{b}_i, \boldsymbol{u}_k \rangle \, \boldsymbol{u}_k \\
\boldsymbol{u}_i &= \frac{\boldsymbol{w}_i}{\|\boldsymbol{w}_i\|} \\
&\vdots \, .
\end{aligned}
\tag{2.73}
$$

Von jedem neu hinzugenommenen Vektor $\boldsymbol{b}_i$ wird die orthogonale Projektion auf den durch die bereits vorhandenen Vektoren $\{\boldsymbol{u}_1, \boldsymbol{u}_2, \ldots, \boldsymbol{u}_{i-1}\}$ aufgespannten Unterraum subtrahiert. Das Ergebnis hängt dabei von der Reihenfolge der Vektoren $\boldsymbol{b}_i$ ab.

Beispiel 2.3 Betrachtet werde der Raum der Polynome bis zum zweiten Grade auf dem Intervall $[0, 1]$. Gesucht sei eine mit der Gewichtsfunktion $g(t) = 1$ orthonormale Basis. Den Ausgangspunkt bilden die Funktionen

$$
b_1(t) = 1, \qquad b_2(t) = t, \qquad b_3(t) = t^2.
$$

Für den ersten Vektor gilt

$$
\boldsymbol{w}_1 = \boldsymbol{b}_1 = 1, \quad \|\boldsymbol{w}_1\| = \langle \boldsymbol{w}_1, \boldsymbol{w}_1 \rangle^{1/2} = \left(\int_0^1 dt \right)^{1/2} = 1 \to \boldsymbol{u}_1 = 1.
$$

Für den zweiten Vektor erhalten wir

$$
\boldsymbol{w}_2 = \boldsymbol{b}_2 - \langle \boldsymbol{b}_2, \boldsymbol{u}_1 \rangle \, \boldsymbol{u}_1 = t - \frac{1}{2}, \quad \|\boldsymbol{w}_2\| = \sqrt{\frac{1}{12}} \quad \to \quad \boldsymbol{u}_2 = \sqrt{12} \cdot \left(t - \frac{1}{2} \right).
$$

Der Vektor $\boldsymbol{w}_3$ berechnet sich zu

$$
\boldsymbol{w}_3 = \boldsymbol{b}_3 - \langle \boldsymbol{b}_3, \boldsymbol{u}_1 \rangle \, \boldsymbol{u}_1 - \langle \boldsymbol{b}_3, \boldsymbol{u}_2 \rangle \, \boldsymbol{u}_2 = t^2 - t + \frac{1}{6}.
$$

Mit

$$
\|\boldsymbol{w}_3\| = \sqrt{\frac{1}{180}}
$$

folgt

$$
\boldsymbol{u}_3 = \sqrt{180} \cdot \left(t^2 - t + \frac{1}{6} \right).
$$

Die gesuchte orthonormale Basis lautet somit

$$
u_1(t) = 1, \qquad u_2(t) = \sqrt{12} \cdot \left(t - \frac{1}{2} \right), \qquad u_3(t) = \sqrt{180} \cdot \left(t^2 - t + \frac{1}{6} \right).
$$

2.2.4 Die Parseval'sche Gleichung

Die *Parseval'sche Gleichung* besagt, dass das Skalarprodukt von Vektoren bei einer Darstellung mittels einer orthonormalen Basis $\boldsymbol{u}_i$, $i = 1, 2, \ldots, n$ gleich dem Skalarprodukt der Koeffizientenvektoren ist. Für die Vektoren

$$\boldsymbol{x} = \sum_{i=1}^{n} \alpha_i \, \boldsymbol{u}_i, \qquad \boldsymbol{y} = \sum_{i=1}^{n} \beta_i \, \boldsymbol{u}_i \tag{2.74}$$

erhalten wir

$$\langle \boldsymbol{x}, \boldsymbol{y} \rangle = \langle \boldsymbol{\alpha}, \boldsymbol{\beta} \rangle \tag{2.75}$$

mit

$$\begin{aligned} \boldsymbol{\alpha} &= [\alpha_1, \alpha_2, \ldots, \alpha_n]^T , \\ \boldsymbol{\beta} &= [\beta_1, \beta_2, \ldots, \beta_n]^T . \end{aligned} \tag{2.76}$$

Dies erkennt man durch Einsetzen von (2.74) in (2.75) und Ausnutzen der Orthonormalität der Basis:

$$\langle \boldsymbol{x}, \boldsymbol{y} \rangle = \left\langle \sum_{i=1}^{n} \alpha_i \, \boldsymbol{u}_i \, , \, \sum_{j=1}^{n} \beta_j \, \boldsymbol{u}_j \right\rangle = \sum_{i=1}^{n} \sum_{j=1}^{n} \alpha_i \, \beta_j^* \, \langle \boldsymbol{u}_i, \boldsymbol{u}_j \rangle = \sum_{i=1}^{n} \alpha_i \, \beta_i^* = \langle \boldsymbol{\alpha}, \boldsymbol{\beta} \rangle . \tag{2.77}$$

Für $\boldsymbol{x} = \boldsymbol{y}$ ergibt sich aus (2.75)

$$\|\boldsymbol{x}\| = \|\boldsymbol{\alpha}\| . \tag{2.78}$$

Es ist wichtig zu beachten, dass das Skalarprodukt der Koeffizientenvektoren in (2.75) in der Form $\langle \boldsymbol{\alpha}, \boldsymbol{\beta} \rangle = \boldsymbol{\beta}^H \boldsymbol{\alpha}$ definiert ist, während das Skalarprodukt der Signale durchaus eine andere Definition, wie zum Beispiel (2.51) oder (2.52), haben kann und ggf. auch eine Gewichtung mit einschließt. Sind die Skalarprodukte ohne Gewichtung definiert, dann berechnen sich die Energien von $\boldsymbol{x}$ und $\boldsymbol{\alpha}$ zu

$$E_x = \langle \boldsymbol{x}, \boldsymbol{x} \rangle = \|\boldsymbol{x}\|^2 , \qquad E_\alpha = \langle \boldsymbol{\alpha}, \boldsymbol{\alpha} \rangle = \|\boldsymbol{\alpha}\|^2 , \tag{2.79}$$

und (2.78) besagt, dass die Energie des Signals gleich der Energie des Koeffizientenvektors ist.

2.2.5 Vollständige orthonormale Funktionensysteme

Es kann gezeigt werden, dass der Raum $L_2(a, b)$ vollständig ist. Damit kann jedes Signal $\boldsymbol{x} \in L_2(a, b)$ mittels orthogonaler Projektionen

$$\boldsymbol{x}_n = \sum_{i=1}^{n} \langle \boldsymbol{x}, \boldsymbol{\varphi}_i \rangle \, \boldsymbol{\varphi}_i \tag{2.80}$$

auf Unterräume $V_n = \text{span}\{\varphi_1, \varphi_2, \ldots, \varphi_n\}$ beliebig gut angenähert werden, indem die Zahl n hinreichend groß gewählt wird. Die Basisvektoren φ_i sind dabei einem abzählbar unendlichen vollständigen orthonormalen Funktionensystem zu entnehmen.

Nach (2.72) und (2.75) gilt für den Approximationsfehler

$$\|\boldsymbol{x} - \boldsymbol{x}_n\|^2 \;=\; \|\boldsymbol{x}\|^2 - \|\boldsymbol{x}_n\|^2 \;=\; \|\boldsymbol{x}\|^2 - \sum_{i=1}^{n} |\langle \boldsymbol{x}, \boldsymbol{\varphi}_i \rangle|^2. \tag{2.81}$$

Aus (2.81) folgt die *Bessel'sche Ungleichung*

$$\sum_{i=1}^{n} |\langle \boldsymbol{x}, \boldsymbol{\varphi}_i \rangle|^2 \leq \|\boldsymbol{x}\|^2, \tag{2.82}$$

die garantiert, dass die Quadratsumme der Entwicklungskoeffizienten $\langle \boldsymbol{x}, \boldsymbol{\varphi}_i \rangle$ existiert. Wenn ein orthonormales Funktionensystem vollständig ist, geht der Approximationsfehler mit $n \to \infty$ gegen null. Aus der Bessel'schen Ungleichung (2.82) wird dann die *Vollständigkeitsbeziehung*

$$\sum_{i=1}^{\infty} |\langle \boldsymbol{x}, \boldsymbol{\varphi}_i \rangle|^2 = \|\boldsymbol{x}\|^2 \quad \text{für alle } \boldsymbol{x} \in L_2(a, b). \tag{2.83}$$

Die Parseval'sche Gleichung lautet hier

$$\langle \boldsymbol{x}, \boldsymbol{y} \rangle = \sum_{i=1}^{\infty} \langle \boldsymbol{x}, \boldsymbol{\varphi}_i \rangle \langle \boldsymbol{y}, \boldsymbol{\varphi}_i \rangle^*, \tag{2.84}$$

und für $\boldsymbol{x} = \boldsymbol{y}$ ergibt sich

$$\|\boldsymbol{x}\|^2 = \sum_{i=1}^{\infty} |\langle \boldsymbol{x}, \boldsymbol{\varphi}_i \rangle|^2. \tag{2.85}$$

Vollständige orthonormale Funktionensysteme sind für endliche und unendliche Intervalle und mit verschiedenen Gewichtsfunktionen bekannt. Beispiele sind die Tschebyscheff-, Legendre-, Laguerre- und Hermite-Polynome, die komplexen Exponentialfunktionen (siehe Fourier-Reihenentwicklung), die Walsh-Funktionen und orthonormale Wavelets. Wegen ihrer besonderen Bedeutung wird im Folgenden zunächst die Fourier-Reihenentwicklung genauer beschrieben. Dann folgen weitere Beispiele vollständiger orthonormaler Funktionensysteme.

2.2.6 Die Fourier-Reihenentwicklung

Betrachtet wird ein zeitkontinuierliches Signal $x(t)$ aus dem Raum $L_2(-\frac{T}{2}, \frac{T}{2})$. Die Fourier-Reihendarstellung von $x(t)$ hat die Form

$$x(t) = \sum_{k=-\infty}^{\infty} x_k \, e^{j2\pi kt/T}, \qquad -\frac{T}{2} \leq t \leq \frac{T}{2}. \tag{2.86}$$

Die Funktion $x(t)$ wird dabei als gewichtete Summe eines Gleichanteils x_0 und unendlich vieler komplexer Exponentialfunktionen mit Periodenlängen T/k mit $k \in \mathbb{Z} \setminus 0$ beschrieben. Da die komplexen Exponentialfunktionen für ganzzahlige k und ℓ die Orthogonalitätseigenschaft

$$\int_{-T/2}^{T/2} e^{j2\pi(k-\ell)t/T}\,dt = \begin{cases} T & \text{für } k = \ell \\ 0 & \text{für } k \neq \ell \end{cases} \tag{2.87}$$

besitzen, können die Fourierkoeffizienten wie folgt berechnet werden:

$$x_k = \frac{1}{T} \int_{-T/2}^{T/2} x(t) e^{-j2\pi kt/T}\,dt. \tag{2.88}$$

Dies erkennt man durch Multiplikation von (2.86) mit $e^{-j2\pi\ell t/T}$ und Integration über das Intervall $[-T/2, T/2]$.

Die Basisfunktionen der Fourier-Reihenentwicklung sind orthogonal, aber in der angegebenen Form nicht orthonormal. Ein auf dem Intervall $[-T/2, T/2]$ mit $g(t) = 1$ vollständiges orthonormales Funktionensystem erhält man in der Form

$$\varphi_k(t) = \frac{1}{\sqrt{T}} e^{j2\pi kt/T}, \qquad k = 0, \pm1, \pm2, \ldots\,. \tag{2.89}$$

Fourier-Reihenentwicklungen werden häufig zur Repräsentation zeitkontinuierlicher periodischer Leistungssignale eingesetzt. Für Signale mit der Grundperiode T lautet die Darstellung dann

$$x(t) = \sum_{k=-\infty}^{\infty} x_k\, e^{j2\pi kt/T} \quad \text{für alle } t \in \mathbb{R}, \tag{2.90}$$

wobei x_k die Fourierkoeffizienten nach (2.88) sind. Gleichung (2.90) ist dabei lediglich die periodische Erweiterung von (2.86). Die Darstellung (2.90) zeigt, dass jedes periodische Leistungssignal mit der Grundfrequenz $\omega_0 = 2\pi/T$ als Superposition komplexer Exponentialfunktionen mit Frequenzen $k\omega_0$, $k \in \mathbb{Z}$ beschrieben werden kann.

2.2.7 Beispiele vollständiger orthonormaler Funktionensysteme

Legendre-Polynome Die *Legendre-Polynome* $P_n(t)$, $n = 0, 1, 2, \ldots$ sind als

$$P_n(t) = \frac{1}{2^n n!} \frac{d^n}{dt^n} (t^2 - 1)^n \tag{2.91}$$

definiert und können alternativ nach der Rekursionsformel

$$P_n(t) = \frac{1}{n}[(2n-1)t\, P_{n-1}(t) - (n-1)\, P_{n-2}(t)] \tag{2.92}$$

berechnet werden. Die ersten vier Funktionen lauten

$$\begin{aligned} P_0(t) &= 1, \\ P_1(t) &= t, \\ P_2(t) &= \frac{3}{2}t^2 - \frac{1}{2}, \\ P_3(t) &= \frac{5}{2}t^3 - \frac{3}{2}t. \end{aligned} \tag{2.93}$$

Ein auf dem Intervall $[-1, 1]$ mit der Gewichtungsfunktion $g(t) = 1$ orthonormales Funktionensystem $\varphi_n(t),\ n = 0, 1, 2, \ldots$ erhält man durch die Normierung

$$\varphi_n(t) = \sqrt{\frac{2n+1}{2}}\, P_n(t). \tag{2.94}$$

Tschebyscheff-Polynome erster Art Die *Tschebyscheff-Polynome erster Art* sind als

$$T_n(t) = \cos(n \arccos t\,), \quad n \geq 0, \quad -1 \leq t \leq 1, \tag{2.95}$$

definiert und können nach der Rekursion

$$T_n(t) = 2t\,T_{n-1}(t) - T_{n-2}(t) \tag{2.96}$$

berechnet werden. Die ersten vier Polynome lauten

$$\begin{aligned} T_0(t) &= 1, \\ T_1(t) &= t, \\ T_2(t) &= 2t^2 - 1, \\ T_3(t) &= 4t^3 - 3t. \end{aligned} \tag{2.97}$$

Durch die Normierung

$$\varphi_n(t) = \begin{cases} \sqrt{\dfrac{1}{\pi}}\; T_0(t) & \text{für} \quad n = 0 \\ \sqrt{\dfrac{2}{\pi}}\; T_n(t) & \text{für} \quad n > 0 \end{cases} \tag{2.98}$$

erhält man ein auf dem Intervall $[-1, +1]$ mit der Gewichtungsfunktion

$$g(t) = \frac{1}{\sqrt{1-t^2}}$$

orthonormales Funktionensystem $\varphi_n(t)$.

Tschebyscheff-Polynome zweiter Art Die *Tschebyscheff-Polynome zweiter Art* lassen sich mit

$$\begin{aligned} U_0(t) &= 1, \\ U_1(t) &= 2t \end{aligned} \tag{2.99}$$

über die Rekursion

$$U_n(t) = 2t\, U_{n-1}(t) - U_{n-2}(t) \tag{2.100}$$

angeben. Für $U_2(t)$ und $U_3(t)$ ergibt sich

$$\begin{aligned} U_2(t) &= 4t^2 - 1, \\ U_3(t) &= 8t^3 - 4t. \end{aligned} \tag{2.101}$$

Die Normierung

$$\varphi_n(t) = \sqrt{\frac{2}{\pi}}\, U_n(t), \qquad n \geq 0 \tag{2.102}$$

liefert ein auf dem Intervall $[-1, +1]$ mit der Gewichtungsfunktion

$$g(t) = \sqrt{1 - t^2}$$

orthonormales Funktionensystem $\varphi_n(t)$.

Laguerre-Polynome Die *Laguerre-Polynome*

$$L_n(t) = e^t \frac{d^n}{dt^n}(t^n e^{-t}), \qquad n = 0, 1, 2, \ldots \tag{2.103}$$

können mit der Rekursionsformel

$$L_n(t) = (2n - 1 - t)\, L_{n-1}(t) - (n-1)^2\, L_{n-2}(t) \tag{2.104}$$

berechnet werden. Mit der Normierung

$$\varphi_n(t) = \frac{1}{n!} L_n(t), \qquad n = 0, 1, 2, \ldots \tag{2.105}$$

erhält man ein auf dem Intervall $[0, \infty]$ mit der Gewichtungsfunktion $g(t) = e^{-t}$ orthonormales Funktionensystem. Die ersten vier Basisvektoren sind

$$\begin{aligned} \varphi_0(t) &= 1, \\ \varphi_1(t) &= 1 - t, \\ \varphi_2(t) &= 1 - 2t + \frac{1}{2}t^2, \\ \varphi_3(t) &= 1 - 3t + \frac{3}{2}t^2 - \frac{1}{6}t^3. \end{aligned} \tag{2.106}$$

Eine Alternative zur direkten Verwendung der Laguerre-Polynome besteht darin, das Funktionensystem

$$\psi_n(t) = \frac{e^{-t/2}}{n!} L_n(t), \qquad n = 0, 1, 2, \ldots \tag{2.107}$$

zu erzeugen, das mit dem Gewicht eins auf dem Intervall $[0, \infty]$ orthonormal ist.

Über eine Streckung der Zeitvariablen t mit dem Faktor $2p$ und reellem p erhält man aus $\psi_n(t)$ die Laguerre-Funktionen

$$f_n(t) = \psi_n(2pt) = \frac{e^{-pt}}{n!} L_n(2pt), \qquad n = 0, 1, 2, \ldots. \tag{2.108}$$

Die Laplace-Transformierten (siehe Abschnitt 3.8) von $f_n(t)$ lauten wie folgt:

$$F_{L,n}(s) = \mathcal{L}\{f_n(t)\} = \frac{(s-p)^n}{(s+p)^{n+1}}. \tag{2.109}$$

Das bedeutet, die Laguerre-Funktionen $f_n(t)$ erhält man aus einem Netzwerk von linearen Filtern mit den Systemfunktionen $F_{L,n}(s)$, die mit einem Dirac-Impuls angeregt werden. Das gesamte Netzwerk lässt sich als Kaskadenschaltung aus einem Tiefpass erster Ordnung und n Allpässen erster Ordnung realisieren. Hinter jedem dieser Blöcke kann eine Zeitfunktion $f_i(t)$, $i = 0, 1, \ldots, n$ abgegriffen werden. Durch gewichtetes Aufsummieren kann die Approximation mit Hilfe des Funktionensystems $f_i(t)$, $i = 0, \ldots, n$ technisch ausgeführt werden [2].

Hermite-Polynome Die *Hermite-Polynome* sind als

$$H_n(t) = (-1)^n \, e^{t^2} \frac{d^n}{dt^n} e^{-t^2}, \qquad n = 0, 1, 2, \ldots \tag{2.110}$$

definiert. Eine rekursive Berechnung ist in der Form

$$H_n(t) = 2t \, H_{n-1}(t) - 2(n-1) \, H_{n-2}(t) \tag{2.111}$$

möglich. Mit der Gewichtungsfunktion $w(t) = e^{-t^2}$ bilden die Polynome

$$\phi_n(t) = (2^n \, n! \, \sqrt{\pi})^{-\frac{1}{2}} \, H_n(t), \qquad n = 0, 1, 2, \ldots \tag{2.112}$$

eine orthonormale Basis des Raumes $L_2(\mathbb{R})$. Dementsprechend bilden die *Hermite-Funktionen*

$$\varphi_n(t) = (2^n \, n! \, \sqrt{\pi})^{-\frac{1}{2}} \, e^{-t^2/2} \, H_n(t), \qquad n = 0, 1, 2, \ldots \tag{2.113}$$

eine orthonormale Basis mit dem Gewicht eins. Die Funktionen $\varphi_n(t)$ ergeben sich auch durch Anwendung des Gram-Schmidt-Verfahrens auf die Basis $\{t^n \, e^{-t^2/2}, \; n = 0, 1, \ldots\}$ [2].

Walsh-Funktionen Die *Walsh-Funktionen* nehmen nur die Werte 1 und -1 an. Die Orthogonalität wird durch entsprechende Nulldurchgänge erreicht. Die ersten Funktionen lauten:

$$\begin{aligned}
\varphi_0(t) &= \begin{cases} 1 & \text{für } 0 \le t \le 1 \end{cases} \\
\varphi_1(t) &= \begin{cases} 1 & \text{für } 0 \le t < \frac{1}{2}, \\ -1 & \text{für } \frac{1}{2} \le t \le 1. \end{cases} \\
\varphi_2^{(1)}(t) &= \begin{cases} 1 & \text{für } 0 \le t < \frac{1}{4} \text{ und } \frac{3}{4} \le t \le 1, \\ -1 & \text{für } \frac{1}{4} \le t < \frac{3}{4}. \end{cases} \\
\varphi_2^{(2)}(t) &= \begin{cases} 1 & \text{für } 0 \le t < \frac{1}{4} \text{ und } \frac{1}{2} \le t < \frac{3}{4}, \\ -1 & \text{für } \frac{1}{4} \le t < \frac{1}{2} \text{ und } \frac{3}{4} \le t \le 1. \end{cases}
\end{aligned} \tag{2.114}$$

Alle übrigen Funktionen lassen sich mittels der Rekursion

$$\left.\begin{aligned}
\varphi_{m+1}^{(2k-1)}(t) &= \begin{cases} \varphi_m^{(k)}(2t) & \text{für } 0 \le t < \frac{1}{2} \\ (-1)^{k+1}\varphi_m^{(k)}(2t-1) & \text{für } \frac{1}{2} < t \le 1 \end{cases} \\
\varphi_{m+1}^{(2k)}(t) &= \begin{cases} \varphi_m^{(k)}(2t) & \text{für } 0 \le t < \frac{1}{2} \\ (-1)^{k}\varphi_m^{(k)}(2t-1) & \text{für } \frac{1}{2} < t \le 1 \end{cases}
\end{aligned}\right\} \begin{aligned} m &= 1, 2, \ldots, \\ k &= 1, \ldots, 2^{m-1} \end{aligned} \tag{2.115}$$

berechnen. Praktisch können die Walsh-Funktionen in einfacher Weise mittels einer digitalen Logik erzeugt werden, und auch Skalarprodukte mit Walsh-Funktionen sind schaltungstechnisch einfach zu realisieren.

Mit den Umbenennungen

$$\begin{aligned}
w_0(t) &= \varphi_0(t), \\
w_1(t) &= \varphi_1(t), \\
w_n(t) &= \varphi_m^{(k)}(t), \quad n = 2^{m-1} + k - 1, \quad k \le 2^{m-1}
\end{aligned} \tag{2.116}$$

erhält man eine Indizierung, bei der n die Anzahl der Nulldurchgänge angibt. Bild 2.3 zeigt hierzu die ersten sechs Walsh-Funktionen.

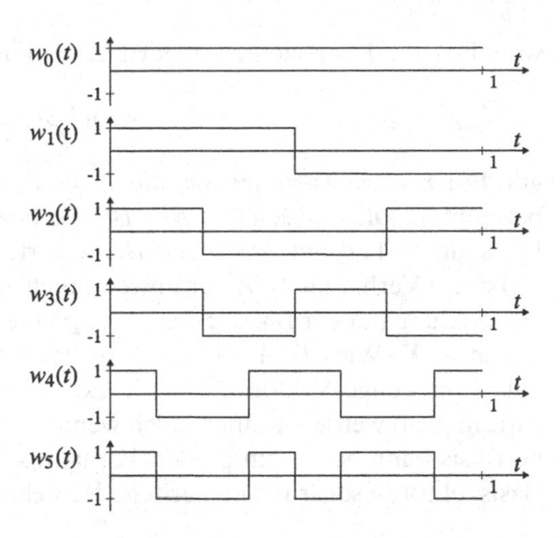

Bild 2.3 Walsh-Funktionen

2.3 Allgemeine Reihenentwicklungen

Im vorangegangenen Abschnitt wurden orthogonale Reihenentwicklungen betrachtet. Dabei zeigte sich, dass man die Koeffizienten in einfacher Weise durch Bildung von Skalarprodukten berechnen kann. Wenn die Möglichkeit dazu besteht, wird man daher meist eine orthonormale Basis zur Signaldarstellung wählen. Häufig ist eine gegebene Basis allerdings nicht orthonormal, und es stellt sich die Frage, wie man die Koeffizienten der Reihendarstellung eines Signals bezüglich eines beliebigen Vektorsystems berechnen kann.

Ein praktisches Beispiel ist hier die Datenübertragung, wo man ein Sendesignal in der Form $x(t) = \sum_m d(m)\, s(t - mT)$ erzeugt. Darin sind $d(m)$ die zu übertragenden Daten, $s(t)$ ist die Impulsantwort des Sendefilters, und T ist der Takt, in dem die Daten gesendet werden. Geht man nun davon aus, dass das Signal $x(t)$ über einen linearen zeitinvarianten, aber ansonsten nichtidealen Kanal übertragen wird, dann liegt im Empfänger ein Signal der Form $r(t) = \sum_m d(m) g(t - mT)$ mit $g(t) = \int_{-\infty}^{\infty} s(t - \tau) h(\tau) d\tau$ vor, wobei $h(t)$ die Impulsantwort des Kanals bezeichnet (diese Zusammenhänge werden in Kapitel 3 näher diskutiert). Selbst wenn das Sendefilter so gewählt ist, dass die Funktionen $s(t - mT)$, $m \in \mathbb{Z}$ eine orthonormale Basis bilden, sind die im Empfänger bei der Zurückgewinnung der Daten zu berücksichtigenden Funktionen $g(t - mT)$, $m \in \mathbb{Z}$ nicht mehr orthogonal zueinander.

Während orthonormale Basen stets energieerhaltend sind, kann bei Reihenentwicklungen mit allgemeinen Basen die in den Koeffizienten enthaltene Energie mehr oder weniger stark von der Energie des Signals abweichen. Um die Güte der Energieerhaltung allgemeiner Basen $\varphi_1, \varphi_2, \ldots, \varphi_n$ zu beurteilen, betrachtet man daher den Ausdruck

$$A \|\boldsymbol{x}\|^2 \leq \sum_{k=1}^{n} |\alpha_k|^2 \leq B \|\boldsymbol{x}\|^2 \quad \text{für alle } \boldsymbol{x} \in X, \tag{2.117}$$

wobei α_k die Koeffizienten in der Darstellung $\boldsymbol{x} = \sum_{k=1}^{n} \alpha_k \boldsymbol{\varphi}_k$ sind und

$$X = \text{span}\,\{\boldsymbol{\varphi}_1, \boldsymbol{\varphi}_2, \ldots, \boldsymbol{\varphi}_n\}$$

gilt. Für $n = \infty$ ist sinngemäß die abgeschlossene Hülle $X = \overline{\text{span}}\,\{\boldsymbol{\varphi}_i;\ i \in \mathbb{N}\}$ zu betrachten. Die Größen $0 < A \leq B < \infty$ bezeichnet man als *Riesz-Schranken*. Eine Basis, die (2.117) mit $A > 0$ und $B < \infty$ erfüllt, wird als *Riesz-Basis* bezeichnet.

Ist das Verhältnis B/A nur unwesentlich größer als eins, dann erhält eine Reihenentwicklung mit der Basis $\boldsymbol{\varphi}_1, \boldsymbol{\varphi}_2, \ldots, \boldsymbol{\varphi}_n$ die Energie zumindest näherungsweise für alle $\boldsymbol{x} \in X$. Wird B/A sehr groß, so bedeutet dies, dass die Entwicklungskoeffizienten für einige Vektoren $\boldsymbol{x} \in X$ extrem klein und für andere Vektoren $\boldsymbol{x} \in X$ extrem groß werden können, auch wenn $\|\boldsymbol{x}\|^2$ konstant gehalten wird. Eine gegebene Basis kann bei einem großen Verhältnis B/A trotz linearer Unabhängigkeit der Basisvektoren sogar für numerische Berechnungen ungeeignet sein.

2.3.1 Berechnung der Koeffizienten

Im Folgenden werden Signale $\boldsymbol{x}$ betrachtet, die einem n-dimensionalen Raum

$$X = \text{span}\,\{\boldsymbol{\varphi}_1, \boldsymbol{\varphi}_2, \ldots, \boldsymbol{\varphi}_n\}$$

mit endlichem n entstammen. Dabei wird vorausgesetzt, dass die Vektoren $\boldsymbol{\varphi}_1$ bis $\boldsymbol{\varphi}_n$ linear unabhängig voneinander sind, so dass sich alle Signale $\boldsymbol{x} \in X$ fehlerfrei und in eindeutiger Weise als

$$\boldsymbol{x} = \sum_{i=1}^{n} \alpha_i\, \boldsymbol{\varphi}_i\,, \qquad \boldsymbol{x} \in X \tag{2.118}$$

darstellen lassen. Gesucht ist der Koeffizientenvektor

$$\boldsymbol{\alpha} = [\alpha_1, \alpha_2, \ldots, \alpha_n]^T\,. \tag{2.119}$$

Wie noch gezeigt wird, kann die Berechnung der Koeffizienten α_i bei gegebenem Signal $\boldsymbol{x} \in X$ und einer gegebenen Basis $\{\boldsymbol{\varphi}_1, \boldsymbol{\varphi}_2, \ldots, \boldsymbol{\varphi}_n\}$ entweder durch Lösung eines linearen Gleichungssystems oder mittels der sog. reziproken Basis erfolgen.

Das Gleichungssystem erhält man durch Multiplikation (Skalarprodukt) beider Seiten von (2.118) mit den Vektoren $\boldsymbol{\varphi}_j$, $j = 1, 2, \ldots, n$. Es lautet

$$\langle \boldsymbol{x}, \boldsymbol{\varphi}_j \rangle = \sum_{i=1}^{n} \alpha_i\, \langle \boldsymbol{\varphi}_i, \boldsymbol{\varphi}_j \rangle\,, \qquad j = 1, 2, \ldots, n. \tag{2.120}$$

In Matrizenschreibweise ergibt sich

$$\boldsymbol{\beta} = \boldsymbol{\Phi}\, \boldsymbol{\alpha} \tag{2.121}$$

Bild 2.4 Basis $\varphi_1 = [0,1]^T$, $\varphi_2 = [2,1]^T$ und die dazu reziproke Basis $\boldsymbol{\theta}_1 = [-0.5,1]^T$, $\boldsymbol{\theta}_2 = [0.5,0]^T$

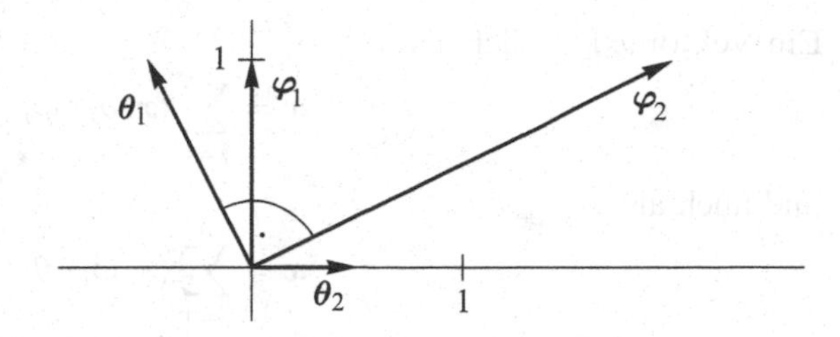

mit

$$\boldsymbol{\Phi} = \begin{bmatrix} \langle\varphi_1,\varphi_1\rangle & \langle\varphi_2,\varphi_1\rangle & \dots & \langle\varphi_n,\varphi_1\rangle \\ \langle\varphi_1,\varphi_2\rangle & \langle\varphi_2,\varphi_2\rangle & \dots & \langle\varphi_n,\varphi_2\rangle \\ \vdots & & & \\ \langle\varphi_1,\varphi_n\rangle & \langle\varphi_2,\varphi_n\rangle & \dots & \langle\varphi_n,\varphi_n\rangle \end{bmatrix},$$

$$\boldsymbol{\beta} = \begin{bmatrix} \langle \boldsymbol{x},\varphi_1\rangle \\ \langle \boldsymbol{x},\varphi_2\rangle \\ \vdots \\ \langle \boldsymbol{x},\varphi_n\rangle \end{bmatrix}. \qquad (2.122)$$

Die Matrix $\boldsymbol{\Phi}$ wird als *Gram'sche Matrix* bezeichnet. Aufgrund der Eigenschaft $\langle\varphi_i,\varphi_k\rangle = \langle\varphi_k,\varphi_i\rangle^*$ ist sie hermitesch, es gilt also $\boldsymbol{\Phi} = \boldsymbol{\Phi}^H$.

Der Nachteil der zuvor betrachteten Methode besteht darin, dass zur Berechnung des Koeffizientenvektors $\boldsymbol{\alpha}$ für jeden neuen Vektor $\boldsymbol{x}$ zunächst der Vektor $\boldsymbol{\beta}$ berechnet werden muss, bevor das Gleichungssystem (2.121) gelöst werden kann. Erheblich interessanter ist die Berechnung der Koeffizienten mit der sogenannten *reziproken Basis* $\{\boldsymbol{\theta}_i;\ i = 1,2,\dots,n\}$, die die Bedingung

$$\langle\varphi_i,\boldsymbol{\theta}_j\rangle = \delta_{ij}\,, \qquad i,j = 1,2,\dots,n \qquad (2.123)$$

erfüllt. Die *Reziprozitätsbedingung* (2.123) zeigt die gegenseitige Orthogonalität zweier Basen und ist auch als *Biorthogonalitätsbeziehung* bekannt. Bild 2.4 veranschaulicht die Bedingung (2.123) in der zweidimensionalen Ebene für den Fall eines Skalarproduktes ohne Gewichtung.

Die Multiplikation beider Seiten von Gleichung (2.118) von rechts mit $\boldsymbol{\theta}_j$, $j = 1,2,\dots,n$ führt auf

$$\langle \boldsymbol{x},\boldsymbol{\theta}_j\rangle = \sum_{i=1}^{n} \alpha_i \underbrace{\langle\varphi_i,\boldsymbol{\theta}_j\rangle}_{\delta_{ij}}, \qquad j = 1,2,\dots,n. \qquad (2.124)$$

Das heißt, mit der reziproken Basis erhält man die Koeffizienten direkt durch die Bildung von Skalarprodukten

$$\alpha_j = \langle \boldsymbol{x},\boldsymbol{\theta}_j\rangle\,, \qquad j = 1,2,\dots,n. \qquad (2.125)$$

Ein Vektor $\boldsymbol{x}$ lässt sich als

$$\boldsymbol{x} = \sum_{i=1}^{n} \langle \boldsymbol{x}, \boldsymbol{\theta}_i \rangle \, \boldsymbol{\varphi}_i \tag{2.126}$$

und auch als

$$\boldsymbol{x} = \sum_{i=1}^{n} \langle \boldsymbol{x}, \boldsymbol{\varphi}_i \rangle \, \boldsymbol{\theta}_i \tag{2.127}$$

darstellen.

Die Parseval'sche Gleichung gilt nur für orthonormale Basen. Bei allgemeinen Basen lässt sich allerdings auch eine Beziehung zwischen dem Skalarprodukt von Signalen und deren Entwicklungskoeffizienten herstellen. Hierzu wird eines der Signale mittels der Basis $\{\boldsymbol{\varphi}_1, \ldots, \boldsymbol{\varphi}_n\}$ und das zweite Signal mittels der dazugehörigen reziproken Basis $\{\boldsymbol{\theta}_1, \ldots, \boldsymbol{\theta}_n\}$ dargestellt. Für das Skalarprodukt zweier Signale

$$\boldsymbol{x} = \sum_{i=1}^{n} \langle \boldsymbol{x}, \boldsymbol{\varphi}_i \rangle \, \boldsymbol{\theta}_i, \qquad \boldsymbol{y} = \sum_{k=1}^{n} \langle \boldsymbol{y}, \boldsymbol{\theta}_k \rangle \, \boldsymbol{\varphi}_k \tag{2.128}$$

erhalten wir

$$\begin{aligned} \langle \boldsymbol{x}, \boldsymbol{y} \rangle &= \left\langle \sum_{i=1}^{n} \langle \boldsymbol{x}, \boldsymbol{\varphi}_i \rangle \, \boldsymbol{\theta}_i, \sum_{k=1}^{n} \langle \boldsymbol{y}, \boldsymbol{\theta}_k \rangle \, \boldsymbol{\varphi}_k \right\rangle \\ &= \sum_{i=1}^{n} \sum_{k=1}^{n} \langle \boldsymbol{x}, \boldsymbol{\varphi}_i \rangle \, \langle \boldsymbol{y}, \boldsymbol{\theta}_k \rangle^* \, \langle \boldsymbol{\theta}_i, \boldsymbol{\varphi}_k \rangle \, , \end{aligned} \tag{2.129}$$

woraus mit $\langle \boldsymbol{\varphi}_i, \boldsymbol{\theta}_k \rangle = \delta_{ik}$ der Zusammenhang

$$\langle \boldsymbol{x}, \boldsymbol{y} \rangle = \sum_{i=1}^{n} \langle \boldsymbol{x}, \boldsymbol{\varphi}_i \rangle \, \langle \boldsymbol{y}, \boldsymbol{\theta}_i \rangle^* \tag{2.130}$$

folgt.

Berechnung der reziproken Basis Im Folgenden wird gezeigt, wie die reziproke Basis aus einer gegebenen Basis berechnet werden kann. Da sowohl die Vektoren $\{\boldsymbol{\varphi}_k;\ k = 1, 2, \ldots, n\}$ als auch $\{\boldsymbol{\theta}_j;\ j = 1, 2, \ldots, n\}$ Basen des Raumes X sind, lassen sich die Vektoren $\boldsymbol{\theta}_j$, $j = 1, 2, \ldots, n$ als Linearkombination der Vektoren $\boldsymbol{\varphi}_k$, $k = 1, 2, \ldots, n$ mit den noch unbekannten Koeffizienten γ_{jk} schreiben:

$$\boldsymbol{\theta}_j = \sum_{k=1}^{n} \gamma_{jk} \, \boldsymbol{\varphi}_k, \qquad j = 1, 2, \ldots, n. \tag{2.131}$$

Die Multiplikation dieser Gleichung von rechts mit den Vektoren φ_i, $i = 1, 2, \ldots, n$ und der Vergleich mit (2.123) ergeben

$$\left.\begin{aligned}\langle \boldsymbol{\theta}_j, \boldsymbol{\varphi}_i \rangle &= \left\langle \sum_{k=1}^{n} \gamma_{jk}\, \boldsymbol{\varphi}_k, \boldsymbol{\varphi}_i \right\rangle \\ &= \sum_{k=1}^{n} \langle \gamma_{jk}\, \boldsymbol{\varphi}_k, \boldsymbol{\varphi}_i \rangle \\ &= \sum_{k=1}^{n} \gamma_{jk}\, \langle \boldsymbol{\varphi}_k, \boldsymbol{\varphi}_i \rangle \\ &= \delta_{ij}\end{aligned}\right\} \quad i, j = 1, 2, \ldots, n. \tag{2.132}$$

Mit den Bezeichnungen

$$\boldsymbol{\Gamma} = \begin{bmatrix} \gamma_{11} & \cdots & \gamma_{1n} \\ \vdots & \ddots & \vdots \\ \gamma_{n1} & \cdots & \gamma_{nn} \end{bmatrix} \quad \text{und} \quad \boldsymbol{\Phi}^T = \begin{bmatrix} \langle \boldsymbol{\varphi}_1, \boldsymbol{\varphi}_1 \rangle & \cdots & \langle \boldsymbol{\varphi}_1, \boldsymbol{\varphi}_n \rangle \\ \vdots & & \vdots \\ \langle \boldsymbol{\varphi}_n, \boldsymbol{\varphi}_1 \rangle & \cdots & \langle \boldsymbol{\varphi}_n, \boldsymbol{\varphi}_n \rangle \end{bmatrix} \tag{2.133}$$

lautet Gleichung (2.132) in Matrizenschreibweise

$$\boldsymbol{\Gamma}\, \boldsymbol{\Phi}^T = \boldsymbol{I},$$

wobei $\boldsymbol{I}$ die Einheitsmatrix ist. Eine Umformung von (2.134) ergibt

$$\boldsymbol{\Gamma} = \left(\boldsymbol{\Phi}^T\right)^{-1}. \tag{2.134}$$

Die reziproke Basis erhält man aus den Gleichungen (2.131), (2.133) und (2.134).

Beispiel 2.4 Gesucht ist die zu den Funktionen

$$\varphi_1(t) = 1, \quad \varphi_2(t) = t, \quad \varphi_3(t) = t^2$$

auf dem Intervall $[0, 1]$ mit der Gewichtsfunktion $g(t) = 1$ reziproke Basis. Die aus den Einträgen

$$\langle \boldsymbol{\varphi}_k, \boldsymbol{\varphi}_i \rangle = \int_0^1 \varphi_i(t)\, \varphi_k(t)\, dt$$

gebildete Gram'sche Matrix $\boldsymbol{\Phi}$ und die Matrix $\boldsymbol{\Gamma} = (\boldsymbol{\Phi}^T)^{-1}$ lauten

$$\boldsymbol{\Phi} = \begin{bmatrix} 1 & 1/2 & 1/3 \\ 1/2 & 1/3 & 1/4 \\ 1/3 & 1/4 & 1/5 \end{bmatrix}, \qquad \boldsymbol{\Gamma} = \begin{bmatrix} 9 & -36 & 30 \\ -36 & 192 & -180 \\ 30 & -180 & 180 \end{bmatrix}.$$

Mit Gleichung (2.131) folgt

$$\begin{aligned}\theta_1(t) &= 9\varphi_1(t) - 36\varphi_2(t) + 30\varphi_3(t) &&= 9 - 36t + 30t^2, \\ \theta_2(t) &= -36\varphi_1(t) + 192\varphi_2(t) - 180\varphi_3(t) &&= -36 + 192t - 180t^2, \\ \theta_3(t) &= 30\varphi_1(t) - 180\varphi_2(t) + 180\varphi_3(t) &&= 30 - 180t + 180t^2.\end{aligned}$$

2.3.2 Orthogonale Projektion

Es wird die Approximation eines Signals $\boldsymbol{x} \in X$ durch ein Signal $\hat{\boldsymbol{x}} \in M_m$ betrachtet. Für die Signalräume gelte

$$X = \operatorname{span}\{\varphi_1, \varphi_2, \ldots, \varphi_n\} \quad \text{und} \quad M_m = \operatorname{span}\{\varphi_1, \varphi_2, \ldots, \varphi_m\} \quad \text{mit} \quad m < n.$$

Gesucht ist die beste Approximation des Vektors $\boldsymbol{x} \in X$ durch den Vektor $\hat{\boldsymbol{x}} \in M_m$ im Sinne eines minimalen euklidischen Abstands

$$d(\boldsymbol{x}, \hat{\boldsymbol{x}}) = \|\boldsymbol{x} - \hat{\boldsymbol{x}}\|. \tag{2.135}$$

Wie im Folgenden gezeigt wird, lautet die Lösung des Problems

$$\hat{\boldsymbol{x}} = \sum_{i=1}^{m} \langle \boldsymbol{x}, \boldsymbol{\theta}_i \rangle \, \varphi_i, \tag{2.136}$$

wobei $\{\boldsymbol{\theta}_i;\ i = 1, 2, \ldots, m\}$ die zu $\{\varphi_i;\ i = 1, 2, \ldots, m\}$ reziproke Basis ist, die ebenfalls den Unterraum M_m aufspannt:

$$M_m = \operatorname{span}\{\varphi_1, \varphi_2, \ldots, \varphi_m\} = \operatorname{span}\{\boldsymbol{\theta}_1, \boldsymbol{\theta}_2, \ldots, \boldsymbol{\theta}_m\}. \tag{2.137}$$

Zunächst wird hierzu der Ausdruck $\langle \hat{\boldsymbol{x}}, \boldsymbol{\theta}_j \rangle$ mit $\hat{\boldsymbol{x}}$ nach (2.136) betrachtet. Wegen der Biorthogonalität $\langle \varphi_i, \boldsymbol{\theta}_j \rangle = \delta_{ij}$ erhält man

$$\langle \hat{\boldsymbol{x}}, \boldsymbol{\theta}_j \rangle = \left\langle \sum_{i=1}^{m} \langle \boldsymbol{x}, \boldsymbol{\theta}_i \rangle \, \varphi_i \,,\, \boldsymbol{\theta}_j \right\rangle = \sum_{i=1}^{m} \langle \boldsymbol{x}, \boldsymbol{\theta}_i \rangle \underbrace{\langle \varphi_i, \boldsymbol{\theta}_j \rangle}_{\delta_{ij}} = \langle \boldsymbol{x}, \boldsymbol{\theta}_j \rangle, \qquad j = 1, 2, \ldots, m. \tag{2.138}$$

Es folgt

$$\langle \boldsymbol{x} - \hat{\boldsymbol{x}}, \boldsymbol{\theta}_j \rangle = 0, \qquad j = 1, 2, \ldots, m. \tag{2.139}$$

Aus (2.137) und (2.139) kann geschlossen werden, dass der Differenzvektor

$$\boldsymbol{\eta} = \boldsymbol{x} - \hat{\boldsymbol{x}} \tag{2.140}$$

senkrecht auf allen Vektoren im Unterraum M_m steht:

$$\boldsymbol{\eta} \perp \tilde{\boldsymbol{x}} \quad \text{für alle } \tilde{\boldsymbol{x}} \in M_m. \tag{2.141}$$

Wie im Falle einer orthonormalen Basis (vgl. Abschnitt 2.2.2) wird der Signalraum X in die orthogonale Summe

$$X = M_m \overset{\perp}{\oplus} M_m^{\perp} \tag{2.142}$$

zerlegt, wobei $M_m^{\perp}$ das orthogonale Komplement zu M_m ist. Für die Vektoren gilt

$$\boldsymbol{x} = \hat{\boldsymbol{x}} + \boldsymbol{\eta}, \qquad \hat{\boldsymbol{x}} \in M_m, \quad \boldsymbol{\eta} \in M_m^{\perp}, \quad \boldsymbol{x} \in X. \tag{2.143}$$

Der Vektor $\hat{\boldsymbol{x}}$ nach (2.136) ist die *orthogonale Projektion* von $\boldsymbol{x} \in X$ auf M_m.

Um zu zeigen, dass der Abstand $d(\boldsymbol{x}, \hat{\boldsymbol{x}}) = \|\boldsymbol{x} - \hat{\boldsymbol{x}}\|$ mit $\hat{\boldsymbol{x}}$ nach (2.136) minimal ist, wird ein beliebiger Vektor $\tilde{\boldsymbol{x}} \in M_m$ betrachtet. Das Quadrat des Abstands $d(\boldsymbol{x}, \tilde{\boldsymbol{x}})$ lautet

$$
\begin{aligned}
d^2(\boldsymbol{x}, \tilde{\boldsymbol{x}}) &= \|\boldsymbol{x} - \tilde{\boldsymbol{x}}\|^2 \\
&= \|(\boldsymbol{x} - \hat{\boldsymbol{x}}) - (\tilde{\boldsymbol{x}} - \hat{\boldsymbol{x}})\|^2 \\
&= \langle (\boldsymbol{x} - \hat{\boldsymbol{x}}) - (\tilde{\boldsymbol{x}} - \hat{\boldsymbol{x}}), (\boldsymbol{x} - \hat{\boldsymbol{x}}) - (\tilde{\boldsymbol{x}} - \hat{\boldsymbol{x}}) \rangle \\
&= \langle \boldsymbol{x} - \hat{\boldsymbol{x}}, \boldsymbol{x} - \hat{\boldsymbol{x}} \rangle - \langle \boldsymbol{x} - \hat{\boldsymbol{x}}, \tilde{\boldsymbol{x}} - \hat{\boldsymbol{x}} \rangle - \langle \tilde{\boldsymbol{x}} - \hat{\boldsymbol{x}}, \boldsymbol{x} - \hat{\boldsymbol{x}} \rangle + \langle \tilde{\boldsymbol{x}} - \hat{\boldsymbol{x}}, \tilde{\boldsymbol{x}} - \hat{\boldsymbol{x}} \rangle .
\end{aligned}
\tag{2.144}
$$

Wegen $(\tilde{\boldsymbol{x}} - \hat{\boldsymbol{x}}) \in M_m$ und der Beziehung (2.139) sind der zweite und dritte Term in (2.144) null, und es verbleibt

$$\|\boldsymbol{x} - \tilde{\boldsymbol{x}}\|^2 = \|\boldsymbol{x} - \hat{\boldsymbol{x}}\|^2 + \|\tilde{\boldsymbol{x}} - \hat{\boldsymbol{x}}\|^2 . \tag{2.145}$$

Das Minimum des Abstands ergibt sich für $\tilde{\boldsymbol{x}} = \hat{\boldsymbol{x}}$, so dass (2.136) in eindeutiger Weise die beste Approximation liefert.

Einen Zusammenhang zwischen den Normen der Vektoren $\boldsymbol{x}, \hat{\boldsymbol{x}}$ und $\boldsymbol{\eta}$ erhält man aus

$$
\begin{aligned}
\|\boldsymbol{x}\|^2 &= \|\hat{\boldsymbol{x}} + \boldsymbol{\eta}\|^2 \\
&= \langle \hat{\boldsymbol{x}} + \boldsymbol{\eta}, \hat{\boldsymbol{x}} + \boldsymbol{\eta} \rangle \\
&= \langle \hat{\boldsymbol{x}}, \hat{\boldsymbol{x}} \rangle + \langle \hat{\boldsymbol{x}}, \boldsymbol{\eta} \rangle + \langle \boldsymbol{\eta}, \hat{\boldsymbol{x}} \rangle + \langle \boldsymbol{\eta}, \boldsymbol{\eta} \rangle .
\end{aligned}
\tag{2.146}
$$

Wegen (2.143) verschwinden der zweite und dritte Term, und es verbleibt

$$\|\boldsymbol{x}\|^2 = \|\hat{\boldsymbol{x}}\|^2 + \|\boldsymbol{\eta}\|^2 . \tag{2.147}$$

2.3.3 Orthogonale Projektion von N-Tupeln

Die bisher betrachteten Lösungen des Projektionsproblems gelten natürlich auch für N-Tupel. Wegen der besonderen Bedeutung von N-Tupeln, die zum Beispiel Abtastwerte von Signalen oder aber bereits Koeffizienten einer Reihendarstellung von Signalen sein können, wird auf diese Thematik noch einmal gesondert eingegangen. Die Projektion lässt sich hier sehr kompakt durch Matrizen beschreiben, und es steht eine Fülle an Lösungsverfahren zur Verfügung.

Im Folgenden werden Vektoren $\boldsymbol{x} \in \mathbb{C}^n$ betrachtet, und es wird die orthogonale Projektion auf Unterräume $M_m = \text{span}\{\boldsymbol{b}_1, \boldsymbol{b}_2, \ldots, \boldsymbol{b}_m\}$ mit $m < n$ und $\boldsymbol{b}_i \in \mathbb{C}^n$ gesucht. Mit

$$\boldsymbol{B} = [\boldsymbol{b}_1, \boldsymbol{b}_2, \ldots, \boldsymbol{b}_m] \qquad n \times m \text{ Matrix,} \tag{2.148}$$

$$\boldsymbol{a} = [a_1, a_2, \ldots, a_m]^T \qquad m \times 1 \text{ Vektor} \tag{2.149}$$

lässt sich die näherungsweise Darstellung als

$$\hat{\boldsymbol{x}} = \boldsymbol{B}\,\boldsymbol{a} \tag{2.150}$$

schreiben. Weiterhin lässt sich die orthogonale Projektion durch eine hermitesche, idempotente Matrix $\boldsymbol{P}$ in der Form

$$\hat{\boldsymbol{x}} = \boldsymbol{P}\,\boldsymbol{x} \tag{2.151}$$

beschreiben. Die Eigenschaft der Idempotenz bedeutet dabei $\boldsymbol{P}^2 = \boldsymbol{P}$.

Skalarprodukt ohne Gewichtung Zur Berechnung der reziproken Basis

$$\boldsymbol{\Theta} = [\boldsymbol{\theta}_1, \boldsymbol{\theta}_2, \ldots, \boldsymbol{\theta}_n] \tag{2.152}$$

werden die Beziehungen (2.134), (2.122) und (2.131) benötigt, die in Matrizenschreibweise für ein Skalarprodukt ohne Gewichtung wie folgt lauten:

$$\boldsymbol{\Gamma}^T = \boldsymbol{\Phi}^{-1}, \qquad \boldsymbol{\Phi} = \boldsymbol{B}^H\boldsymbol{B}, \qquad \boldsymbol{\Theta} = \boldsymbol{B}\,\boldsymbol{\Gamma}^T. \tag{2.153}$$

Für die reziproke Basis ergibt sich damit

$$\boldsymbol{\Theta} = \boldsymbol{B}\,[\boldsymbol{B}^H\boldsymbol{B}]^{-1}. \tag{2.154}$$

Beachtet man, dass die Inverse einer hermiteschen Matrix ebenfalls hermitesch ist, dann berechnet sich der Koeffizientenvektor nach (2.125) zu

$$\boldsymbol{a} = \boldsymbol{\Theta}^H\boldsymbol{x} = [\boldsymbol{B}^H\boldsymbol{B}]^{-1}\boldsymbol{B}^H\boldsymbol{x}. \tag{2.155}$$

Diesen Vektor erhält man auch als Lösung des Gleichungssystems

$$[\boldsymbol{B}^H\boldsymbol{B}]\boldsymbol{a} = \boldsymbol{B}^H\boldsymbol{x}. \tag{2.156}$$

Die in (2.156) enthaltenen Gleichungen werden auch als die *Normalengleichungen* bezeichnet. Die orthogonale Projektion lautet mit (2.150)

$$\hat{\boldsymbol{x}} = \boldsymbol{B}[\boldsymbol{B}^H\boldsymbol{B}]^{-1}\boldsymbol{B}^H\boldsymbol{x}. \tag{2.157}$$

Falls die Matrix $\boldsymbol{B}$ eine orthonormale Basis enthält, gilt $\boldsymbol{B}^H\boldsymbol{B} = \boldsymbol{I}$, und die Lösung vereinfacht sich erheblich. Eine Matrix $\boldsymbol{B}$, für die $\boldsymbol{B}^H = \boldsymbol{B}^{-1}$ gilt, wird auch als *unitär* bezeichnet. Wenn $\boldsymbol{B}$ reell ist und $\boldsymbol{B}^T = \boldsymbol{B}^{-1}$ gilt, spricht man von einer orthogonalen Matrix.

Skalarprodukt mit Gewichtung Im Falle eines Skalarproduktes mit einer Gewichtungsmatrix $\boldsymbol{G}$ lauten die Gleichungen (2.134), (2.122) und (2.131)

$$\boldsymbol{\Gamma}^T = \boldsymbol{\Phi}^{-1}, \qquad \boldsymbol{\Phi} = \boldsymbol{B}^H\boldsymbol{G}\boldsymbol{B}, \qquad \boldsymbol{\Theta} = \boldsymbol{B}\,\boldsymbol{\Gamma}^T. \tag{2.158}$$

Hier erhält man

$$\Theta = B\,[B^H G B]^{-1}, \tag{2.159}$$
$$a = [B^H G B]^{-1} B^H G x, \tag{2.160}$$
$$\hat{x} = B[B^H G B]^{-1} B^H G x. \tag{2.161}$$

Alternativ kann man auch die Gewichtungsmatrix G in ein Produkt $G = H^H H$ aufspalten und das Approximations- bzw. Projektionsproblem

$$a = \underset{\alpha}{\operatorname{argmin}}\ \|B\alpha - x\|_G \tag{2.162}$$

mittels der Transformation

$$z = Hx, \qquad V = HB \tag{2.163}$$

in das äquivalente Problem

$$a = \underset{\alpha}{\operatorname{argmin}}\ \|V\alpha - z\|_I \tag{2.164}$$

überführen. Der Operator $\operatorname{argmin}_\alpha Q(\alpha)$ liefert dabei den Wert α, der zum Minimum der Funktion $Q(\alpha)$ führt. Die Indizes der Normen in (2.162) und (2.164) geben die Gewichtungsmatrizen an. Das bedeutet, eine Projektion mit einer Gewichtung kann immer in eine Projektion ohne Gewichtung überführt werden. Die Aufspaltung von G in $H^H H$ kann über eine *Cholesky-Zerlegung* oder über eine *Singulärwertzerlegung* geschehen. Beide Methoden der Zerlegung sind stets möglich, da G hermitesch und positiv definit sein muss.

Die zuvor beschriebene Berechnung der reziproken Basis erfordert die Inversion der Gramschen Matrix. Falls diese Matrix schlecht konditioniert ist, können sich dabei erhebliche numerische Probleme ergeben. Robustere Methoden zur Behandlung solcher Fälle sind die QR-Zerlegung und die Moore-Penrose Pseudoinverse, die im Anhang näher erläutert werden.

Literaturverzeichnis

[1] I. Daubechies: *Ten Lectures on Wavelets*. SIAM, 1992.
[2] L. E. Franks: *Signal Theory*. Prentice-Hall, Englewood Cliffs, NJ, 1969.
[3] H. Heuser: *Funktionalanalysis: Theorie und Anwendung*. B.G. Teubner, Stuttgart, 2006.
[4] H. Heuser und H. Wolf: *Algebra, Funktionalanalysis und Codierung*. B.G. Teubner, Stuttgart, 1986.
[5] E. Kreyszig: *Introductory Functional Analysis with Applications*. Wiley, 1989.

Kapitel 3
Zeitkontinuierliche Signale und Systeme

Dieses Kapitel beschäftigt sich mit der Beschreibung zeitkontinuierlicher Signale und ihrer Transformation durch lineare zeitinvariante Systeme. Nach der Behandlung der Eingangs-Ausgangs-Beziehungen der LTI-Systeme im Zeitbereich steht die Fourier-Transformation im Mittelpunkt der Betrachtungen, denn sie gibt besondere Einblicke in die Eigenschaften von Signalen und Systemen. Im Anschluss daran wird die Hilbert-Transformation besprochen, die sich insbesondere für die Beschreibung von Bandpasssignalen als vorteilhaft herausstellt. Schließlich wird noch die Laplace-Transformation behandelt. Sie bildet den Abschluss dieses Kapitels.

3.1 Beschreibung linearer zeitinvarianter Systeme im Zeitbereich

Betrachtet wird die Anordnung in Bild 3.1. Das System transformiert dabei ein Signal $x(t)$, das am Systemeingang anliegt, in ein Signal $y(t)$ am Systemausgang. Die Transformation sei durch eine Operation $\mathcal{T}$ beschrieben:

$$y(t) = \mathcal{T}\,[x(t)]. \tag{3.1}$$

Das System ist linear, wenn für die Linearkombination beliebiger Eingangssignale $x_1(t)$ und $x_2(t)$ die Eigenschaft

$$\mathcal{T}\,[\alpha_1 x_1(t) + \alpha_2 x_2(t)] = \alpha_1 \mathcal{T}\,[x_1(t)] + \alpha_2 \mathcal{T}\,[x_2(t)] \tag{3.2}$$

gilt. Das System ist zeitinvariant, wenn

$$\mathcal{T}\,[x(t-\tau)] = y(t-\tau) \tag{3.3}$$

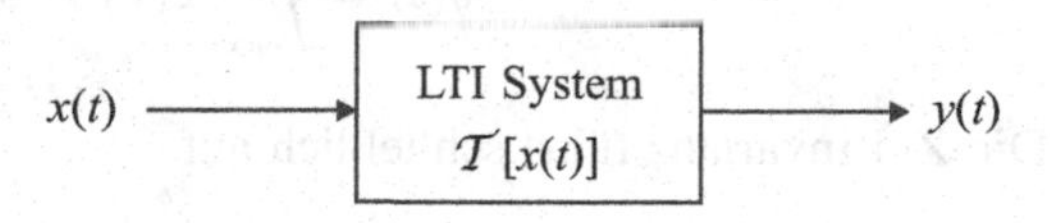

Bild 3.1 Transformation eines Signals $x(t)$ durch ein LTI-System

Ergänzende Information Die elektronische Version dieses Kapitels enthält Zusatzmaterial, auf das über folgenden Link zugegriffen werden kann https://doi.org/10.1007/978-3-658-41529-7_3.

A. Mertins, *Signaltheorie*, https://doi.org/10.1007/978-3-658-41529-7_3

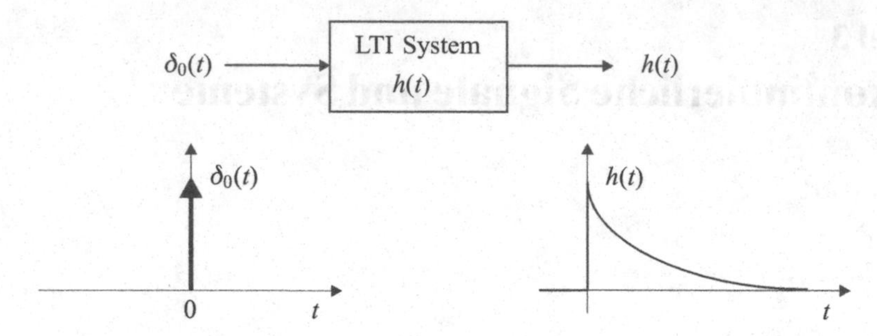

Bild 3.2 Impulsantwort eines LTI-Systems

für beliebige Zeitverschiebungen τ gilt. Ein System, das die Eigenschaften (3.2) und (3.3) besitzt, wird als *lineares zeitinvariantes System* (engl. *linear time invariant system*), kurz *LTI-System*, bezeichnet.

3.1.1 Impulsantwort, Faltung und Sprungantwort

Um die Antwort eines LTI-Systems auf eine beliebige Anregung $x(t)$ zu ermitteln, betrachten wir zunächst seine Antwort auf einen Dirac-Impuls $\delta_0(t)$, siehe Bild 3.2:

$$h(t) = \mathcal{T}\left[\delta_0(t)\right]. \tag{3.4}$$

Die Antwort $h(t)$ wird als die *Impulsantwort* des Systems bezeichnet. Nun nutzen wir die aus Abschnitt 1.2 bekannte Eigenschaft des Dirac-Impulses, dass damit ein Signal $x(t)$ in der Form

$$x(t) = \int_{-\infty}^{\infty} x(\tau)\,\delta_0(t-\tau)\,d\tau \tag{3.5}$$

beschrieben werden kann, wobei die Gleichheit für alle t gilt, für die $x(t)$ stetig ist. Die Antwort $y(t)$ eines LTI-Systems $\mathcal{T}$ auf das Eingangssignal $x(t)$ lautet daher

$$y(t) = \mathcal{T}\left[x(t)\right] = \mathcal{T}\left[\int_{-\infty}^{\infty} x(\tau)\,\delta_0(t-\tau)\,d\tau\right]. \tag{3.6}$$

Aus der Linearität folgt unter der Annahme eines beschränkten Operators $\mathcal{T}$

$$y(t) = \int_{-\infty}^{\infty} x(\tau)\,\mathcal{T}\left[\delta_0(t-\tau)\right]\,d\tau. \tag{3.7}$$

Die Zeitinvarianz führt schließlich auf

$$y(t) = \int_{-\infty}^{\infty} x(\tau)\,h(t-\tau)\,d\tau. \tag{3.8}$$

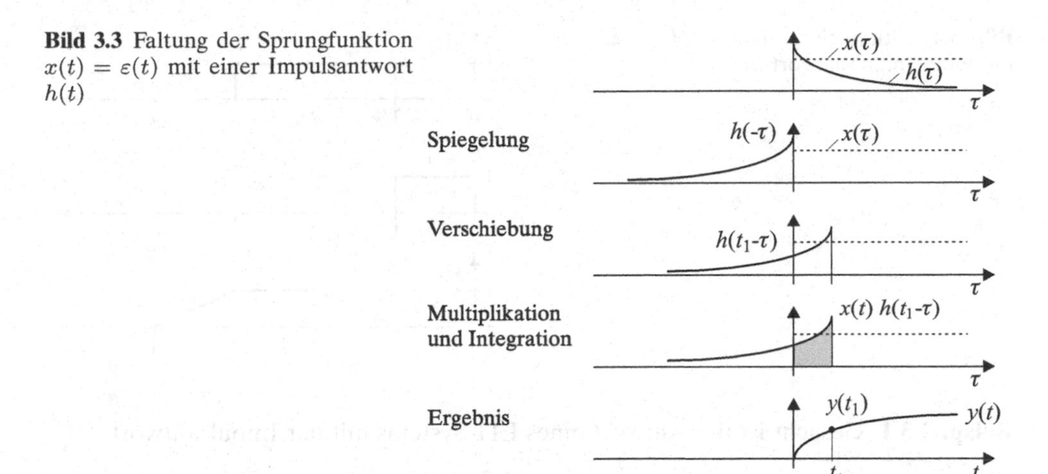

Bild 3.3 Faltung der Sprungfunktion $x(t) = \varepsilon(t)$ mit einer Impulsantwort $h(t)$

Der Ausdruck (3.8) zeigt, dass die Antwort eines LTI-Systems auf ein beliebiges Eingangssignal eindeutig durch die Impulsantwort des Systems bestimmt ist.[1] Der in (3.8) beschriebene Zusammenhang zwischen dem Eingangs- und dem Ausgangssignal wird als *Faltungsintegral* bzw. als *lineare Faltung* bezeichnet.

Über eine Variablensubstitution erhält man aus (3.8) den äquivalenten Ausdruck

$$y(t) = \int_{-\infty}^{\infty} h(\tau)\, x(t-\tau)\, d\tau. \tag{3.9}$$

Für die Faltung wird im Folgenden häufig die symbolische Kurzschreibweise

$$y(t) = x(t) * h(t) \tag{3.10}$$

verwendet.[2] Es gilt $x(t)*h(t) = h(t)*x(t)$. Die einzelnen Schritte der Faltung werden in Bild 3.3 illustriert.

Auch wenn das Faltungsintegral (3.8) bzw. (3.9) unter der Voraussetzung eines beschränkten Operators $\mathcal{T}$ hergeleitet wurde, gilt der Faltungszusammenhang unter Zuhilfenahme der Distributionentheorie auch für bestimmte unbeschränkte Operatoren wie zum Beispiel den Ableitungsoperator.

---

[1] Ist das Signal $x(t)$ dimensionsbehaftet (zum Beispiel eine Spannung in Volt), und ist t die Zeit in Sekunden, so ist für die Impulsantwort die Einheit s^{-1} anzusetzen, damit das Ausgangssignal die gleiche Einheit wie das Eingangssignal besitzt.

[2] Es ist darauf zu achten, dass die symbolische Schreibweise keinen mathematisch exakten Ausdruck darstellt und dass zum Beispiel Substitutionen der Form $t \to \alpha t$ in der symbolischen Schreibweise nicht zulässig sind. Um dies zu umgehen, verwenden einige Autoren auch die Schreibweise $y(t) = [x * h](t)$.

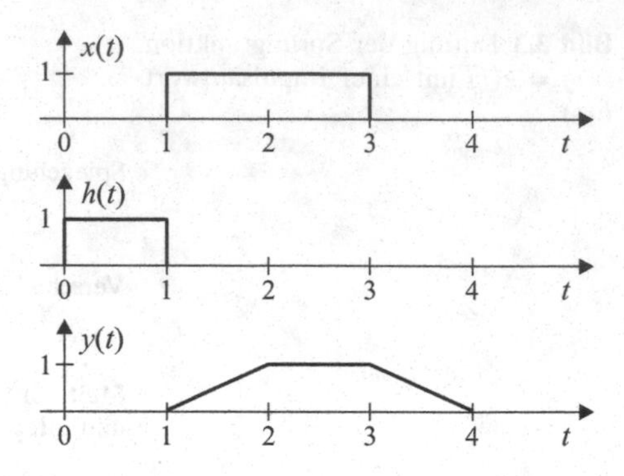

Bild 3.4 Faltung eines Signals $x(t)$ mit einer Impulsantwort $h(t)$

Beispiel 3.1 Gesucht ist die Antwort eines LTI-Systems mit der Impulsantwort

$$h(t) = \mathrm{rect}\left(t - \frac{1}{2}\right)$$

auf das Eingangssignal

$$x(t) = \mathrm{rect}\left(\frac{t-2}{2}\right).$$

Bei der Auswertung des Faltungsintegrals ergeben sich verschiedene, gesondert zu behandelnde Intervalle. Für $t < 1$ ist das Ausgangssignal null. Im Bereich $1 \leq t \leq 2$ vergrößert sich die Fläche der Überlappung von $x(\tau)$ und $h(t-\tau)$ linear mit der Zeit t. Für $2 \leq t \leq 3$ bleibt die Überlappung der zwei Rechteck-Funktionen konstant. Im Bereich $3 \leq t \leq 4$ nimmt die Überlappung von $x(\tau)$ und $h(t-\tau)$ linear ab, und für $t > 4$ ist die Überlappung null. Insgesamt ergibt sich damit ein trapezförmiges Ausgangssignal. Bild 3.4 zeigt hierzu die Verläufe von $x(t)$, $h(t)$ und $y(t) = x(t)*h(t)$.

Die Sprungantwort Unter der Sprungantwort eines Systems versteht man die Antwort des Systems auf einen Einheitssprung $\varepsilon(t)$ am Systemeingang:

$$g(t) = \mathcal{T}\left[\varepsilon(t)\right]. \tag{3.11}$$

Wegen des Zusammenhangs (vgl. Abschnitt 1.2)

$$\varepsilon(t) = \int_{-\infty}^{t} \delta_0(\tau)\, d\tau \tag{3.12}$$

erhält man die Sprungantwort aus der Impulsantwort durch Integration:

$$g(t) = \int_{-\infty}^{t} h(\tau)\, d\tau. \tag{3.13}$$

Umgekehrt ist die Ableitung der Sprungantwort gleich der Impulsantwort:

$$h(t) = \frac{d}{dt}\, g(t). \tag{3.14}$$

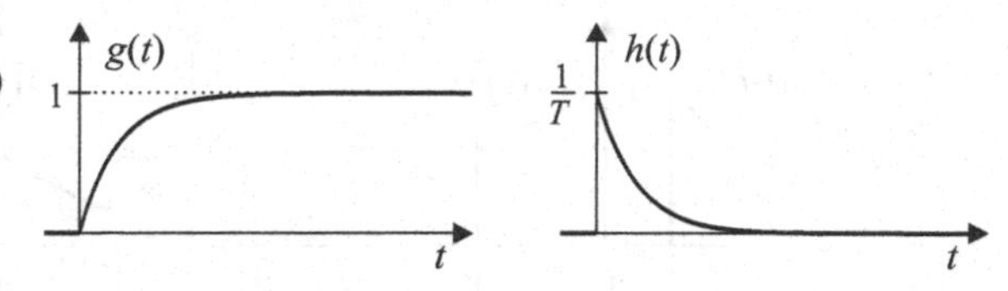

Bild 3.5 Sprungantwort (links) und dazugehörige Impulsantwort (rechts)

Beispiel 3.2 Wir betrachten ein System mit der Sprungantwort

$$g(t) = \left[1 - e^{-t/T_2}\right] \varepsilon(t)$$

und suchen die Antwort auf das Eingangssignal

$$x(t) = \begin{cases} e^{-t/T_1} & \text{für } 0 \leq t \leq 1 \\ 0 & \text{sonst.} \end{cases}$$

Um das Ausgangssignal zu berechnen, wird die Impulsantwort benötigt, die man durch Differentiation der Sprungantwort erhält:

$$h(t) = \frac{d}{dt} g(t) = \frac{1}{T_2} e^{-t/T_2} \varepsilon(t).$$

Die Verläufe der Sprung- und Impulsantwort sind in Bild 3.5 dargestellt.

Aufgrund der abschnittsweisen Definition des Eingangssignals muss das Ausgangssignal für verschiedene Zeitintervalle separat berechnet werden:

1. $t < 0$: Hier besteht keine Überlappung zwischen $x(\tau)$ und $h(t-\tau)$, und das Ausgangssignal ist null.
2. $0 \leq t \leq 1$: Für dieses Intervall berechnet sich das Ausgangssignal zu

$$\begin{aligned} y(t) &= \int_0^t e^{-\tau/T_1} \frac{1}{T_2} e^{-(t-\tau)/T_2} \, d\tau \\ &= \frac{1}{T_2/T_1 - 1} \left[e^{-t/T_2} - e^{-t/T_1}\right]. \end{aligned}$$

3. $t > 1$: Hier gilt

$$\begin{aligned} y(t) &= \int_0^1 e^{-\tau/T_1} \frac{1}{T_2} e^{-(t-\tau)/T_2} \, d\tau \\ &= \frac{\left[1 - e^{-(1/T_1 - 1/T_2)}\right]}{T_2/T_1 - 1} \, e^{-t/T_2}. \end{aligned}$$

Die Konfigurationen in den unterschiedlichen Intervallen und das resultierende Ausgangssignal sind in Bild 3.6 dargestellt.

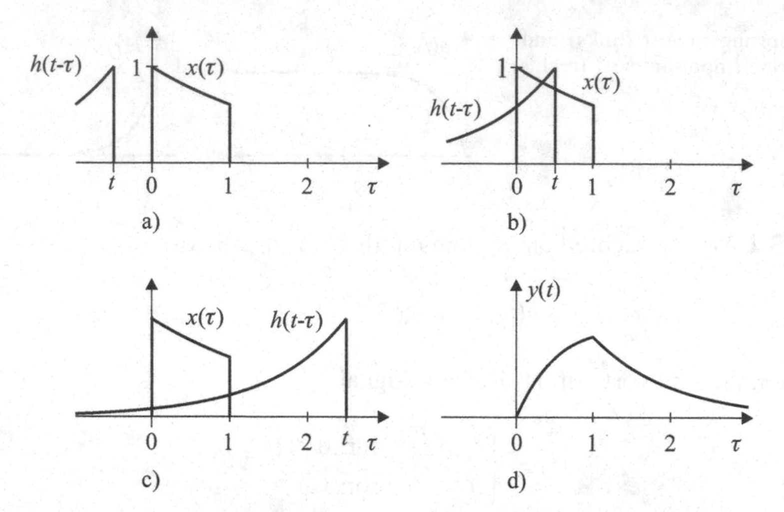

Bild 3.6 Zur Berechnung der Systemantwort auf ein zeitbegrenztes Eingangssignal. a) $t < 0$; b) $0 \leq t \leq 1$; c) $t > 1$; d) Ausgangssignal

Kausalität Bei einem kausalen LTI-System ist das Ausgangssignal zum Zeitpunkt $t = t_0$ nur von Eingangswerten zu Zeiten $t \leq t_0$ abhängig. Dies ist der Fall, wenn die Impulsantwort für negative Zeiten gleich null ist, d. h. wenn $h(t) = 0$ für $t < 0$ gilt. Die Kausalität von Systemen ist für die Echtzeit-Verarbeitung von Signalen notwendig. Sie ist nicht nötig, wenn gespeicherte Signale „*offline*" gefiltert werden sollen. Kausalität wird ebenfalls nicht bei der Filterung von Bildern benötigt, die von räumlichen Parametern und nicht von der Zeit abhängen.

Kaskadierung und Parallelschaltung von LTI-Systemen Bei der Kaskadierung von LTI-Systemen ist es in Bezug auf das Gesamtverhalten unwesentlich, in welcher Reihenfolge die Systeme angeordnet werden. Für die Eingangs-Ausgangs-Beziehungen einer Kaskade aus zwei LTI-Systemen mit den Impulsantworten $h_1(t)$ und $h_2(t)$ gilt

$$\begin{aligned} y(t) &= h_2(t) * [h_1(t) * x(t)] = [h_2(t) * h_1(t)] * x(t) = h(t) * x(t) \\ &= [h_1(t) * h_2(t)] * x(t) = h_1(t) * [h_2(t) * x(t)] \end{aligned} \tag{3.15}$$

mit $h(t) = h_2(t) * h_1(t) = h_1(t) * h_2(t)$. Bei der Parallelschaltung zweier LTI-Systeme mit den Impulsantworten $h_1(t)$ und $h_2(t)$ addieren sich die Ausgangssignale. Für die Gesamtimpulsantwort bedeutet dies

$$h(t) = h_1(t) + h_2(t). \tag{3.16}$$

3.1.2 Impulsantworten ausgewählter LTI-Systeme

Verzögerungselement Unter einem Verzögerungselement versteht man ein System mit der Impulsantwort

$$h(t) = \delta_0(t - t_0). \tag{3.17}$$

Die Faltung eines Signals $x(t)$ mit dieser Impulsantwort liefert eine Verzögerung um t_0:

$$y(t) = \int_{-\infty}^{\infty} x(\tau)\, h(t-\tau)\, d\tau = \int_{-\infty}^{\infty} x(\tau)\, \delta_0(t - t_0 - \tau)\, d\tau = x(t - t_0). \tag{3.18}$$

Bild 3.7a zeigt hierzu ein Beispiel.

Integrierer Ein Integrierer ist ein System mit der Impulsantwort

$$h(t) = \varepsilon(t). \tag{3.19}$$

Er reagiert auf ein Eingangssignal $x(t)$ mit dem Ausgangssignal

$$y(t) = \int_{-\infty}^{\infty} x(\tau)\, \varepsilon(t-\tau)\, d\tau = \int_{-\infty}^{t} x(\tau)\, d\tau. \tag{3.20}$$

Das System integriert somit das Eingangssignal von $t = -\infty$ bis zum aktuellen Zeitpunkt. Ein Beispiel ist in Bild 3.7b dargestellt.

Differenzierer Von einem Differenzierer wird erwartet, dass er die zeitliche Ableitung des Eingangssignals bildet. Aus Abschnitt 1.2, Gleichung (1.63), kennen wir bereits den Zusammenhang

$$x'(t) = \int_{-\infty}^{\infty} x(t-\tau)\, \delta_0'(\tau)\, d\tau, \tag{3.21}$$

den wir als Faltung von $x(t)$ mit dem differenzierten Dirac-Impuls verstehen können. Die Impulsantwort eines Differenzierers lautet somit

$$h(t) = \delta_0'(t). \tag{3.22}$$

Bild 3.7c zeigt ein Beispiel, wobei zu beachten ist, dass die Ableitung in diesem Fall bei $t = 0$ und $t = T$ nicht existiert.

3.1.3 Stabilität von LTI-Systemen

Ein zeitkontinuierliches LTI-System wird als BIBO-stabil bezeichnet, wenn jedes beschränkte Eingangssignal $x(t)$ zu einem beschränkten Ausgangssignal $y(t)$ führt:

$$|x(t)| \leq A < \infty \quad \text{für alle } t \qquad \Rightarrow \qquad |y(t)| \leq B < \infty \quad \text{für alle } t.$$

Der Ausdruck „BIBO“ stammt aus dem Englischen und steht für *bounded input bounded output.*

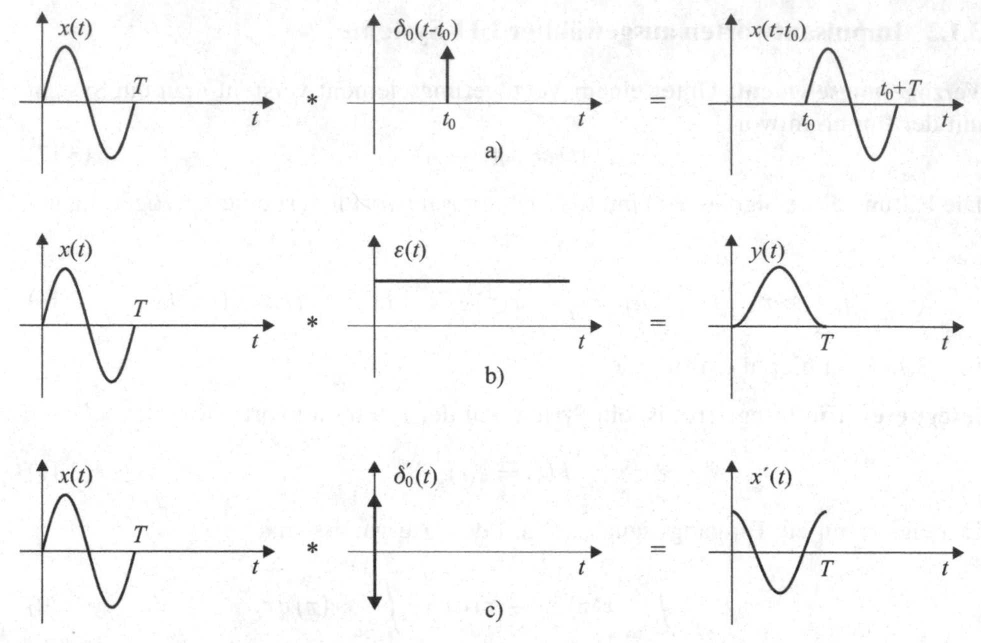

Bild 3.7 Faltung eines Signals $x(t)$ mit ausgewählten Impulsantworten. a) Verzögerungselement; b) Integrierer; c) Differenzierer

Die BIBO-Stabilität eines Systems ist dann und nur dann garantiert, wenn die Impulsantwort des Systems absolut integrierbar ist, wenn also gilt

$$\int_{-\infty}^{\infty} |h(t)|\, dt = C < \infty. \tag{3.23}$$

Beweis. Um zu zeigen, dass die absolute Integrierbarkeit der Impulsantwort hinreichend für die BIBO-Stabilität ist, betrachten wir den Betrag des Ausgangssignals unter der Annahme eines beschränkten Eingangssignals. Es gilt

$$\begin{aligned} |y(t)| &= \left| \int_{-\infty}^{\infty} h(\tau)x(t-\tau)\, d\tau \right| \leq \int_{-\infty}^{\infty} |h(\tau)|\, |x(t-\tau)|\, d\tau \\ &\leq \int_{-\infty}^{\infty} A\, |h(\tau)|\, d\tau = A \cdot C < \infty. \end{aligned}$$

Da A als endlich vorausgesetzt ist, wird das Produkt $A \cdot C$ auch endlich, sofern C endlich ist. Die absolute Integrierbarkeit der Impulsantwort ist allerdings nicht nur eine hinreichende, sondern auch eine notwendige Bedingung für die BIBO-Stabilität. Um dies zu beweisen, betrachten wir das spezielle Eingangssignal

$$x(t) = \begin{cases} h^*(-t)/|h(-t)| & \text{für } h(t) \neq 0 \\ 0 & \text{für } h(t) = 0. \end{cases}$$

Für den Ausgangswert zum Zeitpunkt $t = 0$ gilt

$$y(0) = \int_{-\infty}^{\infty} h(\tau)x(-\tau)d\tau = \int_{-\infty}^{\infty} |h(\tau)|\, d\tau = C.$$

Ist C nicht endlich, so kann das System nicht BIBO-stabil sein, weil dann mindestens ein beschränktes Eingangssignal existiert, für das das Ausgangssignal nicht beschränkt ist. □

3.1.4 Systemantwort auf Exponentialfunktionen

Wir betrachten die Antwort eines BIBO-stabilen LTI-Systems mit der Impulsantwort $h(t)$ auf ein Eingangssignal der Form

$$x(t) = Ue^{st}, \qquad t \in \mathbb{R}, \tag{3.24}$$

wobei U ein beliebiger komplexwertiger Faktor und $s = \sigma + j\omega$ eine komplexe Zahl ist. Das Ausgangssignal ergibt sich wie folgt aus dem Faltungsintegral:

$$\begin{aligned} y(t) &= \int_{-\infty}^{\infty} h(\tau)\, x(t-\tau)\, d\tau \\ &= \int_{-\infty}^{\infty} h(\tau) \cdot Ue^{s(t-\tau)}\, d\tau \\ &= \underbrace{\int_{-\infty}^{\infty} h(\tau)\, e^{-s\tau}\, d\tau}_{H_L(s)} \cdot \underbrace{Ue^{st}}_{x(t)} \\ &= H_L(s) \cdot Ue^{st}. \end{aligned} \tag{3.25}$$

Man erkennt, dass das Ausgangssignal im vorliegenden Fall bis auf einen von s abhängigen Faktor $H_L(s)$ gleich dem Eingangssignal ist. Wegen des Zusammenhangs $y(t) = H_L(s)x(t)$ für Signale $x(t) = Ue^{st}$ werden die Exponentialfunktionen als Eigenfunktionen der LTI-Systeme bezeichnet. Der in (3.25) eingeführte Ausdruck

$$H_L(s) = \int_{-\infty}^{\infty} h(t)\, e^{-st}\, dt \tag{3.26}$$

stellt die zweiseitige *Laplace-Transformation* $H_L(s) = \mathcal{L}\{h(t)\}$ der Impulsantwort $h(t)$ dar. Die Funktion $H_L(s)$ bezeichnet man auch als die *Systemfunktion* des LTI-Systems. Für $\sigma \neq 0$ ist der Kern der Laplace-Transformation eine in Abhängigkeit des Vorzeichens von σ abklingende oder ansteigende komplexe Exponentialfunktion.

Mit der speziellen Wahl eines nicht abklingenden komplexen Exponentialsignals

$$x(t) = U\, e^{j\omega t} \tag{3.27}$$

als Eingangssignal eines LTI-Systems erhält man am Ausgang das Signal $y(t) = H_L(j\omega)x(t)$. Da wir im Rahmen dieses Textes hauptsächlich am Übertragungsverhalten für nicht abklingende komplexe Exponentialsignale interessiert sind, führen wir die vereinfachte Notation

$$H(\omega) = \int_{-\infty}^{\infty} h(\tau)\, e^{-j\omega\tau}\, d\tau \tag{3.28}$$

ein, mit der das Ausgangssignal $y(t) = H(\omega)x(t)$ lautet. Den frequenzabhängigen Übertragungsfaktor $H(\omega) = H_L(j\omega)$ bezeichnet man als den komplexen Frequenzgang bzw. als die *Übertragungsfunktion* des Systems. Die Transformation (3.28) zur Berechnung von $H(\omega)$ aus $h(t)$ ist die Fourier-Transformation, auf die im nächsten Abschnitt noch näher eingegangen wird. Die Fourier-Transformierte $H(\omega) = \mathcal{F}\{h(t)\}$ erhält man aus der Laplace-Transformierten mit der Wahl $s = j\omega$. Umgekehrt kann man die Laplace-Transformation als Fourier-Transformation mit einer exponentiellen Gewichtung verstehen:

$$\mathcal{L}\{h(t)\} = \mathcal{F}\{e^{-\sigma t} h(t)\}.$$

Wegen der vorausgesetzten BIBO-Stabilität und der damit einher gehenden absoluten Integrierbarkeit von $h(t)$ kann im vorliegenden Fall davon ausgegangen werden, dass die Fourier-Transformierte von $h(t)$ und somit auch die Laplace-Transformierte mit $\sigma = 0$ existieren. Die Einführung des Terms $e^{-\sigma t}$ eröffnet bei geeigneter Wahl von σ aber auch die Möglichkeit, die Laplace-Transformierte von Funktionen $x(t)$ anzugeben, deren Fourier-Transformierte nicht existiert. Weitere Details hierzu folgen in den Abschnitten 3.2 und 3.8 zur Fourier- bzw. Laplace-Transformation.

Systemantwort auf sinusförmige Signale Das zuvor beschriebene Übertragungsverhalten für Exponentialfunktionen lässt sich auch auf reelle sinusförmige Signale übertragen. Hierzu betrachten wir die Übertragung eines Signals der Form

$$x(t) = \cos(\omega_0 t) = \frac{1}{2}\left[e^{j\omega_0 t} + e^{-j\omega_0 t}\right] \tag{3.29}$$

über ein LTI-System mit einer reellen Impulsantwort $h(t)$. Nach den vorherigen Überlegungen erscheint die Komponente $e^{j\omega_0 t}$ am Ausgang mit dem Faktor $H(\omega_0)$:

$$\mathcal{T}\left[e^{j\omega_0 t}\right] = H(\omega_0)\, e^{j\omega_0 t}. \tag{3.30}$$

Entsprechend erscheint die Komponente $e^{-j\omega_0 t}$ mit dem Faktor $H(-\omega_0)$:

$$\mathcal{T}\left[e^{-j\omega_0 t}\right] = H(-\omega_0)\, e^{-j\omega_0 t}. \tag{3.31}$$

Da $h(t)$ reellwertig ist, gilt

$$H(-\omega_0) = \int_{-\infty}^{\infty} h(\tau)\, e^{j\omega_0\tau}\, d\tau = \left[\int_{-\infty}^{\infty} h(\tau)\, e^{-j\omega_0\tau}\, d\tau\right]^* = H^*(\omega_0), \tag{3.32}$$

und wir erhalten

$$y(t) = \frac{1}{2}\left[H(\omega_0)e^{j\omega_0 t} + H^*(\omega_0)e^{-j\omega_0 t}\right]. \tag{3.33}$$

Mit der Beschreibung der komplexen Größe $H(\omega_0)$ durch ihren Betrag $|H(\omega_0)|$ und die Phase $\varphi_H(\omega_0)$ in der Form

$$H(\omega_0) = |H(\omega_0)|\, e^{j\varphi_H(\omega_0)} \tag{3.34}$$

und der Euler'schen Formel (1.30) ergibt sich schließlich

$$y(t) = |H(\omega_0)| \cos(\omega_0 t + \varphi_H(\omega_0)). \tag{3.35}$$

Das bedeutet, ein sinusförmiges Signal wird mit dem Betrag der Funktion $H(\omega_0)$ skaliert und um die Phase von $H(\omega_0)$ phasenverschoben.

Periodische (zirkuläre) Faltung Wir betrachten die Faltung eines mit der Periode T periodischen Leistungssignals $x(t)$ mit einer Impulsantwort $h \in L_1(\mathbb{R})$. Das Faltungsintegral

$$y(t) = \int_{-\infty}^{\infty} h(\tau)x(t-\tau)\, d\tau \tag{3.36}$$

kann unter Ausnutzung der Periodizität des Signals $x(t)$ in

$$y(t) = \sum_{k=-\infty}^{\infty} \int_0^T h(\tau + kT)\, \underbrace{x(t-\tau-kT)}_{x(t-\tau)}\, d\tau \tag{3.37}$$

umgeschrieben werden. Mit der Definition

$$h_p(t) = \sum_{k=-\infty}^{\infty} h(t + kT) \tag{3.38}$$

gilt schließlich

$$y(t) = \int_0^T h_p(\tau)x(t-\tau)\, d\tau, \tag{3.39}$$

wofür wir auch

$$y(t) = h_p(t) \circledast_T x(t) \tag{3.40}$$

schreiben. Den Ausdruck (3.39), in dem eine Periode eines periodisches Signals $x(t)$ mit einer periodischen Impulsantwort $h_p(t)$ gefaltet wird, bezeichnet man als periodische bzw. zirkuläre oder zyklische Faltung. Wie Gleichung (3.39) zeigt, kann die Faltung einer beliebig ausgedehnten Impulsantwort $h(t)$ mit einem periodischen Signal $x(t)$ auf eine Integration über eine Periode zurückgeführt werden, indem man aus $h(t)$ eine periodische Impulsantwort $h_p(t)$ erzeugt.

3.2 Die Fourier-Transformation

3.2.1 Definition

Für die Erläuterung der Fourier-Transformation wird von einem reell- oder komplexwertigen zeitkontinuierlichen Signal $x(t)$ ausgegangen, das absolut integrierbar ist (d. h. $x \in L_1(\mathbb{R})$). Für ein solches Signal ist sichergestellt, dass die Fourier-Transformierte

$$X(\omega) = \int_{-\infty}^{\infty} x(t)\, e^{-j\omega t}\, dt \tag{3.41}$$

mit $\omega \in \mathbb{R}$ existiert. Die Frequenzvariable ω ist durch $\omega = 2\pi f$ gegeben, wobei f die Frequenz in Hertz ist ($1\,\text{Hz} = 1\,\text{s}^{-1}$). Wie man der Definitionsgleichung (3.41) unmittelbar entnehmen kann, ist die Transformation linear. Das bedeutet, wenn $X(\omega)$ und $Y(\omega)$ die Fourier-Transformierten von $x(t)$ und $y(t)$ sind, dann ist die Fourier-Transformierte von $\alpha x(t) + \beta y(t)$ mit $\alpha, \beta \in \mathbb{C}$ durch $\alpha X(\omega) + \beta Y(\omega)$ gegeben. Die Bedingung der absoluten Integrierbarkeit des Signals ist hinreichend für die Konvergenz des Fourier-Integrals. Es lassen sich aber auch Fourier-Transformierte von Signalen angeben, die nicht absolut integrierbar sind. Wichtige Beispiele, auf die noch näher eingegangen wird, sind die Sinus- und Kosinusfunktionen.

Die Fourier-Transformierte $X(\omega)$ wird auch als *Spektrum* des Signals $x(t)$ bezeichnet. Da $X(\omega)$ im Allgemeinen komplexwertig ist, wird häufig die Beschreibung mittels Betrag und Phase betrachtet:

$$X(\omega) = |X(\omega)|\, e^{j\varphi_x(\omega)}. \tag{3.42}$$

Die Größe $|X(\omega)|$ nennt man das *Betragsspektrum*. Entsprechend heißt $\varphi_x(\omega)$ das *Phasenspektrum*.

Die Fourier-Transformierte $X(\omega)$ eines Signals $x \in L_1(\mathbb{R})$ besitzt folgende Eigenschaften:

1. Die Fourier-Transformierte ist beschränkt, wenn das Signal $x(t)$ absolut integrierbar ist: $x \in L_1(\mathbb{R})$ führt auf $X \in L_\infty(\mathbb{R})$ mit $\|X\|_\infty \leq \|x\|_1$. Dies erkennt man aus folgender Abschätzung:

$$|X(\omega)| \leq \int_{-\infty}^{\infty} \left| x(t)\, e^{-j\omega t} \right| dt = \int_{-\infty}^{\infty} |x(t)|\, dt = \|x\|_1 < \infty. \tag{3.43}$$

2. $X(\omega)$ ist stetig auf $\mathbb{R}$.
3. Falls die Ableitung $x'(t)$ existiert und absolut integrierbar ist, gilt

$$\int_{-\infty}^{\infty} x'(t)\, e^{-j\omega t}\, dt = j\omega\, X(\omega). \tag{3.44}$$

4. Für $\omega \to \infty$ und $\omega \to -\infty$ gilt $X(\omega) \to 0$.

Rücktransformation Der Ausdruck für die inverse Fourier-Transformation, also für die Rückgewinnung von $x(t)$ aus $X(\omega)$, lautet

$$x(t) = \frac{1}{2\pi} \int_{-\infty}^{\infty} X(\omega)\, e^{j\omega t}\, d\omega. \tag{3.45}$$

Ob (3.45) in einem gegebenen Fall anwendbar ist, hängt von den Eigenschaften von $x(t)$ und $X(\omega)$ ab. Ist $X(\omega)$ absolut integrierbar, so lässt sich $x(t)$ aus $X(\omega)$ für alle $t \in \mathbb{R}$ nach (3.45) zurückgewinnen, für die $x(t)$ stetig ist. Einen rigorosen Beweis für den Fall $x \in L_1(\mathbb{R})$ und $X \in L_1(\mathbb{R})$ findet man zum Beispiel in [6]. Dort werden auch weitergehende Fälle wie die Erweiterung auf Funktionen aus $L_2(\mathbb{R})$ behandelt. Da die Beweise relativ aufwendig sind, wird an dieser Stelle darauf verzichtet.

Wir verwenden im Folgenden die Notation

$$x(t) \longleftrightarrow X(\omega),$$

um ein Fourier-Transformationspaar zu beschreiben. Der Vergleich von (3.45) mit (3.41) zeigt, dass die inverse Fourier-Transformation, abgesehen von einem Vorzeichenwechsel im Exponenten der Exponentialfunktion und einem Vorfaktor $1/(2\pi)$, gleich der Fourier-Transformation ist. Daraus ergeben sich unmittelbare Symmetrien zwischen Zeit- und Frequenzbereich.

Beispiel 3.3 Wir betrachten das in Bild 3.8 dargestellte Signal

$$x(t) = \begin{cases} \cos(2\pi t) & \text{für } -5{,}25 \le t \le 5{,}25 \\ 0 & \text{sonst.} \end{cases}$$

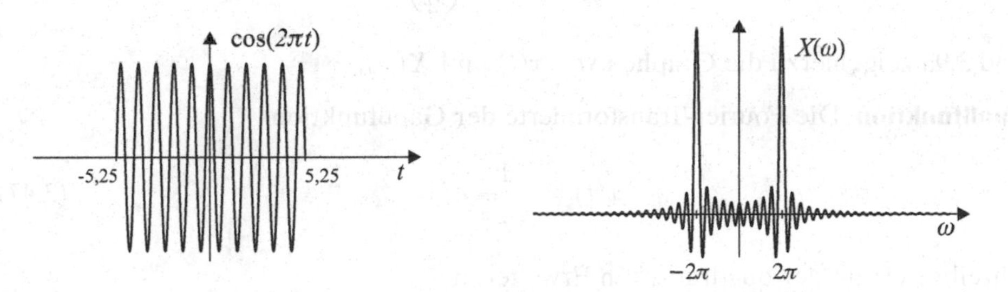

Bild 3.8 Zeitbegrenztes Kosinus-Signal und sein Spektrum

Die Frequenz des Signals im Zeitintervall $-5{,}25 \le t \le 5{,}25$ ist offenbar 1 Hz, wir haben also eine Periode pro Sekunde. Entsprechend ist der Wert von $|X(2\pi f)|$ für $f = \pm 1$ Hz, also $\omega = \pm 2\pi$ rad/s besonders groß, siehe Bild 3.8. Weiterhin ist zu erkennen, dass auch andere Frequenzen als ± 1 Hz in $x(t)$ enthalten sind. Wie wir noch sehen werden, liegt dies an der Zeitbegrenzung der Kosinusschwingung. Schließlich ist noch zu erwähnen, dass $X(\omega)$ im vorliegenden Fall reellwertig ist. Dies liegt an der Symmetrieeigenschaft $x(t) = x^*(-t)$ des betrachteten Signals.

3.2.2 Beispiele für die direkte Auswertung des Fourier-Integrals

Rechteckimpuls Es sei $x(t) = \mathrm{rect}(t)$. Für die Fourier-Transformierte erhalten wir durch Integration

$$\begin{aligned} X(\omega) &= \int_{-\infty}^{\infty} \mathrm{rect}(t)\, e^{-j\omega t}\, dt \\ &= \int_{-1/2}^{1/2} e^{-j\omega t}\, dt \\ &= \left[\frac{1}{-j\omega} e^{-j\omega t}\right]_{-1/2}^{1/2} \\ &= \frac{-1}{j\omega}\left[e^{-j\omega/2} - e^{j\omega/2}\right]. \end{aligned}$$

Unter Verwendung der Euler'schen Formel folgt daraus

$$\begin{aligned} X(\omega) &= \frac{-1}{j\omega}\left[\cos\left(\frac{\omega}{2}\right) - j\sin\left(\frac{\omega}{2}\right) - \cos\left(\frac{\omega}{2}\right) - j\sin\left(\frac{\omega}{2}\right)\right] \\ &= \frac{2}{\omega}\sin\left(\frac{\omega}{2}\right) = \mathrm{si}\left(\frac{\omega}{2}\right). \end{aligned}$$

Damit gilt die Korrespondenz

$$\mathrm{rect}(t) \longleftrightarrow \mathrm{si}\left(\frac{\omega}{2}\right). \tag{3.46}$$

Bild 3.9a zeigt hierzu die Graphen von $x(t)$ und $X(\omega)$.

Gaußfunktion Die Fourier-Transformierte der Gaußfunktion

$$x(t) = \frac{1}{\sqrt{2\pi}}\, e^{-\frac{t^2}{2}} \tag{3.47}$$

schreibt sich mit der quadratischen Erweiterung

$$\frac{t^2}{2} + j\omega t = \left(\frac{t}{\sqrt{2}} + \frac{j\omega}{\sqrt{2}}\right)^2 + \frac{\omega^2}{2}$$

als

$$\begin{aligned} X(\omega) &= \tfrac{1}{\sqrt{2\pi}} \int_{-\infty}^{\infty} e^{-\frac{t^2}{2}}\, e^{-j\omega t}\, dt \\ &= e^{-\frac{\omega^2}{2}} \left(\tfrac{1}{\sqrt{2\pi}} \int_{-\infty}^{\infty} e^{-\left(\frac{t}{\sqrt{2}} + \frac{j\omega}{\sqrt{2}}\right)^2} dt\right). \end{aligned} \tag{3.48}$$

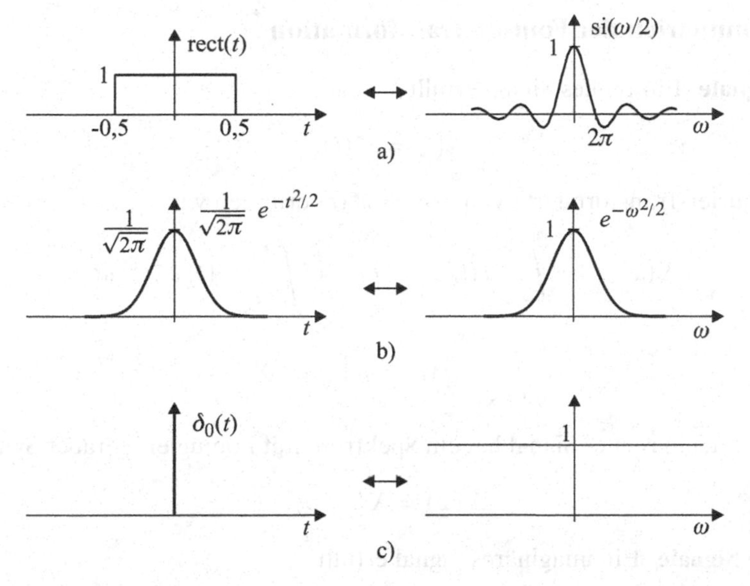

Bild 3.9 Signale und ihre Spektren. a) Rechteck-Impuls; b) Gaußfunktion; c) Dirac-Impuls

Die Auswertung des bestimmten Integrals mit der Substitution $\beta = t + j\omega$ ergibt schließlich die Korrespondenz

$$\frac{1}{\sqrt{2\pi}}\, e^{-\frac{t^2}{2}} \longleftrightarrow e^{-\frac{\omega^2}{2}}. \tag{3.49}$$

Die Fourier-Transformierte der Gaußfunktion ist somit selbst eine Gaußfunktion, siehe auch Bild 3.9b.

Dirac-Impuls Die Fourier-Transformierte von $x(t) = \delta_0(t)$ berechnet sich unter Verwendung von (1.49) zu

$$X(\omega) = \int_{-\infty}^{\infty} \delta_0(t)\, e^{-j\omega t}\, dt = e^{-j\omega \cdot 0} = 1.$$

Die Korrespondenz lautet damit

$$\delta_0(t) \longleftrightarrow 1. \tag{3.50}$$

Bild 3.9c zeigt hierzu die Graphen von $x(t)$ und $X(\omega)$.

3.2.3 Symmetrien der Fourier-Transformation

Reelle Signale Ein reelles Signal erfüllt

$$x(t) = x^*(t). \tag{3.51}$$

Für die Fourier-Transformierte von $x(t) = x^*(t)$ erhalten wir

$$\begin{aligned} X(\omega) &= \int_{-\infty}^{\infty} x(t)\, e^{-j\omega t}\, dt = \int_{-\infty}^{\infty} x^*(t)\, e^{-j\omega t}\, dt \\ &= \left[\int_{-\infty}^{\infty} x(t)\, e^{j\omega t}\, dt\right]^* = X^*(-\omega). \end{aligned}$$

Das bedeutet, ein reelles Signal hat ein Spektrum mit konjugiert gerader Symmetrie:

$$X(\omega) = X^*(-\omega). \tag{3.52}$$

Imaginäre Signale Ein imaginäres Signal erfüllt

$$x(t) = -x^*(t). \tag{3.53}$$

Das Fourier-Integral ergibt

$$\begin{aligned} X(\omega) &= \int_{-\infty}^{\infty} x(t)\, e^{-j\omega t}\, dt = \int_{-\infty}^{\infty} -x^*(t)\, e^{-j\omega t}\, dt \\ &= -\left[\int_{-\infty}^{\infty} x(t)\, e^{j\omega t}\, dt\right]^* = -X^*(-\omega), \end{aligned}$$

woraus folgt, dass ein imaginäres Signal ein Spektrum mit konjugiert ungerader Symmetrie besitzt:

$$X(\omega) = -X^*(-\omega). \tag{3.54}$$

Gerade Symmetrie Ein Signal mit gerader Symmetrie erfüllt

$$x(t) = x(-t) \tag{3.55}$$

und besitzt ein gerade-symmetrisches Spektrum:

$$X(\omega) = X(-\omega). \tag{3.56}$$

Dies folgt unmittelbar aus dem Fourier-Integral:

$$\begin{aligned} X(\omega) &= \int_{-\infty}^{\infty} x(t)\, e^{-j\omega t}\, dt = \int_{-\infty}^{\infty} x(-t)\, e^{-j\omega t}\, dt \\ &= \int_{-\infty}^{\infty} x(t)\, e^{j\omega t}\, dt = X(-\omega). \end{aligned}$$

Ungerade Symmetrie Signale mit ungerader Symmetrie haben die Eigenschaft

$$x(t) = -x(-t) \tag{3.57}$$

und besitzen ein ungerade-symmetrisches Spektrum:

$$X(\omega) = -X(-\omega). \tag{3.58}$$

Der Nachweis erfolgt wieder mit dem Fourier-Integral:

$$\begin{aligned} X(\omega) &= \int_{-\infty}^{\infty} x(t)\, e^{-j\omega t}\, dt = \int_{-\infty}^{\infty} -x(-t)\, e^{-j\omega t}\, dt \\ &= -\int_{-\infty}^{\infty} x(t)\, e^{j\omega t}\, dt \;=\; -X(-\omega). \end{aligned}$$

Konjugiert gerade Symmetrie Signale mit konjugiert gerader Symmetrie erfüllen

$$x(t) = x^*(-t). \tag{3.59}$$

Wie man aus

$$\begin{aligned} X(\omega) &= \int_{-\infty}^{\infty} x(t)\, e^{-j\omega t}\, dt = \int_{-\infty}^{\infty} x^*(-t)\, e^{-j\omega t} dt \\ &= \left[\int_{-\infty}^{\infty} x(-t)\, e^{j\omega t}\, dt\right]^* = \left[\int_{-\infty}^{\infty} x(t)\, e^{-j\omega t}\, dt\right]^* \\ &= X^*(\omega) \end{aligned}$$

erkennt, haben sie ein reelles Spektrum:

$$X(\omega) = \Re\{X(\omega)\}. \tag{3.60}$$

Konjugiert ungerade Symmetrie Signale mit konjugiert ungerader Symmetrie,

$$x(t) = -x^*(-t), \tag{3.61}$$

besitzen ein imaginäres Spektrum:

$$X(\omega) = j\, \Im\{X(\omega)\}. \tag{3.62}$$

Dies sieht man wie folgt:

$$X(\omega) = \int_{-\infty}^{\infty} -x^*(-t)\, e^{-j\omega t}\, dt = -\left[\int_{-\infty}^{\infty} x(t)\, e^{-j\omega t} dt\right]^* = -X^*(\omega).$$

Reelle symmetrische Signale Für reelle Signale mit gerader Symmetrie gilt

$$x(t) = x(-t) = x^*(t) = x^*(-t). \tag{3.63}$$

Durch Zusammenfassen der o. g. Eigenschaften folgt, dass das Spektrum ebenfalls reell ist und eine gerade Symmetrie aufweist:

$$X(\omega) = X(-\omega) = X^*(-\omega) = X^*(\omega). \tag{3.64}$$

Entsprechend hat ein reelles Signal mit ungerader Symmetrie ein imaginäres, ungerade-symmetrisches Spektrum.

3.2.4 Weitere Eigenschaften der Fourier-Transformation

In diesem Abschnitt werden verschiedene Eigenschaften der Fourier-Transformation behandelt, die dazu benutzt werden können, um aus bekannten Korrespondenzen weitere Zusammenhänge abzuleiten.

Dualität Es sei $x(t) \longleftrightarrow X(\omega)$ ein Fourier-Transformationspaar. Dann gilt

$$X(t) \longleftrightarrow 2\pi\, x(-\omega). \tag{3.65}$$

Diese Eigenschaft lässt sich mit den Variablensubstitutionen $\omega \to \tau$ und $t \to -\omega$ direkt aus Gleichung (3.45) für die Fourier-Rücktransformation ablesen:

$$x(-\omega) = \frac{1}{2\pi} \int_{-\infty}^{\infty} X(\tau)\, e^{-j\omega\tau}\, d\tau.$$

Beispiel 3.4 Wir betrachten das Signal $x(t) = 1$ und wissen bereits, dass

$$\delta_0(t) \longleftrightarrow 1$$

gilt. Aus der Dualität und der Symmetrie des Dirac-Impulses folgt

$$1 \longleftrightarrow 2\pi\, \delta_0(\omega). \tag{3.66}$$

Beispiel 3.5 Es sei $x(t) = \mathrm{si}(t/2)$. Wir kennen die Korrespondenz

$$\mathrm{rect}(t) \longleftrightarrow \mathrm{si}(\omega/2).$$

Aus der Dualität und der Symmetrie des Rechteckimpulses folgt

$$\mathrm{si}(t/2) \longleftrightarrow 2\pi\, \mathrm{rect}(\omega). \tag{3.67}$$

Bild 3.10 zeigt hierzu die Graphen von $x(t)$ und $X(\omega)$. Es ist anzumerken, dass die si-Funktion zwar quadratisch, aber nicht absolut integrierbar ist. Dies erklärt, warum die Fourier-Transformierte der si-Funktion unstetig sein kann.

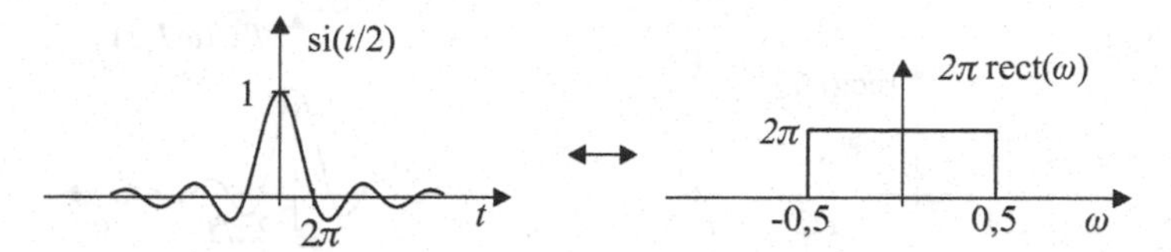

Bild 3.10 Die si-Funktion und ihr Spektrum

Beispiel 3.6 Es sei $x(t) = 1/t$. Unter Ausnutzung der Korrespondenz (3.95) und der Dualität ergibt sich

$$\frac{1}{t} \longleftrightarrow -j\pi \operatorname{sgn}(\omega). \tag{3.68}$$

Zeitskalierung Die Skalierung der Zeitachse mit einem Faktor α bewirkt eine Skalierung der Frequenzachse mit dem umgekehrten Faktor $1/\alpha$. Für jedes reelle $\alpha \neq 0$ erhält man

$$x(\alpha t) \longleftrightarrow \frac{1}{|\alpha|} X\left(\frac{\omega}{\alpha}\right). \tag{3.69}$$

Beweis. Für $\alpha > 0$ gilt

$$\int_{-\infty}^{\infty} x(\alpha t)\, e^{-j\omega t}\, dt = \int_{-\infty}^{\infty} x(\tau)\, e^{-j\omega(\tau/\alpha)}\, \frac{d\tau}{\alpha} = \frac{1}{\alpha} X\left(\frac{\omega}{\alpha}\right).$$

Für $\alpha < 0$ ergibt sich

$$\int_{-\infty}^{\infty} x(\alpha t)\, e^{-j\omega t}\, dt = \int_{\infty}^{-\infty} x(\tau)\, e^{-j\omega(\tau/\alpha)}\, \frac{d\tau}{\alpha} = -\frac{1}{\alpha} X\left(\frac{\omega}{\alpha}\right) = \frac{1}{|\alpha|} X\left(\frac{\omega}{\alpha}\right).$$

□

Beispiel 3.7 Wir betrachten den skalierten Rechteck-Impuls $x(t) = \operatorname{rect}(t/T)$. Wie bereits gezeigt wurde, gilt die Korrespondenz

$$\operatorname{rect}(t) \longleftrightarrow \operatorname{si}(\omega/2).$$

Für den skalierten Impuls folgt aus der Skalierungseigenschaft (3.69)

$$\operatorname{rect}(t/T) \longleftrightarrow T\operatorname{si}(\omega T/2).$$

Bild 3.11 zeigt hierzu den skalierten Rechteck-Impuls und sein Spektrum.

Zeitumkehr Aus der Skalierungseigenschaft (3.69) erhalten wir mit $\alpha = -1$ den Zusammenhang

$$x(-t) \longleftrightarrow X(-\omega). \tag{3.70}$$

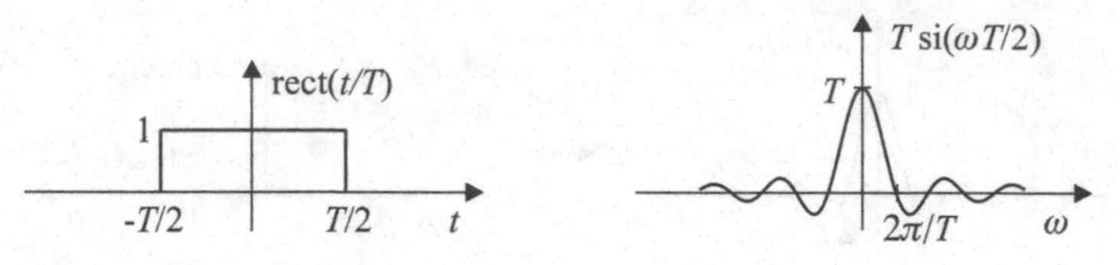

Bild 3.11 Korrespondenz für einen skalierten Rechteckimpuls

Zeitverschiebung Die Zeitverschiebung eines Signals $x(t)$ um ein reelles t_0 hat einen Vorfaktor $e^{-j\omega t_0}$ für das Fourier-Spektrum zur Folge:

$$x(t - t_0) \longleftrightarrow e^{-j\omega t_0} X(\omega). \tag{3.71}$$

Dies erkennt man aus einer einfachen Substitution im Fourier-Integral:

$$\int_{-\infty}^{\infty} x(t - t_0)\, e^{-j\omega t}\, dt = \int_{-\infty}^{\infty} x(\tau)\, e^{-j\omega(\tau + t_0)}\, d\tau = e^{-j\omega t_0} X(\omega).$$

Beispiel 3.8 Gesucht ist die Fourier-Transformierte von

$$x(t) = \text{rect}\left(\frac{t - T_0}{T_1}\right) + \text{rect}\left(\frac{t + T_0}{T_1}\right).$$

Unter Verwendung der Verschiebungseigenschaft (3.71) und der Eigenschaft

$$\text{rect}\left(\frac{t}{T_1}\right) \longleftrightarrow T_1 \text{si}\left(\frac{\omega T_1}{2}\right)$$

erhalten wir

$$\text{rect}\left(\frac{t - T_0}{T_1}\right) \longleftrightarrow e^{-j\omega T_0}\, T_1 \text{si}\left(\frac{\omega T_1}{2}\right)$$

und

$$\text{rect}\left(\frac{t + T_0}{T_1}\right) \longleftrightarrow e^{j\omega T_0}\, T_1 \text{ si}\left(\frac{\omega T_1}{2}\right).$$

Insgesamt ergibt sich

$$X(\omega) = 2T_1 \cos(\omega T_0) \text{ si}\left(\frac{\omega T_1}{2}\right).$$

Frequenzverschiebung (Modulation) Die Multiplikation eines Signals mit einer komplexen Exponentialschwingung bewirkt eine Verschiebung des Spektrums:

$$e^{j\omega_0 t} x(t) \longleftrightarrow X(\omega - \omega_0). \tag{3.72}$$

Dies erkennt man durch Auswertung des Fourier-Integrals:

$$\int_{-\infty}^{\infty} e^{j\omega_0 t} x(t)\, e^{-j\omega t}\, dt = \int_{-\infty}^{\infty} x(t)\, e^{-j(\omega - \omega_0)t}\, dt = X(\omega - \omega_0).$$

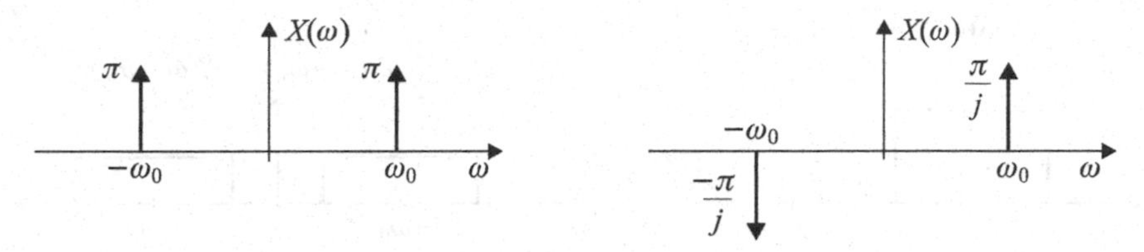

Bild 3.12 Spektrum von $\cos(\omega_0 t)$ (links) und $\sin(\omega_0 t)$ (rechts)

Beispiel 3.9 Gesucht sind die Fourier-Transformierten der Sinus- und der Kosinusfunktion. Um diese zu erhalten, beginnen wir mit der bereits gezeigten Korrespondenz

$$1 \longleftrightarrow 2\pi\, \delta_0(\omega).$$

Mit der Frequenzverschiebungseigenschaft (3.72) folgt daraus der Zusammenhang

$$e^{j\omega_0 t} \longleftrightarrow 2\pi\, \delta_0(\omega - \omega_0). \tag{3.73}$$

Ein Vergleich mit den Darstellungen

$$\cos(\omega_0 t) = \frac{e^{j\omega_0 t} + e^{-j\omega_0 t}}{2},$$

$$\sin(\omega_0 t) = \frac{e^{j\omega_0 t} - e^{-j\omega_0 t}}{2j}$$

für die Kosinus- und Sinusfunktion ergibt die Korrespondenzen

$$\cos(\omega_0 t) \longleftrightarrow \pi\left[\delta_0(\omega - \omega_0) + \delta_0(\omega + \omega_0)\right] \tag{3.74}$$

und

$$\sin(\omega_0 t) \longleftrightarrow \frac{\pi}{j}\left[\delta_0(\omega - \omega_0) - \delta_0(\omega + \omega_0)\right]. \tag{3.75}$$

Bild 3.12 zeigt hierzu die grafische Darstellung der Spektren.

Reelle Modulation Für ein beliebiges reellwertiges ω_0 ergibt sich

$$\cos(\omega_0 t) \cdot x(t) \longleftrightarrow \frac{1}{2} X(\omega - \omega_0) + \frac{1}{2} X(\omega + \omega_0). \tag{3.76}$$

Dies folgt unmittelbar aus der Darstellung der Kosinusfunktion über komplexe Exponentialfunktionen und der Modulationseigenschaft (3.72). Bild 3.13 verdeutlicht diesen Zusammenhang.

Konjugation Die Korrespondenz für die konjugiert komplexe Funktion lautet

$$x^*(t) \longleftrightarrow X^*(-\omega). \tag{3.77}$$

Dies folgt direkt aus dem Fourier-Integral.

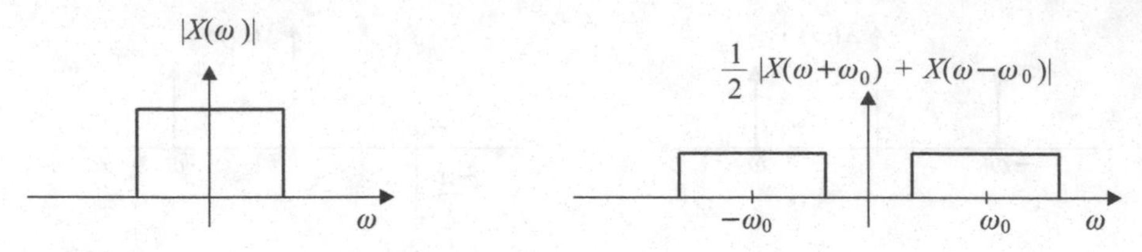

Bild 3.13 Beispiel für das Spektrum eines Signals $x(t)$ (links) und des modulierten Signals $\cos(\omega_0 t)x(t)$ (rechts)

Ableitung im Zeitbereich Wir nehmen an, dass die n-te Ableitung eines Signals $x(t)$ existiert und beschränkt ist. Es gilt dann die Korrespondenz

$$\frac{d^n}{dt^n}\, x(t) \longleftrightarrow (j\omega)^n\, X(\omega). \tag{3.78}$$

Beweis. Wir betrachten die Darstellung von $x(t)$ über eine inverse Fourier-Transformation:

$$x(t) = \frac{1}{2\pi} \int_{-\infty}^{\infty} X(\omega)\, e^{j\omega t}\, d\omega.$$

Die Ableitung lautet

$$\frac{d}{dt}\, x(t) = \frac{1}{2\pi} \int_{-\infty}^{\infty} X(\omega) \left[\frac{d}{dt} e^{j\omega t}\right] d\omega = \frac{1}{2\pi} \int_{-\infty}^{\infty} [j\omega X(\omega)]\, e^{j\omega t}\, d\omega.$$

Damit ist die Korrespondenz

$$\frac{d}{dt}\, x(t) \longleftrightarrow j\omega X(\omega)$$

gezeigt. Höhere Ableitungen lassen sich in gleicher Weise behandeln. □

Ableitung im Frequenzbereich Es gilt

$$(-jt)^n\, x(t) \longleftrightarrow \frac{d^n}{d\omega^n}\, X(\omega). \tag{3.79}$$

Der Beweis der Frequenzbereichsableitung erfolgt in analoger Weise zum Beweis der Ableitung im Zeitbereich.

Integration Betrachtet wird ein Signal $x(t)$ mit der Fourier-Transformierten $X(\omega)$, wobei $x(t)$ als mittelwertfrei angenommen ist: $X(0) = 0$. Die Korrespondenz für die Integration im Zeitbereich lautet

$$\int_{-\infty}^{t} x(\tau)\, d\tau \longleftrightarrow \frac{1}{j\omega}\, X(\omega). \tag{3.80}$$

Dies erkennt man durch Differentiation von (3.80) unter Anwendung der Regel (3.78).

Ist $x(t)$ nicht mittelwertfrei (d. h. $X(0) \neq 0$), so lautet die erweiterte Korrespondenz

$$\int_{-\infty}^{t} x(\tau)\, d\tau \longleftrightarrow \frac{1}{j\omega}\, X(\omega) + \pi X(0)\, \delta_0(\omega). \tag{3.81}$$

Diesen Ausdruck erhält man, indem man die Integration als Faltung mit dem Einheitssprung $\varepsilon(t)$ auffasst und die im Folgenden beschriebene Faltungsregel mit der Korrespondenz (3.97) sowie die Eigenschaft $X(\omega)\delta_0(\omega) = X(0)\delta_0(\omega)$ verwendet.

Faltung Eine Faltung zweier Signale $x(t)$ und $y(t)$ entspricht im Frequenzbereich der Multiplikation ihrer Spektren $X(\omega)$ und $Y(\omega)$:

$$x(t) * y(t) \longleftrightarrow X(\omega)\, Y(\omega). \tag{3.82}$$

Beweis. Es wird angenommen, dass $x(t)$ und $y(t)$ absolut integrierbar sind, dass also $x, y \in L_1(\mathbb{R})$ gilt. Die Fourier-Transformierte von $z(t) = x(t) * y(t)$ lautet

$$Z(\omega) = \int_{-\infty}^{\infty} \left[\int_{-\infty}^{\infty} x(\tau)\, y(t-\tau)\, d\tau \right] e^{-j\omega t}\, dt.$$

Wegen $x, y \in L_1(\mathbb{R})$ darf die Reihenfolge der Integration vertauscht werden (Fubini-Theorem):

$$Z(\omega) = \int_{-\infty}^{\infty} x(\tau) \left[\int_{-\infty}^{\infty} y(t-\tau)\, e^{-j\omega t}\, dt \right] d\tau.$$

Unter Verwendung des Verschiebungssatzes (3.71) folgt schließlich

$$Z(\omega) = \int_{-\infty}^{\infty} x(\tau) \left[e^{-j\omega\tau} Y(\omega) \right] d\tau = X(\omega)\, Y(\omega).$$

□

Beispiel 3.10 Als Anwendungsbeispiel betrachten wir die Fourier-Transformation der Dreiecksfunktion, die sich als Faltung zweier Rechteckimpulse schreiben lässt:

$$\mathrm{rect}(t) * \mathrm{rect}(t) = \mathrm{tri}(t).$$

Für die Fourier-Transformierte des Rechtecks gilt

$$\mathrm{rect}(t) \longleftrightarrow \mathrm{si}(\omega/2).$$

Es folgt die Korrespondenz

$$\mathrm{tri}(t) \longleftrightarrow \mathrm{si}^2(\omega/2).$$

Multiplikation Eine Multiplikation im Zeitbereich ist äquivalent zu einer Faltung im Frequenzbereich:

$$x(t)\, y(t) \longleftrightarrow \frac{1}{2\pi}\, X(\omega) * Y(\omega). \tag{3.83}$$

Der Beweis erfolgt wie zuvor für die Faltung.

Beispiel 3.11 Wir betrachten die Zeitbegrenzung des Kosinussignals $x(t) = \cos(\omega_0 t)$ durch Multiplikation mit einer Rechteckfunktion $y(t) = \text{rect}\,(t/T)$ mit $T > 0$. Gesucht ist das Spektrum von $z(t) = x(t)y(t)$. Die individuellen Fourier-Transformierten lauten

$$X(\omega) = \pi\,[\delta_0(\omega - \omega_0) + \delta_0(\omega + \omega_0)] \qquad \text{und} \qquad Y(\omega) = T\text{si}\,(\omega T/2)\,.$$

Die Faltung im Frequenzbereich ergibt das Spektrum

$$Z(\omega) = \frac{T}{2}\text{si}\Big((\omega + \omega_0)\frac{T}{2}\Big) + \frac{T}{2}\text{si}\Big((\omega - \omega_0)\frac{T}{2}\Big).$$

Man erkennt, dass die Zeitbegrenzung zu einem unendlich ausgedehnten Spektrum führt. Der Verlauf des Spektrums wurde bereits in Bild 3.8 gezeigt.

Momente Das n-te Moment eines Signals $x(t)$ ist durch

$$m_n = \int_{-\infty}^{\infty} t^n\, x(t)\, dt \tag{3.84}$$

mit $n \in \mathbb{N}_0$ gegeben. Dabei besteht folgender Zusammenhang zur n-ten Ableitung des Spektrums $X(\omega)$ im Ursprung:

$$(-j)^n\, m_n = \frac{d^n}{d\omega^n}\, X(\omega)\bigg|_{\omega=0}. \tag{3.85}$$

Beweis. Es gilt

$$\frac{d}{d\omega^n} X(\omega) = \frac{d}{d\omega^n} \int_{-\infty}^{\infty} x(t) e^{-j\omega t}\, dt = \int_{-\infty}^{\infty} x(t)(-j\,t)^n e^{-j\omega t}\, dt.$$

An der Stelle $\omega = 0$ ergibt sich

$$\frac{d}{d\omega^n} X(\omega)\bigg|_{\omega=0} = (-j)^n \int_{-\infty}^{\infty} x(t) t^n\, dt = (-j)^n\, m_n.$$

□

3.2.5 Einige spezielle Fourier-Korrespondenzen

Einseitig abklingende Exponentialfunktion Gesucht ist die Fourier-Transformierte der abklingenden Exponentialfunktion

$$x(t) = \varepsilon(t)\, e^{-at}, \qquad a > 0. \tag{3.86}$$

Die Auswertung des Integrals (3.41) ergibt

$$X(\omega) = \int_0^{\infty} e^{-(a+j\omega)t}\, dt = \frac{-1}{a + j\omega}\Big[e^{-(a+j\omega)t}\Big]_0^{\infty} = \frac{1}{a + j\omega}. \tag{3.87}$$

Die gesuchte Korrespondenz lautet damit

$$\varepsilon(t)\, e^{-at} \longleftrightarrow \frac{1}{a+j\omega}, \qquad a>0. \tag{3.88}$$

Zweiseitig abklingende Exponentialfunktion Die zuvor betrachtete einseitige Exponentialfunktion kann wie folgt in einen geraden und einen ungeraden Anteil zerlegt werden:

$$x(t) = \varepsilon(t)\, e^{-at} = \underbrace{\frac{1}{2} e^{-a|t|}}_{\text{gerade}} + \underbrace{\operatorname{sgn}(t) \frac{1}{2} e^{-a|t|}}_{\text{ungerade}}, \qquad a>0. \tag{3.89}$$

Multipliziert man die in (3.87) berechnete Fourier-Transformierte im Zähler und Nenner mit $(a - j\omega)$, so ergibt sich

$$X(\omega) = \frac{1}{a+j\omega} = \frac{a}{a^2+\omega^2} - j\frac{\omega}{a^2+\omega^2}. \tag{3.90}$$

Beachtet man nun, dass die Fourier-Transformation (3.41) für ein gerade-symmetrisches Signal ein reelles und für ein ungerade-symmetrisches Signal ein imaginäres Spektrum liefert, so können den Gleichungen (3.89) und (3.90) unter Beachtung von (3.88) die folgenden Korrespondenzen entnommen werden:

$$e^{-a|t|} \quad \longleftrightarrow \quad \frac{2a}{a^2+\omega^2}, \qquad a>0, \tag{3.91}$$

$$\operatorname{sgn}(t)\, e^{-a|t|} \quad \longleftrightarrow \quad -j\frac{2\omega}{a^2+\omega^2}, \qquad a>0. \tag{3.92}$$

Signumfunktion Die Signumfunktion ist nicht absolut integrierbar, und somit kann das Fourier-Integral nicht ohne Weiteres ausgewertet werden. Um dieses Problem zu umgehen, wird die Signumfunktion als Grenzwert einer Folge von Funktionen dargestellt, deren Fourier-Transformierte bekannt ist:

$$\operatorname{sgn}(t) = \lim_{n\to\infty} f_n(t) \quad \text{mit} \quad f_n(t) = \operatorname{sgn}(t)\, e^{-\frac{a}{n}|t|}, \qquad a>0. \tag{3.93}$$

Unter Verwendung von (3.92) ergibt sich für die Fourier-Transformierte von $f_n(t)$

$$F_n(\omega) = -j\frac{2\omega}{(a/n)^2+\omega^2}. \tag{3.94}$$

Für $n \to \infty$ folgt die Korrespondenz

$$\operatorname{sgn}(t) \longleftrightarrow \frac{2}{j\omega}. \tag{3.95}$$

Einheitssprung Der Einheitssprung lässt sich als

$$\varepsilon(t) = \frac{1}{2} + \frac{1}{2}\text{sgn}(t) \tag{3.96}$$

schreiben. Unter Verwendung von (3.66) und (3.95) ergibt sich

$$\varepsilon(t) \longleftrightarrow \pi\delta_0(\omega) + \frac{1}{j\omega}. \tag{3.97}$$

3.2.6 Die Parseval'sche Gleichung

Es werden Signale $x(t)$ und $y(t)$ betrachtet, die sowohl absolut als auch quadratisch integrierbar sind, d. h. $x, y \in L_1(\mathbb{R}) \cap L_2(\mathbb{R})$. Wir betrachten die Fourier-Transformierte von $x(t)y^*(t)$, die wir mit den Korrespondenzen $x(t) \longleftrightarrow X(\omega)$ und $y^*(t) \longleftrightarrow Y^*(-\omega)$ auch als Faltung im Frequenzbereich ausdrücken können:

$$\int_{-\infty}^{\infty} x(t)\, y^*(t)\, e^{-j\omega t}\, dt = \frac{1}{2\pi}\int_{-\infty}^{\infty} X(\nu)\, Y^*(\nu - \omega)\, d\nu. \tag{3.98}$$

Mit $\omega = 0$ ergibt sich die Parseval'sche Gleichung für die Fourier-Transformation:

$$\int_{-\infty}^{\infty} x(t)\, y^*(t)\, dt = \frac{1}{2\pi}\int_{-\infty}^{\infty} X(\omega)\, Y^*(\omega)\, d\omega. \tag{3.99}$$

Mit der Notation der Skalarprodukte können wir schreiben

$$\langle x, y\rangle = \frac{1}{2\pi}\langle X, Y\rangle. \tag{3.100}$$

Mit der Parseval'schen Gleichung (3.99) und der Wahl $y(t) = x(t)$ lässt sich die Energie eines Signals sowohl im Zeit- als auch im Frequenzbereich berechnen:

$$E_x = \int_{-\infty}^{\infty} |x(t)|^2\, dt = \frac{1}{2\pi}\int_{-\infty}^{\infty} |X(\omega)|^2\, d\omega. \tag{3.101}$$

Kurz:

$$\langle x, x\rangle = \frac{1}{2\pi}\langle X, X\rangle. \tag{3.102}$$

Der Ausdruck (3.101) ist auch als *Plancherel-Theorem* und *Rayleigh-Theorem* bekannt. Plancherel hat 1910 als erster nachgewiesen, dass Signale $x \in L_1(\mathbb{R}) \cap L_2(\mathbb{R})$ eine quadratisch integrierbare Fourier-Transformierte $X \in L_2(\mathbb{R})$ besitzen und dass (3.101) gilt. Rayleigh hat diesen Zusammenhang bereits 1889 bei der Untersuchung schwarzer Strahler verwendet.

Beispiel 3.12 Gesucht ist die Energie des Signals $x(t) = \mathrm{si}(t)$. Die direkte Auswertung des Integrals

$$E_x = \int_{-\infty}^{\infty} |\mathrm{si}(t)|^2 \, dt$$

ist sehr aufwendig, aber die Berechnung im Frequenzbereich unter Ausnutzung der Parseval'schen Gleichung ist in einfacher Weise möglich. Mit der bekannten Korrespondenz $\mathrm{si}(t) \longleftrightarrow \pi \, \mathrm{rect}(\omega/2)$ ergibt sich aus (3.101)

$$E_x = \frac{1}{2\pi} \int_{-\infty}^{\infty} \pi^2 \mathrm{rect}^2(\omega/2) \, d\omega = \frac{\pi}{2} \int_{-1}^{1} d\omega = \pi.$$

3.2.7 Fourier-Transformation periodischer Signale

Wir betrachten ein periodisches, über eine Periode quadratisch integrierbares Signal mit der Periode T:

$$x(t) = x(t+T) \quad \text{für alle } t \in \mathbb{R}. \tag{3.103}$$

Die übliche Fourier-Repräsentation eines solchen Signals ist die Fourier-Reihenentwicklung (vgl. Abschnitt 2.2.6). Sie lautet

$$x(t) = \sum_{k=-\infty}^{\infty} x_k \, e^{jk\omega_0 t} \tag{3.104}$$

mit $\omega_0 = 2\pi/T$ und den Fourierkoeffizienten

$$x_k = \frac{1}{T} \int_{-T/2}^{T/2} x(t) \, e^{-jk\omega_0 t} \, dt. \tag{3.105}$$

Die Darstellung (3.104) zeigt uns, wie das periodische Signal $x(t)$ als Superposition unendlich vieler Exponentialfunktionen mit den Frequenzen $\omega_k = k\omega_0$, $k \in \mathbb{Z}$ beschrieben werden kann, wobei $\omega_0 = 2\pi/T$ die Grundfrequenz ist. Für die einzelnen Exponentialfunktionen in der Reihenentwicklung (3.104) gelten die Fourier-Korrespondenzen $e^{jk\omega_0 t} \longleftrightarrow 2\pi\delta_0(\omega - k\omega_0)$. Insgesamt ergibt sich somit für das Spektrum $X(\omega)$ des periodischen Signals $x(t)$

$$X(\omega) = \sum_{k=-\infty}^{\infty} 2\pi x_k \, \delta_0(\omega - k\omega_0), \qquad \omega_0 = 2\pi/T. \tag{3.106}$$

Das Spektrum eines periodischen Signals mit der Periode $T = 2\pi/\omega_0$ ist also eine Folge gewichteter Dirac-Impulse im Abstand ω_0, wobei die Gewichte bis auf den Faktor 2π gleich den Fourierkoeffizienten nach (3.105) sind. Bild 3.14 verdeutlicht dies an einem Beispiel.

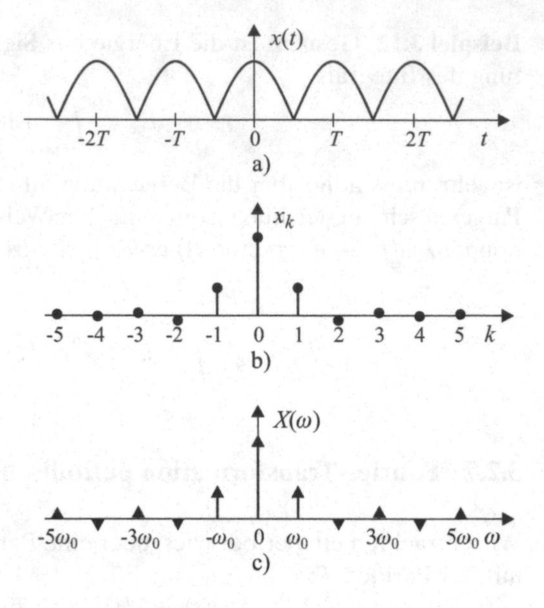

Bild 3.14 Beispiel für die Fourier-Reihenentwicklung und die Fourier-Transformation eines periodischen Signals. a) Signal; b) Fourierkoeffizienten x_k; c) Fourier-Transformierte $X(\omega)$

3.2.8 Fourier-Transformation der Dirac-Impulsfolge

Die Dirac-Impulsfolge, auch Diracstoßfolge, Impulskamm oder Sha-Funktion genannt, ist wie folgt als periodische Folge von Dirac-Impulsen definiert:

$$\delta_T(t) = \sum_{n=-\infty}^{\infty} \delta_0(t - nT). \tag{3.107}$$

Um das Spektrum der Dirac-Impulsfolge anzugeben, wird zunächst die Fourier-Reihenentwicklung von $\delta_T(t)$ betrachtet, die aufgrund der Periodendauer T formal

$$\delta_T(t) = \sum_{k=-\infty}^{\infty} x_k \, e^{j2\pi kt/T} \tag{3.108}$$

lautet. Die Koeffizienten x_k berechnen sich dabei zu

$$x_k = \frac{1}{T}\int_{-T/2}^{T/2} \delta_T(t) e^{-j\frac{2\pi}{T}kt}\, dt \;=\; \frac{1}{T}\int_{-T/2}^{T/2} \delta_0(t) e^{-j\frac{2\pi}{T}kt}\, dt \;=\; \frac{1}{T}, \tag{3.109}$$

und wir erhalten

$$\delta_T(t) = \sum_{n=-\infty}^{\infty} \delta_0(t - nT) = \frac{1}{T}\sum_{n=-\infty}^{\infty} e^{j\frac{2\pi}{T}nt}. \tag{3.110}$$

Beachtet man nun, dass die Fourier-Transformierte eines Exponentialsignals der Form $e^{j\omega_0 t}$ durch den verschobenen Dirac-Impuls $2\pi\delta_0(\omega - \omega_0)$ gegeben ist (vgl.

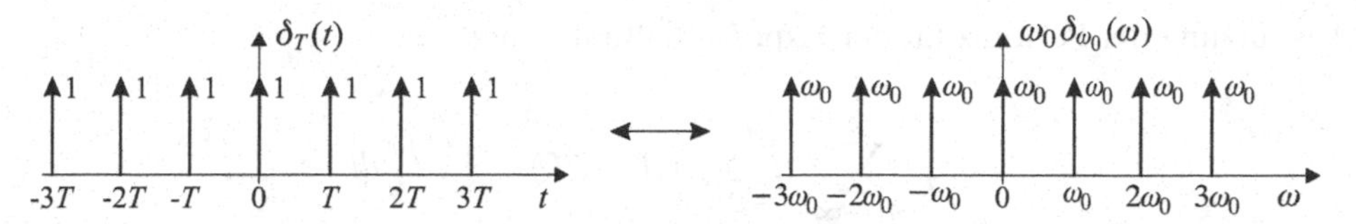

Bild 3.15 Die Dirac-Impulsfolge und ihr Spektrum

(3.73)), dann lässt sich für die Fourier-Reihe in (3.110) die Korrespondenz

$$\frac{1}{T}\sum_{n=-\infty}^{\infty} e^{j\frac{2\pi}{T}nt} \longleftrightarrow \frac{2\pi}{T}\sum_{n=-\infty}^{\infty} \delta_0\left(\omega - n\frac{2\pi}{T}\right) \tag{3.111}$$

angeben. Mit (3.110) und (3.111) und der Abkürzung $\omega_0 = 2\pi/T$ lautet die gesuchte Korrespondenz für die Dirac-Impulsfolge $\delta_T(t)$ schließlich

$$\delta_T(t) = \sum_{n=-\infty}^{\infty} \delta_0(t - nT) \;\longleftrightarrow\; \omega_0\,\delta_{\omega_0}(\omega) = \sum_{n=-\infty}^{\infty} \omega_0\,\delta_0(\omega - n\omega_0). \tag{3.112}$$

Es zeigt sich also, dass die Fourier-Transformierte der Dirac-Impulsfolge selbst eine Dirac-Impulsfolge ist, siehe Bild 3.15. Dieser Zusammenhang wird zum Beispiel in Abschnitt 4.1 bei der Erläuterung des Abtasttheorems benötigt.

3.2.9 Die Poisson'sche Summenformel

Wir betrachten ein absolut integrierbares Signal $x(t)$ mit der Fourier-Transformierten $X(\omega)$ und bilden daraus das periodische Signal

$$x_T(t) = \delta_T(t) * x(t) = \sum_{n=-\infty}^{\infty} x(t - nT). \tag{3.113}$$

Wir nehmen nun an, dass $x_T(t)$ in die Fourier-Reihe

$$x_T(t) = \sum_{k=-\infty}^{\infty} x_k\, e^{j\frac{2\pi}{T}kt} \tag{3.114}$$

entwickelt werden kann. Die Fourier-Koeffizienten x_k zur Darstellung von $x_T(t)$ berechnen sich zunächst zu

$$x_k = \frac{1}{T}\int_{-T/2}^{T/2} x_T(t)\, e^{-j\frac{2\pi}{T}kt}\, dt = \frac{1}{T}\int_{-T/2}^{T/2} \sum_{n=-\infty}^{\infty} x(t - nT)\, e^{-j\frac{2\pi}{T}kt}\, dt. \tag{3.115}$$

Die Vertauschung der Reihenfolge von Summation und Integration ergibt unter

Ausnutzung der Periodizität der Exponentialfunktionen

$$\begin{aligned} x_k &= \frac{1}{T} \sum_{n=-\infty}^{\infty} \int_{-T/2}^{T/2} x(t-nT)\, e^{-j\frac{2\pi}{T}kt}\, dt \\ &= \frac{1}{T} \sum_{n=-\infty}^{\infty} \int_{nT-T/2}^{nT+T/2} x(t)\, e^{-j\frac{2\pi}{T}kt}\, dt \\ &= \frac{1}{T} \int_{-\infty}^{\infty} x(t)\, e^{-j\frac{2\pi}{T}kt}\, dt \;=\; \frac{1}{T} X\left(\frac{2\pi}{T}k\right). \end{aligned} \tag{3.116}$$

Aus (3.113), (3.114) und (3.116) folgt die *Poisson'sche Summenformel*

$$\sum_{n=-\infty}^{\infty} x(t-nT) = \frac{1}{T} \sum_{k=-\infty}^{\infty} X\left(\frac{2\pi}{T}k\right) e^{j\frac{2\pi}{T}kt}. \tag{3.117}$$

Gleichung (3.117) stellt einen interessanten Zusammenhang zwischen der Summe der im äquidistanten Abstand T entnommenen Signalwerte $x(t-nT)$ und der Summe der im äquidistanten Abstand $2\pi/T$ entnommenen Spektralwerte $X(2\pi k/T)$ her. Für $t=0$ ergibt sich die vereinfachte Form

$$\sum_{n=-\infty}^{\infty} x(nT) = \frac{1}{T} \sum_{k=-\infty}^{\infty} X\left(\frac{2\pi}{T}k\right). \tag{3.118}$$

Eine alternative Herleitung von Gleichung (3.117) ist unter Verwendung des Zusammenhangs (3.110) möglich, der in der Literatur ebenfalls an einigen Stellen als die Poisson'sche Summenformel bezeichnet wird.

3.2.10 Zeit- und bandbegrenzte Signale

Ein Signal $x(t)$ wird als zeitbegrenzt bezeichnet, wenn es außerhalb eines endlichen Intervalls $[t_1, t_2]$ gleich null ist und eine endliche Energie besitzt:

$$x(t) = 0 \quad \text{für} \quad t < t_1 \quad \text{und} \quad t > t_2, \qquad x \in L_2(\mathbb{R}). \tag{3.119}$$

Entsprechend heißt ein Energiesignal $x(t)$ bandbegrenzt, wenn sein Spektrum $X(\omega)$ außerhalb eines endlichen Intervalls $[\omega_1, \omega_2]$ gleich null ist:

$$X(\omega) = 0 \quad \text{für} \quad \omega < \omega_1 \quad \text{und} \quad \omega > \omega_2, \qquad x \in L_2(\mathbb{R}). \tag{3.120}$$

Ein bandbegrenztes Signal ist für jedes t (reell oder komplex) analytisch, was bedeutet, dass es beliebig oft differenzierbar und durch eine Potenzreihe darstellbar ist. Den Beweis der Analytizität findet man zum Beispiel in [8]. Da eine analytische Funktion nur dann auf einem Intervall der reellen Achse bzw. auf einem Gebiet der komplexen Ebene zu null werden kann, wenn die Funktion insgesamt null ist, wenn also $x(t) \equiv 0$ gilt, kann ein bandbegrenztes Signal nicht gleichzeitig zeitbegrenzt sein. Entsprechend kann ein zeitbegrenztes Signal nicht gleichzeitig bandbegrenzt sein. Weiterhin kann ein bandbegrenztes Signal nicht auf einem endlichen Zeitintervall $[t_1, t_2]$ gleich null und außerhalb des Intervalls ungleich null sein.

Eine anschauliche Erklärung dafür, dass sich eine Band- und eine Zeitbegrenzung gegenseitig ausschließen, erhält man, indem man die Bandbegrenzung eines gegebenen Signals $x_0(t)$ mit dem Spektrum $X_0(\omega)$ in der Form $X(\omega) = X_0(\omega)\text{rect}(\omega/(2\omega_g))$ betrachtet. Im Zeitbereich entspricht dies der Faltung $x(t) = (\pi/\omega_g) \cdot x_0(t) * \text{si}(\omega_g t)$, und weil die si-Funktion unendlich ausgedehnt ist, wird auch $x(t)$ unendlich ausgedehnt sein. Die obige Argumentation über der Eigenschaft der Analytizität zeigt dabei, dass kein Signal $x_0(t)$ existiert, für das die Faltung $x_0(t) * \text{si}(t)$ auf ein zeitbegrenztes Signal $x(t)$ führt.

3.2.11 Das Gibbs'sche Phänomen

Im Folgenden wird der Einfluss einer Bandbegrenzung auf den zeitlichen Verlauf eines Signals mit Sprungstellen untersucht. Da sich jedes Signal $x(t)$ mit Sprungstellen zu Zeitpunkten t_i, $i = 1, 2, \ldots, I$ in der Form

$$x(t) = x_s(t) + \sum_{i=1}^{I} \alpha_i \, \varepsilon(t - t_i), \qquad \alpha_i \in \mathbb{R} \tag{3.121}$$

in einen stetigen Anteil $x_s(t)$ und einen stückweise konstanten Anteil zerlegen lässt, wird stellvertretend die Bandbegrenzung der Sprungfunktion $\varepsilon(t)$ betrachtet.

Die Impulsantwort des idealen Tiefpasses mit der Grenzfrequenz ω_g und der Übertragungsfunktion $H(\omega) = \text{rect}(\omega/(2\omega_g))$ lautet (vgl. auch Abschnitt 3.4.2)

$$h(t) = \frac{\omega_g}{\pi} \, \text{si}(\omega_g t). \tag{3.122}$$

Die Antwort dieses Filters auf die Sprungfunktion berechnet sich zu

$$y(t) = \int_{-\infty}^{\infty} \varepsilon(\tau) \frac{\omega_g}{\pi} \, \text{si}(\omega_g(t - \tau)) \, d\tau = \int_{0}^{\infty} \frac{\omega_g}{\pi} \, \text{si}(\omega_g(t - \tau)) \, d\tau. \tag{3.123}$$

Mit der Substitution $\theta = \omega_g(t - \tau)$ ergibt sich

$$y(t) = \frac{1}{\pi} \int_{-\infty}^{\omega_g t} \text{si}(\theta) \, d\theta. \tag{3.124}$$

Die Antwort $y(t)$ zeigt ein oszillierendes Verhalten mit der Periode π/ω_g. Sie startet mit $y = 0$ für $t = -\infty$, nimmt bei $t = 0$ den Wert $y(0) = 0{,}5$ an und endet für $t = \infty$ bei $y = 1$. Ihr globales Maximum erreicht sie für $t = \pi/\omega_g$, und das globale Minimum liegt bei $t = -\pi/\omega_g$. Die Amplitude des Maximums und Minimums ist dabei unabhängig von ω_g. Dieses Verhalten mit einer von ω_g unabhängigen Größe des Maximums bzw. Minimums wird das *Gibbs'sche Phänomen* genannt. Die Amplitude

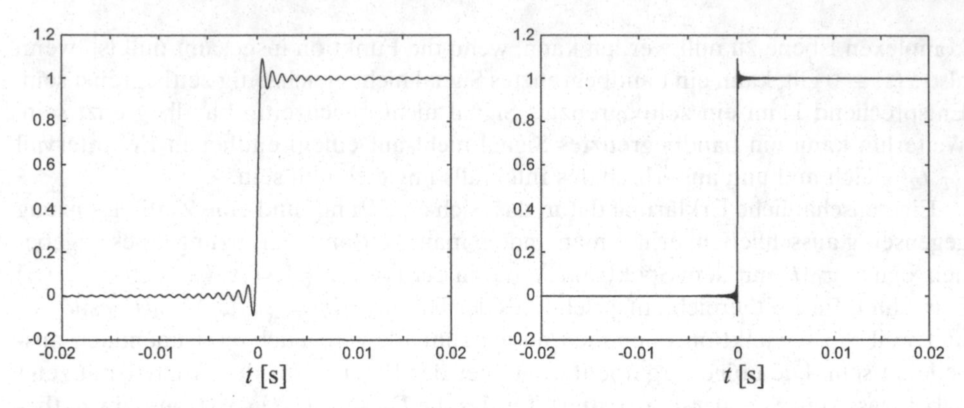

Bild 3.16 Gibbs'sche Oszillationen durch Bandbegrenzung des Einheitssprungs mit den Grenzfrequenzen 1000 Hz (links) und 10 kHz (rechts)

für $\omega_g t = \pi$ beträgt etwa 1.0895, so dass sich ein etwa neunprozentiges Überschwingen ergibt. Bild 3.16 zeigt hierzu die Zeitverläufe bandbegrenzter Einheitssprünge und verdeutlicht die Unabhängigkeit der Amplitude von der Grenzfrequenz.

3.3 Energiedichte und Korrelation

3.3.1 Definition und Eigenschaften

Im vorherigen Abschnitt wurde gezeigt, dass die Energie eines Signals sowohl im Zeit- als auch im Frequenzbereich berechnet werden kann:

$$E_x = \int_{-\infty}^{\infty} |x(t)|^2 \, dt = \frac{1}{2\pi} \int_{-\infty}^{\infty} |X(\omega)|^2 \, d\omega. \tag{3.125}$$

Die Größe $|x(t)|^2$ stellt dabei die Verteilung der Signalenergie bezüglich der Zeit t dar, und entsprechend kann $|X(\omega)|^2$ als Verteilung der Energie bezüglich der Frequenz ω verstanden werden. Daher bezeichnet man $|X(\omega)|^2$ auch als das *Energiedichtespektrum*. Wir verwenden hierfür die Schreibweise

$$S_{xx}^E(\omega) = |X(\omega)|^2. \tag{3.126}$$

Aus den Korrespondenzen $x(\tau) \longleftrightarrow X(\omega)$ und $x^*(-\tau) \longleftrightarrow X^*(\omega)$ und dem Faltungstheorem der Fourier-Transformation folgt, dass das Energiedichtespektrum $S_{xx}^E(\omega)$ auch als Fourier-Transformierte der sogenannten *Autokorrelationsfunktion* (AKF)

$$r_{xx}^E(\tau) = \int_{-\infty}^{\infty} x^*(t) \, x(t+\tau) \, dt = x^*(-\tau) * x(\tau) \tag{3.127}$$

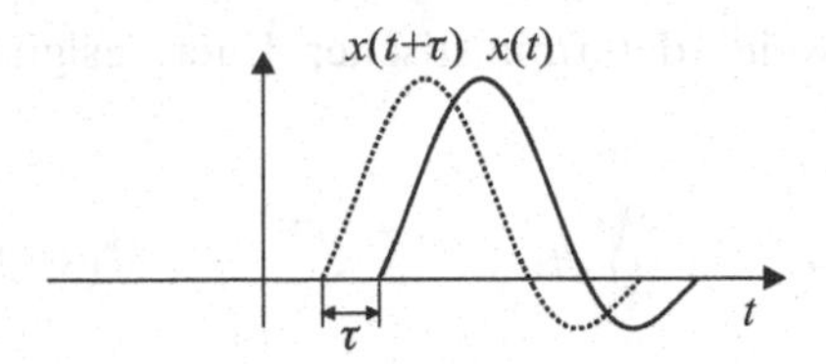

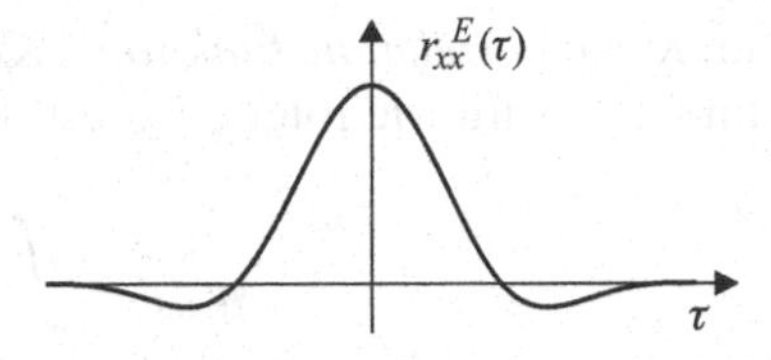

Bild 3.17 Signal und Autokorrelationsfunktion

aufgefasst werden kann. Es gilt die Korrespondenz

$$\begin{aligned} S_{xx}^E(\omega) &= \int_{-\infty}^{\infty} r_{xx}^E(\tau)\, e^{-j\omega\tau}\, d\tau \\ &\updownarrow \\ r_{xx}^E(\tau) &= \frac{1}{2\pi}\int_{-\infty}^{\infty} S_{xx}^E(\omega)\, e^{j\omega\tau}\, d\omega. \end{aligned} \tag{3.128}$$

Dieser Zusammenhang wird auch als das *Wiener-Khintchine-Theorem* für zeitkontinuierliche Energiesignale bezeichnet. Das hochgestellte ^{E} deutet an, dass es sich um die AKF bzw. um die Energiedichte eines deterministischen Energiesignals handelt.

Die AKF ist ein Maß für die Ähnlichkeit des Energiesignals $x(t)$ zu der zeitverschobenen Version $x_\tau(t) = x(t+\tau)$, denn für den euklidischen Abstand $d(x, x_\tau) = \|x - x_\tau\|_2$ gilt

$$\begin{aligned} d(x,x_\tau)^2 &= \|x - x_\tau\|^2 \\ &= \langle x, x\rangle - \langle x, x_\tau\rangle - \langle x_\tau, x\rangle + \langle x_\tau, x_\tau\rangle \\ &= 2\,\|x\|^2 - 2\,\Re\{\langle x_\tau, x\rangle\} \\ &= 2\,\|x\|^2 - 2\,\Re\{r_{xx}^E(\tau)\}. \end{aligned} \tag{3.129}$$

Mit wachsender Korrelation verringert sich der Abstand, und die Signale $x(t)$ und $x(t+\tau)$ werden sich ähnlicher. Die AKF erreicht ihr Maximum für $\tau = 0$, denn dann wird der Abstand zwischen $x(t)$ und $x(t+\tau)$ zu null, und der Wert der AKF ist gleich der Energie des Signals, $r_{xx}^E(0) = E_x$. Der Gleichung (3.127) kann man noch entnehmen, dass die AKF symmetrisch ist:

$$r_{xx}^E(\tau) = r_{xx}^{E^*}(-\tau). \tag{3.130}$$

Bild 3.17 zeigt ein Beispiel für ein Signal und seine Autokorrelationsfunktion.

Beispiel 3.13 Gesucht ist die AKF des Signals $x(t) = \mathrm{si}(t/2)$. Die direkte Berechnung im Zeitbereich ist umständlich. Mit der Korrespondenz $\mathrm{si}(t/2) \longleftrightarrow 2\pi\,\mathrm{rect}(\omega)$ ergibt sich

$$r_{xx}(\tau) \longleftrightarrow |X(\omega)|^2 = (2\pi\,\mathrm{rect}(\omega))^2 = 4\pi^2\mathrm{rect}(\omega),$$

und es folgt $r_{xx}(\tau) = 2\pi\,\mathrm{si}(\tau/2)$.

Die *Kreuzkorrelationsfunktion* (KKF) zweier deterministischer Energiesignale $x(t)$ und $y(t)$ wird wie folgt eingeführt:

$$r_{xy}^{E}(\tau) = \int_{-\infty}^{\infty} y(t+\tau)\, x^{*}(t)\, dt. \tag{3.131}$$

Das dazugehörige Energiedichtespektrum erhält man durch Fourier-Transformation:

$$S_{xy}^{E}(\omega) = \int_{-\infty}^{\infty} r_{xy}^{E}(\tau)\, e^{-j\omega\tau}\, d\tau. \tag{3.132}$$

Es gilt die Korrespondenz $r_{xy}^{E}(\tau) \longleftrightarrow S_{xy}^{E}(\omega)$. Der Wert der Funktion $r_{xy}^{E}(\tau)$ kann dabei als ein Maß für die Ähnlichkeit der Signale $x(t)$ und $y_\tau(t) = y(t+\tau)$ verstanden werden.

Zwischen der Kreuzkorrelation und der Faltung besteht der Zusammenhang

$$r_{xy}^{E}(\tau) = y(\tau) * x^{*}(-\tau). \tag{3.133}$$

Wir erhalten damit das Transformationspaar

$$r_{xy}^{E}(\tau) = y(\tau) * x^{*}(-\tau) \longleftrightarrow Y(\omega)X^{*}(\omega) = S_{xy}^{E}(\omega). \tag{3.134}$$

3.3.2 Energiedichte und Korrelation bei der Übertragung durch LTI-Systeme

Betrachtet wird die Übertragung eines deterministischen Energiesignals $x(t)$ durch ein LTI-System mit der Impulsantwort $h(t)$. Aus $Y(\omega) = H(\omega)\, X(\omega)$ ist durch Betragsbildung zu erkennen, dass

$$|Y(\omega)|^2 = |H(\omega)|^2\, |X(\omega)|^2$$

gelten muss. Das bedeutet

$$S_{yy}^{E}(\omega) = |H(\omega)|^2\, S_{xx}^{E}(\omega) = S_{hh}^{E}(\omega)\, S_{xx}^{E}(\omega). \tag{3.135}$$

Die Energiedichte am Ausgang ist also gleich der Energiedichte am Eingang, multipliziert mit der Energiedichte des Systems.

Die inverse Fourier-Transformation der vorherigen Gleichung ergibt

$$r_{yy}^{E}(\tau) = r_{hh}^{E}(\tau) * r_{xx}^{E}(\tau). \tag{3.136}$$

Dieser Zusammenhang zwischen den Autokorrelationsfunktionen der Signale $x(t)$ und $y(t)$ und der Systemimpulsantwort $h(t)$ ist als die *Wiener-Lee-Beziehung* für deterministische Energiesignale bekannt.

Betrachtet man die Kreuzkorrelation zwischen dem Eingangssignal $x(t)$ und dem Ausgangssignal $y(t)$ eines LTI-Systems mit der Impulsantwort $h(t)$, so erhält man aus $r_{xy}^E(\tau) = y(\tau) * x^*(-\tau)$ und $y(\tau) = h(\tau) * x(\tau)$ den Zusammenhang

$$r_{xy}^E(\tau) = h(\tau) * r_{xx}^E(\tau). \tag{3.137}$$

Die Kreuzkorrelation zwischen Eingangs- und Ausgangssignal ist also gleich der Faltung der Autokorrelation am Eingang mit der Impulsantwort des Systems. Im Frequenzbereich lautet der Zusammenhang (3.137)

$$S_{xy}^E(\omega) = H(\omega)\, S_{xx}^E(\omega). \tag{3.138}$$

Die Gleichungen (3.137) und (3.138) zeigen, dass man durch eine Beobachtung der Ein- und Ausgangssignale eines LTI-Systems auf dessen Impulsantwort $h(t)$ bzw. auf die Übertragungsfunktion $H(\omega)$ schließen kann, sofern die Energiedichte des Eingangssignals im gesamten Übertragungsbereich des Systems ungleich null ist.

3.4 Frequenzbereichsanalyse von LTI-Systemen

3.4.1 Betrag, Phase und Gruppenlaufzeit

Wie schon in Abschnitt 3.1.1 gezeigt wurde, besteht zwischen dem Eingangssignal $x(t)$ und dem Ausgangssignal $y(t)$ eines LTI-Systems mit einer Impulsantwort $h(t)$ der Faltungszusammenhang $y(t) = x(t) * h(t)$. Nach dem Faltungstheorem der Fourier-Transformation ergibt sich die Fourier-Transformierte des Ausgangssignals zu $Y(\omega) = H(\omega)\, X(\omega)$. Die komplexwertige Übertragungsfunktion $H(\omega)$ kann wie folgt mittels Betrag und Phase beschrieben werden:

$$H(\omega) = |H(\omega)|\, e^{j\varphi_H(\omega)}. \tag{3.139}$$

Für den Betragsfrequenzgang gilt

$$|H(\omega)| = \sqrt{\Re\{H(\omega)\}^2 + \Im\{H(\omega)\}^2}. \tag{3.140}$$

Den Winkel

$$\varphi_H(\omega) = \arg\{H(\omega)\} \tag{3.141}$$

bezeichnet man als den Phasengang des Systems. Die Phase $\varphi_H(\omega)$ ist im Bereich $-\pi < \varphi_H(\omega) \leq \pi$ eindeutig bestimmt, siehe (1.4) für die Berechnung des Arguments einer komplexen Zahl. Eine weitere Art, den Betragsfrequenzgang auszudrücken, lautet

$$|H(\omega)| = \sqrt{H^*(\omega)\, H(\omega)}. \tag{3.142}$$

Falls $H(\omega)$ eine rationale Funktion $H(\omega) = A(\omega)/B(\omega)$ ist, lässt sich der Betragsfrequenzgang wie folgt schreiben:

$$|H(\omega)| = \frac{\sqrt{A^*(\omega)\,A(\omega)}}{\sqrt{B^*(\omega)\,B(\omega)}}. \tag{3.143}$$

Der Phasengang berechnet sich dann zu

$$\varphi_H(\omega) = \varphi_A(\omega) - \varphi_B(\omega). \tag{3.144}$$

Aus $Y(\omega) = H(\omega)\,X(\omega)$ erhalten wir für den Betrag und die Phase am Ausgang eines LTI-Systems

$$|Y(\omega)| = |H(\omega)|\,|X(\omega)|, \tag{3.145}$$

$$\varphi_Y(\omega) = \varphi_H(\omega) + \varphi_X(\omega). \tag{3.146}$$

Als weitere Systemeigenschaft ist noch die Gruppenlaufzeit von Interesse, die als die negative Ableitung der Phase definiert ist (siehe auch Abschnitt 3.7):

$$\tau_g(\omega) = -\frac{d\varphi_H(\omega)}{d\omega}. \tag{3.147}$$

Die Bedeutung der Gruppenlaufzeit besteht darin, dass schmalbandige Frequenzgruppen um die Gruppenlaufzeit verzögert am Systemausgang erscheinen.

Beispiel 3.14 Wir betrachten das folgende System erster Ordnung:

$$H(\omega) = \frac{1}{1 + j\omega T}.$$

Darin ist T als reelle Zeitkonstante mit $T > 0$ zu verstehen. Der Betragsfrequenzgang, der Phasengang und die Gruppenlaufzeit berechnen sich zu

$$|H(\omega)| = \frac{1}{\sqrt{1 + (\omega T)^2}}, \qquad \varphi_H(\omega) = -\arctan(\omega T), \qquad \tau_g(\omega) = \frac{T}{1 + (\omega T)^2}.$$

Da der Betragsfrequenzgang für kleine Frequenzen nahe eins ist und für große Frequenzen gegen null strebt, zeigt sich, dass das System ein Tiefpass ist. Bild 3.18 zeigt die grafische Darstellung des Betragsfrequenzgangs, der Phase und der Gruppenlaufzeit in der oft gebräuchlichen logarithmischen Form.

3.4.2 Ideale und reale Filter

Ideale Filter Ein idealer Tiefpass ist ein Filter, das alle komplexen Exponentialfunktionen im Frequenzbereich $-\omega_g < \omega < \omega_g$ unbeeinflusst passieren lässt und alle übrigen Frequenzen ideal sperrt. Die Übertragungsfunktion lautet

$$H(\omega) = \text{rect}\left(\frac{\omega}{2\omega_g}\right). \tag{3.148}$$

Die Frequenz ω_g nennt man die Grenzfrequenz des Filters. Die Phase $\varphi_H(\omega)$ ist null.

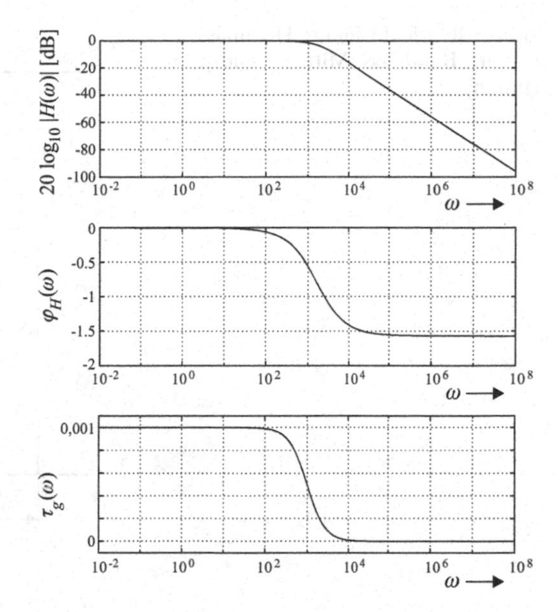

Bild 3.18 Betragsfrequenzgang, Phase und Gruppenlaufzeit eines LTI-Systems mit der Übertragungsfunktion $H(\omega) = \frac{1}{1+j\omega T}$ und $T = 0{,}001$

Aus $H(\omega)$ ergibt sich über eine inverse Fourier-Transformation die Impulsantwort

$$h(t) = \frac{\omega_g}{\pi}\,\mathrm{si}(\omega_g t). \tag{3.149}$$

Bild 3.19 zeigt hierzu den Frequenzgang und die Impulsantwort des idealen Tiefpasses. Unglücklicherweise ist die Impulsantwort unendlich lang, und der Abfall geschieht relativ langsam. Die Impulsantwort ist zudem nicht kausal, und wegen der unendlichen Länge kann sie auch nicht so weit verzögert werden, dass sie kausal

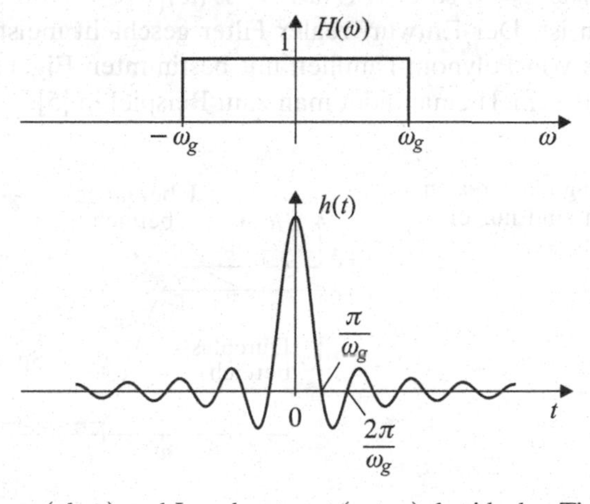

Bild 3.19 Frequenzgang (oben) und Impulsantwort (unten) des idealen Tiefpass-Filters

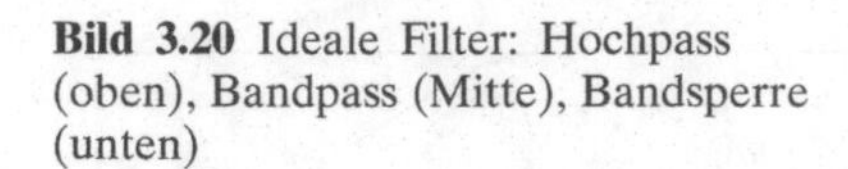

Bild 3.20 Ideale Filter: Hochpass (oben), Bandpass (Mitte), Bandsperre (unten)

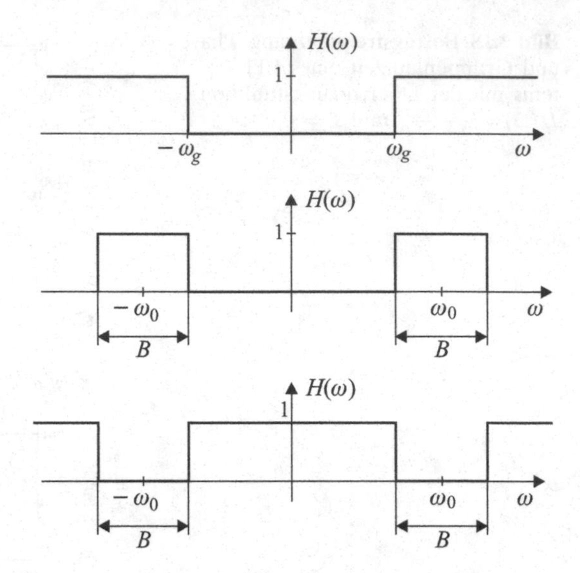

wird. Aufgrund dieser Eigenschaften ist der ideale Tiefpass nicht realisierbar. Er wird aber dennoch häufig als Idealform eines Tiefpassfilters herangezogen.

Ein idealer Hochpass sperrt alle Signale mit Frequenzen $-\omega_g \leq \omega \leq \omega_g$ und lässt die übrigen Frequenzanteile unbeeinflusst passieren. Die Phase $\varphi_H(\omega)$ ist null. Entsprechend lassen sich ideale Bandpassfilter und Bandsperren mit einer Bandbreite B definieren. Bild 3.20 veranschaulicht dies.

Charakterisierung realer Filter Der Betragsfrequenzgang eines realen Tiefpassfilters hat typischerweise die in Bild 3.21 gezeigte Gestalt. Man erlaubt dabei bestimmte Schwankungen im Durchlass- und im Sperrbereich. Der Verlauf im Übergangsbereich wird in der Regel nicht spezifiziert. Ein reales Filter hat zudem einen nichtidealen Phasengang $\varphi_H(\omega) \neq 0$, so dass $H(\omega) = |H(\omega)|\, e^{j\varphi_H(\omega)}$ im Allgemeinen eine komplexe Funktion ist. Der Entwurf realer Filter geschieht meist in geschlossener Form auf der Basis von Polynom-Familien mit bestimmten Eigenschaften. Weitere Erläuterungen zu diesem Thema findet man zum Beispiel in [5].

Bild 3.21 Frequenzgang eines realen Tiefpasses (dargestellt sind nur die positiven Frequenzen)

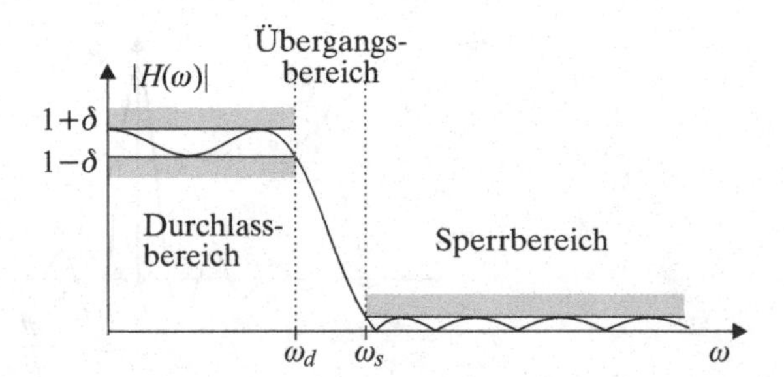

Allpässe Allpass-Filter sind Systeme, deren Betragsfrequenzgang unabhängig von der Frequenz ω ist, deren Phase aber frequenzabhängig sein darf. Derartige Systeme lassen sich einsetzen, um die Phasenlage von Signalen gezielt zu verändern. Sie lassen sich real mit relativ einfachen Filterschaltungen aufbauen.

3.5 Die Hilbert-Transformation

Die *Hilbert-Transformierte* $\hat{x}(t) = \mathcal{H}\{x(t)\}$ eines Signals $x(t)$ ist als

$$\hat{x}(t) = \frac{1}{\pi} \int_{-\infty}^{\infty} x(\tau) \, \frac{1}{t-\tau} \, d\tau \tag{3.150}$$

definiert. Dabei ist die Unendlichkeitsstelle des Integranden bei $\tau = t$ zu beachten, und die Integration ist im Sinne des Cauchy'schen Hauptwertes auszuführen:

$$\int_{-\infty}^{\infty} := \lim_{\varepsilon \to 0} \left(\int_{-\infty}^{t-\varepsilon} + \int_{t+\varepsilon}^{\infty} \right), \qquad \varepsilon > 0. \tag{3.151}$$

Die Hilbert-Transformation kann als Übertragung des Signals $x(t)$ über ein LTI-System verstanden werden, denn die Transformation (3.150) entspricht der Faltung von $x(t)$ mit der Impulsantwort

$$\hat{h}(t) = \begin{cases} \dfrac{1}{\pi t} & \text{für } t \neq 0 \\ 0 & \text{für } t = 0. \end{cases} \tag{3.152}$$

Die Fourier-Transformierte von $\hat{h}(t)$, die wir im Folgenden mit $\hat{H}(\omega)$ bezeichnen, erhält man aus (3.95) unter Verwendung der Dualitätseigenschaft (3.65) der Fourier-Transformation. Die Korrespondenz lautet

$$\hat{h}(t) = \frac{1}{\pi t} \quad \longleftrightarrow \quad \hat{H}(\omega) = -j \, \mathrm{sgn}(\omega). \tag{3.153}$$

Dabei ist zu beachten, dass wegen $\mathrm{sgn}(0) = 0$ auch $\hat{H}(0) = 0$ gilt. Im Frequenzbereich erhält man somit den Zusammenhang

$$\hat{X}(\omega) \;= \hat{H}(\omega)\, X(\omega) = -j \, \mathrm{sgn}(\omega)\, X(\omega) = \begin{cases} -j\, X(\omega) & \text{für } \omega > 0 \\ 0 & \text{für } \omega = 0 \\ j\, X(\omega) & \text{für } \omega < 0. \end{cases} \tag{3.154}$$

Die Eigenschaft $\hat{X}(0) = 0$ bedeutet, dass ein Hilbert-Transformationspaar $x(t) \longleftrightarrow \hat{x}(t)$ nur für mittelwertfreie Signale $x(t)$ gilt. Die Hilbert-Transformierte eines mittelwertbehafteten Signals ist stets mittelwertfrei.

Mit $\hat{H}(\omega)$ nach (3.153) gilt

$$\hat{H}^2(\omega) = \begin{cases} -1 & \text{für } \omega \neq 0 \\ 0 & \text{für } \omega = 0. \end{cases} \tag{3.155}$$

Daraus folgt für die Rücktransformation

$$X(\omega) = -\hat{H}(\omega)\,\hat{X}(\omega) = j\,\mathrm{sgn}(\omega)\,\hat{X}(\omega) \tag{3.156}$$

bzw. im Zeitbereich

$$x(t) = -\hat{x}(t) * \hat{h}(t) = -\frac{1}{\pi}\int_{-\infty}^{\infty} \hat{x}(\tau)\,\frac{1}{t-\tau}\,d\tau. \tag{3.157}$$

Die Hilbert-Transformation eines mittelwertfreien Signals kann anschaulich auch als Allpass-Filterung angesehen werden, weil sie nur die Phase und nicht das Betragsspektrum des transformierten Signals verändert. Aus der Darstellung

$$\hat{H}(\omega) = -j\,\mathrm{sgn}(\omega) = \begin{cases} e^{-j\frac{\pi}{2}} & \text{für } \omega > 0 \\ 0 & \text{für } \omega = 0 \\ e^{j\frac{\pi}{2}} & \text{für } \omega < 0 \end{cases} \tag{3.158}$$

erkennt man, dass dabei für positive Frequenzen eine Phasendrehung um $-90°$ und für negative Frequenzen eine Phasendrehung um $+90°$ erfolgt. Ausgehend von $\omega_0 > 0$ wird zum Beispiel das Signal $x(t) = \cos(\omega_0 t)$ in das Signal $\hat{x}(t) = \sin(\omega_0 t)$ transformiert.

Einige Eigenschaften der Hilbert-Transformation:

1. Wie man leicht unter Anwendung der Parseval'schen Gleichung zeigen kann, ist das Skalarprodukt zweier Energiesignale $x(t)$ und $y(t)$ gleich dem Skalarprodukt ihrer Hilbert-Transformierten $\hat{x}(t)$ und $\hat{y}(t)$:

$$\langle \hat{x}, \hat{y} \rangle = \langle x, y \rangle\,. \tag{3.159}$$

2. Ein Signal $x(t)$ ist orthogonal zu seiner Hilbert-Transformierten $\hat{x}(t)$:

$$\langle x, \hat{x} \rangle = 0. \tag{3.160}$$

Beweis. Der Beweis erfolgt mit der Parseval'schen Gleichung:

$$\begin{aligned} 2\pi\,\langle x, \hat{x} \rangle &= \langle X, \hat{X} \rangle \\ &= \int_{-\infty}^{\infty} X(\omega)\,\left[\hat{X}(\omega)\right]^* d\omega \\ &= j\int_{-\infty}^{\infty} \underbrace{|X(\omega)|^2\ \mathrm{sgn}(\omega)}_{\text{ungerade-symmetrische Funktion}}\, d\omega = 0. \end{aligned}$$

□

Diese Orthogonalität lässt sich über die zuvor beschriebene Phasendrehung um $\pm 90°$ anschaulich erklären.

3. Aus (3.155) folgt, dass eine zweimalige Hilbert-Transformation zu einer Vorzeichenumkehrung des Signals führt, sofern das Signal mittelwertfrei ist. Bei mittelwertbehafteten Signalen wird zudem der Mittelwert entfernt. Die Vorzeichenumkehrung entspricht einer zweimaligen Phasendrehung um 90°.
4. Die Hilbert-Transformierte eines Signals mit konjugiert gerader Symmetrie ist konjugiert ungerade symmetrisch. Entsprechend besitzt die Hilbert-Transformierte eines konjugiert ungerade symmetrischen Signals eine konjugiert gerade Symmetrie. Der Beweis ist leicht im Frequenzbereich zu führen.

Beispiel 3.15 Gesucht ist die Hilbert-Transformierte des Signals $x(t) = \cos(\omega_0 t)s(t)$, wobei $s(t)$ komplexwertig sein kann und nicht bandbegrenzt sein muss. Die Fourier-Transformierte von $x(t) = \cos(\omega_0 t)s(t)$ lautet nach (3.76)

$$X(\omega) = \frac{1}{2}[S(\omega - \omega_0) + S(\omega + \omega_0)].$$

Für das Spektrum der Hilbert-Transformierten erhalten wir zunächst

$$\hat{X}(\omega) = -j\,\mathrm{sgn}(\omega)X(\omega) = \begin{cases} -\frac{j}{2}[S(\omega - \omega_0) + S(\omega + \omega_0)] & \text{für } \omega > 0 \\ 0 & \text{für } \omega = 0 \\ \frac{j}{2}[S(\omega - \omega_0) + S(\omega + \omega_0)] & \text{für } \omega < 0. \end{cases}$$

Wir gehen nun von $\omega_0 > 0$ aus. Durch Erweitern der in Klammern stehenden Ausdrücke mit $S(\omega+\omega_0) - S(\omega+\omega_0)$ für $\omega > 0$ und $S(\omega-\omega_0) - S(\omega-\omega_0)$ für $\omega < 0$ und Separation des vom Vorzeichen der Frequenz unabhängigen Terms ergibt sich

$$\hat{X}(\omega) = -\frac{j}{2}[S(\omega-\omega_0) - S(\omega+\omega_0)] + R(\omega) \;\text{ mit }\; R(\omega) = \begin{cases} -j\,S(\omega + \omega_0) & \text{für } \omega > 0 \\ 0 & \text{für } \omega = 0 \\ j\,S(\omega - \omega_0) & \text{für } \omega < 0. \end{cases}$$

Daraus folgt im Zeitbereich

$$\hat{x}(t) = \sin(\omega_0 t)s(t) + \frac{1}{2\pi}\int_{-\infty}^{\infty} R(\omega)\, e^{j\omega t}\, d\omega.$$

Der Term $R(\omega)$ wird zu null, wenn das Signal $s(t)$ auf $-\omega_0 < \omega < \omega_0$ bandbegrenzt ist. Das bedeutet, für ein ausreichend bandbegrenztes Signal $s(t)$ ist die Hilbert-Transformierte von $s(t)\cos(\omega_0 t)$ durch $s(t)\sin(\omega_0 t)$ gegeben.

3.6 Kausale Signale und die Hilbert-Transformation

In diesem Abschnitt betrachten wir kausale Signale und ihre Spektren. Ein kausales Signal $x(t)$ erfüllt $x(t) = 0$ für $t < 0$ und kann wie folgt in einen konjugiert geraden Anteil $x_g(t)$ und einen konjugiert ungeraden Anteil $x_u(t)$ aufgespalten werden:

$$x(t) = x_g(t) + x_u(t) \tag{3.161}$$

mit

$$x_u(t) = x_g(t) \cdot \text{sgn}(t). \tag{3.162}$$

Für das Spektrum bedeutet dies

$$X(\omega) = X_g(\omega) + X_u(\omega) \tag{3.163}$$

mit

$$X_g(\omega) = \Re\{X(\omega)\}, \qquad X_u(\omega) = j\,\Im\{X(\omega)\}. \tag{3.164}$$

Die Multiplikation von $x_g(t)$ mit $\text{sgn}(t)$ in (3.162) kann im Frequenzbereich als Faltung ausgedrückt werden. Mit der Korrespondenz (3.95) für die Signum-Funktion ergibt sich der Zusammenhang

$$X_u(\omega) = -j\,X_g(\omega) * \frac{1}{\pi\omega}, \tag{3.165}$$

der zeigt, dass $X_u(\omega)$ und $X_g(\omega)$ über die Hilbert-Transformation verknüpft sind, wobei die Transformation bezüglich der Frequenzvariablen ω auszuführen ist. Für den Real- und Imaginärteil von $X(\omega)$ erhalten wir aus (3.164) und (3.165)

$$\begin{aligned} \Im\{X(\omega)\} &= -\mathcal{H}\left(\Re\{X(\omega)\}\right), \\ \Re\{X(\omega)\} &= \mathcal{H}\left(\Im\{X(\omega)\}\right). \end{aligned} \tag{3.166}$$

Der Real- und Imaginärteil des Spektrums eines kausalen Signals bilden somit ein Hilbert-Transformationspaar.

Die Eigenschaft (3.166) hat unmittelbare Auswirkungen auf die Frequenzgänge von kausalen LTI-Systemen. Ganz offensichtlich bilden auch die Real- und Imaginärteile der Frequenzgänge kausaler LTI-Systeme ein Hilbert-Transformationspaar. Das bedeutet, dass der Imaginärteil des Frequenzgangs aus dessen Realteil berechnet werden kann, und umgekehrt. In Bezug auf den Betrag und die Phase des Frequenzgangs bedeutet dies, dass beide Größen voneinander abhängig sind. Es lässt sich dabei zeigen, dass zu einer gegebenen, quadratisch integrierbaren Amplitudenfunktion $|H(\omega)|$ nur dann eine Phasenfunktion $\varphi_H(\omega)$ existiert, mit der

$$H(\omega) = |H(\omega)|\, e^{j\varphi_H(\omega)} \tag{3.167}$$

die Fourier-Transformierte einer kausalen Impulsantwort $h(t)$ bildet, wenn die Bedingung

$$\int_{-\infty}^{\infty} \frac{|\ln|H(\omega)||}{1+\omega^2}\, d\omega < \infty \tag{3.168}$$

erfüllt ist. Die Forderung (3.168) ist als die *Paley-Wiener-Bedingung* bekannt. Sie besagt u. a., dass der Frequenzgang eines kausalen Systems nicht auf einem Intervall der Frequenzachse identisch null sein kann. Weitere Erläuterungen dieser Bedingung und die Vorgehensweise beim Beweis findet man zum Beispiel in [7, 9].

3.7 Repräsentation von Bandpasssignalen

In vielen Systemen der Signalverarbeitung, insbesondere in Systemen zur Nachrichtenübertragung, treten sogenannte Bandpasssignale auf. Darunter sind Signale zu verstehen, deren Spektren sich in Bereichen $\pm[\omega_0 - B/2, \omega_0 + B/2]$ mit $\omega_0 > B > 0$ konzentrieren.

Mittels der Hilbert-Transformation ergibt sich die Möglichkeit, ein *reelles Bandpasssignal* $x_{\text{BP}}(t)$ in ein *komplexes Tiefpasssignal* $x_{\text{TP}}(t)$ zu überführen. Dabei bildet man zunächst das sogenannte *analytische Signal* $x_{\text{BP}}^{+}(t)$, das nur positive Frequenzanteile besitzt:

$$x_{\text{BP}}^{+}(t) = x_{\text{BP}}(t) + j\,\hat{x}_{\text{BP}}(t). \tag{3.169}$$

Der darin enthaltene Term $\hat{x}_{\text{BP}}(t)$ ist die Hilbert-Transformierte des Bandpasssignals $x_{\text{BP}}(t)$. Die Fourier-Transformierte des analytischen Signals lautet

$$X_{\text{BP}}^{+}(\omega) = X_{\text{BP}}(\omega) + j\,\hat{X}_{\text{BP}}(\omega) = \begin{cases} 2\,X_{\text{BP}}(\omega) & \text{für } \omega > 0 \\ X_{\text{BP}}(\omega) & \text{für } \omega = 0 \\ 0 & \text{für } \omega < 0. \end{cases} \tag{3.170}$$

Aus $\langle \hat{x}, \hat{x} \rangle = \langle x, x \rangle$ und $\langle x, \hat{x} \rangle = 0$ folgt dabei $\|x_{\text{BP}}^{+}\| = \sqrt{2}\,\|x_{\text{BP}}\|$.

Das komplexwertige analytische Signal mit der Mittenfrequenz ω_0 kann in einem zweiten Schritt über eine Modulation mit $e^{-j\omega_0 t}$ in das sogenannte Basisband mit der Mittenfrequenz null verschoben werden:

$$x_{\text{TP}}(t) = x_{\text{BP}}^{+}(t)\, e^{-j\omega_0 t}. \tag{3.171}$$

Bild 3.22 zeigt hierzu die Vorgehensweise. Insbesondere erkennt man, dass es nicht notwendig ist, eine ideale Hilbert-Transformation mit der Übertragungsfunktion $\hat{H}(\omega) = -j\,\text{sgn}(\omega)$ zu realisieren, um ein Bandpasssignal zu transformieren. Es genügt vielmehr, ein realisierbares System $H_{\text{real}}(\omega)$ zu verwenden, dessen Frequenzgang im benötigten Frequenzband den Anforderungen entspricht. Zum Beispiel muss auch die Phase bei $\omega = 0$ keinen Sprung aufweisen.

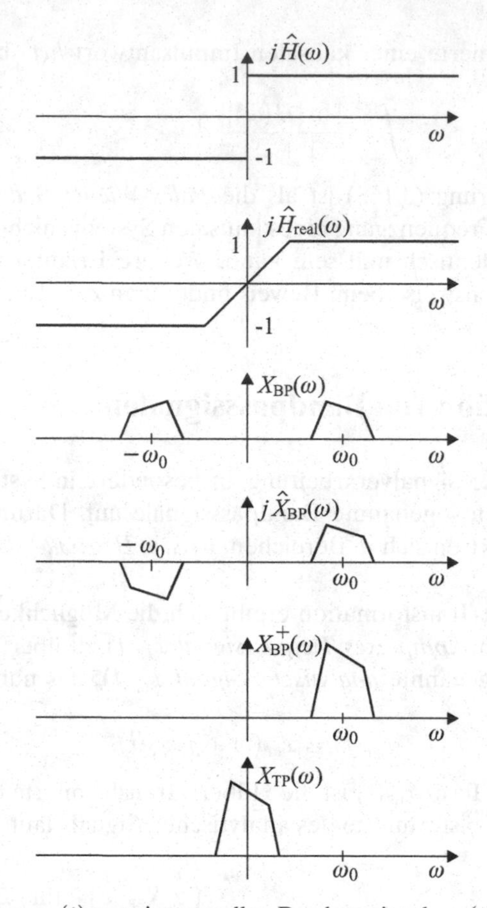

Bild 3.22 Erzeugung von $x_{\text{TP}}(t)$ aus einem reellen Bandpasssignal $x_{\text{BP}}(t)$

Um in umgekehrter Weise das reelle Bandpasssignal $x_{\text{BP}}(t)$ aus dem komplexen Tiefpasssignal $x_{\text{TP}}(t)$ zu erzeugen, wird der Zusammenhang

$$\begin{aligned} x_{\text{BP}}(t) &= \Re\{x^+_{\text{BP}}(t)\} \\ &= \Re\{x_{\text{TP}}(t)\, e^{j\omega_0 t}\} \\ &= u(t)\, \cos(\omega_0 t) - v(t)\, \sin(\omega_0 t) \end{aligned} \tag{3.172}$$

mit

$$u(t) = \Re\{x_{\text{TP}}(t)\}, \qquad v(t) = \Im\{x_{\text{TP}}(t)\}, \qquad x_{\text{TP}}(t) = u(t) + j\, v(t) \tag{3.173}$$

ausgenutzt.

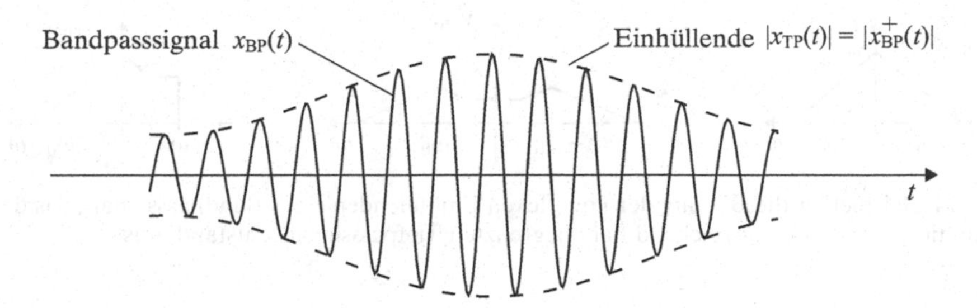

Bild 3.23 Bandpasssignal und Einhüllende

Eine weitere Beschreibungsform für das Bandpasssignal $x_{BP}(t)$ erhält man, indem $x_{TP}(t)$ zunächst in Polarkoordinaten beschrieben wird:

$$x_{TP}(t) = |x_{TP}(t)|\, e^{j\theta(t)} \tag{3.174}$$

mit

$$|x_{TP}(t)| = \sqrt{u^2(t) + v^2(t)}, \qquad \theta(t) = \arg\left\{\frac{v(t)}{u(t)}\right\}. \tag{3.175}$$

Aus (3.172) folgt damit für das Bandpasssignal

$$x_{BP}(t) = |x_{TP}(t)| \cos(\omega_0 t + \theta(t)). \tag{3.176}$$

Man erkennt, dass $|x_{TP}(t)|$ die *Einhüllende des Bandpasssignals* bildet (siehe hierzu Bild 3.23). Das Signal $x_{TP}(t)$ bezeichnet man entsprechend als *komplexe Einhüllende*. Den Realteil $u(t)$ nennt man die *In-Phase-*, und den Imaginärteil $v(t)$ nennt man die *Quadraturkomponente*.

In (3.176) zeigt sich, dass Bandpasssignale im Allgemeinen als amplituden- und phasenmodulierte Signale verstanden werden können. Nur für $\theta(t) = \text{const.}$ ergibt sich eine reine *Amplitudenmodulation*.

An dieser Stelle sei noch darauf hingewiesen, dass das Spektrum einer komplexen Einhüllenden stets nach unten auf $-\omega_0$ begrenzt ist:

$$X_{TP}(\omega) = 0 \quad \text{für} \quad \omega < -\omega_0. \tag{3.177}$$

Diese Eigenschaft erklärt sich unmittelbar daraus, dass ein analytisches Signal nur positive Frequenzanteile enthält.

Anwendung in der Nachrichtenübertragung Bei der Nachrichtenübertragung mit der sogenannten Quadraturmodulation werden zwei reelle Signale $u(t)$ und $v(t)$ mit einer um 90° phasenverschobenen Modulation im gleichen Frequenzband übertragen. Dabei wird das zu übertragende komplexe Tiefpasssignal $x(t) = u(t) + jv(t)$ nach (3.172) in ein reelles Bandpasssignal

$$x_{BP}(t) = u(t)\, \cos(\omega_0 t) - v(t)\, \sin(\omega_0 t) \tag{3.178}$$

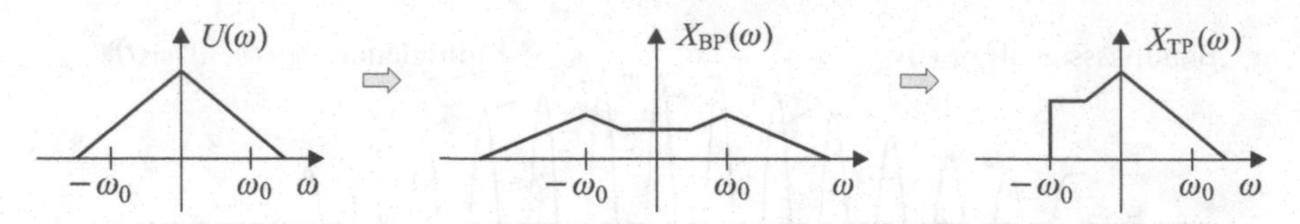

Bild 3.24 Beispiel für die Bildung der komplexen Einhüllenden eines Bandpasssignals, das durch Modulation eines nicht ausreichend bandbegrenzten Tiefpasssignals entstanden ist

überführt, das dann zum Beispiel über eine Antenne abgestrahlt oder über eine Zweidrahtleitung übertragen wird. Hierbei ist zu beachten, dass $x(t)$ auf den Bereich $-\omega_0 < \omega < \omega_0$ bandbegrenzt ist, damit die Hilbert-Transformierte des Bandpasssignals $x_{\text{BP}}(t)$ die Form

$$\hat{x}_{\text{BP}}(t) = u(t)\ \sin(\omega_0 t) + v(t)\ \cos(\omega_0 t) \tag{3.179}$$

annimmt (vgl. Beispiel 3.15) und der Zusammenhang

$$x_{\text{BP}}^{+}(t) = x_{\text{BP}}(t) + j\hat{x}_{\text{BP}}(t) = x(t)e^{j\omega_0 t} \tag{3.180}$$

gilt. Ein auf ω_0 bandbegrenztes Signal $x(t)$ ist also gleich der komplexen Einhüllenden des erzeugten Bandpasssignals und kann aus $x_{\text{BP}}^{+}(t)$ über eine Modulation mit $e^{-j\omega_0 t}$ zurückgewonnen werden.

Wird die Bedingung der Bandbegrenzung von $x(t)$ auf den Bereich $|\omega| < \omega_0$ nicht eingehalten, so stimmt das für die Demodulation benötigte Signal $\Im\{x(t)e^{j\omega_0 t}\}$ nicht mit der Hilbert-Transformierten des Bandpasssignals $x_{\text{BP}}(t)$ überein und kann auch nicht anderweitig aus $x_{\text{BP}}(t)$ gewonnen werden kann. Die komplexe Einhüllende beschreibt also zwar das Bandpasssignal in eindeutiger Weise, d. h. $x_{\text{BP}}(t)$ kann stets aus $x_{\text{TP}}(t)$ rekonstruiert werden, die Rückgewinnung eines ursprünglichen Tiefpasssignals ist jedoch nur unter der Bedingung einer ausreichenden Bandbegrenzung möglich. Dieser Zusammenhang wird in Bild 3.24 am Beispiel eines zu übertragenden reellen, nicht ausreichend bandbegrenzten Signals verdeutlicht.

Bandpassfilterung und Bildung der komplexen Einhüllenden In der Praxis ist die Erzeugung einer komplexen Einhüllenden meist mit der Aufgabe verbunden, das reelle Bandpasssignal $x_{\text{BP}}(t)$ zunächst aus einem breitbandigeren Signal $x(t)$ herauszufiltern: $x_{\text{BP}}(t) = x(t) * g(t)$. Hierzu wird zunächst die Übertragungsfunktion $G(\omega)$ eines reellen Bandpasses vorgegeben. Für die Übertragungsfunktion des daraus bestimmten analytischen Bandpasses gilt

$$G^{+}(\omega) = G(\omega)\,[1 + j\,\hat{H}(\omega)]. \tag{3.181}$$

Damit berechnet sich das analytische Signal zu

$$x_{\text{BP}}^{+}(t) = x(t) * g^{+}(t) \quad \longleftrightarrow \quad X_{\text{BP}}^{+}(\omega) = X(\omega)\ G^{+}(\omega). \tag{3.182}$$

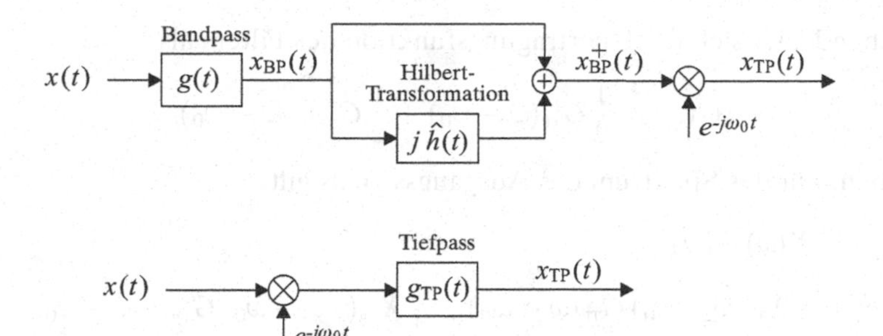

Bild 3.25 Anordnungen zur Erzeugung der komplexen Einhüllenden eines reellen Bandpasssignals

Für die komplexe Einhüllende gilt

$$x_{\text{TP}}(t) = [x(t) * g^+(t)]\, e^{-j\omega_0 t} \quad \longleftrightarrow \quad X_{\text{TP}}(\omega) = X(\omega+\omega_0)\, G^+(\omega+\omega_0). \tag{3.183}$$

Beschreibt man den analytischen Bandpass schließlich noch mittels der komplexen Einhüllenden des reellen Bandpasses,

$$g^+(t) = g_{\text{TP}}(t)\, e^{j\omega_0 t} \quad \longleftrightarrow \quad G^+(\omega) = G_{\text{TP}}(\omega-\omega_0), \tag{3.184}$$

so folgt

$$X_{\text{TP}}(\omega) = X(\omega+\omega_0)\, G_{\text{TP}}(\omega). \tag{3.185}$$

Man erkennt, dass sich $X_{\text{TP}}(\omega)$ auch gewinnen lässt, indem das reelle Bandpasssignal mit $e^{-j\omega_0 t}$ moduliert und das dadurch gewonnene Signal tiefpassgefiltert wird, siehe Bild 3.25.

Der äquivalente Tiefpass $G_{\text{TP}}(\omega)$ besitzt im Allgemeinen eine komplexe Impulsantwort. Nur wenn die Symmetriebedingung $G_{\text{TP}}(\omega) = G^*_{\text{TP}}(-\omega)$ erfüllt ist, ergibt sich ein reeller Tiefpass, und der Realisierungsaufwand verringert sich. Diese Forderung ist gleichbedeutend damit, dass der reelle Bandpass $G(\omega)$ bezüglich seiner Mittenfrequenz einen geraden Betragsfrequenzgang und einen ungeraden Phasenverlauf haben muss. In diesem Fall spricht man auch von einem *symmetrischen Bandpass*.

Realisierung von Bandpassfiltern durch äquivalente Tiefpassfilter Es wird von der Beziehung $y(t) = x(t) * g(t)$ ausgegangen, wobei die Signale $x(t)$ und $y(t)$ sowie die Impulsantwort $g(t)$ reell seien. Das Signal $x(t)$ wird nun mittels seiner komplexen Einhüllenden bezüglich einer beliebigen positiven Mittenfrequenz ω_0 beschrieben:

$$x(t) = \Re\{x_{\text{TP}}(t)\, e^{j\omega_0 t}\}. \tag{3.186}$$

Für das Spektrum gilt

$$X(\omega) = \frac{1}{2}\, X_{\text{TP}}(\omega-\omega_0) + \frac{1}{2}\, X^*_{\text{TP}}(-\omega-\omega_0). \tag{3.187}$$

Entsprechend lässt sich die Übertragungsfunktion des Filters als

$$G(\omega) = \frac{1}{2}\, G_{\text{TP}}(\omega - \omega_0) + \frac{1}{2}\, G^*_{\text{TP}}(-\omega - \omega_0) \tag{3.188}$$

beschreiben. Für das Spektrum des Ausgangssignals gilt

$$\begin{aligned} Y(\omega) &= X(\omega)\, G(\omega) \\ &= \tfrac{1}{4}\, X_{\text{TP}}(\omega - \omega_0)\, G_{\text{TP}}(\omega - \omega_0) + \tfrac{1}{4}\, X^*_{\text{TP}}(-\omega - \omega_0)\, G^*_{\text{TP}}(-\omega - \omega_0) \\ &\quad + \tfrac{1}{4}\, X_{\text{TP}}(\omega - \omega_0)\, G^*_{\text{TP}}(-\omega - \omega_0) + \tfrac{1}{4}\, X^*_{\text{TP}}(-\omega - \omega_0)\, G_{\text{TP}}(\omega - \omega_0). \end{aligned} \tag{3.189}$$

Die beiden letzten Terme verschwinden wegen $G_{\text{TP}}(\omega) = 0$ für $\omega < -\omega_0$ und $X_{\text{TP}}(\omega) = 0$ für $\omega < -\omega_0$, und es verbleibt

$$\begin{aligned} Y(\omega) &= \tfrac{1}{4}\, X_{\text{TP}}(\omega - \omega_0)\, G_{\text{TP}}(\omega - \omega_0) + \tfrac{1}{4}\, X^*_{\text{TP}}(-\omega - \omega_0)\, G^*_{\text{TP}}(-\omega - \omega_0) \\ &= \tfrac{1}{2}\, Y_{\text{TP}}(\omega - \omega_0) + \tfrac{1}{2}\, Y^*_{\text{TP}}(-\omega - \omega_0). \end{aligned} \tag{3.190}$$

Insgesamt ergibt sich aus (3.187) – (3.190)

$$Y_{\text{TP}}(\omega) = \frac{1}{2}\, X_{\text{TP}}(\omega)\, G_{\text{TP}}(\omega). \tag{3.191}$$

Das bedeutet, dass eine reelle Faltung im Bandpassbereich durch eine komplexe Faltung im Tiefpassbereich ersetzt werden kann:

$$y(t) = x(t) * g(t) \quad \rightarrow \quad y_{\text{TP}}(t) = \frac{1}{2}\, x_{\text{TP}}(t) * g_{\text{TP}}(t). \tag{3.192}$$

Darin ist der Vorfaktor $1/2$ zu beachten. Dieser Vorfaktor trat bei der zuvor besprochenen Kombination aus Bandpassfilterung und Bildung der komplexen Einhüllenden nicht auf. Weiterhin ist anzumerken, dass sich ein reelles Filter $g_{\text{TP}}(t)$ ergibt, wenn $G(\omega)$ ein bezüglich ω_0 symmetrischer Bandpass ist.

Skalarprodukte von Signalen Betrachtet wird das Skalarprodukt zweier analytischer Signale $x^+(t) = x(t) + j\,\hat{x}(t)$ und $y^+(t) = y(t) + j\,\hat{y}(t)$, wobei $x(t)$ und $y(t)$ als reell vorausgesetzt werden. Es gilt

$$\langle x^+, y^+ \rangle = \langle x, y \rangle + \langle \hat{x}, \hat{y} \rangle + j\,\langle \hat{x}, y \rangle + j\,\langle x, \hat{y} \rangle\,. \tag{3.193}$$

Unter Beachtung von (3.159) folgt daraus für den Realteil

$$\Re\{\langle x^+, y^+ \rangle\} = 2\,\langle x, y \rangle\,. \tag{3.194}$$

Beschreibt man die Signale $x(t)$ und $y(t)$ mittels ihrer komplexen Einhüllenden bezüglich der gleichen Mittenfrequenz, so folgt unmittelbar

$$\langle x, y \rangle = \frac{1}{2}\, \Re\{\langle x_{\text{TP}}, y_{\text{TP}} \rangle\}. \tag{3.195}$$

Das bedeutet, dass man Korrelationen deterministischer Bandpasssignale im äquivalenten Tiefpassbereich berechnen kann.

Gruppen- und Phasenlaufzeit Die Gruppen- und Phasenlaufzeit eines Systems mit der Übertragungsfunktion

$$C(\omega) = |C(\omega)|\, e^{j\varphi(\omega)} \tag{3.196}$$

sind als

$$\tau_g(\omega) = -\,\frac{d\varphi(\omega)}{d\omega} \tag{3.197}$$

und

$$\tau_p(\omega) = -\,\frac{\varphi(\omega)}{\omega} \tag{3.198}$$

definiert. Um den Grund für diese Definitionen zu erklären, wird angenommen, dass $C(\omega)$ ein schmalbandiger Bandpass mit einer Bandbreite $B \ll \omega_0$ ist. Wir betrachten nun die Übertragungsfunktion des assoziierten analytischen Bandpasses:

$$C^+_{\text{BP}}(\omega) = \begin{cases} 2|C(\omega)|e^{j\varphi(\omega)} & \text{für } |\omega - \omega_0| \leq B/2 \\ 0 & \text{sonst.} \end{cases} \tag{3.199}$$

Wegen $B \ll \omega_0$ kann $C^+_{\text{BP}}(\omega)$ durch ein System mit dem konstanten Amplitudenfrequenzgang $2|C(\omega_0)|$ und der linearen Phase

$$\varphi(\omega) \approx \varphi(\omega_0) + (\omega - \omega_0)\left(\frac{d\varphi(\omega)}{d\omega}\Big|_{\omega=\omega_0}\right)$$

approximiert werden. Mit τ_g und τ_p nach (3.197) und (3.198) ergibt sich

$$C^+_{\text{BP}}(\omega) \approx \begin{cases} 2|C(\omega_0)|e^{-j\omega_0\tau_p(\omega_0)}\, e^{-j(\omega-\omega_0)\tau_g(\omega_0)} & \text{für } |\omega - \omega_0| \leq B/2 \\ 0 & \text{sonst.} \end{cases} \tag{3.200}$$

Für die Übertragung eines auf die Bandbreite B begrenzten analytischen Bandpasssignals $x^+_{\text{BP}}(t) = x_{\text{TP}}(t)e^{j\omega_0 t}$ erhält man unter Beachtung des bei der äquivalenten komplexen Filterung auftretenden Faktors $\frac{1}{2}$ (vgl. (3.191))

$$Y^+_{\text{BP}}(\omega) = \frac{1}{2}C^+_{\text{BP}}(\omega)X^+_{\text{BP}}(\omega) \approx |C(\omega_0)|\, e^{-j\omega_0\tau_p(\omega_0)}\, e^{-j(\omega-\omega_0)\tau_g(\omega_0)}\, X^+_{\text{BP}}(\omega). \tag{3.201}$$

Darin bewirkt der von ω_0 abhängige Faktor $e^{-j\omega_0\tau_p(\omega_0)}$ eine Phasendrehung der komplexen Amplitude um $-\omega_0\tau_p(\omega_0)$. Der Term $e^{-j(\omega-\omega_0)\tau_g(\omega_0)}$ entspricht einer Signalverzögerung um $\tau_g(\omega_0)$. Für die Übertragung eines reellen schmalbandigen Bandpasssignals $x(t) = x_{\text{TP}}(t)\cos(\omega_0 t)$ über einen reellen Bandpass mit der Übertragungsfunktion $C(\omega)$ folgt

$$y(t) \approx |C(\omega_0)| \cos(\omega_0(t - \tau_p(\omega_0))\, x_{\text{TP}}(t - \tau_g(\omega_0)). \tag{3.202}$$

Bild 3.26 verdeutlicht den Zusammenhang zwischen der Phase und der Gruppen- und Phasenlaufzeit.

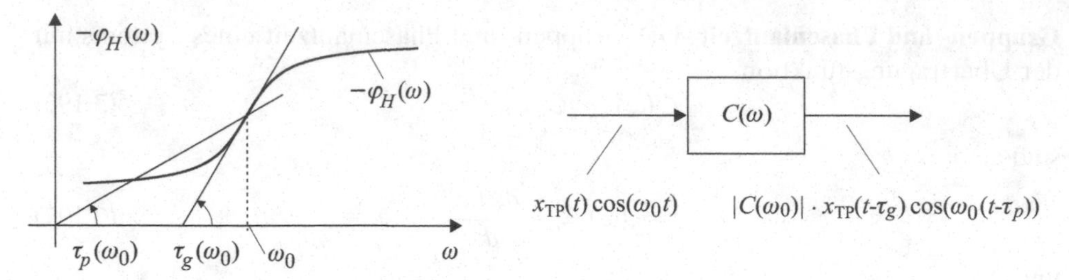

Bild 3.26 Zur Gruppen- und Phasenlaufzeit

3.8 Laplace-Transformation

Die Laplace-Transformation wurde bereits in Abschnitt 3.1.4 motiviert. Zu der dort eingeführten zweiseitigen Laplace-Transformation werden wir im Folgenden das Konvergenzverhalten untersuchen und auch auf die Rücktransformation eingehen. Schließlich werden wir noch die einseitige Laplace-Transformation betrachten, bei der nur der Signalanteil für $t > 0$ transformiert wird. Für kausale Signale sind beide Versionen identisch.

3.8.1 Die zweiseitige Laplace-Transformation

Konvergenz Die zweiseitige Laplace-Transformierte einer Funktion $x(t)$ ist durch den Ausdruck

$$X_L(s) = \mathcal{L}\{x(t)\} = \int_{-\infty}^{\infty} x(t)\, e^{-st}\, dt \tag{3.203}$$

mit $s = \sigma + j\omega$ gegeben. Wie bereits in Abschnitt 3.1.4 beschrieben, kann diese als Fourier-Transformierte der Funktion $e^{-\sigma t}x(t)$ aufgefasst werden:

$$\mathcal{L}\{x(t)\} = \mathcal{F}\{e^{-\sigma t}x(t)\}.$$

Da die Fourier-Transformation von $x(t)$ konvergiert, wenn $x(t)$ absolut integrierbar ist, konvergiert die Laplace-Transformation, wenn $e^{-\sigma t}x(t)$ absolut integrierbar ist, also wenn

$$\int_{-\infty}^{\infty} \left| x(t)\, e^{-\sigma t} \right| \, dt < \infty. \tag{3.204}$$

gilt. Der Bereich $[\sigma_{\min}, \sigma_{\max}]$, für den (3.204) erfüllt ist, wird der Konvergenzbereich genannt. Für die Variable s bedeutet dies, dass das Konvergenzgebiet in der s-Ebene prinzipiell ein Streifen ist, der parallel zur $j\omega$-Achse verläuft. Da unterschiedliche Funktionen $x(t)$ zum gleichen Ausdruck für $X_L(s)$ führen können, ist es stets notwendig, auch das Konvergenzgebiet zu kennen, um $X_L(s)$ eindeutig einer Funktion $x(t)$ zuordnen zu können.

Konvergenz für rechtsseitige Signale Wir betrachten ein rechtsseitiges Signal $x(t)$ und nehmen an, dass dieses wie folgt beschränkt ist:

$$|x(t)| \leq A e^{\sigma_{\min} t}, \qquad A > 0.$$

Die Funktion $|x(t)|$ darf also nicht schneller wachsen als der Term $e^{\sigma_{\min} t}$. Dann gilt die Abschätzung

$$\int_{-\infty}^{\infty} |\, x(t)\, |\, e^{-\sigma t}\, dt \leq \int_{0}^{\infty} A\, e^{(\sigma_{\min}-\sigma)t}\, dt = \frac{A}{\sigma_{\min}-\sigma} e^{(\sigma_{\min}-\sigma)t} \Big|_{0}^{\infty}. \tag{3.205}$$

Man erkennt, dass das Resultat endlich groß ist, wenn $\sigma > \sigma_{\min}$ gilt. Beachtet man noch, dass im Konvergenzgebiet keine Polstellen[3] liegen können, weil $X_L(s)$ dort endlich ist, dann lässt sich feststellen, dass $\sigma_{\min}$ größer als der größte Realteil der Polstellen p_k, $k = 1, 2, \ldots, N$ sein muss:

$$\Re\{s\} > \max_k \Re\{p_k\}.$$

Für ein kausales System mit einer Impulsantwort $h(t)$ bedeutet dies, dass die Polstellen von $H_L(s) = \mathcal{L}\{h(t)\}$ in der linken s-Halbebene liegen müssen, damit das System BIBO-stabil ist und auch die Fourier-Transformierte von $h(t)$ existiert. Die Angabe des Konvergenzgebiets ist bei kausalen Signalen nicht nötig, weil dieses aus den Polstellen der Laplace-Transformierten ermittelt werden kann. Entsprechende Überlegungen für linksseitige Signale führen auf $\sigma < \sigma_{\max}$ bzw. $\Re\{s\} < \min_k \Re\{p_k\}$.

Rationale Laplace-Transformierte In der Praxis begegnet man häufig Ausdrücken für Laplace-Transformierte, die wie folgt als Verhältnis zweier Polynome auftreten:

$$X_L(s) = \frac{b_0 + b_1 s + \ldots + b_M s^M}{a_0 + a_1 s + \ldots + s^N}. \tag{3.206}$$

Unter Berücksichtigung der Nullstellen der Zähler- und Nennerpolynome ist auch eine Angabe in faktorisierter Form möglich:

$$X_L(s) = b_M \frac{\prod_{k=1}^{M} (s - s_k)}{\prod_{k=1}^{N} (s - p_k)}. \tag{3.207}$$

Die Werte s_k, $k = 1, 2, \ldots, M$ sind die Nullstellen und die Werte p_k, $k = 1, 2, \ldots, N$ sind die Polstellen (Unendlichkeitsstellen) von $X_L(s)$.

---

[3] Die Polstellen bzw. Pole von $X_L(s)$ sind die Stellen, an denen $X_L(s)$ unendlich groß wird.

Beispiel 3.16 Gesucht ist die Laplace-Transformierte des Signals $x(t) = e^{-at}\varepsilon(t)$. Die Integration ergibt zunächst

$$X_L(s) = \int_{-\infty}^{\infty} e^{-at}\varepsilon(t)e^{-st}dt = \int_{0}^{\infty} e^{-(s+a)t}dt = \frac{-1}{s+a}e^{-(s+a)t}\Big|_0^{\infty}.$$

Mit $\Re\{s\} > \Re\{-a\}$ liefert das Einsetzen der Grenzen

$$X_L(s) = \frac{1}{s+a}, \qquad \Re\{s\} > \Re\{-a\}.$$

Beispiel 3.17 Gesucht ist die Laplace-Transformierte des Signals $x(t) = -e^{-at}\varepsilon(-t)$. Die Integration ergibt zunächst

$$X_L(s) = \int_{-\infty}^{\infty} -e^{-at}\varepsilon(-t)e^{-st}dt = \int_{-\infty}^{0} -e^{-(s+a)t}dt = \frac{1}{s+a}e^{-(s+a)t}\Big|_{-\infty}^{0}.$$

Mit $\Re\{s\} < \Re\{-a\}$ liefert das Einsetzen der Grenzen

$$X_L(s) = \frac{1}{s+a}, \qquad \Re\{s\} < \Re\{-a\}.$$

Der Ausdruck für die Laplace-Transformierte entspricht dem aus Beispiel 3.16, die Konvergenzgebiete sind jedoch unterschiedlich und überlappen sich nicht.

Beispiel 3.18 Gesucht ist die Laplace-Transformierte des Signals $x(t) = te^{-at}\varepsilon(t)$. Das Integral

$$X_L(s) = \int_{-\infty}^{\infty} te^{-at}\varepsilon(t)e^{-st}dt = \int_{0}^{\infty} te^{-(s+a)t}dt$$

lässt sich mit partieller Integration lösen und ergibt mit $\Re\{s\} > \Re\{-a\}$

$$X_L(s) = \frac{1}{(s+a)^2}, \qquad \Re\{s\} > \Re\{-a\}.$$

3.8.2 Eigenschaften der Laplace-Transformation

Die Eigenschaften der Laplace-Transformation entsprechen im Wesentlichen denen der Fourier-Transformation. Daher werden diese nur kurz genannt, ohne jeweils auf den Beweis einzugehen. Es wird dabei von folgenden Korrespondenzen ausgegangen:

$$x(t) \longleftrightarrow X_L(s),$$
$$y(t) \longleftrightarrow Y_L(s).$$

Linearität Die Linearkombination zweier Signale führt auf die Linearkombination der Laplace-Transformierten:

$$\alpha x(t) + \beta y(t) \longleftrightarrow \alpha X_L(s) + \beta Y_L(s). \tag{3.208}$$

Das Konvergenzgebiet ist mindestens das Schnittgebiet der beiden einzelnen Konvergenzgebiete.

Zeitskalierung Die Skalierung der Zeitachse mit einem Faktor α führt zu einer Skalierung der Variablen s mit dem umgekehrten Faktor $1/\alpha$. Für jedes reelle $\alpha \neq 0$ erhält man

$$x(\alpha t) \longleftrightarrow \frac{1}{|\alpha|} X_L\left(\frac{s}{\alpha}\right). \tag{3.209}$$

Zeitumkehr Es gilt

$$x(-t) \longleftrightarrow X_L(-s). \tag{3.210}$$

Zeitverschiebung Die Zeitverschiebung eines Signals $x(t)$ um ein reelles t_0 hat einen Vorfaktor e^{-st_0} zur Folge:

$$x(t - t_0) \longleftrightarrow e^{-st_0}\, X_L(s). \tag{3.211}$$

Modulation Die Multiplikation eines Signals mit einer komplexen Exponentialschwingung $e^{s_0 t}$ bewirkt eine Verschiebung im s-Bereich:

$$e^{s_0 t} x(t) \longleftrightarrow X_L(s - s_0). \tag{3.212}$$

Konjugation Die Korrespondenz für die konjugiert komplexe Funktion lautet

$$x^*(t) \longleftrightarrow X_L^*(s^*). \tag{3.213}$$

Ableitung im Zeitbereich Wir nehmen an, dass die n-te Ableitung eines Signals $x(t)$ existiert und beschränkt ist. Es gilt dann die Korrespondenz

$$\frac{d^n}{dt^n}\, x(t) \longleftrightarrow s^n\, X_L(s). \tag{3.214}$$

Das Konvergenzgebiet ist zumindest das von $X_L(s)$, es kann aber auch größer sein, wenn Pole von $X_L(s)$ durch Herauskürzen mit dem Vorfaktor s^n entfallen.

Integration Betrachtet wird ein mittelwertfreies Signal $x(t)$. Die Korrespondenz für die Integration im Zeitbereich lautet

$$\int_{-\infty}^{t} x(\tau)\, d\tau \longleftrightarrow \frac{1}{s}\, X_L(s). \tag{3.215}$$

Das Konvergenzgebiet umfasst mindestens den Überlappungsbereich der Konvergenzgebiete für $X_L(s)$ und $1/s$.

Faltung Eine Faltung von $x(t)$ und $y(t)$ ist äquivalent zu einer Multiplikation im s-Bereich:

$$x(t) * y(t) \longleftrightarrow X_L(s)\, Y_L(s). \tag{3.216}$$

Das Konvergenzgebiet ist dabei wenigstens der Überlappungsbereich der Konvergenzgebiete für $X_L(s)$ und $Y_L(s)$. Eine Vergrößerung des Konvergenzgebietes über den Überlappungsbereich hinaus kann eintreten, wenn Polstellen der einen Funktion durch Nullstellen der anderen Funktion kompensiert werden.

3.8.3 Inverse Laplace-Transformation

Rücktransformation mit dem Umkehrintegral Die inverse Fourier-Transformierte von $X_L(s)$ ergibt die Funktion $e^{-\sigma t}x(t)$, so dass für die Laplace-Transformation eine Rücktransformation wie folgt angegeben werden kann:

$$\begin{aligned} x(t) &= e^{\sigma t} \frac{1}{2\pi} \int_{-\infty}^{\infty} X_L(\sigma + j\omega)\, e^{j\omega t}\, d\omega \\ &= \frac{1}{2\pi} \int_{-\infty}^{\infty} X_L(\sigma + j\omega)\, e^{(\sigma + j\omega)t}\, d\omega. \end{aligned} \tag{3.217}$$

Mit $s = \sigma + j\omega$ und $d\omega = ds/j$ folgt daraus

$$x(t) = \frac{1}{2\pi j} \int_{\sigma - j\infty}^{\sigma + j\infty} X_L(s)\, e^{st}\, ds. \tag{3.218}$$

Der Parameter σ muss hierbei so gewählt werden, dass der Integrationsweg im Konvergenzgebiet liegt.

Lösung des Umkehrintegrals mit dem Residuensatz Unter der Voraussetzung

$$|X_L(s)| \to 0 \quad \text{für} \quad |s| \to \infty,$$

die in der Regel erfüllt ist, kann das Linienintegral in (3.218) zu einem Ringintegral geschlossen werden (Jordan'sches Lemma), und es wird eine Lösung nach dem Residuensatz möglich. Details zur Herleitung findet man zum Beispiel in [1, 3, 9].

Für die Beschreibung der Lösung über den Residuensatz gehen wir davon aus, dass $X_L(s)$ eine rationale Funktion ist, deren Zählergrad kleiner als der Nennergrad ist. Weiterhin gehen wir zunächst davon aus, dass $X_L(s)$ nur einfache Polstellen $p_1, p_2, \ldots, p_N$ besitzt. Die Lösung ist dann durch die Summe der Residuen von $X_L(s)e^{st}$ gegeben, wobei sich diese wie folgt berechnen:

$$R_k(t) = X_L(s)e^{st}(s - p_k)\Big|_{s=p_k}, \qquad k = 1, 2, \ldots, N. \tag{3.219}$$

Sie besitzen im Prinzip die Gestalt $R_k(t) = A_k e^{p_k t}$, wobei A_k die entsprechenden Residuen von $X_L(s)$ sind. Geht man nun davon aus, dass sich die Pole $p_1, p_2, \ldots, p_{N_1}$

links und die Pole $p_{N_1+1}, p_{N_1+2}, \ldots, p_N$ rechts vom Konvergenzgebiet befinden, dann kann die Lösung für die inverse Laplace-Transformation wie folgt angegeben werden:

$$x(t) = \sum_{k=1}^{N_1} R_k(t)\,\varepsilon(t) + \sum_{k=N_1+1}^{N} R_k(t)\,\varepsilon(-t). \tag{3.220}$$

Etwas aufwendiger wird die Berechnung, wenn $X_L(s)$ mehrfache Pole besitzt. Das zu einem K-fachen Pol an der Stelle $s = p_k$ gehörige Residuum von $X_L(s)e^{st}$ ist durch den Ausdruck

$$R_k(t) = \frac{1}{(K-1)!}\,\frac{d^{K-1}}{ds^{K-1}}\left[X_L(s)\,e^{st}\,(s-p_k)^K\right]\Bigg|_{s=p_k} \tag{3.221}$$

gegeben.

Für rationale Laplace-Transformierte ist die Rücktransformation unter Anwendung des Residuensatzes eng mit der Methode der Partialbruchzerlegung verbunden, auf die im Folgenden noch näher eingegangen wird. Ähnlichkeiten und Unterschiede werden in den Beispielen 3.19 bis 3.22 deutlich.

Beispiel 3.19 Gesucht ist die zu

$$X_L(s) = \frac{s+1}{(s+2)(s+3)}, \qquad \Re\{s\} > -2$$

gehörige Zeitfunktion $x(t)$. Beide Pole liegen links vom Konvergenzgebiet. Die Residuen lauten

$$R_1(t) = X_L(s)\,e^{st}\,(s+3)\Big|_{s=-3} = \frac{s+1}{s+2}\,e^{st}\Big|_{s=-3} = 2e^{-3t}$$

und

$$R_2(t) = X_L(s)\,e^{st}\,(s+2)\Big|_{s=-2} = \frac{s+1}{s+3}\,e^{st}\Big|_{s=-2} = -e^{-2t}.$$

Für die Zeitfunktion ergibt sich damit

$$x(t) = \left[2e^{-3t} - e^{-2t}\right]\varepsilon(t).$$

Beispiel 3.20 In diesem Beispiel betrachten wir eine Laplace-Transformierte mit einer doppelten Polstelle. Gesucht ist die zu

$$X_L(s) = \frac{1}{(s+2)(s+3)^2}, \qquad \Re\{s\} > -2$$

gehörige Zeitfunktion $x(t)$. Alle Pole liegen links vom Konvergenzgebiet. Die Residuen lauten

$$R_1(t) = X_L(s)\,e^{st}\,(s+2)\Big|_{s=-2} = \frac{1}{(s+3)^2}\,e^{st}\Big|_{s=-2} = e^{-2t}$$

und

$$\begin{aligned}
R_2(t) &= \frac{d}{ds} X_L(s)\, e^{st}\, (s+3)^2 \Big|_{s=-3} \\
&= \frac{d}{ds} \frac{1}{s+2}\, e^{st} \Big|_{s=-3} \\
&= \left[-\frac{1}{(s+2)^2}\, e^{st} + \frac{1}{(s+2)} t e^{st} \right] \Big|_{s=-3} \\
&= -e^{-3t} - t e^{-3t}.
\end{aligned}$$

Für die Zeitfunktion ergibt sich damit

$$x(t) = \left[e^{-2t} - e^{-3t} - t e^{-3t} \right] \varepsilon(t).$$

Rücktransformation mittels Partialbruchzerlegung Eine rationale Funktion $X_L(s)$ der Form (3.206) bzw. (3.207), die nur einfache Polstellen besitzt und deren Zählergrad M kleiner als der Nennergrad N ist, kann mittels einer Partialbruchzerlegung in der folgenden Form angegeben werden:

$$X_L(s) = \sum_{k=1}^{N} \frac{A_k}{s - p_k}. \tag{3.222}$$

Nimmt man an, dass alle Polstellen in der linken s-Halbebene liegen und $x(t)$ ein rechtsseitiges Signal ist, dann können die einzelnen Summanden mittels der in Beispiel 3.16 gefundenen Korrespondenz

$$e^{-at} \varepsilon(t) \longleftrightarrow \frac{1}{s+a}$$

in den Zeitbereich transformiert werden. Dies ergibt

$$x(t) = \sum_{k=1}^{N} A_k e^{p_k t} \varepsilon(t). \tag{3.223}$$

Tritt eine Polstelle bei $s = p_\ell$ insgesamt K-fach auf, dann enthält die Partialbruchzerlegung die dazugehörigen Terme

$$\sum_{i=1}^{K} \frac{B_i}{(s - p_\ell)^i}.$$

Für die Rücktransformation kann die Korrespondenz

$$\frac{1}{(i-1)!} t^{i-1} e^{at} \longleftrightarrow \frac{1}{(s-a)^i} \tag{3.224}$$

genutzt werden, die in Beispiel 3.18 für den Spezialfall $i = 2$ gezeigt wurde.

Ist der Zählergrad größer als der Nennergrad, dann muss der Zählergrad zunächst mittels einer Polynomdivision reduziert werden. Das abgespaltene Polynom der Form

$$Q(s) = a_0 + a_1 s + a_2 s^2 + \ldots + a_{M-N} s^{M-N}$$

kann mit der Korrespondenz $\delta_0(t) \longleftrightarrow 1$ und der Differentiationsregel (3.214) in den Zeitbereich transformiert werden. Dies ergibt

$$q(t) = a_0 \delta_0(t) + a_1 \delta_0'(t) + a_2 \delta_0''(t) + \ldots + a_{M-N} \delta_0^{(M-N)}(t).$$

Beispiel 3.21 Wir betrachten wieder die Laplace-Transformierte aus Beispiel 3.19 und suchen die entsprechende Zeitfunktion $x(t)$ mittels der Methode der Partialbruchzerlegung:

$$X_L(s) = \frac{s+1}{(s+2)(s+3)}, \qquad \Re\{s\} > -2.$$

Die Partialbruchzerlegung besitzt die Gestalt

$$X_L(s) = \frac{A_1}{s+2} + \frac{A_2}{s+3}, \qquad \Re\{s\} > -2.$$

Die Koeffizienten berechnen sich zu

$$A_1 = X_L(s)(s+3)\Big|_{s=-3} = \frac{s+1}{s+2}\Big|_{s=-3} = 2$$

$$A_2 = X_L(s)(s+2)\Big|_{s=-2} = \frac{s+1}{s+3}\Big|_{s=-2} = -1$$

mit $A_1 = 2$ und $A_2 = -1$. Die Korrespondenz (3.224) liefert

$$x(t) = \left[2e^{-3t} - e^{-2t}\right] \varepsilon(t).$$

Der Vergleich mit Beispiel 3.19 zeigt, dass hier exakt die gleichen Rechenschritte auszuführen sind.

Beispiel 3.22 Wir betrachten die Laplace-Transformierte aus Beispiel 3.20 und suchen die Zeitfunktion mittels Partialbruchzerlegung:

$$X_L(s) = \frac{1}{(s+2)(s+3)^2}, \qquad \Re\{s\} > -2.$$

Die Partialbruchzerlegung lautet im Prinzip

$$X_L(s) = \frac{A_1}{s+2} + \frac{B_1}{s+3} + \frac{B_2}{(s+3)^2}, \qquad \Re\{s\} > -2.$$

A_1 und B_2 berechnen sich wie gehabt:

$$A_1 = X_L(s)(s+2)\Big|_{s=-2} = \frac{1}{(s+3)^2}\Big|_{s=-2} = 1,$$

$$B_2 = X_L(s)(s+3)^2\Big|_{s=-3} = \frac{1}{s+2}\Big|_{s=-3} = -1.$$

B_1 erhalten wir wie folgt:

$$B_1 = \frac{d}{ds}X_L(s)(s+3)^2\Big|_{s=-3} = \frac{d}{ds}\frac{1}{s+2}\Big|_{s=-3} = -\frac{1}{(s+2)^2} = -1.$$

Damit gilt

$$X_L(s) = \frac{1}{s+2} - \frac{1}{s+3} - \frac{1}{(s+3)^2}, \qquad \Re\{s\} > -2,$$

und mittels der Korrespondenz (3.224) erhalten wir daraus die Zeitfunktion

$$x(t) = \left[e^{-2t} - e^{-3t} - te^{-3t}\right]\varepsilon(t).$$

Der Vergleich mit Beispiel 3.20 zeigt, dass sich die Rechenschritte bei Vorhandensein mehrfacher Pole unterscheiden, wobei die Partialbruchzerlegung in der Regel einfacher auszuführen ist als die Berechnung der Residuen von $X_L(s)e^{st}$.

3.8.4 Die einseitige Laplace-Transformation

Die einseitige Laplace-Transformation eines Signals $x(t)$ ist durch

$$X_{L_u}(s) = \mathcal{L}\{x(t)\} = \int_{0-}^{\infty} x(t)\,e^{-st}\,dt \tag{3.225}$$

gegeben. Der Index $_u$ steht dabei für „unilateral". Die untere Integrationsgrenze ist als $\lim_{\varepsilon\to 0} -\varepsilon$ mit $\varepsilon > 0$ zu verstehen, so dass ein Dirac-Impuls bei $t = 0$ gerade noch eingeschlossen ist. In der Literatur existieren aber auch Formen, bei denen die untere Grenze als 0^+ gewählt wird.

Das zu transformierende Signal $x(t)$ darf für $t < 0$ durchaus ungleich null sein, aus $X_L(s)$ lässt sich dann natürlich nur der Teil für $t \geq 0$ rekonstruieren. Die einseitigen Laplace-Transformierten zweier Signale $x_1(t)$ und $x_2(t)$, die sich nur für $t < 0$ unterscheiden, sind gleich, während die zweiseitigen Transformierten ungleich sind. Für kausale Signale liefern beide Varianten das gleiche Ergebnis. Die einseitige Laplace-Transformation ist also weniger als neue Transformation zu verstehen, sondern eher als zweiseitige Transformation eines Signals, das für $t < 0$ zu null gesetzt wird. Weil nur rechtsseitige Signale transformiert werden, ist der Konvergenzbereich prinzipiell die rechte s-Halbebene. Anwendungen der einseitigen Laplace-Transformation finden sich zum Beispiel bei der Lösung linearer Differentialgleichungen mit konstanten Koeffizienten und Anfangsbedingungen, wie sie bei der Analyse der Stabilität und des Zeitverhaltens linearer dynamischer Systeme auftreten. Dabei transformiert man die Differentialgleichung zunächst Term für Term in den Bildbereich, berechnet dort die Lösung und bestimmt schließlich die dazugehörige Zeitfunktion über die inverse Laplace-Transformation. Ein Beispiel hierzu wird am Ende dieses Abschnitts gegeben. Weitere ausführliche Beispiele und Diskussionen findet man in [2, 3, 4, 9].

Die Eigenschaften der ein- und zweiseitigen Laplace-Transformation sind weitgehend gleich, sie unterscheiden sich allerdings bezüglich der Differentiation, Integration und Zeitverschiebung, so dass auf diese Eigenschaften im Folgenden noch kurz eingegangen wird.

Ableitung im Zeitbereich Wenn $X_{L_u}(s)$ die einseitige Laplace-Transformierte von $x(t)$ ist, dann gilt für die Ableitung die Korrespondenz

$$\frac{d}{dt}\, x(t) \longleftrightarrow s\, X_{L_u}(s) - x(0^-). \tag{3.226}$$

Für die n-te Ableitung ergibt sich

$$\frac{d^n}{dt^n} x(t) \longleftrightarrow s^n X_{L_u}(s) - s^{n-1} x(0^-) - \sum_{k=1}^{n-1} s^{n-k-1} \frac{d^k}{dt^k} x(t)\bigg|_{t=0^-}.$$

Integration Es gilt

$$\int_{-\infty}^{t} x(\tau)\, d\tau \longleftrightarrow \frac{1}{s}\, X_{L_u}(s) + \frac{1}{s}\int_{-\infty}^{0^-} x(\tau)\, d\tau. \tag{3.227}$$

Zeitverschiebung Die Zeitverschiebung eines Signals $x(t)$ um ein reelles t_0 führt auf

$$x(t - t_0) \longleftrightarrow e^{-st_0} \left(X_{L_u}(s) + \int_{-t_0}^{0^-} x(t)\, e^{-st}\, dt \right). \tag{3.228}$$

Der auftretende Korrekturterm berücksichtigt, dass von $x(t)$ und $x(t - t_0)$ unterschiedliche Abschnitte transformiert werden, weil die untere Integrationsgrenze bei 0^- festliegt.

Anfangs- und Endwertsatz Unter bestimmten Voraussetzungen ist es möglich, den rechtsseitigen Grenzwert eines Signals $x(t)$ für $t \to 0$ und den Endwert $x(\infty)$ direkt aus der einseitigen Laplace-Transformierten $X_{L_u}(s)$ zu bestimmen. Nach dem Anfangswertsatz gilt

$$x(0^+) = \lim_{s\to\infty} s\, X_{L_u}(s). \tag{3.229}$$

Dies ist jedoch nur dann der Fall, wenn $X_{L_u}(s)$ keine rationale Funktion ist, deren Zählergrad höher als der Nennergrad ist. Der Endwertsatz besagt, dass

$$x(\infty) = \lim_{s \to 0} s\, X_{L_u}(s) \tag{3.230}$$

gilt. Dies ist jedoch nur dann der Fall, wenn $X_{L_u}(s)$ maximal einen Pol bei $s = 0$ besitzt und alle übrigen Pole in der linken s-Halbebene liegen.

Beispiel 3.23 Gesucht ist die Antwort des durch die Diffentialgleichung

$$2y(t) + \frac{d}{dt}y(t) = x(t)$$

beschriebenen Systems auf das Eingangssignal $x(t) = 3e^{-2t}\varepsilon(t)$ unter der Anfangsbedingung $y(0^-) = 2$. Die Laplace-Transformation der Differentialgleichung liefert

$$2Y_{L_u}(s) + sY_{L_u}(s) - y(0^-) = X_{L_u}(s).$$

Daraus erhalten wir

$$Y_{L_u}(s) = \frac{1}{s+2}\left[X_{L_u}(s) + y(0^-)\right].$$

Einsetzen von $X_{L_u}(s) = 3/(s+2)$ und $y(0^-) = 2$ ergibt

$$Y_{L_u}(s) = \frac{3}{(s+2)^2} + \frac{2}{s+2}.$$

Die inverse Laplace-Transformation liefert schließlich

$$y(t) = (3t+2)e^{-2t}\varepsilon(t).$$

Literaturverzeichnis

[1] N. Fliege: *Systemtheorie*. B.G. Teubner, Stuttgart, 1991.
[2] T. Frey und M. Bossert: *Signal- und Systemtheorie*. Vieweg+Teubner, 2. Auflage, 2009.
[3] B. Girod, R. Rabenstein und A. K. E. Stenger: *Einführung in die Systemtheorie: Signale und Systeme in der Elektrotechnik und Informationstechnik*. Teubner, 4. Auflage, 2007.
[4] S. Haykin und B. Van Veen: *Signals and Systems*. Wiley, 1999.
[5] K.-D. Kammeyer und K. Kroschel: *Digitale Signalverarbeitung*. Springer Vieweg, Wiesbaden, 9. Auflage, 2018.
[6] S. Mallat: *A Wavelet Tour of Signal Processing: The Sparse Way*. Academic Press, 3. Auflage, 2009.
[7] A. Papoulis: *The Fourier Integral and its Applications*. McGraw-Hill, New York, 1962.
[8] A. Papoulis: *Signal Analysis*. McGraw-Hill, New York, 1977.
[9] R. Unbehauen: *Systemtheorie 1: Allgemeine Grundlagen, Signale und lineare Systeme im Zeit- und Frequenzbereich*. Oldenbourg, München, 8. Auflage, 2002.

Kapitel 4

Diskrete Signale und Systeme

Diskrete Signale entstehen zum Beispiel durch die Abtastung zeitkontinuierlicher Signale in regelmäßigen Zeitintervallen. Ein Beispiel ist die Speicherung von Musiksignalen auf der Compact Disc (CD). Hierbei werden dem analogen Signal 44100 Abtastwerte je Sekunde entnommen und in digitaler Form auf der CD gespeichert. Für die Reproduktion muss aus dem diskreten Signal wieder ein zeitkontinuierliches Signal erzeugt werden, indem der Signalverlauf zwischen den bekannten Abtastwerten interpoliert wird. Von besonderem Interesse ist dabei die Frage, unter welchen Umständen ein analoges Signal fehlerfrei aus seinen Abtastwerten zurückgewonnen werden kann. Dieser Frage wendet sich der erste Abschnitt dieses Kapitels zu, wo die Voraussetzungen für die fehlerfreie Rekonstruktion in Form des sogenannten Abtasttheorems formuliert werden. Im Anschluss daran werden Methoden zur Beschreibung und Analyse diskreter Signale und Systeme betrachtet. Zu den Werkzeugen gehören dabei insbesondere die zeitdiskrete Fourier- und die Z-Transformation. Schließlich wird beschrieben, wie diskrete Systeme in Verarbeitungsketten eingebettet werden können, in denen analoge Signale abgetastet, diskret verarbeitet und wieder in zeitkontinuierliche Signale umgewandelt werden. Hierdurch wird es möglich, die Rechenleistung von Computern zu nutzen, um aufwendige Filteraufgaben für zeitkontinuierliche Signale auszuführen.

4.1 Abtastung zeitkontinuierlicher Signale

4.1.1 Ideale und reale Abtastung

Unter der Abtastung eines zeitkontinuierlichen Signals $x(t)$ versteht man die Entnahme von Signalwerten $x(t_n)$ zu diskreten Zeitpunkten t_n. Auch wenn die Wahl beliebiger Zeitpunkte t_n denkbar ist, beschränken wir uns im Folgenden auf eine gleichförmige Abtastung mit $t_n = nT$, $n \in \mathbb{Z}$. Das Zeitintervall T wird dabei als *Abtastintervall* bezeichnet. Den Kehrwert $f_a = 1/T$ nennt man die *Abtastfrequenz*. Die Augenblickswerte $x(nT)$ sind die *Abtastwerte*. Die Abtastung wird als ideal

---

Ergänzende Information Die elektronische Version dieses Kapitels enthält Zusatzmaterial, auf das über folgenden Link zugegriffen werden kann https://doi.org/10.1007/978-3-658-41529-7_4.

A. Mertins, *Signaltheorie*, https://doi.org/10.1007/978-3-658-41529-7_4

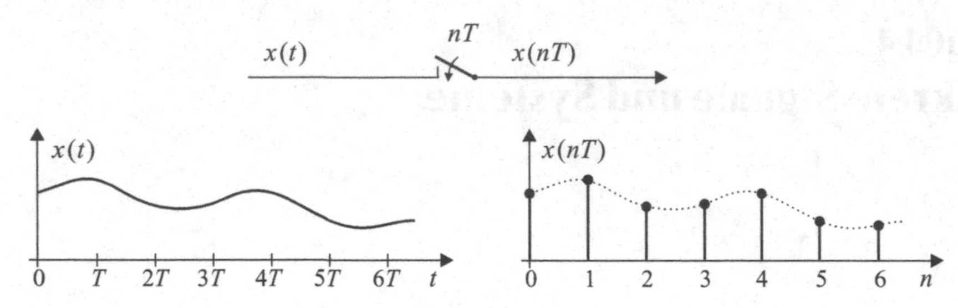

Bild 4.1 Gleichförmige Abtastung eines Signals $x(t)$

bezeichnet, weil hierbei Augenblickswerte ohne Fehler erfasst werden. Bild 4.1 zeigt hierzu ein Beispiel. Der darin angedeutete Schalter darf allerdings nur unendlich kurz geschlossen werden.

Reale Abtastung mit Abtasthaltegliedern Da bei einer realen Abtastung keine Probenentnahme in unendlich kurzer Zeit möglich ist, wird bei der technischen Realisierung mit Abtasthaltegliedern (engl. *sample-and-hold*) gearbeitet. Diese speichern die Werte $x(nT)$ für nahezu ein Abtastintervall und ermöglichen die Wandlung einer konstanten analogen Spannung in eine digitale Zahlenrepräsentation. Die Zwischenspeicherung erfolgt schaltungstechnisch in einem Kondensator, der nach jeder Wandlung wieder auf den Wert der Eingangsspannung aufgeladen wird, so dass zum Zeitpunkt nT die Spannung $x(nT)$ anliegt. Das bei der idealen Abtastung betrachtete kurzzeitige Schließen des Schalters wird durch ein Beenden des Ladevorgangs durch Öffnen des Schalters ersetzt. Der aus der Aufladung des Kondensators und der Digitalisierung der gehaltenen Spannung bestehende Vorgang muss innerhalb eines Abtastintervalls abgeschlossen sein, so dass am Kondensator zum nächsten Abtastzeitpunkt wieder die korrekte Spannung anliegt. Eine exakte Erfassung der Augenblickswerte $x(nT)$ wird somit technisch mit guter Näherung möglich. Bild 4.2 veranschaulicht die Vorgehensweise.

Bei der Analog-Digital-Wandlung wird das Signal streng genommen nicht nur bezüglich der Zeit, sondern auch bezüglich der Amplitude diskretisiert. Der Effekt der Amplitudendiskretisierung, auch Quantisierung genannt, soll im Folgenden jedoch nicht beachtet werden. Es wird davon ausgegangen, dass die Quantisierung so fein ist, dass die Amplituden als kontinuierlich gelten können.

Reale Abtastung per Integration Eine weitere Form der realen Abtastung besteht darin, anstelle der Augenblickswerte $x(nT)$ die über Intervalle einer Breite T_0 gemittelten Werte

$$\bar{x}(nT) = \frac{1}{T_0} \int_0^{T_0} x(nT - t)\, dt \tag{4.1}$$

zu erzeugen und auszugeben. Dieser Prozess lässt sich mathematisch auch durch die

Faltung des Signals $x(t)$ mit der Impulsantwort

$$h(t) = \frac{1}{T_0}\text{rect}\left(\frac{t}{T_0} - \frac{1}{2}\right)$$

und eine nachfolgende ideale Abtastung beschreiben. Somit ist es möglich, die Unterschiede zwischen der idealen Folge $x(nT)$ und den Werten $\bar{x}(nT)$ im Spektralbereich anzugeben: Die Faltung von $x(t)$ mit $h(t)$ im Zeitbereich entspricht im Frequenzbereich einer Multiplikation von $X(\omega)$ mit der Funktion

$$H(\omega) = e^{-j\omega T_0/2}\,\text{si}\left(\frac{\omega T_0}{2}\right).$$

Das Spektrum des durch die Folge $\bar{x}(nT)$ repräsentierten Signals weist somit eine siförmige Verzerrung auf. Diese kann mittels eines nachgeschalteten digitalen Filters prinzipiell wieder rückgängig gemacht werden.

Im zweidimensionalen Fall treten nichtideale Abtaster, die eine Integration ausführen, zum Beispiel bei Bildsensoren auf, die das auf typischerweise quadratischen Sensorflächen (Pixeln) innerhalb einer gegebenen Belichtungszeit eintreffende Licht messen und einen dazu proportionalen Wert ausgeben.

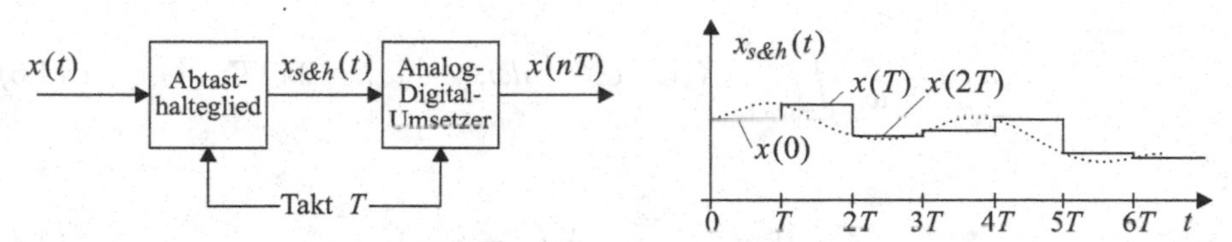

Bild 4.2 Abtastung unter Verwendung von Abtasthaltegliedern zur Speicherung der Werte $x(nT)$ und Analog-Digital-Wandlung in endlicher Zeit

4.1.2 Das Abtasttheorem

Das Abtasttheorem beschreibt die Bedingung, unter der die fehlerfreie Rekonstruktion eines Signals $x(t)$, $t \in \mathbb{R}$ aus den Abtastwerten $x(nT)$, $n \in \mathbb{Z}$ möglich ist. Diese Bedingung lässt sich auf verschiedenen Wegen herleiten. Wir werden im Folgenden zwei Methoden betrachten.

Herleitung des Abtasttheorems über eine inverse Fourier-Transformation Bei dieser Methode zur Herleitung des Abtasttheorems beschreiben wir die Werte $x(nT)$ über die inverse Fourier-Transformation aus dem Spektrum $X(\omega)$ des analogen Signals $x(t)$ und nehmen dann einige Umformungen vor. Dabei gehen wir von $X \in L_1(\mathbb{R})$ aus.

Zunächst gilt nach (3.45) für $t = nT$

$$x(nT) = \frac{1}{2\pi}\int_{-\infty}^{\infty} X(\omega)\, e^{j\omega nT}\, d\omega. \tag{4.2}$$

Das Integral wird nun in Abschnitte der Breite $2\pi/T$ unterteilt:

$$x(nT) = \frac{1}{2\pi} \sum_{k=-\infty}^{\infty} \int_{2k\pi/T-\pi/T}^{2k\pi/T+\pi/T} X(\omega)\, e^{j\omega nT}\, d\omega. \tag{4.3}$$

Unter Ausnutzung der Periodizität der komplexen Exponentialfunktionen mit der Periode 2π wird der gewonnene Ausdruck wie folgt umgeformt:

$$x(nT) = \frac{1}{2\pi} \sum_{k=-\infty}^{\infty} \int_{-\pi/T}^{\pi/T} X\left(\omega + \frac{2\pi k}{T}\right) e^{j\omega nT}\, d\omega. \tag{4.4}$$

Indem noch k durch $-k$ ersetzt, der Ausdruck mit T/T erweitert und die Reihenfolge der Summation und Integration getauscht wird, erhält man

$$x(nT) = \frac{T}{2\pi} \int_{-\pi/T}^{\pi/T} \frac{1}{T} \sum_{k=-\infty}^{\infty} X\left(\omega - \frac{2\pi k}{T}\right) e^{j\omega nT} d\omega. \tag{4.5}$$

Dieser Ausdruck kann wiederum als

$$x(nT) = \frac{1}{\omega_a} \int_{-\omega_a/2}^{\omega_a/2} X_s(\omega)\, e^{j\omega nT}\, d\omega, \qquad \omega_a = 2\pi/T \tag{4.6}$$

mit

$$X_s(\omega) = \frac{1}{T} \sum_{k=-\infty}^{\infty} X(\omega - k\omega_a) \tag{4.7}$$

geschrieben werden. Das Summenspektrum $X_s(\omega)$ enthält dabei die Superposition von unendlich vielen frequenzverschobenen Versionen des Originalspektrums, wobei die Frequenzverschiebungen ganzzahlige Vielfache der Abtastfrequenz sind. $X_s(\omega)$ ist somit periodisch mit der Periode ω_a. Es besitzt eine Fourier-Reihenentwicklung der Form

$$X_s(\omega) = \sum_{n=-\infty}^{\infty} x(nT)\, e^{-j\omega nT}, \tag{4.8}$$

in der die Abtastwerte $x(nT)$ die Entwicklungskoeffizienten sind (vgl. (4.6) mit (2.88) und (4.8) mit (2.86), wobei hier die Rollen von Zeit- und Frequenzbereich getauscht sind). Die Darstellung (4.8) besagt, dass man aus den Abtastwerten $x(nT)$ das Summenspektrum $X_s(\omega)$ gewinnen kann, und (4.7) kann man entnehmen, dass aus $X_s(\omega)$ auch $X(\omega)$ gewonnen werden kann, wenn sich das Spektrum $X(\omega)$ nicht mit den frequenzverschobenen Varianten $X(\omega - k\omega_a)$, $k \in \mathbb{Z}$, $k \neq 0$ überlappt, wenn also

$$X(\omega) = T \cdot X_s(\omega) \quad \text{für} \quad |\omega| < \omega_a/2$$

gilt. Praktisch bedeutet dies, dass das Abtastintervall T so klein bzw. $\omega_a = 2\pi/T$ so groß gewählt werden muss, dass sich die verschobenen Spektren $X(\omega - k\omega_a)$ bei der

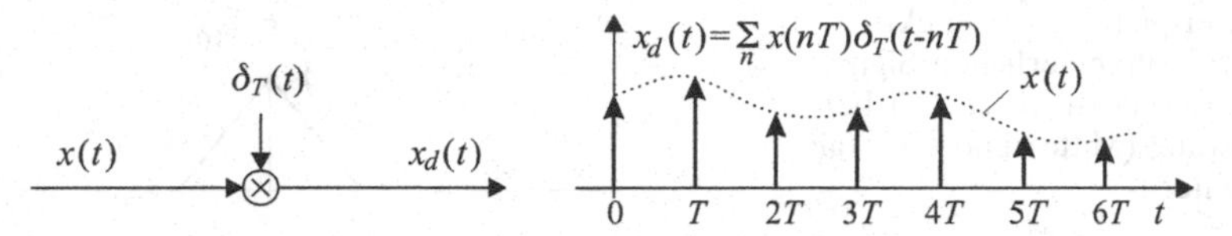

Bild 4.3 Ideale Abtastung durch Multiplikation mit der Dirac-Impulsfolge

Summation in (4.7) nicht überlappen und aus $x(nT)$ nicht nur $X_s(\omega)$, sondern auch $X(\omega)$ und damit auch das ursprüngliche Signal $x(t)$ rekonstruiert werden. Bevor dieser als das Abtasttheorem bekannte Zusammenhang weiter diskutiert wird, soll noch eine zweite Methode zur Herleitung dieses Zusammenhangs vorgestellt werden.

Herleitung des Abtasttheorems unter Verwendung der Dirac-Impulsfolge Bei der zweiten Methode zur Herleitung des Abtasttheorems wird der Prozess der Abtastung durch eine Multiplikation des zeitkontinuierlichen Signals $x(t)$ mit der in (3.107) definierten Dirac-Impulsfolge $\delta_T(t)$ ausgedrückt (siehe auch Bild 4.3):

$$x_s(t) = x(t) \cdot \delta_T(t) = \sum_{n=-\infty}^{\infty} x(nT)\, \delta_0(t - nT). \tag{4.9}$$

Die Abtastwerte $x(nT)$ treten dabei als Gewichte der Dirac-Impulse auf. Das Signal $x_s(t)$ wird als *ideal abgetastetes Signal* bezeichnet, weil damit die Augenblickswerte $x(nT)$ erfasst werden. Wie $x(t)$ ist es jedoch noch ein zeitkontinuierliches Signal. Das Spektrum $X_s(\omega)$ des ideal abgetasteten Signals $x_s(t)$ kann durch $X(\omega)$ beschrieben werden, indem die im Zeitbereich formulierte Multiplikation von $x(t)$ mit $\delta_T(t)$ als Faltung der Spektren ausgedrückt wird:

$$x_s(t) = x(t) \cdot \delta_T(t) \longleftrightarrow X_s(\omega) = \frac{1}{2\pi}\, X(\omega)\, *\, \omega_a\, \delta_{\omega_a}(\omega). \tag{4.10}$$

Dies ergibt

$$X_s(\omega) = \frac{1}{T} \sum_{n=-\infty}^{\infty} X(\omega - n\omega_a). \tag{4.11}$$

Der Vergleich von (4.11) mit (4.7) zeigt, dass das Spektrum des ideal abgetasteten Signals $x_s(t)$ identisch mit dem in (4.7) angegebenen Summenspektrum ist.

Formulierung des Abtasttheorems Es soll nun das zunächst von dem Mathematiker Whittacker [11] im Rahmen der Interpolationstheorie bewiesene und 1949 von Shannon [9] in die Kommunikationstheorie eingeführte Abtasttheorem formuliert werden. Das Abtasttheorem besagt, dass ein Signal $x(t)$ aus seinen Abtastwerten $x(nT)$ eindeutig rekonstruiert werden kann, wenn $x(t)$ auf die halbe Abtastfrequenz bandbegrenzt ist, wenn also $X(\omega) = 0$ für $|\omega| \geq \omega_g$ gilt und die Bedingung $\omega_a \geq 2\omega_g$ erfüllt ist. Die Frequenz ω_g bezeichnet man als die Grenzfrequenz. In diesem Fall ist das in (4.8) aus den Abtastwerten $x(nT)$ berechnete Spektrum $X_s(\omega)$ im Bereich $-\omega_g < \omega < \omega_g$ bis auf die Amplitudenskalierung mit dem Faktor $1/T$ identisch mit

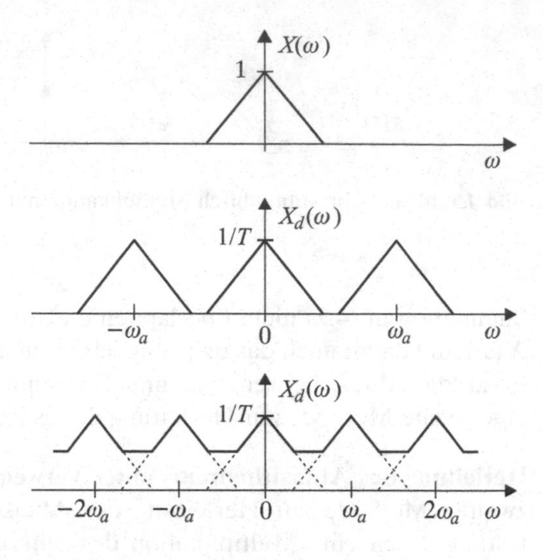

Bild 4.4 Beispiel für das Spektrum $X(\omega)$ eines kontinuierlichen Signals $x(t)$ und das Spektrum $X_s(\omega)$ bei Überabtastung (Mitte) und Unterabtastung (unten)

dem Spektrum $X(\omega)$. Für die Abtastfrequenz in Hz bedeutet dies $f_a = 1/T \geq 2f_g$. Im Fall $f_a > 2f_g$ spricht man von einer Überabtastung. Die minimal zulässige Abtastrate $f_{a,\min} = 2f_g$ wird als Nyquist-Rate[1] bezeichnet. Im Fall $f_a = 2f_g$ spricht man auch von einer kritischen Abtastung.

Nach der obigen Formulierung wird für eine Abtastung mit der minimalen Rate $f_{a,\min} = 2f_g$ die Eigenschaft $X(\pm\omega_g) = 0$ gefordert. Das Abtasttheorem lässt sich allerdings auch dahingehend erweitern, dass man nur $X(\omega) = 0$ für $|\omega| > \omega_g$ verlangt und $X(\pm\omega_g) \neq 0$ zulässt. Bei einer Abtastung mit Raten $f_a \geq 2f_g$ ist dann weiterhin eine fehlerfreie Rekonstruktion des Signals aus seinen Abtastwerten möglich, sofern $X(\omega)$ bei $\omega = \pm\omega_g$ endlich ist, also bei $\omega = \pm\omega_g$ keinen Dirac-Impuls enthält. Darüber hinaus lässt sich die erforderliche Abtastfrequenz bei Bandpasssignalen in Zusammenhang mit der Bandbreite anstelle der oberen Grenzfrequenz bringen. Eine entsprechende Formulierung folgt am Ende dieses Abschnitts.

Wird die nach dem Abtasttheorem gegebene minimale Abtastrate nicht eingehalten, so spricht man von einer Unterabtastung. In diesem Fall überlappen sich die spektralen Wiederholungen in (4.7) bzw. (4.11), und $x(t)$ kann nicht mehr in eindeutiger Weise aus $x(nT)$ rekonstruiert werden, weil mehrere Eingangsfrequenzen auf die gleiche Folge $x(nT)$ und damit auf die gleiche Ausgangsfrequenz abgebildet werden. Der Effekt der sich überlagernden spektralen Wiederholungen wird als Überfaltung oder *Aliasing* bezeichnet. Die Verwendung des englischen Begriffs *aliasing* erklärt sich dadurch, dass jeweils mehrere Frequenzen existieren, die als Aliasse voneinander auftreten und die aus der Kenntnis der Abtastwerte nicht zu unterscheiden sind. Bild 4.4 zeigt hierzu ein Beispiel für die Spektren bei Über- und Unterabtastung. In Bild 4.5 ist für ein sinusförmiges Signal zu sehen, wie zwei

[1] Harry Nyquist hat sich mit der Übertragung von Daten über bandbegrenzte Kanäle beschäftigt und hat dabei gezeigt, dass eine interferenzfreie Übertragung über einen auf f_g bandbegrenzten Kanal bis zur maximalen Symbolrate $r_{\max} = 2f_g$ möglich ist.

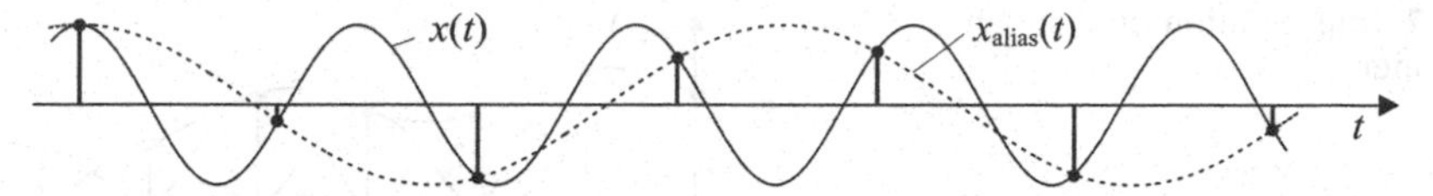

Bild 4.5 Unterabtastung eines sinusförmigen Signals. Die Abtastung von $x(t) = \cos(\omega_0 t)$ mit $\omega_0 > \omega_a/2$ liefert die gleichen Abtastwerte wie die Abtastung von $x_{\text{alias}}(t) = \cos(\omega_0' t)$ mit $\omega_0' = \omega_a - \omega_0$

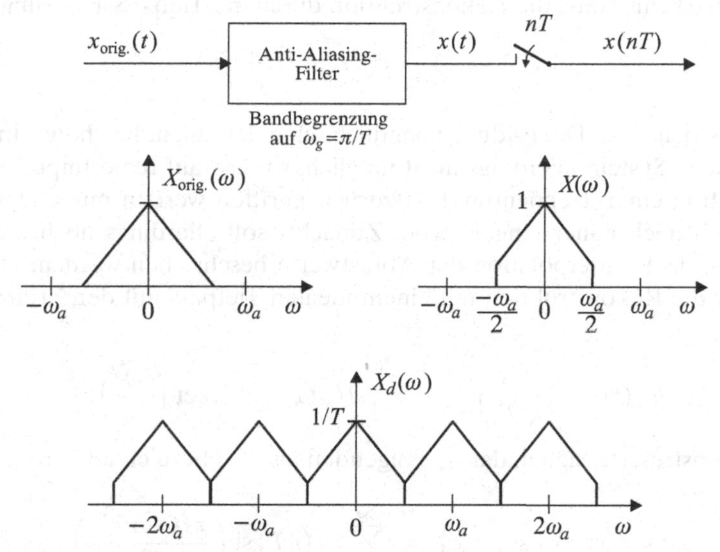

Bild 4.6 Abtastung unter Einbeziehung eines Anti-Aliasing-Filters

unterschiedliche Signale zu den gleichen Abtastwerten führen. Um Aliasing in der Praxis zu vermeiden, wird der Abtastung in der Regel ein sogenanntes *Anti-Aliasing-Filter* vorgeschaltet, das die Bandbreite des abzutastenden Signals soweit begrenzt, dass kein Aliasing auftritt. Die Vorgehensweise ist in Bild 4.6 dargestellt.

Rekonstruktion Um $x(t)$ aus den Abtastwerten $x(nT)$ zurückzugewinnen, definiert man einen Tiefpass mit der Übertragungsfunktion

$$H_{\text{TP}}(\omega) = \begin{cases} T & \text{für } |\omega| \leq \omega_g \\ \text{beliebig} & \text{für } \omega_g < |\omega| \leq \omega_a/2 \\ 0 & \text{sonst.} \end{cases} \tag{4.12}$$

Der Tiefpass dient zur Unterdrückung der spektralen Wiederholungen und wird auch als *anti imaging filter* bezeichnet, weil er die durch die Abtastung entstandenen zusätzlichen Bilder des Spektrums bei Frequenzen $|\omega| > \omega_g$ unterdrückt. Wird das Abtasttheorem eingehalten, so gilt

$$H_{\text{TP}}(\omega)\, X_s(\omega) = X(\omega), \tag{4.13}$$

Bild 4.7 Interpolation mit si-Funktionen

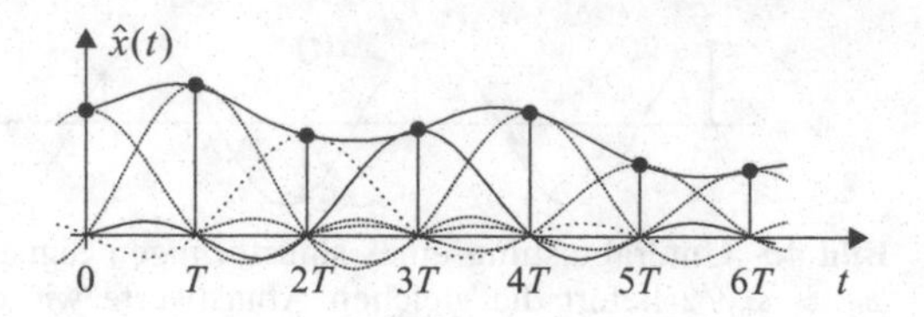

woraus man erkennt, dass die Rekonstruktion durch die Tiefpass-Filterung von

$$x_s(t) = \sum_{n=-\infty}^{\infty} x(nT)\,\delta_0(t - nT) \tag{4.14}$$

theoretisch möglich ist. Die Bildung unendlich schmaler, unendlich hoher Impulse ist in einem realen System allerdings nicht möglich, so dass auf reale Impulse oder die Rekonstruktion einer Treppenfunktion zurückgegriffen werden muss. Darauf wird im Folgenden noch näher eingegangen. Zunächst soll allerdings noch die Rekonstruktion als ideale Interpolation der Abtastwerte beschrieben werden. Hierzu betrachten wir die Rekonstruktion mit einem idealen Tiefpass mit der Grenzfrequenz $\omega_a/2$:

$$h_{\text{TP}}(t) = \text{si}\left(\frac{\pi t}{T}\right) \quad \longleftrightarrow \quad H_{\text{TP}}(\omega) = T\,\text{rect}\left(\frac{\omega}{\omega_a}\right). \tag{4.15}$$

Für das rekonstruierte Signal, das im Folgenden als $\hat{x}(t)$ bezeichnet wird, ergibt sich

$$\hat{x}(t) = x_s(t) * \text{si}\left(\frac{\pi t}{T}\right) = \sum_{n=-\infty}^{\infty} x(nT)\,\text{si}\left(\frac{\pi(t - nT)}{T}\right). \tag{4.16}$$

Das rekonstruierte Signal wird also als gewichtete Summe verschobener si-Funktionen gebildet. Da die si-Funktion äquidistante Nullstellen im Abstand T aufweist, wird die Wertefolge $x(nT)$ ideal interpoliert. Bild 4.7 veranschaulicht diesen Sachverhalt.

Rekonstruktion aus Rechteckimpulsen Wir beschreiben die Rekonstruktion eines analogen Signals zunächst einmal als

$$x_\tau(t) = \sum_{n=-\infty}^{\infty} x(nT)\,\text{rect}\left(\frac{t - \frac{T}{2} - nT}{\tau}\right), \tag{4.17}$$

wobei die Rechteck-Breite τ die Bedingung $0 < \tau \leq T$ erfüllt. Das Signal $x_\tau(t)$ kann als Faltung des ideal abgetasteten Signals $x_s(t)$ mit einem Rechteckimpuls beschrieben werden:

$$x_\tau(t) = \text{rect}\left(\frac{t - \frac{T}{2}}{\tau}\right) * x_s(t). \tag{4.18}$$

Für das Spektrum von $x_\tau(t)$ bedeutet dies

$$X_\tau(\omega) = \tau e^{-j\omega T/2}\,\text{si}\left(\frac{\omega\tau}{2}\right) \cdot X_d(\omega). \tag{4.19}$$

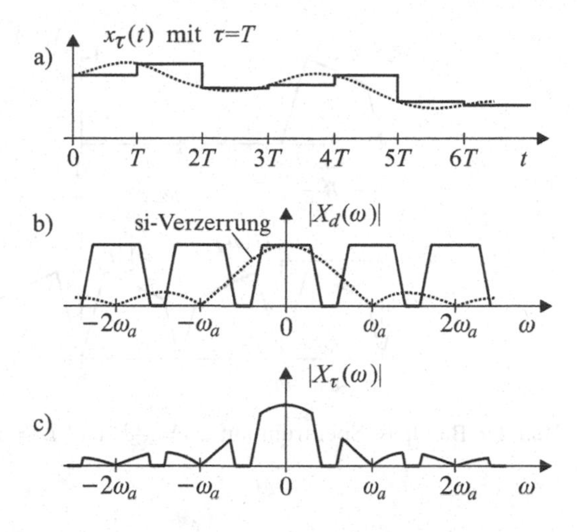

Bild 4.8 Rekonstruktion mit Rechteckfunktionen der Breite $\tau = T$. a) Rekonstruiertes Signal; b) Spektrum des diskreten Signals und si-Verzerrung für Rechtecke der Breite T; c) Spektrum des rekonstruierten zeitkontinuierlichen Signals vor der Bandbegrenzung mit dem Rekonstruktionstiefpass

Abgesehen von der Phasendrehung durch den Faktor $e^{-j\omega T/2}$, die durch die Verzögerung im Abtasthalteglied verursacht wird, entsteht also eine si-förmige Verzerrung des Spektrums. Diese Verzerrung kann im nachgeschalteten Rekonstruktionstiefpass oder in einer digital ausgeführten Vorentzerrung ausgeglichen werden, so dass auch bei realer Rekonstruktion eine im Prinzip fehlerfreie Wiederherstellung von $x(t)$ möglich ist. Bild 4.8 veranschaulicht diesen Zusammenhang für den in der Praxis gebräuchlichen Fall mit $\tau = T$, in dem das Signal $x_\tau(t)$ zu einer Treppenfunktion wird.

Um die Anforderungen an das analoge Rekonstruktionsfilter zu reduzieren, wird in realen Digital-Analog-Umsetzern oft mit einer Oversampling-Technik gearbeitet, bei der das diskrete Signal zunächst auf eine höhere Abtastrate interpoliert wird, bevor es in eine analoge Spannung der Form (4.17) gewandelt wird. Die mit der Abtastratenerhöhung verbundene Interpolation erfordert dabei eine digitale Filterung, die dazu dient, die unerwünschten, mit der ursprünglichen Abtastrate verknüpften spektralen Wiederholungen zu unterdrücken.[2] Im Idealfall verbleiben nach der digitalen Interpolation nur die spektralen Wiederholungen bei Vielfachen der neuen Abtastfrequenz. Da diese Wiederholungen weit auseinander liegen, muss der analoge Rekonstruktionstiefpass nicht mehr so steilflankig sein wie bei der direkten Digital-Analog-Umsetzung mit der ursprünglichen Abtastrate.

Abtasttheorem für Bandpasssignale Aus den vorherigen Überlegungen ist klar, dass es zur Vermeidung von Aliasing nur darauf ankommt, dass keine Überlappungen der auftretenden spektralen Wiederholungen entstehen. Wenn es sich bei dem abzutastenden Signal um ein Bandpasssignal handelt, ist zur Vermeidung von Aliasing nicht mehr allein die im Signal enthaltene Maximalfrequenz dafür entscheidend, ob bei einer gewählten Abtastfrequenz ω_a Aliasing auftritt oder nicht. Bei reellen

[2] Auf die genauen spektralen Zusammenhänge bei der digitalen Abtastratenumsetzung und die Anforderungen an digitale Interpolationsfilter wird in Abschnitt 7.1.1 noch näher eingegangen.

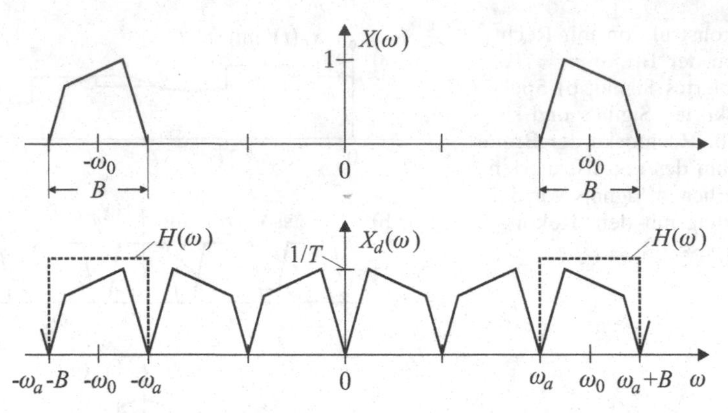

Bild 4.9 Bandpass-Spektrum mit $\omega_0 = \frac{5}{2}B$ und $B = \omega_a/2$ bei Abtastung mit ω_a

Bandpasssignalen kommt es vielmehr auf die Bandbreite B und das Zusammenspiel aus Abtast- und Mittenfrequenz an. Bild 4.9 zeigt hierzu ein Beispiel, in dem eine kritische Abtastung möglich ist. Um dies zu erreichen, muss allgemein $\omega_a = 2B$ sowie $\omega_0 = (2n+1)B/2$ mit einem $n \in \mathbb{N}$ gelten. Bei einem analytischen Bandpasssignal kann die zweite Bedingung entfallen, und es ist für eine kritische Abtastung lediglich $\omega_a = B$ zu erfüllen, wobei dann allerdings komplexwertige Abtastwerte entstehen. Eine Überabtastung reeller Bandpasssignale lässt sich als $\omega_a = 2\tilde{B}$ mit $\tilde{B} > B$ schreiben, wobei die Bedingung für die aliasing-freie Abtastung eines reellen Bandpasssignals dann $\omega_0 = (2n+1)\tilde{B}/2$ mit einem $n \in \mathbb{N}$ lautet. Bei der Rekonstruktion ist die Frequenzlage des ursprünglichen Bandpasssignals zu beachten. In Bild 4.9 ist hierzu der Frequenzgang $H(\omega)$ des benötigten Rekonstruktionsfilters eingezeichnet.

4.2 Eingangs-Ausgangs-Beziehungen diskreter LTI-Systeme

Für die digitale Signalverarbeitung ist die Größe des Abtastintervalls T ohne Bedeutung, und daher wird zur Vereinfachung der Schreibweise auf die explizite Nennung des Abtastintervalls verzichtet. Anstelle von $x(nT)$ schreiben wir $x(n)$ für das zeitdiskrete (kurz: diskrete) Signal. Der aus der kontinuierlichen Beschreibung bekannte Dirac-Impuls $\delta_0(t)$ wird durch die Impulsfolge

$$\delta(n) = \begin{cases} 1 & \text{für } n = 0 \\ 0 & \text{sonst} \end{cases} \tag{4.20}$$

ersetzt. Jedes diskrete Signal $x(n)$ kann damit als

$$x(n) = \sum_{m=-\infty}^{\infty} x(m)\,\delta(n-m) \tag{4.21}$$

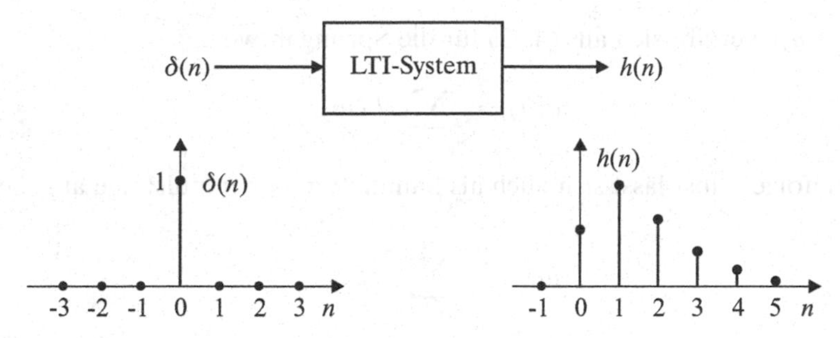

Bild 4.10 Impulsantwort eines diskreten LTI-Systems

ausgedrückt werden. Auf Basis dieses Zusammenhangs lässt sich im Folgenden in einfacher Weise die Reaktion eines diskreten linearen zeitinvarianten Systems, kurz diskreten LTI-Systems, auf beliebige Eingangssignale ermitteln.

4.2.1 Impulsantwort, Faltung und Sprungantwort

Ein diskretes LTI-System, das mit der Impulsfolge $\delta(n)$ angeregt wird, antwortet mit seiner Impulsantwort, die wir im Folgenden mit $h(n)$ bezeichnen. Bild 4.10 zeigt hierzu ein Beispiel. Aufgrund der Zeitinvarianz ist die Antwort auf eine um m Takte verschobene Impulsfolge $\delta(n-m)$ durch die entsprechend verschobene Impulsantwort $h(n-m)$ gegeben. Die Antwort zu jeder mit $x(m)$ gewichteten Impulsfolge $x(m)\delta(n-m)$ in der Signaldarstellung (4.21) lautet damit $x(m)h(n-m)$. Da das System als linear angenommen ist, bedeutet dies, dass die Antwort eines Systems mit der Impulsantwort $h(n)$ auf ein beliebiges Eingangssignal $x(n)$ durch die Summe

$$y(n) = \sum_{m=-\infty}^{\infty} x(m)\,h(n-m) \tag{4.22}$$

gegeben ist, die als *Faltungssumme* bezeichnet wird. Die Faltungssumme kann alternativ wie folgt ausgedrückt werden:

$$y(n) = \sum_{m=-\infty}^{\infty} h(m)\,x(n-m). \tag{4.23}$$

Für die diskrete Faltung wird auch die Kurzschreibweise

$$y(n) = x(n) * h(n) \tag{4.24}$$

verwendet.

Die Sprungantwort Unter der Sprungantwort eines diskreten LTI-Systems versteht man dessen Antwort auf eine Anregung mit der Sprungfolge

$$u(n) = \begin{cases} 1 & \text{für } n \geq 0 \\ 0 & \text{für } n < 0. \end{cases} \tag{4.25}$$

Mit $x(n) = u(n)$ ergibt sich aus (4.23) für die Sprungantwort

$$g(n) = \sum_{m=-\infty}^{n} h(m). \tag{4.26}$$

Die Sprungfolge selbst lässt sich auch als Summation der Impulsfolge angeben:

$$u(n) = \sum_{m=-\infty}^{n} \delta(m). \tag{4.27}$$

Umgekehrt ergibt sich die Impulsfolge wie folgt durch Differenzenbildung aus der Sprungfolge:

$$\delta(n) = u(n) - u(n-1). \tag{4.28}$$

Entsprechend erhält man die Impulsantwort aus der Sprungantwort durch die Differenzenbildung

$$h(n) = g(n) - g(n-1). \tag{4.29}$$

4.2.2 FIR-Filter

Ist die Impulsantwort eines diskreten LTI-Systems endlich lang[3], so spricht man von einem *FIR-System* bzw. *FIR-Filter*. Die Abkürzung FIR steht dabei für *finite impulse response*. Die Impulsantwort eines kausalen FIR-Filters mit M aufeinanderfolgenden und prinzipiell von null verschiedenen Filterkoeffizienten lässt sich zum Beispiel als

$$h(n) = \begin{cases} b_n & \text{für } n = 0, 1, \ldots, M-1 \\ 0 & \text{sonst} \end{cases} \tag{4.30}$$

definieren. Ein solches Filter bildet nach (4.23) die Linearkombination von M aufeinanderfolgenden Eingangswerten:

$$y(n) = \sum_{m=0}^{M-1} h(m)\, x(n-m). \tag{4.31}$$

Die Realisierung von FIR-Filtern, also die Implementierung der Summation in Gleichung (4.31), kann in verschiedenen Filterstrukturen geschehen, in denen die Filterkoeffizienten $h(n)$ entweder direkt auftreten (sogenannte Direktformen), oder in denen Rechenoperationen mit anderen Größen vorgenommen werden und die Koeffizienten $h(n)$ nur das Gesamt-Übertragungsverhalten beschreiben. Bild 4.11 zeigt zwei verschiedene Direktform-Realisierungen von FIR-Filtern. Die Darstellung in Bild 4.11 bezeichnet man als *Blockdiagramm*. Die darin mit dem Symbol

[3] Mit einer endlich langen Impulsantwort ist gemeint, dass diese nur in einem Bereich $n_1 \leq n \leq n_2$ ungleich null ist und n_1 und n_2 endlich sind. Der Definitionsbereich für n bleibt weiterhin die Menge der ganzen Zahlen, $n \in \mathbb{Z}$.

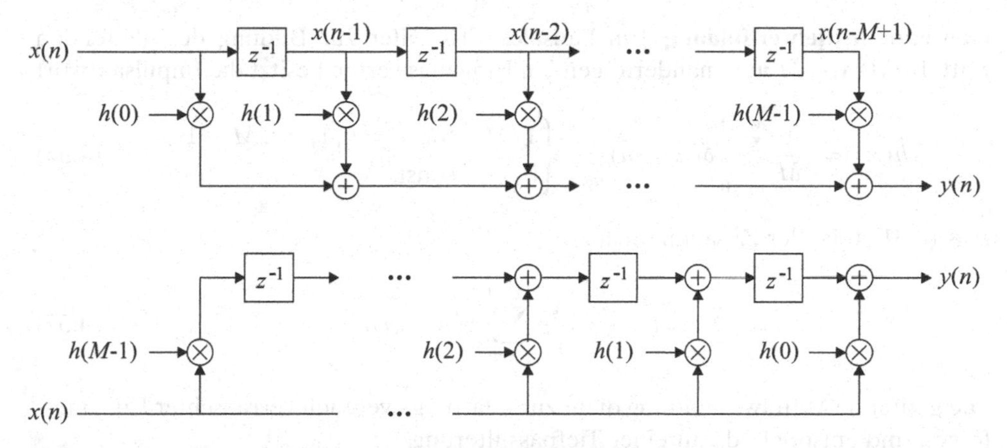

Bild 4.11 Blockdiagramme für die Direktform-Realisierung (oben) und die transponierte Direktform-Realisierung (unten) von FIR-Filtern

z^{-1} gekennzeichneten Elemente sind Verzögerungselemente, die die jeweilige Eingangsfolge um einen Takt verzögern. Der Grund für die Bezeichnung der Einheitsverzögerung mit dem Symbol z^{-1} wird in Abschnitt 4.5 noch deutlich.

Je nach Wahl der Filterkoeffizienten sind unterschiedliche Filtercharakteristiken wie Tiefpass, Hochpass, Bandpass, Differenzierer usw. möglich. Methoden zur Analyse der Filtereigenschaften und zum Filterentwurf werden in den Abschnitten 4.6.1 und 4.6.3 noch genauer beschrieben. Im Folgenden werden einige einfache Beispiele von FIR-Filtern genannt.

Verzögerung Ein System mit der Impulsantwort

$$h(n) = \delta(n - n_0) \tag{4.32}$$

verzögert das Eingangssignal um n_0 Takte, es gilt

$$y(n) = x(n) * \delta(n - n_0) = \sum_{m=-\infty}^{\infty} x(n-m)\,\delta(m - n_0) = x(n - n_0). \tag{4.33}$$

Differenzenbildung Ein System mit der Impulsantwort

$$h(n) = \delta(n) - \delta(n-1) \tag{4.34}$$

berechnet die Differenz zweier aufeinanderfolgender Eingangswerte:

$$y(n) = x(n) * [\delta(n) - \delta(n-1)] = x(n) - x(n-1). \tag{4.35}$$

Diese Differenzenbildung kann zum Beispiel als einfache Annäherung an die Differentiation betrachtet werden.

Gleitende Mittelwertbildung Ein kausales FIR-Filter zur Bildung des gleitenden Mittelwerts von M aufeinanderfolgenden Eingangswerten besitzt die Impulsantwort

$$h(n) = \frac{1}{M} \sum_{m=0}^{M-1} \delta(n-m) = \begin{cases} 1/M & \text{für } n = 0, 1, \ldots, M-1 \\ 0 & \text{sonst.} \end{cases} \tag{4.36}$$

Aus (4.31) folgt der Zusammenhang

$$y(n) = \frac{1}{M} \sum_{m=0}^{M-1} x(n-m). \tag{4.37}$$

Die gleitende Mittelwertbildung dient zur Glättung eventuell verrauschter Eingangsfolgen und entspricht damit einer Tiefpassfilterung.

FIR-Filterung endlich langer Signale Wir betrachten die Faltung eines Signals $x(n)$ der Länge L mit einer Impulsantwort $h(n)$ der Länge M. Dabei gehen wir davon aus, dass $x(n)$ nur im Bereich $0 \leq n \leq L-1$ und $h(n)$ nur im Bereich $0 \leq n \leq M-1$ ungleich null ist. Das Faltungsergebnis

$$y(n) = x(n) * h(n) = \sum_{m=0}^{M-1} h(m)\, x(n-m) \tag{4.38}$$

kann dann nur im Bereich $0 \leq n \leq L+M-2$ von null verschieden sein. Die Länge des Ausgangssignals $y(n)$ ist gleich $M+L-1$.

Faltungsmatrix Bei der Herleitung von Algorithmen der Signalverarbeitung ist es oft vorteilhaft, die Faltung mit Impulsantworten von FIR-Filtern als Matrix-Vektor-Multiplikation zu beschreiben. Hierzu betrachten wir wieder die Faltung eines Signals $x(n)$ der Länge L mit einer Impulsantwort $h(n)$ der Länge M. Der in (4.38) ausgedrückte Zusammenhang lautet in Matrix-Vektor-Schreibweise

$$\begin{bmatrix} y(0) \\ y(1) \\ y(2) \\ \vdots \\ \vdots \\ \vdots \\ y(M+L-2) \end{bmatrix} = \begin{bmatrix} h(0) & 0 & \cdots & 0 \\ h(1) & h(0) & \ddots & \vdots \\ \vdots & h(1) & \ddots & 0 \\ h(M-1) & \vdots & \ddots & h(0) \\ 0 & h(M-1) & & h(1) \\ \vdots & \ddots & \ddots & \vdots \\ 0 & \cdots & 0 & h(M-1) \end{bmatrix} \cdot \begin{bmatrix} x(0) \\ x(1) \\ \vdots \\ \vdots \\ x(L-1) \end{bmatrix},$$

oder kurz

$$\boldsymbol{y} = \boldsymbol{H}\boldsymbol{x}. \tag{4.39}$$

Die Matrix $\boldsymbol{H}$ bezeichnet man dabei als *Faltungsmatrix*.

4.2.3 Rekursive Filter

Rekursive Filter werden über *Differenzengleichungen* definiert, bei denen sowohl Linearkombinationen von Eingangswerten $x(n)$ als auch Linearkombinationen vergangener Ausgangswerte $y(n-\ell)$ mit $\ell > 0$ gebildet werden, um einen neuen Ausgangswert $y(n)$ zu berechnen:

$$y(n) = \sum_{k=0}^{M} b_k\, x(n-k) - \sum_{\ell=1}^{N} a_\ell\, y(n-\ell). \tag{4.40}$$

Aufgrund der rekursiven Berechnung des Ausgangssignals müssen noch definierte Anfangsbedingungen eingebracht werden, damit die Antwort auf ein Eingangssignal $x(n)$ in eindeutiger Weise angegeben werden kann. Die üblichen Anfangsbedingungen lauten dabei $x(n) = 0$ für $n < 0$ und $y(n) = 0$ für $n < 0$. Unter Voraussetzung dieser Anfangsbedingungen ist auch die Angabe einer Impulsantwort $h(n)$ möglich. Diese kann entweder rekursiv nach Gleichung (4.40) oder über die inverse Z-Transformation bestimmt werden, auf die in Abschnitt 4.5 noch näher eingegangen wird. Bis auf spezielle Ausnahmen (ein Beispiel folgt) besitzen rekursive Systeme wegen der Rückkopplung vergangener Ausgangswerte eine unendlich lange Impulsantwort. Systeme mit unendlich langer Impulsantwort werden als *IIR-Systeme* bzw. *IIR-Filter* bezeichnet, wobei IIR für *infinite impulse response* steht.

Die Implementierung von rekursiven Filtern kann in verschiedenen Strukturen erfolgen. Bild 4.12 zeigt hierzu zwei Möglichkeiten, bei denen die Koeffizienten b_k und a_ℓ aus der Differenzengleichung (4.40) explizit auftreten. Man bezeichnet diese Realisierungen als die Direktformen I und II. Bei der Direktform I ist die Übereinstimmung mit der Differenzengleichung offensichtlich, denn es werden exakt die in (4.40) beschriebenen Operationen ausgeführt. Bei der Direktform II ist die Reihenfolge aus dem rekursiven und dem nichtrekursiven Teil gegenüber der ersten Form vertauscht. Dass diese Vertauschung der Reihenfolge keinen Einfluss auf das Gesamt-Übertragungsverhalten hat, lässt sich durch Einsetzen der Differenzengleichung $w(n) = -\sum_{\ell=1}^{N} a_\ell\, w(n-\ell)$ für den rekursiven Teil in die Gleichung $y(n) = \sum_{k=0}^{M} b_k\, w(n-k)$ für den nichtrekursiven Teil und Umformen des gewonnenen Ausdrucks leicht überprüfen. Die Direktform II bietet den Vorteil, dass die nötigen Signalverzögerungen auch mit einer einzigen Verzögerungskette realisiert werden können und somit der Realisierungsaufwand geringer ist.

Rekursive Filter erster Ordnung Als Beispiel für ein IIR-Filter betrachten wir ein System, das folgender Differenzengleichung genügt:

$$y(n) = \alpha\, y(n-1) + x(n).$$

Beachtet man die zuvor genannte Anfangsbedingung $y(n) = 0$ für $n < 0$, so erhält man bei einer Anregung mit der Impulsfolge $x(n) = \delta(n)$ die Ausgangsfolge $y(0) = 1, y(1) = \alpha\, y(0) = \alpha,\ y(2) = \alpha\, y(1) = \alpha^2$ usw. Unter Zuhilfenahme der Sprungfolge

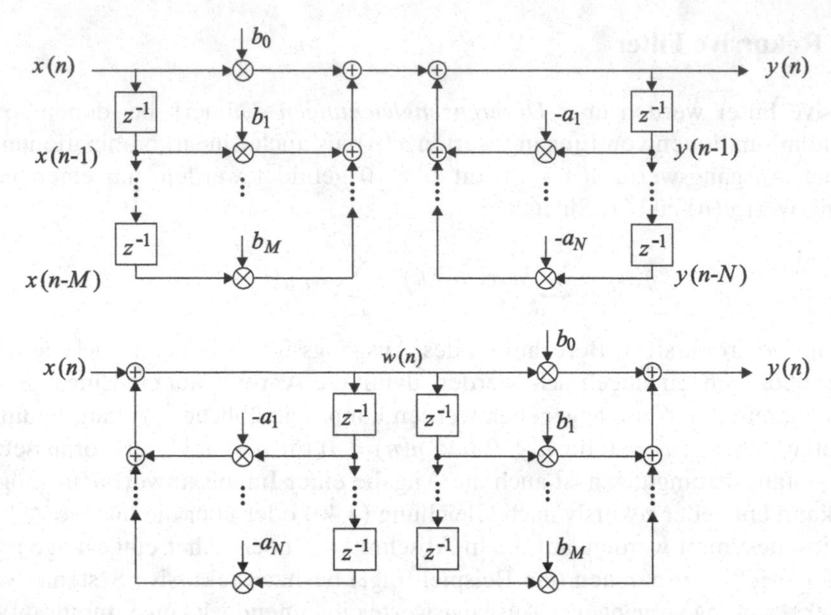

Bild 4.12 Blockdiagramme für Direktform-Realisierungen von rekursiven Filtern. Oben: Direktform-I; unten: Direktform-II

$u(n)$ kann die Impulsantwort damit in kompakter Form als

$$h(n) = \alpha^n u(n)$$

ausgedrückt werden. Die Eigenschaften des Systems sind vom gewählten Wert für α abhängig, siehe auch Bild 4.13. Für $0 < \alpha < 1$ ist die Impulsantwort eine abklingende Exponentialfolge. Für $-1 < \alpha < 0$ alterniert das Vorzeichen der betragsmäßig abklingenden Exponentialfolge. Für $|\alpha| > 1$ steigt die Impulsantwort exponentiell an und wächst für $n \to \infty$ über alle Grenzen. Das führt dann dazu, dass das System auf beschränkte Eingangssignale mit unbeschränkten Ausgangssignalen reagiert und somit instabil wird. Für $|\alpha| = 1$ ergibt sich ein Grenzfall, in dem die Impulsantwort betragsmäßig weder abklingt noch ansteigt. Für $\alpha = 1$ lautet die Impulsantwort $h(n) = u(n)$, und das Filter wird zum Summierer: $y(n) = y(n-1) + x(n)$, es gilt also $y(n) = \sum_{m=-\infty}^{n} x(m)$.

Rekursive Implementierung der gleitenden Mittelwertbildung Rekursive Filterstrukturen können u. a. auch für die effiziente Implementierung von FIR-Filtern eingesetzt werden. Um dies zu zeigen, betrachten wir die gleitende Mittelwertbildung nach (4.37), die äquivalent durch die Differenzengleichung $y(n) = y(n-1) + \frac{1}{M}x(n) - \frac{1}{M}x(n-M)$ ausgedrückt werden kann. In dieser Formulierung wird zum bereits akkumulierten Wert $y(n-1)$ der neue Eingangswert $x(n)$ mit dem Gewicht $1/M$ addiert, und der alte, nicht mehr an der Mittelwertbildung beteiligte Wert $x(n-M)$ wird mit dem Gewicht $1/M$ subtrahiert. Der Aufwand kann damit von $M-1$ auf zwei Additionen je Ausgangswert reduziert werden. Allerdings können sich dabei auch

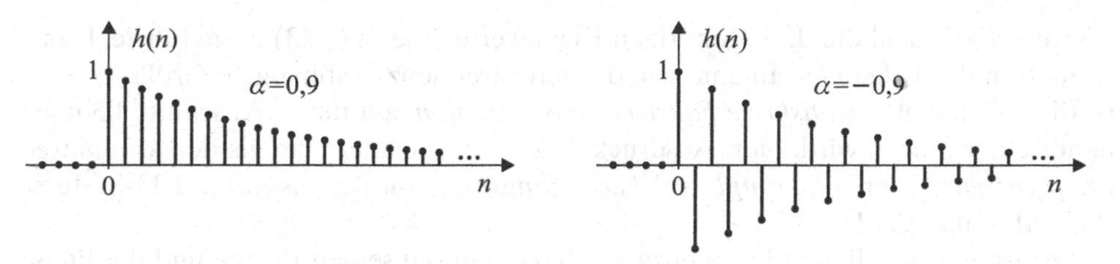

Bild 4.13 Impulsantworten von IIR-Filtern mit der Differenzengleichung $y(n) = \alpha\, y(n-1) + x(n)$

Rechenungenauigkeiten akkumulieren, so dass im laufenden Betrieb von Zeit zu Zeit eine Reinitialisierung unter Verwendung von Gleichung (4.37) erfolgen sollte.

4.2.4 Frequenzgang diskreter LTI-Systeme

Antwort auf ein komplexes Exponentialsignal Im Folgenden wird die Antwort eines diskreten LTI-Systems mit einer absolut summierbaren Impulsantwort $h(n)$ auf ein komplexes Exponentialsignal

$$x(n) = A\, e^{j\omega n} \tag{4.41}$$

berechnet.[4] Das Ausgangssignal lautet

$$y(n) = \sum_{m=-\infty}^{\infty} h(m) A\, e^{j\omega(n-m)} = A\, e^{j\omega n} \sum_{m=-\infty}^{\infty} h(m)\, e^{-j\omega m}. \tag{4.42}$$

Wegen der angenommenen absoluten Summierbarkeit von $h(n)$ konvergiert die rechte Summe in (4.42) zu einer von ω abhängigen Funktion. Diese Funktion bezeichnen wir im Folgenden mit dem Symbol

$$H(e^{j\omega}) = \sum_{m=-\infty}^{\infty} h(m)\, e^{-j\omega m}. \tag{4.43}$$

Der durch (4.42) und (4.43) gegebene Zusammenhang $y(n) = H(e^{j\omega})\, x(n)$ bedeutet, dass ein Exponentialsignal $x(n) = A\, e^{j\omega n}$ beim Durchgang durch ein diskretes LTI-System nur eine Amplitudenbewertung mit einem frequenzabhängigen Faktor $H(e^{j\omega})$ erfährt, ansonsten aber nicht verändert wird. Exponentialfunktionen der Form $A\, e^{j\omega n}$ gehören somit zu den Eigenfunktionen der diskreten Systeme, und die

[4] Die Kreisfrequenz ω ist bei diskreten Signalen und Systemen als normierte Frequenz $\omega = 2\pi f T$ zu verstehen, wobei T das Abtastintervall und f die Frequenz ist. Die Einheit ist rad/Abtastwert, während sie im zeitkontinuierlichen Fall rad/s war. An Stellen, wo sowohl die nicht normierte als auch die normierte Kreisfrequenz benötigt wird, werden wir für die normierte Kreisfrequenz auch das Symbol $\hat{\omega}$ verwenden. Für die normierte Kreisfrequenz ist in der Literatur auch das Symbol Ω gebräuchlich.

Werte $H(e^{j\omega})$ sind die dazu gehörigen Eigenwerte. Die in (4.43) ausgeführte Transformation der Folge $h(n)$ in eine von der Kreisfrequenz ω abhängige Größe $H(e^{j\omega})$ ist die sogenannte *zeitdiskrete Fourier-Transformation*, auf die in Abschnitt 4.3 noch näher eingegangen wird. Den Ausdruck $H(e^{j\omega})$ bezeichnet man als den *komplexen Frequenzgang* oder die *komplexe Übertragungsfunktion* des diskreten LTI-Systems (vgl. Abschnitt 3.4.1).

Oft ist es sinnvoll, den Frequenzgang $H(e^{j\omega})$ durch seinen Betrag und die Phase zu beschreiben:

$$H(e^{j\omega}) = |H(e^{j\omega})|\, e^{j\varphi_H(\omega)}. \tag{4.44}$$

Wie im zeitkontinuierlichen Fall, kann auch eine Gruppenlaufzeit angegeben werden. Bezogen auf das Abtastintervall berechnet sie sich zu

$$\tau_g(\omega) = -\frac{d}{d\omega}\,\varphi_H(\omega). \tag{4.45}$$

Um den Wert in Sekunden anzugeben, muss $\tau_g(\omega)$ nach (4.45) noch mit dem Abtastintervall T multipliziert werden.

Beispiel 4.1 Betrachtet wird ein Filter, das den Mittelwert von drei aufeinanderfolgenden Eingangswerten bildet: $h(n) = \frac{1}{3}\delta(n) + \frac{1}{3}\delta(n-1) + \frac{1}{3}\delta(n-2)$. Für die Übertragungsfunktion ergibt sich nach (4.43)

$$H(e^{j\omega}) = \frac{1}{3}[1 + e^{-j\omega} + e^{-j2\omega}].$$

Durch Umschreiben erhält man

$$H(e^{j\omega}) = \frac{1}{3}e^{-j\omega}[e^{j\omega} + 1 + e^{-j\omega}] = \frac{1}{3}[1 + 2\cos\omega]e^{-j\omega}.$$

Für den Betrag und die Phase im Bereich $-\pi \le \omega \le \pi$ folgt

$$|H(e^{j\omega})| = \begin{cases} \frac{1}{3}\,[1 + 2\cos\omega] & \text{für} \quad -\frac{2}{3}\pi \le \omega \le \frac{2}{3}\pi \\ -\frac{1}{3}\,[1 + 2\cos\omega] & \text{für} \quad \frac{2}{3}\pi \le |\omega| \le \pi \end{cases}$$

und

$$\varphi_H(\omega) = \begin{cases} -\omega & \text{für} \quad -\frac{2}{3}\pi \le \omega \le \frac{2}{3}\pi \\ \pi - \omega & \text{für} \quad \frac{2}{3}\pi \le |\omega| \le \pi. \end{cases}$$

Der Frequenzgang ist in Bild 4.14 dargestellt.

Antwort auf ein sinusförmiges Eingangssignal Wir betrachten ein diskretes LTI-System mit einer reellwertigen, absolut summierbaren Impulsantwort $h(n)$, das durch ein sinusförmiges Eingangssignal

$$x(n) = \cos(\omega_0 n + \varphi) = \frac{1}{2}\left(e^{j(\omega_0 n + \varphi)} + e^{-j(\omega_0 n + \varphi)}\right) \tag{4.46}$$

Bild 4.14 Frequenzgang des Filters $h(n) = \frac{1}{3}\delta(n) + \frac{1}{3}\delta(n-1) + \frac{1}{3}\delta(n-1)$

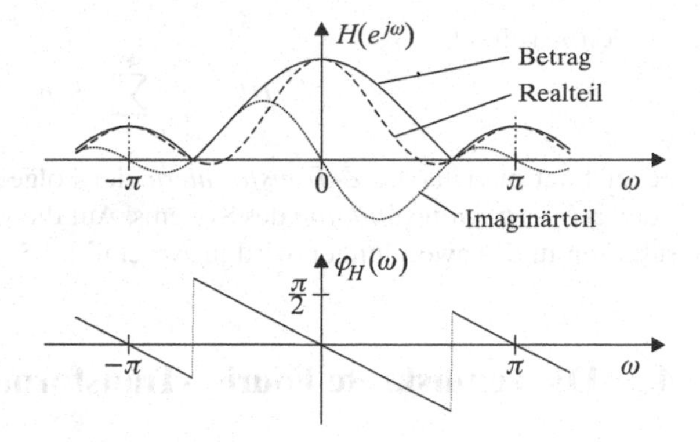

angeregt wird. Um das Ausgangssignal zu bestimmen, benutzen wir die Eigenschaft, dass die Komponenten $e^{j(\omega_0 n+\varphi)}$ und $e^{-j(\omega_0 n+\varphi)}$ jeweils mit Faktoren $H(e^{j\omega_0})$ bzw. $H(e^{-j\omega_0})$ übertragen werden. Für das Ausgangssignal $y(n)$ erhalten wir mit (4.44) und unter Berücksichtigung des Zusammenhangs

$$H(e^{j\omega_0}) = H^*(e^{-j\omega_0}), \tag{4.47}$$

der aus (4.43) für reellwertige Impulsantworten folgt, den Ausdruck

$$y(n) = |H(e^{j\omega_0})| \cdot \cos(\omega_0 n + \varphi + \varphi_H(\omega_0)). \tag{4.48}$$

Ein sinusförmiges Signal mit der Frequenz ω_0 wird also in der Amplitude mit dem Faktor $|H(e^{j\omega_0})|$ bewertet und in der Phase um den Winkel $\varphi_H(\omega_0)$ verschoben.

Antwort auf ein generelles Exponentialsignal Wir betrachten nun das spezielle Eingangssignal

$$x(n) = z_0^n, \qquad n \in \mathbb{Z}, \tag{4.49}$$

wobei z_0 eine beliebige komplexe Zahl ist. Das Signal am Ausgang eines Systems mit der Impulsantwort $h(n)$ lautet

$$y(n) = \sum_{m=-\infty}^{\infty} h(m)\, x(n-m) = \sum_{m=-\infty}^{\infty} h(m)\, z_0^{n-m} = \left[\sum_{m=-\infty}^{\infty} h(m)\, z_0^{-m}\right] z_0^n. \tag{4.50}$$

Wir gehen nun davon aus, dass die in (4.50) in eckigen Klammern stehende Summe für den gewählten Wert z_0 konvergiert und eine endliche Größe

$$H(z_0) = \sum_{m=-\infty}^{\infty} h(m)\, z_0^{-m} \tag{4.51}$$

liefert. Der Zusammenhang $y(n) = H(z_0)x(n)$ mit $x(n) = z_0^n$ zeigt uns dabei, dass Exponentialfolgen der Form z_0^n die Eigenfunktionen der diskreten Systeme sind. Der Wert $H(z_0)$ ist der dazu gehörige Eigenwert. Exponentialfolgen der Form $e^{j\omega_0 n}$ stellen lediglich einen Sonderfall dar.

Den Ausdruck

$$H(z) = \sum_{n=-\infty}^{\infty} h(n)\, z^{-n} \tag{4.52}$$

bezeichnet man als die *Z-Transformierte* der Folge $h(n)$ bzw. als die *Systemfunktion* oder *z-Übertragungsfunktion* des Systems. Auf die Z-Transformation und ihre Eigenschaften und Anwendungen wird in Abschnitt 4.5 noch näher eingegangen.

4.3 Die zeitdiskrete Fourier-Transformation

4.3.1 Definition und Konvergenz

Die zeitdiskrete Fourier-Transformierte (engl. *discrete-time Fourier transform*, DTFT) einer Sequenz $x(n)$ ist als

$$X(e^{j\omega}) = \sum_{n=-\infty}^{\infty} x(n)\, e^{-j\omega n}, \qquad \omega \in \mathbb{R} \tag{4.53}$$

definiert. Aufgrund der Periodizität der komplexen Exponentialfunktionen mit der Periode 2π ist auch $X(e^{j\omega})$ periodisch mit der Periode 2π:

$$X(e^{j\omega}) = X\left(e^{j(\omega+2\pi)}\right) \qquad \text{für alle} \quad \omega \in \mathbb{R}. \tag{4.54}$$

Der Ausdruck (4.53) kann auch als Fourier-Reihenentwicklung des periodischen Spektrums $X(e^{j\omega})$ verstanden werden, wobei die Werte $x(n)$ die Koeffizienten der Reihenentwicklung darstellen. Diese Sichtweise hatten wir bereits in Abschnitt 4.1 bei der Erläuterung des Abtasttheorems genutzt. Wenn man (4.53) mit (4.8) vergleicht und davon ausgeht, dass es sich bei $x(n)$ um Abtastwerte eines kontinuierlichen Signals $x(t)$ handelt, so zeigt sich, dass die DTFT das Spektrum des ideal abgetasteten Signals $x_s(t)$ liefert. Unter Beachtung des tatsächlichen Abtastintervalls T und der Frequenz f (bei Zeitsignalen in Hz) gilt der Zusammenhang

$$X(e^{j2\pi fT}) = X_s(2\pi f). \tag{4.55}$$

Wir wenden uns nun der Konvergenz der unendlichen Reihe in (4.53) zu. Die zeitdiskrete Fourier-Transformierte existiert grundsätzlich für solche Signale $x(n)$, für die

$$\left|X(e^{j\omega})\right| < \infty \quad \text{für alle } \omega$$

gilt. Um die Klasse der in Frage kommenden Signale näher zu beschreiben, betrachten wir die Abschätzung

$$\left|X(e^{j\omega})\right| = \left|\sum_{n=-\infty}^{\infty} x(n)\, e^{-j\omega n}\right| \le \sum_{n=-\infty}^{\infty} |x(n)| \left|e^{-j\omega n}\right| = \sum_{n=-\infty}^{\infty} |x(n)| = \|x\|_1 < \infty. \tag{4.56}$$

Wie (4.56) zeigt, ist die absolute Summierbarkeit der Folge $x(n)$ (d. h. $x \in \ell_1(\mathbb{Z})$ bzw. $\|x\|_1 < \infty$) eine hinreichende Bedingung für die Konvergenz. Für diesen Fall lässt sich nachweisen, dass die Summe gleichmäßig zu einer stetigen Funktion $X(e^{j\omega})$ konvergiert.

Rücktransformation Die inverse DTFT lautet

$$x(n) = \frac{1}{2\pi} \int_{-\pi}^{\pi} X(e^{j\omega})\, e^{j\omega n}\, d\omega, \qquad n \in \mathbb{Z}. \tag{4.57}$$

Beweis. Um (4.57) zu beweisen, setzen wir zunächst (4.53) in (4.57) ein:

$$x(n) = \frac{1}{2\pi} \int_{-\pi}^{\pi} \sum_{m=-\infty}^{\infty} x(m)\, e^{-j\omega m}\, e^{j\omega n}\, d\omega. \tag{4.58}$$

Da wir von $x \in \ell_1(\mathbb{Z})$ ausgehen, darf die Reihenfolge aus Integration und Summation ausgetauscht werden, und wir erhalten

$$x(n) = \sum_{m=-\infty}^{\infty} x(m)\, \frac{1}{2\pi} \int_{-\pi}^{\pi} e^{-j\omega m}\, e^{j\omega n}\, d\omega. \tag{4.59}$$

Wegen

$$\frac{1}{2\pi} \int_{-\pi}^{\pi} e^{j\omega(n-m)}\, d\omega = \frac{\sin(\pi(n-m))}{\pi(n-m)} = \delta_{mn} \tag{4.60}$$

folgt (4.57). □

Einige der uns interessierenden Signale sind zwar quadratisch, aber nicht absolut summierbar, d. h. $\|x\|_2 < \infty$ und $\|x\|_1 = \infty$. Für solche Energiesignale lässt sich die Konvergenz im quadratischen Mittel definieren. Mit

$$X_N(e^{j\omega}) = \sum_{n=-N}^{N} x(n)\, e^{-j\omega n} \tag{4.61}$$

bedeutet

$$\lim_{N\to\infty} \int_{-\pi}^{\pi} \left| X(e^{j\omega}) - X_N(e^{j\omega}) \right|^2 d\omega = 0, \tag{4.62}$$

dass die Energie der Differenz $X(e^{j\omega}) - X_N(e^{j\omega})$ zwar mit $N \to \infty$ gegen null strebt, dass $\left|X(e^{j\omega}) - X_N(e^{j\omega})\right|$ aber nicht notwendigerweise mit $N \to \infty$ für jedes ω zu null wird. Mit anderen Worten, die Transformation konvergiert im quadratischen Mittel, aber nicht punktweise. Die Rekonstruktion nach (4.57) gilt weiterhin. Dies lässt sich zeigen, indem man von der Vorstellung Gebrauch macht, dass die Darstellung von $X(e^{j\omega})$ in (4.53) eine Reihenentwicklung bezüglich eines vollständigen orthogonalen Funktionensystems ist, wobei $x(n)$ die Koeffizienten der Reihenentwicklung sind.

4.3.2 Eigenschaften der zeitdiskreten Fourier-Transformation

Die Eigenschaften der DTFT entsprechen im Wesentlichen denen der kontinuierlichen Fourier-Transformation, denn der Vergleich von (4.53) mit (3.41) macht deutlich, dass die DTFT als diskretisierte Version der kontinuierlichen Fourier-Transformation verstanden werden kann. In der folgenden Auflistung der Eigenschaften der DTFT wird jeweils von Korrespondenzen der Form $x(n) \longleftrightarrow X(e^{j\omega})$ bzw. $y(n) \longleftrightarrow Y(e^{j\omega})$ ausgegangen. Die Beweise werden nicht in allen Fällen explizit geführt, denn die Eigenschaften sind entweder direkt aus der Definition (4.53) abzulesen oder sie können den noch folgenden Beweisen für die Z-Transformation mit der Wahl $z = e^{j\omega}$ entnommen werden.

Linearität Aus der Linearität der Summation in der Definitionsgleichung (4.53) folgt unmittelbar, dass Linearkombinationen von Signalen auf die Linearkombination der Fourier-Transformierten führen:

$$\alpha\, x(n) + \beta\, y(n) \longleftrightarrow \alpha\, X(e^{j\omega}) + \beta\, Y(e^{j\omega}). \tag{4.63}$$

Zeitumkehr Der Definitionsgleichung (4.53) kann man entnehmen, dass eine Zeitumkehr des Signals, $x(n) \to x(-n)$, eine Frequenzumkehr für die DTFT zur Folge hat:

$$x(-n) \longleftrightarrow X(e^{-j\omega}). \tag{4.64}$$

Konjugation Die Konjugation eines Signals hat eine Konjugation und Frequenzumkehr des Spektrums zur Folge:

$$x^*(n) \longleftrightarrow X^*(e^{-j\omega}). \tag{4.65}$$

Damit besitzt die DTFT eines reellwertigen Signals $x(n) = x^*(n)$ eine konjugiert gerade Symmetrie:

$$X(e^{j\omega}) = X^*(e^{-j\omega}). \tag{4.66}$$

Zeitverschiebung Eine Zeitverschiebung des Signals um n_0 Werte führt auf einen Vorfaktor $e^{-j\omega n_0}$ für das Spektrum:

$$x(n - n_0) \longleftrightarrow e^{-j\omega n_0}\, X(e^{j\omega}). \tag{4.67}$$

Modulation Die Modulation eines Signals mit einer komplexen Exponentialfolge $e^{j\omega_0 n}$ bewirkt eine Frequenzverschiebung um ω_0:

$$e^{j\omega_0 n} x(n) \longleftrightarrow X(e^{j(\omega-\omega_0)}). \tag{4.68}$$

Reelle Modulation Für die Modulation mit $\cos(\omega_0 n)$ und $\sin(\omega_0 n)$ gelten die Korrespondenzen

$$\cos(\omega_0 n)\, x(n) \longleftrightarrow \frac{1}{2}\left[X(e^{j(\omega-\omega_0)}) + X(e^{j(\omega+\omega_0)})\right], \tag{4.69}$$

$$\sin(\omega_0 n)\, x(n) \longleftrightarrow \frac{j}{2}\left[X(e^{j(\omega+\omega_0)}) - X(e^{j(\omega-\omega_0)})\right]. \tag{4.70}$$

Differentiation im Frequenzbereich Für die Differentiation des Spektrums gilt die Korrespondenz

$$nx(n) \longleftrightarrow j\frac{d}{d\omega}X(e^{j\omega}). \tag{4.71}$$

Faltung Eine Faltung im Zeitbereich ist gleichbedeutend zu einer Multiplikation der Spektren:

$$x(n) * h(n) \longleftrightarrow X(e^{j\omega})\, H(e^{j\omega}). \tag{4.72}$$

Beweis. Wir betrachten die DTFT des Ausgangssignals $y(n) = x(n) * h(n)$ unter der Annahme, dass $x(n)$ und $h(n)$ absolut summierbar sind. Wir erhalten zunächst

$$\begin{aligned} Y(e^{j\omega}) &= \sum_{n=-\infty}^{\infty} \left[\sum_{m=-\infty}^{\infty} x(n-m)\, h(m) \right] e^{-j\omega n} \\ &= \sum_{n=-\infty}^{\infty} \sum_{m=-\infty}^{\infty} x(n-m)\, h(m)\, e^{-j\omega(n-m)} e^{-j\omega m}. \end{aligned} \tag{4.73}$$

Die absolute Summierbarkeit erlaubt es uns nun, die Reihenfolge der Summation auszutauschen und den Ausdruck (4.73) unter Verwendung der Substitution $k = n - m$ wie folgt umzuschreiben:

$$Y(e^{j\omega}) = \sum_{k=-\infty}^{\infty} x(k)\, e^{-j\omega k} \sum_{m=-\infty}^{\infty} h(m)\, e^{-j\omega m} = X(e^{j\omega})\, H(e^{j\omega}). \tag{4.74}$$

□

Multiplikation im Zeitbereich Die Multiplikation zweier diskreter Signale ist gleichbedeutend zu einer zyklischen Faltung ihrer Spektren:

$$x(n)\, y(n) \longleftrightarrow \frac{1}{2\pi} X(e^{j\omega}) \circledast_{2\pi} Y(e^{j\omega}) = \frac{1}{2\pi} \int_{-\pi}^{\pi} X(e^{j(\omega-\nu)})\, Y(e^{j\nu})\, d\nu. \tag{4.75}$$

Der Beweis wird in Abschnitt 4.5.5 für die Z-Transformation geführt.

Die Parseval'sche Gleichung Wie im Fall kontinuierlicher Signale kann die Energie eines diskreten Signals sowohl im Zeit- als auch im Frequenzbereich berechnet werden. Für ein quadratisch summierbares Signal $x(n)$, d. h. $x \in \ell_2(\mathbb{Z})$, gilt

$$E_x = \sum_{n=-\infty}^{\infty} |x(n)|^2 = \frac{1}{2\pi} \int_{-\pi}^{\pi} |X(e^{j\omega})|^2\, d\omega. \tag{4.76}$$

Beweis. Wir verwenden die Faltungsregel (4.72) und beschreiben die Folge $y(m) = x(m) * h(m)$ über eine inverse DTFT aus $Y(e^{j\omega}) = X(e^{j\omega}) H(e^{j\omega})$. Mit der speziellen Wahl $h(m) = x^*(-m) \longleftrightarrow X^*(e^{j\omega})$ ergibt sich

$$y(m) = \sum_{n=-\infty}^{\infty} x(n) x^*(n-m) = \frac{1}{2\pi} \int_{-\pi}^{\pi} |X(e^{j\omega})|^2\, e^{j\omega m}\, d\omega,$$

und für $m = 0$ folgt daraus (4.76). □

4.3.3 Zeitdiskrete Fourier-Transformation sinusförmiger Signale

Wir betrachten zunächst das konstante Signal $x(n) = 1$, $n \in \mathbb{Z}$, das weder absolut noch quadratisch summierbar ist. Um hierfür dennoch eine Fourier-Transformierte angeben zu können, muss wie schon bei der kontinuierlichen Fourier-Transformation vom Dirac-Impuls Gebrauch gemacht werden. Unter Beachtung der Periodizität des Spektrums lautet die gesuchte Korrespondenz

$$x(n) = 1 \longleftrightarrow X(e^{j\omega}) = 2\pi \sum_{k=-\infty}^{\infty} \delta_0(\omega + 2\pi k), \qquad \omega \in \mathbb{R}. \tag{4.77}$$

Die Gültigkeit von (4.77) lässt sich durch Einsetzen von (4.77) in (4.57) und Umformen des gewonnenen Ausdrucks überprüfen:

$$\begin{aligned} x(n) &= \frac{1}{2\pi} \int_{-\pi}^{\pi} 2\pi \sum_{k=-\infty}^{\infty} \delta_0(\omega + 2\pi k)\, e^{j\omega n}\, d\omega \\ &= \int_{-\pi}^{\pi} \delta_0(\omega)\, e^{j\omega n}\, d\omega = 1, \qquad n \in \mathbb{Z}. \end{aligned} \tag{4.78}$$

Mit den gleichen Argumenten lässt sich die Korrespondenz für eine komplexe Exponentialschwingung $e^{j\omega_0 n}$ mit einer Frequenz $-\pi < \omega_0 \leq \pi$ als

$$e^{j\omega_0 n} \longleftrightarrow 2\pi \sum_{k=-\infty}^{\infty} \delta_0(\omega - \omega_0 + 2\pi k), \qquad \omega \in \mathbb{R} \tag{4.79}$$

angeben. Für ein reelles sinusförmiges Signal ergibt sich

$$\cos(\omega_0 n + \varphi) \longleftrightarrow \pi \sum_{k=-\infty}^{\infty} \left(e^{j\varphi} \delta_0(\omega - \omega_0 + 2\pi k) + e^{-j\varphi} \delta_0(\omega + \omega_0 + 2\pi k) \right), \quad \omega \in \mathbb{R}. \tag{4.80}$$

4.4 Korrelation und Energiedichte

Wir betrachten ein deterministisches zeitdiskretes Signal $x(n)$ mit endlicher Energie. Nach der Parseval'schen Gleichung (4.76) können wir die Energie im Zeit- und im Frequenzbereich bestimmen. Der Term $|X(e^{j\omega})|^2$ in (4.76), dessen Integration die Energie E_x ergibt, wird als das *Energiedichtespektrum* bzw. als die *Energiedichte* des zeitdiskreten Signals $x(n)$ bezeichnet. Wir verwenden hierfür die Notation

$$S_{xx}^E(e^{j\omega}) = |X(e^{j\omega})|^2. \tag{4.81}$$

Das Energiedichtespektrum $S_{xx}^E(e^{j\omega})$ ist die zeitdiskrete Fourier-Transformierte der *Autokorrelationsfolge* (AKF)

$$r_{xx}^E(m) = \sum_{n=-\infty}^{\infty} x^*(n)\, x(n+m). \tag{4.82}$$

Dies erkennt man mit $x(n) \longleftrightarrow X(e^{j\omega})$ und $x^*(-n) \longleftrightarrow X^*(e^{j\omega})$ aus $|X(e^{j\omega})|^2 = X^*(e^{j\omega})X(e^{j\omega})$ und dem Faltungstheorem der DTFT. Es gilt somit die Korrespondenz

$$\begin{aligned} r_{xx}^E(m) &= \frac{1}{2\pi}\int_{-\pi}^{\pi} S_{xx}^E(e^{j\omega})\, e^{j\omega m}\, d\omega \\ &\updownarrow \\ S_{xx}^E(e^{j\omega}) &= \sum_{m=-\infty}^{\infty} r_{xx}^E(m)\, e^{-j\omega m}. \end{aligned} \tag{4.83}$$

Dieser Zusammenhang ist als das *Wiener-Khintchine-Theorem* für diskrete Energiesignale bekannt.

Die Definitionen für eine *Kreuzkorrelationsfolge* (KKF) und das entsprechende *Energiedichtespektrum* lauten

$$\begin{aligned} r_{xy}^E(m) &= \sum_{n=-\infty}^{\infty} y(n+m)\, x^*(n) \\ &\updownarrow \\ S_{xy}^E(e^{j\omega}) &= \sum_{m=-\infty}^{\infty} r_{xy}^E(m)\, e^{-j\omega m}. \end{aligned} \tag{4.84}$$

Zwischen den Energiedichten der Signale $x(n)$ und $y(n)$ am Ein- und Ausgang eines LTI-Systems mit einer Übertragungsfunktion $H(e^{j\omega})$ gilt wegen $Y(e^{j\omega}) = H(e^{j\omega})X(e^{j\omega})$

$$S_{yy}^E(e^{j\omega}) = |H(e^{j\omega})|^2\, S_{xx}^E(e^{j\omega}). \tag{4.85}$$

Damit gilt für die dazugehörigen Autokorrelationsfolgen die zeitdiskrete Form der *Wiener-Lee-Beziehung* für deterministische Energiesignale,

$$r_{yy}^E(m) = r_{hh}^E(m) * r_{xx}^E(m), \tag{4.86}$$

wobei $r_{hh}^E(m)$ die Autokorrelationsfolge der Impulsantwort $h(n)$ ist.

Für die Kreuzkorrelation zwischen dem Ein- und Ausgang eines diskreten LTI-Systems erhalten wir

$$r_{xy}^E(m) = h(m) * r_{xx}^E(m). \tag{4.87}$$

Dieser Zusammenhang wird häufig genutzt, um die Impulsantwort eines unbekannten Systems durch die Beobachtung der Kreuzkorrelation zwischen dem Ein- und Ausgang zu ermitteln. Vorzugsweise verwendet man dabei Anregungssignale $x(n)$, deren AKF näherungsweise einem Impuls entspricht: $r_{xx}^E(m) \approx E_x\delta(m)$. In diesem Fall ist die gesuchte Impulsantwort direkt proportional zur Kreuzkorrelation, es gilt $h(m) = r_{xy}^E(m)/E_x$. Ebenso ist die Verwendung periodischer Anregungssignale mit einer AKF der Form $r_{xx}^E(m) \approx E_x \sum_{\ell=-\infty}^{\infty} \delta(m - \ell M)$ gebräuchlich, wobei der Wert für M so gewählt wird, dass er die zu erwartende Länge der Impulsantwort überschreitet. Auch hier ergibt sich die gesuchte Impulsantwort direkt aus der Kreuzkorrelation $r_{xy}^E(m)$.

4.5 Die Z-Transformation

4.5.1 Definition und Konvergenzeigenschaften

Die Z-Transformation wurde bereits in Abschnitt 4.2 bei der Untersuchung der Antwort eines diskreten Systems auf eine generelle Exponentialfolge erwähnt. Die Z-Transformierte eines allgemeinen diskreten Signals $x(n)$, $n \in \mathbb{Z}$ ist als

$$X(z) = \sum_{n=-\infty}^{\infty} x(n)\, z^{-n} \tag{4.88}$$

definiert, wobei der Parameter z komplexwertig ist. $X(z)$ ist damit eine über der komplexen Ebene definierte Funktion. Indem man den Parameter z als $z = re^{j\omega}$ mit $r = |z|$ und $\omega \in \mathbb{R}$ schreibt, erhält man

$$X(re^{j\omega}) = \sum_{n=-\infty}^{\infty} \left[x(n)r^{-n}\right] e^{-j\omega n}, \qquad r \geq 0, \quad \omega \in \mathbb{R}. \tag{4.89}$$

Das bedeutet, die Z-Transformierte ist nichts anderes als die DTFT der gewichteten Folge $x(n)r^{-n}$. Durch die Gewichtung mit r^{-n} lässt sich das Konvergenzverhalten beeinflussen, und es ist möglich, dass die Z-Transformierte eines Signals $x(n)$ für bestimmte Radien r konvergiert, während die DTFT nicht existiert. Wenn $X(e^{j\omega})$ existiert, dann geht die Z-Transformation für den Spezialfall $z = e^{j\omega}$ in die zeitdiskrete Fourier-Transformation

$$X(e^{j\omega}) = \sum_{n=-\infty}^{\infty} x(n)\, e^{-j\omega n} \tag{4.90}$$

über. Die Korrespondenz der Z-Transformation wird als

$$x(n) \longleftrightarrow X(z) \tag{4.91}$$

ausgedrückt. Bild 4.15 veranschaulicht die Z-Transformation an einem Beispiel.

Wir betrachten nun die Z-Transformation für einige ausgewählte Fälle. Für die diskrete Impulsfolge $\delta(n)$ ergibt sich

$$\delta(n) \longleftrightarrow \sum_{n=-\infty}^{\infty} \delta(n)\, z^{-n} = 1. \tag{4.92}$$

Für eine um n_0 verzögerte Impulsfolge $\delta(n - n_0)$ folgt

$$\delta(n - n_0) \longleftrightarrow \sum_{n=-\infty}^{\infty} \delta(n - n_0)\, z^{-n} = z^{-n_0}. \tag{4.93}$$

Im Fall einer endlich langen Sequenz

$$x(n) = \sum_{m=n_1}^{n_2} x_m\, \delta(n - m) \tag{4.94}$$

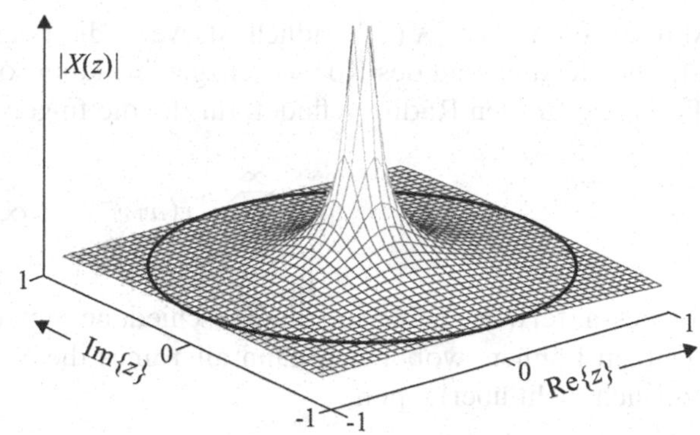

Bild 4.15 Betrag der Z-Transformierten $X(z) = z^{-1}$. Entlang des eingezeichneten Kreises sieht man die Werte $|X(e^{j\omega})|$

ist die Z-Transformierte nichts anderes als ein Polynom in z^{-1} mit den Polynomkoeffizienten x_m:

$$X(z) = \sum_{m=n_1}^{n_2} x_m\, z^{-m}. \tag{4.95}$$

Für eine gegebene Sequenz $x(n)$ endlicher Länge ist $X(z)$ einfach zu bestimmen, und $x(n)$ kann aus $X(z)$ durch Ablesen der Koeffizienten zurückgewonnen werden.

Zur Konvergenz der Z-Transformation Die Konvergenzeigenschaften der Summe in (4.88) sind prinzipiell von der Sequenz $x(n)$ und dem Parameter z abhängig. Typischerweise ergibt sich eine Konvergenz nur in einem bestimmten Teil der z-Ebene, den man das Konvergenzgebiet nennt (engl. *region of convergence*, ROC). In diesem Konvergenzgebiet nimmt $X(z)$ einen endlichen Wert an. Bevor die Bestimmung des Konvergenzgebiets genauer untersucht wird, sollen noch einige einfache Beispiele betrachtet werden, für die das Konvergenzgebiet direkt angegeben werden kann:

- Die Folge $x(n) = \delta(n)$ besitzt die Z-Transformierte $X(z) = 1$. Hier umfasst das Konvergenzgebiet die gesamte z-Ebene.
- Die Z-Transformierte einer absolut summierbaren kausalen Folge endlicher Länge $x(n) = \sum_{m=0}^{M-1} x_m \delta(n-m)$ lautet $X(z) = \sum_{m=0}^{M-1} x_m z^{-m}$. Das Konvergenzgebiet umfasst die gesamte z-Ebene mit Ausnahme des Punktes $z = 0$.
- Die Z-Transformierte einer absolut summierbaren antikausalen Folge endlicher Länge $x(n) = \sum_{m=0}^{M-1} x_m \delta(n+m)$ lautet $X(z) = \sum_{m=0}^{M-1} x_m z^{m}$. Das Konvergenzgebiet umfasst die gesamte z-Ebene mit Ausnahme von $|z| = \infty$.

Für Sequenzen $x(n)$ unendlicher Länge lässt sich das Konvergenzgebiet mit $z = re^{j\omega}$, $r \in \mathbb{R}^+$ aus folgender Abschätzung bestimmen:

$$\begin{aligned} |X(z)| &= \left| \sum_{n=-\infty}^{\infty} x(n)\, z^{-n} \right| = \left| \sum_{n=-\infty}^{\infty} x(n)\, r^{-n}\, e^{-j\omega n} \right| \\ &\leq \sum_{n=-\infty}^{\infty} \left| x(n)\, r^{-n}\, e^{-j\omega n} \right| \;=\; \sum_{n=-\infty}^{\infty} \left| x(n)\, r^{-n} \right|. \end{aligned} \tag{4.96}$$

Man erkennt, dass $|X(z)|$ endlich ist, wenn die Folge $x(n)r^{-n}$ absolut summierbar ist. Die Bestimmung des Konvergenzgebiets kann somit dadurch erfolgen, dass man die Werte für den Radius r findet, für die die folgende Summe endlich ist:

$$\sum_{n=-\infty}^{\infty} \left|x(n)\, r^{-n}\right| < \infty. \tag{4.97}$$

Interessanterweise ist es so, dass verschiedene Signale die gleiche Z-Transformierte besitzen können, wobei sich dann allerdings die Konvergenzgebiete unterscheiden und sich nicht überlappen.

Beispiel 4.2 Betrachtet werden die folgende kausale Sequenz $x_1(n)$ und die antikausale Sequenz $x_2(n)$:

$$x_1(n) = \begin{cases} a^n & \text{für } n \geq 0 \\ 0 & \text{für } n < 0 \end{cases} \qquad x_2(n) = \begin{cases} 0 & \text{für } n \geq 0 \\ -a^n & \text{für } n < 0. \end{cases}$$

Die Z-Transformierten lauten

$$X_1(z) = \sum_{n=0}^{\infty} a^n z^{-n} = \sum_{n=0}^{\infty} (az^{-1})^n$$

und

$$X_2(z) = \sum_{n=-\infty}^{-1} -a^n z^{-n} = -(a^{-1}z) \sum_{n=0}^{\infty} (a^{-1}z)^n.$$

Unter Ausnutzung des Zusammenhangs

$$\sum_{n=0}^{\infty} A^n = \frac{1}{1-A}, \qquad |A| < 1$$

für geometrische Reihen erhält man

$$X_1(z) = \frac{1}{1 - az^{-1}} \qquad \text{für} \quad |z| > |a|$$

und

$$X_2(z) = -\frac{a^{-1}z}{1 - a^{-1}z} = \frac{1}{1 - az^{-1}} \qquad \text{für} \quad |z| < |a|.$$

Man erkennt, dass die Ausdrücke für die Z-Transformierten identisch sind, dass sich die Konvergenzgebiete jedoch unterscheiden.

Form des Konvergenzgebiets Das vorangegangene Ergebnis über die prinzipielle Form der Konvergenzgebiete kausaler und antikausaler Folgen lässt sich verallgemeinern. Während das Konvergenzgebiet für die Z-Transformation einer kausalen Folge der Außenbereich eines Kreises mit einem bestimmten Radius ist, ergibt sich

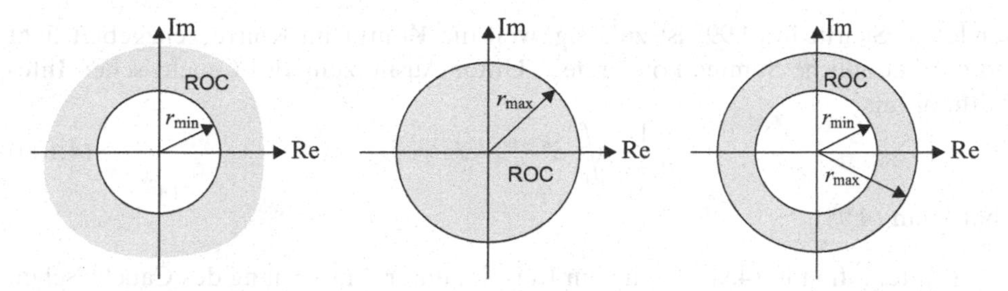

Bild 4.16 Konvergenzgebiet einer kausalen Folge (links), einer antikausalen Folge (Mitte) und einer generellen Folge (rechts)

das Konvergenzgebiet für die Z-Transformation einer antikausalen Folge als Innenbereich eines Kreises. Bild 4.16 veranschaulicht dies. Falls die Z-Transformierte einer allgemeinen nichtkausalen Folge existiert, so ist das Konvergenzgebiet ein Kreisring, der aus dem Überlappungsbereich der Konvergenzgebiete der rechts- und linksseitigen Teilfolgen besteht.

Analytische Fortsetzung der Z-Transformierten Man kann zeigen, dass jede Z-Transformierte im gesamten Konvergenzgebiet *analytisch* ist, was bedeutet, dass sie in eine Laurent-Reihe der Form (4.88) entwickelt werden kann und somit beliebig oft differenzierbar ist. Dadurch wird es möglich, aus der Kenntnis der Z-Transformierten entlang einer den Ursprung umschließenden geschlossenen Kontur auf die Z-Transformierte im gesamten Konvergenzgebiet zu schließen. Diesen Vorgang bezeichnet man als analytische Fortsetzung der Z-Transformierten von der Kontur in die Ebene. Das heißt zum Beispiel, dass aus der DTFT $X(e^{j\omega})$ auf die Z-Transformierte $X(z)$ durch Ersetzen von $e^{j\omega}$ mit z geschlossen werden kann, sofern der Einheitskreis zum Konvergenzgebiet der Z-Transformierten gehört.

4.5.2 Inverse Z-Transformation durch Integration

Eine allgemeine Lösung für die inverse Z-Transformation ist durch

$$x(n) = \frac{1}{2\pi j} \oint_C X(z)\, z^{n-1}\, dz \tag{4.98}$$

gegeben, wobei die Integration entgegen dem Uhrzeigersinn entlang einer geschlossenen Kontur C in der komplexen Ebene auszuführen ist, die den Ursprung umschließt und im Konvergenzgebiet von $X(z)$ liegt.

Beweis von (4.98). Es werden beide Seiten von (4.88) mit z^{k-1} multipliziert, und dann wird über die geschlossene Kontur C entgegen dem Uhrzeigersinn integriert:

$$\oint_C X(z)\, z^{k-1}\, dz = \oint_C \sum_{n=-\infty}^{\infty} x(n)\, z^{k-1-n}\, dz = \sum_{n=-\infty}^{\infty} x(n) \oint_C z^{k-1-n}\, dz. \tag{4.99}$$

Der letzte Schritt in (4.99) ist zulässig, weil die Kontur im Konvergenzgebiet liegt und die unendliche Summe konvergiert. Unter Ausnutzung des Cauchy'schen Integraltheorems

$$\frac{1}{2\pi j} \oint_C z^{k-1-n}\, dz = \delta_{nk} \tag{4.100}$$

erhält man (4.98). □

Die Integration in (4.98) kann zum Beispiel unter Anwendung des Cauchy'schen Residuensatzes geschehen. Hiernach ist $x(n)$ durch die Summe aller Residuen von $X(z)\, z^{n-1}$ an den Unendlichkeitsstellen innerhalb des Integrationsweges gegeben. Geht man von insgesamt N disjunkten Polen $p_1, p_2, \ldots, p_N$ aus und bezeichnet die zu $\left[X(z)z^{n-1}\right]_{z=p_i}$ gehörigen Residuen mit $R_{i,n}$, so gilt

$$x(n) = \sum_{i=1}^{N} R_{i,n}. \tag{4.101}$$

Das zu einem einfachen Pol bei $z = p_i$ gehörige Residuum von $\left[X(z)z^{n-1}\right]_{z=p_i}$ lautet

$$R_{i,n} = (z - p_i)X(z)z^{n-1}\Big|_{z=p_i}. \tag{4.102}$$

Tritt ein Pol p_i insgesamt K-fach auf, so berechnet sich das entsprechende Residuum zu

$$R_{i,n} = \frac{1}{(K-1)!}\left[\frac{d^{K-1}[(z-p_i)^K X(z)z^{n-1}]}{dz^{K-1}}\right]\Bigg|_{z=p_i}. \tag{4.103}$$

Weitere Details und Diskussionen finden sich zum Beispiel in [2, 5, 6, 3].

Beispiel 4.3 Wir suchen die inverse Z-Transformierte von

$$X(z) = \frac{1}{1 - az^{-1}}, \qquad |z| > |a|.$$

Das zu lösende Integral lautet

$$x(n) = \frac{1}{2\pi j} \oint_C \frac{1}{1 - az^{-1}}\, z^{n-1}\, dz = \frac{1}{2\pi j} \oint_C \frac{z^n}{z-a}\, dz,$$

wobei der Integrationsweg entlang der Kontur C im Konvergenzgebiet $|z| > |a|$ liegen muss. Bei der Lösung unterscheiden wir zwischen $n \geq 0$ und $n < 0$. Für $n \geq 0$ ist eine Polstelle bei $z = a$ zu beachten. Für das dazugehörige Residuum ergibt sich nach (4.102)

$$R_{1,n} = (z-a)\frac{z^n}{z-a}\Big|_{z=a} = a^n, \qquad n \geq 0.$$

Für $n < 0$ führt der Term z^n auf einen $(-n)$-fachen Pol an der Stelle $z = 0$, der ebenfalls innerhalb der Kontur C liegt. Für $n = -1$ ergeben sich dabei die folgenden zwei Residuen:

$$R_{1,-1} = z\frac{1}{z(z-a)}\bigg|_{z=0} = -\frac{1}{a},$$

$$R_{2,-1} = (z-a)\frac{1}{z(z-a)}\bigg|_{z=a} = \frac{1}{a}.$$

Die beiden Residuen addieren sich zu null, und es folgt $x(-1) = 0$. Für $n = -2$ ergibt sich ein zweifacher Pol bei $z = 0$. Das entsprechende Residuum lautet

$$R_{1,-2} = \frac{1}{(2-1)!}\frac{d}{dz}z^2\frac{1}{z^2(z-a)}\bigg|_{z=0} = -\frac{1}{(z-a)^2}\bigg|_{z=0} = -\frac{1}{a^2}.$$

Für das zweite Residuum ergibt sich

$$R_{2,-2} = (z-a)\frac{1}{z^2(z-a)}\bigg|_{z=a} = \frac{1}{a^2},$$

und es folgt $x(-2) = 0$. Dies lässt sich fortführen, und man erhält $x(n) = 0$ für alle $n < 0$. Insgesamt erhalten wir somit das Ergebnis

$$x(n) = a^n u(n).$$

4.5.3 Inverse Z-Transformation durch Potenzreihenentwicklung

Die Z-Transformierte einer Folge $x(n)$ ist nach (4.88) als Potenzreihe definiert. Aus einer gegebenen Potenzreihe

$$X(z) = \sum_{m=-\infty}^{\infty} x_m z^{-m} \tag{4.104}$$

erhält man unter Ausnutzung der in (4.93) angegebenen Korrespondenz

$$\delta(n-n_0) \longleftrightarrow z^{-n_0} \tag{4.105}$$

ohne weitere Rechnung die dazugehörige Sequenz

$$x(n) = \sum_{m=-\infty}^{\infty} x_m\,\delta(n-m) = x_n. \tag{4.106}$$

Die inverse Z-Transformation kann somit durch ein einfaches Ablesen der Koeffizienten erfolgen.

Auch wenn eine Z-Transformierte $X(z)$ nicht direkt als Potenzreihe in z^{-1} gegeben ist, lässt sich $X(z)$ in eine Potenzreihe entwickeln. Dies ist gewissermaßen die

Umkehrung der Vorgehensweise aus Beispiel 4.2, wo $X(z)$ zunächst als Potenzreihe gegeben war und daraus ein geschlossener Ausdruck entwickelt wurde. Die Methode ist leicht anzuwenden, wenn $X(z)$ über Funktionen wie log, sin, cos, sinh usw. gegeben ist, zu denen die Potenzreihenentwicklung bekannt ist. Ebenso lassen sich als rationale Funktionen gegebene Z-Transformierte mittels einer Polynomdivision in eine Potenzreihe entwickeln.

Beispiel 4.4 Wir suchen die inverse Z-Transformierte von

$$X(z) = \log(1 + az^{-1}), \qquad |z| > |a|.$$

Unter Verwendung der Reihenentwicklung

$$\log(1 + v) = \sum_{n=1}^{\infty} \frac{(-1)^{n+1} v^n}{n}, \qquad |u| < 1$$

erhalten wir

$$x(n) = \begin{cases} \frac{(-1)^{n+1} a^n}{n}, & n \geq 1 \\ 0, & n \leq 0. \end{cases}$$

Beispiel 4.5 Gesucht ist die inverse Z-Transformierte von

$$X(z) = \frac{1 + 2z^{-1}}{1 - z^{-1} + 0{,}16z^{-2}}$$

mittels Polynomdivision. Die Pole liegen bei $z = 0{,}2$ und $z = 0{,}8$. Unter der Annahme, dass das Konvergenzgebiet durch $|z| > 0{,}8$ gegeben ist, erhalten wir die Potenzreihe

$$(1 + 2z^{-1}) : (1 - z^{-1} + 0{,}16z^{-2}) = 1 + 3z^{-1} + 2{,}84z^{-2} + \dots .$$

Die Folge lautet dann $\{x(n)\} = \{\underline{1}, 3, 2{,}84, \dots\}$. Zur Kennzeichnung ist dabei der Wert $x(0)$ unterstrichen. Ist dagegen bekannt, dass die Folge $x(n)$ antikausal ist und dass das Konvergenzgebiet bei $|z| < 0{,}2$ liegt, so ergibt sich

$$(2z^{-1} + 1) : (0{,}16z^{-2} - z^{-1} + 1) = 12{,}5z + 84{,}375z^2 + \dots .$$

Die Folge lautet dann $\{x(n)\} = \{\dots, 84{,}375, 12{,}5, \underline{0}\}$.

4.5.4 Inverse Z-Transformation durch Partialbruchzerlegung und Vergleich

Für Z-Transformierte $X(z)$, die als rationale Funktionen der Form

$$X(z) = \frac{b_0 + b_1 z^{-1} + b_2 z^{-2} \ldots + b_M z^{-M}}{a_0 + a_1 z^{-1} + a_2 z^{-2} \ldots + a_N z^{-N}} \tag{4.107}$$

gegeben sind, bietet es sich an, $X(z)$ mittels einer Partialbruchzerlegung an in eine Darstellung zu überführen, bei der die inverse Transformation per Vergleich mit bekannten Korrespondenzen erfolgen kann. Im Mittelpunkt stehen dabei die folgenden, bereits in Beispiel 4.2 hergeleiteten Korrespondenzen

$$a^n u(n) \longleftrightarrow \frac{1}{1 - az^{-1}}, \qquad |z| > |a| \tag{4.108}$$

und

$$-a^n u(-n-1) \longleftrightarrow \frac{1}{1 - az^{-1}}, \qquad |z| < |a|. \tag{4.109}$$

Die Sprungfolge $u(n)$ wurde hierbei eingesetzt, um die Kausalität bzw. Antikausalität der resultierenden Zeitfolgen in kompakter Weise auszudrücken.

Partialbruchzerlegung für rationale Funktionen Bei der Beschreibung von diskreten LTI-Systemen treten häufig Z-Transformierte der Form

$$X(z) = \frac{\sum_{k=0}^{M} b_k z^{-k}}{1 + \sum_{\ell=1}^{N} a_\ell z^{-\ell}} \tag{4.110}$$

auf. Mit der Bezeichnung p_ℓ für die Nullstellen des Nennerpolynoms in (4.110) lassen sich derartige rationale Funktionen $X(z)$ auch wie folgt schreiben:

$$X(z) = \frac{\sum_{k=0}^{M} b_k z^{-k}}{\prod_{\ell=1}^{N} (1 - p_\ell z^{-1})}. \tag{4.111}$$

Die Nullstellen p_k des Nenners nennt man auch Pole, weil sie die Stellen sind, an denen $X(z)$ unendlich wird. Nimmt man nun an, dass alle Pole nur einfach auftreten und dass der Zählergrad M kleiner als der Nennergrad N ist, dann lässt sich für $X(z)$ eine Partialbruchzerlegung der Form

$$X(z) = \sum_{k=1}^{N} \frac{A_k}{1 - p_k z^{-1}} \tag{4.112}$$

mit

$$A_k = X(z)(1 - p_k z^{-1}) \Big|_{z=p_k} \tag{4.113}$$

angeben. Jeder Summand in (4.112) kann nun mit Hilfe der Korrespondenzen (4.108) und (4.109) vom z- in den Zeitbereich transformiert werden. Dabei ist für jeden Term der Partialbruchzerlegung anhand des Konvergenzgebietes zu entscheiden, ob die dazugehörige Folge kausal oder antikausal ist. Eine Funktion $X(z)$ mit dem Konvergenzgebiet $|z| > \max(|p_1|, |p_2|, \ldots, |p_N|)$ führt damit auf die kausale Folge

$$x(n) = \sum_{k=1}^{N} A_k \, p_k^n \, u(n). \tag{4.114}$$

Sollte die Bedingung $M < N$ für eine gegebene Funktion $X(z)$ nicht erfüllt sein, so kann diese mittels einer Polynomdivision in einen polynomiellen Anteil $C(z)$ und einen rationalen Anteil mit $M' < N$ überführt werden:

$$X(z) = C(z) + \frac{\sum_{k=0}^{M'} b_k' \, z^{-k}}{1 + \sum_{\ell=1}^{N} a_\ell \, z^{-\ell}}, \qquad M' < N. \tag{4.115}$$

Beispiel 4.6 Es sei

$$X(z) = \frac{5 + 2{,}7z^{-1} + 0{,}3z^{-2} - 0{,}05z^{-3}}{1 + 0{,}4z^{-1} - 0{,}05z^{-2}}, \qquad |z| > 0{,}5.$$

Gesucht ist die dazugehörige Folge. Eine Polynomdivision ergibt zunächst

$$X(z) = 2 + z^{-1} + \frac{3 + 0{,}9z^{-1}}{1 + 0{,}4z^{-1} - 0{,}05z^{-2}}, \qquad |z| > 0{,}5.$$

Die Nullstellen des Nenners liegen bei $z = -0{,}5$ und $z = -0{,}1$, so dass gilt

$$X(z) = 2 + z^{-1} + \frac{3 + 0{,}9z^{-1}}{(1 + 0{,}5z^{-1})(1 - 0{,}1z^{-1})}, \qquad |z| > 0{,}5.$$

Die Partialbruchzerlegung lautet formal

$$X(z) = 2 + z^{-1} + \frac{A_1}{1 + 0{,}5z^{-1}} + \frac{A_2}{1 - 0{,}1z^{-1}}, \qquad |z| > 0{,}5.$$

Mit

$$\begin{aligned} A_1 &= X(z)(1 + 0{,}5z^{-1})\Big|_{z=-0{,}5} &= \frac{3 + 0{,}9z^{-1}}{1 - 0{,}1z^{-1}}\Bigg|_{z=-0{,}5} &= 1, \\ A_2 &= X(z)(1 - 0{,}1z^{-1})\Big|_{z=0{,}1} &= \frac{3 + 0{,}9z^{-1}}{1 + 0{,}5z^{-1}}\Bigg|_{z=0{,}1} &= 2. \end{aligned}$$

erhalten wir

$$X(z) = 2 + z^{-1} + \frac{1}{1 + 0{,}5z^{-1}} + \frac{2}{1 - 0{,}1z^{-1}}, \qquad |z| > 0{,}5.$$

Unter Verwendung von (4.93) und (4.114) folgt daraus

$$x(n) = 2\delta(n) + \delta(n-1) + (-0{,}5)^n u(n) + 2(0{,}1)^n u(n).$$

Partialbruchzerlegung bei mehrfachen Polen Wir betrachten nun den Fall mehrfacher Pole, wobei wir der Einfachheit halber annehmen, dass ein m-facher Pol an der Stelle p existiert und alle anderen Pole disjunkt sind. Die Funktion $X(z)$ kann damit als

$$X(z) = \frac{\sum_{k=0}^{M} b_k\, z^{-k}}{\prod_{\ell=1}^{N-m} (1 - p_\ell\, z^{-1}) \prod_{\ell=1}^{m} (1 - pz^{-1})} \tag{4.116}$$

geschrieben werden. Unter der Annahme $M < N$ lautet die Partialbruchzerlegung formal

$$X(z) = \left(\sum_{k=1}^{N-m} \frac{A_k}{1 - p_k z^{-1}}\right) + \frac{B_1}{1 - pz^{-1}} + \frac{B_2}{(1 - pz^{-1})^2} + \cdots + \frac{B_m}{(1 - pz^{-1})^m}. \tag{4.117}$$

Die Werte A_k lassen sich wie in (4.113) berechnen, und die Größen $B_1, B_2, \ldots, B_m$ erhält man aus

$$B_k = \frac{1}{(m-k)!\,(-p)^{m-k}} \left[\frac{d^{m-k}}{dw^{m-k}}[(1 - pw)^m X(w^{-1})]\right]_{w=p^{-1}}. \tag{4.118}$$

Alternativ können (4.116) und (4.117) für verschiedene Werte für z gleichgesetzt und die Größen A_k und B_k durch Lösung eines linearen Gleichungssystems bestimmt werden. Ebenso ist es möglich, A_k und B_k aus einem Gleichungssystem zu gewinnen, in dem die rekursiv aus (4.116) berechnete Folge als Linearkombination der zu den Ausdrücken $1/(1 - p_k z^{-1})$ für $k = 1, 2, \ldots, N - m$ und $1/(1 - pz^{-1})^\ell$ mit $\ell = 1, 2, \ldots, m$ gehörigen Impulsantworten beschrieben wird. Hierbei sind wenigstens N Koeffizienten der Folge zu berücksichtigen, aber auch das Aufstellen eines überbestimmten Gleichungssystems ist möglich.

Für die zu $B_1/(1 - pz^{-1})$ gehörige Folge gilt die bekannte Korrespondenz $b_1(n) = B_1 b(n)$ mit $b(n) = p^n u(n)$. Die Folgen

$$b_k(n) \longleftrightarrow \frac{B_k}{(1 - pz^{-1})^k} \tag{4.119}$$

für $k > 1$ erhält man durch $(k-1)$-fache Faltung der Sequenz $b(n)$ mit sich selbst und eine Gewichtung mit B_k. Für $k = 2$ gilt zum Beispiel $b_2(n) = B_2 \cdot b(n) * b(n)$. Dies ergibt

$$b_2(n) = B_2 \sum_{m=0}^{\infty} p^m p^{n-m} u(n-m) = B_2\, p^n \sum_{m=0}^{\infty} u(n-m) = B_2\, (n+1)\, p^n u(n). \tag{4.120}$$

Für $b_3(n) \longleftrightarrow B_3/(1-pz^{-1})^3$ folgt $b_3(n) = B_3 \cdot b(n) * b(n) * b(n)$ usw. Daraus lässt sich die allgemeine Korrespondenz

$$\frac{1}{(1-pz^{-1})^k} \longleftrightarrow \underbrace{b(n) * b(n) * \ldots * b(n)}_{k-1 \text{ Faltungen}} = \binom{n+k-1}{k-1} p^n\, u(n) \tag{4.121}$$

ableiten, in der $\binom{n}{m}$ die Binomialkoeffizienten $\binom{n}{m} = \frac{n!}{m!(n-m)!}$ bezeichnet.

Beispiel 4.7 Gesucht ist die zu

$$X(z) = \frac{8 - 1{,}5z^{-1}}{1 - z^{-1} + 0{,}25z^{-2}}, \qquad |z| > 0{,}5$$

gehörige Folge. Der Nenner hat eine doppelte Nullstelle bei $z = 0{,}5$, und die Partialbruchzerlegung ergibt

$$X(z) = \frac{3}{1 - 0{,}5z^{-1}} + \frac{5}{(1 - 0{,}5z^{-1})^2}.$$

Mit $\binom{n+1}{1} = n+1$ erhalten wir daraus

$$x(n) = [3 + 5(n+1)]\,(0{,}5)^n u(n).$$

4.5.5 Eigenschaften der Z-Transformation

Im Folgenden werden die wichtigsten Eigenschaften der Z-Transformation genannt, wobei die Korrespondenz $x(n) \longleftrightarrow X(z)$ vorausgesetzt wird.

Linearität Aus der Definition folgt unmittelbar die Linearität:

$$v(n) = \alpha x(n) + \beta y(n) \longleftrightarrow V(z) = \alpha X(z) + \beta Y(z). \tag{4.122}$$

Das Konvergenzgebiet für $V(z)$ umfasst den Überlappungsbereich der Konvergenzgebiete für $X(z)$ und $Y(z)$ und enthält eventuell noch zusätzliche Bereiche, die dadurch entstehen können, dass Polstellen von $X(z)$ oder $Y(z)$ (oder beiden) bei der Linearkombination aufgehoben werden.

Zeitverschiebung Eine Zeitverschiebung um n_0 führt auf einen Vorfaktor z^{-n_0}:

$$x(n - n_0) \longleftrightarrow z^{-n_0}\, X(z). \tag{4.123}$$

Das Konvergenzgebiet für $z^{-n_0}\, X(z)$ entspricht dem für $X(z)$, evtl. mit Ausnahme von $z = 0$ für $n_0 > 0$ oder $z = \infty$ für $n_0 < 0$. Die Regel (4.123) ergibt sich dabei aus

Bild 4.17 Verzögerungselement

dem Zusammenhang

$$\sum_{n=-\infty}^{\infty} x(n-n_0)\, z^{-n} = \sum_{m=-\infty}^{\infty} x(m)\, z^{-m-n_0} = z^{-n_0} \sum_{m=-\infty}^{\infty} x(m)\, z^{-m} = z^{-n_0} X(z).$$

Da der Faktor z^{-1} einer Verzögerung um einen Takt entspricht, wird der Ausdruck z^{-1} oft in Blockdiagrammen verwendet, um eine Einheitsverzögerung darzustellen, siehe Bild 4.17 und die bereits in Abschnitt 4.2 gezeigten Beispiele.

Faltung Eine Faltung $v(n) = x(n) * y(n)$ im Zeitbereich ist äquivalent zu einer Multiplikation im z-Bereich:

$$v(n) = x(n) * y(n) \longleftrightarrow V(z) = X(z)\, Y(z). \tag{4.124}$$

Der Konvergenzbereich für $V(z)$ ist dabei wenigstens der Überlappungsbereich der Konvergenzgebiete für $X(z)$ und $Y(z)$. Eine Vergrößerung des Konvergenzgebietes über den Überlappungsbereich hinaus kann eintreten, wenn Polstellen der einen Funktion durch Nullstellen der anderen Funktion kompensiert werden.

Beweis. Wir beschreiben $V(z)$ als

$$V(z) = \sum_{n=-\infty}^{\infty} \left[\sum_{k=-\infty}^{\infty} x(k)\, y(n-k) \right] z^{-n}.$$

Im Überlappungsbereich der Konvergenzgebiete lässt sich dieser Ausdruck in

$$V(z) = \sum_{k=-\infty}^{\infty} x(k) \sum_{n=-\infty}^{\infty} y(n-k)\, z^{-n} = \sum_{k=-\infty}^{\infty} x(k)\, z^{-k}\, Y(z) = X(z)\, Y(z)$$

umformulieren. □

Beispiel 4.8 Gesucht wird das Signal $y(n)$ am Ausgang eines diskreten LTI-Systems mit der Impulsantwort

$$h(n) = \delta(n) + 2\delta(n-1) + \delta(n-2),$$

das mit der Folge

$$x(n) = \delta(n) + 2\delta(n-1) + 3\delta(n-2)$$

am Eingang angeregt wird. Für die Z-Transformierten $X(z)$, $H(z)$ und das Produkt

$Y(z) = X(z)H(z)$ ergibt sich

$$\begin{aligned} X(z) &= 1 + 2z^{-1} + 3z^{-2}, \\ H(z) &= 1 + 2z^{-1} + z^{-2}, \\ Y(z) = X(z)H(z) &= 1 + 4z^{-1} + 8z^{-2} + 8z^{-3} + 3z^{-4}, \end{aligned}$$

wobei das Konvergenzgebiet die gesamte z-Ebene mit Ausnahme von $z = 0$ umfasst. Durch Ablesen der Koeffizienten erhält man aus $Y(z)$ die Folge

$$y(n) = \delta(n) + 4\delta(n-1) + 8\delta(n-2) + 8\delta(n-3) + 3\delta(n-4),$$

die dem Ergebnis der Faltung $y(n) = x(n) * h(n)$ entspricht.

Beispiel 4.9 Ein diskretes LTI-System mit der Impulsantwort

$$h(n) = a^n u(n)$$

werde mit der Sprungfolge

$$x(n) = u(n)$$

angeregt. Im Zeitbereich lässt sich das Ausgangssignal direkt berechnen:

$$y(n) = \sum_{m=-\infty}^{\infty} h(m)x(n-m) = \sum_{m=0}^{n} h(m) = \sum_{m=0}^{n} a^m u(n) = \frac{1 - a^{n+1}}{1-a} u(n).$$

Eine Berechnung mittels der DTFT ist dagegen nicht möglich, weil $x(n)$ nicht summierbar ist und somit keine DTFT besitzt. Ob $h(n)$ eine DTFT besitzt, hängt von der Größe von a ab. Die Berechnung mittels der Z-Transformation gelingt dagegen. Die benötigten Z-Transformierten lauten

$$\begin{aligned} X(z) &= \frac{1}{1 - z^{-1}}, \qquad |z| > 1 \\ H(z) &= \frac{1}{1 - az^{-1}}, \qquad |z| > |a|. \end{aligned}$$

Die Z-Transformierte des Ausgangssignals kann im gemeinsamen Konvergenzgebiet angegeben werden:

$$Y(z) = \frac{1}{1 - z^{-1}} \frac{1}{1 - az^{-1}} = \frac{1}{1-a} \left(\frac{1}{1 - z^{-1}} - \frac{a}{1 - az^{-1}} \right), \qquad |z| > \max(1, |a|).$$

Die inverse Z-Transformation ergibt

$$y(n) = \frac{1}{1-a} \left(u(n) - a^{n+1} u(n) \right) = \frac{1 - a^{n+1}}{1-a} u(n).$$

Dieses Ergebnis stimmt mit der zuvor im Zeitbereich berechneten Lösung überein.

Skalierung/Modulation Wenn

$$x(n) \longleftrightarrow X(z), \qquad r_1 < |z| < r_2 \tag{4.125}$$

gilt, dann gilt für jedes reelle oder komplexe $a \neq 0$

$$a^n\, x(n) \longleftrightarrow X\left(\frac{z}{a}\right), \qquad |a| r_1 < |z| < |a| r_2. \tag{4.126}$$

Dies sieht man aus

$$\sum_{n=-\infty}^{\infty} [a^n\, x(n)]\, z^{-n} = \sum_{n=-\infty}^{\infty} x(n) \left(\frac{z}{a}\right)^{-n} = X\left(\frac{z}{a}\right).$$

Die Regel (4.126) schließt die Wahl $a = e^{j\omega_0}$ ein, so dass für die Modulation $x(n) \rightarrow e^{j\omega_0 n} x(n)$ der Zusammenhang

$$e^{j\omega_0 n}\, x(n) \longleftrightarrow X(e^{-j\omega_0} z) \tag{4.127}$$

folgt.

Zeitumkehr Wenn

$$x(n) \longleftrightarrow X(z), \qquad r_1 < |z| < r_2 \tag{4.128}$$

gilt, dann folgt für die Zeitumkehr $x(n) \rightarrow x(-n)$ aus der Definitionsgleichung (4.88)

$$x(-n) \longleftrightarrow X\left(\frac{1}{z}\right), \qquad \frac{1}{r_2} < |z| < \frac{1}{r_1}. \tag{4.129}$$

Differentiation der Z-Transformierten Für die Differentiation der Z-Transformierten gilt die Korrespondenz

$$n\, x(n) \longleftrightarrow -z\, \frac{d\, X(z)}{dz}. \tag{4.130}$$

Dies lässt sich aus

$$\begin{aligned} -z\, \frac{d\, X(z)}{dz} &= -z \frac{d}{dz} \sum_{n=-\infty}^{\infty} x(n)\, z^{-n} \\ &= -z \sum_{n=-\infty}^{\infty} x(n)\, (-n)\, z^{-n-1} = \sum_{n=-\infty}^{\infty} n\, x(n)\, z^{-n} \quad \longleftrightarrow \quad n\, x(n) \end{aligned}$$

erkennen. Die Konvergenzgebiete für $X(z)$ und $z \frac{d\, X(z)}{dz}$ sind gleich.

Konjugation Die Konjugation eines Signals führt auf

$$x^*(n) \longleftrightarrow X^*(z^*). \tag{4.131}$$

Die sieht man aus

$$X^*(z^*) = \left(\sum_{n=-\infty}^{\infty} x(n)\, [z^*]^{-n} \right)^* = \sum_{n=-\infty}^{\infty} x^*(n)\, z^{-n}.$$

Konjugation und Zeitumkehr Für die zeitliche Umkehr einer Folge $x(n)$ bei gleichzeitiger Konjugation gilt die Korrespondenz

$$x^*(-n) \longleftrightarrow X_*(z^{-1}). \tag{4.132}$$

Die Notation $X_*(z^{-1})$ bedeutet, dass ausgehend von $X(z)$ zunächst die Koeffizienten zu konjugieren sind und dann z durch z^{-1} zu ersetzen ist. Dies ist gleichbedeutend mit $X^*(1/z^*)$, wobei erst z durch $1/z^*$ ersetzt und dann der gewonnene Ausdruck konjugiert wird. Der Beweis ist mit (4.128) und (4.131) leicht zu führen. Wenn $X(z)$ für $r_1 < |z| < r_2$ konvergiert, dann ist $1/r_2 < |z| < 1/r_1$ das Konvergenzgebiet für $X_*(z^{-1})$.

Eine weitere Schreibweise lautet

$$x^*(-n) \longleftrightarrow \tilde{X}(z) \quad \text{mit} \quad \tilde{X}(z) = X_*(z^{-1}) = [X(z)]^* \Big|_{|z|=1} . \tag{4.133}$$

Das bedeutet, $\tilde{X}(z)$ wird aus $X(z)$ durch Konjugation auf dem Einheitskreis gewonnen. $\tilde{X}(z)$ ist somit die analytische Fortsetzung von $[X(e^{j\omega})]^*$ in die z-Ebene. Man nennt $\tilde{X}(z)$ auch die Parakonjugierte von $X(z)$, weil die Konjugation in Abhängigkeit des Parameters z für $|z| = 1$ stattfindet:

$$\tilde{X}(z) = \left[\sum_{k=-\infty}^{\infty} x(k)\, z^{-k}\right]^*_{|z|=1} = \sum_{k=-\infty}^{\infty} x^*(k)\, z^k = \sum_{n=-\infty}^{\infty} x^*(-n)\, z^{-n} \longleftrightarrow x^*(-n). \tag{4.134}$$

Für reelle Signale $x(n) = x^*(n)$ folgt die bereits aus (4.129) bekannte Korrespondenz

$$x(-n) \longleftrightarrow \tilde{X}(z) = X(z^{-1}). \tag{4.135}$$

Reelle Modulation Für die Modulation mit $\cos(\omega_0 n)$ und $\sin(\omega_0 n)$ gilt

$$\cos(\omega_0 n)\, x(n) \longleftrightarrow \frac{1}{2}\left[X(e^{j\omega_0} z) + X(e^{-j\omega_0} z)\right] \tag{4.136}$$

und

$$\sin(\omega_0 n)\, x(n) \longleftrightarrow \frac{j}{2}\left[X(e^{j\omega_0} z) - X(e^{-j\omega_0} z)\right]. \tag{4.137}$$

Dies sieht man, indem man die Kosinus- und Sinussignale als $\cos(\omega_0 n) = \frac{1}{2}[e^{j\omega_0 n} + e^{-j\omega_0 n}]$ bzw. $\sin(\omega_0 n) = \frac{1}{2j}[e^{j\omega_0 n} - e^{-j\omega_0 n}]$ ausdrückt und die Modulationseigenschaft (4.127) auf die einzelnen Summanden angewendet.

Multiplikation im Zeitbereich Gegeben seien zwei reellwertige Folgen $x(n)$ und $y(n)$. Für das Produkt gilt die Korrespondenz

$$v(n) = x(n)\, y(n) \longleftrightarrow V(z) = \frac{1}{2\pi j} \oint_C X(\nu)\, Y\!\left(\frac{z}{\nu}\right) \nu^{-1}\, d\nu, \tag{4.138}$$

wobei C eine geschlossene Kontur ist, die im Überlappungsbereich der Konvergenzgebiete von $X(z)$ und $Y(z^{-1})$ liegt und den Ursprung umschließt.

Beweis. Es wird der Ausdruck (4.98) für die Rekonstruktion von $x(n)$ aus $X(z)$ in

$$V(z) = \sum_{n=-\infty}^{\infty} x(n)\, y(n)\, z^{-n}$$

eingesetzt. Dies ergibt

$$V(z) = \sum_{n=-\infty}^{\infty} \left[\frac{1}{2\pi j} \oint_C X(\nu)\, \nu^{n-1} d\nu \right] y(n)\, z^{-n}.$$

Nach einer Vertauschung der Reihenfolge von Summation und Integration erhält man

$$V(z) = \frac{1}{2\pi j} \oint_C X(\nu) \underbrace{\left[\sum_{n=-\infty}^{\infty} y(n) \left(\frac{z}{\nu}\right)^{-n} \right]}_{Y\left(\frac{z}{\nu}\right)} \nu^{-1}\, d\nu.$$

□

Mit denselben Argumenten wie oben lässt sich die Korrespondenz für das Produkt zweier komplexer Sequenzen als

$$v(n) = x(n)\, y^{*}(n) \longleftrightarrow V(z) = \frac{1}{2\pi j} \oint_C X(\nu)\, Y^{*}\left(\frac{z^{*}}{\nu^{*}}\right) \nu^{-1}\, d\nu \tag{4.139}$$

angeben.

4.6 Analyse diskreter LTI-Systeme

Im Folgenden soll die in Abschnitt 4.2 begonnene Beschreibung der Eigenschaften diskreter LTI-Systeme fortgesetzt und vertieft werden. Insbesondere sollen dabei Fragen nach dem Zusammenhang zwischen den Systemeigenschaften und der Lage der Nullstellen und Unendlichkeitsstellen (auch Pole bzw. Polstellen genannt) der Systemfunktion, d. h. der Z-Transformierten der Impulsantwort, untersucht werden. Dabei wird zunächst auf FIR- und dann auf rekursive IIR-Filter eingegangen.

4.6.1 Pole und Nullstellen von FIR-Filtern

Die bereits in Abschnitt 4.2 eingeführte Faltungsbeziehung für FIR-Filter mit einer Impulsantwort $h(n)$ der Länge M lautete

$$y(n) = \sum_{m=0}^{M-1} h(m)\, x(n-m). \tag{4.140}$$

Für die Systemfunktion eines solchen Filters ergibt sich

$$H(z) = \sum_{n=0}^{M-1} h(n)\, z^{-n}. \tag{4.141}$$

Indem die Nullstellen z_i, $i = 1, 2, \ldots, M-1$ des Polynoms $H(z)$ bestimmt werden, kann $H(z)$ auch wie folgt angegeben werden:

$$H(z) = G \cdot \prod_{i=1}^{M-1} (1 - z_i z^{-1}). \tag{4.142}$$

Darin ist G ein Verstärkungsfaktor, der eingebracht werden muss, weil die Nullstellen alleine das System noch nicht vollständig beschreiben. Die Tatsache, dass $H(z)$ auch Polstellen besitzt, erkennt man, indem man die Systemfunktion als

$$H(z) = G \cdot \prod_{i=1}^{M-1} \frac{z - z_i}{z} \tag{4.143}$$

schreibt. Man sieht, dass $H(z)$ insgesamt $M-1$ Pole im Ursprung hat. Bild 4.18 verdeutlicht dies an einem einfachen Beispiel. Generell ist es so, dass die Anzahl der Pole mit der Anzahl der Nullstellen übereinstimmt. Manchmal ist dies nicht offensichtlich, weil Pole oder Nullstellen bei $|z| = \infty$ versteckt sein können. Zum Beispiel hat die Systemfunktion $H(z) = z^{-1}$ einen Pol bei $z = 0$ und eine Nullstelle bei $|z| = \infty$.

Die Nullstellen eines FIR-Systems mit einer reellwertigen Impulsantwort sind entweder reell, oder sie treten in konjugiert komplexen Paaren auf. Bei reellen Nullstellen ist der Zusammenhang zu einer reellen Impulsantwort offensichtlich. Um dies für komplexe Nullstellen zu sehen, betrachten wir den Ausdruck

$$H(z) = (1 - az^{-1})(1 - a^* z^{-1}). \tag{4.144}$$

Ausmultiplizieren ergibt

$$H(z) = 1 - (a + a^*)z^{-1} + aa^* z^{-2}. \tag{4.145}$$

Sowohl $(a + a^*)$ als auch aa^* sind reell.

Lage der Nullstellen und Frequenzgang Um den Einfluss der Lage der Nullstellen auf das Übertragungsverhalten eines Filters zu erkennen, wird noch einmal die Gleichung (4.50) betrachtet. Darin wurde gezeigt, dass die Antwort eines diskreten LTI-Systems auf eine Exponentialfolge $x(n) = z_0^n$ mit $n \in \mathbb{Z}$ durch $y(n) = H(z_0) z_0^n$ gegeben ist. Die Nullstellen der Systemfunktion $H(z)$ besagen also, welche Exponentialfolgen durch das System vollständig unterdrückt werden. Durch die gezielte Platzierung von Nullstellen auf dem Einheitskreis der z-Ebene ist es daher zum Beispiel möglich, Sinussignale gegebener Frequenz vollständig zu unterdrücken. Eine

Bild 4.18 Pol-Nullstellen-Diagramm der Systemfunktion $H(z) = 1 - 2z^{-1} + 2z^{-2} - z^{-3} = (1-z^{-1})(1-e^{j\frac{\pi}{3}}z^{-1})(1-e^{-j\frac{\pi}{3}}z^{-1})$. Die Nullstellen sind durch Kreise und die Pole durch Kreuze gekennzeichnet.

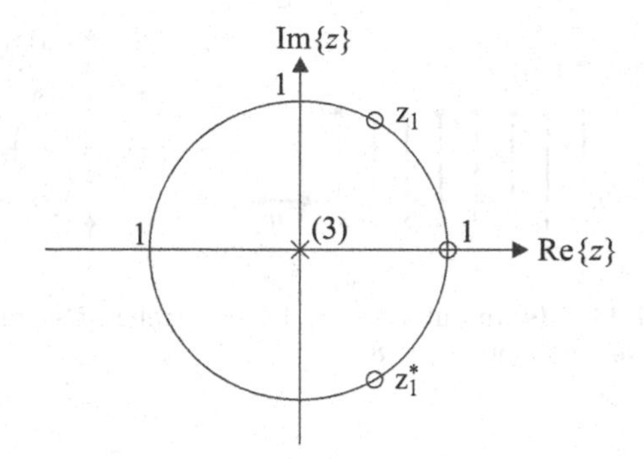

einzelne Nullstelle von $H(z)$ bei $z_0 = e^{j\omega_0}$ unterdrückt ein komplexes Signal der Form

$$x(n) = e^{j(\omega_0 n+\varphi)} = \cos(\omega_0 n + \varphi) + j\sin(\omega_0 n + \varphi). \tag{4.146}$$

Um ein reellwertiges sinusförmiges Signal

$$x(n) = \cos(\omega_0 n + \varphi) \tag{4.147}$$

zu unterdrücken, benötigt man ein Paar konjugiert komplexer Nullstellen $z_1 = e^{j\omega_0}$ und $z_2 = e^{-j\omega_0}$. Die Systemfunktion eines geeigneten Filters lautet dann

$$\begin{aligned} H(z) &= (1 - z_1 z^{-1})(1 - z_2 z^{-1}) \\ &= 1 - (z_1 + z_2)z^{-1} + z_1 z_2 z^{-2} \\ &= 1 - (e^{j\omega_0} + e^{-j\omega_0})z^{-1} + z^{-2} \\ &= 1 - 2\cos\omega_0\, z^{-1} + z^{-2}. \end{aligned} \tag{4.148}$$

Ein einfacher Zusammenhang zwischen der Lage der Nullstellen und dem Betragsfrequenzgang ergibt sich aus der folgenden Produkt-Darstellung von $H(z)$:

$$H(z) = G \cdot \prod_{i=1}^{M-1} \frac{z - z_i}{z}. \tag{4.149}$$

Für den Betrag der DTFT gilt

$$|H(e^{j\omega})| = |G| \prod_{i=1}^{M-1} |e^{j\omega} - z_i|. \tag{4.150}$$

Das bedeutet, dass der Wert $|H(e^{j\omega})|$ proportional zum Produkt der Abstände des Punktes $e^{j\omega}$ zu den Nullstellen des FIR-Filters ist.

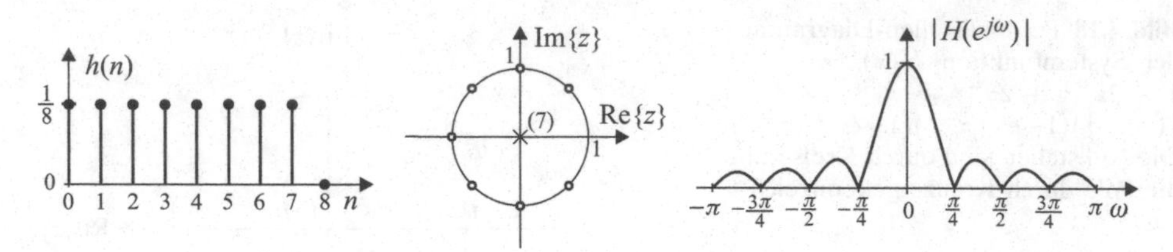

Bild 4.19 Impulsantwort, Pol-Nullstellen-Diagramm und Betragsfrequenzgang für ein Mittelwertfilter mit $M = 8$

Lage der Nullstellen bei der gleitenden Mittelwertbildung Das Filter mit der Impulsantwort

$$h(n) = \begin{cases} 1/M & \text{für } n = 0, 1, \ldots, M-1 \\ 0 & \text{sonst} \end{cases} \tag{4.151}$$

zur Bildung des gleitenden Mittelwerts von M aufeinanderfolgenden Eingangswerten wurde bereits in Abschnitt 4.2.2 erwähnt. Die Systemfunktion lautet

$$H(z) = \frac{1}{M} \sum_{n=0}^{M-1} z^{-n} \tag{4.152}$$

und besitzt Nullstellen bei $z_k = e^{j2\pi k/M}$ für $k = 1, 2, \ldots, M-1$. Diese äquidistante Lage der Nullstellen auf dem Einheitskreis lässt sich leicht daraus erklären, dass $H(z)$ bei einer Erweiterung mit dem Term $\frac{1-z^{-1}}{1-z^{-1}}$ als

$$H(z) = \frac{1-z^{-1}}{1-z^{-1}} \frac{1}{M} \sum_{n=0}^{M-1} z^{-n} = \frac{1}{M} \frac{1-z^{-M}}{1-z^{-1}} \tag{4.153}$$

geschrieben werden kann. Der Zähler der erweiterten Darstellung wird zu null für $z^M = 1$. Die Zählernullstellen sind damit die M-ten Einheitswurzeln (engl.: *Mth roots of unity*) $z_k = e^{j2\pi k/M}$, $k = 0, 1, \ldots, M-1$. Der Nenner hat eine Nullstelle bei $z = 1$, die durch die an gleicher Stelle befindliche Zählernullstelle aufgehoben wird.[5] Bild 4.19 zeigt hierzu die Impulsantwort, das Pol-Nullstellen-Diagramm und den Betragsfrequenzgang für $M = 8$. Der Zusammenhang zwischen der Lage der Nullstellen auf dem Einheitskreis und dem Frequenzgang ist leicht zu erkennen. Schließlich sei noch angemerkt, dass die obige Formulierung der gleitenden Mittelwertbildung der im zweiten Beispiel in Abschnitt 4.2.3 beschriebenen effizienten Implementierung mittels der Differenzengleichung $y(n) = y(n-1) + \frac{1}{M}x(n) - \frac{1}{M}x(n-M)$ entspricht.

[5] In Abschnitt 4.6.6 wird noch gezeigt, dass ein Herauskürzen von Polen und Nullstellen, die sich an der gleichen Stelle befinden, zulässig ist.

Kammfilter Ausgehend von einem Filter mit einer Systemfunktion $H_0(z)$ erhält man ein Kammfilter, indem man z durch z^M mit einem ganzzahligen positiven M ersetzt:

$$H(z) = H_0(z^M). \tag{4.154}$$

Für den Zeitbereich bedeutet dies, dass jede Verzögerung um einen Takt durch eine Verzögerung um M Takte ersetzt wird. Die zu $H_0(z)$ gehörige Impulsantwort $h_0(n)$ wird somit um den Faktor M aufwärts getastet:

$$h(n) = \begin{cases} h_0(n/M), & \text{falls } n/M \in \mathbb{Z} \\ 0 & \text{sonst.} \end{cases} \tag{4.155}$$

Wenn $z_i = r_i e^{j\varphi_i}$ eine Nullstelle von $H_0(z)$ ist, dann sind die Werte

$$z_{i,k} = r_i^{1/M} e^{j(\varphi_i + 2\pi k)/M}, \qquad k = 0, 1, \ldots, M-1 \tag{4.156}$$

Nullstellen von $H(z)$. Alle Nullstellen sind somit äquidistant auf Kreisen mit Radien $r_i^{1/M}$ verteilt. Entsprechendes gilt für die Pole, wenn $H_0(z)$ zu einem rekursiven IIR-Filter (siehe Abschnitt 4.6.4) gehört und sowohl ein Zähler- als auch ein Nennerpolynom besitzt.

Für den Frequenzgang liefert die Substitution $z \to z^M$ den Zusammenhang

$$H(e^{j\omega}) = H_0(e^{j\omega M}). \tag{4.157}$$

Das bedeutet, dass der Frequenzgang des ursprünglichen Filters $H_0(z)$ um den Faktor M gestaucht und im Bereich $-\pi \leq \omega \leq \pi$ insgesamt M mal durchlaufen wird.

Anwendungen von Kammfiltern ergeben sich zum Beispiel dort, wo äquidistante Nullstellen im Frequenzgang genutzt werden können, um periodische Störsignale inklusive aller Harmonischen aus Signalgemischen heraus zu filtern.

Um ein numerisches Beispiel zu geben, betrachten wir das aus $H_0(z) = 1 + z^{-1}$ hervorgegangene Kammfilter $H(z) = 1 + z^{-M}$. Die Impulsantworten lauten

$$h_0(n) = \delta(n) + \delta(n-1) \quad \text{und} \quad h(n) = \delta(n) + \delta(n-M).$$

Die Systemfunktion $H_0(z) = 1 + z^{-1}$ hat eine Nullstelle bei $z_0 = -1$, und entsprechend besitzt das Kammfilter $H(z) = 1 + z^{-M}$ Nullstellen bei $z_{0,k} = e^{j(\pi + 2\pi k)/M}$ für $k = 0, 1, \ldots, M-1$. Bild 4.20 zeigt hierzu Impulsantworten, Pol-Nullstellen-Diagramme und Betragsfrequenzgänge für $M = 8$. In dem Bild ist gut zu erkennen, welchen Einfluss die äquidistant auf dem Einheitskreis liegenden Nullstellen auf den Betragsfrequenzgang haben. Die Form des Betragsfrequenzgangs, die an einen Kamm erinnert, erklärt die Namensgebung.

Faktorisierung von FIR-Filtern Betrachtet wird ein System mit einer Übertragungsfunktion $H(z)$, die in $H(z) = H_1(z)\, H_2(z)$ aufgespalten werden soll. Um dies zu erreichen, sind die Nullstellen von $H(z)$ zu bestimmen und in zwei Gruppen aufzuteilen, von denen eine Gruppe dem Filter $H_1(z)$ und die zweite dem Filter $H_2(z)$ zugeordnet wird.

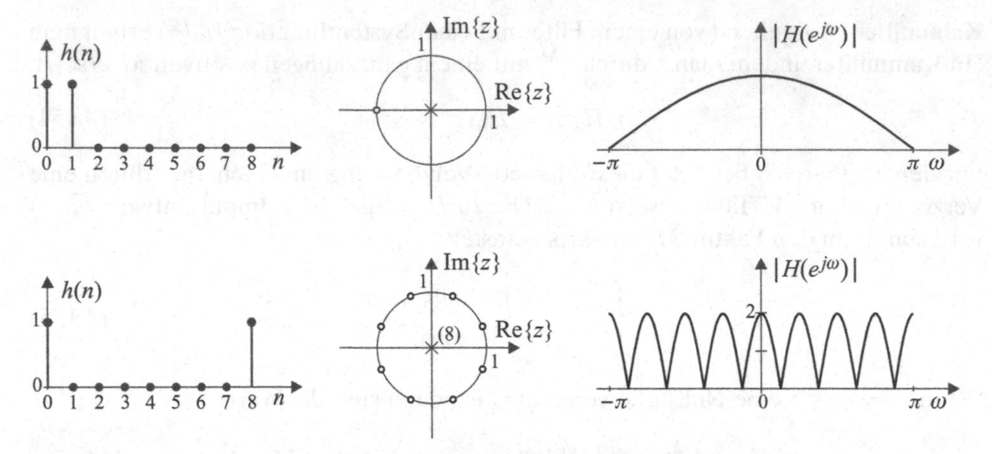

Bild 4.20 Impulsantwort, Pol-Nullstellen-Diagramm und Betragsfrequenzgang für das Filter $H_0(z) = 1 + z^{-1}$ (oben) und das daraus mit $M = 8$ abgeleitete Kammfilter $H(z) = 1 + z^{-M}$ (unten)

Beispiel 4.10 Ein System mit der Systemfunktion

$$H(z) = 2 - 4z^{-1} + 4z^{-2} - 2z^{-3}$$

soll in zwei Systeme $H_1(z)$ und $H_2(z)$ faktorisiert werden. Die Nullstellen von $H(z)$ liegen bei $z_1 = 1$ und $z_{2,3} = (1/2 \pm j\sqrt{3}/2)$. Wir wählen

$$H_1(z) = 1 - z_1 z^{-1} = 1 - z^{-1}$$

und erhalten $H_2(z)$ entweder mittels Polynomdivision als $H_2(z) = H(z)/H_1(z)$ oder durch Ausmultiplizieren des Ausdrucks

$$H_2(z) = G \cdot (1 - z_2 z^{-1})(1 - z_3 z^{-1})$$

unter Berücksichtigung des benötigten Verstärkungsfaktors G. Es ergibt sich

$$H_2(z) = 2 - 2z^{-1} + 2z^{-2}.$$

4.6.2 FIR-Filter mit linearer Phase

Unter einer linearen Phase versteht man eine Phasenfunktion der Form $\varphi_H(\omega) = c\omega$ mit $c \in \mathbb{R}$, die zudem Sprungstellen (typischerweise um π wegen eines Vorzeichenwechsels) besitzen darf. Wir betrachten nun ein FIR-Filter M-ter Ordnung mit einer reellwertigen symmetrischen Impulsantwort. Die Filterlänge beträgt $L = M + 1$. Wir haben dabei zunächst zwei Arten der Symmetrie:

a) gerade Symmetrie: $h(n) = h(L - 1 - n)$;

b) ungerade Symmetrie: $h(n) = -h(L - 1 - n)$.

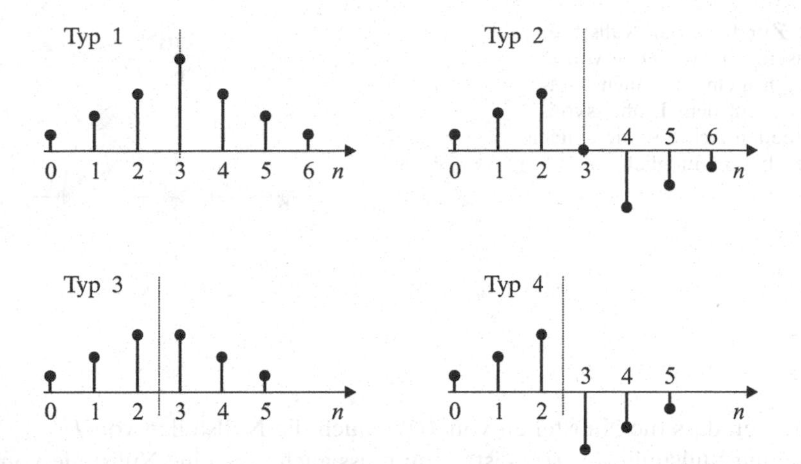

Bild 4.21 Die vier Typen der Symmetrie

Weiterhin kann das Filter eine gerade oder ungerade Länge besitzen. Bild 4.21 zeigt hierzu die insgesamt vier Typen der Symmetrie.

Um zu zeigen, dass eine Symmetrie der Impulsantwort zur Linearphasigkeit führt, wird der Frequenzgang $H(e^{j\omega}) = b_0+b_1 e^{-j\omega}+\ldots+b_M e^{-jM\omega}$ betrachtet. Bei gerader Symmetrie ergibt sich nach Ausklammern des Faktors $e^{-j\omega M/2}$ die Darstellung

$$H(e^{j\omega}) = e^{-j\omega M/2}\, Q(e^{j\omega}) \tag{4.158}$$

mit

$$Q(e^{j\omega}) = \left[b_0\left(e^{j\omega M/2} + e^{-j\omega M/2}\right) + b_1\left(e^{j\omega(M/2-1)} + e^{-j\omega(M/2-1)}\right) + \ldots\right]. \tag{4.159}$$

Darin ist der Amplitudenfaktor $Q(e^{j\omega})$ stets reellwertig. Da $Q(e^{j\omega})$ allerdings das Vorzeichen wechseln kann, ergeben sich noch Phasensprünge um $\pm\pi$, so dass die Phase insgesamt wie folgt lautet:

$$\varphi_H(\omega) = -\frac{M}{2}\,\omega + \frac{\pi}{2}\cdot[1 - \mathrm{sgn}(Q(e^{j\omega}))]. \tag{4.160}$$

Hat die Impulsantwort eine ungerade Symmetrie, so besitzt die Systemfunktion $H(z)$ wegen der Mittelwertfreiheit stets eine Nullstelle bei $z = 1$, und die Impulsantwort kann nach einer Polynomdivision durch den Term $(1 - z^{-1})$ auf einen Teil mit gerader Symmetrie zurückgeführt werden. Es ergibt sich somit auch bei ungerader Symmetrie eine lineare Phasenfunktion.

Um die prinzipielle Lage der Nullstellen linearphasiger Filter zu beschreiben, wird ein symmetrisches Filter mit gerader Symmetrie betrachtet: $h(n) = h(L-1-n)$. Es gilt dann

$$H(1/z) = z^{L-1} H(z). \tag{4.161}$$

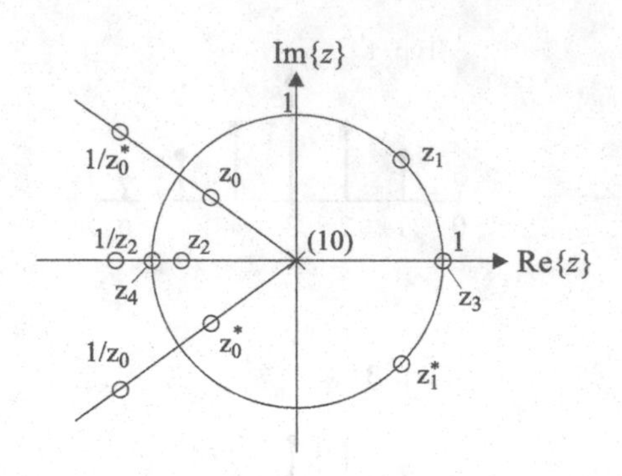

Bild 4.22 Zur Lage der Nullstellen linearphasiger Filter. Neben vollständigen Quadrupeln sind auch Nullstellenpaare auf dem Einheitskreis und der reellen Achse sowie einfache Nullstellen bei ± 1 möglich

Das bedeutet, dass die Nullstellen von $H(z)$ auch die Nullstellen von $H(z^{-1})$ sind. Wenn z_0 eine Nullstelle von $H(z)$ ist, dann muss auch $1/z_0$ eine Nullstelle von $H(z)$ sein, weil es eine Nullstelle von $H(1/z)$ ist. Ist die Impulsantwort reellwertig, so kommen zu den komplexen Nullstellen noch die konjugiert komplexen Nullstellen hinzu. Insgesamt zeigt sich damit, dass Nullstellen linearphasiger Filter mit reellwertigen Koeffizienten in Quadrupel-Konstellationen der Form $\{z_0, z_0^*, 1/z_0, 1/z_0^*\}$ auftreten müssen, siehe Bild 4.22.

4.6.3 Entwurf von FIR-Filtern mit der Fenstertechnik

Das Ziel besteht im Folgenden darin, ein kausales FIR-Filter so zu entwerfen, dass sein Frequenzgang $H(e^{j\omega})$ einem angestrebten Frequenzgang $H_a(e^{j\omega})$ möglichst nahe kommt. Die zu $H_a(e^{j\omega})$ gehörige Impulsantwort soll jedoch nicht direkt verwendet werden, weil sie zum Beispiel unendlich lang oder nichtkausal ist. Wir beginnen mit einem angestrebten Frequenzgang $H_a(e^{j\omega})$. Die korrespondierende Impulsantwort $h_a(n)$ kann daraus über eine inverse DTFT als

$$h_a(n) = \frac{1}{2\pi} \int_{-\pi}^{\pi} H_a(e^{j\omega})\, e^{j\omega n}\, d\omega \tag{4.162}$$

berechnet werden. Um ein FIR-Filter der Länge L zu erhalten, multiplizieren wir $h_a(n)$ mit einer Fensterfunktion $w(n)$ der Länge L. Dies ergibt

$$h(n) = w(n)\, h_a(n) \tag{4.163}$$

mit

$$w(n) = \begin{cases} w_n & \text{für } n = 0, 1, \ldots, L-1 \\ 0 & \text{sonst.} \end{cases} \tag{4.164}$$

Der Einfluss des Fensters im Zeitbereich ist offensichtlich: Die Impulsantwort $h_a(n)$ wird auf die Länge L begrenzt, und sie wird mit der Form des Fensters geformt. Der Einfluss im Frequenzbereich wird deutlich, wenn man die Zeitbereichsmultiplikation als Faltung im Frequenzbereich schreibt:

$$H(e^{j\omega}) = \frac{1}{2\pi} H_a(e^{j\omega}) * W(e^{j\omega}) = \frac{1}{2\pi} \int_{-\pi}^{\pi} H_a(e^{j\theta})\, W(e^{j(\omega-\theta)})\, d\theta. \tag{4.165}$$

Das bedeutet, $H(e^{j\omega})$ ist das Ergebnis der periodischen Faltung des gewünschten Frequenzgangs $H_a(e^{j\omega})$ mit der Fourier-Transformierten des Fensters.

Begrenzung durch das Rechteckfenster Die einfachste Möglichkeit, um die Impulsantwort auf eine Länge L zu begrenzen, ist die Verwendung eines Rechteckfensters:

$$w(n) = \begin{cases} 1 & \text{für } n = 0, 1, \ldots, L-1 \\ 0 & \text{sonst.} \end{cases} \tag{4.166}$$

Die Fourier-Transformierte des diskreten Rechteckfensters lautet

$$W(e^{j\omega}) = \sum_{n=0}^{L-1} e^{-j\omega n} = \frac{1 - e^{-j\omega L}}{1 - e^{-j\omega}} = e^{-j\omega(L-1)/2}\, \frac{\sin(\omega L/2)}{\sin(\omega/2)}. \tag{4.167}$$

Der darin auftretende Term $\sin(\omega L/2)/\sin(\omega/2)$ ist eine skalierte Version des sogenannten *Dirichlet-Kerns*

$$D_L(\omega) = \frac{\sin(L\omega/2)}{L\sin(\omega/2)}, \tag{4.168}$$

der als das diskrete, periodische Äquivalent zur si-Funktion, der Fourier-Transformierten des kontinuierlichen Rechteckimpulses, verstanden wird.

Bild 4.23 zeigt ein Entwurfsbeispiel für einen Tiefpass der Länge $L = 20$ mit der Grenzfrequenz $\pi/3$ unter Verwendung des Rechteckfensters sowie die dazugehörige periodische Funktion $W(e^{j\omega})$. Im Frequenzgang des entworfenen Filters ist ein deutliches Überschwingen zu erkennen, das durch die Faltung des angestrebten rechteckförmigen Frequenzgangs mit der Funktion $W(e^{j\omega})$ entsteht. Hierbei handelt es sich im Prinzip um das Gibbs'sche Phänomen, diesmal allerdings für die Bandbegrenzung diskreter Signale.

Typische Fensterentwürfe Aus den vorherigen Überlegungen wird deutlich, dass das Spektrum $W(e^{j\omega})$ eine glatte und „schmale" Funktion sein sollte, damit $H(e^{j\omega})$ dem gewünschten Frequenzgang möglichst nahe kommt. Dies erreicht man durch geeignete Fensterentwürfe, von denen im Folgenden einige Beispiele genannt werden.

- Bartlett-Fenster (Dreieck)

$$w(n) = \begin{cases} 1 - \frac{2}{L-1}\left|n - \frac{L-1}{2}\right| & \text{für } n = 0, 1, \ldots, L-1 \\ 0 & \text{sonst.} \end{cases} \tag{4.169}$$

- Hamming-Fenster

$$w(n) = \begin{cases} 0.54 - 0.46\cos\left(\frac{2\pi n}{L-1}\right) & \text{für } n = 0, 1, \ldots, L-1 \\ 0 & \text{sonst.} \end{cases} \tag{4.170}$$

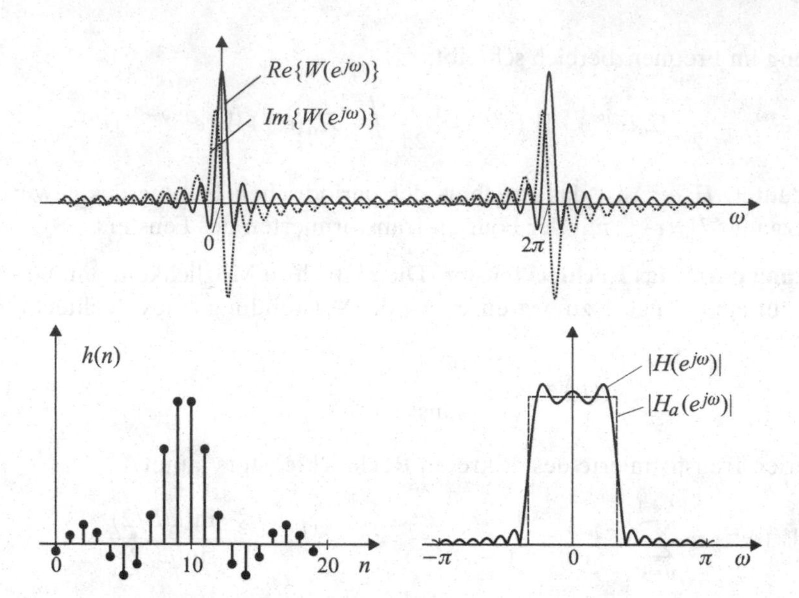

Bild 4.23 Entwurfsbeispiel für einen idealen Tiefpass der Länge $L = 20$ mit der Grenzfrequenz $\omega_g = \pi/3$ unter Verwendung des Rechteckfensters

- Hann-Fenster

$$w(n) = \begin{cases} 0.5 - 0.5\cos\left(\frac{2\pi n}{L-1}\right) & \text{für } n = 0, 1, \ldots, L-1 \\ 0 & \text{sonst.} \end{cases} \tag{4.171}$$

- Blackman-Fenster

$$w(n) = \begin{cases} 0.42 - 0.5\cos\left(\frac{2\pi n}{L-1}\right) + 0.08\cos\left(\frac{4\pi n}{L-1}\right) & \text{für } n = 0, 1, \ldots, L-1 \\ 0 & \text{sonst.} \end{cases} \tag{4.172}$$

- Tukey-Fenster (Parameter $0 \leq \alpha \leq 1$)

$$w(n) = \begin{cases} 1 & \text{für } \left|n - \frac{L-1}{2}\right| \leq \frac{\alpha(L-1)}{2} \\ \frac{1}{2}\left[1 + \cos\left(\pi \frac{n - (1+\alpha)\frac{L-1}{2}}{(1-\alpha)\frac{L-1}{2}}\right)\right] & \text{für } \frac{\alpha(L-1)}{2} \leq \left|n - \frac{L-1}{2}\right| \leq \frac{L-1}{2} \\ 0 & \text{sonst.} \end{cases} \tag{4.173}$$

Bild 4.24 zeigt hierzu die Fensterfunktionen. Viele weitere Fenster findet man in der Literatur zur digitalen Signalverarbeitung.

Bild 4.24 Fensterfunktionen

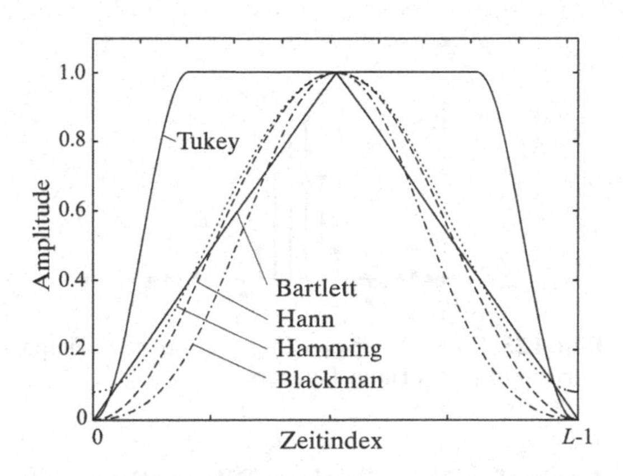

Entwurfsbeispiel für einen Tiefpass Gesucht wird ein kausaler Tiefpass mit einer Impulsantwort der Länge L. Für den Entwurf wird zunächst ein idealer Tiefpass angesetzt:

$$H_0(e^{j\omega}) = \begin{cases} 1 & \text{für } |\omega| < \omega_g \\ 0 & \text{für } \omega_g \leq |\omega| \leq \pi. \end{cases} \tag{4.174}$$

Die dazugehörige Impulsantwort $h_0(n)$ lässt sich wie in (4.162) über eine inverse DTFT oder direkt mittels bekannter Korrespondenzen der Fourier-Transformation berechnen. Wir verfolgen den zweiten Weg. Hierzu wird der Frequenzgang eines entsprechenden zeitkontinuierlichen Filters als $H_0(\omega) = \text{rect}\,(\omega/(2\omega_g))$ definiert. Aus den Korrespondenzen $\text{si}(t/2) \longleftrightarrow 2\pi\text{rect}\,(\omega)$ und $x(\alpha t) \longleftrightarrow \frac{1}{|\alpha|}X\left(\frac{\omega}{\alpha}\right)$ der kontinuierlichen Fourier-Transformation erhält man zunächst die zeitkontinuierliche Impulsantwort $h_0(t) = (\omega_g/\pi)\,\text{si}(\omega_g t)$. Mit dem Abtastintervall $T = 1$ ergibt sich die diskrete Impulsantwort

$$h_0(n) = \frac{\omega_g}{\pi}\,\text{si}(\omega_g n). \tag{4.175}$$

Da $h_0(n)$ nichtkausal ist und ein kausales Filter der Länge L gesucht ist, wird die Impulsantwort $h_0(n)$ noch so verschoben, dass die Symmetrieachse mit der des Fensters $w(n)$ übereinstimmt:

$$h_a(n) = \frac{\omega_g}{\pi}\,\text{si}\left(\omega_g\left(n - \frac{L-1}{2}\right)\right). \tag{4.176}$$

Für den Frequenzgang des gewünschten Filters bedeutet das

$$H_a(e^{j\omega}) = \begin{cases} e^{-j\omega(L-1)/2} & \text{für } |\omega| < \omega_g \\ 0 & \text{für } \omega_g \leq |\omega| \leq \pi. \end{cases} \tag{4.177}$$

Durch die Bewertung mit einer Fensterfunktion ergibt sich aus $h_a(n)$ schließlich das gesuchte Filter: $h(n) = w(n)h_a(n)$. Bild 4.25 zeigt hierzu ein Entwurfsbeispiel.

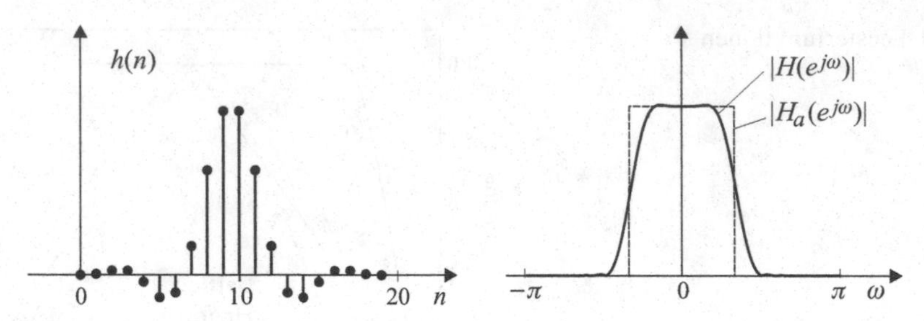

Bild 4.25 Entwurfsbeispiel für einen idealen Tiefpass der Länge $L = 20$ mit $\omega_g = \pi/3$ unter Verwendung des Hann-Fensters

Entwurfsbeispiel für einen Differentiator Für die Ableitung zeitkontinuierlicher Signale gilt $\frac{d}{dt}x(t) \longleftrightarrow j\omega X(\omega)$. Den gewünschten Frequenzgang können wir damit wie folgt angeben:

$$H_0(e^{j\omega}) = j\omega, \qquad -\pi < \omega < \pi. \tag{4.178}$$

Daraus erhalten wir die Impulsantwort

$$h_0(n) = \frac{1}{2\pi}\int_{-\pi}^{\pi} j\omega\, e^{j\omega n}\, d\omega. \tag{4.179}$$

Weil das Integral über $\omega\cos(\omega n)$ gleich null ist, kann man auch

$$h_0(n) = \frac{1}{2\pi}\int_{-\pi}^{\pi} -\omega\sin(\omega n)\, d\omega \tag{4.180}$$

schreiben. Mit partieller Integration ergibt sich

$$h_0(n) = \frac{\cos(\pi n)}{n} - \frac{\sin(\pi n)}{\pi n^2}. \tag{4.181}$$

In Anbetracht der Filterlänge L führen wir noch eine Verzögerung um $(L-1)/2$ ein, was schließlich auf

$$h_a(n) = \frac{\cos\left(\pi n - \frac{L-1}{2}\right)}{n - \frac{L-1}{2}} - \frac{\sin\left(\pi n - \frac{L-1}{2}\right)}{\pi(n - \frac{L-1}{2})^2} \tag{4.182}$$

und

$$H_a(e^{j\omega}) = j\omega\, e^{-j\omega(L-1)/2}, \qquad -\pi < \omega < \pi \tag{4.183}$$

führt. Die Bewertung von $h_a(n)$ mit dem Fenster $w(n)$ liefert schließlich die entworfene Impulsantwort $h(n)$. Bild 4.26 zeigt ein entsprechendes Entwurfsbeispiel. Man erkennt dabei, dass der Betragsfrequenzgang im Bereich $-0{,}8\pi \leq \omega \leq 0{,}8\pi$ relativ gut dem angestrebten Frequenzgang $|H_a(e^{j\omega})| = |\omega|$ folgt. Der Sprung der periodischen Funktion $H_a(e^{j\omega})$ bei $\omega = \pi$ wird ohne auffälliges Überschwingen approximiert.

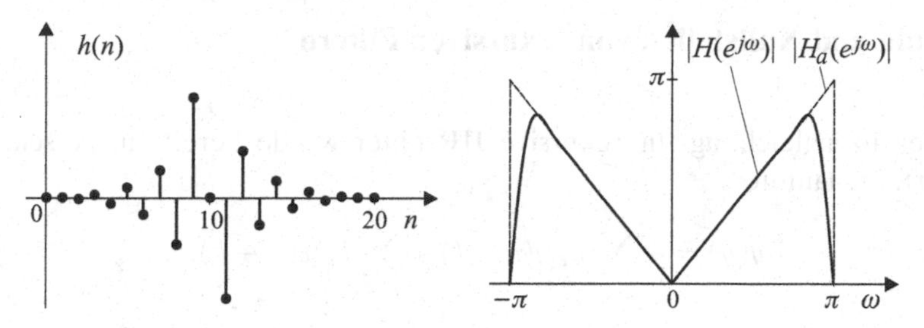

Bild 4.26 Entwurfsbeispiel für einen Differentiator der Länge $L = 21$ unter Verwendung des Hann-Fensters

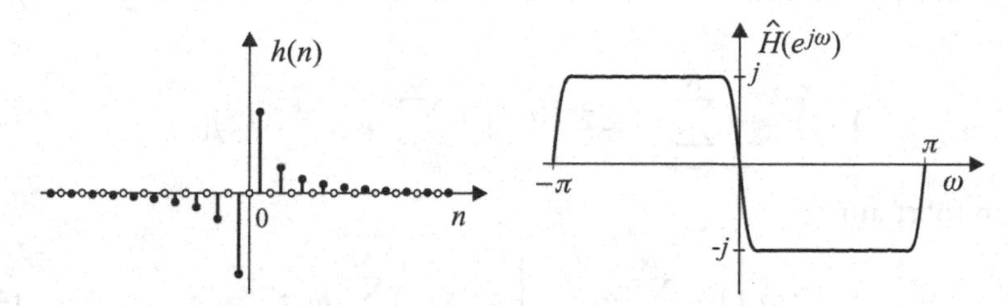

Bild 4.27 Entwurfsbeispiel für eine diskrete Hilbert-Transformation mit der Filterlänge $L = 39$ unter Verwendung des Hamming-Fensters

Entwurfsbeispiel für eine diskrete Hilbert-Transformation Die Systemfunktion für die diskrete Hilbert-Transformation erhält man aus (3.153) zu

$$\hat{H}_0(e^{j\omega}) = \begin{cases} -j & \text{für} \quad 0 < \omega < \pi \\ 0 & \text{für} \quad \omega = 0 \\ j & \text{für} -\pi < \omega < 0. \end{cases} \tag{4.184}$$

Für die dazugehörige Impulsantwort gilt

$$\begin{aligned} \hat{h}_0(n) &= \frac{1}{2\pi} \int_{-\pi}^{\pi} \hat{H}_0(e^{j\omega})\, e^{j\omega n}\, d\omega \\ &= \frac{j}{2\pi} \int_{-\pi}^{0} e^{j\omega n}\, d\omega - \frac{j}{2\pi} \int_{0}^{\pi} e^{j\omega n}\, d\omega \\ &= \frac{1}{\pi n} \left(1 - e^{j\pi n}\right) = \begin{cases} \frac{2}{\pi n} & \text{für ungerade } n \\ 0 & \text{für gerade } n. \end{cases} \end{aligned} \tag{4.185}$$

Um die Antisymmetrie von $\hat{h}_0(n)$ bei einer Begrenzung der Filterlänge zu erhalten, empfiehlt es sich, eine ungerade Fensterlänge L zu verwenden. In Bild 4.27 ist ein Entwurfsbeispiel unter Verwendung des Hamming-Fensters gezeigt. Auf eine kausale Verschiebung wurde dabei verzichtet, um den aufgrund der Antisymmetrie rein imaginären Frequenzgang direkt darstellen zu können.

4.6.4 Pole und Nullstellen von rekursiven Filtern

Die Differenzengleichung für rekursive IIR-Filter wurde bereits in Abschnitt 4.2 eingeführt. Sie lautete

$$y(n) = -\sum_{\ell=1}^{N} a_\ell\, y(n-\ell) + \sum_{k=0}^{M} b_k\, x(n-k). \tag{4.186}$$

Es wird nun die Z-Transformierte der Differenzengleichung gebildet. Unter Verwendung der Korrespondenzen $y(n-\ell) \longleftrightarrow z^{-\ell}Y(z)$ und $x(n-k) \longleftrightarrow z^{-k}X(z)$ erhält man zunächst

$$Y(z) = -\sum_{\ell=1}^{N} a_\ell\, [z^{-\ell}Y(z)] + \sum_{k=0}^{M} b_k\, [z^{-k}X(z)]. \tag{4.187}$$

Umformen führt auf

$$Y(z)\left[1 + \sum_{\ell=1}^{N} a_\ell\, z^{-\ell}\right] = X(z)\sum_{k=0}^{M} b_k\, z^{-k}. \tag{4.188}$$

Durch Bildung des Quotienten $Y(z)/X(z)$ ergibt sich schließlich die Systemfunktion zu

$$H(z) = \frac{Y(z)}{X(z)} = \frac{\sum_{k=0}^{M} b_k\, z^{-k}}{1 + \sum_{\ell=1}^{N} a_\ell\, z^{-\ell}}. \tag{4.189}$$

Da die Systemfunktion eine rationale Funktion mit einem Zähler- und einem Nennerpolynom ist, können prinzipiell beliebige Lagen von Polen und Nullstellen erzeugt werden. Bei einer reellwertigen Impulsantwort treten die Pole und Nullstellen dabei entweder auf der reellen Achse oder in konjugiert komplexen Paaren auf.

Der Frequenzgang eines rekursiven Filters mit der Systemfunktion nach (4.189) lautet

$$H(e^{j\omega}) = \frac{\sum_{k=0}^{M} b_k\, e^{-j\omega k}}{1 + \sum_{\ell=1}^{N} a_\ell\, e^{-j\omega\ell}}, \tag{4.190}$$

und für den Betrag gilt

$$|H(e^{j\omega})| = |G| \cdot \frac{|e^{j\omega} - z_1| \cdot |e^{j\omega} - z_2| \;\cdots\; |e^{j\omega} - z_M|}{|e^{j\omega} - p_1| \cdot |e^{j\omega} - p_2| \;\cdots\; |e^{j\omega} - p_N|},$$

wobei z_k die Nullstellen des Zählers und p_k die Nullstellen des Nenners bezeichnen. Sind die Nullstellen des Zählers und des Nenners disjunkt, dann sind die Stellen p_k zudem die Pole des Systems. Gleiche Zähler- und Nennernullstellen kompensieren sich und können aus der obigen Darstellung herausgekürzt werden (siehe auch Abschnitt 4.6.6). Insgesamt kann für den Frequenzgang eines rekursiven IIR-Filters die folgende Proportionalität angegeben werden:

$$|H(e^{j\omega})| \propto \frac{\text{Produkt der Abstände der Nullstellen zum Punkt } e^{j\omega}}{\text{Produkt der Abstände der Polstellen zum Punkt } e^{j\omega}}.$$

Ein nahe am Einheitskreis gelegener Pol wird also zu einem starken Anstieg des Betragsfrequenzgangs bei der entsprechenden Frequenz führen, sofern er nicht durch eine nahe gelegene Nullstelle kompensiert wird. Ein nahe am Ursprung gelegener Pol hat dagegen wenig Einfluss auf den Frequenzgang.

Beispiel 4.11 Gesucht ist der Frequenzgang des in Bild 4.28 gezeigten Systems. Die Differenzengleichung lautet

$$y(n) = 0{,}8y(n-1) + x(n) + x(n-2).$$

Daraus ergibt sich

$$H(z) = \frac{1 + z^{-2}}{1 - 0{,}8z^{-1}} \quad \rightarrow \quad H(e^{j\omega}) = \frac{1 + e^{-j2\omega}}{1 - 0{,}8e^{-j\omega}}.$$

Das System besitzt Pole bei $z = 0$ und $z = 0{,}8$ sowie Nullstellen bei $z = \pm j$. Der resultierende Betragsfrequenzgang ist in Bild 4.29 dargestellt. Er hat sein Maximum bei $\omega = 0$ und wird für $\omega = \pm\frac{\pi}{2}$ zu null.

Bild 4.28 Rekursives System

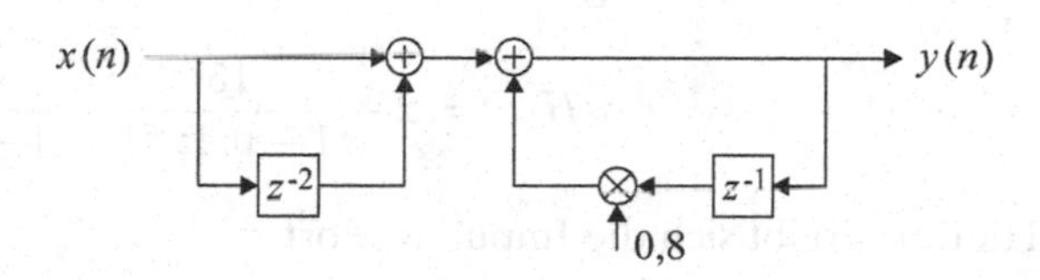

Bild 4.29 Betragsfrequenzgang des Systems aus Bild 4.28

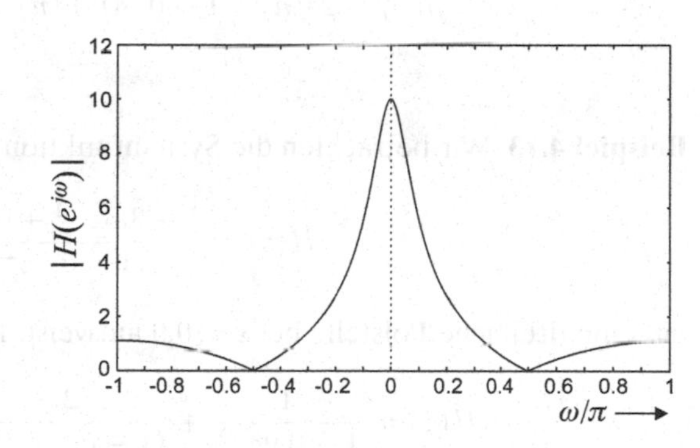

4.6.5 Bestimmung der Impulsantwort eines rekursiven Filters

In Abschnitt 4.2 wurde bereits erwähnt, dass die Impulsantwort eines rekursiven Filters unter Beachtung der Anfangsbedingungen rekursiv mittels der Differenzengleichung berechnet werden kann. Ein Weg zur expliziten Angabe der Impulsantwort besteht darin, eine Partialbruchzerlegung der Systemfunktion vorzunehmen und die Summanden separat vom z- in den Zeitbereich zu transformieren. Diese Vorgehensweise wurde bereits in Abschnitt 4.5.4 als Methode der inversen Z-Transformation beschrieben. Wir betrachten daher im Folgenden nur zwei ausgewählte Beispiele.

Beispiel 4.12 Gesucht ist die Impulsantwort des Systems mit der Systemfunktion

$$H(z) = \frac{1 + 1{,}4z^{-1} + 0{,}48z^{-2}}{1 - z^{-1} + 0{,}24z^{-2}}.$$

Um eine Partialbruchzerlegung ausführen zu können, wird zunächst eine Polynomdivision ausgeführt. Diese liefert

$$H(z) = 2 - \frac{1 - 3{,}4z^{-1}}{1 - z^{-1} + 0{,}24z^{-2}}.$$

Die Polstellen liegen bei $p_1 = 0{,}4$ und $p_2 = 0{,}6$, so dass wir auch schreiben können

$$H(z) = 2 - \frac{1 - 3{,}4z^{-1}}{(1 - 0{,}4z^{-1})(1 - 0{,}6z^{-1})}.$$

Die Partialbruchzerlegung lautet

$$H(z) = 2 - \frac{15}{1 - 0{,}4z^{-1}} + \frac{14}{1 - 0{,}6z^{-1}}.$$

Hieraus ergibt sich die Impulsantwort zu

$$h(n) = 2\delta(n) - 15 \cdot (0{,}4)^n u(n) + 14 \cdot (0{,}6)^n u(n).$$

Beispiel 4.13 Wir betrachten die Systemfunktion

$$H(z) = \frac{1 - 3{,}6z^{-1} + 0{,}81z^{-2}}{(1 - 0{,}9z^{-1})^3},$$

die eine dreifache Polstelle bei $z = 0{,}9$ aufweist. Die Partialbruchzerlegung ergibt

$$H(z) = \frac{1}{1 - 0{,}9z^{-1}} + \frac{2}{(1 - 0{,}9z^{-1})^2} + \frac{3}{(1 - 0{,}9z^{-1})^3}.$$

Nach (4.121) ergibt sich daraus die Impulsantwort

$$h(n) = \left(1 + 2\binom{n+1}{1} + 3\binom{n+2}{2}\right) 0{,}9^n\, u(n).$$

4.6.6 Stabilität diskreter Systeme

Ein System, das auf ein beschränktes Eingangssignal mit einem beschränkten Ausgangssignal antwortet, wird als BIBO-stabil (*bounded input–bounded output stable*) bezeichnet. Diesen Stabilitätsbegriff hatten wir bereits in Kapitel 3 für zeitkontinuierliche Systeme betrachtet. Im Folgenden werden die Anforderungen an die Impulsantworten diskreter Systeme beschrieben, und es wird ein Zusammenhang zur Lage der Pol- und Nullstellen der Systemfunktion hergestellt.

Damit ein diskretes System auf jedes beschränkte Eingangssignal $x(n)$ mit einem beschränkten Ausgangssignal $y(n)$ antwortet, muss die Impulsantwort absolut summierbar sein. Die Beziehung

$$|x(n)| \leq A < \infty \quad \text{für alle } n \in \mathbb{Z} \quad \Rightarrow \quad |y(n)| \leq B < \infty \quad \text{für alle } n \in \mathbb{Z}$$

gilt somit dann und nur dann, wenn

$$\sum_{n=-\infty}^{\infty} |h(n)| = C < \infty \tag{4.191}$$

erfüllt ist. Dass die Bedingung (4.191) für die BIBO-Stabilität hinreichend ist, erkennt man anhand der Abschätzung

$$\begin{aligned} |y(n)| &= \left| \sum_{m=-\infty}^{\infty} h(m)\, x(n-m) \right| \leq \sum_{m=-\infty}^{\infty} |h(m)|\, |x(n-m)| \\ &\leq A \sum_{m=-\infty}^{\infty} |h(m)| = A \cdot C < \infty. \end{aligned} \tag{4.192}$$

Die Notwendigkeit von (4.191) lässt sich für das spezielle Signal

$$x_h(n) = \begin{cases} h^*(-n)/|h(-n)|, & \text{falls } h(n) \neq 0 \\ 0, & \text{falls } h(n) = 0 \end{cases} \tag{4.193}$$

zeigen, das bei einer reellwertigen Impulsantwort $h(n)$ auch als $x_h(n) = \text{sgn}(h(-n))$ ausgedrückt werden kann. Mit dem Signal $x_h(n)$, das mit $A = 1$ beschränkt ist, wird die oben betrachtete Ungleichung wie folgt für $n = 0$ zur Gleichung:

$$y(0) = \sum_{m=-\infty}^{\infty} h(m)\, x_h(-m) = \sum_{m=-\infty}^{\infty} |h(m)| = C < \infty. \tag{4.194}$$

Aus der Anforderung der absoluten Summierbarkeit der Impulsantwort wird sofort klar, dass jedes FIR-Filter mit endlich großen Koeffizienten automatisch BIBO-stabil ist. Um für rekursive Filter einen Zusammenhang zwischen der Lage der Pole und Nullstellen und der Stabilität herzustellen, betrachten wir noch einmal die folgende Abschätzung für die Z-Transformierte $H(z)$, die wir bereits zur Bestimmung des

Konvergenzgebiets der Z-Transformation benutzt hatten:

$$|H(z)| = \left| \sum_{n=-\infty}^{\infty} h(n)\, z^{-n} \right| \leq \sum_{n=-\infty}^{\infty} |h(n)||z^{-n}|. \tag{4.195}$$

Auf dem Einheitskreis, also für $|z| = 1$, ergibt sich

$$|H(z)| \leq \sum_{n=-\infty}^{\infty} |h(n)|. \tag{4.196}$$

Aus der absoluten Summierbarkeit der Impulsantwort folgt somit, dass der Einheitskreis bei BIBO-stabilen Systemen zum Konvergenzgebiet der Z-Transformierten gehört. Bedenkt man noch, dass die Impulsantwort eines rekursiven Filters bei Verwendung der üblichen Anfangsbedingungen kausal ist, dass das Konvergenzgebiet einer kausalen Folge der Außenbereich eines Kreises ist und dass keine Pole im Konvergenzgebiet liegen können, so folgt, dass alle Pole eines BIBO-stabilen rekursiven Filters im Innern des Einheitskreises der z-Ebene liegen müssen. Eine anschauliche Interpretation dieser Forderung erhält man, indem man die Bestimmung der Impulsantwort mittels der zuvor beschriebenen Methode der Partialbruchzerlegung betrachtet: Liegen alle Pole im Einheitskreis, so weisen alle dabei auftretenden Exponentialfolgen (vgl. (4.108)) ein abklingendes Verhalten auf.

Auslöschung von Pol- und Nullstellen Falls ein System mit einer rationalen Systemfunktion einen Pol und eine Nullstelle an der gleichen Position besitzt, so löschen sich diese gegenseitig aus, und die Systemordnung kann reduziert werden. Selbst ein außerhalb des Einheitskreises liegender, aber durch eine Nullstelle kompensierter Pol hat theoretisch keine Auswirkung auf die Stabilität des Systems, denn dieser Pol würde in der Partialbruchzerlegung keinen Beitrag liefern. Praktisch können in Konfigurationen, in denen außerhalb des Einheitskreises gelegene Nennernullstellen durch Zählernullstellen kompensiert werden, dennoch Stabilitätsprobleme aufgrund von Rechenungenauigkeiten auftreten. Hier ist es in jedem Fall vorteilhaft, die Systemordnung zu reduzieren und dadurch auch die Differenzengleichung zu vereinfachen.

Beispiel 4.14 Wir betrachten ein System, das durch die Differenzengleichung

$$y(n) = 2{,}5y(n-1) - y(n-2) + x(n) - 1{,}5x(n-1) - x(n-2)$$

beschrieben ist und möchten feststellen, ob das System stabil ist. Für die Systemfunktion ergibt sich

$$H(z) = \frac{1 - 1{,}5z^{-1} - z^{-2}}{1 - 2{,}5z^{-1} + z^{-2}}.$$

Die Polstellen liegen bei $z_{p,1} = 1/2$ und $z_{p,2} = 2$, so dass das System zunächst als instabil erscheint. Setzt man hierfür eine Partialbruchzerlegung in der Form

$$H(z) = A + \frac{B}{1 - 0{,}5z^{-1}} + \frac{C}{1 - 2z^{-1}}$$

an, so zeigt sich allerdings, dass $A = -1$, $B = 2$ und $C = 0$ gilt. Das System zweiter Ordnung lässt sich somit auf ein System erster Ordnung reduzieren. Die Polstelle bei $z = 2$ wird offenbar durch eine an der gleichen Stelle gelegene Nullstelle ausgelöscht. In der Tat lautet die faktorisierte Form von Zähler und Nenner

$$H(z) = \frac{(1 + 0{,}5z^{-1})(1 - 2z^{-1})}{(1 - 0{,}5z^{-1})(1 - 2z^{-1})}.$$

Das System ist stabil und kann durch die vereinfachte Differenzengleichung

$$y(n) = 0{,}5y(n-1) + x(n) + 0{,}5x(n-1)$$

beschrieben werden.

Quasistabile Systeme Liegen einfache Pole direkt auf dem Einheitskreis, so ist das System quasistabil, denn dann steigt die Impulsantwort mit $n \to \infty$ weder an, noch klingt sie ab. Die Impulsantwort eines quasistabilen Systems ist somit beschränkt, und mit den zuvor angeführten Argumenten lässt sich darauf schließen, dass ein quasistabiles System auf ein absolut summierbares Eingangssignal mit einem beschränkten Ausgangssignal antwortet.

Schur-Cohn-Stabilitätstest Wir haben zuvor gesehen, dass ein rekursives System stabil ist, wenn alle Nullstellen des Nennerpolynoms im Innern des Einheitskreises liegen. Neben der Möglichkeit, die Nullstellen explizit zu berechnen, existieren auch Verfahren, bei denen keine Berechnung der Nullstellen notwendig ist. Hierzu gehört der Schur-Cohn-Stabilitätstest, der im Folgenden kurz beschrieben wird.

Betrachtet wird ein Polynom N-ter Ordnung der Form

$$A_N(z) = \sum_{n=0}^{N} a_N(n) z^{-n}, \qquad a_N(0) = 1. \tag{4.197}$$

Die Koeffizienten $a_N(n)$ werden als reell angenommen. Der Schur-Cohn-Test beginnt mit der Überprüfung, ob $|a_N(N)| < 1$ gilt. Der Hintergrund ist dabei, dass der Koeffizient $a_N(N)$ bis auf das Vorzeichen gleich dem Produkt aller Nullstellen von $A_N(z)$ ist. Bei Nichteinhalten von $|a_N(n)| < 1$ muss daher mindestens eine Nullstelle außerhalb des Einheitskreises liegen. Es werden nun rekursiv für $m = N, N-1, N-2, \ldots, 1$ die in der Ordnung reduzierten Polynome

$$A_{m-1}(z) = \frac{A_m(z) - a_m(m) B_m(z)}{1 - |a_m(m)|^2} \qquad \text{mit} \qquad B_m(z) = z^{-m} A_m(z^{-1}) \tag{4.198}$$

gebildet. Ein Polynom $B_m(z)$ korrespondiert dabei zur rückwärts sortierten Sequenz $b_m(n) = a_m(m-n)$. Durch die Normierung auf $(1 - |a_m(m)|^2)$ ist sichergestellt, dass alle bei der Rekursion auftretenden Polynome die Eigenschaft $a_m(0) = 1$ besitzen und damit die Koeffizienten $a_m(m)$ bis auf das Vorzeichen gleich dem Produkt der Nullstellen von $A_m(z)$ sind. Der Schur-Cohn-Test besagt nun, dass alle Nullstellen von $A_N(z)$ dann und nur dann im Innern des Einheitskreises liegen, wenn $|a_m(m)| < 1$ für $m = N, N-1, \ldots, 1$ gilt.

4.6.7 Minimalphasigkeit

Ein kausales Filter wird als minimalphasig bezeichnet, wenn kein weiteres kausales Filter mit dem gleichen Betragsfrequenzgang existiert, das die Phase in geringerer Weise verändert. Die Minimalphasigkeit wird genau dann erreicht, wenn die Systemfunktion $H(z)$ die folgenden zwei Bedingungen erfüllt:

- Alle Pole von $H(z)$ müssen innerhalb des Einheitskreises liegen;
- Alle Nullstellen von $H(z)$ müssen innerhalb des Einheitskreises oder genau auf dem Einheitskreis liegen.

Ein maximalphasiges Filter liegt vor, wenn die Nullstellen nur außerhalb des Einheitskreises oder zum Teil auch auf dem Einheitskreis liegen. Liegen die Nullstellen sowohl innerhalb als auch außerhalb des Einheitskreises, so nennt man das System gemischtphasig.

Als Beispiel für ein minimalphasiges FIR-Filter betrachten wir das System

$$H_1(z) = 1 - az^{-1} \tag{4.199}$$

mit einer reellen Nullstelle bei $z = a$ mit $|a| < 1$. Aus $H_1(z)$ lässt sich durch

$$H_2(z) = z^{-1}H_1(z^{-1}) = z^{-1}(1 - az) = -a\left(1 - \frac{1}{a}z^{-1}\right) \tag{4.200}$$

ein maximalphasiges Filter $H_2(z)$ ableiten. Die Nullstelle von $H_2(z)$ liegt bei $1/a$ und damit außerhalb des Einheitskreises. Die Impulsantwort $h_2(n)$ ist die zeitlich umgekehrte und kausal verschobene Variante von $h_1(n)$, es gilt $h_2(n) = h_1(1 - n)$. Für die Betragsfrequenzgänge und die Phasengänge von $H_1(z)$ und $H_2(z)$ erhält man

$$|H_1(e^{j\omega})| = |H_2(e^{j\omega})| = \sqrt{1 + a^2 - 2a\cos\omega} \tag{4.201}$$

und

$$\varphi_{H_1}(\omega) = \arctan\left(\frac{a\sin\omega}{1 - a\cos\omega}\right), \tag{4.202}$$

$$\varphi_{H_2}(\omega) = \arctan\left(\frac{\sin\omega}{a - \cos\omega}\right) - \frac{\pi}{2}\,\mathrm{sgn}(\omega)\,[1 + \mathrm{sgn}(a - \cos\omega)]\,. \tag{4.203}$$

Die Betragsfrequenzgänge sind gleich, aber die Phasengänge unterscheiden sich. Das System $H_1(z)$ ändert die Phase im Bereich $0 \le \omega \le \pi$ nur geringfügig und besitzt die Eigenschaft $\varphi_{H_1}(0) = \varphi_{H_1}(\pi) = 0$. Für das System $H_2(z)$ gilt $\varphi_{H_2}(0) = 0$ und $\varphi_{H_2}(\pi) = -\pi$. Das System $H_2(z)$ führt somit im Frequenzbereich $0 \le \omega \le \pi$ eine Phasendrehung um $-\pi$ aus, die der für ein System erster Ordnung maximal möglichen Phasendrehung entspricht.

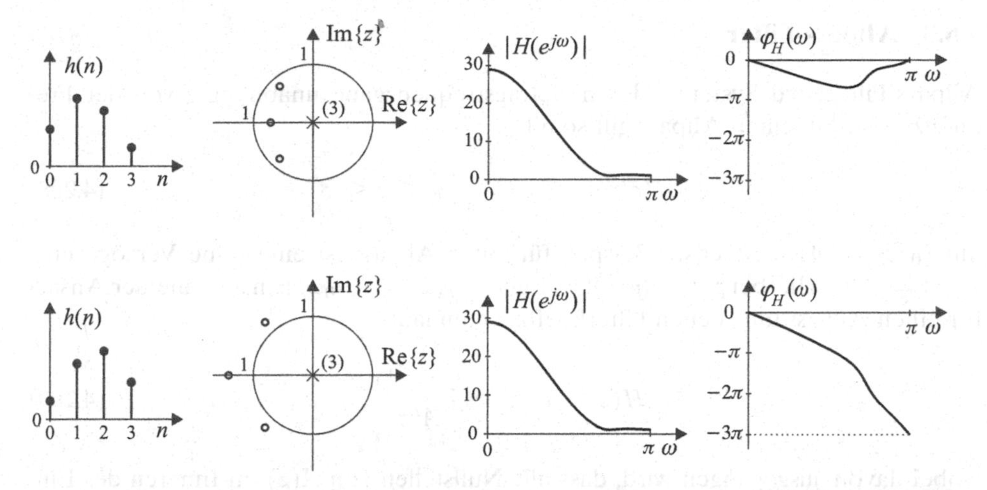

Bild 4.30 Beispiel für ein minimalphasiges und ein maximalphasiges Filter mit identischem Betragsfrequenzgang. Oben: Minimalphasiges Filter mit der Impulsantwort $\{h(n)\} = \{6, 11, 9, 3\}$; unten: maximalphasiges Filter $\{h(n)\} = \{3, 9, 11, 6\}$

Die Ergebnisse für das System erster Ordnung lassen sich unmittelbar auf Filter höherer Ordnung übertragen. Ein minimalphasiges FIR-Filter $H_1(z)$ der Länge L mit reellwertigen Koeffizienten geht mit $H_2(z) = z^{-L+1}H_1(z^{-1})$ in ein maximalphasiges Filter $H_2(z)$ über. Für die Impulsantworten bedeutet die Inversion der Nullstellen ein Rückwärtssortieren der Filterkoeffizienten. Es gilt $h_2(n) = h_1(L-1-n)$. Bild 4.30 zeigt ein Beispiel für ein minimalphasiges Filter und das daraus durch Umkehrung der Impulsantwort hervorgegangene maximalphasige Filter.

Betrachtet man Filter mit komplexwertigen Koeffizienten, so erhält man aus einem minimalphasigen FIR-Filter $H_1(z)$ der Länge L mittels der Operation

$$H_2(z) = z^{-L+1}\tilde{H}_1(z), \quad \text{d. h.} \quad h_2(n) = h_1^*(L-1-n), \tag{4.204}$$

ein maximalphasiges Filter $H_2(z)$ mit gleichem Betragsfrequenzgang. Darin ist $\tilde{H}_1(z)$ das zu $H_1(z)$ parakonjugierte Filter (vgl. (4.133)). Mit der Bezeichnung

$$z_i = r_i\, e^{j\varphi_i}, \qquad r_i \in \mathbb{R}^+, \quad i = 1, 2, \ldots, N \tag{4.205}$$

für die Nullstellen von $H_1(z)$ ergeben sich die Nullstellen von $H_2(z)$ zu den konjugiert inversen Nullstellen von $H_1(z)$:

$$\frac{1}{z_i^*} = \frac{1}{r_i} e^{j\varphi_i}, \qquad i = 1, 2, \ldots, N. \tag{4.206}$$

Man spricht hierbei auch davon, dass die Nullstellen am Einheitskreis gespiegelt werden. Die konjugierte Inversion lässt sich besonders einfach für ein System erster Ordnung nachvollziehen, denn mit $H_1(z) = 1 - z_1 z^{-1}$ gilt

$$H_2(z) = z^{-1}\tilde{H}_1(z) = z^{-1}(1 - z_1^* z) = -z_1^* \left(1 - \frac{1}{z_1^*} z^{-1}\right). \tag{4.207}$$

4.6.8 Allpass-Filter

Allpass-Filter sind Systeme, deren Betragsfrequenzgang unabhängig von der Frequenz ω ist. Für einen Allpass gilt somit

$$|H(e^{j\omega})| = c_0, \qquad -\pi \le \omega \le \pi \tag{4.208}$$

mit $c_0 > 0$. Das einfachste Beispiel für einen Allpass ist eine reine Verzögerung: $H(z) = z^{-n_0}$. Hierbei gilt $|H(e^{j\omega})| = 1$ und $\varphi_H(\omega) = -n_0\omega$. Ein allgemeiner Ansatz für einen Allpass mit reellen Filterkoeffizienten lautet

$$H(z) = c \cdot z^{-n_0}\, \frac{A(z^{-1})}{A(z)}, \tag{4.209}$$

wobei davon ausgegangen wird, dass alle Nullstellen von $A(z)$ im Inneren des Einheitskreises liegen und das System $H(z)$ somit stabil ist. Für $z = e^{j\omega}$ gilt dabei

$$H(e^{j\omega}) = c \cdot e^{-j\omega n_0}\, \frac{A^*(e^{j\omega})}{A(e^{j\omega})}, \tag{4.210}$$

und für den Betrag folgt $|H(e^{j\omega})| = \sqrt{H(e^{j\omega})H^*(e^{j\omega})} = |c|$.

Ein Allpass mit komplexwertigen Koeffizienten lässt sich in der Form

$$H(z) = c \cdot z^{-n_0}\, \frac{\tilde{A}(z)}{A(z)} \tag{4.211}$$

angeben, wobei $\tilde{A}(z)$ das zu $A(z)$ parakonjugierte Filter ist. Auch hier gilt wieder $|H(e^{j\omega})| = |c|$. Die Nullstellen eines Allpasses,

$$z_i, \qquad i = 1, 2, \ldots, N$$

entsprechen damit den am Einheitskreis gespiegelten Polstellen p_i, es gilt

$$z_i = \frac{1}{p_i^*}, \qquad i = 1, 2, \ldots, N. \tag{4.212}$$

Beispiel 4.15 In diesem Beispiel gehen wir von

$$A(z) = 1 + z^{-1} + 0{,}5\, z^{-2}$$

aus und konstruieren daraus einen Allpass. Die Nullstellen von $A(z)$ liegen bei $z = -0{,}5 \pm 0{,}5j$. Für $\tilde{A}(z) = A(z^{-1})$ ergibt sich

$$\tilde{A}(z) = z^2[0{,}5 + z^{-1} + z^{-2}].$$

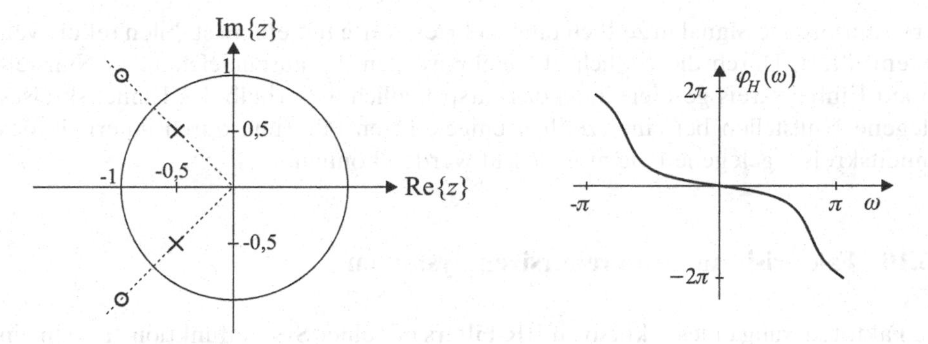

Bild 4.31 Pol-Nullstellen-Diagramm und Phasengang des Allpasses mit der Systemfunktion $H(z) = \frac{0{,}5+z^{-1}+z^{-2}}{1+z^{-1}+0{,}5\,z^{-2}}$.

Um insgesamt einen kausalen Allpass zu entwerfen, bringen wir noch eine Verzögerung um $n_0 = 2$ ein und erhalten

$$H(z) = \frac{0{,}5 + z^{-1} + z^{-2}}{1 + z^{-1} + 0{,}5\,z^{-2}}.$$

Bild 4.31 zeigt hierzu die Lage der Pole und Nullstellen sowie den Phasengang. Für den Betragsfrequenzgang gilt $|H(e^{j\omega})| = 1$.

4.6.9 Entfaltung

Bei einer *Entfaltung* besteht die Aufgabenstellung darin, die mit einem System $H_1(z)$ ausgeführte Faltung mit einem zweiten System $H_2(z)$ rückgängig zu machen, so dass

$$H_1(z)H_2(z) = 1 \tag{4.213}$$

gilt. Offensichtlich bedeutet dies $H_2(z) = 1/H_1(z)$. Anwendungen der Entfaltung (auch inverse Filterung genannt) finden sich zum Beispiel überall dort, wo Signale durch ein System $H_1(z)$ verändert und dann wieder durch eine Filterung mit einem zweiten System $H_2(z)$ restauriert werden sollen. Es ist spontan einleuchtend, dass sich hierbei im Allgemeinen Stabilitätsprobleme ergeben können. Nur wenn alle Nullstellen von $H_1(z)$ im Inneren des Einheitskreises liegen, also wenn $H_1(z)$ ein minimalphasiges Filter ist, ist $H_2(z)$ stabil. Wenn die Inversion von $H_1(z)$ aufgrund von Stabilitätsproblemen nicht möglich ist, greift man zum Beispiel auf die Verwendung von FIR-Filtern für die Entfaltung zurück. Diese erlauben zwar nur eine näherungsweise Systeminversion, haben dafür aber keine Stabilitätsprobleme. Methoden zum Entwurf solcher näherungsweise inversen Filter werden in Kapitel 11 im Rahmen des Entwurfs von Optimalfiltern beschrieben.

In Fällen, in denen das zu verarbeitende Signal kein fortlaufendes Zeitsignal, sondern ein endlich langes Signal ist, besteht weiterhin die Möglichkeit, außerhalb des Einheitskreises gelegenen Nullstellen von $H_1(z)$ dadurch zu begegnen, dass man das zu restaurierende Signal in zeitlich umgekehrter Weise mit einem stabilen rekursiven System filtert. Durch die zeitliche Umkehr werden die auszugleichenden Nullstellen am Einheitskreis gespiegelt, so dass ursprünglich außerhalb des Einheitskreises gelegene Nullstellen bei einer zeitlich umgekehrten Filterung durch innerhalb des Einheitskreises gelegene Pole ausgelöscht werden können.

4.6.10 Faktorisierung von rekursiven Systemen

Die Faktorisierung eines rekursiven IIR-Filters mit einer Systemfunktion $H(z)$ in ein Produkt $H(z) = H_1(z)\, H_2(z)$ kann dadurch geschehen, dass die Pole und Nullstellen von $H(z)$ berechnet und den Systemen $H_1(z)$ und $H_2(z)$ zugeordnet werden. Hierbei ist es auch denkbar, den Systemen $H_1(z)$ und $H_2(z)$ neue Pole und Nullstellen hinzuzufügen, die sich bei der Bildung des Produkts $H_1(z)\, H_2(z)$ wieder heraus kürzen. Ein Anwendungsbeispiel ist die Faktorisierung eines gegebenen gemischtphasigen Systems $H(z)$ in einen minimalphasigen Anteil $H_1(z)$ und einen Allpass-Anteil $H_2(z)$. Hierzu betrachten wir ein stabiles gemischtphasiges System mit einer Systemfunktion der Form

$$H(z) = \frac{\left(\prod_{i=1}^{M_1}(1 - z_i z^{-1})\right)\left(\prod_{i=1}^{M_2}(1 - q_i z^{-1})\right)}{\prod_{i=1}^{N}(1 - p_i z^{-1})}, \tag{4.214}$$

wobei die Nullstellen z_i innerhalb und die Nullstellen q_i außerhalb des Einheitskreises liegen. Die Zerlegung in einen minimalphasigen Anteil $H_1(z)$ und in einen Allpass-Anteil $H_2(z)$ lautet

$$H_1(z) = \frac{\left(\prod_{i=1}^{M_1}(1 - z_i z^{-1})\right)\left(\prod_{i=1}^{M_2}(q_i^* - z^{-1})\right)}{\prod_{i=1}^{N}(1 - p_i z^{-1})}, \qquad H_2(z) = \frac{\prod_{i=1}^{M_2}(1 - q_i z^{-1})}{\prod_{i=1}^{N}(q_i^* - z^{-1})}. \tag{4.215}$$

Die Faktorisierung von gemischtphasigen Systemen in einen minimalphasigen Anteil und einen Allpass-Anteil findet zum Beispiel Anwendung in der Sprachsynthese, wo Filter zur spektralen Formung eingesetzt werden. Dabei begnügt man sich häufig damit, nur den minimalphasigen Anteil zu realisieren und damit das gewünschte Betragsspektrum zu erzeugen. Auf die Rekonstruktion der exakten Phase wird verzichtet, weil das menschliche Gehör relativ unempfindlich gegenüber Phasendrehungen ist [10]. Bei der inversen Filterung von akustischen Übertragungskanälen tritt ebenfalls das Problem auf, dass die zu invertierenden Systeme häufig gemischtphasig und damit praktisch nicht invertierbar sind. Auch hier bedient man sich oft der zuvor beschriebenen Zerlegung in einen minimalphasigen Anteil und einen Allpass-Anteil. Invers gefiltert wird bei der klassischen Methode nach [4] nur der minimalphasige Anteil, so dass insgesamt der Betragsfrequenzgang zwar glatt wird, weiterhin aber Phasenverzerrungen verbleiben. In [8] wird gezeigt, dass auch Phasendrehungen einen Einfluss auf die Wahrnehmung haben, und es wird ebenfalls eine Entzerrung des Allpass-Anteils angestrebt.

4.7 Die Chirp-Z-Transformation

Die Chirp-Z-Transformation wurde von Rabiner, Schafer und Rader mit dem Ziel eingeführt, eine Darstellung zu finden, in der sich einzelne Spektralkomponenten von Signalen leicht hervorheben lassen und in der sich die Formanten von Sprachsignalen zuverlässig durch eine einfache Detektion spektraler Maxima schätzen lassen [7]. Es hat sich dann gezeigt, dass die Chirp-Z-Transformation eine Vielzahl weiterer Anwendungen besitzt. Sie basiert auf der von Bluestein entwickelten Methode zur effizienten Berechnung der diskreten Fourier-Transformation (DFT) für beliebige Signallängen [1], siehe Abschnitt 5.1.

Die Chirp-Z-Transformation berechnet Abtastwerte der Z-Transformierten im konstanten Abstand entlang einer gegebenen Trajektorie. Ein typischer Verlauf ist dabei eine Spirale von einem Startpunkt auf dem Einheitskreis zum Ursprung. Die z-Werte lassen sich dabei als

$$z_k = AW^{-k}, \qquad k = 0, 1, \ldots, M-1$$

schreiben, wobei der im Allgemeinen komplexe Wert A den Startpunkt darstellt. Bild 4.32 zeigt ein Beispiel. Mit den zuvor definierten Abtastpunkten gilt für die Chirp-Z-Transformierte eines Signals der Länge N:

$$X(z_k) = \sum_{n=0}^{N-1} x(n)\, z_k^{-n} = \sum_{n=0}^{N-1} x(n)\, A^{-n}\, W^{nk}. \tag{4.216}$$

Für die spezielle Wahl

$$A = 1, \quad W = e^{-j2\pi/N}, \quad M = N$$

wird daraus die gewöhnliche DFT, siehe Abschnitt 5.1. Für komplexe W mit $|W| > 1$ dreht sich die Spirale nach innen, und für $|W| < 1$ dreht sie sich nach außen. Mit

$$nk = \frac{1}{2}\left[n^2 + k^2 - (n-k)^2\right] \tag{4.217}$$

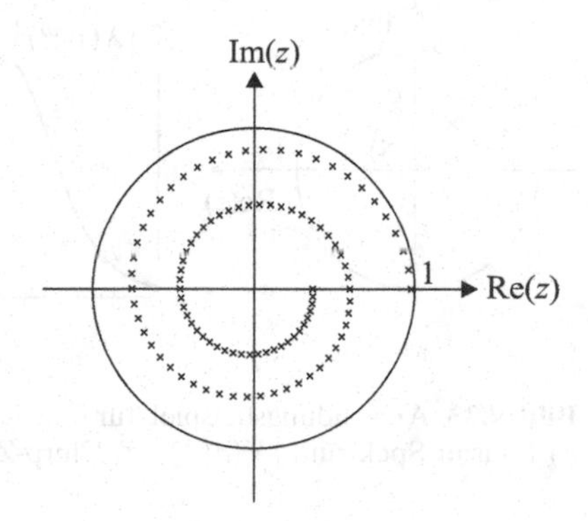

Bild 4.32 Abtastpunkte der Chirp-Z-Transformation für $A = 0{,}98$, $W = 1{,}01e^{-j0{,}04\pi}$ und $n = 0, 1, \ldots, 100$

können die Werte $X(z_k)$ als

$$X(z_k) = \sum_{n=0}^{N-1} x(n)A^{-n}W^{\frac{1}{2}[n^2+k^2-(n-k)^2]} \tag{4.218}$$

geschrieben werden, was mit

$$v_1(n) = x(n)A^{-n}W^{n^2/2}, \qquad v_2(n) = W^{n^2/2} \tag{4.219}$$

formal zu einer Faltungssumme wird:

$$X(z_k) = W^{k^2/2} \sum_{n=0}^{N-1} v_1(n)v_2(k-n). \tag{4.220}$$

Der Term $v_2(n)$ lautet ausgeschrieben $v_2(n) = e^{-j\pi n^2/N}$. Er ist damit eine Exponentialfolge, deren Frequenz mit n konstant zunimmt. Ein solches Signal wird als *Chirp-Signal* bezeichnet (siehe auch Kapitel 10). Das Interessante an der Formulierung (4.220) ist, dass die Faltung mit der schnellen Fourier-Transformation (siehe Abschnitt 5.2) in effizienter Weise als Multiplikation im Frequenzbereich implementiert werden kann. Zudem kann hiermit die diskrete Fourier-Transformation für beliebige Längen (auch für Primzahlen) effizient über eine Faltung realisiert werden. Darauf wird in Abschnitt 5.2.5 noch eingegangen.

Beispiel 4.16 Als ein Anwendungsbeispiel für die Chirp-Z-Transformation wird die Bestimmung der zu den Polstellen der Übertragungsfunktion

$$H(z) = \frac{1}{1 + 0{,}217z^{-1} + 0{,}392z^{-2} + 0{,}1189z^{-3} + 0{,}09z^{-4}}$$

zugehörigen Frequenzen betrachtet. Bild 4.33a zeigt hierzu das Pol-Nullstellen-Diagramm. Die entsprechenden Frequenzen liegen bei $\pm 0{,}7\pi$ und $\pm 0{,}4\pi$. Allerdings sind die Pole so weit vom Einheitskreis entfernt, dass sich ihre Wirkung im Fourier-Spektrum in Bild 4.33b in einem gemeinsamen Maximum zeigt. Bild 4.33c zeigt hierzu den Betrag der Chirp-Z-Transformierten mit geeignet gewählten Parametern

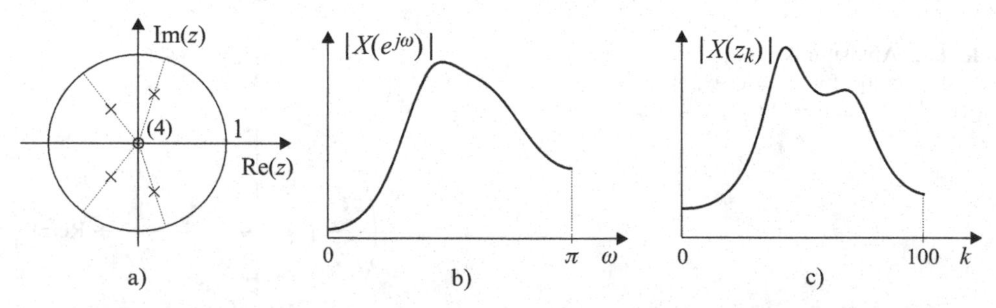

Bild 4.33 Anwendungsbeispiel für die Chirp-Z-Transformation. a) Pol-Nullstellen-Diagramm; b) Fourier-Spektrum $|X(e^{j\omega})|$; c) Chirp-Z-Transformierte für $W = 1{,}0015e^{-j\pi/100}$, $A = 0{,}9$

W und A. Hier treten die einzelnen Beiträge der Pole deutlich hervor und können einzeln detektiert werden.

4.8 Zeitdiskrete Verarbeitung kontinuierlicher Signale

Eine diskrete Verarbeitung zeitkontinuierlicher Signale ist mit der Anordnung in Bild 4.34 möglich. Die digitale Signalverarbeitung kann dabei Aufgaben wie die Filterung, Rauschunterdrückung oder sonstige Veränderung oder Verbesserung des Eingangssignals $x(t)$ vornehmen, die in einem rein analogen System evtl. schwierig zu realisieren wären. Wir beschränken uns in der folgenden Beschreibung auf die reine Filterung des diskreten Signals $x_d(n)$ durch ein diskretes System mit einer Systemfunktion $H(z)$ und die Auswirkung auf das Übertragungsverhalten des dargestellten Gesamtsystems.

Der Zusammenhang zwischen dem analogen Eingangssignal $x(t)$ und dem mit der Abtastfrequenz $f_a = 1/T$ gewonnenen diskreten Signal $x_d(n)$ lautet im Zeitbereich

$$x_d(n) = x(nT).$$

Am Ausgang des digitalen Filters gilt

$$y_d(n) = x_d(n) * h(n). \tag{4.221}$$

Um zeitkontinuierliche und zeitdiskrete Signale und Systeme gemeinsam im Frequenzbereich beschreiben zu können, werden im Folgenden unterschiedliche Symbole für die absolute und die normierte Frequenzen benutzt. Wir verwenden die Bezeichnung

$$\omega = 2\pi f$$

für die absolute Kreisfrequenz mit der Einheit rad/s. Die für diskrete Systeme verwendete normierte Kreisfrequenz schreiben wir als

$$\hat{\omega} = \omega T. \tag{4.222}$$

Sie besitzt die Einheit rad/Wert. Der Frequenzbereich

$$-\frac{\omega_a}{2} \leq \omega \leq \frac{\omega_a}{2}$$

wird damit auf das Intervall

$$-\pi \leq \hat{\omega} \leq \pi$$

abgebildet. Das über die DTFT gegebene Frequenzbereichsäquivalent zu (4.221) lautet

$$Y_d(e^{j\hat{\omega}}) = H(e^{j\hat{\omega}})X_d(e^{j\hat{\omega}}). \tag{4.223}$$

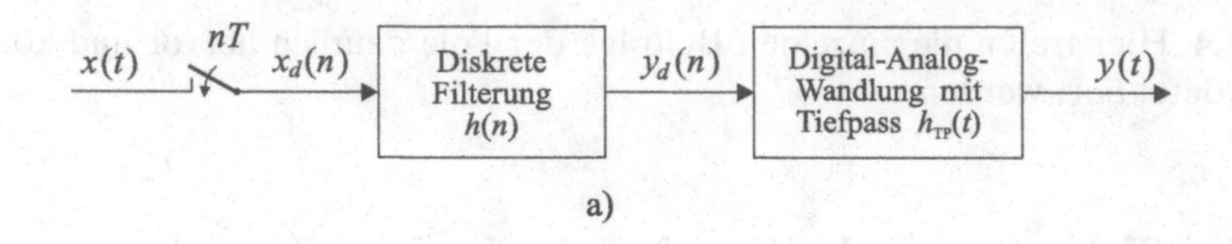

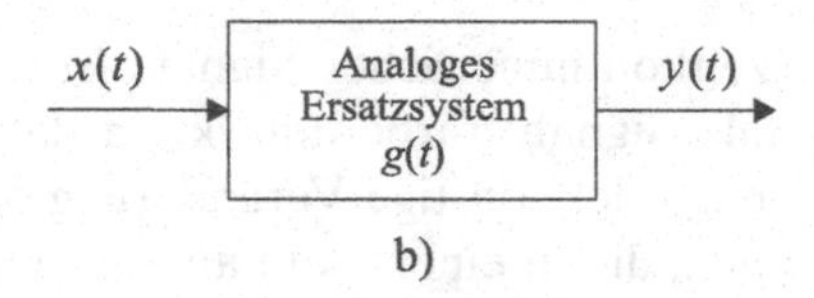

Bild 4.34 Digitale Verarbeitung zeitkontinuierlicher Signale. a) System bestehend aus A/D-Wandlung, digitaler Signalverarbeitung und D/A-Wandlung; b) analoges Ersatzsystem

Um einen Zusammenhang zum Spektrum des analogen Eingangssignals herzustellen, ersetzen wir nun $\hat{\omega}$ durch ωT. Für das Spektrum von $x_d(n)$ ergibt sich dann mittels der DTFT

$$X_d(e^{j\omega T}) = \sum_{n=-\infty}^{\infty} x_d(n)\, e^{-j\omega T n}. \tag{4.224}$$

Ein Vergleich von (4.224) mit (4.8) und (4.7) ergibt

$$X_d(e^{j\omega T}) = X_s(\omega) = \frac{1}{T} \sum_{k=-\infty}^{\infty} X(\omega - k\omega_a). \tag{4.225}$$

Für das Spektrum am Ausgang des Filters folgt

$$Y_d(e^{j\omega T}) = H(e^{j\omega T})\, \frac{1}{T} \sum_{k=-\infty}^{\infty} X(\omega - k\omega_a). \tag{4.226}$$

Die Digital-Analog-Wandlung beschreiben wir als Faltung von

$$y_s(t) := \sum_{n=-\infty}^{\infty} y_d(n)\delta_0(t - nT) \tag{4.227}$$

mit der Impulsantwort $h_{\text{TP}}(t)$ des Rekonstruktionsfilters:

$$y(t) = h_{\text{TP}}(t) * y_s(t). \tag{4.228}$$

Im Frequenzbereich ergibt sich

$$Y(\omega) = H_{\text{TP}}(\omega) Y_d(e^{j\omega T}) = H_{\text{TP}}(\omega) H(e^{j\omega T})\, \frac{1}{T} \sum_{k=-\infty}^{\infty} X(\omega - k\omega_a). \tag{4.229}$$

Unter der Annahme, dass bei der Abtastung kein Aliasing auftritt und dass das Filter $h_{\text{TP}}(t)$ die Übertragungsfunktion

$$H_{\text{TP}}(\omega) = T \cdot \text{rect}\left(\frac{\omega}{\omega_a}\right) \tag{4.230}$$

besitzt, folgt

$$Y(\omega) = H(e^{j\omega T})X(\omega). \tag{4.231}$$

Das Gesamtsystem aus Abtastung, digitaler Filterung und Rekonstruktion lässt sich unter diesen idealen Bedingungen also durch das analoge Ersatzsystem

$$G(\omega) = H(e^{j\omega T}) \cdot \text{rect}\left(\frac{\omega}{\omega_a}\right) \tag{4.232}$$

beschreiben. Mit der Bezeichnung $g(t)$ für die aus $G(\omega)$ durch eine inverse Fourier-Transformation gewonnene Impulsantwort des Ersatzsystems gilt damit

$$y(t) = \int_{-\infty}^{\infty} g(t')\, x(t-t')\, dt'. \tag{4.233}$$

Sollte die im Abtasttheorem formulierte Bedingung verletzt sein oder der Rekonstruktionstiefpass die Bandbegrenzung nur unzureichend ausführen, dann treten Aliasing-Effekte (d. h. die Abbildung mehrerer Eingangsfrequenzen auf eine Ausgangsfrequenz) oder Imaging-Effekte (Abbildung einer Eingangsfrequenz auf mehrere Ausgangsfrequenzen) oder beides auf. In diesem Fall wird das Gesamtsystem zyklisch zeitvariant mit der Periode T. Die Frequenzbereichsbeschreibung ist weiterhin durch (4.229) gegeben. Im Zeitbereich kann das System durch eine Funktion $k(t,t')$ charakterisiert werden, die besagt, welchen Wert das System zum Zeitpunkt t am Ausgang liefert, wenn es zum Zeitpunkt t' mit einem Dirac-Impuls am Eingang angeregt wird. Die Funktion $k(t,t')$, die auch als *Green'sche Funktion* bezeichnet wird, hat im hier betrachteten Fall die Periodizitätseigenschaft $k(t,t') = k(t+T, t'+T)$ für alle t, t'. Das Ausgangssignal bei einer Anregung mit $x(t)$ lautet

$$y(t) = \int_{-\infty}^{\infty} k(t,t')\, x(t')\, dt'. \tag{4.234}$$

Alternativ zu dieser Formulierung ist eine Beschreibung mit einer periodisch zeitvarianten Impulsantwort $p(t,t') = k(t, t-t')$ möglich, die besagt, welchen Wert das System zum Zeitpunkt t am Ausgang liefert, wenn es zum Zeitpunkt $t-t'$ mit einem Dirac-Impuls am Eingang angeregt wird. Im Frequenzbereich kann das Verhalten mit einer sogenannten Bifrequenzanalyse beschrieben werden, die den Zusammenhang zwischen dem Eingangs- und Ausgangsspektrum eines periodisch zeitvarianten Systems herstellt. Bezüglich der Bifrequenzanalyse sei auf Abschnitt 7.8.2 verwiesen, wo diese Methode im Rahmen der Analyse digitaler Filterbänke beschrieben wird.

Literaturverzeichnis

[1] L. Bluestein: *A linear filtering approach to the computation of the discrete Fourier transform*. IEEE Trans. Audio and Electroacoustics, 18:451–455, 1970.
[2] E. I. Jury: *Theory and Application of the z-Transform Method*. Wiley, New York, 1964.
[3] K.-D. Kammeyer und K. Kroschel: *Digitale Signalverarbeitung*. Springer Vieweg, Wiesbaden, 9. Auflage, 2018.
[4] S. T. Neely und J. B. Allen: *Invertibility of a Room Impulse Response*. Journal of the Acoustical Society of America, 66(1):165–169, Juli 1979.
[5] A. V. Oppenheim, R. W. Schafer und J. R. Buck: *Discrete-Time Signal Processing*. Prentice-Hall, Englewood Cliffs, NJ, 2. Auflage, 1999.
[6] J. G. Proakis und D. G. Manolakis: *Digital Signal Processing*. Prentice Hall, 4. Auflage, 2006.
[7] L. R. Rabiner, R. W. Schafer und C. M. Rader: *The chirp z-transform algorithm*. IEEE Trans. Audio and Electroacoustics, AU-17(2):86–92, Juni 1969.
[8] B. D. Radlović und R. A. Kennedy: *Nonminimum-Phase Equalization and its Subjective Importance in Room Acoustics*. IEEE Trans. Speech and Audio Processing, 8(6):728–737, Nov. 2000.
[9] C. E. Shannon: *Communication In The Presence Of Noise*. Proceedings of the IRE, 37(1):10–21, Jan. 1949.
[10] P. Vary, U. Heute und W. Hess: *Digitale Sprachsignalverarbeitung*. B. G. Teubner, 1998.
[11] J. M. Whittaker: *Interpolatory Function Theory*. Cambridge Tracts in Mathematics and Mathematical Physics, 33, Cambridge Univ. Press, 1935.

Kapitel 5
Diskrete Blocktransformationen

In Kapitel 2 wurden bereits die prinzipiellen Methoden zur Transformation endlich langer diskreter Signale behandelt. Die begonnenen Betrachtungen sollen im Folgenden für ausgewählte, für die digitale Signalverarbeitung besonders wichtige Transformationen vertieft werden. Man spricht dabei von Blocktransformationen, weil oft kurze Blöcke von eigentlich sehr langen Signalen transformiert werden. Wir beginnen mit der diskreten Fourier-Transformation (DFT) und ihrer schnellen Realisierung in Form der sogenannten FFT, die ihrerseits die Grundlage vieler effizienter Algorithmen der digitalen Signalverarbeitung bildet. Im Anschluss daran werden verschiedene diskrete Kosinustransformationen behandelt, von denen der Typ II besonders günstige Eigenschaften für die Signalkompression besitzt. Diese Transformation wird zum Beispiel in der Bild- und Videokompression nach den JPEG- und MPEG-Standards eingesetzt. Das Gegenstück zu den Kosinustransformationen sind die Sinustransformationen, die im Anschluss kurz benannt werden. Die nachfolgend beschriebene diskrete Hartley-Transformation ist eine Abwandlung der DFT, die sich insbesondere für die Verarbeitung reeller Signale eignet. Schließlich werden noch die Hadamard und die Walsh-Hadamard-Transformation behandelt, die zum Beispiel Anwendungen in der digitalen Kommunikation besitzen.

5.1 Die diskrete Fourier-Transformation (DFT)

Die DFT transformiert ein endlich langes Signal $x(n)$, $n = 0, 1, \ldots, N-1$ in ebenso viele Spektralkoeffizienten $X(k)$, $k = 0, 1, \ldots, N-1$. Sie ist wie folgt definiert:

$$X(k) = \sum_{n=0}^{N-1} x(n)\, e^{-j2\pi nk/N}, \qquad k = 0, 1, \ldots, N-1. \tag{5.1}$$

Ein Vergleich mit (4.53) zeigt, dass die DFT die Werte der DTFT an den diskreten Frequenzpunkten $\omega_k = 2\pi k/N$ für $k = 0, 1, \ldots, N-1$ liefert. Mit der Bezeichnung

Ergänzende Information Die elektronische Version dieses Kapitels enthält Zusatzmaterial, auf das über folgenden Link zugegriffen werden kann https://doi.org/10.1007/978-3-658-41529-7_5.

A. Mertins, *Signaltheorie*, https://doi.org/10.1007/978-3-658-41529-7_5

$X_{\mathrm{DTFT}}(e^{j\omega})$ für die DTFT gilt

$$X(k) = X_{\mathrm{DTFT}}(e^{j\omega_k}) = \sum_{n=0}^{N-1} x(n)\, e^{-j(2\pi/N)kn}. \tag{5.2}$$

Um die Berechnungsvorschrift für die inverse DFT (IDFT) zu erhalten, multipliziert man beide Seiten von (5.1) mit $e^{j2\pi k\ell/N}$ und summiert über k:

$$\begin{aligned} \sum_{k=0}^{N-1} X(k)\, e^{j2\pi k\ell/N} &= \sum_{k=0}^{N-1}\sum_{n=0}^{N-1} x(n)\, e^{-j2\pi nk/N}\, e^{j2\pi k\ell/N} \\ &= \sum_{n=0}^{N-1} x(n) \sum_{k=0}^{N-1} e^{-j2\pi(n-\ell)k/N}. \end{aligned} \tag{5.3}$$

Unter Ausnutzung der Eigenschaft

$$\sum_{k=0}^{N-1} e^{-j2\pi(n-\ell)k/N} = N\delta(n-\ell) \tag{5.4}$$

ergibt sich daraus der Ausdruck für die IDFT:

$$x(n) = \frac{1}{N}\sum_{k=0}^{N-1} X(k)\, e^{j(2\pi/N)nk}, \qquad n = 0, 1, \ldots, N-1. \tag{5.5}$$

Aufgrund der Periodizität der bei der DFT verwendeten Exponentialfunktionen mit der Periode N gilt $X(k) = X(k+N)$ für alle $k \in \mathbb{Z}$, auch wenn die Definition der DFT zunächst nur den Wertebereich $0 \leq k < N$ vorsieht. Entsprechend lässt sich aus (5.5) entnehmen, dass für die Rücktransformation auch $x(n) = x(n+N)$ für alle $n \in \mathbb{Z}$ gilt. Damit sind sowohl das Spektrum $X(k)$ als auch das Signal $x(n)$ als prinzipiell periodisch anzusehen.

Um die Schreibweise abzukürzen, wird der Term

$$W_N = e^{-j2\pi/N} \tag{5.6}$$

eingeführt, mit dem die DFT und IDFT als

$$\begin{aligned} X(k) &= \sum_{n=0}^{N-1} x(n) W_N^{nk}, \qquad & k = 0, 1, \ldots, N-1, \\ x(n) &= \frac{1}{N}\sum_{k=0}^{N-1} X(k) W_N^{-nk}, \qquad & n = 0, 1, \ldots, N-1 \end{aligned} \tag{5.7}$$

geschrieben werden können. Indem man die Signal- und Spektralwerte in Vektoren

$$\boldsymbol{x} = \begin{bmatrix} x(0) \\ x(1) \\ \vdots \\ x(N-1) \end{bmatrix} \quad \text{und} \quad \boldsymbol{X} = \begin{bmatrix} X(0) \\ X(1) \\ \vdots \\ X(N-1) \end{bmatrix} \tag{5.8}$$

zusammenfasst und die DFT-Matrix

$$\boldsymbol{W} = \left[W_N^{kn}\right] = \begin{bmatrix} 1 & 1 & \dots & 1 \\ 1 & W_N & \dots & W_N^{N-1} \\ \vdots & \vdots & & \vdots \\ 1 & W_N^{N-1} & \dots & W_N^{(N-1)(N-1)} \end{bmatrix} \tag{5.9}$$

einführt, lassen sich die DFT und IDFT wie folgt als Matrix-Vektor-Produkte ausdrücken:

$$\boldsymbol{X} = \boldsymbol{W}\boldsymbol{x} \longleftrightarrow \boldsymbol{x} = \frac{1}{N}\boldsymbol{W}^H \boldsymbol{X}. \tag{5.10}$$

Im Folgenden werden einige der wichtigsten Eigenschaften der DFT behandelt.

Verschiebung Für eine zirkuläre Zeitverschiebung um μ Werte gilt die Korrespondenz

$$x((n+\mu) \bmod N) \quad \longleftrightarrow \quad W_N^{-\mu m} X(m). \tag{5.11}$$

Beweis.

$$\sum_{n=0}^{N-1} x((n+\mu) \bmod N)\, W_N^{nm} \;=\; \sum_{i=0}^{N-1} x(i)\, W_N^{(i-\mu)m} \;=\; W_N^{-\mu m} X(m).$$

□

Modulation Für die DFT eines modulierten Signals erhält man

$$W_N^{kn}\, x(n) \longleftrightarrow \sum_{n=0}^{N-1} x(n)\, W_N^{n(m+k)} = X((m+k) \bmod N). \tag{5.12}$$

Zirkuläre Faltung Eine zirkuläre Faltung zweier Sequenzen $x_1(n)$ und $x_2(n)$ der Länge N wird wie folgt definiert:

$$x_1(n) \circledast_N x_2(n) = \sum_{p=0}^{N-1} x_1(p)\, x_2((n-p) \bmod N). \tag{5.13}$$

Dies entspricht einer Periode des Ergebnisses einer Faltung der Sequenz $x_1(n)$ mit der periodisch fortgesetzten Sequenz $x_2(n)$ (oder umgekehrt), wobei die Periodendauer als N gewählt ist. Für die zirkuläre Faltung gilt die Korrespondenz

$$x_1(n) \circledast_N x_2(n) \longleftrightarrow X_1(m)\, X_2(m). \tag{5.14}$$

Beweis. Betrachtet wird die IDFT von $X_1(m)\, X_2(m)$. Man erhält

$$\begin{aligned} \frac{1}{N}\sum_{m=0}^{N-1} X_1(m)\, X_2(m)\, W_N^{-mn} &= \frac{1}{N}\sum_{p=0}^{N-1}\sum_{q=0}^{N-1} x_1(p)\, x_2(q) \underbrace{\sum_{m=0}^{N-1} W_N^{-m(n-p-q)}}_{N\cdot\delta(n-p-q)} \\ &= \sum_{p=0}^{N-1} x_1(p)\, x_2((n-p) \bmod N), \end{aligned}$$

wobei das Ergebnis mit der Faltungssumme in (5.13) übereinstimmt. □

Multiplikation Eine Multiplikation im Zeitbereich entspricht einer zirkulären Faltung im Frequenzbereich:

$$x_1(n)\, x_2(n) \longleftrightarrow X_1(m) \circledast_N X_2(m). \tag{5.15}$$

Der Beweis erfolgt analog zu dem der Faltungsregel.

Komplexe Konjugation Eine komplexe Konjugation im Zeitbereich ergibt

$$x^*(n) \longleftrightarrow X^*(-m \bmod N). \tag{5.16}$$

Beweis. Es sei $y(n) = x^*(n)$. Die DFT liefert

$$Y(m) = \sum_{n=0}^{N-1} x^*(n)\, W_N^{nm} = \left(\sum_{n=0}^{N-1} x(n)\, W_N^{n(-m)} \right)^* = X^*(-m).$$

Aus der Periodizität der komplexen Exponentialfunktionen folgt (5.16). □

Entsprechend gilt für eine Konjugation im Frequenzbereich

$$x^*(-n \bmod N) \longleftrightarrow X^*(m). \tag{5.17}$$

Symmetrien der DFT Für die kontinuierliche Fourier-Transformation ist bekannt, dass ein Signal mit konjugiert gerader Symmetrie ein reelles Spektrum besitzt, während ein Signal mit konjugiert ungerader Symmetrie ein imaginäres Spektrum aufweist. Entsprechende Eigenschaften besitzt auch die DFT, wobei die Anteile mit konjugiert gerader und konjugiert ungerader Symmetrie eines Signals $x(n)$ der Länge N wie folgt berechnet werden:

$$x_g(n) = \frac{1}{2}\left[x(n) + x^*(-n \bmod N)\right], \tag{5.18}$$

$$x_u(n) = \frac{1}{2}\left[x(n) - x^*(-n \bmod N)\right]. \tag{5.19}$$

Dabei gelten die Korrespondenzen

$$x_g(n) \longleftrightarrow \Re\{X(k)\} = \frac{1}{2}\left[X(k) + X^*(k)\right], \tag{5.20}$$

$$x_u(n) \longleftrightarrow j\,\Im\{X(k)\} = \frac{1}{2}\left[X(k) - X^*(k)\right]. \tag{5.21}$$

Diese Eigenschaften sind mit der Korrespondenz (5.17) leicht zu überprüfen.

Auffüllen mit Nullen (*zero padding*) Wie schon in Gl. (5.2) gezeigt wurde, erlaubt es die DFT, Abtastwerte der DTFT zu berechnen. Ist dabei die Länge der zugrunde liegenden Sequenz $x(n)$ sehr gering, so ergeben sich entsprechend wenige Werte der DTFT. Eine Erhöhung der Anzahl von Spektralwerten ist durch eine Verlängerung

Bild 5.1 Betragsspektrum von $\{x(n)\} = \{2, 2, -1, 2\}$ sowie Werte der 4-Punkte-DFT (–•–) und 32-Punkte-DFT (–○–)

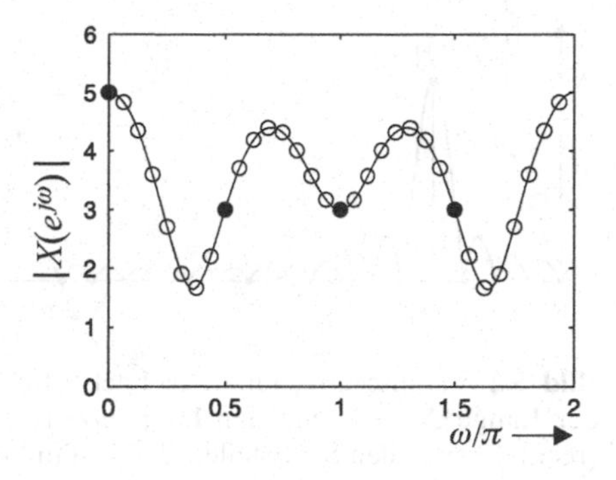

der Folge mit Nullen auf eine beliebige Länge $N' \geq N$ möglich. Diese Vorgehensweise ist als *zero padding* bekannt. Man erhält

$$X(k) = X_{\mathrm{DTFT}}(e^{j\omega_k}) = \frac{1}{N'} \sum_{n=0}^{N-1} x(n)\, e^{-j2\pi k/N'} \tag{5.22}$$

mit $\omega_k = 2\pi k/N'$. Bild 5.1 zeigt hierzu ein Beispiel.

Der Leck-Effekt Eine spezielle Problematik der Spektralanalyse ergibt sich, wenn ein zu analysierendes Signal zeitlich nicht begrenzt ist, aber eine Spektralschätzung auf der Basis eines Signalausschnitts vorgenommen werden soll. Betrachtet wird hierzu die Analyse eines abgetasteten komplexen Exponentialsignals der Frequenz ω_0 mittels einer N-Punkte-DFT:

$$X(k) = \sum_{n=0}^{N-1} e^{j\omega_0 n} e^{-j2\pi nk/N}. \tag{5.23}$$

Wenn ω_0 ein ganzzahliges Vielfaches von $2\pi/N$ ist, wenn also $\omega_0 = 2\pi k_0/N$ mit $k_0 \in \mathbb{Z}$ gilt, so wird nur der DFT-Koeffizient $X(k_0)$ ungleich null sein, und die DFT liefert das exakte Spektrum: $X(k) = N\delta_{k,k_0}$. Gilt dagegen $\omega_0 = k_0 \cdot 2\pi/N + \alpha$ mit $|\alpha| \leq 1/2$ und $\alpha \neq 0$, dann werden alle Spektralkoeffizienten $X(k)$ von null verschieden sein. Man spricht hierbei von dem Leck-Effekt (engl. *leakage effect*), weil man von der Vorstellung ausgeht, dass die vorhandene Spektralkomponente mit der Frequenz ω_0 in alle ausgewerteten Spektralkoeffizienten $X(k)$ hinein leckt und dadurch deren Wert verfälscht. Mathematisch lässt sich der Effekt wie folgt zeigen: Zunächst einmal wird das Exponentialsignal $e^{j\omega_0 n}$ mit dem Rechteckfenster

$$w(n) = \begin{cases} 1 & \text{für } n = 0, 1, \ldots, N-1 \\ 0 & \text{sonst} \end{cases} \tag{5.24}$$

multipliziert. Die Fourier-Transformierte des diskreten Rechteckfensters $w(n)$ lautet dabei (vgl. (4.167))

$$W(e^{j\omega}) = e^{-j\omega(N-1)/2}\, \frac{\sin(\omega N/2)}{\sin(\omega/2)}. \tag{5.25}$$

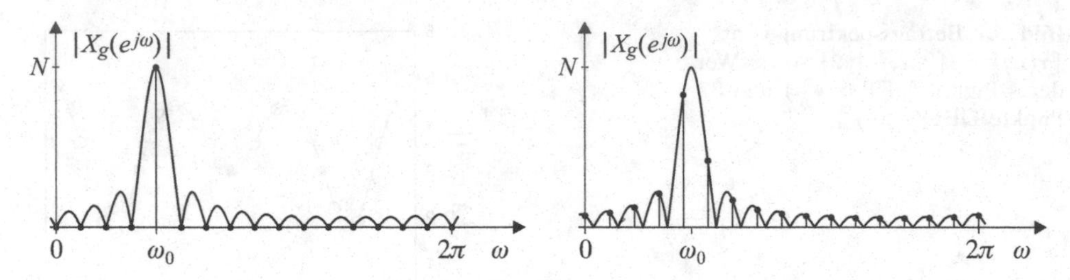

Bild 5.2 Veranschaulichung des Leck-Effekts an den Spektren komplexer Exponentialsignale der Länge $N = 16$ mit den Frequenzen $\omega_0 = 4 \cdot 2\pi/16$ (links) und $\omega_0 = (4 + 1/3) \cdot 2\pi/16$ (rechts) sowie den Stützstellen der 16-Punkte-DFT

Das zeitbegrenzte Exponentialsignal $x_g(n) = w(n)e^{j\omega_0 n}$ kann ebenfalls als moduliertes Rechtecksignal aufgefasst werden, so dass das DTFT-Spektrum in der Form

$$X_g(e^{j\omega}) = e^{-j(\omega-\omega_0)(N-1)/2}\, \frac{\sin((\omega - \omega_0)N/2)}{\sin((\omega - \omega_0)/2)} \tag{5.26}$$

angegeben werden kann. Die DFT berechnet hiervon die diskreten Werte $X(k) = X_g(e^{j\omega_k})$ mit $\omega_k = 2\pi k/N$. Für $\alpha = 0$ wird damit die Funktion $X_g(e^{j\omega})$ genau im Maximum und in den Nulldurchgängen abgetastet, so dass mittels der DFT das Spektrum des zeitlich nicht limitierten Exponentialsignals berechnet werden kann. Für $\alpha \neq 0$ wird $X_g(e^{j\omega_k})$ neben den Nulldurchgängen abgetastet, und es kommt zum Leck-Effekt. Bild 5.2 zeigt hierzu ein Beispiel.

Um den Einfluss des Leck-Effekts abzumildern, kann der zu analysierende Signalausschnitt vor der Berechnung der DFT mit einer geeigneten Fensterfunktion bewertet werden. Diese Vorgehensweise wird in Abschnitt 6.4.4 bei der Behandlung traditioneller Methoden der Spektralschätzung genauer betrachtet.

Diagonalisierungseigenschaft der DFT Die DFT besitzt die Eigenschaft, dass sie jede beliebige zirkulante Matrix

$$\boldsymbol{H} = \begin{bmatrix} h_0 & h_{N-1} & \dots & h_1 \\ h_1 & h_0 & \dots & h_2 \\ \vdots & \vdots & & \vdots \\ h_{N-1} & h_{N-2} & \dots & h_0 \end{bmatrix} \tag{5.27}$$

diagonalisiert. Um dies zu zeigen, wird ein LTI-System mit der Impulsantwort $h(n)$, $0 \leq n \leq N-1$ betrachtet, das mit dem periodischen Signal $1/\sqrt{N}\, W_N^{-kn}$ angeregt wird. Das Ausgangssignal $y(n)$ lautet

$$y(n) = \frac{1}{\sqrt{N}} H(k) W_N^{-nk}. \tag{5.28}$$

Unter Beachtung der Eigenschaft $W_N^{n+N} = W_N^n$ erhält man

$$\begin{bmatrix} y(0) \\ y(1) \\ \vdots \\ y(N-1) \end{bmatrix} = \frac{H(k)}{\sqrt{N}} \begin{bmatrix} 1 \\ W_N^{-k} \\ \vdots \\ W_N^{-k(N-1)} \end{bmatrix}$$
$$= \frac{1}{\sqrt{N}} \begin{bmatrix} h_0 & h_{N-1} & \dots & h_1 \\ h_1 & h_0 & \dots & h_2 \\ \vdots & \vdots & & \vdots \\ h_{N-1} & h_{N-2} & \dots & h_0 \end{bmatrix} \begin{bmatrix} 1 \\ W_N^{-k} \\ \vdots \\ W_N^{-k(N-1)} \end{bmatrix}. \tag{5.29}$$

Der Vergleich von (5.29) mit (5.27) ergibt den Zusammenhang

$$H(k)\boldsymbol{\varphi}_k = \boldsymbol{H}\boldsymbol{\varphi}_k, \qquad k = 0, 1, \dots, N-1 \tag{5.30}$$

mit $\boldsymbol{\varphi}_k = [1, W_N^{-k}, \dots, W_N^{-k(N-1)}]^T$. Die Vektoren $\boldsymbol{\varphi}_k$, $k = 0, 1, \dots, N-1$ bilden ein Orthonormalsystem und entsprechen jeweils der k-ten Spalte von $\frac{1}{\sqrt{N}}\boldsymbol{W}^H$. Damit folgt $H(k) = \boldsymbol{\varphi}_k^H \boldsymbol{H}\boldsymbol{\varphi}_k$ und

$$\frac{1}{N}\boldsymbol{W}\boldsymbol{H}\boldsymbol{W}^H = \operatorname{diag}\{H(0), H(1), \dots, H(N-1)\}. \tag{5.31}$$

Die Vektoren $\boldsymbol{\varphi}_k$, $k = 0, 1, \dots, N-1$ sind somit die Eigenvektoren von $\boldsymbol{H}$, und $H(k)$ sind die Eigenwerte.

IDFT-Berechnung mittels der DFT Wegen der Ähnlichkeit der DFT und der IDFT ist es möglich, die IDFT-Berechnung so umzuformulieren, dass sie als DFT-Berechnung erscheint. Dies ist sinnvoll, wenn ein schneller Algorithmus (zum Beispiel ein Software-Modul oder eine Hardware-Realisierung) für die DFT-Berechnung vorhanden ist und der gleiche Algorithmus für die Berechnung der IDFT verwendet werden soll. Hierzu betrachten wir drei Varianten.

Bei der ersten Methode wird die IDFT-Berechnung als

$$\frac{1}{N}\sum_{k=0}^{N-1} X(k)\, W_N^{-nk} = \frac{1}{N}\left(\sum_{k=0}^{N-1} X^*(k)\, W_N^{nk}\right)^* \tag{5.32}$$

geschrieben. Man erkennt, dass die IDFT dadurch ausgeführt werden kann, dass man zunächst das Spektrum konjugiert, eine DFT ausführt, das Ergebnis wieder konjugiert und schließlich noch eine Amplitudenskalierung mit dem Faktor $1/N$ vornimmt.

Bei der zweiten Variante wird der rechte Ausdruck in (5.32) noch wie folgt mit j erweitert:

$$\frac{1}{N}\sum_{k=0}^{N-1} X(k)\, W_N^{-nk} = \frac{j}{N}\left(\sum_{k=0}^{N-1} jX^*(k)\, W_N^{nk}\right)^*. \tag{5.33}$$

Beachtet man, dass $jX^*(k) = \Im\{X(k)\} + j\,\Re\{X(k)\}$ gilt, so zeigt sich, dass man die IDFT dadurch ausführen kann, dass man den Real- und Imaginärteil des Spektrums vertauscht, eine DFT ausführt, den Real- und Imaginärteil des Ergebnisses vertauscht und schließlich noch eine Amplitudenskalierung mit dem Faktor $1/N$ vornimmt.

Bei der dritten Methode wird der Index k durch $-k$ substituiert, und es werden die Spektralwerte $X(k)$ entsprechend umsortiert:

$$\frac{1}{N}\sum_{k=0}^{N-1} X(k)\, W_N^{-nk} = \frac{1}{N}\sum_{k=0}^{N-1} X(-k \bmod N)\, W_N^{nk}. \tag{5.34}$$

Das Ergebnis der DFT von $X(-k \bmod N)$ ist noch mit dem Faktor $1/N$ zu multiplizieren, um die IDFT von $X(k)$ zu erhalten.

5.2 Die schnelle Fourier-Transformation

Der Aufwand für die direkte Berechnung der DFT steigt quadratisch mit der DFT-Länge. Die Idee hinter der schnellen Fourier-Transformation (engl. *fast Fourier transform*, FFT) ist nun, den Rechenaufwand zu reduzieren, indem die DFT-Matrix $\boldsymbol{W}$ so in ein Produkt spärlicher Matrizen faktorisiert wird, dass die faktorisierte Implementierung insgesamt weniger Operationen als die direkte DFT benötigt. Die FFT ist damit eine effiziente Implementierung der DFT und keine neue Transformation.

Für die Faktorisierung von $\boldsymbol{W}$ sind verschiedene Verfahren in der Literatur bekannt [5]. Im Folgenden wird zunächst der Fall betrachtet, in dem die DFT-Länge eine Zweierpotenz ist. Diskutiert wird jeweils die DFT-Hintransformation. Schnelle Algorithmen für die Rücktransformation (IFFT) lassen sich in analoger Weise finden. Zudem können die im vorangegangenen Abschnitt beschriebenen Methoden zur Überführung einer IDFT in eine DFT angewandt werden, um einen vorhandenen FFT-Algorithmus direkt für die IFFT verwenden zu können.

5.2.1 Radix-2-Decimation-in-Time-FFT

Wir betrachten eine DFT der Länge $N = 2^K$ mit $K \in \mathbb{N}$. Der erste Schritt auf dem Weg zu einer schnellen Implementierung ist die Zerlegung des zu transformierenden Signals $x(n)$ in seine gerade und ungerade indizierten Komponenten:

$$\left.\begin{aligned} u(n) &= x(2n) \\ v(n) &= x(2n+1) \end{aligned}\right\} \quad n = 0, 1, \ldots, \frac{N}{2} - 1. \tag{5.35}$$

Die DFT lässt sich damit wie folgt schreiben:

$$\begin{aligned} X(k) &= \sum_{n=0}^{N-1} x(n)\, W_N^{nk} \\ &= \sum_{n=0}^{\frac{N}{2}-1} u(n)\, W_N^{2nk} + \sum_{n=0}^{\frac{N}{2}-1} v(n)\, W_N^{(2n+1)k} \\ &= \sum_{n=0}^{\frac{N}{2}-1} u(n)\, W_{N/2}^{nk} + W_N^k \sum_{n=0}^{\frac{N}{2}-1} v(n)\, W_{N/2}^{nk}, \quad k = 0, 1, \ldots, N-1. \end{aligned} \tag{5.36}$$

Im letzten Schritt wurden die Eigenschaften

$$W_N^{2nk} = W_{N/2}^{nk} \qquad \text{und} \qquad W_N^{(2n+1)k} = W_N^k\, W_{N/2}^{nk}$$

genutzt. Der nächste Schritt besteht darin, (5.36) für $k = 0, 1, \ldots, \frac{N}{2} - 1$ als

$$X(k) = U(k) + W_N^k\, V(k), \qquad k = 0, 1, \ldots, \frac{N}{2} - 1 \tag{5.37}$$

auszudrücken, wobei gilt

$$\begin{aligned} U(k) &= \sum_{n=0}^{\frac{N}{2}-1} u(n)\, W_{N/2}^{nk}, \qquad k = 0, 1, \ldots, \frac{N}{2} - 1, \\ V(k) &= \sum_{n=0}^{\frac{N}{2}-1} v(n)\, W_{N/2}^{nk}, \qquad k = 0, 1, \ldots, \frac{N}{2} - 1. \end{aligned} \tag{5.38}$$

Wegen der Periodizität der Transformierten $U(k)$ und $V(k)$ mit der Periode $N/2$ sind die Werte von $X(k)$ für $\frac{N}{2} \le k < N - 1$ durch

$$X(k) = U\left(k - \frac{N}{2}\right) + W_N^k\, V\left(k - \frac{N}{2}\right), \qquad \frac{N}{2} \le k \le N - 1 \tag{5.39}$$

gegeben. Damit wurde die N-Punkte-DFT in zwei $(N/2)$-Punkte-DFTs und einige zusätzliche Multiplikationen zerlegt. Die Anzahl der auszuführenden Multiplikationen beträgt jetzt $2\,(N/2)^2 + N$, was für $N > 2$ kleiner als N^2 ist. Die Vorfaktoren W_N^k, die für die Kombination der zwei DFT-Ergebnisse benötigt werden, nennt man im Englischen auch *twiddle factors*. Bild 5.3 illustriert die Implementierung am Beispiel einer 8-Punkte-DFT.

Da N als Zweierpotenz gewählt wurde, können die kleineren DFTs in gleicher Weise faktorisiert werden, und der Aufwand kann weiter gesenkt werden. Mit den Zerlegungen

$$\begin{aligned} a(n) &= u(2n) &&= x(4n), \\ b(n) &= u(2n+1) &&= x(4n+2), \\ c(n) &= v(2n) &&= x(4n+1), \\ d(n) &= v(2n+1) &&= x(4n+3) \end{aligned} \tag{5.40}$$

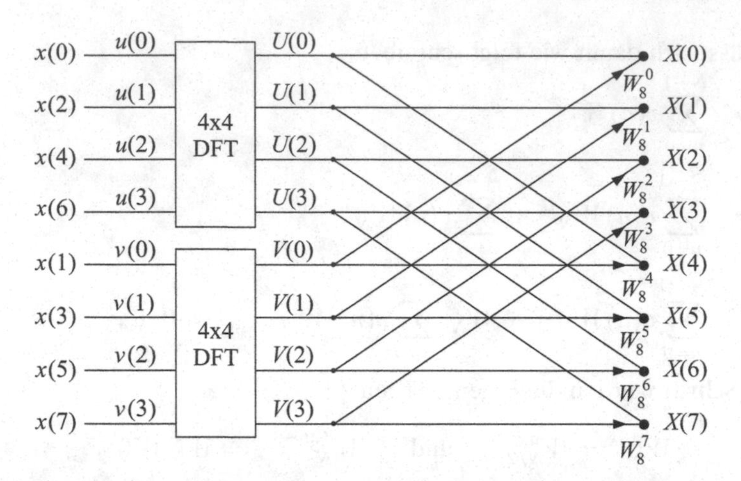

Bild 5.3 Realisierung einer 8-Punkte-DFT durch zwei 4-Punkte-DFTs. Die Pfeile repräsentieren Multiplikationen mit den daneben stehenden Faktoren. Die ausgefüllten Punkte repräsentieren Additionen.

und unter Beachtung von $W_{N/2}^k = W_N^{2k}$ ergibt sich für die $(N/2)$-Punkte-DFTs $U(k)$ und $V(k)$

$$U(k) = \begin{cases} A(k) + W_N^{2k}\, B(k) & \text{für } k = 0, 1, \ldots, \frac{N}{4} - 1 \\ A\left(k - \frac{N}{4}\right) + W_N^{2k}\, B\left(k - \frac{N}{4}\right) & \text{für } k = \frac{N}{4}, \ldots, \frac{N}{2} - 1 \end{cases} \tag{5.41}$$

sowie

$$V(k) = \begin{cases} C(k) + W_N^{2k}\, D(k) & \text{für } k = 0, 1, \ldots, \frac{N}{4} - 1 \\ C\left(k - \frac{N}{4}\right) + W_N^{2k}\, D\left(k - \frac{N}{4}\right) & \text{für } k = \frac{N}{4}, \ldots, \frac{N}{2} - 1. \end{cases} \tag{5.42}$$

Die Zerlegung kann angewandt werden, bis eine DFT-Größe von zwei erreicht ist. Alle Stufen der Zerlegung enthalten dabei sogenannte *Schmetterlingsgraphen* (engl. *butterfly graphs*), die in Bild 5.4 gezeigt sind. Die zwei Strukturen in Bild 5.4 sind äquivalent, aber da die Struktur in Bild 5.4b eine komplexe Multiplikation einspart,

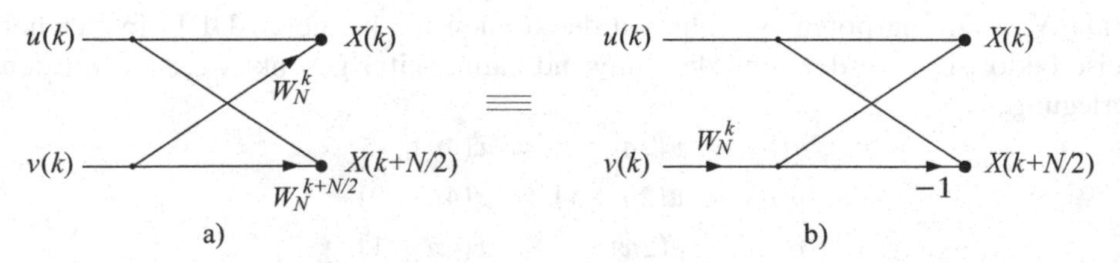

Bild 5.4 Äquivalente Schmetterlingsgraphen

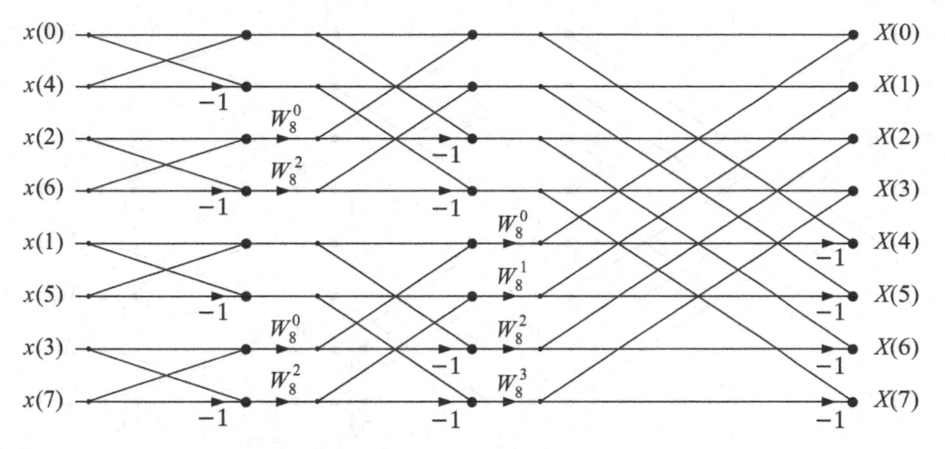

Bild 5.5 Graph einer 8-Punkte-Decimation-in-Time-FFT

wird diese in der Praxis verwendet. Der gesamte Graph für eine 8-Punkte-FFT unter Verwendung des Schmetterlingsgraphen aus Bild 5.4b ist in Bild 5.5 dargestellt. Wie man sieht, erscheinen die Ausgangswerte in ihrer natürlichen Ordnung, während die Eingangswerte permutiert sind. Die Position lässt sich über eine Umkehr der Binärdarstellung der Indizes bestimmen: Zum Beispiel wird der Index $n = 3$ bei einer 8-Punkte-DFT durch die Binärzeichen [011] repräsentiert. Die Umkehrung ergibt [110], was dem Wert 6 entspricht. Das bedeutet, der Wert $x(6)$ ist an den Eingang 3 anzulegen. Da die Operationen in jeder Stufe des Algorithmus unabhängig voneinander sind, kann die Berechnung auf den gleichen Speicherzellen ausgeführt werden, so dass die Berechnung einer N-Punkte-DFT nur $N+1$ Speicherzellen erfordert. Die Berechnungskomplexität ergibt sich zu $\frac{1}{2}N \log_2 N$ komplexen Multiplikationen und $N \log_2 N$ Additionen. Da hierbei auch Multiplikationen mit $1, -1, j$, und $-j$ gezählt wurden, kann die Gesamtkomplexität bei gesonderter Behandlung dieser Faktoren weiter reduziert werden.

5.2.2 Radix-2-Decimation-in-Frequency-FFT

Eine zweite Variante der Radix-2-FFT ist der *Decimation-in-Frequency*-Algorithmus. Hierzu wird die Eingangssequenz in die erste und die zweite Hälfte zerlegt, und die DFT wird als

$$\begin{aligned} X(k) &= \sum_{n=0}^{N-1} x(n)\, W_N^{nk} \\ &= \sum_{n=0}^{N/2-1} u(n)\, W_N^{nk} + v(n)\, W_N^{(n+N/2)k} \\ &= \sum_{n=0}^{N/2-1} \left[u(n) + (-1)^k v(n)\right] W_N^{nk} \end{aligned} \tag{5.43}$$

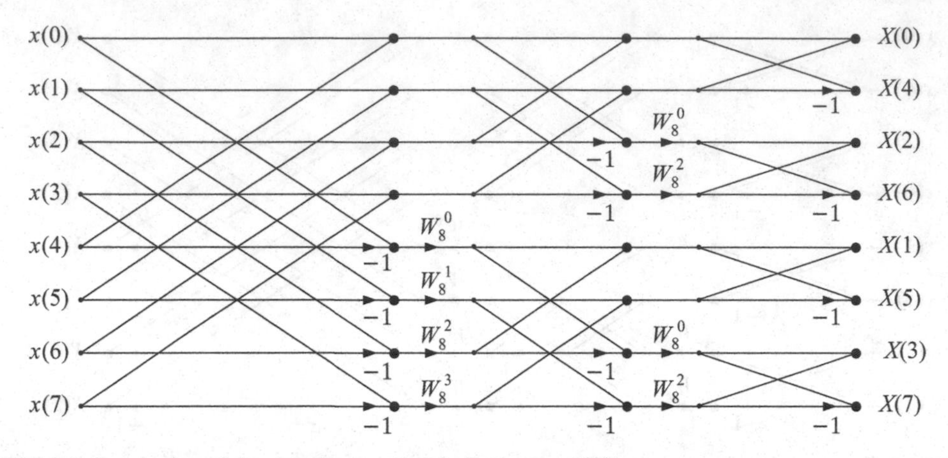

Bild 5.6 Graph einer 8-Punkte-Decimation-in-Frequency-FFT

mit

$$\left.\begin{aligned} u(n) &= x(n) \\ v(n) &= x(n+N/2) \end{aligned}\right\}, \qquad n = 0, 1, \ldots, \frac{N}{2} - 1 \tag{5.44}$$

geschrieben. In (5.43) wurde die Eigenschaft $W_N^{N/2} = -1$ ausgenutzt. Für die gerade und ungerade indizierten DFT-Werte erhält man

$$X(2k) = \sum_{n=0}^{N-1} [u(n) + v(n)]\, W_N^{2nk} \tag{5.45}$$

und

$$X(2k+1) = \sum_{n=0}^{N-1} [u(n) - v(n)]\, W_N^n\, W_N^{2nk}. \tag{5.46}$$

Wegen $W_N^{2nk} = W_{N/2}^{nk}$ stellt sich heraus, dass die Werte $X(2k)$ als DFT der Sequenz $u(n) + v(n)$ zu berechnen sind. Die Werte $X(2k+1)$ sind die DFT von $[u(n) - v(n)]\, W_N^n$. Damit ist die N-Punkte-DFT wieder in zwei Transformationen halber Länge zerlegt worden. Die wiederholte Anwendung dieses Prinzips ergibt eine FFT, bei der die Eingangswerte in ihrer natürlichen Ordnung anliegen, die Ausgangswerte aber in bitweise umgekehrter Reihenfolge erscheinen. Die Komplexität ist identisch zu der des Decimation-in-Time-Algorithmus. Bild 5.6 zeigt den Signalflussgraph einer Decimation-in-Frequency-FFT für $N = 8$.

5.2.3 Radix-4-FFT

Beim Radix-4-Algorithmus werden die Daten jeweils in vier Teile eingeteilt. Die Radix-4-Decimation-in-Frequency-FFT wird zum Beispiel wie folgt abgeleitet:

$$
\begin{aligned}
X(k) &= \sum_{n=0}^{N-1} x(n) W_N^{nk} \\
&= \sum_{n=0}^{N/4-1} \left[\sum_{\ell=0}^{3} x\left(n + \ell\frac{N}{4}\right) W_N^{(N/4)\ell k} \right] W_N^{nk} \\
&= \sum_{n=0}^{N/4-1} \left[\sum_{\ell=0}^{3} x\left(n + \ell\frac{N}{4}\right) (-j)^{\ell k} \right] W_N^{nk}.
\end{aligned}
\tag{5.47}
$$

Aufteilen von $X(k)$ in vier Teilfolgen $X(4i + m)$ ergibt

$$
X(4i+m) = \sum_{n=0}^{N/4-1} \left[\sum_{\ell=0}^{3} (-j)^{\ell m} x\left(n + \ell\frac{N}{4}\right) W_N^{nm} \right] W_{N/4}^{ni}. \tag{5.48}
$$

Damit wurde die Berechnung einer N-Punkte-DFT in die Berechnung von vier $(N/4)$-Punkte-FFTs überführt. Eine dieser vier DFTs benötigt keine Multiplikationen, und die anderen erfordern nur eine komplexe Multiplikation. Insgesamt ist der Aufwand geringer als bei der Radix-2-FFT.

5.2.4 Split-Radix-FFT

Die Split-Radix-FFT [10] ist eine Mischung aus dem Radix-2- und dem Radix-4-Algorithmus, die die bislang geringste Anzahl von Operationen aller FFT-Algorithmen benötigt. Der Radix-2-Ansatz wird dabei benutzt, um die gerade indizierten Ausgangswerte zu berechnen, während der Radix-4-Ansatz für die ungerade indizierten Werte verwendet wird. Hierzu wird $X(k)$ wie folgt in drei Teile eingeteilt:

$$
X(2k) = \sum_{n=0}^{N/2-1} \left[x(n) + x\left(n + \frac{N}{2}\right) \right] W_{N/2}^{nk}, \tag{5.49}
$$

$$
\begin{aligned}
X(4k+1) = \sum_{n=0}^{N/4-1} \Bigg[& \left[x(n) - x\left(n + \frac{N}{2}\right) \right] \\
& - j \left[x\left(n + \frac{N}{4}\right) - x\left(n + \frac{3N}{4}\right) \right] \Bigg] W_N^{n} W_{N/4}^{nk},
\end{aligned}
\tag{5.50}
$$

$$
\begin{aligned}
X(4k+3) = \sum_{n=0}^{N/4-1} \Bigg[& \left[x(n) - x\left(n + \frac{N}{2}\right) \right] \\
& + j \left[x\left(n + \frac{N}{4}\right) - x\left(n + 3\frac{N}{4}\right) \right] \Bigg] W_N^{3n} W_{N/4}^{nk}.
\end{aligned}
\tag{5.51}
$$

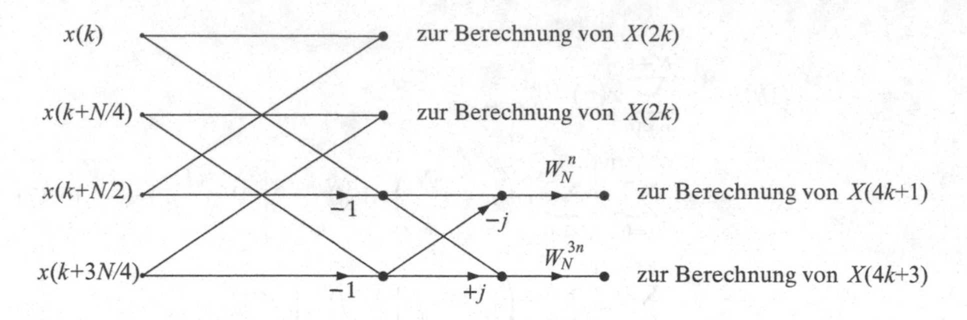

Bild 5.7 Schmetterlingsgraph der Split-Radix-FFT

Der entsprechende Split-Radix-Schmetterlingsgraph ist in Bild 5.7 dargestellt. Wie bei den zuvor beschriebenen Algorithmen kann er wiederholt angewandt werden. Der Split-Radix-Ansatz kann zu anderen Radices generalisiert werden [25], und es existieren spezielle Formen für reelle und reell-symmetrische Daten [9, 21].

5.2.5 Weitere FFT-Algorithmen

Es existieren verschiedene Algorithmen für den Fall, dass die DFT-Länge nicht unbedingt eine Zweierpotenz ist. Die bekannteste Lösung ist die *Cooley-Tukey-FFT* [8], die verlangt, dass die DFT-Länge ein Produkt zweier ganzer Zahlen P und Q ist. Die DFT kann dann als

$$\begin{aligned} X(kP+m) &= \sum_{i=0}^{P-1}\sum_{j=0}^{Q-1} x(iQ+j)\, W_N^{(iQ+j)(kP+m)} \\ &= \sum_{j=0}^{Q-1} W_Q^{jk}\, W_N^{jm} \sum_{i=0}^{P-1} x(iQ+j)\, W_P^{im}, \\ & \qquad k = 0,1,\ldots,P-1, \qquad m = 0,1,\ldots,Q-1 \end{aligned} \tag{5.52}$$

geschrieben werden. Die innere Summe in der zweiten Zeile von (5.52) stellt sich als P-Punkte-DFT heraus, und die äußere Summe ist eine Q-Punkte-DFT. Damit wird die N-Punkte-DFT in P Q-Punkte- und Q P-Punkte-DFTs sowie die Twiddle-Faktoren in der zweiten Zeile von (5.52) zerlegt. Es lässt sich leicht feststellen, dass der Aufwand gegenüber der direkten Implementierung reduziert ist. Wenn P und/oder Q selbst zusammengesetzte Zahlen sind, kann das Prinzip wiederholt werden, und die Komplexität wird weiter reduziert. Der Radix-2-Ansatz erscheint dabei als Spezialfall mit $P = 2$ und $Q = N/2$.

Wenn die DFT-Länge in $N = PQ$ faktorisiert werden kann, wobei P und Q teilerfremd sind, kann die *Good-Thomas-FFT* verwendet werden. Die Grundidee geht auf Good [13] und Thomas [24] zurück, aber der Algorithmus wurde in [17, 29, 7, 23] weiter verfeinert und ist auch als Winograd-FFT bekannt. Die Effizienz wird dadurch erreicht, dass die Twiddle-Faktoren bei teilerfremden P und Q vermieden werden können. Die Eingangsdaten werden dazu in eine zweidimensionale Matrix geschrieben, und die Transformation wird als zweidimensionale Transformation ausgeführt. Der Rechenaufwand der Winograd-FFT ist vergleichbar mit dem der Radix-2-Algorithmen, und für einige Längen ist er sogar geringer.

FFTs für beliebige Längen (auch für Primzahlen) lassen sich realisieren, indem die DFT-Berechnung in eine Faltung überführt wird. Beispiele sind der Goertzel-Algorithmus [12] und die Bluestein-FFT [1], die als Anwendung der Chirp-Z-Transformation gesehen werden kann. Historisch gesehen hat die Bluestein-FFT jedoch den Anstoß zur Entwicklung der Chirp-Z-Transformation gegeben. Entsprechend dem Ansatz von Bluestein wird die DFT als

$$X(k) = \sum_{n=0}^{N-1} x(n)\, W_N^{nk} = W_{2N}^{k^2} \sum_{n=0}^{N-1} \left[x(n)\, W_{2N}^{n^2}\right] W_{2N}^{-(k-n)^2} \tag{5.53}$$

geschrieben. Die Summe auf der rechten Seite stellt die Faltung der Sequenzen $x(n)W_{2N}^{n^2}$ und $W_{2N}^{-n^2}$ dar. Es gilt

$$X(k) = W_{2N}^{k^2} \left[x(k)\, W_{2N}^{k^2} * W_{2N}^{-k^2}\right]. \tag{5.54}$$

Die Effizienz wird dadurch erreicht, dass die Faltung wiederum als Multiplikation im Frequenzbereich unter Verwendung eines anderen FFT-Algorithmus implementiert werden kann. Beim Goertzel-Algorithmus wird die DFT-Berechnung in eine Filterung mit einem rekursiven Filter überführt. Da die Filterung hierbei für jede Spektrallinie separat ausgeführt werden muss, ist der Goertzel-Algorithmus nur dann effizient, wenn wenige Werte der DFT benötigt werden und nicht die gesamte DFT zu berechnen ist. Siehe z. B. [16, 19] für eine genaue Erläuterung des Algorithmus.

Schließlich sind noch schnelle Fourier-Transformationen für nichtäquidistante Daten (NFFT) zu nennen. Hierbei ist ein Ausdruck der Form

$$X(e^{j\omega_k}) = \sum_{n=1}^{N} x_n e^{-j\omega_k t_n}, \qquad k = 1, 2, \ldots, M \tag{5.55}$$

auszuwerten, wobei die Werte x_n im Allgemeinen komplexe Datenwerte sind und sowohl die Zeitpunkte t_n als auch die Frequenzwerte ω_k nichtäquidistant verteilt sein können. Diese Problematik trat zuerst in der Radio-Astronomie auf. Sie entsteht aber auch bei Messproblemen wie der Magnetresonanzbildgebung, wenn nichtkartesische Messtrajektorien verwendet werden, um die Zahl der Messwerte in besonders wichtigen Spektralbereichen zu erhöhen. Schnelle NFFT-Algorithmen werten den Ausdruck (5.55) approximativ aus. Viele Ansätze basieren auf dem sogenannten *Gridding*, bei dem die Werte zunächst mit geeigneten Funktionen interpoliert werden, so dass sie dann auf kartesischen Koordinaten liegen und mit bekannten FFT-Algorithmen weiterverarbeitet werden können [15, 20]. Eine Übersicht über die verschiedenen Methoden findet man in [20].

5.3 Die schnelle Faltung auf Basis der FFT

In Abschnitt 5.1 wurde gezeigt, dass die Multiplikation der DFTs zweier Sequenzen äquivalent zu einer zirkulären Faltung der Sequenzen im Zeitbereich ist. Will man eine lineare Faltung zweier Sequenzen $x(n)$ und $h(n)$ mit den Längen L bzw. M als Multiplikation im Frequenzbereich realisieren, so muss die DFT-Länge daher wenigstens $L + M - 1$ betragen. Es gilt dann

$$\begin{aligned} y(n) \longleftrightarrow Y(k) = X(k)H(k) &= \sum_{n=0}^{L-1} \sum_{\ell=0}^{M-1} x(n)\, h(\ell)\, W_N^{kn}\, W_N^{k\ell} \\ &= \sum_{m=0}^{L+M-1} \underbrace{\sum_{\ell=0}^{M-1} x(m-\ell)\, h(\ell)}_{y(m)}\; W_N^{km} \\ &= \sum_{m=0}^{L+M-1} y(m)\, W_N^{km}. \end{aligned} \tag{5.56}$$

Je nach Länge der Sequenzen $x(n)$ und $h(n)$ kann der Aufwand bei dieser Form der Faltung deutlich geringer als für die direkte Auswertung der Faltungssumme sein. Man spricht bei diesem Algorithmus auch von der schnellen Faltung für kurze Sequenzen, weil man damit nur endlich lange Sequenzen verarbeiten kann.

Einen Algorithmus, mit dem sich beliebig lange Sequenzen $x(n)$ mit einer endlich langen Sequenz $h(n)$ falten lassen, erhält man, indem man das Eingangssignal $x(n)$ in Blöcke zerlegt und die oben beschriebene schnelle Faltung auf die einzelnen Blöcke anwendet. Um dabei zirkuläre Faltungsartefakte zu vermeiden, müssen die Blöcke überlappend sein, und die korrupten Teile der Berechnung müssen entfernt oder korrigiert werden. Hierzu werden im Folgenden die Overlap-Save- und die Overlap-Add-Methode beschrieben.

Overlap-Save-Methode Bei dieser Methode werden dem Eingangssignal überlappende Blöcke

$$x_m(n) = x(m(N-D)+n), \qquad n = 0, 1, \ldots, N-1 \tag{5.57}$$

der Länge N entnommen, für die dann jeweils eine schnelle Faltung nach (5.56) ausgeführt wird. Der Wert D entspricht der Überlappung. Berechnet man von einem Block $x_m(n)$ die N-Punkte-DFT $X_m(k)$, multipliziert diese mit der N-Punkte-DFT einer Sequenz $h(n)$ der Länge $M < N$ und führt dann eine IDFT aus, so erhält man das Ergebnis der zirkulären Faltung aus $x_m(n)$ und $h(n)$. Von zirkulären Artefakten sind dabei allerdings nur die ersten $M - 1$ Werte betroffen. Das bedeutet, wenn man $D = M - 1$ wählt, dann stehen alle erforderlichen Ausgangswerte zur Bildung des korrekten linearen Faltungsergebnisses zur Verfügung, und die korrupten Werte werden nicht weiter benötigt. Man nennt die Methode *Overlap-Save*, weil sich die Blöcke überlappen und die letzten $M - 1$ Werte eines Blocks als erste $M - 1$ Werte für den nächsten Block aufgehoben werden. Bild 5.8 zeigt hierzu die Struktur der Implementierung.

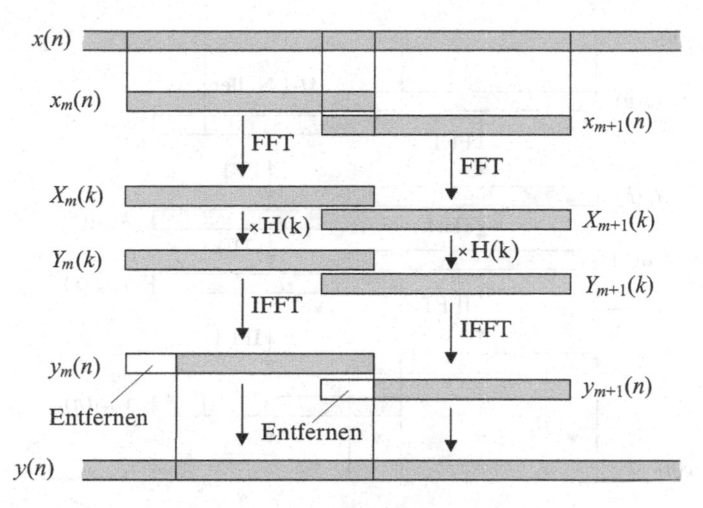

Bild 5.8 Schnelle Faltung nach dem Overlap-Save-Algorithmus

Overlap-Add-Methode Eine zweite Methode zur schnellen Faltung erhält man, indem man das Eingangssignal in nichtüberlappende Blöcke

$$x_m(n) = x(m(N - M + 1) + n), \qquad n = 0, 1, \ldots, N - M \tag{5.58}$$

der Länge $N-M+1$ einteilt, und dann mit *zero padding* DFTs der Länge N ausführt. Nach der Multiplikation von $X_m(k)$ mit $H(k)$ (der N-Punkte-DFT der Impulsantwort $h(n)$) und einer IDFT erhält man ein Ergebnis $y_m(n)$ der Länge N, bei dem die ersten und die letzten $M - 1$ Werte korrupt sind. Allerdings zeigt es sich, dass die Addition der letzten $M - 1$ korrupten Werte eines Blocks mit den ersten $M - 1$ korrupten Werten des nächsten Blocks zu den korrekten Ausgangswerten führt. Bild 5.9 zeigt hierzu die Struktur der Implementierung. Eine Erweiterung dieses Prinzips unter Verwendung von nicht rechteckförmigen überlappenden Analysefenstern wird in Abschnitt 8.2 behandelt.

5.4 Die diskrete Kosinustransformation

In der Literatur werden acht verschiedene Typen der diskreten Kosinustransformation (engl. *discrete cosine transform*, DCT) unterschieden. Dabei ist es üblich, diese von I bis VIII zu nummerieren [6]. Wir betrachten im Folgenden die ersten vier Transformationen, die auch als gerade DCTs bezeichnet werden, weil sie Eigenwertproblemen von reellwertigen Matrizen mit gerader Symmetrie zugeordnet werden können [6]. Entsprechend heißen die letzten vier ungerade DCTs. Kosinustransformationen lassen sich auch als Realteile von Fourier-Transformationen reellwertiger Signale interpretieren.

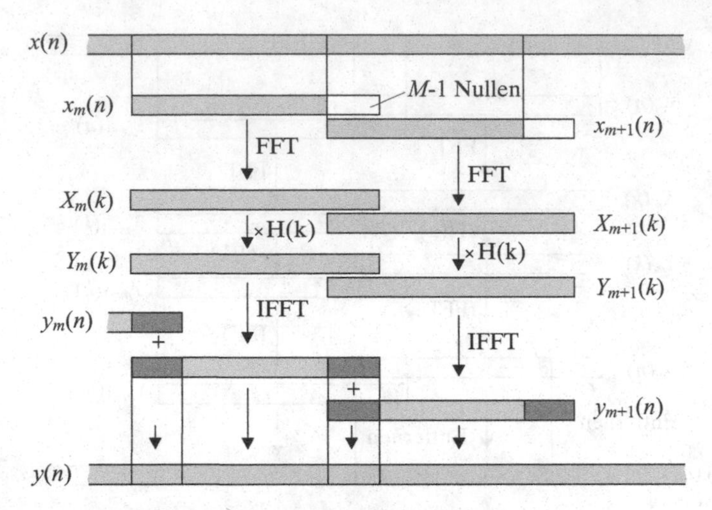

Bild 5.9 Schnelle Faltung nach dem Overlap-Add-Algorithmus

Die orthonormalen Basisvektoren der ersten vier diskreten Kosinustransformationen werden aus folgenden Sequenzen gebildet [6]:

DCT-I:

$$c_k^I(n) = \sqrt{\frac{2}{N}}\, \gamma_k \gamma_n \cos\left(\frac{kn\pi}{N}\right), \qquad k, n = 0, 1, \ldots, N. \tag{5.59}$$

DCT-II:

$$c_k^{II}(n) = \sqrt{\frac{2}{N}}\, \gamma_k \cos\left(\frac{k(n+\frac{1}{2})\pi}{N}\right), \qquad k, n = 0, 1, \ldots, N-1. \tag{5.60}$$

DCT-III:

$$c_k^{III}(n) = \sqrt{\frac{2}{N}}\, \gamma_n \cos\left(\frac{(k+\frac{1}{2})n\pi}{N}\right), \qquad k, n = 0, 1, \ldots, N-1. \tag{5.61}$$

DCT-IV:

$$c_k^{IV}(n) = \sqrt{\frac{2}{N}} \cos\left(\frac{(k+\frac{1}{2})(n+\frac{1}{2})\pi}{N}\right), \qquad k, n = 0, 1, \ldots, N-1. \tag{5.62}$$

Für die Konstanten γ_j in (5.59) – (5.61) gilt

$$\gamma_j = \begin{cases} \frac{1}{\sqrt{2}} & \text{für } j = 0 \text{ oder } j = N \\ 1 & \text{sonst.} \end{cases} \tag{5.63}$$

Um explizit zu zeigen, wie die Kosinustransformationen auszuführen sind, wird als Beispiel die DCT-II betrachtet. Die Hin- und Rücktransformation lauten

$$\begin{aligned} X_C^{II}(k) &= \sum_{n=0}^{N-1} x(n)\, c_k^{II}(n) \\ &= \gamma_k \sqrt{\frac{2}{N}} \sum_{n=0}^{N-1} x(n) \cos\left(\frac{k(n+\frac{1}{2})\pi}{N}\right) \end{aligned} \tag{5.64}$$

und

$$\begin{aligned} x(n) &= \sum_{k=0}^{N-1} X_C^{II}(k)\, c_k^{II}(n) \\ &= \sqrt{\frac{2}{N}} \sum_{k=0}^{N-1} X_C^{II}(k)\, \gamma_k \cos\left(\frac{k(n+\frac{1}{2})\pi}{N}\right). \end{aligned} \tag{5.65}$$

Insbesondere die DCT-II hat eine große Bedeutung in der Signalcodierung, denn sie besitzt gute Kompressionseigenschaften für viele natürliche Signale. Dies lässt sich auch theoretisch belegen, denn man kann zeigen, dass sie näherungsweise der *Karhunen-Loève-Transformation* (KLT) für autoregressive Prozesse erster Ordnung (AR(1)-Prozesse)[1] mit einem gegen eins strebenden Korrelationskoeffizienten entspricht. Um dies zu sehen, wird die Inverse der Korrelationsmatrix eines AR(1)-Prozesses betrachtet, die die Gestalt

$$\boldsymbol{R}_{xx}^{-1} = \frac{1+\rho^2}{\sigma^2(1-\rho^2)} \begin{bmatrix} (1-\rho\beta) & -\beta & & & \\ -\beta & 1 & -\beta & & \\ & -\beta & \ddots & \ddots & \\ & & & 1 & -\beta \\ & & & -\beta & (1-\rho\beta) \end{bmatrix} \tag{5.66}$$

mit $\beta = \rho/(1+\rho^2)$ besitzt. Die Basisvektoren der DCT-II sind die Eigenvektoren tridiagonaler symmetrischer Matrizen der Form

$$\boldsymbol{Q} = \begin{bmatrix} (1-\alpha) & -\alpha & & & \\ -\alpha & 1 & -\alpha & & \\ & -\alpha & \ddots & \ddots & \\ & & & 1 & -\alpha \\ & & & -\alpha & (1-\alpha) \end{bmatrix}. \tag{5.67}$$

Man erkennt, dass die Matrizen $\boldsymbol{Q}$ und $\boldsymbol{R}_{xx}^{-1}$ für $\rho \to 1$ die gleiche Gestalt annehmen. Es lässt sich leicht überprüfen, dass die Eigenvektoren von $\boldsymbol{R}_{xx}$ gleich den

[1] Siehe Abschnitt 6.6 bezüglich der KLT eines AR-Prozesses.

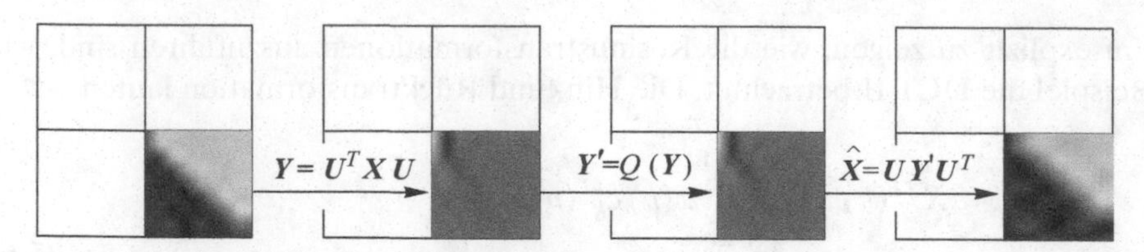

Bild 5.10 Vorgehensweise in der Transformationscodierung von Bildern

a) b)

Bild 5.11 Original und kosinus-transformiertes Bild (der Wert Null wird durch ein mittleres Grau repräsentiert). a) Original (144 × 176 Pixel); b) mit der Blockgröße 8 × 8 transformiertes Bild nach Umsortieren der Koeffizienten entsprechend ihrer Lage in den 8 × 8-Blöcken (8 × 8 Teilbilder der Größe 18 × 26)

Eigenvektoren von $\boldsymbol{R}_{xx}^{-1}$ sind, so dass die DCT-II für $\rho \to 1$ asymptotisch der KLT entspricht. Damit besitzt die DCT-II genau dann eine gute dekorrelierende Wirkung, wenn der zu transformierende Prozess $x(n)$ eine hohe Korrelation ($\rho \to 1$) aufweist. Im Vergleich zur KLT besitzt die DCT-II den Vorteil, dass sie sehr effizient mit dem FFT-Algorithmus implementiert werden kann.

Anwendung in der Bildkompression In der Transformationscodierung von Bildern werden meist zweidimensionale Kosinustransformationen verwendet. Beispiele sind der JPEG-Standard zur Codierung von Einzelbildern [26] und die verschiedenen MPEG-Standards zur Videokompression [18, 11]. Bild 5.10 veranschaulicht die Vorgehensweise. Das zweidimensionale Signal wird dabei in Blöcke aufgeteilt, von denen jeder Block separat transformiert wird. Diese Operation kann als $\boldsymbol{Y} = \boldsymbol{U}^T \boldsymbol{X} \boldsymbol{U}$ geschrieben werden, wobei $\boldsymbol{X}$ ein Bildausschnitt der Größe $N \times N$ ist. Die Matrix $\boldsymbol{U}$ enthält spaltenweise die Basisvektoren der DCT-II, und $\boldsymbol{Y}$ ist der transformierte Block. Anstelle des Signals $\boldsymbol{X}$ werden die in $\boldsymbol{Y}$ enthaltenen Koeffizienten quantisiert und codiert. Aus den quantisierten Koeffizienten $\boldsymbol{Y}' = Q(\boldsymbol{Y})$ wird schließlich eine Approximation des ursprünglichen Bildausschnittes rekonstruiert.

Um einen optischen Eindruck davon zu vermitteln, warum das Eingangssignal vor der Quantisierung und Codierung zunächst transformiert wird, sind in Bild 5.11 ein Originalbild und seine blockweise Kosinus-Transformierte dargestellt. Das Original wurde dabei in Blöcke der Größe 8×8 aufgeteilt. Diese Blockgröße entspricht der Blockgröße im JPEG-Standard. Im Bild 5.11b wurden die Werte des transformierten Bildes für die Darstellung entsprechend ihrer Position in den einzelnen Blöcken umsortiert. In dieser Darstellung erkennt man deutlich, dass in dem transformierten Bild die wesentliche Information in relativ wenigen Koeffizienten konzentriert ist. Dies ist eine besonders gute Ausgangsposition für die nachfolgende Quantisierung und Codierung.

5.5 Die diskrete Sinustransformation

Es sind acht *diskrete Sinustransformationen* (DSTs) bekannt, die üblicherweise von I bis VIII durchnummeriert werden [6]. Wie bei den Kosinustransformationen werden die ersten vier als gerade und die letzten vier als ungerade bezeichnet. Im Folgenden werden die Basisvektoren der geraden Sinustransformationen genannt:

DST-I:

$$s_k^I(n) = \sqrt{\frac{2}{N}}\,\sin\left(\frac{kn\pi}{N}\right), \qquad k, n = 1, 2, \ldots, N-1. \tag{5.68}$$

DST-II:

$$s_k^{II}(n) = \sqrt{\frac{2}{N}}\,\gamma_{k+1}\,\sin\left(\frac{(k+1)\,(n+\frac{1}{2})\pi}{N}\right), \qquad k, n = 0, 1, \ldots, N-1. \tag{5.69}$$

DST-III:

$$s_k^{III}(n) = \sqrt{\frac{2}{N}}\,\gamma_{n+1}\,\sin\left(\frac{(k+\frac{1}{2})\,(n+1)\pi}{N}\right), \qquad k, n = 0, 1, \ldots, N-1. \tag{5.70}$$

DST-IV:

$$s_k^{IV}(n) = \sqrt{\frac{2}{N}}\,\sin\left(\frac{(k+\frac{1}{2})(n+\frac{1}{2})\pi}{N}\right), \qquad k, n = 0, 1, \ldots, N-1. \tag{5.71}$$

Die Konstanten γ_j in (5.68) – (5.70) lauten

$$\gamma_j = \begin{cases} \frac{1}{\sqrt{2}} & \text{für } j = 0 \text{ und } j = N, \\ 1 & \text{sonst.} \end{cases} \tag{5.72}$$

Für die DST-II lauten die Hin- und Rücktransformation in ausgeschriebener Form

$$\begin{aligned} X_S^{II}(k) &= \sum_{n=0}^{N-1} x(n)\, s_k^{II}(n) \\ &= \gamma_{k+1}\sqrt{\frac{2}{N}}\sum_{n=0}^{N-1} x(n)\,\sin\left(\frac{(k+1)\,(n+\frac{1}{2})\pi}{N}\right) \end{aligned} \tag{5.73}$$

und

$$\begin{aligned} x(n) &= \sum_{k=0}^{N-1} X_S^{II}(k)\, s_k^{II}(n) \\ &= \sqrt{\frac{2}{N}} \sum_{k=0}^{N-1} X_S^{II}(k)\ \gamma_{k+1}\ \sin\left(\frac{(k+1)\,(n+\frac{1}{2})\pi}{N}\right). \end{aligned} \tag{5.74}$$

Die DST-II besitzt wie die DCT-II auch eine Verbindung zur Karhunen-Loève-Transformation (KLT), denn es lässt sich zeigen, dass die KLT für einen AR(1)-Prozess mit einem gegen -1 strebenden Korrelationskoeffizienten der DST-II entspricht. Damit besitzt die DST-II gute Kompressionseigenschaften für Signale mit negativer Korrelation benachbarter Werte.

5.6 Die diskrete Hartley-Transformation

Im Jahre 1942 schlug Hartley eine reellwertige Transformation vor, die eine enge Verwandtschaft zur Fourier-Transformation besitzt [14]. Sie transformiert ein reellwertiges Signal in ein reellwertiges Spektrum und benutzt dabei ausschließlich reellwertige Operationen. Der Kern der Hartley-Transformation ist die sogenannte cas-Funktion (*cosine-and-sine*), die durch $\text{cas}\,(\omega t) = \cos(\omega t) + \sin(\omega t)$ gegeben ist. Sie kann als reellwertige Version von $e^{j\omega t} = \cos(\omega t) + j\sin(\omega t)$, dem Kern der Fourier-Transformation, aufgefasst werden. Die Hartley-Transformation hatte nur wenig Bedeutung, bis zu Beginn der 1980er Jahre die diskrete Hartley-Transformation (DHT) durch Wang [27] und Bracewell [2, 3, 4] eingeführt wurde. Ähnlich wie die DFT und die DCT kann auch die DHT effizient durch eine Faktorisierung der Transformationsmatrix implementiert werden. Der resultierende Algorithmus, die *schnelle Hartley-Transformation* (engl. *fast Hartley transform*, FHT) besitzt Ähnlichkeit zur FFT und kann auch über die FFT implementiert werden. Umgekehrt kann auch die FFT über die FHT realisiert werden [28, 3, 22]. Zum Beispiel wurde in [22] ein Split-Radix-Algorithmus für die FHT vorgeschlagen.

Das Transformationspaar der diskreten Hartley-Transformation ist durch

$$\begin{aligned} X_H(k) &= \sum_{n=0}^{N-1} x(n)\ \text{cas}\,\frac{2\pi nk}{N} \\ &\updownarrow \\ x(n) &= \frac{1}{N}\sum_{k=0}^{N-1} X_H(k)\ \text{cas}\,\frac{2\pi nk}{N} \end{aligned} \tag{5.75}$$

gegeben, wobei die diskrete cas-Funktion als

$$\text{cas}\,(\omega n) = \cos(\omega n) + \sin(\omega n) \tag{5.76}$$

definiert ist. Das Signal $x(n)$ wird als reellwertig angenommen, so dass auch die Transformierte reellwertig ist. Wie die DFT ist auch die Sequenz $X_H(k)$ periodisch mit der Periode N. Abgesehen vom Vorfaktor $1/N$ ist die DHT zu sich selbst invers, was bedeutet, dass das gleiche Computerprogramm oder die gleiche Hardware zur Berechnung der Hin- und Rücktransformation eingesetzt werden kann. Dies ist nicht der Fall für die DFT, die ein reellwertiges Signal in ein komplexes Spektrum überführt.

Die Basis-Sequenzen $\operatorname{cas}(2\pi nk/N)$ können als Abtastwerte der Basisfunktionen $\operatorname{cas}(\omega_k t)$ mit $\omega_k = 2\pi k/N$ aufgefasst werden. Die Basisfunktionen mit der höchsten Frequenz entstehen für $k = N/2$. Die k-te und die $(N-k)$-te Frequenz sind identisch, aber die Phasen sind unterschiedlich.

Die Beziehung der DHT zur DFT lässt sich einfach herstellen. Unter Ausnutzung von

$$e^{j\phi} = \frac{1+j}{2} \operatorname{cas}\phi + \frac{1-j}{2} \operatorname{cas}(-\phi) \tag{5.77}$$

und der Periodizität mit der Periode N erhält man

$$\begin{aligned} \Re\{X(k)\} &= \frac{X_H(k) + X_H(N-k)}{2}, \\ \Im\{X(k)\} &= -\frac{X_H(k) - X_H(N-k)}{2}, \end{aligned} \tag{5.78}$$

wobei $X(k)$ die DFT der Sequenz $x(n)$ bezeichnet. Die DHT kann über die DFT als

$$X_H(k) = \Re\{X(k)\} - \Im\{X(k)\} \tag{5.79}$$

ausgedrückt werden. Die Eigenschaften der DHT lassen sich in einfacher Weise aus der Definition (5.75) ableiten. Viele davon ähneln denen der DFT. Die wichtigsten Eigenschaften werden im Folgenden kurz genannt.

Zeitumkehr Aus (5.75) erkennt man, dass

$$x(N-n) \longleftrightarrow X_H(N-n) \tag{5.80}$$

gilt.

Zeitverschiebung Eine zirkuläre Zeitverschiebung um μ ergibt

$$x((n+\mu) \bmod N) \quad \longleftrightarrow \quad \cos\left(\frac{2\pi\mu k}{N}\right) X_H(k) + \sin\left(\frac{2\pi\mu k}{N}\right) X_H(N-k). \tag{5.81}$$

Zirkuläre Faltung Die Korrespondenz für eine zirkuläre Faltung zweier Folgen $x(n)$ und $y(n)$ lautet

$$\begin{aligned} \sum_{p=0}^{N-1} x(p)\, y((n-p) \bmod N) \longleftrightarrow \frac{N}{2} \,[\, & X_H(k)\, Y_H(k) - X_H(N-k)\, Y_H(N-k) \\ & + X_H(k)\, Y_H(N-k) + X_H(N-k)\, Y_H(k)\,]. \end{aligned} \tag{5.82}$$

Multiplikation Als Korrespondenz für das Produkt $x(n)y(n)$ ergibt sich

$$\begin{aligned} x(n)\,y(n) \longleftrightarrow \frac{N}{2}[\,&X_H(k) \circledast_N Y_H(k) + X_H(-k) \circledast_N Y_H(k) \\ &+ X_H(k) \circledast_N Y_H(-k) - X_H(-k) \circledast_N Y_H(-k)\,]. \end{aligned} \tag{5.83}$$

Es hängt vom jeweiligen Anwendungsfall ab, ob die DFT oder die DHT besser geeignet ist. Die Komplexität beider Transformationen ist identisch. Ein Vorteil der DHT besteht darin, dass sie zu sich selbst invers ist, während für die DFT und die IDFT geringfügig unterschiedliche Routinen benutzt werden müssen. Die DHT ist auch konzeptionell einfacher, wenn das Eingangssignal reellwertig ist. Andererseits sind viele physikalische Phänomene eher mit der Fourier- als mit der Hartley-Transformation verknüpft.

5.7 Hadamard- und Walsh-Hadamard-Transformation

Die Basisvektoren der *diskreten Hadamard-* und der *diskreten Walsh-Hadamard-Transformation* nehmen nur Werte der Größe $\pm\alpha$ mit $\alpha \in \mathbb{R}$ an. Beide Transformationen sind unitär. Sie unterscheiden sich im Wesentlichen nur in der Reihenfolge der Anordnung der Basisvektoren.

Mit der Bezeichnung $\boldsymbol{H}$ für die Transformationsmatrix der Hadamard-Transformation lauten die Gleichungen für die Hin- und Rücktransformation

$$\begin{aligned} \boldsymbol{y} &= \boldsymbol{H}\,\boldsymbol{x}, \\ \boldsymbol{x} &= \boldsymbol{H}\,\boldsymbol{y}. \end{aligned} \tag{5.84}$$

Die Transformationsmatrix ist symmetrisch und zu sich selbst invers:

$$\boldsymbol{H}^T = \boldsymbol{H} = \boldsymbol{H}^{-1}. \tag{5.85}$$

Die Transformationsmatrix der 2×2-Hadamard-Transformation lautet

$$\boldsymbol{H}^{(2)} = \frac{1}{\sqrt{2}}\begin{bmatrix} 1 & 1 \\ 1 & -1 \end{bmatrix}. \tag{5.86}$$

Aus $\boldsymbol{H}^{(2)}$ lassen sich alle Transformationsmatrizen $\boldsymbol{H}^{(n)}$ der Größe $n = 2^k$ mit $k \in \mathbb{N}$ rekursiv berechnen:

$$\boldsymbol{H}^{(2n)} = \frac{1}{\sqrt{2}}\begin{bmatrix} \boldsymbol{H}^{(n)} & \boldsymbol{H}^{(n)} \\ \boldsymbol{H}^{(n)} & -\boldsymbol{H}^{(n)} \end{bmatrix}. \tag{5.87}$$

Die *Walsh-Hadamard-Transformation* erhält man aus der Hadamard-Transformation, indem man die Basisvektoren entsprechend der Anzahl der Vorzeichenwechsel umsortiert. Dadurch erreicht man, dass die Basisvektoren bezüglich ihrer spektralen Eigenschaften eine gewisse Ordnung besitzen.

Eine Anwendung der Hadamard-Transformation findet sich zum Beispiel im Mobilfunk, wo sie im Rahmen der CDMA-Übertragung (*code division multiple access*) zur Erzeugung sogenannter PN-Sequenzen für die Benutzertrennung genutzt wird. Sie kann auch als einfach zu implementierende Transformation für die Bildkompression eingesetzt werden, erreicht dabei aber nicht die Kompressionseigenschaften der DCT.

Literaturverzeichnis

[1] L. Bluestein: *A linear filtering approach to the computation of the discrete Fourier transform*. IEEE Trans. Audio and Electroacoustics, 18:451–455, 1970.

[2] R. N. Bracewell: *The discrete Hartley transform*. J. Opt. Soc. America, 73(12):1832–1835, 1983.

[3] R. N. Bracewell: *The fast Hartley transform*. Proc. IEEE, 72:1010–1018, 1984.

[4] R. N. Bracewell: *The Hartley Transform*. Oxford University Press, Oxford, UK, 1985.

[5] W. L. Briggs und V. E. Henson: *An Owners Manual for the DFT*. Siam, Philadelphia, 1995.

[6] V. Britanak, P. C. Yip und K. R. Rao: *Discrete Cosine and SineTransforms*. Elsevier, 2007.

[7] C. S. Burrus und P. Eschenbacher: *An in-place in-order prime factor FFT algorithm*. IEEE Trans. Acoust., Speech, Signal Processing, 29:806–817, 1981.

[8] J. Cooley und J. Tukey: *An algorithm for machine calculation of complex Fourier series*. Math. Comp., 19:297–301, 1965.

[9] P. Duhamel: *Implementation of the split-radix FFT algorithms for complex, real, and real-symmetric data*. IEEE Trans. Acoust., Speech, Signal Processing, 34:285–295, 1986.

[10] P. Duhamel und H. Hollmann: *Split radix FFT algorithms*. Electronics Letters, 20:14–16, 1984.

[11] C. Fogg, D. J. LeGall, J. L. Mitchell und W. B. Pennebaker: *MPEG Video Compression Standard*. Chapman & Hall, New York, NY, 1996.

[12] G. Goertzel: *An algorithm for the evaluation of finite trigonometric series*. American Math. Monthly, 65:34–35, 1958.

[13] I. Good: *The interaction algorithm and practical Fourier analysis*. J. Royal Stat. Soc. Series B, 20:361–372, 1958.

[14] R. V. L Hartley: *A more symmetrical Fourier Analysis applied to transmission problems*. Proc. of the Inst. Radio Eng., 30:144–150, März 1942.

[15] J. I. Jackson, C. H. Meyer, D. G. Nishimura und A. Macovski: *Selection of a convolution function for Fourier inversion using gridding*. IEEE Trans. on Medical Imaging, 10(3):473–478, September 1991.

[16] K.-D. Kammeyer und K. Kroschel: *Digitale Signalverarbeitung*. Springer Vieweg, Wiesbaden, 9. Auflage, 2018.

[17] D. Kolba und T. Parks: *A prime factor FFT algorithm using high speed convolution*. IEEE Trans. Acoust., Speech, Signal Processing, 25:281–294, 1977.

[18] *MPEG-2 Video Compression Standard. Generic Coding of Moving Pictures and Associated Audio, ISO/IEC CD 13818-2*, 1993.

[19] A. V. Oppenheim, R. W. Schafer und J. R. Buck: *Discrete-Time Signal Processing*. Prentice-Hall, Englewood Cliffs, NJ, 2. Auflage, 1999.

[20] D. Potts, G. Steidl und M. Tasche: Fast Fourier transforms for nonequispaced data: A tutorial. In *Modern Sampling Theory: Mathematics and Application*, Seiten 247–270. Birkhäuser, Boston, 2001.

[21] H. Sorensen, M. Heidemann und C. S. Burrus: *On calculation the split-radix FFT*. IEEE Trans. Acoust., Speech, Signal Processing, 34:152–156, 1986.

[22] H. V. Sorensen, D. L. Jones, C. S. Burrus und M. T. Heidemann: *On computing the discrete Hartley transform*. IEEE Trans. Acoust., Speech, Signal Processing, 33:1231–1238, Oktober 1985.
[23] C. Temperton: *Self-sorting in-place fast Fourier transforms*. SIAM J. Sci. Comput., 12:808–823, 1991.
[24] L. Thomas: *Using a computer to solve problems in physics*. In: *Applications of Digital Computers, Ginn, Boston, MA*, 1963.
[25] M. Vetterli und P. Duhamel: *Split radix algorithms for length p^m DFTs*. IEEE Trans. Acoust., Speech, Signal Processing, 34:57–64, 1989.
[26] G. K. Wallace: *The JPEG Still Picture Compression Standard*. Communications of the ACM, 34:31–44, April 1991.
[27] Z. Wang: *Harmonic analysis with a real frequency function–parts I-III*. Appl. Math. and Comput., 9:53–73, 153–163, 245–255, 1981.
[28] Z. Wang: *Fast algorithms for the discrete W transfom and for the discrete Fourier transform*. IEEE Trans. Acoust., Speech, Signal Processing, 21:803–816, August 1984.
[29] S. Winograd: *On computing the discrete Fourier transform*. Math. Computation, 32:175–199, 1978.

Kapitel 6
Charakterisierung und Transformation von Zufallsprozessen

Zufälligen Signalen begegnet man in allen Bereichen der Signalverarbeitung und Signalanalyse. Zum einen treten sie als Störungen bei der Messung oder Signalübertragung auf, und zum anderen sind die zu verarbeitenden Signale (Sprache, Bilder, Messwerte) in der Regel selbst zufällig. In diesem Abschnitt werden einige der wichtigsten Methoden zur Beschreibung zufälliger Signale erläutert. Da Zufallssignale im Allgemeinen nicht mit den für deterministische Größen verfügbaren Werkzeugen behandelt werden können, ist es notwendig, ihre Eigenschaften im Rahmen der Wahrscheinlichkeitstheorie zu bestimmen und anzugeben. Prinzipiell unterscheidet man hierbei zwischen *Zufallsvariablen* und *Zufallsprozessen*. Im Folgenden wird zunächst auf Zufallsvariablen eingegangen. Dann werden Zufallsprozesse behandelt. Dabei wird im Wesentlichen nur die Statistik bis zur zweiten Ordnung betrachtet, die zum Beispiel durch Korrelationsfunktionen erfasst wird. Eine umfassende Behandlung allgemeiner statistischer Methoden findet man zum Beispiel in [15].

6.1 Eigenschaften von Zufallsvariablen

Die Erzeugung einer Zufallsvariablen lässt sich wie folgt beschreiben: Es wird von einer Merkmalsmenge M ausgegangen, der in zufälliger Weise Merkmale $m_i \in M$ entnommen werden. Die Merkmale selbst können dabei nichtnumerisch sein. Jedem Merkmal m_i wird eine reelle oder komplexe Zahl zugeordnet (siehe Bild 6.1), die man als Zufallsvariable bezeichnet. Die Zufälligkeit liegt dabei im Auftreten der Merkmale. Zufallsvariablen können entweder diskret oder kontinuierlich sein. Diskrete Zufallsvariablen nehmen nur Werte aus einem diskreten Vorrat $X = \{v_1, v_2, \ldots, v_m\}$ an, während kontinuierliche Zufallsvariablen einen unendlichen Wertevorrat haben (zum Beispiel einen Abschnitt der reellen Zahlen). Wir betrachten im Folgenden vorrangig kontinuierliche Zufallsvariablen, weil im Rahmen dieses Textes davon ausgegangen wird, dass Signale entweder analog sind oder bei der Diskretisierung so fein quantisiert wurden, dass die Amplituden mit guter

---

Ergänzende Information Die elektronische Version dieses Kapitels enthält Zusatzmaterial, auf das über folgenden Link zugegriffen werden kann https://doi.org/10.1007/978-3-658-41529-7_6.

A. Mertins, *Signaltheorie*, https://doi.org/10.1007/978-3-658-41529-7_6

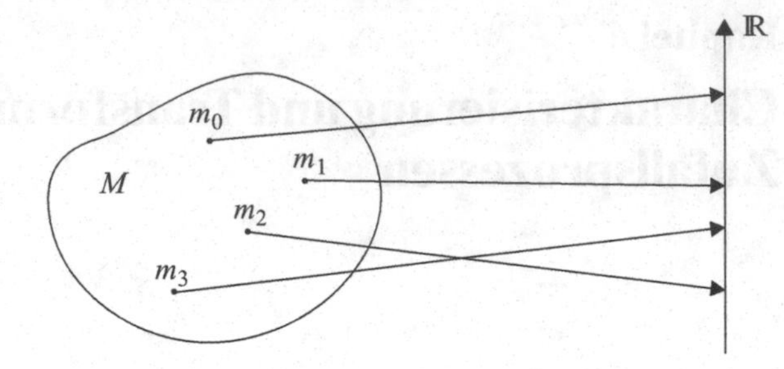

Bild 6.1 Erzeugung von Zufallsvariablen

Näherung als kontinuierlich angesehen werden können. Diskrete Zufallsvariablen sind hierbei prinzipiell mit eingeschlossen, wobei sich die im Folgenden definierten Dichten dann auf einzelne Werte v_i konzentrieren. Alternativ kann die Behandlung diskreter Zufallsvariablen aber auch mit der sogenannten Wahrscheinlichkeitsfunktion (engl. *probability mass function*) geschehen, die angibt, mit welchen Wahrscheinlichkeiten die Zufallsvariable die Werte v_i annimmt.

Verteilungs- und Dichtefunktion Die statistischen Eigenschaften einer kontinuierlichen Zufallsvariablen x werden vollständig durch ihre *Verteilungsfunktion* $F_x(\alpha)$ bzw. durch ihre *Dichtefunktion* $p_x(\alpha)$ beschrieben. Die Verteilungsfunktion gibt an, mit welcher Wahrscheinlichkeit P der Wert der Zufallsvariablen x kleiner oder gleich dem Wert α ist:

$$F_x(\alpha) = P(x \leq \alpha). \tag{6.1}$$

Dabei gelten die Eigenschaften

$$\lim_{\alpha \to -\infty} F_x(\alpha) = 0, \qquad \lim_{\alpha \to \infty} F_x(\alpha) = 1, \qquad F_x(\alpha_1) \leq F_x(\alpha_2) \quad \text{für} \quad \alpha_1 \leq \alpha_2. \tag{6.2}$$

Aus der Verteilung erhält man die Wahrscheinlichkeitsdichtefunktion (kurz: Dichtefunktion oder Dichte) durch Differentiation:

$$p_x(\alpha) = \frac{d}{d\alpha} F_x(\alpha). \tag{6.3}$$

Da die Verteilung eine mit wachsendem Argument nie abfallende Funktion ist, gilt

$$p_x(\alpha) \geq 0. \tag{6.4}$$

Verbunddichte Die Verbunddichte $p_{x_1,x_2}(\xi_1, \xi_2)$ zweier Zufallsvariablen x_1 und x_2 lautet

$$p_{x_1,x_2}(\xi_1, \xi_2) = p_{x_1}(\xi_1)\, p_{x_2|x_1}(\xi_2|\xi_1), \tag{6.5}$$

wobei $p_{x_2|x_1}(\xi_2|\xi_1)$ eine bedingte Dichte ist (die Dichte von x_2 unter der Bedingung, dass x_1 den Wert ξ_1 angenommen hat). Man kann ebenso schreiben

$$p_{x_1,x_2}(\xi_1, \xi_2) = p_{x_2}(\xi_2)\, p_{x_1|x_2}(\xi_1|\xi_2). \tag{6.6}$$

Falls die Variablen x_1 und x_2 statistisch unabhängig voneinander sind, vereinfacht sich (6.5) zu

$$p_{x_1,x_2}(\xi_1,\xi_2) = p_{x_1}(\xi_1)\, p_{x_2}(\xi_2). \tag{6.7}$$

Die Dichte komplexer Zufallsvariablen ist als die Verbunddichte des Real- und Imaginärteils definiert:

$$p_x(\xi) = p_u(\xi_1)\, p_{v|u}(\xi_2|\xi_1) \quad \text{mit} \quad u = \Re\{x\},\ \ v = \Im\{x\},\ \ \xi = \xi_1 + j\xi_2. \tag{6.8}$$

Die Dichte eines Zufallsvektors $\boldsymbol{x} = [x_1, x_2, \ldots, x_m]^T$ ist als die Verbunddichte der Komponenten zu verstehen:

$$p_{\boldsymbol{x}}(\boldsymbol{\xi}) = p_{x_1,x_2,\ldots,x_m}(\xi_1, \xi_2, \ldots, \xi_m). \tag{6.9}$$

Die Bayes'sche Regel Aus den Gleichungen (6.5) und (6.6) folgt die Bayes'sche Regel

$$p_{x_2|x_1}(\xi_2|\xi_1) = \frac{p_{x_2}(\xi_2)\, p_{x_1|x_2}(\xi_1|\xi_2)}{p_{x_1}(\xi_1)}, \tag{6.10}$$

die es erlaubt, $p_{x_2|x_1}(\xi_2|\xi_1)$ durch $p_{x_1|x_2}(\xi_1|\xi_2)$ und die einzelnen Dichten $p_{x_1}(\xi_1)$ und $p_{x_2}(\xi_2)$ auszudrücken. Diese Regel kann wie folgt auf vektorielle Zufallsvariablen erweitert werden,

$$p_{\boldsymbol{a}|\boldsymbol{x}}(\mathbf{a}|\mathbf{x}) = \frac{p_{\boldsymbol{a}}(\mathbf{a})\, p_{\boldsymbol{x}|\boldsymbol{a}}(\mathbf{x}|\mathbf{a})}{p_{\boldsymbol{x}}(\mathbf{x})}. \tag{6.11}$$

Der Erwartungswert Der *Erwartungswert* oder *statistische Mittelwert* einer beliebigen Funktion $g(x)$ einer Zufallsvariablen x berechnet sich mit Hilfe der Dichte der Zufallsvariablen zu

$$E\{g(x)\} = \int_{-\infty}^{\infty} g(\xi)\, p_x(\xi)\, d\xi. \tag{6.12}$$

Die Erwartungswertbildung ist linear. Es gilt

$$E\{\alpha g_1(x) + \beta g_2(x)\} = \alpha E\{g_1(x)\} + \beta E\{g_2(x)\}. \tag{6.13}$$

Der Erwartungswert einer Konstanten c ist gleich der Konstanten selbst: $E\{c\} = c$.

Momente Die Eigenschaften von Zufallsvariablen werden häufig über die Momente beschrieben. Das n-te Moment lautet

$$m_x^{(n)} = E\{x^n\}. \tag{6.14}$$

Der Erwartungswert von $g(x) = x$ ist der Mittelwert (das erste Moment):

$$m_x = E\{x\} = \int_{-\infty}^{\infty} \xi\, p_x(\xi)\, d\xi. \tag{6.15}$$

Für $g(x) = |x|^2$ ergibt sich die mittlere Leistung (zweites Moment):

$$s_x^2 = E\{|x|^2\} = \int_{-\infty}^{\infty} |\xi|^2\, p_x(\xi)\, d\xi. \tag{6.16}$$

Die *Varianz* (zweites Zentralmoment) berechnet sich mit $g(x) = |x - m_x|^2$ zu

$$\sigma_x^2 = E\left\{|x - m_x|^2\right\} = \int_{-\infty}^{\infty} |\xi - m_x|^2 \, p_x(\xi) \, d\xi. \tag{6.17}$$

Es gilt der Zusammenhang

$$\sigma_x^2 = s_x^2 - m_x^2. \tag{6.18}$$

Den Wert σ_x, also die Wurzel aus der Varianz, bezeichnet man als die *Standardabweichung.*

Die charakteristische Funktion Die charakteristische Funktion einer Zufallsvariablen x ist als

$$\Phi_x(\nu) = \int_{-\infty}^{\infty} e^{j\nu x} \, p_x(\nu) \, d\nu \tag{6.19}$$

definiert. Das bedeutet, dass es sich, abgesehen vom Vorzeichen des Arguments, um die Fourier-Transformierte der Dichtefunktion handelt. Unter Verwendung des Momententheorems der Fourier-Transformation erkennt man, dass die Momente über eine Differentiation der charakteristischen Funktion berechnet werden können:

$$m_x^{(n)} = (-j)^n \left. \frac{d^n \Phi_x(\nu)}{d\nu^n} \right|_{\nu=0}. \tag{6.20}$$

Die generalisierte Gaußverteilung Als ein Beispiel für eine Familie von Dichtefunktionen wird die generalisierte Gaußverteilung betrachtet. Sie ist durch

$$p_x(\alpha) = \frac{k}{2A(k)\Gamma(1/k)} \, e^{-\left(|\alpha - \mu|/A(k)\right)^k} \tag{6.21}$$

mit

$$A(k) = \left(\sigma^2 \frac{\Gamma(1/k)}{\Gamma(3/k)}\right)^{1/2} \tag{6.22}$$

gegeben. Darin ist $\Gamma(b)$ die *Gammafunktion*

$$\Gamma(b) = \int_0^{\infty} x^{b-1} e^{-x} \, dx. \tag{6.23}$$

Die Parameter μ und σ sind der Mittelwert und die Standardabweichung. Für $k = 2$ geht die generalisierte gaußsche Dichte in die gewöhnliche gaußsche Dichte über:

$$p_x(\alpha) = \frac{1}{\sqrt{2\pi\sigma^2}} \, e^{-\frac{\alpha^2}{2\sigma^2}}. \tag{6.24}$$

Bild 6.2 zeigt, dass mit kleiner werdendem k sowohl kleine als auch große Werte zunehmend wahrscheinlicher werden. Für $k = 1$ erhält man die Laplace-Verteilung, und für $k \to \infty$ ergibt sich eine Gleichverteilung. Für $k < 2$ spricht man von einer supergaußschen Verteilung. Für $k > 2$ nennt man sie subgaußisch.

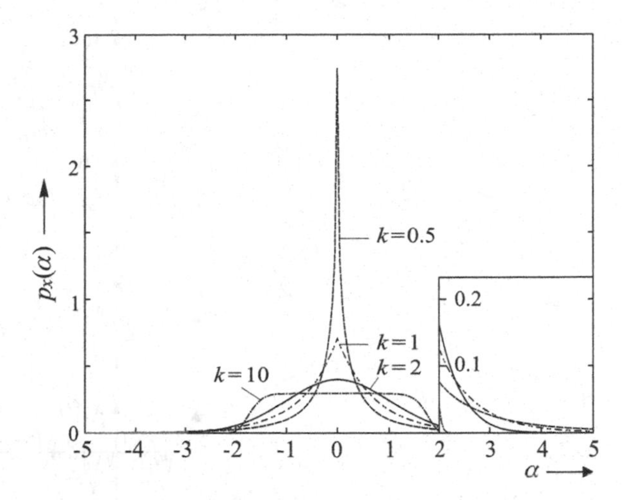

Bild 6.2 Generalisierte gaußsche Dichte

6.2 Zeitkontinuierliche Zufallsprozesse

Bei der Definition eines Zufallsprozesses wird wie schon bei den Zufallsvariablen von der Vorstellung ausgegangen, dass eine Merkmalsmenge M existiert, aus der Merkmale m_i gezogen werden. Jetzt wird jedem Merkmal m_i allerdings eine Funktion $x_i(t)$ zugeordnet, siehe Bild 6.3. Die Gesamtheit aller möglichen Zeitfunktionen wird als *stochastischer Prozess* $x(t)$ bezeichnet. Die Zufälligkeit liegt hierbei im Auftreten der Merkmale, die Zuordnung $m_i \rightarrow x_i(t)$ ist als determiniert anzusehen. Eine Funktion $x_i(t)$ bezeichnet man als *Realisierung* des stochastischen Prozesses $x(t)$ oder auch als *Musterfunktion*.

6.2.1 Korrelationsfunktionen und Stationarität

Der Ausgangspunkt für die folgenden Überlegungen ist ein stochastischer Prozess $x(t)$, dem zu den Zeitpunkten $t_1 < t_2 < \ldots < t_n$ für ein $n \in \mathbb{N}$ die Zufallsvariablen $x_{t_1}, x_{t_2}, \ldots, x_{t_n}$ mit $x_{t_k} = x(t_k)$ entnommen werden. Die statistischen Eigenschaften dieser Zufallsvariablen werden durch ihre Verbunddichte

$$p_{x_{t_1}, x_{t_2}, \ldots, x_{t_n}}(\alpha_1, \alpha_2, \ldots, \alpha_n)$$

beschrieben. Mit einer Zeitverschiebung τ wird dem Prozess $x(t)$ nun ein zweiter Satz von Zufallsvariablen entnommen: $x_{t_1+\tau}, x_{t_2+\tau}, \ldots, x_{t_n+\tau}$ mit $x_{t_k+\tau} = x(t_k + \tau)$. Sind die Verbunddichten beider Sätze für alle Zeitverschiebungen τ gleich und gilt

$$p_{x_{t_1}, x_{t_2}, \ldots, x_{t_n}}(\alpha_1, \alpha_2, \ldots, \alpha_n) = p_{x_{t_1+\tau}, x_{t_2+\tau}, \ldots, x_{t_n+\tau}}(\alpha_1, \alpha_2, \ldots, \alpha_n) \tag{6.25}$$

zudem für alle n und jede beliebige Wahl der Beobachtungszeitpunkte $t_1, t_2, \ldots, t_n$, dann spricht man von einem *streng stationären Prozess*.

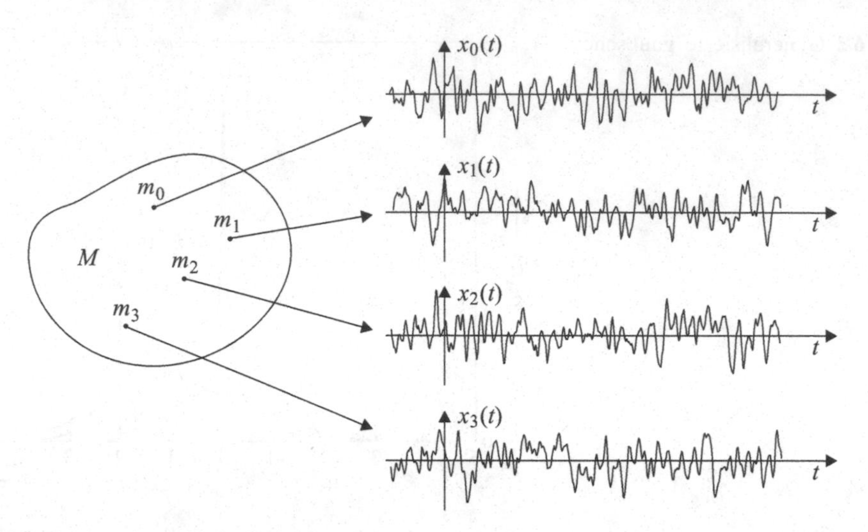

Bild 6.3 Zeitkontinuierliche Zufallsprozesse

Autokorrelationsfunktion Die Autokorrelationsfunktion eines Zufallsprozesses $x(t)$ definiert man wie folgt als Moment zweiter Ordnung:

$$\begin{aligned}\gamma_{xx}(t_1,t_2) &= E\{x^*(t_2)\,x(t_1)\} \\ &= \int_{-\infty}^{\infty}\int_{-\infty}^{\infty} \xi_1\,\xi_2\,p_{x_1,x_2}(\xi_1,\xi_2)\,d\xi_1\,d\xi_2\end{aligned} \tag{6.26}$$

mit $x_1 = x(t_1)$ und $x_2 = x^*(t_2)$. Die Autokorrelationsfunktion gibt dabei im Wesentlichen an, wie ähnlich sich der Prozess zu den Zeitpunkten t_1 und t_2 ist, denn für den zu erwartenden quadrierten euklidischen Abstand gilt

$$E\left\{|x_1 - x_2|^2\right\} = E\left\{|x_1|^2\right\} + E\left\{|x_2|^2\right\} - 2\,\Re\{\gamma_{xx}(t_1,t_2)\}. \tag{6.27}$$

Man sieht daran, dass der Abstand mit wachsender Korrelation sinkt.

Die *Autokovarianzfunktion* eines Zufallsprozesses ist als

$$\begin{aligned}c_{xx}(t_1,t_2) &= E\left\{[x^*(t_2) - m_{t_2}^*]\,[x(t_1) - m_{t_1}]\right\} \\ &= \gamma_{xx}(t_1,t_2) - m_{t_2}^* m_{t_1}\end{aligned} \tag{6.28}$$

definiert, wobei m_{t_k} den statistischen Mittelwert zum Zeitpunkt t_k bezeichnet:

$$m_{t_k} = E\{x(t_k)\}\,. \tag{6.29}$$

Wenn man die Autokorrelationsfunktion so normiert, dass ihr Wert zwischen -1 und $+1$ liegt, erhält man den *Korrelationskoeffizienten*:

$$\rho_{xx}(t_1,t_2) = \frac{\gamma_{xx}(t_1,t_2)}{\sqrt{\gamma_{xx}(t_1,t_1)}\,\sqrt{\gamma_{xx}(t_2,t_2)}}. \tag{6.30}$$

- Ein Wert von $\rho = 1$ besagt, dass $x(t_2) = x(t_1)$ gilt.
- Ein Wert von $\rho = -1$ bedeutet $x(t_2) = -x(t_1)$.
- Für $\rho = 0$ sind $x(t_1)$ und $x(t_2)$ unkorreliert.

Im weiteren Sinne stationäre Prozesse Es existieren Prozesse, die die zuvor genannten Anforderungen an eine strenge Stationarität nicht erfüllen, deren Mittelwert aber konstant ist und deren Autokorrelationsfunktion nur eine Funktion der Differenz $t_1 - t_2$ ist. Derartige Prozesse bezeichnet man als *schwach stationär* oder als *im weiteren Sinne stationär*, auch wenn sie nach der strengen Definition der Stationarität als *instationär* gelten müssten.

Zyklostationäre Prozesse Ist ein Prozess nach der oben genannten Definition instationär, wiederholen sich aber die statistischen Eigenschaften mit einer Periode T, so spricht man von einem *zyklostationären Prozess*.

Autokorrelationsfunktion stationärer Prozesse Im Folgenden wird von schwach stationären Prozessen ausgegangen, so dass die Momente bis zur zweiten Ordnung unabhängig vom betrachteten Zeitpunkt sind. Wegen der Stationarität ist davon auszugehen, dass die Musterfunktionen nicht absolut integrierbar sind und dass ihre Fourier-Transformierten nicht existieren. Die *Autokorrelationsfunktion* (AKF) ist wegen der vorausgesetzten Stationarität nur von der Zeitdifferenz der betrachteten Zeitpunkte abhängig, sie berechnet sich zu

$$r_{xx}(\tau) = E\left\{x^*(t)\, x(t+\tau)\right\}. \tag{6.31}$$

Mit $x_1 = x(t+\tau)$ und $x_2 = x^*(t)$ lässt sich die Bildung des Erwartungswertes als

$$r_{xx}(\tau) = E\left\{x_1 x_2\right\} = \int_{-\infty}^{\infty}\int_{-\infty}^{\infty} \xi_1\, \xi_2\, p_{x_1,x_2}(\xi_1, \xi_2)\, d\xi_1\, d\xi_2 \tag{6.32}$$

schreiben. Die Autokorrelationsfunktion hat ihr absolutes Maximum bei $\tau = 0$, wo ihr Amplitudenwert mit dem quadratischen Mittelwert übereinstimmt:

$$r_{xx}(0) = s_x^2 = E\left\{|x|^2\right\} = \int_{-\infty}^{\infty} |\xi|^2\, p_x(\xi)\, d\xi. \tag{6.33}$$

Zudem gilt die Symmetrie $r_{xx}(-\tau) = r_{xx}^*(\tau)$.

Wenn die Signale vor der Berechnung der Autokorrelationsfunktion vom Mittelwert

$$m_x = E\left\{x(t)\right\} \tag{6.34}$$

befreit werden, erhält man die *Autokovarianzfunktion*

$$\begin{aligned} c_{xx}(\tau) &= E\left\{[x^*(t) - m_x^*]\, [x(t+\tau) - m_x]\right\} \\ &= r_{xx}(\tau) - |m_x|^2. \end{aligned} \tag{6.35}$$

Kreuzkorrelation Die Kreuzkorrelationsfunktion zweier gemeinsam im weiteren Sinne stationärer Prozesse $x(t)$ und $y(t)$ lautet

$$r_{xy}(\tau) = E\{x^*(t)\, y(t+\tau)\}\,. \tag{6.36}$$

Ergodische Prozesse Üblicherweise ist der Erwartungswert bei der Berechnung der Autokorrelationsfunktion als Scharmittel (6.32) über den stochastischen Prozess zu bilden. Eine Ausnahme stellen die sogenannten ergodischen Prozesse dar, bei denen die Mittelung über eine einzelne Musterfunktion das gleiche Ergebnis wie die Scharmittelung liefert. Für die Autokorrelationsfunktion eines zeitkontinuierlichen ergodischen Prozesses ergibt sich dann

$$r_{xx}(\tau) = \lim_{T\to\infty} \frac{1}{2T} \int_{-T}^{T} x_i^*(t)\, x_i(t+\tau)\, dt, \tag{6.37}$$

wobei $x_i(t)$ eine beliebige Realisierung des stochastischen Prozesses ist.

6.2.2 Spektrale Leistungsdichte

Die spektrale Leistungsdichte, auch Leistungsdichtespektrum genannt, beschreibt die Verteilung der Leistung in Abhängigkeit der Frequenz. Die Leistungsdichte ist als Fourier-Transformierte der Autokorrelationsfunktion definiert:

$$S_{xx}(\omega) = \int_{-\infty}^{\infty} r_{xx}(\tau)\, e^{-j\omega\tau}\, d\tau. \tag{6.38}$$

Umgekehrt gilt

$$r_{xx}(\tau) = \frac{1}{2\pi} \int_{-\infty}^{\infty} S_{xx}(\omega)\, e^{j\omega\tau}\, d\omega. \tag{6.39}$$

Die Definition (6.38) basiert auf dem *Wiener-Khintchine-Theorem*, das besagt, dass die nach

$$S_{xx}(\omega) = \lim_{T\to\infty} \frac{1}{T}\, E\left\{|X_T(\omega)|^2\right\} \tag{6.40}$$

mit

$$x(t)\, \mathrm{rect}\left(\frac{t}{T}\right) \;\longleftrightarrow\; X_T(\omega) \tag{6.41}$$

berechnete und physikalisch sinnvolle Leistungsdichte identisch mit der Leistungsdichte nach (6.38) ist. Betrachtet man (6.39) für $\tau = 0$, dann erhält man die mittlere Leistung

$$s_x^2 = r_{xx}(0) = \frac{1}{2\pi} \int_{-\infty}^{\infty} S_{xx}(\omega)\, d\omega. \tag{6.42}$$

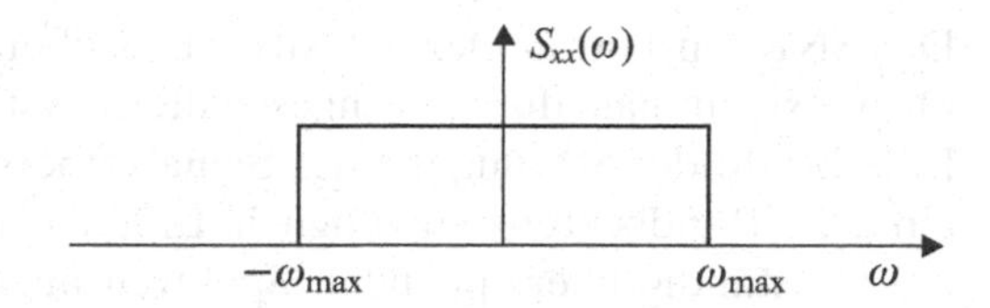

Bild 6.4 Bandbegrenzter weißer Rauschprozess

Kreuzkorrelation und Kreuzleistungsdichte Die Fourier-Transformierte von $r_{xy}(\tau)$ ist die sogenannte *Kreuzleistungsdichte* $S_{xy}(\omega)$. Es gilt die Korrespondenz

$$r_{xy}(\tau) = \frac{1}{2\pi}\int_{-\infty}^{\infty} S_{xy}(\omega)\, e^{j\omega\tau}\, d\omega \longleftrightarrow S_{xy}(\omega) = \int_{-\infty}^{\infty} r_{xy}(\tau)\, e^{-j\omega\tau}\, d\tau. \quad (6.43)$$

Zeitkontinuierliche weiße Rauschprozesse Ein im weiteren Sinne stationärer Rauschprozess $x(t)$ wird als weiß bezeichnet, wenn seine Leistungsdichte eine Konstante ist:

$$S_{xx}(\omega) = \sigma^2. \quad (6.44)$$

Die Autokorrelationsfunktion eines derartigen Prozesses ist ein Dirac-Impuls mit dem Gewicht σ^2:

$$r_{xx}(\tau) = \sigma^2\, \delta_0(\tau). \quad (6.45)$$

Da die mittlere Leistung $s_x^2 = r_{xx}(0)$ eines weißen Rauschprozesses unendlich hoch ist, ist ein solcher Prozess nicht realisierbar. Dennoch stellt er ein einfaches Modell dar, das oft zur Beschreibung der Eigenschaften realer Prozesse herangezogen wird.

Zeitkontinuierliche weiße gaußsche Rauschprozesse Es wird von einem reellwertigen, im weiteren Sinne stationären Zufallsprozess $x(t)$ ausgegangen, der auf einem Intervall $[-a, a]$ mittels einer Reihenentwicklung $x(t) = \sum_{i=1}^{\infty} \alpha_i\, \varphi_i(t)$ dargestellt wird. Darin bilden die Funktionen $\varphi_i(t),\ i = 1, 2, \ldots$ eine beliebige orthonormale Basis für den Raum $L_2(-a, a)$. Falls die durch $\alpha_i = \int_{-a}^{a} \varphi_i(t)\, x(t)\, dt$ gegebenen Koeffizienten gaußsche Zufallsvariablen mit

$$E\left\{\alpha_i^2\right\} = \sigma^2 \quad \text{für alle } i \in \mathbb{N} \quad (6.46)$$

sind, bezeichnet man den Prozess $x(t)$ als weißen gaußschen Zufallsprozess.

Bandbegrenztes weißes Rauschen Ein bandbegrenzter weißer Rauschprozess ist ein Prozess, dessen spektrale Leistungsdichte in einem bestimmten Frequenzbereich konstant ist und außerhalb dieses Bereichs verschwindet. Bild 6.4 veranschaulicht dies. Einen Zufallsprozess, der nicht weiß oder bandbegrenzt-weiß ist, bezeichnet man als *farbig*.

Das Signal-zu-Rausch-Verhältnis Betrachtet wird ein im weiteren Sinne stationärer Zufallsprozess $x(t) = s(t) + n(t)$, wobei $s(t)$ ein Nutzsignal und $n(t)$ eine davon statistisch unabhängige Störung darstellt. Unter dem *Signal-zu-Rausch-Verhältnis* (engl. *signal-to-noise ratio*, SNR) versteht man das Verhältnis aus der mittleren Nutz- zur mittleren Störleistung:

$$\mathrm{SNR} = \frac{E\left\{|s(t)|^2\right\}}{E\left\{|n(t)|^2\right\}}. \quad (6.47)$$

Das SNR wird oft in Dezibel (dB) abgegeben. Es gilt $\mathrm{SNR}_{\mathrm{dB}} = 10 \log_{10} \mathrm{SNR}$ [dB]. Oft versucht man, durch nachgeschaltete Systeme das SNR zu verbessern. Wenn die Bandbreite der Störung die des Signals übersteigt, ist dies zum Beispiel durch eine einfache Bandbegrenzung möglich. Eine Auswahl an speziellen Methoden, die auch bei vollständig überlappenden Spektren angewendet werden können, wird in den Abschnitten 8.4 und 9.11.2 sowie in Kapitel 11 behandelt.

6.2.3 Transformation stochastischer Prozesse durch lineare Systeme

Es wird von einem stabilen linearen zeitinvarianten System mit der Impulsantwort $h(t)$ ausgegangen, das mit einem stationären Prozess $x(t)$ angeregt wird. Die Kreuzkorrelationsfunktion zwischen dem Eingangsprozess $x(t)$ und dem Ausgangsprozess $y(t)$ berechnet sich zu

$$\begin{aligned} r_{xy}(\tau) &= E\{x^*(t)\, y(t+\tau)\} \\ &= \int_{-\infty}^{\infty} E\{x^*(t)\, x(t+\tau-\lambda)\}\, h(\lambda)\, d\lambda \\ &= r_{xx}(\tau) * h(\tau). \end{aligned} \tag{6.48}$$

Die Fourier-Transformation von (6.48) ergibt für das Kreuzleistungsdichtespektrum

$$S_{xy}(\omega) = S_{xx}(\omega)\, H(\omega). \tag{6.49}$$

Die Berechnung der Autokorrelationsfunktion des Ausgangssignals geschieht wie folgt:

$$\begin{aligned} r_{yy}(\tau) &= E\{y^*(t)\, y(t+\tau)\} \\ &= \int_{-\infty}^{\infty}\int_{-\infty}^{\infty} E\{x^*(t-\alpha)\, x(t+\tau-\beta)\}\; h^*(\alpha)\, h(\beta)\, d\alpha\, d\beta \\ &= \int_{-\infty}^{\infty}\int_{-\infty}^{\infty} r_{xx}(\tau+\alpha-\beta)\, h^*(\alpha)\, h(\beta)\, d\alpha\, d\beta \\ &= \int_{-\infty}^{\infty} r_{xx}(\tau-\lambda) \int_{-\infty}^{\infty} h^*(\alpha) h(\alpha+\lambda)\, d\alpha\, d\lambda \\ &= \int_{-\infty}^{\infty} r_{xx}(\tau-\lambda)\, r_{hh}^{E}(\lambda)\, d\lambda. \end{aligned} \tag{6.50}$$

Damit gilt die folgende Faltungsbeziehung, die als *Wiener-Lee-Beziehung* bezeichnet wird:

$$r_{yy}(\tau) = r_{xx}(\tau) * r_{hh}^{E}(\tau). \tag{6.51}$$

Durch Fourier-Transformation von (6.51) erhält man die Leistungsdichte am Ausgang des Systems:

$$S_{yy}(\omega) = S_{xx}(\omega)\; |H(\omega)|^2\,. \tag{6.52}$$

Zu beachten ist, dass die Phase von $H(\omega)$ keinen Einfluss auf $S_{yy}(\omega)$ hat. Konsequenterweise kann aus der Kenntnis von $S_{xx}(\omega)$ und $S_{yy}(\omega)$ ohne zusätzliches Wissen, zum Beispiel über die Verteilungsdichte des Eingangssignals, nur der Betrag von $H(\omega)$ und nicht die Phase $\varphi_H(\omega) = \arg\{H(\omega)\}$ ermittelt werden.

6.2.4 Suchfilter (Matched-Filter)

In vielen praktischen Anwendungen besteht die Aufgabe darin, ein Signal bekannter Form und endlicher Dauer in optimaler Weise im Rauschen zu entdecken und Parameter wie die Laufzeit des Signals oder die genaue Signalamplitude zu ermitteln. Ein Beispiel ist das Radar, bei dem man ein Signal aussendet, das dann an einem Objekt reflektiert und nach einer gewissen Laufzeit mit veränderter Amplitude wieder empfangen wird. Die Laufzeit ist dabei proportional zur Entfernung des Objekts.

Wir betrachten das Modell

$$x(t) = a \cdot s(t - t_0) + n(t) \tag{6.53}$$

für ein Messsignal $x(t)$, wobei $s(t)$ ein bekannter Signalverlauf endlicher Dauer und $n(t)$ ein stationäres weißes Rauschen mit einer Leistungsdichte $S_{nn}(\omega) = \sigma_n^2$ ist. Unbekannt seien die Verzögerung t_0 sowie der Amplitudenfaktor a. Die Idee besteht nun darin, das Signal $x(t)$ so mit einem LTI-System mit einer Impulsantwort $h(t)$ zu filtern, dass der im Ausgangssignal

$$\begin{aligned} y(t) &= x(t) * h(t) \\ &= a \cdot \underbrace{s(t - t_0) * h(t)}_{y_s(t)} + \underbrace{n(t) * h(t)}_{\varepsilon(t)} . \end{aligned} \tag{6.54}$$

enthaltene Signalanteil $y_s(t)$ zum Zeitpunkt $t = t_0$ sein Maximum aufweist und gleichzeitig auch das Verhältnis aus $|y_s(t_0)|^2$ und der mittleren Leistung der Störkomponente $\varepsilon(t)$ maximal ist. Die ursprüngliche Form des Signals $s(t)$ muss dabei im Ausgangssignal $y(t)$ nicht erhalten bleiben. Durch eine Suche nach dem Maximum von $y(t)$ und eine Auswertung der Höhe des Maximums wird es dann möglich, sowohl t_0 als auch die Amplitude a mit hoher Genauigkeit zu bestimmen.

Die mittlere Leistung des in $y(t)$ enthaltenen Rauschens $\varepsilon(t)$ berechnet sich zu

$$\sigma_\varepsilon^2 = E\left\{|\varepsilon(t)|^2\right\} = \sigma_n^2 E_h,$$

wobei $E_h = \int_{-\infty}^{\infty} |h(t)|^2 \, dt$ die Energie von $h(t)$ bezeichnet. Für den in $y(t)$ zum Zeitpunkt t_0 enthaltenen Signalanteil $y_s(t_0)$ erhalten wir

$$y_s(t_0) = \int_{-\infty}^{\infty} s(-\tau)\, h(\tau)\, d\tau. \tag{6.55}$$

Damit lässt sich das Verhältnis aus der Signalenergie zum Zeitpunkt t_0 und der mittleren Rauschleistung als

$$\mathrm{SNR}_{t_0} = \frac{|a \cdot y_s(t_0)|^2}{\sigma_n^2 E_h} \tag{6.56}$$

angeben. Der Ausdruck für $y_s(t_0)$ in (6.55) kann als Skalarprodukt von $h(t)$ und $s^*(-t)$ aufgefasst werden: $y_s(t_0) = \langle \boldsymbol{h}, \tilde{\boldsymbol{s}} \rangle$, wobei $\boldsymbol{h}$ die Impulsantwort $h(t)$ und $\tilde{\boldsymbol{s}}$ das Signal $s^*(-t)$ repräsentiert. Eine Abschätzung mit der Schwarz'schen Ungleichung ergibt

$$|y_s(t_0)| = |\langle \boldsymbol{h}, \tilde{\boldsymbol{s}} \rangle| \leq \|\boldsymbol{h}\| \, \|\tilde{\boldsymbol{s}}\| \,. \tag{6.57}$$

Das Gleichheitszeichen gilt genau dann, wenn $h(t)$ und $s^*(-t)$ Vielfache voneinander sind, wenn also

$$h(t) = c \cdot s^*(-t) \quad \text{mit } c \in \mathbb{C} \tag{6.58}$$

gilt. Der Wert $c = 0$ ist auszuschließen, und wir werden im Folgenden der Einfachheit halber von $c = 1$ ausgehen. Beachtet man, dass mit $c = 1$ der Zusammenhang $E_h = E_s = \|\boldsymbol{h}\|^2 = \|\tilde{\boldsymbol{s}}\|^2$ gilt, so lässt sich das maximale SNR als

$$\mathrm{SNR}_{t_0,\max} = |a|^2 \, \frac{E_s}{\sigma_n^2} \tag{6.59}$$

angeben. Das Filter mit der Impulsantwort $h(t) = s^*(-t)$ liefert somit im statistischen Mittel für $t = t_0$ den maximalen Ausgangswert und das maximale SNR. Es wird als *matched filter* bezeichnet, weil es in optimaler Weise an das Signal $s(t)$ angepasst ist. Wegen $s^*(-\tau) * s(\tau) = r_{ss}^E(\tau)$ bildet das Matched-Filter die Energie-AKF des Signals $s(t)$, und da die AKF für $\tau = 0$ ihr absolutes Maximum annimmt, bedeutet dies für das verrauschte Signal $y(t)$, dass es im statistischen Mittel zum Zeitpunkt $t = t_0$ sein absolutes Maximum annimmt. Um t_0 und a aus einem beobachteten Signal $x(t)$ nach (6.53) zu ermitteln, muss man daher das Maximum von $y(t)$ detektieren. Der Auftrittszeitpunkt des Maximums liefert den Schätzwert $\hat{t}_0$, und die Höhe des Maximums, dividiert durch die Energie E_s, liefert den Schätzwert $\hat{a}$, also $\hat{a} = y(\hat{t}_0)/E_s$. Dieser Schätzwert entspricht dem in Abschnitt 2.1.4 hergeleiteten Amplitudenschätzwert $\hat{a} = \frac{\langle \boldsymbol{x}, \boldsymbol{s} \rangle}{\langle \boldsymbol{s}, \boldsymbol{s} \rangle}$.

Bei einem kausalen Signal $s(t)$ ist die gefundene Impulsantwort $h(t)$ zunächst einmal nichtkausal, aber weil für $s(t)$ eine endliche Dauer vorausgesetzt wurde, kann ein kausales Matched-Filter als

$$h(t) = s^*(T - t) \tag{6.60}$$

angegeben werden, an dessen Ausgang zum Zeitpunkt $t = T + t_0$ ein maximales SNR auftritt. Bild 6.5 veranschaulicht die Vorgehensweise beim Matched-Filter-Empfang.

6.2.5 Stationäre Bandpassprozesse

In Abschnitt 3.7 wurde gezeigt, dass reelle Bandpasssignale vollständig durch ihre komplexe Einhüllende beschrieben werden können. Es stellt sich nun die Frage,

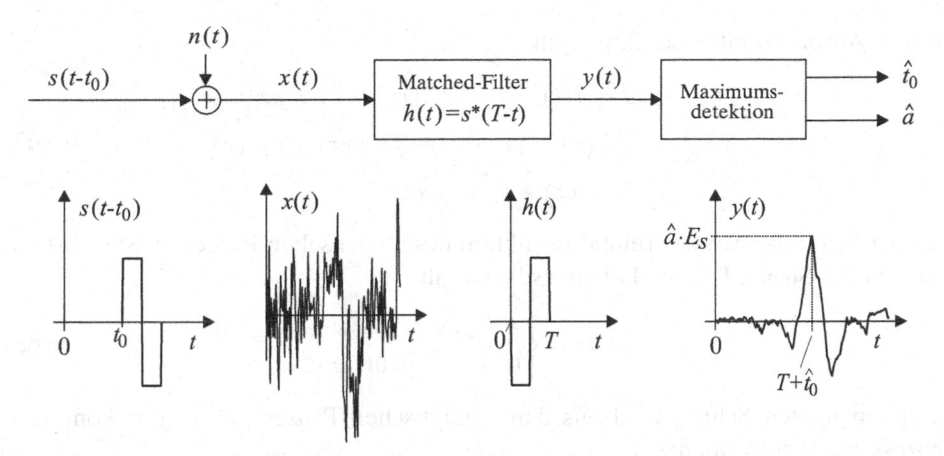

Bild 6.5 Zur Laufzeit- und Amplitudenschätzung mittels Matched-Filter

welche statistischen Eigenschaften die komplexe Einhüllende eines stationären Bandpass-Rauschprozesses hat. Um dies zu beantworten, wird von einem reellen, mittelwertfreien, im weiteren Sinne stationären Bandpassprozess $x(t)$ ausgegangen. Die Autokorrelationsfunktion des Prozesses ist durch

$$r_{xx}(\tau) = r_{xx}(-\tau) = E\left\{x(t)\, x(t+\tau)\right\} \tag{6.61}$$

gegeben. Es wird nun der Hilbert-transformierte Prozess $\hat{x}(t)$ betrachtet. Für die spektrale Leistungsdichte $S_{\hat{x}\hat{x}}(\omega)$ am Ausgang des Hilbert-Transformators mit der Impulsantwort $\hat{h}(t)$ und der Übertragungsfunktion $\hat{H}(\omega)$ folgt aus der Wiener-Lee-Beziehung (6.52)

$$S_{\hat{x}\hat{x}}(\omega) = \underbrace{|\hat{H}(\omega)|^2}_{1 \text{ für } \omega \neq 0} \cdot \underbrace{S_{xx}(\omega)}_{0 \text{ für } \omega = 0} = S_{xx}(\omega). \tag{6.62}$$

Damit hat der Prozess $\hat{x}(t)$ die gleiche spektrale Leistungsdichte und folglich auch die gleiche Autokorrelationsfunktion wie der Prozess $x(t)$:

$$r_{\hat{x}\hat{x}}(\tau) = r_{xx}(\tau). \tag{6.63}$$

Für die Kreuzleistungsdichten $S_{x\hat{x}}(\omega)$ und $S_{\hat{x}x}(\omega)$ erhält man entsprechend (6.49)

$$\begin{aligned} S_{x\hat{x}}(\omega) &= \hat{H}(\omega)\, S_{xx}(\omega), \\ S_{\hat{x}x}(\omega) &= \hat{H}^*(\omega)\, S_{xx}(\omega). \end{aligned} \tag{6.64}$$

Daraus folgt für die Kreuzkorrelationsfunktionen

$$\begin{aligned} r_{x\hat{x}}(\tau) &= \hat{r}_{xx}(\tau), \\ r_{\hat{x}x}(\tau) &= r_{x\hat{x}}(-\tau) = \hat{r}_{xx}(-\tau) = -\hat{r}_{xx}(\tau). \end{aligned} \tag{6.65}$$

Es wird nun der analytische Prozess $x^+(t)$ gebildet:

$$x^+(t) = x(t) + j\,\hat{x}(t). \tag{6.66}$$

Für die Autokorrelationsfunktion gilt

$$\begin{aligned} r_{x^+x^+}(\tau) &= E\{[x(t) + j\,\hat{x}(t)]^*\,[x(t+\tau) + j\,\hat{x}(t+\tau)]\} \\ &= r_{xx}(\tau) + j\,r_{x\hat{x}}(\tau) - j\,r_{\hat{x}x}(\tau) + r_{\hat{x}\hat{x}}(\tau) \\ &= 2\,r_{xx}(\tau) + 2\,j\,\hat{r}_{xx}(\tau). \end{aligned} \tag{6.67}$$

Das bedeutet, die Autokorrelationsfunktion des analytischen Prozesses ist selbst ein analytisches Signal. Für die Leistungsdichte gilt

$$S_{x^+x^+}(\omega) = \begin{cases} 4\,S_{xx}(\omega) & \text{für } \omega > 0 \\ 0 & \text{für } \omega < 0. \end{cases} \tag{6.68}$$

In einem letzten Schritt wird aus dem analytischen Prozess $x^+(t)$ der komplexe Prozess $x_{\text{TP}}(t)$ gewonnen:

$$x_{\text{TP}}(t) = x^+(t)\,e^{-j\omega_0 t} = u(t) + j\,v(t). \tag{6.69}$$

Für den Realteil $u(t)$ gilt

$$\begin{aligned} u(t) &= \Re\{[x(t) + j\,\hat{x}(t)]\,e^{-j\omega_0 t}\} \\ &= x(t)\,\cos(\omega_0 t) + \hat{x}(t)\,\sin(\omega_0 t) \\ &= \tfrac{1}{2}\,[x^+(t)\,e^{-j\omega_0 t} + x^{+^*}(t)\,e^{j\omega_0 t}]. \end{aligned} \tag{6.70}$$

Die Autokorrelationsfunktion des Realteils berechnet sich zu

$$\begin{aligned} E\{u(t)\,u(t+\tau)\} = \tfrac{1}{4}\,E\Big\{ & x^+(t)\,x^+(t+\tau)\,e^{-j\omega_0(2t+\tau)} \\ & + x^+(t)\,x^{+^*}(t+\tau)\,e^{j\omega_0\tau} \\ & + x^{+^*}(t)\,x^+(t+\tau)\,e^{-j\omega_0\tau} \\ & + x^{+^*}(t)\,x^{+^*}(t+\tau)\,e^{j\omega_0(2t+\tau)}\Big\}. \end{aligned} \tag{6.71}$$

Darin sind zwei von t abhängige komplexe Exponentialfunktionen enthalten, deren Vorfaktoren allerdings zu null werden:

$$\begin{aligned} E\{[x^+(t)]^*\,[x^+(t+\tau)]^*\}^* &= E\{x^+(t)\,x^+(t+\tau)\} \\ &= E\{(x(t) + j\,\hat{x}(t))\,(x(t+\tau) + j\,\hat{x}(t+\tau))\} \\ &= \underbrace{r_{xx}(\tau) - r_{\hat{x}\hat{x}}(\tau)}_{0} + \underbrace{j\,r_{x\hat{x}}(\tau) + j\,r_{\hat{x}x}(\tau)}_{0}. \end{aligned} \tag{6.72}$$

Es verbleibt

$$\begin{aligned} r_{uu}(\tau) = E\{u(t)\,u(t+\tau)\} &= \tfrac{1}{4}\,\left[[r_{x^+x^+}(\tau)]^*\,e^{j\omega_0\tau} + r_{x^+x^+}(\tau)\,e^{-j\omega_0\tau}\right] \\ &= r_{xx}(\tau)\cos(\omega_0\tau) + \hat{r}_{xx}(\tau)\sin(\omega_0\tau). \end{aligned} \tag{6.73}$$

Für die Autokorrelationsfunktion des Imaginärteils der komplexen Einhüllenden erhält man auf gleiche Weise

$$r_{vv}(\tau) = r_{uu}(\tau). \tag{6.74}$$

Die Kreuzkorrelationsfunktion zwischen Real- und Imaginärteil ergibt sich zu

$$r_{uv}(\tau) = -r_{vu}(\tau) = \hat{r}_{xx}(\tau)\cos(\omega_0\tau) - r_{xx}(\tau)\sin(\omega_0\tau). \tag{6.75}$$

Aus (6.73), (6.74) und (6.75) kann man schließen, dass die Autokorrelationsfunktion der komplexen Einhüllenden gleich der modulierten Autokorrelationsfunktion des analytischen Signals ist:

$$\begin{aligned} r_{x_{\mathrm{TP}}x_{\mathrm{TP}}}(\tau) &= E\{[u(t) - j\,v(t)]\,[u(t+\tau) + j\,v(t+\tau)]\} \\ &= 2\,r_{uu}(\tau) + 2\,j\,r_{uv}(\tau) \\ &= 2\,[r_{xx}(\tau) + j\,\hat{r}_{xx}(\tau)]\,e^{-j\omega_0\tau}. \end{aligned} \tag{6.76}$$

Entsprechend ergibt sich für die Leistungsdichte

$$S_{x_{\mathrm{TP}}x_{\mathrm{TP}}}(\omega) = S_{x^+x^+}(\omega+\omega_0) = \begin{cases} 4\,S_{xx}(\omega+\omega_0) & \text{für } \omega+\omega_0 > 0 \\ 0 & \text{für } \omega+\omega_0 < 0. \end{cases} \tag{6.77}$$

Insgesamt zeigt sich, dass die komplexe Einhüllende ein im weiteren Sinne stationärer Prozess mit speziellen Eigenschaften ist:

- Die Autokorrelationsfunktion des Realteils ist gleich der des Imaginärteils.
- Die Kreuzkorrelationsfunktion zwischen Real- und Imaginärteil ist ungerade bezüglich τ. Insbesondere gilt $r_{uv}(0) = r_{vu}(0) = 0$.

Im speziellen Fall eines symmetrischen Bandpassprozesses ergibt sich

$$S_{x_{\mathrm{TP}}x_{\mathrm{TP}}}(\omega) = S_{x_{\mathrm{TP}}x_{\mathrm{TP}}}(-\omega). \tag{6.78}$$

Daraus erkennt man, dass die Autokorrelationsfunktion von $x_{\mathrm{TP}}(t)$ reellwertig sein muss. Zudem muss für einen symmetrischen Bandpassprozess die Kreuzkorrelation zwischen Real- und Imaginärteil verschwinden:

$$r_{uv}(\tau) = 0 \quad \text{für alle } \tau \in \mathbb{R}. \tag{6.79}$$

6.3 Die zeitkontinuierliche Karhunen-Loève-Transformation

Die *Karhunen-Loève-Transformation* (KLT) ist diejenige Transformation, mit der sich Signale, die einem stochastischen Prozess entstammen, im Mittel optimal approximieren lassen. Zudem führt sie zu unkorrelierten Koeffizienten. Durch ihre besonderen Eigenschaften hat die KLT eine große Bedeutung in vielen Bereichen der Signalverarbeitung und -analyse. Die Transformation lässt sich für zeitkontinuierliche und zeitdiskrete Prozesse formulieren. In diesem Abschnitt wird die zeitkontinuierliche Formulierung betrachtet. Die Beschreibung der zeitdiskreten Variante, die auch als *Hauptkomponentenanalyse* bekannt ist, erfolgt in Abschnitt 6.5.

Betrachtet wird ein reeller zeitkontinuierlicher Zufallsprozess $x(t)$, $a \leq t \leq b$. Da nicht davon ausgegangen werden kann, dass jede Musterfunktion in $L_2(a,b)$ liegt und mittels einer Reihenentwicklung dargestellt werden kann, begnügt man sich damit, eine im statistischen Mittel konvergierende Darstellung zu suchen. Mit der Bezeichnung „l.i.m" für *limit in the mean* (Grenzwert im Mittel) [6] soll gelten

$$x(t) = \underset{N\to\infty}{\text{l.i.m}} \sum_{i=1}^{N} x_i\, \varphi_i(t). \tag{6.80}$$

Die zunächst noch unbekannte orthonormale Basis $\{\varphi_i(t);\ i = 1,2,\ldots\}$ muss aus den Eigenschaften des Zufallsprozesses bestimmt werden, wobei verlangt wird, dass die Koeffizienten

$$x_i = \langle \boldsymbol{x}, \boldsymbol{\varphi}_i \rangle = \int_a^b x(t)\, \varphi_i(t)\, dt \tag{6.81}$$

der Reihenentwicklung (6.80) unkorreliert sind:

$$E\{x_i x_j\} = E\{\langle \boldsymbol{x}, \boldsymbol{\varphi}_i \rangle \langle \boldsymbol{x}, \boldsymbol{\varphi}_j \rangle\} = \lambda_j\, \delta_{ij}. \tag{6.82}$$

Die Werte

$$E\{x_j^2\} = \lambda_j, \qquad j = 1,2,\ldots \tag{6.83}$$

sind darin zunächst noch unbekannt. Ausgeschrieben lautet (6.82)

$$\begin{aligned} \lambda_j\, \delta_{ij} &= E\left\{\left(\int_a^b x(t)\, \varphi_i(t)\, dt\right) \cdot \left(\int_a^b x(u)\, \varphi_j(u)\, du\right)\right\} \\ &= \int_a^b \varphi_i(t) \int_a^b E\{x(t)\, x(u)\}\, \varphi_j(u)\, du\, dt. \end{aligned} \tag{6.84}$$

Der Kern der Integraldarstellung (6.84) ist die Autokorrelationsfunktion des stochastischen Prozesses $x(t)$. Er wird im Folgenden mit

$$\gamma_{xx}(t,u) = E\{x(t)\, x(u)\} \tag{6.85}$$

bezeichnet. Damit lässt sich (6.84) als

$$\lambda_j\, \delta_{ij} = \int_a^b \varphi_i(t) \left(\int_a^b \gamma_{xx}(t,u)\, \varphi_j(u)\, du\right) dt \tag{6.86}$$

schreiben. Vergleicht man (6.86) mit der Orthonormalitätsrelation $\int_a^b \varphi_i(t)\varphi_j(t)\, dt = \delta_{ij}$, so erkennt man, dass

$$\int_a^b \gamma_{xx}(t,u)\, \varphi_j(u)\, du = \lambda_j\, \varphi_j(t) \tag{6.87}$$

gelten muss, um (6.86) zu erfüllen. Die Lösungen $\varphi_j(t)$, $j = 1, 2, \ldots$ der Integralgleichung (6.87) bilden die gesuchte orthonormale Basis. Man bezeichnet diese Funktionen als Eigenfunktionen des Integraloperators in (6.87). Die Werte $\lambda_j, j = 1, 2, \ldots$ sind die Eigenwerte. Da der Kern $\gamma_{xx}(t, u)$ die Eigenschaft

$$\int_a^b \int_a^b \gamma_{xx}(t,u)x(t)x(u)\,dt\,du \geq 0 \quad \text{für alle} \quad x \in L_2(a,b) \tag{6.88}$$

besitzt und damit in jedem Fall positiv semidefinit ist, kann er wie folgt in eine Reihe entwickelt werden:

$$\gamma_{xx}(t,u) = \sum_{i=1}^{\infty} \lambda_i\, \varphi_i(t)\, \varphi_i(u). \tag{6.89}$$

Dieser Zusammenhang ist als das *Mercer'sche Theorem* bekannt. Falls $\gamma_{xx}(t, u)$ positiv definit ist, d. h. wenn $\int_a^b \int_a^b \gamma_{xx}(t,u)x(t)x(u)\,dt\,du > 0$ für alle $x \in L_2(a,b)$ gilt, bilden die Eigenfunktionen eine vollständige orthonormale Basis des Raumes $L_2(a, b)$. Weitere Eigenschaften und spezielle Lösungen der Integralgleichung findet man in [11], [19].

Signale lassen sich approximieren, indem die Summation in (6.80) nur für $i = 1, 2, \ldots, M$ mit $M < \infty$ ausgeführt wird. Der dabei entstehende mittlere Approximationsfehler berechnet sich nach (6.83) und der Parseval'schen Gleichung als Summe derjenigen Eigenwerte λ_j, deren zugehörige Eigenfunktionen nicht zur Darstellung verwendet werden. Damit ergibt sich eine Approximation mit einem minimalen zu erwartenden Fehler, wenn für die Approximation die zu den größten Eigenwerten gehörigen Eigenfunktionen verwendet werden. Zudem kann man zeigen, dass keine weitere orthonormale Basis existiert, mit der bei gegebenem M ein kleinerer mittlerer quadratischer Fehler erreicht werden könnte.

In der Praxis stellt die Lösung einer Integralgleichung ein erhebliches Problem dar. Daher ist der praktische Nutzen der kontinuierlichen Karhunen-Loève-Transformation eher gering. Theoretisch, d. h. ohne die Integralgleichung tatsächlich zu lösen, stellt die Transformation allerdings eine große Hilfe dar, denn sie zeigt, dass stochastische Prozesse durch unkorrelierte Koeffizienten dargestellt werden können. Damit können Schätz- und Erkennungsprobleme zunächst für Vektoren mit unkorrelierten Komponenten in einfacher Weise gelöst und die Ergebnisse dann für den zeitkontinuierlichen Fall mit beliebigen Rauschprozessen interpretiert werden. Das folgende Beispiel soll dies verdeutlichen.

Beispiel 6.1 Betrachtet wird die Schätzung des Amplitudenfaktors α aus einer Beobachtung

$$x(t) = \alpha s(t) + n(t) \quad \text{mit } a \leq t \leq b, \tag{6.90}$$

wobei das Signal $s(t)$ bekannt ist und $n(t)$ einen farbigen, mittelwertfreien, stationären Rauschprozess bezeichnet. Es wird nun eine KLT bezüglich des Rauschprozesses $n(t)$ vorgenommen, so dass das Modell (6.90) durch das äquivalente Modell

$$\boldsymbol{x} = \alpha \boldsymbol{s} + \boldsymbol{n} \tag{6.91}$$

ersetzt werden kann. Die Elemente der Vektoren in (6.91) berechnen sich zu

$$x_i = \langle \boldsymbol{x}, \boldsymbol{\varphi}_i \rangle, \quad s_i = \langle \boldsymbol{s}, \boldsymbol{\varphi}_i \rangle, \quad n_i = \langle \boldsymbol{n}, \boldsymbol{\varphi}_i \rangle \quad \text{für } i = 1, 2, \ldots,$$

und es gilt $E\{n_i n_j\} = \lambda_j \delta_{ij}$. Wie in Kapitel 11 noch gezeigt wird, lautet die beste lineare erwartungstreue Schätzung für α

$$\hat{\alpha}(\boldsymbol{x}) = c \cdot \boldsymbol{s}^T \boldsymbol{R}_{nn}^{-1} \boldsymbol{x} \quad \text{mit} \quad c = \frac{1}{\boldsymbol{s}^T \boldsymbol{R}_{nn}^{-1} \boldsymbol{s}}, \tag{6.92}$$

wobei $\boldsymbol{R}_{nn} = E\{\boldsymbol{n}\boldsymbol{n}^T\}$ die Korrelationsmatrix des Rauschens $\boldsymbol{n}$ ist. Da $\boldsymbol{R}_{nn}$ aufgrund der Eigenschaften der KLT diagonal ist, ergibt sich ausgeschrieben

$$\hat{a}(\boldsymbol{x}) = c \sum_{i=1}^{\infty} \frac{s_i x_i}{\lambda_i} = c \int_a^b \int_a^b \underbrace{\sum_{i=1}^{\infty} \frac{1}{\lambda_i} \varphi_i(u)\, \varphi_i(t)}_{Q(u,t)} s(u)\, du\, x(t)\, dt. \tag{6.93}$$

Aus der Summendarstellung für $Q(u,t)$ in (6.93) und der Reihenentwicklung für

$$\gamma_{nn}(t,u) = E\{n(t)\, n(u)\}$$

nach (6.89) folgt unter Beachtung der Orthonormalität der Basis, dass $Q(u,t)$ die Eigenschaft

$$\int_a^b \gamma_{nn}(t,u)\, Q(v,t)\, dt = \sum_{i=1}^{\infty} \varphi_i(u)\, \varphi_i(v), \qquad a < u, v < b \tag{6.94}$$

besitzt. Ein Vergleich mit (6.89) zeigt, dass die Summe auf der rechten Seite von (6.94) nichts anderes als die Reihenentwicklung des Kerns eines weißen Rauschprozesses ist. Das bedeutet, die Aufgabe von $Q(u,t)$ in (6.93) besteht darin, das farbige Rauschen implizit in ein weißes Rauschen zu überführen. Dies kann aber auch explizit mittels einer zeitvarianten Filterung $\tilde{x}(t) = \int_a^b h_w(t,u) x(u) du$ geschehen, die dafür sorgt, dass das in $\tilde{x}(t)$ enthaltene Rauschen weiß ist. Geht das Intervall $[a, b]$ in das Intervall $(-\infty, \infty)$ über, so wird daraus eine zeitinvariante Filterung. Weitere Erläuterungen und Anwendungsbeispiele findet man zum Beispiel in [19].

6.4 Zeitdiskrete Zufallsprozesse

Zeitdiskrete Zufallsprozesse können in Analogie zu den zeitkontinuierlichen Prozessen behandelt werden. Hierzu sind die Zeitvariablen t und τ durch diskrete Werte n und m zu ersetzen. Aus Auto- und Kreuzkorrelationsfunktionen werden jetzt *Auto-* und *Kreuzkorrelationsfolgen*.

6.4.1 Korrelation und Leistungsdichte

Die Autokorrelationsfolge eines allgemeinen zeitdiskreten Prozesses ist als

$$\gamma_{xx}(m,n) = E\{x^*(n)\,x(m)\} \tag{6.95}$$

definiert. Für die Kreuzkorrelationsfolge gilt

$$\gamma_{xy}(m,n) = E\{x^*(n)\,y(m)\}. \tag{6.96}$$

Sind die Prozesse im weiteren Sinne stationär, so sind die Korrelationsfolgen unabhängig vom absoluten Zeitpunkt n, und man schreibt

$$r_{xx}(m) = E\{x^*(n)\,x(n+m)\} \tag{6.97}$$

bzw.

$$r_{xy}(m) = E\{x^*(n)\,y(n+m)\}. \tag{6.98}$$

Wegen der Stationarität gelten auch die Symmetrieeigenschaften

$$r_{xx}(-m) = r_{xx}^*(m) \tag{6.99}$$

und

$$r_{xy}(-m) = r_{yx}^*(m). \tag{6.100}$$

Die sogenannte *Autokovarianzfolge* erhält man, indem man den Prozess zunächst von seinem Mittelwert $m_x = E\{x(n)\}$ befreit und dann die Autokorrelationsfolge bildet:

$$\begin{aligned} c_{xx}(m) &= E\{[x^*(n) - m_x^*]\,[x(n+m) - m_x]\} \\ &= r_{xx}(m) - |m_x|^2. \end{aligned} \tag{6.101}$$

Eine *Kreuzkovarianzfolge* wird wie folgt definiert:

$$\begin{aligned} c_{xy}(m) &= E\{[x^*(n) - m_x^*]\,[y(n+m) - m_y]\} \\ &= r_{xy}(m) - m_x^*\,m_y \end{aligned} \tag{6.102}$$

mit

$$m_x = E\{x(n)\} \quad \text{und} \quad m_y = E\{y(n)\}. \tag{6.103}$$

Leistungsdichten stationärer Prozesse Die zeitdiskrete Fourier-Transformation der Autokorrelationsfolge ergibt die spektrale Leistungsdichte. Dies ist die diskrete Form des Wiener-Khintchine-Theorems. Es gilt

$$S_{xx}(e^{j\omega}) = \sum_{m=-\infty}^{\infty} r_{xx}(m)\,e^{-j\omega m} \tag{6.104}$$

und

$$r_{xx}(m) = \frac{1}{2\pi}\int_{-\pi}^{\pi} S_{xx}(e^{j\omega})\,e^{j\omega m}\,d\omega. \tag{6.105}$$

Entsprechend wird die Kreuzleistungsdichte als zeitdiskrete Fourier-Transformierte der Kreuzkorrelationsfolge eingeführt:

$$\begin{aligned} S_{xy}(e^{j\omega}) &= \sum_{m=-\infty}^{\infty} r_{xy}(m)\, e^{-j\omega m} \\ &\updownarrow \\ r_{xy}(m) &= \frac{1}{2\pi}\int_{-\pi}^{\pi} S_{xy}(e^{j\omega})\, e^{j\omega m}\, d\omega. \end{aligned} \tag{6.106}$$

Zeitdiskrete weiße Zufallsprozesse Ein zeitdiskreter weißer Zufallsprozess besitzt die spektrale Leistungsdichte

$$S_{xx}(e^{j\omega}) = \sigma^2 \qquad \text{mit} \qquad \sigma < \infty \tag{6.107}$$

und dementsprechend dieAutokorrelationsfolge

$$r_{xx}(m) = \sigma^2\, \delta_{m0}. \tag{6.108}$$

Die Leistungsdichte ist somit gleich der Varianz, es gilt $r_{xx}(0) = \sigma^2$. Da die Varianz endlich ist, ist ein zeitdiskreter weißer Zufallsprozess auch realisierbar. Im zeitkontinuierlichen Fall war dies wegen der unendlichen Varianz eines weißen Prozesses anders.

Ergodische Prozesse Von einem ergodischen zeitdiskreten Zufallsprozess spricht man dann, wenn die Scharmittelung bei der Erwartungswertbildung durch eine zeitliche Mittelung ersetzt werden kann. Die Autokorrelationsfolge lässt sich bei ergodischen Prozessen daher als

$$r_{xx}(m) = \lim_{N\to\infty} \frac{1}{2N+1} \sum_{n=-N}^{N} x_i^*(n)\, x_i(n+m) \tag{6.109}$$

berechnen, wobei $x_i(n)$ eine beliebige Realisierung des Prozesses ist.

6.4.2 Transformation zeitdiskreter Zufallsprozesse durch lineare Systeme

Die Ergebnisse für den zeitkontinuierlichen Fall lassen sich direkt auf diskrete Signale und Systeme übertragen. Hierzu gehen wir davon aus, dass ein diskretes LTI-System mit der Impulsantwort $h(n)$ mit einem Zufallsprozess $x(n)$ angeregt wird.

Für die Kreuzkorrelationsfolge $r_{xy}(m)$ zwischen Ein- und Ausgang ergibt sich

$$\begin{aligned} r_{xy}(m) &= E\{x^*(n)\, y(n+m)\} \\ &= \sum_{\ell=-\infty}^{\infty} E\{x^*(n)\, x(n+m-\ell)\}\, h(\ell) \\ &= \sum_{\ell=-\infty}^{\infty} r_{xx}(m-\ell)\, h(\ell). \end{aligned} \tag{6.110}$$

Das bedeutet

$$r_{xy}(m) = r_{xx}(m) * h(m). \tag{6.111}$$

Für die spektrale Kreuzleistungsdichte gilt

$$S_{xy}(e^{j\omega}) = S_{xx}(e^{j\omega})\, H(e^{j\omega}). \tag{6.112}$$

Die Autokorrelationssequenz am Systemausgang berechnet sich zu

$$\begin{aligned} r_{yy}(m) &= E\{y^*(n)\, y(n+m)\} \\ &= \sum_{\ell=-\infty}^{\infty} \sum_{k=-\infty}^{\infty} E\{x^*(n-k)\, h^*(k)\, x(n+m-\ell)\, h(\ell)\} \\ &= \sum_{\ell=-\infty}^{\infty} \sum_{k=-\infty}^{\infty} r_{xx}(m+k-\ell)\, h^*(k)\, h(\ell) \\ &= \sum_{p=-\infty}^{\infty} r_{xx}(m-p)\, r_{hh}^{E}(p). \end{aligned} \tag{6.113}$$

Es gilt somit die zeitdiskrete Form der Wiener-Lee-Beziehung

$$r_{yy}(m) = r_{xx}(m) * r_{hh}^{E}(m). \tag{6.114}$$

Für die spektrale Leistungsdichte folgt

$$S_{yy}(e^{j\omega}) = S_{xx}(e^{j\omega})\, \left|H(e^{j\omega})\right|^2. \tag{6.115}$$

6.4.3 Korrelationsmatrizen

Für die kompakte Beschreibung von Algorithmen der Signalverarbeitung werden häufig Korrelationsmatrizen benötigt. Die hier verwendeten Definitionen für die Auto- und die Kreuzkorrelationsmatrix lauten

$$\begin{aligned} \boldsymbol{R}_{xx} &= E\left\{\boldsymbol{x}\boldsymbol{x}^H\right\}, \\ \boldsymbol{R}_{xy} &= E\left\{\boldsymbol{y}\boldsymbol{x}^H\right\}, \end{aligned} \tag{6.116}$$

wobei die Zufallsvektoren $\boldsymbol{x}$ und $\boldsymbol{y}$ als

$$\begin{aligned} \boldsymbol{x} &= [x(n), x(n+1), \ldots, x(n+N_x-1)]^T, \\ \boldsymbol{y} &= [y(n), y(n+1), \ldots, y(n+N_y-1)]^T \end{aligned} \tag{6.117}$$

definiert sind. Es gilt zum Beispiel

$$\boldsymbol{R}_{xy} = \begin{bmatrix} E\{y(n)\,x^*(n)\} & E\{y(n)\,x^*(n+1)\} & \dots \\ E\{y(n+1)\,x^*(n)\} & E\{y(n+1)\,x^*(n+1)\} & \dots \\ \vdots & \vdots & \vdots \\ E\{y(n-N_y-1)\,x^*(n)\} & E\{y(n-N_y-1)\,x^*(n+1)\} & \dots \end{bmatrix}. \tag{6.118}$$

Ist ein betrachteter Prozess $x(n)$ stationär, so besitzt die Autokorrelationsmatrix die folgende *Toeplitz-Struktur*[1]:

$$\boldsymbol{R}_{xx} = \begin{bmatrix} r_{xx}(0) & r_{xx}(-1) & \dots & r_{xx}(-N_x+1) \\ r_{xx}(1) & r_{xx}(0) & \ddots & \vdots \\ \vdots & \ddots & \ddots & r_{xx}(-1) \\ r_{xx}(N_x-1) & \dots & r_{xx}(1) & r_{xx}(0) \end{bmatrix}. \tag{6.119}$$

Hierbei wurde die Eigenschaft $r_{xx}(-m) = r^*_{xx}(m)$ berücksichtigt.

Für paarweise stationäre Prozesse $x(n)$ und $y(n)$ besitzt die Kreuzkorrelationsmatrix die folgende Struktur:

$$\boldsymbol{R}_{xy} = \begin{bmatrix} r_{xy}(0) & r_{xy}(-1) & \dots & r_{xy}(-N_x+1) \\ r_{xy}(1) & r_{xy}(0) & \ddots & \vdots \\ \vdots & \ddots & \ddots & r_{xy}(-1) \\ r_{xy}(N_y-1) & \dots & r_{xy}(1) & r_{xy}(0) \end{bmatrix}. \tag{6.120}$$

Beschreibt man den Zusammenhang $y(n) = h(n) * x(n)$ der linearen Faltung als Produkt einer Faltungsmatrix $\boldsymbol{H}$ (vgl. (4.39)) mit einem Signalvektor $\boldsymbol{x}$ in der Form

$$\boldsymbol{y} = \boldsymbol{H}\boldsymbol{x}, \tag{6.121}$$

so lässt sich die Kreuzkorrelationsmatrix $\boldsymbol{R}_{xy}$ als

$$\boldsymbol{R}_{xy} = \boldsymbol{H}\boldsymbol{R}_{xx} \tag{6.122}$$

angeben. Für die Autokorrelationsmatrix $\boldsymbol{R}_{yy}$ gilt

$$\boldsymbol{R}_{yy} = \boldsymbol{H}\boldsymbol{R}_{xx}\boldsymbol{H}^H. \tag{6.123}$$

Werden *Auto-* und *Kreuzkovarianzmatrizen* benötigt, so können diese in analoger Weise definiert werden, indem $r_{xx}(m)$ bzw. $r_{xy}(m)$ durch $c_{xx}(m)$ bzw. $c_{xy}(m)$ ersetzt wird.

[1] Die Elemente $[\boldsymbol{A}]_{ij}$ einer *Toeplitz-Matrix* $\boldsymbol{A}$ sind nur von der Differenz $i - j$ abhängig. Die Diagonalen der Matrix sind somit konstant.

6.4.4 Schätzung von Autokorrelationsfolgen und Leistungsdichtespektren

In vielen Problemstellungen ist man an Schätzungen von Autokorrelationsfolgen und Leistungsdichtespektren aus endlich großen Datensätzen $x(n)$, $n = 0, 1, \ldots, N-1$ interessiert. Wir beginnen mit der Schätzung

$$\hat{r}_{xx}(m) = \frac{1}{N} \sum_{n=0}^{N-1} x^*(n)\, x(n+m), \tag{6.124}$$

die nichts anderes als $\hat{r}_{xx}(m) = \frac{1}{N} r_{xx}^E(m)$ darstellt, wobei $r_{xx}^E(m)$ die Energie-AKF der beobachteten Sequenz bezeichnet. Die Berechnung kann unter Ausnutzung der Korrespondenz $r_{xx}^E(m) \longleftrightarrow |X(e^{j\omega})|^2$ effizient mittels der FFT erfolgen. Da nur die Werte von $x(n)$ für $0 \le n \le N-1$ vorliegen, müssen die Summationsgrenzen für die direkte Auswertung der Summe noch angepasst werden. Für positive m ergibt sich

$$\hat{r}_{xx}(m) = \frac{1}{N} \sum_{n=0}^{N-m-1} x^*(n)\, x(n+m), \qquad 0 \le m \le N-1. \tag{6.125}$$

Für negative m kann die Symmetrie $\hat{r}_{xx}(m) = \hat{r}_{xx}^*(-m)$ ausgenutzt werden.

In (6.125) werden in Abhängigkeit von m unterschiedlich viele Summanden für die Berechnung von $\hat{r}_{xx}(m)$ verwendet. Für den Erwartungswert der geschätzten AKF ergibt sich daher

$$E\{\hat{r}_{xx}(m)\} = \frac{N-|m|}{N}\, r_{xx}(m) = w_B(m)\, r_{xx}(m), \tag{6.126}$$

wobei das dreieckige Fenster $w_B(m) = \frac{N-|m|}{N}$ das um $m = 0$ symmetrische *Bartlett-Fenster* ist, vgl. Abschnitt 4.6.3. Man erkennt, dass die Schätzung nicht erwartungstreu ist.[2] Wegen $\lim_{N\to\infty} E\{\hat{r}_{xx}(m)\} = r_{xx}(m)$ ist sie allerdings asymptotisch erwartungstreu.

Erwartungstreue AKF-Schätzung Eine erwartungstreue Schätzung der Autokorrelationsfolge ist für $m \ge 0$ durch

$$\hat{r}_{xx}^u(m) = \frac{1}{N-m} \sum_{n=0}^{N-m-1} x^*(n)\, x(n+m), \qquad 0 \le m \le N-1 \tag{6.127}$$

gegeben. Für negative m ist wieder die Symmetrie $r_{xx}(-m) = r_{xx}^*(m)$ auszunutzen, oder es sind auch hier die Summationsgrenzen geeignet anzupassen. Für den Erwartungswert gilt nun

$$E\{\hat{r}_{xx}^u(m)\} = r_{xx}(m) \qquad \text{für} \qquad |m| \le N-1. \tag{6.128}$$

Bei endlichem N tritt jedoch das Problem auf, dass die Varianz der Schätzung mit wachsendem $|m|$ ansteigt.

---

[2] Eine erwartungstreue Schätzung würde $E\{\hat{r}_{xx}(m)\} = r_{xx}(m)$ liefern. Auf die Erwartungstreue wird in Abschnitt 11.1.4 noch genauer eingegangen.

Periodogramm Durch die Fourier-Transformation der nicht erwartungstreuen AKF-Schätzung $\hat{r}_{xx}(m)$ ergibt sich die Leistungsdichteschätzung

$$P_{xx}(e^{j\omega}) = \frac{1}{N}\,|X(e^{j\omega})|^2, \tag{6.129}$$

die man als *Periodogramm-Schätzung* bezeichnet. Die Berechnung kann für diskrete Frequenzen effizient mit der FFT ausgeführt werden. Unter Einbeziehung eines Auffüllens mit Nullen (*zero padding*) auf eine Länge $N' > N$ erhält man dann

$$P_{xx}(e^{j\omega_k}) = \frac{1}{N}\left|\sum_{n=0}^{N-1} x(n)\, e^{-j2\pi k/N'}\right|^2 \tag{6.130}$$

mit $\omega_k = 2\pi k/N'$. Die multiplikative Bewertung der AKF mit dem Bartlett-Fenster in (6.126) entspricht im Frequenzbereich einer Faltung. Das bedeutet, $E\left\{P_{xx}(e^{j\omega})\right\}$ ist eine geglättete Version der wahren Leistungsdichte $S_{xx}(e^{j\omega})$, wobei die Glättung mit der Fourier-Transformierten des Bartlett-Fensters erfolgt.

Weitere Methoden zur Schätzung der Leistungsdichte Es sind vielfältige Methoden zur Schätzung der Leistungsdichte bekannt. Bei der *Bartlett-Methode* wird die Sequenz $x(n)$ in disjunkte Segmente kürzerer Länge eingeteilt, und es wird das Scharmittel der einzelnen Periodogrammschätzungen gebildet. Hierdurch wird die Varianz der Schätzung reduziert, aber aufgrund der Verwendung kürzerer Signalabschnitte steigt die mittlere Abweichung. Blackman und Tukey haben vorgeschlagen, eine Fensterung der AKF vorzunehmen, bevor die Fourier-Transformation ausgeführt wird [3]. Hierdurch soll der Einfluss der unzuverlässigen Schätzungen von $r_{xx}(m)$ für große Verschiebungen m reduziert werden. Bei der *Welch-Methode* [20] werden die Daten in K überlappende Blöcke der Länge M aufgeteilt:

$$x^{(i)}(n) = x(n+iD) \qquad \text{für} \qquad i = 0,1,\ldots,K-1, \quad n = 0,1,\ldots,M-1, \quad D \leq M. \tag{6.131}$$

Die Blöcke werden mit einer Fensterfunktion $w(n)$, wie zum Beispiel einem Hann- oder Hamming-Fenster, bewertet, und es wird eine Spektralschätzung in der Form

$$P_{xx}^{W}(e^{j\omega}) = \frac{1}{\alpha KM}\sum_{i=0}^{K-1}\left|\sum_{n=0}^{M-1} x^{(i)}(n)\, w(n)\, e^{-j\omega n}\right|^2 \tag{6.132}$$

vorgenommen. Der Faktor α wird dabei so gewählt, dass das Fenster die Energie eins besitzt. Bei dieser Methode wird die Varianz gegenüber dem Periodogramm reduziert, ohne dass dabei eine so große mittlere Abweichung erzeugt wird wie bei der Bartlett-Methode. Beschreibungen weiterer Methoden findet man zum Beispiel in [10].

6.5 Die diskrete Karhunen-Loève-Transformation

Die diskrete *Karhunen-Loève-Transformation* (KLT) ist auch als *Hauptkomponentenanalyse* (engl. *principal component analysis*, PCA) und als *Hotelling-Transformation* bekannt. Für die Beschreibung der Transformation wird ein reellwertiger, mittelwertfreier Zufallsprozess

$$\boldsymbol{x} = [x_1, x_2, \ldots, x_n]^T, \qquad \boldsymbol{x} \in \mathbb{R}^n \tag{6.133}$$

betrachtet. Die Einschränkung auf mittelwertfreie Prozesse bedeutet dabei keine Einschränkung der Allgemeinheit, da sich jeder mittelwertbehaftete Prozess $\boldsymbol{z}$ mit einem Mittelwert $\boldsymbol{m}_z$ in der Form

$$\boldsymbol{x} = \boldsymbol{z} - \boldsymbol{m}_z \tag{6.134}$$

in einen mittelwertfreien Prozess $\boldsymbol{x}$ überführen lässt.

Mit einer orthonormalen Basis $\boldsymbol{U} = \{\boldsymbol{u}_1, \boldsymbol{u}_2, \ldots, \boldsymbol{u}_n\}$ kann der Prozess als

$$\boldsymbol{x} = \boldsymbol{U}\boldsymbol{\alpha} \tag{6.135}$$

dargestellt werden. Der Koeffizientenvektor

$$\boldsymbol{\alpha} = [\alpha_1, \alpha_2, \ldots, \alpha_n]^T \tag{6.136}$$

ist durch

$$\boldsymbol{\alpha} = \boldsymbol{U}^T\boldsymbol{x} \tag{6.137}$$

gegeben. Wie bei den kontinuierlichen Prozessen wird die Forderung nach unkorrelierten Koeffizienten aufgestellt:

$$E\{\alpha_i\alpha_j\} = \lambda_j\,\delta_{ij}, \qquad i,j = 1,2,\ldots,n. \tag{6.138}$$

Daraus folgt $E\left\{\alpha_j^2\right\} = \lambda_j$. Die Skalare λ_j sind somit die Varianzen der Koeffizienten α_j und erfüllen $\lambda_j \geq 0$. Aus (6.137) und (6.138) erhält man

$$E\left\{\boldsymbol{u}_i^T\boldsymbol{x}\,\boldsymbol{x}^T\boldsymbol{u}_j\right\} = \lambda_j\,\delta_{ij}, \qquad i,j = 1,2,\ldots,n. \tag{6.139}$$

Da die Basis keine Zufallsgröße darstellt, lässt sich mit der Kovarianzmatrix

$$\boldsymbol{R}_{xx} = E\left\{\boldsymbol{x}\boldsymbol{x}^T\right\} \tag{6.140}$$

für (6.139) auch

$$\boldsymbol{u}_i^T\,\boldsymbol{R}_{xx}\,\boldsymbol{u}_j = \lambda_j\,\delta_{ij}, \qquad i,j = 1,2,\ldots,n \tag{6.141}$$

schreiben. Man sieht, dass Gleichung (6.141) wegen $\boldsymbol{u}_i^T\boldsymbol{u}_j = \delta_{ij}$ genau dann erfüllt ist, wenn die Vektoren $\boldsymbol{u}_j,\ j = 1,2,\ldots,n$ Lösungen des Eigenwertproblems

$$\boldsymbol{R}_{xx}\,\boldsymbol{u}_j = \lambda_j\boldsymbol{u}_j, \qquad j = 1,2,\ldots,n \tag{6.142}$$

sind.

Die Eigenwerte von $\boldsymbol{R}_{xx}$ haben die folgenden Eigenschaften:

1. Da die Kovarianzmatrix symmetrisch ist, existieren nur reelle Eigenwerte λ_i.
2. Eine Kovarianzmatrix ist positiv definit oder positiv semidefinit, so dass für alle Eigenwerte $\lambda_i \geq 0$ gilt.
3. Eigenvektoren, die zu unterschiedlichen Eigenwerten gehören, sind orthogonal zueinander.
4. Treten Eigenwerte mehrfach auf, so sind die dazugehörigen Eigenvektoren linear unabhängig und können so gewählt werden, dass sie orthogonal zueinander sind.

Dies zeigt, dass stets n orthogonale Eigenvektoren existieren. Durch Normierung der Eigenvektoren erhält man die orthonormale Basis der Karhunen-Loève-Transformation.

Komplexwertige Prozesse Für komplexwertige Prozesse $\boldsymbol{x} \in \mathbb{C}^n$ wird die Forderung (6.138) nach unkorrelierten Koeffizienten zu

$$E\left\{\alpha_i \alpha_j^*\right\} = \lambda_j \, \delta_{ij}, \qquad i, j = 1, 2, \ldots, n. \tag{6.143}$$

Daraus folgt das Eigenwertproblem

$$\boldsymbol{R}_{xx} \boldsymbol{u}_j = \lambda_j \, \boldsymbol{u}_j, \qquad j = 1, 2, \ldots, n \tag{6.144}$$

mit der Kovarianzmatrix

$$\boldsymbol{R}_{xx} = E\left\{\boldsymbol{x}\boldsymbol{x}^H\right\}. \tag{6.145}$$

Die Eigenwerte λ_j sind reell und nichtnegativ. Die Eigenvektoren sind orthogonal zueinander, so dass die Matrix $\boldsymbol{U} = [\boldsymbol{u}_1, \boldsymbol{u}_2, \ldots, \boldsymbol{u}_n]$ unitär ist.

Aus der Unkorreliertheit der Koeffizienten kann nicht darauf geschlossen werden, dass die Real- und Imaginärteile der Koeffizienten ebenfalls unkorreliert sind, es gilt also nicht unbedingt $E\left\{\Re\{\alpha_i\} \, \Im\{\alpha_j\}\right\} = 0, \; i, j = 1, 2, \ldots, n$.

Approximationseigenschaften der KLT Im Folgenden wird angenommen, dass die Eigenwerte der Größe nach sortiert sind, so dass gilt $\lambda_1 \geq \lambda_2 \geq \ldots \geq \lambda_n$. Für den mittleren quadratischen Fehler von Approximationen der Form

$$\hat{\boldsymbol{x}} = \sum_{i=1}^{m} \alpha_i \, \boldsymbol{u}_i \qquad \text{mit} \qquad m < n \tag{6.146}$$

erhält man

$$E\left\{\|\boldsymbol{x} - \hat{\boldsymbol{x}}\|^2\right\} = E\left\{\left\|\sum_{i=m+1}^{n} \alpha_i \boldsymbol{u}_i\right\|^2\right\} = \sum_{i=m+1}^{n} E\left\{|\alpha_i|^2\right\} = \sum_{i=m+1}^{n} \lambda_i. \tag{6.147}$$

Daraus wird deutlich, dass eine Approximation mit den Eigenvektoren, die zu den m größten Eigenwerten gehören, zu einem minimalen Approximationsfehler führt. Bild 6.6 verdeutlicht diese Eigenschaft anhand einer Höhenlinien-Darstellung der

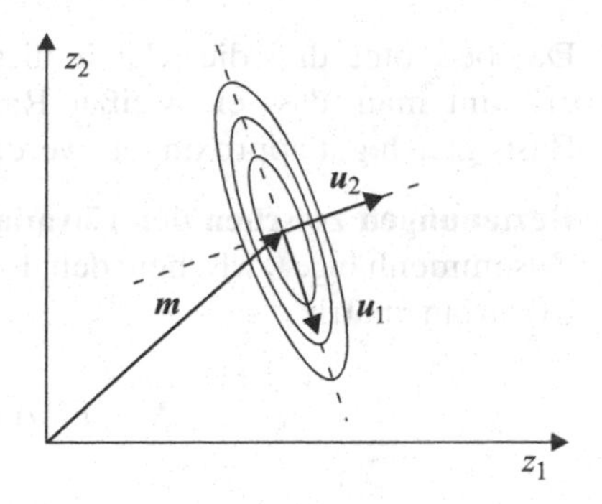

Bild 6.6 Geometrische Deutung der Karhunen-Loève-Transformation

Verteilungsdichte eines Prozesses $\boldsymbol{z} = [z_1, z_2]^T$. Man erkennt, dass der Eigenvektor $\boldsymbol{u}_1$, der zum größten Eigenwert gehört, in Richtung der größten Abweichung vom Schwerpunkt $\boldsymbol{m}$ zeigt.

Um zu zeigen, dass die KLT diejenige Transformation aus der Menge aller orthogonalen Transformationen ist, die den kleinsten Approximationsfehler liefert, wird die Maximierung von $\sum_{i=1}^{m} E\left\{|\alpha_i|^2\right\}$ unter der Nebenbedingung $\|\boldsymbol{u}_i\| = 1$ betrachtet. Mit $\alpha_i = \boldsymbol{u}_i^H \boldsymbol{x}$ bedeutet dies, dass der Ausdruck

$$\sum_{i=1}^{m} \left[E\left\{\boldsymbol{u}_i^H \boldsymbol{x}\boldsymbol{x}^H \boldsymbol{u}_i\right\} - \gamma_i \boldsymbol{u}_i^H \boldsymbol{u}_i\right] = \sum_{i=1}^{m} \left[\boldsymbol{u}_i^H \boldsymbol{R}_{xx} \boldsymbol{u}_i - \gamma_i \boldsymbol{u}_i^H \boldsymbol{u}_i\right] \tag{6.148}$$

zu maximieren ist, wobei γ_i die zum Einbringen der Nebenbedingungen $\|\boldsymbol{u}_i\| = 1$ benötigten Lagrange-Multiplikatoren sind. Ein Nullsetzen des Gradienten von (6.148) liefert

$$\boldsymbol{R}_{xx} \boldsymbol{u}_i = \gamma_i \boldsymbol{u}_i, \tag{6.149}$$

was nichts anderes als das Eigenwertproblem (6.142) mit $\gamma_i = \lambda_i$ ist.

Das geometrische Mittel der Koeffizienten Für jede beliebige hermitesche, positiv definite Matrix $\boldsymbol{X} = X_{ij}$, $i, j = 1, 2, \ldots, n$ gilt die folgende Ungleichung, die einen Spezialfall der *Hadamard-Ungleichung* darstellt:

$$\det(\boldsymbol{X}) \leq \prod_{k=1}^{n} X_{kk}. \tag{6.150}$$

Das Gleichheitszeichen gilt genau dann, wenn $\boldsymbol{X}$ diagonal ist. Da die KLT zu einer diagonalen Korrelationsmatrix führt, minimiert sie somit das geometrische Mittel der Varianzen der Koeffizienten. Hieraus ergeben sich wiederum optimale Eigenschaften für die Signalkompression [8].

Die KLT eines weißen Rauschprozesses Für den Spezialfall, dass $\boldsymbol{R}_{xx}$ die Kovarianzmatrix eines weißen Rauschprozesses ist, ergibt sich aus

$$\boldsymbol{R}_{xx} = \sigma^2 \boldsymbol{I}$$

für die Eigenwerte

$$\lambda_1 = \lambda_2 = \ldots = \lambda_n = \sigma^2.$$

Das bedeutet, dass die KLT in diesem Fall nicht eindeutig ist. Anhand von (6.147) erkennt man, dass ein weißer Rauschprozess durch jede beliebige orthonormale Basis gleich gut approximiert werden kann.

Beziehungen zwischen den Kovarianzmatrizen Im Folgenden soll noch auf einige Zusammenhänge zwischen den Kovarianzmatrizen eingegangen werden. Mit der Kovarianzmatrix

$$\boldsymbol{\Lambda} = E\left\{\boldsymbol{\alpha}\,\boldsymbol{\alpha}^H\right\} = \begin{bmatrix} \lambda_1 & & \mathbf{0} \\ & \ddots & \\ \mathbf{0} & & \lambda_n \end{bmatrix} \tag{6.151}$$

lässt sich (6.141) als

$$\boldsymbol{\Lambda} = \boldsymbol{U}^H \boldsymbol{R}_{xx} \boldsymbol{U} \tag{6.152}$$

schreiben. Unter Beachtung von $\boldsymbol{U}^H = \boldsymbol{U}^{-1}$ erhält man hieraus

$$\boldsymbol{R}_{xx} = \boldsymbol{U}\boldsymbol{\Lambda}\boldsymbol{U}^H. \tag{6.153}$$

Setzt man voraus, dass für alle Eigenwerte $\lambda_i > 0$ gilt, dann berechnet sich $\boldsymbol{\Lambda}^{-1}$ zu

$$\boldsymbol{\Lambda}^{-1} = \begin{bmatrix} \frac{1}{\lambda_1} & & \mathbf{0} \\ & \ddots & \\ \mathbf{0} & & \frac{1}{\lambda_n} \end{bmatrix} = \boldsymbol{U}^H \boldsymbol{R}_{xx}^{-1} \boldsymbol{U}, \tag{6.154}$$

und für $\boldsymbol{R}_{xx}^{-1}$ erhält man

$$\boldsymbol{R}_{xx}^{-1} = \boldsymbol{U}\boldsymbol{\Lambda}^{-1}\boldsymbol{U}^H. \tag{6.155}$$

Anwendungen der KLT Anwendungen der KLT finden sich in allen Bereichen, in denen die Dimension zufälliger Vektoren für die weitere Verarbeitung reduziert werden soll oder in denen korrelierte Daten in unkorrelierte Daten überführt werden müssen. Sie wird zum Beispiel in der Mustererkennung eingesetzt, um beim unüberwachten Lernen die Anzahl der Merkmale zu reduzieren. In der Gesichtserkennung wird sie zur Generierung sogenannter Eigenfaces verwendet [18]. In der Faktor-Analyse stellt sie einen wichtigen Baustein dar, und für die blockweise Transformationscodierung ist sie die optimale Transformation, weil sie das geometrische Mittel der Koeffizienten-Varianzen minimiert [8].

6.6 Karhunen-Loève-Transformation reellwertiger AR(1)-Prozesse

Ein autoregressiver Prozess der Ordnung p, genannt AR(p)-Prozess, entsteht durch Anregung eines rekursiven Filters der Ordnung p mit einem stationären weißen Prozess $w(n)$. Das Filter besitzt dabei die Systemfunktion

$$H(z) = \frac{1}{1 - \sum\limits_{i=1}^{p} \rho(i)\, z^{-i}}, \qquad \rho(p) \neq 0. \tag{6.156}$$

Damit ist ein AR(p)-Prozess $x(n)$ durch die Differenzengleichung

$$x(n) = w(n) + \sum_{i=1}^{p} \rho(i)\, x(n-i) \tag{6.157}$$

beschrieben.

Als einfaches Modell wird häufig der AR(1)-Prozess verwendet, dessen Differenzengleichung

$$x(n) = w(n) + \rho\, x(n-1) \tag{6.158}$$

lautet. Diesen Prozess bezeichnet man auch als *Markov-Prozess erster Ordnung*. Die Differenzengleichung (6.158) beschreibt die Eingangs-Ausgangs-Beziehung eines IIR-Filters mit der kausalen Impulsantwort $\rho^n u(n)$, wobei $u(n)$ die Sprungfolge (1.45) ist. Die Berechnung in (6.158) kann daher auch direkt als Faltung der Sequenz $w(n)$ mit der Impulsantwort $\rho^n u(n)$ beschrieben werden:

$$x(n) = \sum_{i=0}^{\infty} \rho^i\, w(n-i). \tag{6.159}$$

Der Eingangsprozess wird im Folgenden als mittelwertfrei vorausgesetzt, was auch auf einen mittelwertfreien Ausgangsprozess führt:

$$m_w = E\{w(n)\} = 0 \quad \rightarrow \quad m_x = E\{x(n)\} = 0. \tag{6.160}$$

Die Autokorrelationsfolge des Eingangsprozesses sei

$$r_{ww}(m) = E\{w(n)w(n+m)\} = \sigma^2 \delta_{m0}, \tag{6.161}$$

wobei δ_{m0} das Kronecker-Symbol ist. Unter Verwendung von (6.159) und (6.161) und unter der Voraussetzung $|\rho| < 1$ erhält man für die Autokorrelationsfolge

$$\begin{aligned} r_{xx}(m) &= E\{x(n)x(n+m)\} \\ &= \sum_{i=0}^{\infty}\sum_{j=0}^{\infty} \rho^i \rho^j\, E\{w(n-i)w(n-j+m)\} \\ &= \sigma^2 \rho^{|m|} \sum_{i=0}^{\infty} \rho^{2i} \\ &= \frac{\sigma^2}{1-\rho^2}\, \rho^{|m|}. \end{aligned} \tag{6.162}$$

Man erkennt, dass die Autokorrelationsfolge unendlich lang ist. Im Folgenden sollen allerdings nur die Werte $r_{xx}(-N+1), r_{xx}(-N+2), \ldots, r_{xx}(N-1)$ berücksichtigt werden. Die Kovarianzmatrix des AR(1)-Prozesses ist aufgrund der Stationarität des Eingangsprozesses eine Toeplitz-Matrix, sie lautet

$$\boldsymbol{R}_{xx} = \frac{\sigma^2}{1-\rho^2} \begin{bmatrix} 1 & \rho & \rho^2 & \dots & \rho^{N-1} \\ \rho & 1 & \rho & & \vdots \\ \rho^2 & \rho & \ddots & \ddots & \vdots \\ \vdots & & \ddots & \ddots & \rho \\ \rho^{N-1} & \dots & \dots & \rho & 1 \end{bmatrix}. \tag{6.163}$$

Die Eigenvektoren der Matrix $\boldsymbol{R}_{xx}$ bilden die Basis der KLT. Für reelle Signale und ein gerades N wurden von Ray und Driver die Eigenwerte und Eigenvektoren von $\boldsymbol{R}_{xx}$ analytisch angegeben [17]. Für die Eigenwerte gilt

$$\lambda_k = \frac{1}{1 - 2\rho\cos\alpha_k + \rho^2}, \qquad k = 0, 1, \dots, N-1, \tag{6.164}$$

wobei $\alpha_k,\ k = 0, 1, \dots, N-1$ die reellen positiven Wurzeln von

$$\tan(N\alpha_k) = -\frac{(1-\rho^2)\sin\alpha_k}{\cos\alpha_k - 2\rho + \rho\cos\alpha_k} \tag{6.165}$$

sind. Die Komponenten der Eigenvektoren $\boldsymbol{u}_k$ lauten

$$u_k(n) = \frac{2}{N+\lambda_k}\sin\left(\alpha_k\left(n - \frac{N-1}{2}\right) + (k+1)\frac{\pi}{2}\right), \qquad n, k = 0, 1, \dots, N-1. \tag{6.166}$$

Für $\rho \to 1$ streben diese gegen die Basis der diskreten Kosinustransformation vom Typ II.

6.7 Whitening-Transformation

Das Ziel einer Whitening-Transformation besteht darin, einen farbigen Prozess in einen weißen Prozess zu überführen. Die Koeffizienten sollen also nicht nur unkorreliert sein, sie sollen auch die gleiche Varianz besitzen. Anwendungen dieser Transformation finden sich zum Beispiel in der Analyse gestörter Signale, der Signaldetektion und der Mustererkennung.

Gegeben sei ein Prozess $\boldsymbol{n} = [n_1, n_2, \dots, n_N]^T$ mit der Kovarianzmatrix

$$\boldsymbol{R}_{nn} = E\left\{\boldsymbol{n}\boldsymbol{n}^H\right\} \quad \neq \quad \sigma^2\boldsymbol{I}. \tag{6.167}$$

Gesucht ist eine lineare Transformation $\boldsymbol{T}$, die den Prozess $\boldsymbol{n}$ in einen äquivalenten Prozess

$$\tilde{\boldsymbol{n}} = \boldsymbol{T}\boldsymbol{n} \tag{6.168}$$

mit

$$E\{\tilde{\boldsymbol{n}}\tilde{\boldsymbol{n}}^H\} = E\{\boldsymbol{T}\boldsymbol{n}\boldsymbol{n}^H\boldsymbol{T}^H\} = \boldsymbol{T}\boldsymbol{R}_{nn}\boldsymbol{T}^H = \boldsymbol{I} \tag{6.169}$$

überführt. Man erkennt bereits, dass die Transformation nicht eindeutig sein kann, denn durch Multiplikation (von links) einer bereits gefundenen Matrix $\boldsymbol{T}$ mit einer beliebigen unitären Matrix bleibt die Eigenschaft (6.169) erhalten.

Die Kovarianzmatrix lässt sich mit der Karhunen-Loève-Transformation wie folgt zerlegen:

$$\boldsymbol{R}_{nn} = \boldsymbol{U}\boldsymbol{\Lambda}\boldsymbol{U}^H = \boldsymbol{U}\boldsymbol{\Sigma}\boldsymbol{\Sigma}^H\boldsymbol{U}^H. \tag{6.170}$$

Für $\boldsymbol{\Lambda}$ und $\boldsymbol{\Sigma}$ gilt

$$\boldsymbol{\Lambda} = \begin{bmatrix} \lambda_1 & & \\ & \ddots & \\ & & \lambda_N \end{bmatrix}, \qquad \boldsymbol{\Sigma} = \begin{bmatrix} \sqrt{\lambda_1} & & \\ & \ddots & \\ & & \sqrt{\lambda_N} \end{bmatrix}.$$

Mögliche Transformationen sind dann

$$\boldsymbol{T} = \boldsymbol{\Sigma}^{-1}\boldsymbol{U}^H \quad \text{und} \quad \boldsymbol{T} = \boldsymbol{U}\boldsymbol{\Sigma}^{-1}\boldsymbol{U}^H, \tag{6.171}$$

was sich durch Einsetzen von (6.171) in (6.169) leicht überprüfen lässt:

$$E\{\tilde{\boldsymbol{n}}\tilde{\boldsymbol{n}}^H\} = \boldsymbol{T}\boldsymbol{R}_{nn}\boldsymbol{T}^H = \boldsymbol{\Sigma}^{-1}\underbrace{\boldsymbol{U}^H\boldsymbol{U}}_{\boldsymbol{I}}\boldsymbol{\Sigma}\boldsymbol{\Sigma}^H\underbrace{\boldsymbol{U}^H\boldsymbol{U}}_{\boldsymbol{I}}\boldsymbol{\Sigma}^{H^{-1}} = \boldsymbol{I}. \tag{6.172}$$

Eine Alternative besteht darin, die *Cholesky-Zerlegung*

$$\boldsymbol{R}_{nn} = \boldsymbol{L}\boldsymbol{L}^H \tag{6.173}$$

vorzunehmen, bei der $\boldsymbol{L}$ eine untere Dreiecksmatrix ist. Die Transformation lautet dann

$$\boldsymbol{T} = \boldsymbol{L}^{-1}. \tag{6.174}$$

Für die Kovarianzmatrix gilt wieder

$$E\{\tilde{\boldsymbol{n}}\tilde{\boldsymbol{n}}^H\} = \boldsymbol{T}\boldsymbol{R}_{nn}\boldsymbol{T}^H = \boldsymbol{L}^{-1}\boldsymbol{L}\boldsymbol{L}^H\boldsymbol{L}^{H^{-1}} = \boldsymbol{I}. \tag{6.175}$$

In der Signalauswertung treten farbige Störprozesse oft in Modellen der Form

$$\boldsymbol{x} = \boldsymbol{s} + \boldsymbol{n} \tag{6.176}$$

auf. Die beschriebene Transformation überführt das Modell (6.176) in ein äquivalentes Modell

$$\tilde{\boldsymbol{x}} = \tilde{\boldsymbol{s}} + \tilde{\boldsymbol{n}} \tag{6.177}$$

mit

$$\tilde{\boldsymbol{x}} = \boldsymbol{T}\boldsymbol{x}, \qquad \tilde{\boldsymbol{s}} = \boldsymbol{T}\boldsymbol{s}, \qquad \tilde{\boldsymbol{n}} = \boldsymbol{T}\boldsymbol{n}, \tag{6.178}$$

wobei $\tilde{\boldsymbol{n}}$ ein weißer Rauschprozess mit der Varianz $\sigma_{\tilde{n}}^2 = 1$ ist.

6.8 Independent Component Analysis

Die in Abschnitt 6.5 beschriebene diskrete Karhunen-Loève-Transformation war aus der Forderung abgeleitet worden, dass die Transformation zu unkorrelierten Koeffizienten führen sollte. Die *Independent Component Analysis* (ICA) beschäftigt sich nun damit, eine Transformation zu finden, die zu statistisch unabhängigen Komponenten führt. Zudem besteht das Ziel darin, aus M beobachteten Prozessen $x_i(n)$, $i = 1, 2, \ldots, M$, die als Linearkombination von $N \leq M$ statistisch unabhängigen Quellenprozessen $s_i(n)$, $i = 1, 2, \ldots, N$ entstanden sind, durch eine erneute Linearkombination wieder N statistisch unabhängige Prozesse $y_i(n)$, $i = 1, 2, \ldots, N$ zu erzeugen und somit die Quellen zu restaurieren. Mit den Definitionen

$$\begin{aligned} \boldsymbol{s}(n) &= [s_1(n), s_2(n), \ldots, s_N(n)]^T \\ \boldsymbol{x}(n) &= [x_1(n), x_2(n), \ldots, x_M(n)]^T \\ \boldsymbol{y}(n) &= [y_1(n), y_2(n), \ldots, y_N(n)]^T \end{aligned} \tag{6.179}$$

lassen sich die Mischung und Entmischung als

$$\boldsymbol{x}(n) = \boldsymbol{A}\boldsymbol{s}(n), \tag{6.180}$$

$$\boldsymbol{y}(n) = \boldsymbol{W}\boldsymbol{x}(n) \tag{6.181}$$

beschreiben. Die Matrix $\boldsymbol{W}$ muss dabei die Bedingung

$$\boldsymbol{W}\boldsymbol{A} = \boldsymbol{D}\boldsymbol{P} \tag{6.182}$$

erfüllen, wobei $\boldsymbol{P}$ eine Permutationsmatrix und $\boldsymbol{D}$ eine Diagonalmatrix ist. Die Matrizen $\boldsymbol{P}$ und $\boldsymbol{D}$ drücken aus, dass eine Permutation und eine Amplitudenskalierung unabhängiger Größen deren statistische Unabhängigkeit nicht beeinträchtigt. Sie zeigen auch, dass es mit einer ICA nur möglich ist, die Eingangsprozesse bis auf eine beliebige Permutation und Amplitudenskalierung zu rekonstruieren.

Ist der Zufallsprozess $\boldsymbol{x}$ gaußverteilt, so liefert die KLT bereits statistisch unabhängige Koeffizienten, denn unkorrelierte gaußsche Zufallsvariablen sind auch statistisch unabhängig voneinander. Allerdings bedeutet das nicht, dass mit der KLT eine Matrix $\boldsymbol{W}$ gefunden werden kann, die (6.182) erfüllt und somit die unabhängigen Quellen restauriert. Bei nichtgaußschen Prozessen führt die KLT lediglich zu unkorrelierten, aber nicht zu statistisch unabhängigen Größen. Bild 6.7 zeigt hierzu ein Beispiel für den Fall $N = M = 2$, wobei die Quellenprozesse eine generalisierte Gaußdichte mit dem Parameter $k = 0{,}3$ aufweisen. Bei dieser Dichte konzentrieren sich die Werte um null, aber es sind auch sehr große Werte relativ wahrscheinlich (vgl. Abschnitt 6.1). Da die Quellen unabhängig voneinander sind, kommt es sehr selten vor, dass $s_1(n)$ und $s_2(n)$ gleichzeitig einen großen Wert annehmen. Dies äußert sich in Bild 6.7a in der Konzentration der Wertepaare entlang der Achsen.

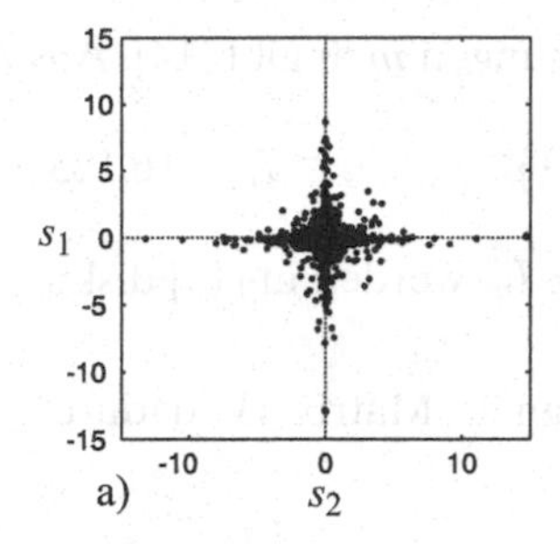

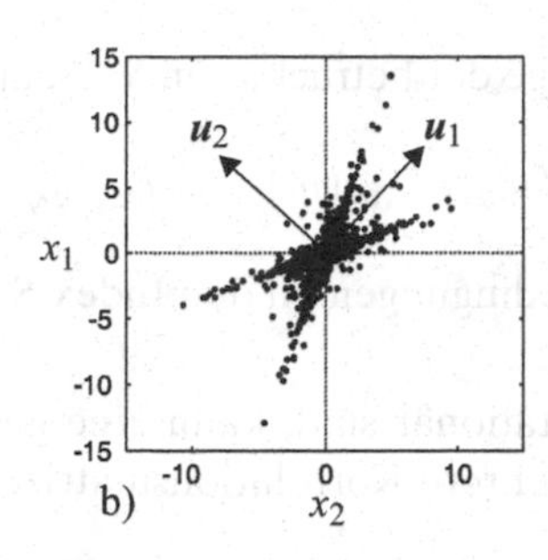

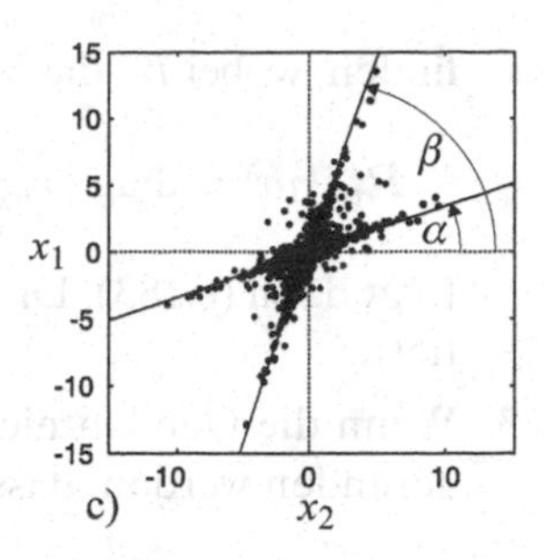

Bild 6.7 Streubild für die Mischung unabhängiger Zufallsvariablen mit super-gaußscher Dichte. a) unabhängige Variablen; b) gemischte Variablen inkl. der Hauptachsen der KLT; c) gemischte Variablen inkl. der gesuchten Achsen

In den Bildern 6.7b und 6.7c sieht man die Streubilder für die Paare (x_1, x_2) inkl. der Hauptachsen der KLT und der gesuchten Achsen. Es ist offensichtlich, dass eine Projektion der Wertepaare auf die Hauptachsen der KLT nicht zur Generierung unabhängiger Zufallsvariablen führt. Die Kenntnis der in Bild 6.7c eingezeichneten Winkel ermöglicht es dagegen, aus den abhängigen Größen $x_1(n)$ und $x_2(n)$ wieder unabhängige Prozesse $y_1(n)$ und $y_2(n)$ zu erzeugen. Dies kann zum Beispiel in der folgenden Form geschehen:

$$\begin{bmatrix} y_1(n) \\ y_2(n) \end{bmatrix} = \begin{bmatrix} \sin\beta & -\cos\beta \\ -\sin\alpha & \cos\alpha \end{bmatrix} \begin{bmatrix} x_1(n) \\ x_2(n) \end{bmatrix}. \tag{6.183}$$

Es existieren insgesamt vier verschiedene Mechanismen, die es prinzipiell ermöglichen, aus einer Mischung $\boldsymbol{x}(n)$ eine Entmischungsmatrix $\boldsymbol{W}$ abzuleiten, die (6.182) erfüllt. Die verschiedenen Szenarien werden im Folgenden kurz genannt. Für eine eingehende Behandlung der Thematik sei hier jedoch auf die Literatur (z. B. [7, 5]) verwiesen. In allen Fällen wird davon ausgegangen, dass die ursprünglichen Quellen $s_i(n)$, $i = 1, 2, \dots, N$ statistisch unabhängig voneinander sind.

1. Bei stationären nichtgaußschen Quellen kann eine geeignete Matrix $\boldsymbol{W}$ mit Methoden der Statistik höherer Ordnung gefunden werden. Gemeint ist damit, dass Momente einer Ordnung benötigt werden, die höher als zwei ist. Die Momente oder daraus abgeleitete Größen können entweder direkt ausgewertet werden (JADE, [4]), es können Maße der Nichtgaußförmigkeit wie die Kurtosis maximiert werden, oder es können Divergenzmaße wie die *Kullback-Leibler-Divergenz* (KLD) benutzt werden. Auf die KLD wird im Folgenden noch etwas näher eingegangen. In jedem Fall darf höchstens eine der Quellen eine Gaußverteilung besitzen.

2. Wenn alle Quellen stationär sind und unterschiedliche Leistungsdichten besitzen, lässt sich eine geeignete Matrix $\boldsymbol{W}$ durch die gemeinsame Diagonalisierung der Korrelationsmatrizen

$$\boldsymbol{R}_{yy}(m) = E\left\{\boldsymbol{y}(n+m)\,\boldsymbol{y}^H(n)\right\}, \qquad m \in I_m \tag{6.184}$$

finden, wobei I_m die Menge der betrachteten Verschiebungen m angibt [14]. Aus

$$\boldsymbol{R}_{yy}(m) = \operatorname{diag}\left\{r_{y_1,y_1}(m), r_{y_1,y_1}(m), \ldots, r_{y_N,y_N}(m)\right\}, \qquad m \in I_m \tag{6.185}$$

folgt dann (6.183). Die Bedingungen an den Index-Satz I_m werden in [13] diskutiert.

3. Wenn die Quellen nichtstationär sind, kann eine geeignete Matrix $\boldsymbol{W}$ dadurch gefunden werden, dass mehrere Korrelationsmatrizen

$$\boldsymbol{R}_{yy}^{(m)} = E\left\{\boldsymbol{y}(n+m)\,\boldsymbol{y}^H(n+m)\right\}, \qquad m \in I_m \tag{6.186}$$

gemeinsam diagonalisiert werden [16]. Verschiedene absolute Zeitpunkte $m \in I_m$ bedeuten dabei verschiedene Epochen der nichtstationären Prozesse. Aus

$$\boldsymbol{R}_{yy}^{(m)} = \operatorname{diag}\left\{r_{y_1,y_1}^{(m)}, r_{y_1,y_1}^{(m)}, \ldots, r_{y_N,y_N}^{(m)}\right\}, \qquad m \in I_m \tag{6.187}$$

folgt dann (6.183), wobei die gleichen Bedingungen an I_m gelten wie zuvor [13].

4. Quellen, die sich zeitlich, spektral oder im Zeit-Frequenz-Bereich nicht überlappen, können getrennt werden. Bekannte Methoden nutzen zum Beispiel aus, dass unterschiedliche Sprachsignale in einer Zeit-Frequenz-Darstellung wie der Kurzzeit-Fourier-Transformation (siehe Kapitel 8) mit großer Wahrscheinlichkeit keine Überlappung zeigen, also nicht zum gleichen Zeitpunkt das gleiche Kurzzeit-Spektrum aufweisen [9]. Ist dies der Fall, so ist es durch eine Selektion der individuellen Zeit-Frequenz-Komponenten möglich, die Quellen zu trennen.

Die KLD ist ein Maß, das die Unterschiedlichkeit zweier Verteilungsdichten $p_{\boldsymbol{y}}(\boldsymbol{\alpha})$ und $q_{\boldsymbol{y}}(\boldsymbol{\alpha})$ angibt. Sie ist wie folgt definiert:

$$K_{pq} = \int_{-\infty}^{\infty} p_{\boldsymbol{y}}(\boldsymbol{\alpha}) \log \frac{p_{\boldsymbol{y}}(\boldsymbol{\alpha})}{q_{\boldsymbol{y}}(\boldsymbol{\alpha})}\, d\boldsymbol{\alpha}. \tag{6.188}$$

Sind beide Dichten gleich, so wird K_{pq} zu null, ansonsten ist der Wert größer als null. Mit der speziellen Wahl

$$p_{\boldsymbol{y}}(\boldsymbol{\alpha}) = p_{y_1,y_2,\ldots,y_N}(\alpha_1, \alpha_2, \ldots, \alpha_N) \tag{6.189}$$

und

$$q_{\boldsymbol{y}}(\boldsymbol{\alpha}) = \prod_{i=1}^{N} p_{y_i}(\alpha_i) \tag{6.190}$$

misst die KLD den Unterschied zwischen der Verbundverteilungsdichte und dem Produkt der einzelnen Verteilungsdichten. Diese spezielle KLD wird die gegenseitige Information (engl. *mutual information*) der Prozesse $y_i(n)$, $i = 1, 2, \ldots, N$ genannt. Sind die Prozesse statistisch unabhängig voneinander, so ist die Verbunddichte gleich dem Produkt der einzelnen Dichten, und die gegenseitige Information verschwindet. Daraus erkennt man, dass die Matrix

$$\boldsymbol{W} = \underset{\tilde{\boldsymbol{W}}}{\operatorname{argmin}} \int_{-\infty}^{\infty} p_{\boldsymbol{y}}(\boldsymbol{\alpha}) \log \frac{p_{\boldsymbol{y}}(\boldsymbol{\alpha})}{\prod_{i=1}^{N} p_{y_i}(\alpha_i)} \, d\boldsymbol{\alpha} \quad \text{mit} \quad \boldsymbol{y}(n) = \tilde{\boldsymbol{W}} \boldsymbol{x}(n) \quad (6.191)$$

zu unabhängigen Prozessen $y_i(n)$, $i = 1, 2, \ldots, N$ führt, wenn es gelingt, die KLD zu null zu bekommen.

Um eine Lernregel für die Bestimmung von $\boldsymbol{W}$ zu erhalten, wird ausgenutzt, dass folgende Proportionalität gilt [2]:

$$K_{pq} \propto Q(\boldsymbol{y}, \boldsymbol{W}) = -\prod_{i=1}^{N} p_{y_i}(\alpha_i) - \frac{1}{2} \log \left|\det(\boldsymbol{W}^T \boldsymbol{W})\right|. \quad (6.192)$$

Eine Lernregel zur iterativen Bestimmung von $\boldsymbol{W}$ lautet dann

$$\boldsymbol{W}(k+1) = \boldsymbol{W}(k) + \eta(k) \Delta \boldsymbol{W}(k), \quad (6.193)$$

wobei der Index k andeutet, dass es sich um Größen im k-ten Iterationsschritt handelt. Der Faktor $\eta(k)$ stellt eine kleine positive Lernschrittweite dar. Die Größe $\Delta \boldsymbol{W}(k)$ enthält den negativen Gradienten von Q bezüglich der Einträge von $\boldsymbol{W}$, so dass die Iteration zu einem Minimum von Q führt. Verwendet man dabei den sogenannten natürlichen Gradienten [1], der den steilsten Abstieg im Riemann'schen Raum der Parameter $\boldsymbol{W}$ beschreibt, so folgt

$$\Delta \boldsymbol{W}(k) = [\boldsymbol{I} - \boldsymbol{f}(\boldsymbol{y}(k)) \boldsymbol{y}^T(k)] \boldsymbol{W}(k), \quad (6.194)$$

wobei $\boldsymbol{f}(\boldsymbol{\alpha})$ eine komponentenweise wirkende nichtlineare Funktion der Form

$$f_i(\alpha) = -\frac{p'_{y_i}(\alpha)}{p_{y_i}(\alpha)} \quad (6.195)$$

ist. Diese Funktion wird auch als die *Aktivierungsfunktion* bezeichnet. Handelt es sich bei der Dichte $p_{y_i}(\alpha)$ zum Beispiel um die Laplace'sche Dichte, dann ist $f_i(\alpha)$ nichts anderes als eine skalierte Signumfunktion. Bei anderen angenommenen Dichten für die Quellen ergeben sich entsprechend andere nichtlineare Funktionen. An dieser Stelle muss also etwas Vorwissen über die Amplitudenstatistik der Quellenprozesse eingebracht werden. Es ist aber auch möglich, unter gewissen Modellannahmen, wie zum Beispiel der Annahme einer generalisierten gaußschen Dichte, die Parameter der Verteilungen der Quellen zu schätzen und so die Aktivierungsfunktionen an die Prozesse anzupassen [12]. Hierdurch wird es dann zum Beispiel ohne Vorwissen über die Statistik der Quellen möglich, super- und subgaußsche Prozesse zu trennen.

Anwendungen der ICA finden sich in sehr vielen Bereichen. Sie wird zur Trennung von Nutzsignalen und Rauschen ebenso verwendet wie zum Finden versteckter Faktoren in Finanzdaten oder in der Analyse von EEG, MEG, EKG und fMRI-Daten. Weiterhin bildet sie die Basis für die blinde Quellentrennung in akustischen

Umgebungen, wo die Mischung aufgrund der Signallaufzeiten und Reflexionen allerdings über Faltungen mit Raumimpulsantworten erfolgt und die Entmischung nicht durch eine einzige Matrixmultiplikation zu erreichen ist, sondern mit einem System von Entmischungsfiltern vorgenommen werden muss (siehe auch Abschnitt 11.4).

Literaturverzeichnis

[1] S. Amari: *Natural gradient works efficiently in learning*. Neural Computation, 10(2):251–276, Februar 1998.

[2] S. Amari und A. Cichocki: *Adaptive blind signal processing-neural network approaches*. Proceedings of the IEEE, 86(10):2026–2048, Oktober 1998.

[3] R. B. Blackman und J. W. Tukey: *The Measurement of Power Spectra*. Dover, New York, 1958.

[4] J. F. Cardoso und A. Soulomiac: *Blind beamforming for non-Gaussian signals*. Proc. Inst. Elec. Eng., pt. F., 140(6):362–370, Dezember 1993.

[5] A. Cichocki und S. I. Amari: *Adaptive Blind Signal and Image Processing*. Wiley, Chichester, 2002.

[6] W. B. Davenport und W. L. Root: *Random Signals and Noise*. McGraw-Hill, New York, 1958.

[7] A. Hyvärinen, J. Karhunen und E. Oja: *Independent Component Analysis*. Wiley, Chichester, 2001.

[8] N. S. Jayant und P. Noll: *Digital Coding of Waveforms*. Prentice-Hall, Englewood Cliffs, NJ, 1984.

[9] A. Jourjine, S. Rickard und O. Yilmaz: *Blind separation of disjoint orthogonal signals: Demixing N sources from 2 mixtures*. In: *Proc. IEEE Int. Conf. Acoust., Speech, Signal Processing*, Band 5, Seiten 2985–2988, 2000.

[10] K.-D. Kammeyer und K. Kroschel: *Digitale Signalverarbeitung*. Springer Vieweg, Wiesbaden, 9. Auflage, 2018.

[11] K. Karhunen: *Über lineare Methoden in der Wahrscheinlichkeitsrechnung*. Ann. Acad. Sci. Fenn. Ser. A.I.37 Math. Phys., Helsinki, 1947.

[12] K. Kokkinakis und A. K. Nandi: *Multichannel speech separation using adaptive parameterization of source PDFs*, Band 3195 der Reihe *Lecture Notes in Computer Science*, Seiten 486–493. Springer, 2004.

[13] T. Mei, A. Mertins, F. Yin, J. Xi und J. F. Chicharo: *Blind source separation for convolutive mixtures based on the joint diagonalization of power spectral density matrices*. Signal Processing, 88(8):1990–2007, 2008.

[14] L. Molgedey und H. G. Schuster: *Separation of a mixture of independent signals using time-delayed correlations*. Physical Review Letters, 72(23):3634–3637, Juni 1994.

[15] A. Papoulis: *Probability, Random Variables, and Stochastic Processes*. McGraw-Hill, New York, 3. Auflage, 1991.

[16] L. Parra und C. Spence: *Convolutive blind source separation of non-stationary sources*. IEEE Trans. Speech and Audio Processing, 8(3):320–327, Mai 2000.

[17] W. D. Ray und R. M. Driver: *Further decomposition of the Karhunen Loéve series representation of a stationary random process*. IEEE Trans. Inform. Theory, IT-16:663–668, November 1970.

[18] M. Turk und A. Pentland: *Eigenfaces for recognition*. Journal of Cognitive Neuroscience, 3(1):71–86, 1991.

[19] H. L. Van Trees: *Detection, Estimation, and Modulation Theory, Part I*. Wiley, New York, 1968.

[20] P. D. Welch: *The use of the fast Fourier transform for the estimation of power spectra: A method based on time averaging over short modified periodograms*. IEEE Trans. Audio and Electroacoustics, 15:70–73, 1967.

Kapitel 7
Multiratensysteme

Unter Multiratensystemen versteht man diskrete Systeme, in denen Teilsignale mit unterschiedlichen Abtastraten auftreten und verarbeitet werden. Typische Beispiele sind Abtastratenumsetzer (zum Beispiel zur Anpassung der Abtastfrequenz zwischen verschiedenen Audiostandards) und Multiraten-Filterbänke für die Codierung oder die Datenübertragung. Bild 7.1 zeigt hierzu eine typische Multiraten-Filterbank mit Anwendungen in der Signalkompression. Das Eingangssignal wird dabei mittels einer *Analysefilterbank*, die aus parallel betriebenen Tief-, Band- und Hochpassfiltern besteht, in M sogenannte *Teilbandsignale* zerlegt, von denen jedes die Information über das Eingangssignal in einem bestimmten Frequenzband enthält. Nach der Filterung findet in jedem Teilband noch eine Abtastratenreduktion um einen ganzzahligen Faktor $N_k \geq 1$ statt. Die Abwärtstaster sind in Bild 7.1 durch Blöcke mit nach unten gerichteten Pfeilen symbolisiert. Die Abtastratenreduktion dient in der Regel dazu, die in den M Teilbandsignalen enthaltene Redundanz zu reduzieren oder vollständig zu entfernen. Aufgrund der *Abwärtstastung* wird die Filterbank zum *Multiratensystem*. Da man nur dann damit rechnen kann, ein beliebiges Signal $x(n)$ aus unterabgetasteten Teilbandsignalen fehlerfrei zurückgewinnen zu können, wenn die Gesamtanzahl aller Teilband-Abtastwerte je Zeiteinheit größer oder gleich der Anzahl der Eingangswerte pro Zeiteinheit ist, spricht man bei einem Abtastratenverhältnis von $\mu = (1/N_0 + 1/N_1 + \ldots + 1/N_{M-1}) = 1$ von einer *kritischen Abtastung*. Wählt man $\mu > 1$, so ergibt sich eine *Überabtastung*. Für $\mu < 1$ liegt eine *Unterabtastung* vor, und eine perfekte Rekonstruktion beliebiger Eingangssignale ist nicht mehr möglich.

Soll aus den Teilbandsignalen wieder das Eingangssignal rekonstruiert werden, so ist die Abtastrate zunächst wieder auf den ursprünglichen Wert zu erhöhen. Dies geschieht, indem jeweils $N_k - 1$ Nullen zwischen benachbarten Werten der Folgen $y_k(m)$ eingefügt werden. Dieser Vorgang, der als *Aufwärtstastung* bezeichnet wird, wird in Bild 7.1 durch Blöcke mit nach oben gerichteten Pfeilen angedeutet. Die Synthesefilter $G_k(z)$ dienen schließlich dazu, die fehlenden Zwischenwerte zu interpolieren. Aus mathematischer Sicht wird mittels der *Synthesefilterbank* eine Reihenentwicklung ausgeführt, wobei die Teilbandsignale $y_k(m)$ als Entwicklungskoeffizi-

---

Ergänzende Information Die elektronische Version dieses Kapitels enthält Zusatzmaterial, auf das über folgenden Link zugegriffen werden kann https://doi.org/10.1007/978-3-658-41529-7_7.

A. Mertins, *Signaltheorie*, https://doi.org/10.1007/978-3-658-41529-7_7

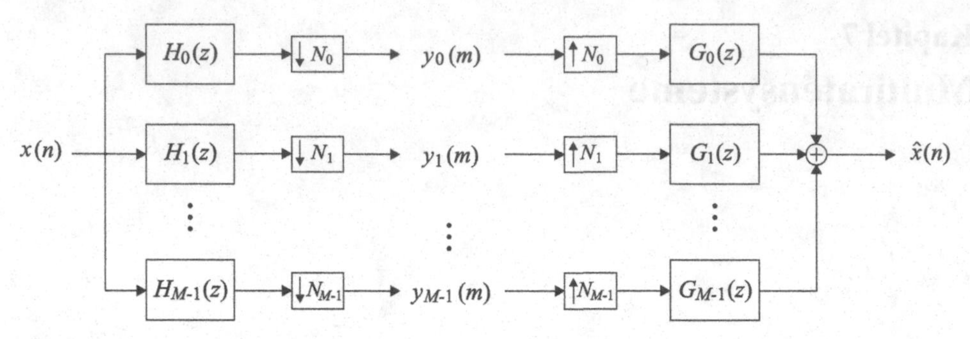

Bild 7.1 Ungleichförmige M-Kanal-Filterbank mit einer Abwärtstastung der Teilbandsignale um Faktoren N_k

enten zu verstehen sind. Die zur Signaldarstellung verwendeten Vektoren werden aus den um jeweils N_k Takte verschobenen Versionen der Impulsantworten $g_k(n)$ gebildet. Gegenüber den zuvor behandelten Block-Transformationen besteht der wesentliche Unterschied darin, dass die Längen der Filterimpulsantworten $g_k(n)$ in der Regel größer als N_k sind, so dass sich die um N_k Takte verschobenen Versionen der Impulsantworten zeitlich überlappen. Auf diese Weise lässt sich gegenüber den Block-Transformationen eine deutlich bessere Frequenzselektivität erreichen.

7.1 Grundlegende Multiraten-Operationen

7.1.1 Filterung und Abtastratenumsetzung

Die Grundelemente einer Multiraten-Filterbank mit einer Abwärts- und Aufwärtstastung um den Faktor N sollen anhand der in Bild 7.2 dargestellten Struktur erläutert werden.

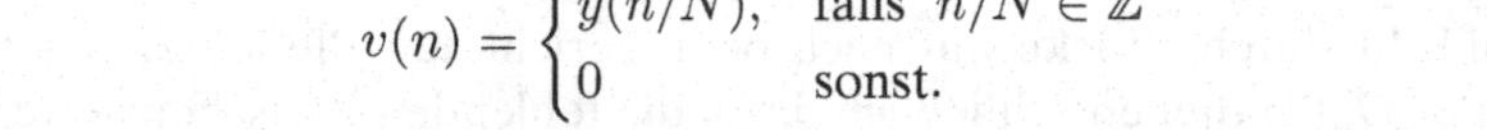

Bild 7.2 Multiraten-Anordnung

Aufwärtstastung Die Folge $v(n)$ entsteht durch Einfügen von Nullen in die Folge $y(m)$. Es gilt

$$v(n) = \begin{cases} y(n/N), & \text{falls } n/N \in \mathbb{Z} \\ 0 & \text{sonst.} \end{cases} \tag{7.1}$$

Wegen der unterschiedlichen Abtastraten erhält man zwischen den Z-Transformierten $Y(z)$ und $V(z)$ den Zusammenhang

$$V(z) = Y(z^N). \tag{7.2}$$

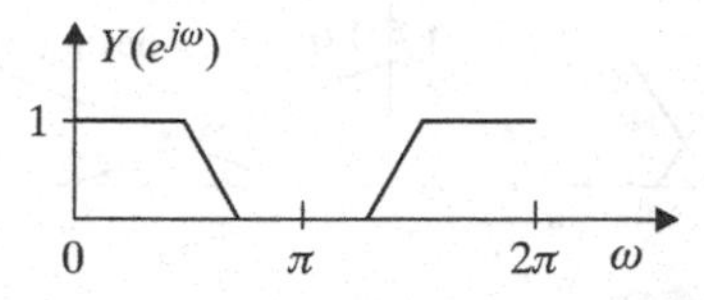

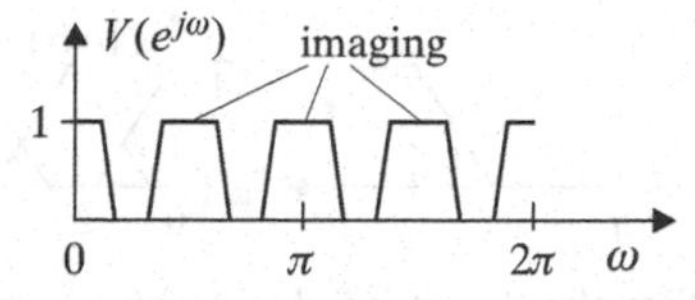

Bild 7.3 Signalspektren bei der Aufwärtstastung ($N = 4$)

Für die Spektren $Y(e^{j\omega})$ und $V(e^{j\omega})$ ergibt sich

$$V(e^{j\omega}) = Y(e^{j\omega N}). \tag{7.3}$$

Der Frequenzbereich vom 0 bis 2π wird somit auf den Bereich von 0 bis $2\pi/N$ abgebildet, und die ursprünglichen periodischen Wiederholungen des Spektrums mit der Periode 2π erfolgen nun mit der Periode $2\pi/N$. Diesen Vorgang, bei dem aus einer Eingangsfrequenz mehrere Ausgangsfrequenzen entstehen, bezeichnet man im Englischen als *imaging*. Bild 7.3 zeigt hierzu ein Beispiel.

Abwärtstastung mit anschließender Aufwärtstastung Nach der Abtastratenreduktion um den Faktor N mit anschließender Erhöhung um den Faktor N stimmen die Werte $v(nN)$ mit den Werten $u(nN)$ überein. Alle Zwischenwerte der Folge $v(n)$ sind null. Der Zusammenhang zwischen $v(n)$ und $u(n)$ lässt sich unter Verwendung der Beziehung

$$\frac{1}{N}\sum_{i=0}^{N-1} e^{j2\pi in/N} = \begin{cases} 1 & \text{für } n/N \in \mathbb{Z} \\ 0 & \text{sonst} \end{cases} \tag{7.4}$$

als

$$v(n) = u(n)\,\frac{1}{N}\sum_{i=0}^{N-1} W_N^{-in} \qquad \text{mit} \qquad W_N = e^{-j2\pi/N} \tag{7.5}$$

schreiben. Die Z-Transformierte von $v(n)$ lautet

$$\begin{aligned} V(z) &= \sum_{n=-\infty}^{\infty} v(n) z^{-n} \\ &= \frac{1}{N}\sum_{i=0}^{N-1}\sum_{n=-\infty}^{\infty} u(n)\left[W_N^i z\right]^{-n} \\ &= \frac{1}{N}\sum_{i=0}^{N-1} U(W_N^i z). \end{aligned} \tag{7.6}$$

Für den Spezialfall $z = e^{j\omega}$ bedeutet dies

$$V(e^{j\omega}) = \frac{1}{N}\sum_{i=0}^{N-1} U(e^{j(\omega - i2\pi/N)}). \tag{7.7}$$

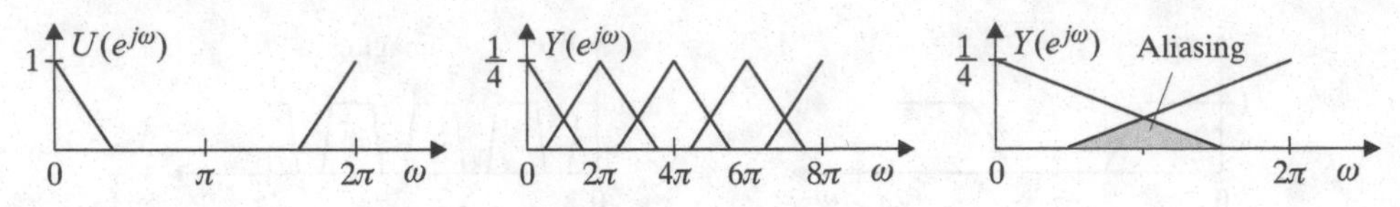

Bild 7.4 Signalspektren bei der Abwärtstastung ($N = 4$)

Man sieht, dass neben der Signalkomponente $U(e^{j\omega})$ noch $N-1$ frequenzverschobene Varianten $U(e^{j(\omega-i2\pi/N)})$, $i = 1, 2, \ldots, N-1$ auftreten.

Abwärtstastung Die Beziehung zwischen $Y(z)$ und $U(z)$ ergibt sich aus (7.2) und (7.6):

$$Y(z) = \frac{1}{N} \sum_{i=0}^{N-1} U(W_N^i z^{\frac{1}{N}}). \tag{7.8}$$

Für die Spektren bedeutet dies

$$Y(e^{j\omega}) = \frac{1}{N} \sum_{i=0}^{N-1} U(e^{j(\omega-2\pi i)/N}). \tag{7.9}$$

Der Spektralbereich von 0 bis π/N wird damit auf den Bereich von 0 bis π abgebildet, so dass im Allgemeinen ein Aliasing entsteht. Bild 7.4 veranschaulicht diesen Vorgang.

Filterung und Abtastratenumsetzung Mit (7.8) und $U(z) = H(z)X(z)$ gilt zwischen $Y(z)$ und dem Eingangssignal $X(z)$ der Zusammenhang

$$Y(z) = \frac{1}{N} \sum_{i=0}^{N-1} H(W_N^i z^{\frac{1}{N}})\, X(W_N^i z^{\frac{1}{N}}). \tag{7.10}$$

Aus den Gleichungen (7.2) und (7.10) folgt schließlich

$$\hat{X}(z) = G(z)\, Y(z^N) = \frac{1}{N} \sum_{i=0}^{N-1} G(z)\, H(W_N^i z)\, X(W_N^i z). \tag{7.11}$$

7.1.2 Polyphasenzerlegung

Wir betrachten die in Bild 7.5 dargestellte Zerlegung einer Sequenz $x(n)$ in Teilfolgen $x_i(m)$. Es ist leicht nachzuvollziehen, dass man durch Zusammenfügen der Teilfolgen $x_i(m)$ wieder die ursprüngliche Folge $x(n)$ erhält. Diese Art der Signalzerlegung bezeichnet man als *Polyphasenzerlegung*, und die Teilfolgen $x_i(m)$ nennt man die *Polyphasenkomponenten* von $x(n)$. Für die Zerlegung einer Folge in Polyphasenkomponenten bestehen verschiedene Möglichkeiten, die im Folgenden kurz vorgestellt werden.

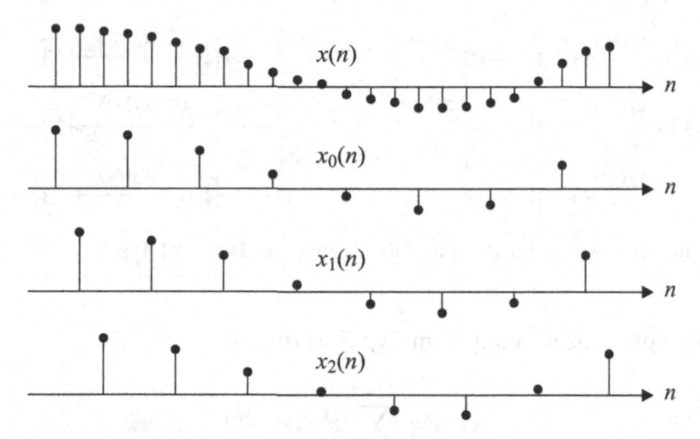

Bild 7.5 Polyphasenzerlegung vom Typ 1 für $M = 3$

Typ 1 Bei diesem Typ der Polyphasenzerlegung wird ein Signal $x(n)$ in der Form

$$x_\ell(n) = x(nM + \ell), \qquad \ell = 0, 1, \ldots, M-1 \tag{7.12}$$

in M Teilfolgen $x_\ell(n)$ zerlegt. Die Z-Transformierten der Folgen $x_\ell(n)$ erfüllen

$$X(z) = \sum_{\ell=0}^{M-1} z^{-\ell}\, X_\ell(z^M) \tag{7.13}$$

mit $x_\ell(n) \longleftrightarrow X_\ell(z)$. Bild 7.5 zeigt ein Beispiel für eine Typ-1-Polyphasenzerlegung. In Bild 7.6a ist eine Anordnung dargestellt, mit der eine Typ-1-Zerlegung vorgenommen werden kann. Man kann sich die Anordnung auch als einen im Uhrzeigersinn drehenden Kommutator vorstellen, der eine Seriell-Parallel-Wandlung des Signals $x(n)$ in M parallele Signale $x_\ell(n)$, $\ell = 0, 1, \ldots, M-1$ ausführt. Die Rekonstruktion von $x(n)$ aus den Teilfolgen geschieht entsprechend mit einem entgegen dem Uhrzeigersinn drehenden Kommutator zur Parallel-Seriell-Wandlung.

Typ 2 Die Polyphasenzerlegung vom Typ 2 lautet

$$X(z) = \sum_{\ell=0}^{M-1} z^{-(M-1-\ell)}\, X'_\ell(z^M) \tag{7.14}$$

mit

$$X'_\ell(z) \longleftrightarrow x'_\ell(n) = x(nM + M - 1 - \ell). \tag{7.15}$$

Man sieht, dass der Unterschied zur Zerlegung vom ersten Typ lediglich in der Indizierung der Komponenten liegt:

$$X_\ell(z) = X'_{M-1-\ell}(z). \tag{7.16}$$

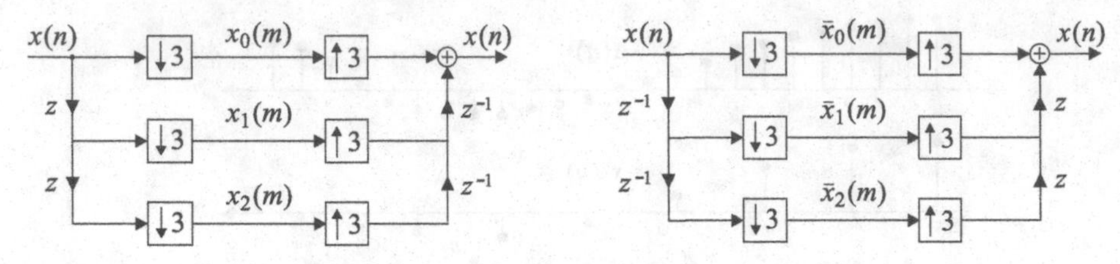

Bild 7.6 Verschiedene Arten der Polyphasenzerlegung. a) Typ 1; b) Typ 3

Typ 3 Die Polyphasenzerlegung vom Typ 3 ist durch

$$X(z) = \sum_{\ell=0}^{M-1} z^{\ell}\, \bar{X}_{\ell}(z^M) \tag{7.17}$$

mit

$$\bar{X}_{\ell}(z) \longleftrightarrow \bar{x}_{\ell}(n) = x(nM - \ell) \tag{7.18}$$

gegeben. Bild 7.6b zeigt eine Anordnung zur Ausführung der Typ-3-Zerlegung, die einer Seriell-Parallel-Wandlung des Signals $x(n)$ in M parallele Signale $\bar{x}_{\ell}(n)$ unter Verwendung eines entgegen dem Uhrzeigersinn drehenden Kommutators entspricht. Die Beziehung zur Zerlegung vom Typ 1 lautet

$$\begin{aligned} X_0(z) &= \bar{X}_0(z), \\ X_{\ell}(z) &= z^{-1}\bar{X}_{M-\ell}(z), \quad \ell = 1, \ldots, M-1. \end{aligned} \tag{7.19}$$

7.1.3 Multiraten-Identitäten

Wir betrachten die in Bild 7.7 dargestellte Filterung von Signalen mit Systemen, deren Systemfunktion sich als $H(z) = G(z^N)$ schreiben lässt. Das bedeutet, dass nur jeder N-te Koeffizient der zu $H(z)$ gehörigen Impulsantwort $h(n)$ ungleich null ist. Für die linke Anordnung in Bild 7.7a gilt mit $g(n) \longleftrightarrow G(z)$ der Zusammenhang

$$y(m) = u(mN) = \sum_{\ell=-\infty}^{\infty} x(mN - \ell N)\, g(\ell). \tag{7.20}$$

Für die rechte Anordnung erhalten wir mit $v(m) = x(mN)$

$$y(m) = \sum_{\ell=-\infty}^{\infty} v(m-\ell)\, g(\ell) = \sum_{\ell=-\infty}^{\infty} x(mN - \ell N)\, g(\ell). \tag{7.21}$$

Der Vergleich der Ausdrücke (7.20) und (7.21) zeigt, dass beide Strukturen äquivalent sind. Die rechte Anordnung bietet jedoch formale Vorteile, weil sie keine unnötigen Multiplikationen mit Nullen vorsieht.

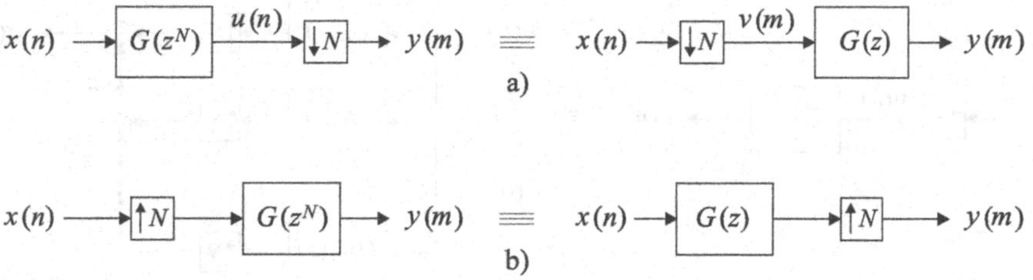

Bild 7.7 Multiraten-Identitäten

Auf die gleiche Weise lässt sich zeigen, dass die beiden Anordnungen in Bild 7.7b das Ausgangssignal

$$y(m) = \begin{cases} \sum_{\ell=-\infty}^{\infty} x(m/N - \ell)\, g(\ell), & \text{falls } m/N \in \mathbb{Z} \\ 0 & \text{sonst} \end{cases} \tag{7.22}$$

liefern und äquivalent sind. Die rechte Anordnung hat wiederum Vorteile, weil keine Multiplikationen mit Nullen ausgeführt werden.

7.1.4 Polyphasen-Interpolation und Dezimation

Abtastratenerhöhung Wir betrachten die in Bild 7.8a dargestellte Anordnung zur Abtastratenerhöhung. Bei der Aufwärtstastung werden zwischen benachbarten Eingangswerten jeweils $N-1$ Nullen eingefügt, die mit dem Filter $G(z)$ durch sinnvolle Zwischenwerte aufgefüllt werden sollen. Aus spektraler Sicht besteht die Aufgabe des Filters $G(z)$ darin, die durch die Aufwärtstastung entstandenen Image-Spektren zu entfernen. Eine solche Anordnung kann zum Beispiel dazu dienen, die Abtastrate eines Audiosignals um einen ganzzahligen Faktor N zu erhöhen (zum Beispiel von 48 kHz auf 96 kHz oder 192 kHz). Ebenso kann damit die Anzahl der Pixel in einer Zeile oder Spalte eines Bildes um einen ganzzahligen Faktor erhöht werden.

Wir zerlegen $G(z)$ nun wie folgt in N Polyphasenkomponenten vom Typ 1:

$$G(z) = \sum_{\ell=0}^{N-1} z^{-\ell}\, G_\ell(z^N). \tag{7.23}$$

Indem noch die zuvor gezeigte zweite Multiraten-Identität ausgenutzt wird, lässt sich schließlich die effiziente Implementierung in Bild 7.8b gewinnen, die eine minimale Anzahl auszuführender Operationen erfordert.

Abtastratenreduktion Wir betrachten die Anordnung in Bild 7.9a. Das Ausgangssignal ergibt sich dabei zu

$$y(m) = \sum_{n=-\infty}^{\infty} h(n)\, x(mN - n). \tag{7.24}$$

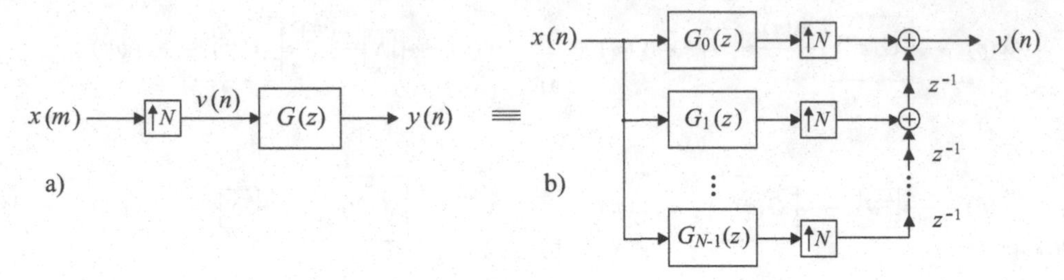

Bild 7.8 Zur Polyphasen-Interpolation

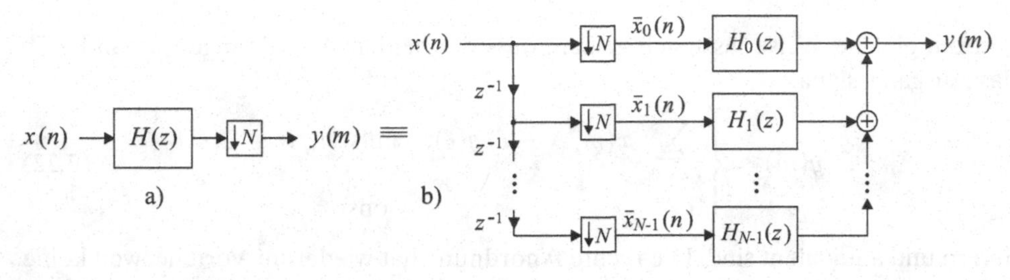

Bild 7.9 Zur Polyphasen-Dezimation

Mittels einer Typ-1-Polyphasenzerlegung der Impulsantwort $h(n)$ und einer Typ-3-Zerlegung des Eingangssignals in der Form

$$h_k(i) = h(iN + k), \qquad \bar{x}_k(m) = x(mN - k), \qquad k = 0, 1, \ldots, N - 1 \tag{7.25}$$

wird der Zusammenhang (7.24) in

$$y(m) = \sum_{k=0}^{N-1} \sum_{i=-\infty}^{\infty} h_k(i)\, \bar{x}_k(m - i) \tag{7.26}$$

umgeschrieben. Daraus ergibt sich die effiziente Implementierung in Bild 7.9b, bei der keine Werte berechnet werden, die nachträglich durch die Abtastratenreduktion wieder entfernt werden.

Abtastratenumsetzung um rationale Verhältnisse Die Änderung der Abtastrate eines Signals um ein rationales Verhältnis P/Q mit $P, Q \in \mathbb{N}$ lässt sich ausführen, indem das Signal zunächst um den Faktor P aufwärtsgetastet, dann gefiltert und schließlich um den Faktor Q abwärtsgetastet wird, siehe Bild 7.10. Das Filter $H(z)$ muss dabei dafür sorgen, dass bei der nachfolgenden Abwärtstastung kein Aliasing entsteht. Will man zum Beispiel ein Audiosignal, das mit einer Abtastfrequenz von 48 kHz vorliegt, auf die Rate von 44,1 kHz umwandeln, so ist dies mit $P = 147$ und $Q = 160$ möglich. Das Filter muss dann die maximale Signalfrequenz auf 22050 Hz

Bild 7.10 Abtastratenumsetzung um ein rationales Verhältnis P/Q

x(n) → ↑P → v(k) → H(z) → ↓Q → y(m)

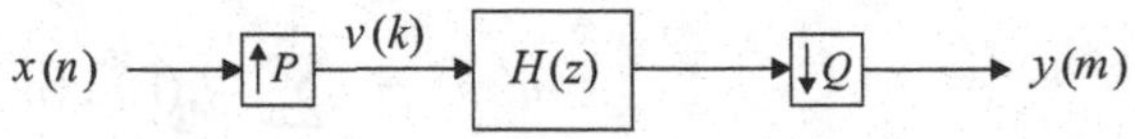

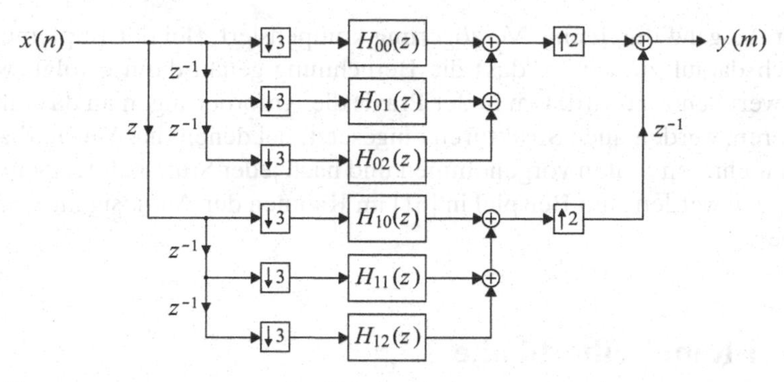

Bild 7.11 Abtastratenumsetzung um den Faktor 2/3 ($P = 2$, $Q = 3$)

begrenzen, um Aliasing zu vermeiden. Für die nachfolgende Erläuterung wird davon ausgegangen, dass $H(z)$ ein kausales FIR-Filter ist, dessen Impulsantwort eine Länge $K = MPQ$ mit $M, P, Q \in \mathbb{N}$ besitzt. Für die Anordnung in Bild 7.10 gilt dann zunächst einmal

$$y(m) = \sum_{k=0}^{K-1} v(Qm - k)\, h(k). \tag{7.27}$$

Um eine effiziente Polyphasenrealisierung abzuleiten, wird eine Zerlegung des Ausgangssignals in P Polyphasenkomponenten $y_p(m) = y(mP + p), p = 0, 1, \ldots, P - 1$ vorgenommen. Die Impulsantwort $h(k)$ wird in $P \times Q$ Polyphasenkomponenten

$$h_{qn}(k) = h(kPQ + nP + q), \qquad q = 0, 1, \ldots, P - 1, \quad n = 0, 1, \ldots, Q - 1 \tag{7.28}$$

aufgeteilt. Weiterhin wird beachtet, dass die Folge $v(n)$ durch Aufwärtstasten von $x(n)$ entsteht. Mit

$$x_{p,q,n}(k) = \begin{cases} x\left(Qk + \frac{Qp-q}{P} - n\right), & \text{falls } \frac{Qp-q}{P} \in \mathbb{Z} \text{ mit } p, q = 0, 1, \ldots, P - 1 \\ 0 & \text{sonst} \end{cases} \tag{7.29}$$

ergibt sich

$$y_p(m) = \sum_{q=0}^{P-1} \sum_{n=0}^{Q-1} \sum_{k=0}^{M-1} x_{p,q,n}(m - k)\, h_{qn}(k) \quad \text{für} \quad p = 0, 1, \ldots, P - 1. \tag{7.30}$$

Von den P^2Q Teilfolgen $x_{p,q,n}(k)$ sind nur PQ Folgen ungleich null, so dass die Berechnung auf diese Folgen beschränkt werden kann. Zur Berechnung von P Ausgangswerten sind damit nur $K = PQM$ Multiplikationen und Additionen auszuführen. Bild 7.11 zeigt die Realisierung für $P = 2$ und $Q = 3$. Das Auftreten des Faktors z bei der Polyphasenzerlegung des Eingangssignals bedeutet dabei nicht, dass die gesamte Anordnung in der angegebenen Form nicht realisierbar ist, denn der Faktor

z wird am Ausgang durch eine Verzögerung kompensiert. Bei der Implementierung ist lediglich darauf zu achten, dass die Berechnung genau dann erfolgt, wenn der Ausgangswert benötigt wird. Um in der Praxis die Anforderungen an das Filter $H(z)$ zu reduzieren, werden auch Strukturen eingesetzt, bei denen die Auf- und Abwärtstastung in mehreren Stufen vorgenommen und nach jeder Stufe gefiltert wird. Derartige Lösungen werden zum Beispiel in [61] im Rahmen der Audiosignalverarbeitung beschrieben.

7.2 Zwei-Kanal-Filterbänke

7.2.1 Beziehungen zwischen Ein- und Ausgang

Bild 7.12 zeigt die Struktur der in diesem Abschnitt untersuchten Zwei-Kanal-Filterbänke. Zur Herstellung einer Beziehung zwischen den Spektren der Signale am Ein- und Ausgang wird zunächst die Folge $v_0(n)$ durch $u_0(n)$ in der Form

$$v_0(n) = \frac{1}{2}\left[u_0(n) + (-1)^n u_0(n)\right] = \begin{cases} u_0(n), & \text{falls } n \text{ gerade} \\ 0, & \text{falls } n \text{ ungerade} \end{cases} \tag{7.31}$$

ausgedrückt. Für die Z-Transformierte $V_0(z)$ gilt damit

$$V_0(z) = \frac{1}{2}\left[U_0(z) + U_0(-z)\right]. \tag{7.32}$$

Die Abtastratenerhöhung von $y_0(m)$ zu $v_0(n)$ bedeutet für die Z-Transformierten dieser Folgen

$$V_0(z) = Y_0(z^2) \qquad \text{bzw.} \qquad V_0(z^{\frac{1}{2}}) = Y_0(z). \tag{7.33}$$

Insgesamt ergibt sich damit für die in Bild 7.12 gezeigte Anordnung

$$\begin{aligned} Y_0(z^2) &= \tfrac{1}{2}\left[H_0(z)\,X(z) + H_0(-z)\,X(-z)\right], \\ Y_1(z^2) &= \tfrac{1}{2}\left[H_1(z)\,X(z) + H_1(-z)\,X(-z)\right], \\ \hat{X}(z) &= Y_0(z^2)\,G_0(z) + Y_1(z^2)\,G_1(z). \end{aligned} \tag{7.34}$$

Durch Zusammenfassen der Gleichungen in (7.34) erhält man folgende Beziehung zwischen dem Ein- und dem Ausgangssignal der Filterbank:

$$\begin{aligned} \hat{X}(z) = {} & \tfrac{1}{2}\left[H_0(z)\,G_0(z) + H_1(z)\,G_1(z)\right]\,X(z) \\ & + \tfrac{1}{2}\left[H_0(-z)\,G_0(z) + H_1(-z)\,G_1(z)\right]\,X(-z). \end{aligned} \tag{7.35}$$

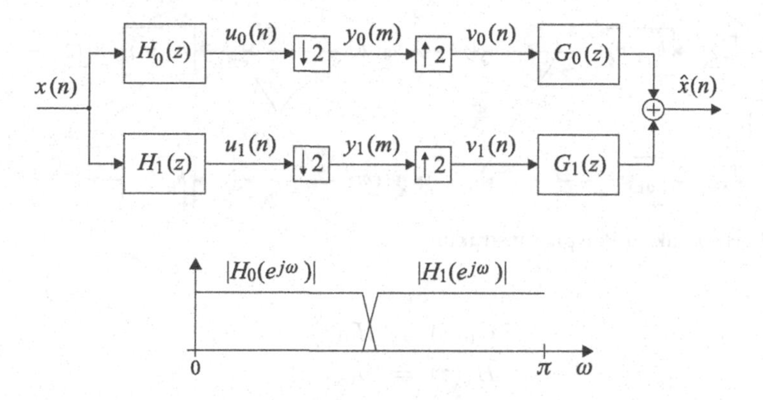

Bild 7.12 Signalanalyse und -synthese sowie typische Frequenzgänge

Abgekürzt kann man schreiben $\hat{X}(z) = S(z)X(z) + F(z)X(-z)$. Eine perfekte Rekonstruktion liegt dann vor, wenn $\hat{X}(z) = X(z)$ gilt. Das heißt, für die Übertragungsfunktion $S(z)$ zur Übertragung der Nutzkomponente $X(z)$ muss

$$S(z) = H_0(z)\,G_0(z) + H_1(z)\,G_1(z) = 2, \tag{7.36}$$

und für die Übertragungsfunktion $F(z)$ zur Übertragung der Aliasing-Komponente $X(-z)$ muss

$$F(z) = H_0(-z)\,G_0(z) + H_1(-z)\,G_1(z) = 0 \tag{7.37}$$

gelten. Da (7.36) nicht mit kausalen Filtern erfüllt werden kann, lässt man noch eine Verzögerung um q Takte zu und ersetzt (7.36) durch

$$S(z) = H_0(z)\,G_0(z) + H_1(z)\,G_1(z) = 2\,z^{-q}. \tag{7.38}$$

Ist (7.37) erfüllt, so erfolgt eine Auslöschung des Aliasing-Spektrums $X(-z)$ am Ausgang, da die in den beiden Zweigen entstehenden Aliasing-Komponenten bis auf das Vorzeichen gleich sind. Ist zusätzlich noch (7.38) erfüllt, dann existieren auch keine Amplitudenverzerrungen, und die Filterbank ist perfekt rekonstruierend.

Im Folgenden wird zunächst auf Filter eingegangen, die zwar die Forderung (7.37), aber nicht (7.38) erfüllen. Bei diesen Filtern verbleiben Schwankungen im Frequenzgang (harmonische Verzerrungen), die sich allerdings sehr klein halten lassen. Im Anschluss daran werden die Bedingungen für eine perfekte Rekonstruktion (kurz PR-Bedingungen) weiter vertieft, und es werden verschiedene Arten von Filterbänken behandelt, die sowohl (7.37) als auch (7.38) erfüllen.

7.2.2 Quadratur-Spiegel-Filter

Das Prinzip der Quadratur-Spiegel-Filter (engl. *quadrature mirror filters*, QMF) wurde 1977 von Esteban und Galand eingeführt [20]. Hierbei wird $H_0(z)$ als linearphasiger Tiefpass gewählt, und die verbleibenden Filter werden aus $H_0(z)$ abgeleitet.

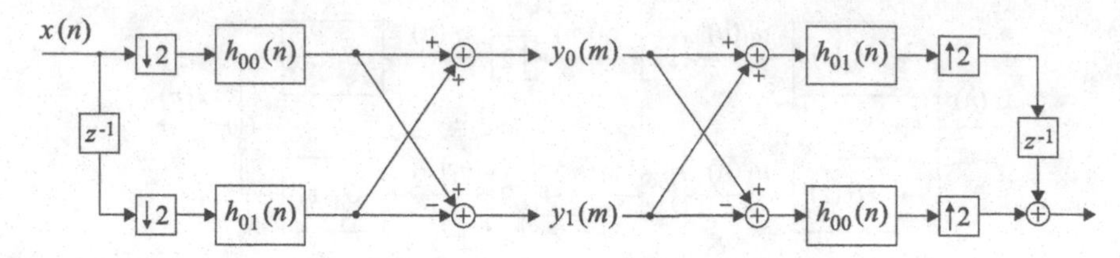

Bild 7.13 QMF-Bank in Polyphasenstruktur

Es gilt

$$\begin{aligned} G_0(z) &= H_0(z), \\ H_1(z) &= H_0(-z), \\ G_1(z) &= -H_1(z). \end{aligned} \tag{7.39}$$

Wie sich leicht überprüfen lässt, ist die Bedingung $F(z) = 0$ unabhängig vom Filter $H_0(z)$ strukturell erfüllt. Damit verbleibt als Forderung an $H_0(z)$ nur noch, dass (7.38) gelten soll. Es zeigt sich aber, dass dies mit dem gewählten Ansatz nicht möglich ist, so dass man mittels numerischer Optimierung nach einer näherungsweisen Lösung mit $S(z) = H_0^2(z) - H_0^2(-z) \approx 2z^{-q}$ suchen muss. QMF-Bänke mit guten Eigenschaften wurden zum Beispiel von Johnston entworfen und in [27] tabellarisch aufgelistet. Der Name QMF ist dadurch begründet, dass $H_0(e^{j\omega})$ das Spiegelbild zu $H_1(e^{j\omega})$ bezüglich der Frequenz $\frac{\pi}{2}$ ist: $|H_1(e^{j(\frac{\pi}{2}-\omega)})| = |H_0(e^{j(\frac{\pi}{2}+\omega)})|$.

QMF-Bänke lassen sich aufgrund der gegenseitigen Beziehungen der beteiligten Filter besonders effizient implementieren. Bild 7.13 zeigt hierzu die Struktur, wobei $h_{00}(n) = h_0(2n) = h_1(2n) = g_0(2n) = -g_1(2n)$ und $h_{01}(n) = h_0(2n+1) = -h_1(2n+1) = g_0(2n+1) = g_1(2n+1)$ gilt. Man spricht dabei auch von einer Polyphasenstruktur, weil Polyphasenkomponenten der Signale mit Polyphasenkomponenten der Impulsantworten verknüpft werden.

7.2.3 Perfekt rekonstruierende Zwei-Kanal-Filterbänke

Die Konstruktion perfekt rekonstruierender (PR) Zwei-Kanal-Filterbänke basiert auf der Wahl

$$\begin{aligned} G_0(z) &= z^{-\ell}\, H_1(-z), \\ G_1(z) &= -z^{-\ell}\, H_0(-z) \end{aligned} \tag{7.40}$$

mit $\ell \in \mathbb{Z}$. Wie sich leicht überprüfen lässt, ist die Forderung (7.37) nach einer Auslöschung der Aliasing-Komponenten mit (7.40) in jedem Fall erfüllt. Die Wahl von ℓ beeinflusst allerdings die Gesamtverzögerung q. Um diese gering zu halten, geht man meist von $\ell = 0$ oder $\ell = 1$ aus.

Das Ziel ist nun, die übrigen Bedingungen für die perfekte Rekonstruktion zu formulieren. Hierzu setzen wir (7.40) in (7.38) ein. Dies ergibt zunächst

$$G_0(z)\, H_0(z) + (-1)^{\ell+1}\, G_0(-z)\, H_0(-z) = 2z^{-q}. \tag{7.41}$$

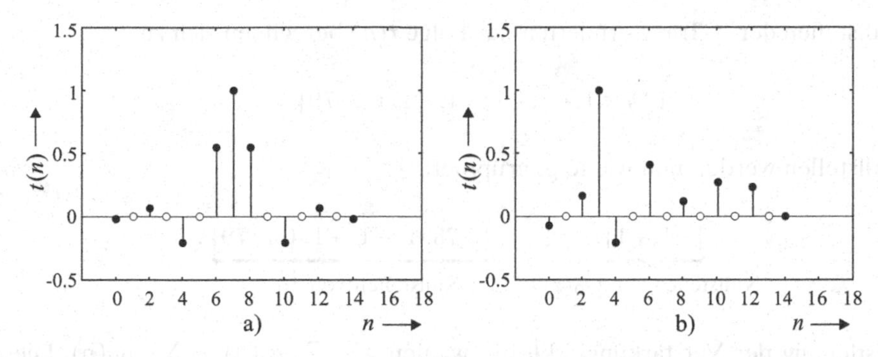

Bild 7.14 Beispiele möglicher Sequenzen $t(n)$ für die Wahl $\ell = 0$. a) symmetrisch; b) mit geringer Gesamtverzögerung

Mit der Abkürzung

$$T(z) = G_0(z)\,H_0(z) \tag{7.42}$$

lässt sich (7.41) als

$$T(z) + (-1)^{\ell+1}\,T(-z) = 2z^{-q} \tag{7.43}$$

schreiben. Darin ist der für ungerade ℓ auftretende Term $[T(z)+T(-z)]$ die Z-Transformierte einer Folge, bei der nur die zu geraden Indizes gehörigen Koeffizienten ungleich null sind. Die Wahl eines ungeraden ℓ führt somit automatisch auf eine gerade Gesamtverzögerung q. Entsprechend ist $[T(z)-T(-z)]$ die Z-Transformierte einer Folge, bei der nur die zu ungeraden Indizes gehörigen Koeffizienten von null verschieden sind. Zu einem geraden ℓ gehört somit eine ungerade Verzögerung q. Für die Filterkoeffizienten $t(n) \longleftrightarrow T(z)$ ergibt sich aus (7.43) die Forderung

$$t(n) = \begin{cases} 1 & \text{für } n = q \\ 0 & \text{für } n = q + 2m,\, m \neq 0,\, m \in \mathbb{Z} \\ \text{beliebig} & \text{für } n = q + 2m + 1,\, m \in \mathbb{Z}. \end{cases} \tag{7.44}$$

Bild 7.14 zeigt zwei Beispiele von zulässigen Folgen $t(n)$. Der Entwurf der Filter $H_0(z)$ und $G_0(z)$ kann dadurch geschehen, dass die Nullstellen von $T(z)$ berechnet und in zwei Gruppen aufgeteilt werden, von denen eine Gruppe dem Filter $H_0(z)$ und die zweite Gruppe dem Filter $G_0(z)$ zugeordnet wird. Eine solche Zerlegung, auch spektrale Faktorisierung genannt, ist nicht eindeutig, so dass aus einem gegebenen Filter $T(z)$ mehrere Paare $\{H_0(z), G_0(z)\}$ mit unterschiedlichen Eigenschaften gebildet werden können. Die in (7.44) beliebig wählbaren Koeffizienten sind zudem freie Entwurfsparameter, die so gewählt werden können, dass die Filter $H_0(z)$ und $G_0(z)$ die gewünschten Eigenschaften, wie zum Beispiel eine bestimmte Frequenzselektivität, haben.

Beispiel 7.1 Wir betrachten die Folge

$$\{t(n)\} = \frac{1}{16}\,\{-1, 0, 9, 16, 9, 0, -1\}.$$

Die Nullstellen der Z-Transformierten der Folge $t(n)$ berechnen sich zu

$$\{3{,}7321, -1, -1, -1, -1, 0{,}2679\}.$$

Die Nullstellen werden nun wie folgt gruppiert:

$$\underbrace{\{-1, -1\},}_{\text{Nullstellen von } G_0(z)} \qquad \underbrace{\{3{,}7321, -1, -1, 0{,}2679\}}_{\text{Nullstellen von } H_0(z)}.$$

Zur Festlegung der Verstärkungsfaktoren wählen wir $\sum_n g_0(n) = \sum_n h_0(n)$. Dies ergibt die Polynome

$$H_0(z) = \frac{1}{4\sqrt{2}}(-1 + 2z^{-1} + 6z^{-2} + 2z^{-3} - z^{-4})$$

und

$$G_0(z) = \frac{\sqrt{2}}{4}(1 + 2z^{-1} + z^{-2}).$$

Zur Berechnung der dazugehörigen Filter $H_1(z)$ und $G_1(z)$ ist zunächst festzustellen, dass ℓ in diesem Fall gerade ist. Mit $\ell = 0$ berechnen sich die verbleibenden Filter nach (7.40) zu

$$\begin{aligned} H_1(z) &= G_0(-z) = \tfrac{\sqrt{2}}{4}(1 - 2z^{-1} + z^{-2}), \\ G_1(z) &= -H_0(-z) = \tfrac{1}{4\sqrt{2}}(1 + 2z^{-1} - 6z^{-2} + 2z^{-3} + z^{-4}). \end{aligned}$$

Die in diesem Beispiel entworfenen Filter sind als die *LeGall-Tabatabai-Filter* und auch als die (5/3)-*Spline-Wavelet-Filter* bekannt. Alle beteiligten Filter besitzen eine lineare Phase. In Abschnitt 7.2.5 werden noch andere Filter auf Basis der gleichen Folge $t(n)$ entworfen, die keine lineare Phase, dafür aber andere wünschenswerte Eigenschaften haben. Spline-Wavelets werden in Abschnitt 9.7.1 näher erläutert.

7.2.4 Polyphasendarstellung perfekt rekonstruierender Zwei-Kanal-Filterbänke

Das Prinzip der Polyphasenzerlegung lässt sich sowohl auf die in Filterbänken zu verarbeitenden Signale als auch auf die beteiligten Filter anwenden. Dadurch werden zum einen effiziente Implementierungen ermöglicht, und zum anderen lassen sich die Filterbank-Eigenschaften oft einfacher analysieren als bei der direkten Beschreibung mit den Übertragungsfunktionen der Filter.

Polyphasenzerlegung der Analysefilterbank Wir betrachten wieder die Filterbank in Bild 7.12. Die Signale $y_0(m)$ und $y_1(m)$ lassen sich dabei als

$$\begin{aligned} y_0(m) &= \sum_n h_0(n)\, x(2m-n) \\ &= \sum_k h_0(2k)\, x(2m-2k) + \sum_k h_0(2k+1)\, x(2m-2k-1) \end{aligned} \tag{7.45}$$

und

$$\begin{aligned} y_1(m) &= \sum_n h_1(n)\, x(2m-n) \\ &= \sum_k h_1(2k)\, x(2m-2k) + \sum_k h_1(2k+1)\, x(2m-2k-1) \end{aligned} \tag{7.46}$$

beschreiben. Für die entstandenen Polyphasenkomponenten werden im Folgenden die Bezeichnungen

$$\begin{aligned} &\left.\begin{aligned} h_{00}(k) &= h_0(2k) \\ h_{01}(k) &= h_0(2k+1) \end{aligned}\right\} \longleftrightarrow H_0(z) = H_{00}(z^2) + z^{-1} H_{01}(z^2), \\ &\left.\begin{aligned} h_{10}(k) &= h_1(2k) \\ h_{11}(k) &= h_1(2k+1) \end{aligned}\right\} \longleftrightarrow H_1(z) = H_{10}(z^2) + z^{-1} H_{11}(z^2) \end{aligned} \tag{7.47}$$

und

$$\left.\begin{aligned} \bar{x}_0(m) &= x(2m) \\ \bar{x}_1(m) &= x(2m-1) \end{aligned}\right\} \longleftrightarrow X(z) = \bar{X}_0(z^2) + z\bar{X}_1(z^2) \tag{7.48}$$

verwendet. Damit gilt

$$\begin{aligned} y_0(m) &= \sum_k h_{00}(k)\, \bar{x}_0(m-k) + \sum_k h_{01}(k)\, \bar{x}_1(m-k), \\ y_1(m) &= \sum_k h_{10}(k)\, \bar{x}_0(m-k) + \sum_k h_{11}(k)\, \bar{x}_1(m-k). \end{aligned} \tag{7.49}$$

Diese Darstellung zeigt, dass die Analysefilterbank so realisiert werden kann, dass nur einzelne Polyphasenkomponenten der Signale und Impulsantworten miteinander verknüpft werden. Die entsprechende Realisierung ist in Bild 7.15 dargestellt. Sie zeichnet sich gegenüber der Implementierung nach Bild 7.12 dadurch aus, dass keine Filterausgangswerte berechnet werden müssen, die durch die Abtastratenreduktion wieder entfallen.

Im z-Bereich lässt sich Gleichung (7.49) als

$$\underbrace{\begin{bmatrix} Y_0(z) \\ Y_1(z) \end{bmatrix}}_{\boldsymbol{y}_p(z)} = \underbrace{\begin{bmatrix} H_{00}(z) & H_{01}(z) \\ H_{10}(z) & H_{11}(z) \end{bmatrix}}_{\boldsymbol{E}(z)} \underbrace{\begin{bmatrix} \bar{X}_0(z) \\ \bar{X}_1(z) \end{bmatrix}}_{\boldsymbol{x}_p(z)} \tag{7.50}$$

ausdrücken. Die Matrix $\boldsymbol{E}(z)$ wird als die *Polyphasenmatrix* der Analysefilterbank bezeichnet.

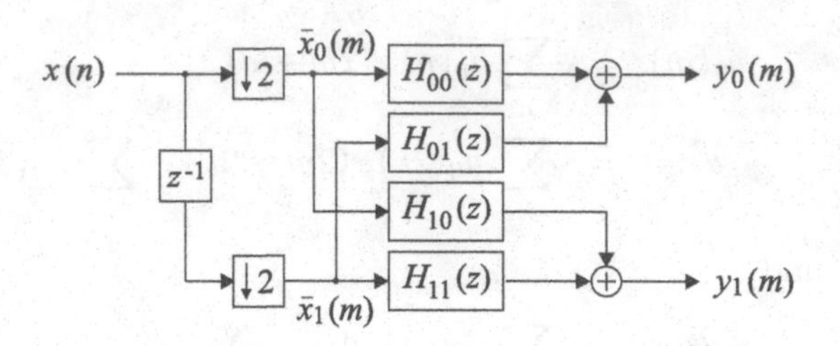

Bild 7.15 Polyphasenrealisierung der Analysefilterbank

Polyphasen-Realisierung der Synthesefilterbank Die Synthesefilter $G_0(z)$ und $G_1(z)$ sowie das Ausgangssignal $\hat{x}(n)$ werden wie folgt in Polyphasenkomponenten zerlegt:

$$\left.\begin{aligned} g'_{00}(k) &= g_0(2k+1) \\ g'_{01}(k) &= g_0(2k) \end{aligned}\right\} \longleftrightarrow G_0(z) = z^{-1}G'_{00}(z^2) + G'_{01}(z^2),$$

$$\left.\begin{aligned} g'_{10}(k) &= g_1(2k+1) \\ g'_{11}(k) &= g_1(2k) \end{aligned}\right\} \longleftrightarrow G_1(z) = z^{-1}G'_{10}(z^2) + G'_{11}(z^2), \tag{7.51}$$

$$\left.\begin{aligned} \hat{\bar{x}}_0(m) &= x(2m-1) \\ \hat{\bar{x}}_1(m) &= x(2m) \end{aligned}\right\} \longleftrightarrow \hat{X}(z) = z^{-1}\hat{\bar{X}}_0(z^2) + \hat{\bar{X}}_1(z^2).$$

Damit ergibt sich die folgende Matrixdarstellung der Synthesefilterbank:

$$\hat{X}(z^{\frac{1}{2}}) = \left[z^{-\frac{1}{2}}\ 1\right] \underbrace{\begin{bmatrix} G'_{00}(z) & G'_{10}(z) \\ G'_{01}(z) & G'_{11}(z) \end{bmatrix}}_{\boldsymbol{R}(z)} \begin{bmatrix} Y_0(z) \\ Y_1(z) \end{bmatrix}. \tag{7.52}$$

Die entsprechende Realisierung ist in Bild 7.16 gezeigt. Eine perfekte Rekonstruktion mit einer Gesamtverzögerung von $q = 2m_0 + 1$ Takten wird erreicht, wenn

$$\boldsymbol{R}(z)\boldsymbol{E}(z) = z^{-m_0}\,\boldsymbol{I} \tag{7.53}$$

gilt. Die Polyphasenmatrix $\boldsymbol{R}(z)$ muss also gleich einer verzögerten Version der inversen Polyphasenmatrix der Analysefilterbank sein, $\boldsymbol{R}(z) = z^{-m_0}\boldsymbol{E}^{-1}(z)$. Eine perfekte Rekonstruktion mit einer geraden Verzögerung von $q = 2m_0 + 2$ Takten erhält man für

$$\boldsymbol{R}(z)\boldsymbol{E}(z) = z^{-m_0} \begin{bmatrix} 0 & 1 \\ z^{-1} & 0 \end{bmatrix}. \tag{7.54}$$

Hier ist $\boldsymbol{R}(z)$ gleich einer permutierten und verzögerten Version von $\boldsymbol{E}^{-1}(z)$.

FIR-Analyse- und Synthesefilter Die Inverse der Polyphasenmatrix $\boldsymbol{E}(z)$ ist wie folgt durch die Adjungierte $\text{Adj}\{\boldsymbol{E}(z)\}$ und die Determinante $\det(\boldsymbol{E}(z))$ gegeben:

$$\boldsymbol{E}^{-1}(z) = \frac{1}{\det(\boldsymbol{E}(z))}\,\text{Adj}\{\boldsymbol{E}(z)\}. \tag{7.55}$$

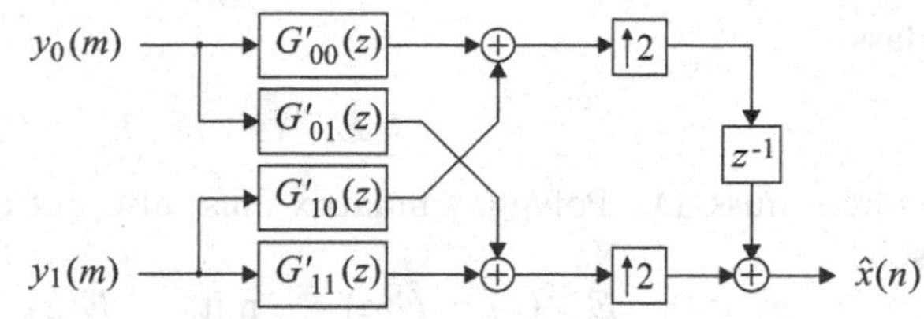

Bild 7.16 Polyphasenrealisierung der Synthesefilterbank

Dabei gilt

$$\mathrm{Adj}\{\boldsymbol{E}(z)\} = \begin{bmatrix} H_{11}(z) & -H_{01}(z) \\ -H_{10}(z) & H_{00}(z) \end{bmatrix}. \tag{7.56}$$

Man erkennt daran, dass eine perfekt rekonstruierende Filterbank mit FIR-Filtern genau dann möglich wird, wenn die Determinante der Polyphasenmatrix einem Verzögerungselement entspricht:

$$\det(\boldsymbol{E}(z)) = H_{00}(z)H_{11}(z) - H_{01}(z)H_{10}(z) = z^{-m_0}. \tag{7.57}$$

7.2.5 Paraunitäre Zwei-Kanal-Filterbänke

Wir betrachten die Zerlegung eines Eingangssignals $x(n)$ in Teilbandsignale $y_0(n)$ und $y_1(n)$ mittels einer Zwei-Kanal-Filterbank und gehen davon aus, dass die Signale $x(n)$, $y_0(n)$ und $y_1(n)$ absolut und quadratisch summierbar sind. Die Filterbank gilt als verlustlos, wenn die in den Folgen $y_0(n)$ und $y_1(n)$ gemcinsam enthaltene Energie gleich der Energie von $x(n)$ ist. Um aus der Forderung nach Energieerhaltung die Bedingungen an die Polyphasenmatrix $\boldsymbol{E}(z)$ abzuleiten, betrachten wir die Berechnung der Signalenergien im Frequenzbereich als

$$E_y = \frac{1}{2\pi} \int_{-\pi}^{\pi} \left(|Y_0(e^{j\omega})|^2 + |Y_1(e^{j\omega})|^2 \right) d\omega, \tag{7.58}$$

$$E_x = \frac{1}{2\pi} \int_{-\pi}^{\pi} \left(|\bar{X}_0(e^{j\omega})|^2 + |\bar{X}_1(e^{j\omega})|^2 \right) d\omega. \tag{7.59}$$

Verlangt man $E_y = E_x$ für beliebige Eingangssignale $x \in \ell_2(\mathbb{Z})$, so folgt aus

$$\begin{aligned} E_y &= \frac{1}{2\pi} \int_{-\pi}^{\pi} \boldsymbol{y}_p^H(e^{j\omega})\, \boldsymbol{y}_p(e^{j\omega})\, d\omega \\ &= \frac{1}{2\pi} \int_{-\pi}^{\pi} \boldsymbol{x}_p^H(e^{j\omega}) \boldsymbol{E}^H(e^{j\omega}) \boldsymbol{E}(e^{j\omega})\, \boldsymbol{x}_p(e^{j\omega})\, d\omega \end{aligned} \tag{7.60}$$

und

$$E_x = \frac{1}{2\pi} \int_{-\pi}^{\pi} \boldsymbol{x}_p^H(e^{j\omega})\, \boldsymbol{x}_p(e^{j\omega})\, d\omega, \tag{7.61}$$

dass

$$\boldsymbol{E}^{-1}(e^{j\omega}) = \boldsymbol{E}^H(e^{j\omega}) \tag{7.62}$$

gelten muss. Die Polyphasenmatrix muss also auf dem Einheitskreis $|z| = 1$ unitär sein:

$$\boldsymbol{E}^{-1}(z) = \tilde{\boldsymbol{E}}(z) \quad \text{mit} \quad \tilde{\boldsymbol{E}}(z) = \boldsymbol{E}^H(z)\Big|_{|z|=1}. \tag{7.63}$$

Man spricht in diesem Fall von einer *paraunitären Matrix*. In Analogie zu gewöhnlichen Matrizen steht das hochgestellte ^{H} dabei für die Transposition der Matrix bei gleichzeitiger Konjugation der Elemente:

$$\boldsymbol{E}(z) = \begin{bmatrix} H_{00}(z) & H_{01}(z) \\ H_{10}(z) & H_{11}(z) \end{bmatrix} \Rightarrow \tilde{\boldsymbol{E}}(z) = \begin{bmatrix} \tilde{H}_{00}(z) & \tilde{H}_{10}(z) \\ \tilde{H}_{01}(z) & \tilde{H}_{11}(z) \end{bmatrix}. \tag{7.64}$$

Es gilt dann

$$\boldsymbol{E}(z)\tilde{\boldsymbol{E}}(z) = \tilde{\boldsymbol{E}}(z)\boldsymbol{E}(z) = \boldsymbol{I}. \tag{7.65}$$

Matched-Filter-Bedingung Aus (7.53) und (7.65) ergibt sich für die Polyphasenkomponenten der Synthesefilter $G'_{ki}(z) = z^{-m_0}\tilde{H}_{ki}(z)$, woraus mit $q = 2m_0 + 1$ der folgende Zusammenhang zwischen den Analysefiltern $H_k(z)$ und den Synthesefiltern $G_k(z)$ paraunitärer Filterbänke folgt:

$$G_k(z) = z^{-q}\tilde{H}_k(z) \quad \longleftrightarrow \quad g_k(n) = h_k^*(q-n). \tag{7.66}$$

Das bedeutet, dass die direkte Hintereinanderschaltung eines Analyse- und des dazugehörigen Synthesefilters ein Gesamtfilter ergibt, dessen Impulsantwort gleich der verzögerten Autokorrelationsfolge $r^E_{h_k h_k}(n)$ der beteiligten Filter ist. Das Filter $g_k(n)$ ist das zu $h_k(n)$ gehörige *Matched-Filter*, vgl. Abschnitt 6.2.4.

Beispiel 7.2 Wir betrachten eine Filterbank mit den Analysefiltern

$$H_0(z) = \frac{1}{2}(1 - z^{-1} + z^{-2} + z^{-3}), \qquad H_1(z) = \frac{1}{2}(-1 + z^{-1} + z^{-2} + z^{-3}).$$

Diese Filter zeigen keine gute Frequenzselektivität, sind aber wegen der ganzzahligen Koeffizienten für ein Rechenbeispiel geeignet. Aus den Polyphasenkomponenten $H_{ik}(z)$ nach (7.47) wird entsprechend (7.50) die Matrix

$$\boldsymbol{E}(z) = \frac{1}{2}\begin{bmatrix} 1 + z^{-1} & -1 + z^{-1} \\ -1 + z^{-1} & 1 + z^{-1} \end{bmatrix}$$

gebildet. Die dazu parakonjugierte Matrix lautet

$$\tilde{\boldsymbol{E}}(z) = \boldsymbol{E}^T(z^{-1}) = \frac{1}{2}\begin{bmatrix} 1 + z & -1 + z \\ -1 + z & 1 + z \end{bmatrix}.$$

Durch Ausmultiplizieren zeigt sich, dass $\boldsymbol{E}(z)$ paraunitär ist:

$$\tilde{\boldsymbol{E}}(z)\,\boldsymbol{E}(z) = \frac{1}{4}\begin{bmatrix} 1+z & -1+z \\ -1+z & 1+z \end{bmatrix}\begin{bmatrix} 1+z^{-1} & -1+z^{-1} \\ -1+z^{-1} & 1+z^{-1} \end{bmatrix} = \begin{bmatrix} 1 & 0 \\ 0 & 1 \end{bmatrix}.$$

Die Polyphasenmatrix der Synthesefilterbank wird daher in der Form

$$\boldsymbol{R}(z) = z^{-1}\tilde{\boldsymbol{E}}(z) = \frac{1}{2}\begin{bmatrix} 1+z^{-1} & 1-z^{-1} \\ 1-z^{-1} & 1+z^{-1} \end{bmatrix}$$

gebildet. Daraus ergeben sich unter Beachtung von (7.51) und (7.52) die Synthesefilter

$$G_0(z) = \frac{1}{2}(1+z^{-1}-z^{-2}+z^{-3}), \qquad G_1(z) = \frac{1}{2}(1+z^{-1}+z^{-2}-z^{-3}),$$

mit denen eine perfekte Rekonstruktion mit einer Gesamtverzögerung um drei Takte gegeben ist. Durch den Vergleich von $H_0(z)$ mit $G_0(z)$ bzw. $H_1(z)$ mit $G_1(z)$ ist zu sehen, dass die Matched-Filter-Bedingung erfüllt ist.

Leistungskomplementarität der Filter Aus (7.66) und (7.36) folgt u. a.

$$H_0(z)\tilde{H}_0(z) + H_0(-z)\tilde{H}_0(-z) = 2, \tag{7.67}$$

woraus sich mit $z = e^{j\omega}$ die Eigenschaft

$$\left|H_0(e^{j\omega})\right|^2 + \left|H_0(e^{j(\omega+\pi)})\right|^2 = 2 \tag{7.68}$$

ergibt. Man erkennt, dass bei einer paraunitären Filterbank die Filter $H_0(e^{j\omega})$ und $H_0(e^{j(\omega+\pi)})$ zueinander leistungskomplementär sind. Für die Konstruktion paraunitärer Filterbänke muss damit ein Filter $T(z)$ gefunden werden, das (7.43) erfüllt und in

$$T(z) = H_0(z)\,\tilde{H}_0(z) \tag{7.69}$$

faktorisiert werden kann, was nur möglich ist, wenn $T(e^{j\omega})$ reell und positiv ist. Ein solches Filter bezeichnet man auch als *Halbbandfilter*, weil aufgrund der in (7.68) erkennbaren Symmetrie für $\omega = \frac{\pi}{2}$ genau $\left|H_0(e^{j\frac{\pi}{2}})\right|^2 = 1$ gelten muss.

Vorgabe eines Prototypen Häufig gibt man einen geeigneten Prototypen $H(z)$ (FIR-Filter) für den Analyse-Tiefpass $H_0(z)$ vor und leitet daraus alle benötigten Filter in der Form

$$\begin{aligned} H_0(z) &= H(z), \\ H_1(z) &= z^{-(L-1)}\tilde{H}(-z), \\ G_0(z) &= z^{-(L-1)}\tilde{H}(z), \\ G_1(z) &= H(-z) \end{aligned} \tag{7.70}$$

ab. Darin ist L die Anzahl der Koeffizienten des Prototypen.

Koeffizientenanzahl Die Anzahl der Koeffizienten des Prototypen einer paraunitären Filterbank kann nur eine gerade Zahl sein. Dies erkennt man, indem man von einem FIR-Filter mit $2k+1$ Koeffizienten $h_0(0), h_0(1), \dots, h_0(2k)$ ausgeht und (7.67) im Zeitbereich als

$$\delta_{\ell 0} = \sum_{n=0}^{2k} h_0(n)\, h_0^*(n-2\ell) \tag{7.71}$$

formuliert. Für $\ell = k$, $n = 2k$ und $k > 0$ ergibt sich $0 = h_0(2k) h_0^*(0)$, was für $h_0(0) \neq 0$ nur durch $h_0(2k) = 0$ zu erfüllen ist. Das bedeutet, dass die Impulsantwort $h_0(n)$ eine gerade Länge besitzen muss.

Norm der Koeffizienten Mit (7.71) und dem Zusammenhang (7.70) ist leicht zu überprüfen, dass alle Filter einer paraunitären Filterbank die Norm eins besitzen:

$$\|\boldsymbol{h}_0\| = \|\boldsymbol{h}_1\| = \|\boldsymbol{g}_0\| = \|\boldsymbol{g}_1\| = 1. \tag{7.72}$$

Nichtlinearphasigkeit Schließlich soll noch gezeigt werden, dass paraunitäre Zwei-Kanal-Filterbänke mit Ausnahme eines Sonderfalls nichtlinearphasig sind. Der folgende Beweis geht auf Vaidyanathan [52] zurück. Hierzu wird angenommen, dass zwei Filter $H(z)$ und $G(z)$ leistungskomplementär und linearphasig seien:

$$\begin{aligned} c^2 &= H(z)\tilde{H}(z) + G(z)\tilde{G}(z), \\ \tilde{H}(z) &= e^{j\alpha} z^L H(z), \quad \alpha \in \mathbb{R} \\ \tilde{G}(z) &= e^{j\beta} z^L G(z), \quad \beta \in \mathbb{R} \end{aligned} \;\Bigg\}\; \text{(Linearphasigkeit).} \tag{7.73}$$

Es folgt

$$(H(z)\, e^{j\alpha/2} + j\, G(z)\, e^{j\beta/2})\, (H(z)\, e^{j\alpha/2} - j\, G(z)\, e^{j\beta/2}) = c^2 z^{-L}. \tag{7.74}$$

Beide Faktoren auf der linken Seite sind FIR-Filter, so dass

$$\left.\begin{aligned} H(z)\, e^{j\alpha/2} + j\, G(z)\, e^{j\beta/2} &= pz^{-L_1} \\ H(z)\, e^{j\alpha/2} - j\, G(z)\, e^{j\beta/2} &= qz^{-L_2} \end{aligned}\right\} \quad L_1 + L_2 = L, \quad pq = c^2 \tag{7.75}$$

gelten muss. Die Addition bzw. Subtraktion beider Gleichungen zeigt, dass $H(z)$ und $G(z)$ die Form

$$H(z) = az^{-L_1} + bz^{-L_2}, \qquad G(z) = \gamma(az^{-L_1} - bz^{-L_2}) \quad \text{mit} \quad |\gamma| = 1 \tag{7.76}$$

besitzen müssen, um gleichzeitig leistungskomplementär und linearphasig sein zu können. Mit anderen Worten, leistungskomplementäre linearphasige Filter können maximal zwei von null verschiedene Koeffizienten besitzen.

Beispiel 7.3 Wir betrachten die bereits in Beispiel 7.1 verwendete Folge

$$\{t(n)\} = \frac{1}{16}\{-1, 0, 9, 16, 9, 0, -1\}.$$

Die Nullstellen werden nun wie folgt gruppiert:

$$\underbrace{\{3{,}7321, -1, -1\}}_{\text{Nullstellen von } H_0(z^{-1})}, \qquad \underbrace{\{-1, -1, 0{,}2679\}}_{\text{Nullstellen von } H_0(z)}.$$

Zur Festlegung des Verstärkungsfaktors wird $\|\boldsymbol{h}_0\| = 1$ angesetzt. Dies ergibt

$$H_0(z) = \frac{1}{4\sqrt{2}}[1 + \sqrt{3} + (3 + \sqrt{3})z^{-1} + (3 - \sqrt{3})z^{-2} + (1 - \sqrt{3})z^{-3}].$$

Die verbleibenden Filter berechnen sich nach (7.70) zu

$$\begin{aligned} H_1(z) &= \tfrac{1}{4\sqrt{2}}[-(1 - \sqrt{3}) + (3 - \sqrt{3})z^{-1} - (3 + \sqrt{3})z^{-2} + (1 + \sqrt{3})z^{-3}], \\ G_0(z) &= \tfrac{1}{4\sqrt{2}}[(1 - \sqrt{3}) + (3 - \sqrt{3})z^{-1} + (3 + \sqrt{3})z^{-2} + (1 + \sqrt{3})z^{-3}], \\ G_1(z) &= \tfrac{1}{4\sqrt{2}}[(1 + \sqrt{3}) - (3 + \sqrt{3})z^{-1} + (3 - \sqrt{3})z^{-2} - (1 - \sqrt{3})z^{-3}]. \end{aligned}$$

Die hier entworfene paraunitäre Zwei-Kanal-Filterbank ist auch im Zusammenhang mit der Wavelet-Transformation bekannt, wo sie zu den Daubechies-D4-Wavelets führt, vgl. Abschnitt 9.7.2.

7.2.6 Paraunitäre Filterbank in Lattice-Struktur

Paraunitäre Filterbänke lassen sich sehr vorteilhaft in einer Lattice-Struktur realisieren [21], [54]. Um zur Lattice-Struktur zu gelangen, wird die Polyphasenmatrix $\boldsymbol{E}(z)$ wie folgt faktorisiert:

$$\boldsymbol{E}(z) = \boldsymbol{B}_{N-1}\boldsymbol{D}(z)\boldsymbol{B}_{N-2} \cdots \boldsymbol{D}(z)\boldsymbol{B}_0. \tag{7.77}$$

Es lässt sich zeigen, dass eine solche Zerlegung im Falle paraunitärer Filter stets möglich ist. Die Matrizen $\boldsymbol{B}_k$, $k = 0, 1, \ldots, N-1$ sind hierbei Rotationsmatrizen

$$\boldsymbol{B}_k = \begin{bmatrix} \cos\beta_k & \sin\beta_k \\ -\sin\beta_k & \cos\beta_k \end{bmatrix}, \qquad k = 0, 1, \ldots, N-1, \tag{7.78}$$

und $\boldsymbol{D}(z)$ ist die Verzögerungsmatrix

$$\boldsymbol{D} = \begin{bmatrix} 1 & 0 \\ 0 & z^{-1} \end{bmatrix}. \tag{7.79}$$

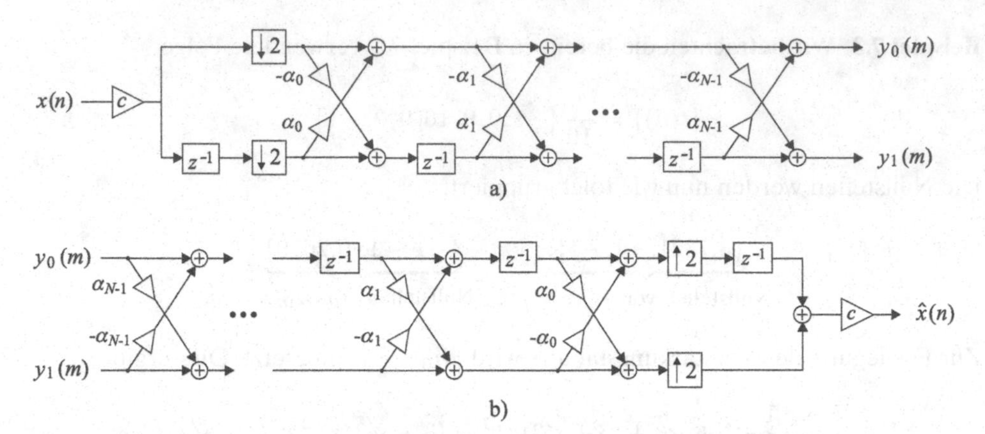

Bild 7.17 Paraunitäre Filterbank in Lattice-Struktur. a) Analyse; b) Synthese

Unter der Voraussetzung $\cos\beta_k \neq 0,\ k = 0, 1, \ldots, N-1$ lässt sich hierfür auch

$$\boldsymbol{E}(z) = c\,\boldsymbol{A}_{N-1}\boldsymbol{D}(z)\boldsymbol{A}_{N-2}\ \cdots\ \boldsymbol{D}(z)\boldsymbol{A}_0 \tag{7.80}$$

mit

$$\boldsymbol{A}_k = \begin{bmatrix} 1 & \alpha_k \\ -\alpha_k & 1 \end{bmatrix}, \qquad c = \prod_{k=0}^{N-1} \frac{1}{\sqrt{1+\alpha_k^2}} \tag{7.81}$$

schreiben. Die Realisierung der Filterbank mit der faktorisierten Polyphasenmatrix ist in Bild 7.17 dargestellt. Bei Vorgabe von N Parametern $\alpha_k,\ k = 0, 1, \ldots, N-1$ erhält man Filter mit $L = 2N$ Koeffizienten.

Da die Lattice-Struktur für beliebige Parameter $\alpha_k,\ k = 0, 1, \ldots, N-1$ zu einer paraunitären Filterbank führt, lässt sich hierdurch auch dann eine perfekte Rekonstruktion erreichen, wenn die Koeffizienten aufgrund einer endlichen Rechengenauigkeit quantisiert werden müssen. Ebenso kann diese Struktur für die Optimierung der Filter verwendet werden. Hierzu wird die Filterbank mit den Signalen $x_{\text{even}}(n) = \delta(n)$ und $x_{\text{odd}}(n) = \delta(n-1)$ angeregt, und es werden die Koeffizienten der Polyphasenfilter beobachtet, aus denen die Impulsantwort gebildet und mittels einer Gütefunktion bewertet werden kann.

Die Synthesefilterbank erhält man durch die folgende Faktorisierung der Polyphasenmatrix der Synthesefilterbank:

$$\boldsymbol{R}(z) = \boldsymbol{B}_0^T\boldsymbol{D}'(z)\boldsymbol{B}_1^T\ \cdots\ \boldsymbol{D}'(z)\boldsymbol{B}_{N-1}^T \tag{7.82}$$

mit $\boldsymbol{D}'(z) = \boldsymbol{J}\boldsymbol{D}(z)\boldsymbol{J}$, so dass $\boldsymbol{D}'(z)\boldsymbol{D}(z) = z^{-1}\boldsymbol{I}$. Die Struktur ist in Bild 7.17b dargestellt.

7.2.7 Lifting-Strukturen

Lifting-Strukturen wurden in [50] für den Entwurf biorthogonaler Wavelet-Filter vorgeschlagen. Um das Prinzip zu erläutern, betrachten wir die Zwei-Kanal-Filterbank in Bild 7.18a. Mit dieser Anordnung wird eine perfekte Rekonstruktion mit einer Verzögerung um einen Takt, aber keine Filterung erreicht. Wie in Bild 7.18b dargestellt, werden nun ein System $A(z)$ und eine Verzögerung z^{-a} mit $a \in \mathbb{N}_0$ eingebracht. Dieser Vorgang wird als Lifting bezeichnet. Es ist offensichtlich, dass die gewonnene Anordnung ebenfalls eine perfekte Rekonstruktion erlaubt, denn der Einfluss von $A(z)$ wird auf der Syntheseseite wieder kompensiert. Die Erzeugung des Teilbandsignals $y_0(m)$ entspricht jetzt allerdings einer Filterung des Eingangssignals $x(n)$ mit dem Filter

$$H_0(z) = z^{-2a} + z^{-1}A(z^2) \tag{7.83}$$

und einer nachträglichen Abwärtstastung um den Faktor zwei. Die Gesamtverzögerung ist um $2a$ erhöht. In dem in Bild 7.18c dargestellten Schritt wird ein duales Lifting verwendet, um ein neues (längeres) Filter $H_1(z)$ zu erzeugen:

$$H_1(z) = z^{-2b-1} + z^{-2a}B(z^2) + z^{-1}A(z^2)B(z^2). \tag{7.84}$$

Jetzt beträgt die Gesamtverzögerung $2a + 2b + 1$ mit $a, b \in \mathbb{N}_0$. Die gewonnenen Filter $H_0(z)$ und $H_1(z)$ können an dieser Stelle bereits relativ lang sein, aber die Verzögerung kann bei der Wahl $a = b = 0$ nach wie vor unverändert sein. Die Lifting-Technik erlaubt es daher zum Beispiel, Filter mit hoher Sperrdämpfung bei relativ geringer Gesamtverzögerung zu entwerfen.

Im Allgemeinen besitzen die durch das Lifting konstruierten Filter eine nichtlineare Phase. Die Lifting-Schritte können aber auch so gewählt werden, dass sich automatisch linearphasige Filter ergeben.

Sowohl Lattice- als auch Lifting-Strukturen sind attraktiv für die Implementierung, denn eine Quantisierung der Koeffizienten beeinflusst nicht die Eigenschaft der perfekten Rekonstruktion. Durch die gemeinsame Realisierung von $H_0(z)$ und $H_1(z)$ ist die Gesamtanzahl der Operationen oft geringer als bei der getrennten Implementierung der Filter. Als ein Beispiel zeigt Bild 7.19 die Lifting-Implementierung der (9/7)-Filter aus [3], die zum Beispiel im JPEG2000-Standard [51] zur Bildkompression eingesetzt werden. In [16] wurde gezeigt, dass jede perfekt rekonstruierende Zwei-Kanal-Filterbank in eine endliche Anzahl von Lifting-Schritten zerlegt werden kann. Der Beweis basiert auf dem euklidischen Algorithmus [4]. Die Zerlegung einer gegebenen Filterbank in Lifting-Schritte ist jedoch nicht eindeutig, so dass unterschiedliche Implementierungen für die gleiche Filterbank gefunden werden können.

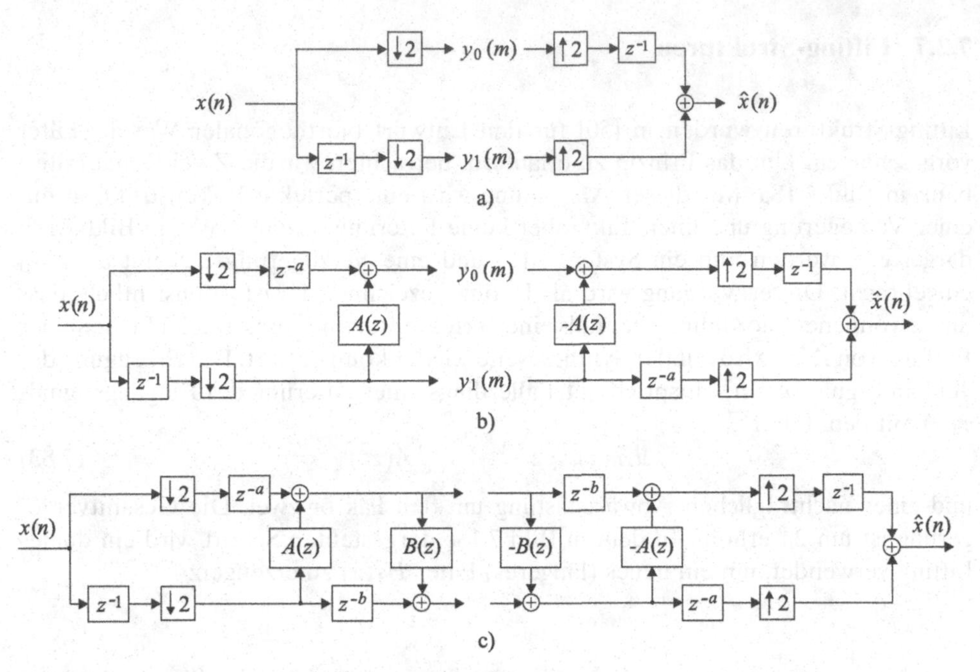

Bild 7.18 Zwei-Kanal-Filterbank in Lifting-Struktur

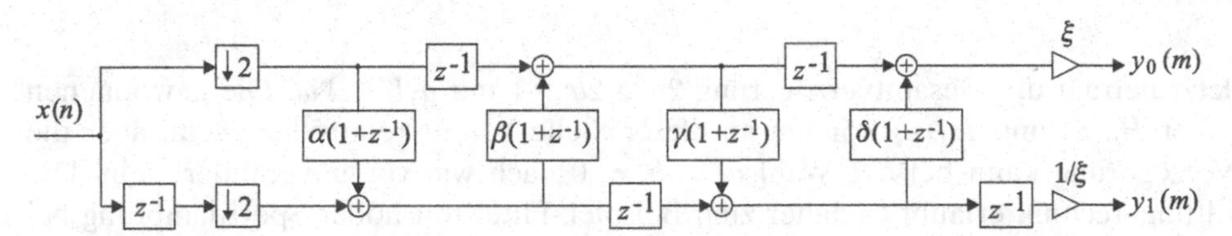

Bild 7.19 Implementierung der (9/7)-Filter aus [3] in der Lifting-Struktur nach [16]. Die Parameter lauten $\alpha = -1{,}586134342$, $\beta = -0{,}05298011854$, $\gamma = 0{,}8829110762$, $\delta = 0{,}4435068522$, $\xi = 1{,}149604398$.

7.3 Filterbänke in Baumstruktur

In den meisten Anwendungen werden Zerlegungen in mehr als zwei Frequenzbänder benötigt. Ein einfacher Weg, um ein Signal in $M > 2$ Bänder aufzuteilen, besteht darin, Zwei-Kanal-Filterbänke zu kaskadieren. Bild 7.20 zeigt hierzu zwei Beispiele. In Bild 7.20a sieht man eine reguläre Baumstruktur, und Bild 7.20b zeigt eine *dyadische Baumstruktur*. Die dyadische Filterbank wird auch *Oktavfilterbank* genannt, weil jedes Teilband eine Oktave umfasst. Zudem ist sie eng mit der *diskreten Wavelet-Transformation* verbunden, siehe Abschnitt 9.5. Weitere Strukturen lassen sich leicht durch die Aufteilung beliebiger Bänder in Teilbänder finden. Bild 7.21 zeigt hierzu alle denkbaren Bäume der maximalen Zerlegungstiefe zwei, angefangen mit dem Fall, dass keine Zerlegung stattfindet, bis zu dem Fall, dass vier Teilbänder erzeugt

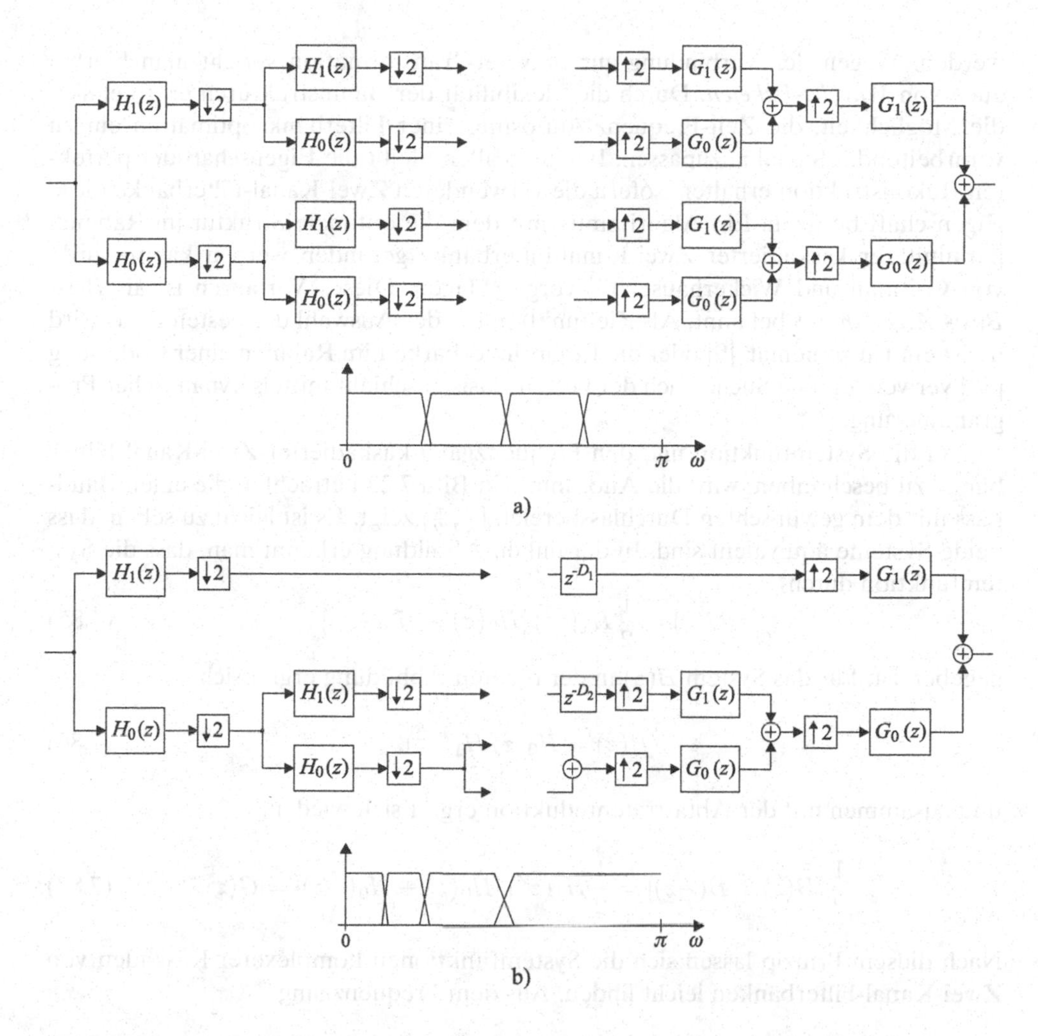

Bild 7.20 Filterbänke in Baumstruktur. a) regulärer Baum; b) Oktavband-Filterbank

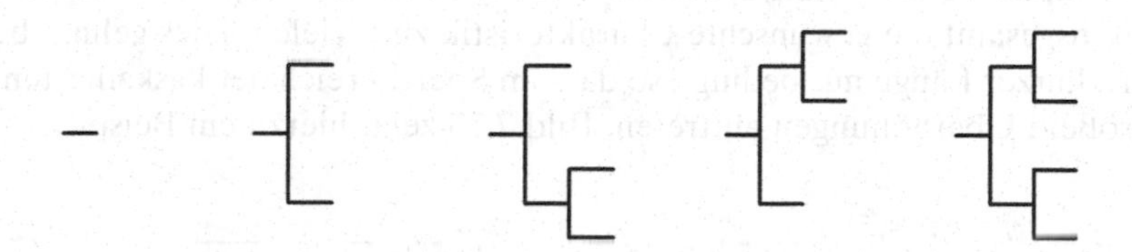

Bild 7.21 Baumstrukturen der maximalen Zerlegungstiefe zwei

werden. Wegen der Verbindung zur Wavelet-Transformation spricht man hierbei auch von *Wavelet-Paketen*. Durch die Flexibilität der Baumstrukturen eröffnet sich die Möglichkeit, die Zeit-Frequenz-Auflösung einer Filterbank optimal an ein zu verarbeitendes Signal anzupassen. In allen Fällen bleibt die Eigenschaft der perfekten Rekonstruktion erhalten, sofern die verwendeten Zwei-Kanal-Filterbänke diese Eigenschaft besitzen. Ein Algorithmus, mit dem die optimale Struktur im Rahmen paraunitärer kaskadierter Zwei-Kanal-Filterbänke gefunden werden kann, wurde von Coifman und Wickerhauser [9] vorgeschlagen. Dieses Verfahren ist als *Best-Basis-Algorithmus* bekannt. Als Zielfunktion bei der Auswahl der besten Basis wird meist ein Entropiemaß [9] oder die Komprimierbarkeit im Rahmen einer Codierung [44] verwendet. Die Suche nach der besten Basis geschieht mittels dynamischer Programmierung.

Um die Systemfunktion und den Frequenzgang kaskadierter Zwei-Kanal-Filterbänke zu beschreiben, wird die Anordnung in Bild 7.22 betrachtet, die einen Bandpass mit dem gewünschten Durchlassbereich $[\frac{\pi}{4}, \frac{\pi}{2}]$ zeigt. Es ist leicht zu sehen, dass beide Systeme äquivalent sind. In der linken Abbildung erkennt man, dass die Systemfunktion durch

$$G(z) = \frac{1}{2} H_1(z^2) \, [H_0(z) + H_0(-z)] \tag{7.85}$$

gegeben ist. Für das System $B(z)$ in der rechten Abbildung ergibt sich

$$B(z) = H_0(z) \, H_1(z^2), \tag{7.86}$$

und zusammen mit der Abtastratenreduktion ergibt sich wieder

$$\frac{1}{2} [B(z) + B(-z)] = \frac{1}{2} H_1(z^2) \, [H_0(z) + H_0(-z)] = G(z). \tag{7.87}$$

Nach diesem Prinzip lassen sich die Systemfunktionen komplexerer Kaskaden von Zwei-Kanal-Filterbänken leicht finden. Aus dem Frequenzgang

$$B(e^{j\omega}) = H_0(e^{j\omega}) \, H_1(e^{j2\omega}) \tag{7.88}$$

erkennt man, dass $H_0(e^{j\omega})$ die spektrale Wiederholung von $H_1(e^{j2\omega})$ unterdrücken muss, um insgesamt die gewünschte Charakteristik zu erzielen. Dies gelingt bei realen Filtern kurzer Länge nur bedingt, so dass im Sperrbereich der kaskadierten Filter häufig größere Überhöhungen auftreten. Bild 7.23 zeigt hierzu ein Beispiel.

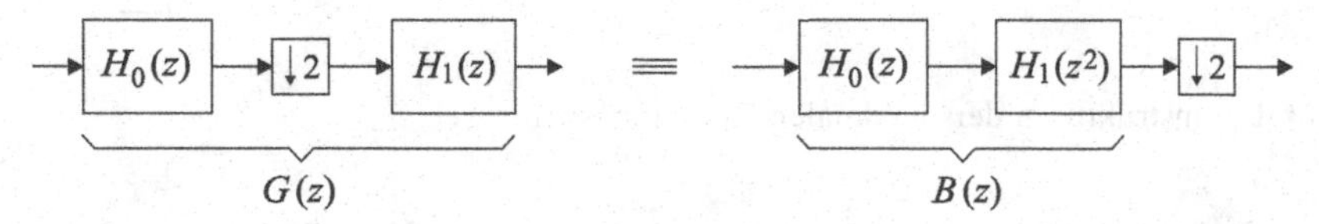

Bild 7.22 Äquivalente Anordnungen

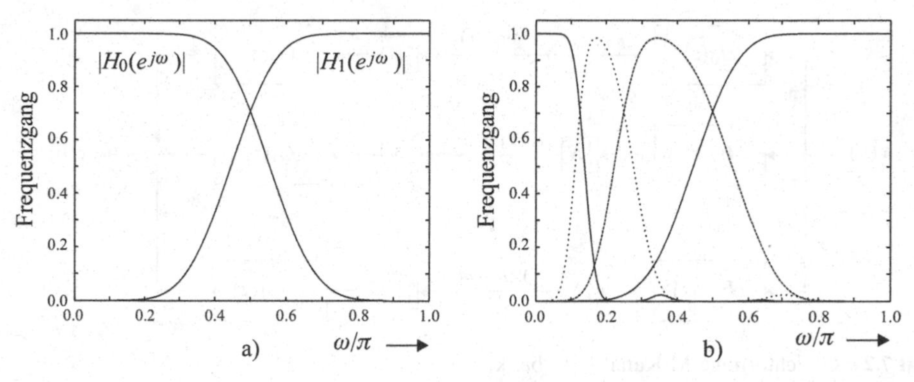

Bild 7.23 Frequenzgänge von Filterbänken in Baumstruktur. a) Zwei-Kanal-Filterbank; b) Oktavband-Filterbank

7.4 Gleichförmige M-Kanal-Filterbänke

In diesem Abschnitt werden M-Kanal-Filterbänke mit gleichförmiger Abtastratenreduktion behandelt. Bild 7.24 zeigt eine solche Filterbank, und Bild 7.25 zeigt die typischen Frequenzgänge der Analysefilter. Um einige allgemeingültige Aussagen über M-Kanal-Filterbänke zu erhalten, wird zunächst von einer Abtastratenreduktion um $N \leq M$ ausgegangen, wobei M die Anzahl der Teilbänder ist.

7.4.1 Beziehungen zwischen Ein- und Ausgang gleichförmiger M-Kanal-Filterbänke

Betrachtet wird die in Bild 7.24 dargestellte Multiratenfilterbank. Aus den Gleichungen (7.10) und (7.11) erhält man

$$
\begin{aligned}
Y_k(z) &= \frac{1}{N} \sum_{i=0}^{N-1} H_k(W_N^i z^{\frac{1}{N}})\, X(W_N^i z^{\frac{1}{N}}), \qquad k = 0, 1, \ldots, M-1, \qquad (7.89)\\
\hat{X}(z) &= \frac{1}{N} \sum_{k=0}^{M-1} \sum_{i=0}^{N-1} G_k(z) H_k(W_N^i z) X(W_N^i z). \qquad (7.90)
\end{aligned}
$$

Damit jedes Eingangssignal unverfälscht am Ausgang erscheint, müssen die Filter $H_k(z)$ und $G_k(z)$, $k = 0, 1, \ldots, M-1$ sowie die Parameter N und M geeignet gewählt werden. Die Bedingung dafür, dass $\hat{X}(z) = z^{-q} X(z)$ gilt, erkennt man durch Vertauschen der Reihenfolge der Summation in (7.90):

$$
\hat{X}(z) = \frac{1}{N} \sum_{i=0}^{N-1} X(W_N^i z) \sum_{k=0}^{M-1} G_k(z)\, H_k(W_N^i z). \qquad (7.91)
$$

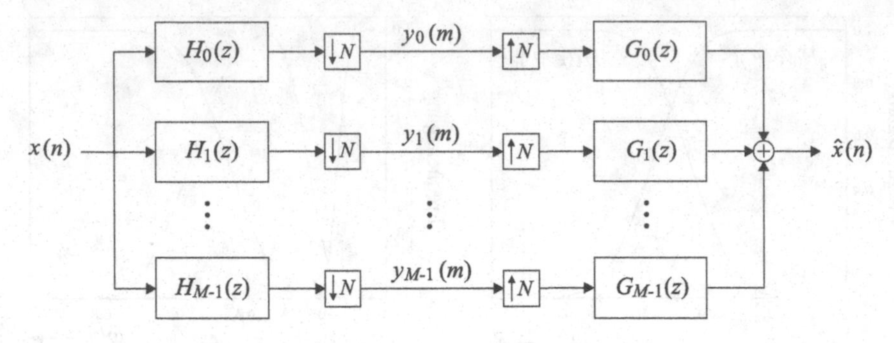

Bild 7.24 Gleichförmige M-Kanal-Filterbank

Gleichung (7.91) zeigt, dass nur dann $\hat{X}(z) = z^{-q}X(z)$ gelten kann, wenn die Filter die Forderung

$$\sum_{k=0}^{M-1} G_k(z)\,H_k(W_N^i z) = \begin{cases} N\,z^{-q} & \text{für } i = 0 \\ 0 & \text{für } i = 1, 2, \ldots, N-1 \end{cases} \tag{7.92}$$

erfüllen. Mit der Notation

$$\boldsymbol{H}_m(z) = \begin{bmatrix} H_0(z) & H_1(z) & \cdots & H_{M-1}(z) \\ H_0(zW_N) & H_1(zW_N) & \cdots & H_{M-1}(zW_N) \\ \vdots & \vdots & \ddots & \vdots \\ H_0(zW_N^{N-1}) & H_1(zW_N^{N-1}) & \cdots & H_{M-1}(zW_N^{N-1}) \end{bmatrix}, \tag{7.93}$$

$$\boldsymbol{g}(z) = [G_0(z), G_1(z), \ldots, G_{M-1}(z)]^T, \tag{7.94}$$

$$\boldsymbol{x}_m(z) = [X(z), X(zW_N), \ldots, X(zW_N^{M-1})]^T \tag{7.95}$$

lässt sich das Übertragungsverhalten auch als

$$\hat{X}(z) = \frac{1}{N}\,\boldsymbol{g}^T(z)\,\boldsymbol{H}_m^T(z)\,\boldsymbol{x}_m(z) \tag{7.96}$$

schreiben. Eine perfekte Rekonstruktion des Eingangssignals mit q Takten Verzögerung ist gegeben, wenn gilt

$$\frac{1}{N}\,\boldsymbol{g}^T(z)\,\boldsymbol{H}_m^T(z) = z^{-q}\,[1, 0, \ldots, 0]\,. \tag{7.97}$$

Die Matrix $\boldsymbol{H}_m(z)$ bezeichnet man als die *Modulationsmatrix* oder *Aliasing-Komponenten-Matrix (AC-Matrix)*. Auch wenn alle Eigenschaften von Filterbänken mittels Modulationsmatrizen erklärt werden können, wenden wir uns im Folgenden den Polyphasenmatrizen zu, denn damit sind die Zusammenhänge wesentlich einfacher zu erfassen.

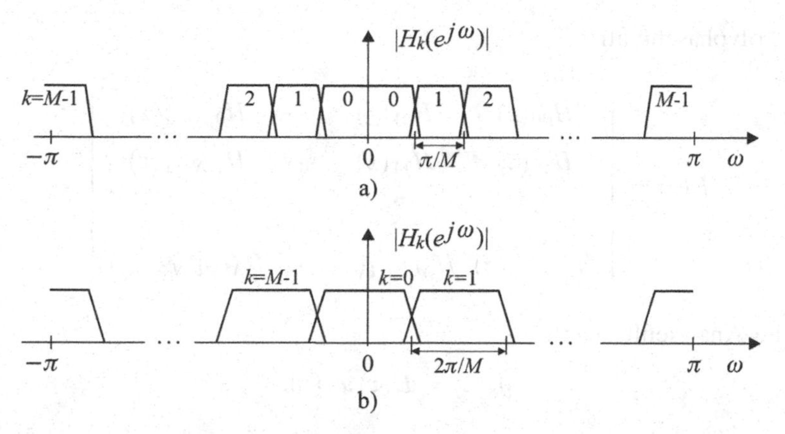

Bild 7.25 Typische Frequenzgänge der Analysefilter. a) reelle Teilfilter einer kosinus-modulierten Filterbank; b) komplexe Teilfilter einer DFT-Filterbank

7.4.2 Polyphasendarstellung

In Abschnitt 7.2 wurde bereits die Polyphasenzerlegung von Zwei-Kanal-Filterbänken erläutert. Diese soll im Folgenden auf M-Kanal-Filterbänke erweitert werden. Die Implementierung ist in Bild 7.26 gezeigt. Hierzu werden das Eingangssignal und die Filter wie folgt in Polyphasenkomponenten zerlegt:

$$\begin{aligned} h_{k\ell}(n) &= h_k(nN+\ell) && \longleftrightarrow \; H_{k\ell}(z), \\ g'_{k\ell}(n) &= g_k(nN+N-1-\ell) && \longleftrightarrow \; G'_{k\ell}(z), \\ \bar{x}_\ell(n) &= x(nN-\ell) && \longleftrightarrow \; \bar{X}_\ell(z). \end{aligned} \tag{7.98}$$

Im z-Bereich gilt entsprechend

$$\begin{aligned} H_k(z) &= \sum_{\ell=0}^{N-1} z^{-\ell} H_{k\ell}(z^N), \\ G_k(z) &= \sum_{\ell=0}^{N-1} z^{-(N-1-\ell)}\, G'_{k\ell}(z^N), \\ X(z) &= \sum_{\ell=0}^{N-1} z^{\ell} \bar{X}_\ell(z^N). \end{aligned} \tag{7.99}$$

In (7.98) und (7.99) sind die zuvor beschriebenen drei Arten der Polyphasenzerlegung zu erkennen. Mit

$$\boldsymbol{x}_p(z) = \left[\bar{X}_0(z), \bar{X}_1(z), \ldots, \bar{X}_{N-1}(z)\right]^T, \tag{7.100}$$

$$\boldsymbol{y}_p(z) = \left[Y_0(z), Y_1(z), \ldots, Y_{M-1}(z)\right]^T \tag{7.101}$$

und der Polyphasenmatrix

$$\boldsymbol{E}(z) = \begin{bmatrix} H_{00}(z) & H_{01}(z) & \cdots & H_{0,N-1}(z) \\ H_{10}(z) & H_{11}(z) & \cdots & H_{1,N-1}(z) \\ \vdots & \vdots & \ddots & \vdots \\ H_{M-1,0}(z) & H_{M-1,1}(z) & \cdots & H_{M-1,N-1}(z) \end{bmatrix} \tag{7.102}$$

gilt für die Analysefilterbank

$$\boldsymbol{y}_p(z) = \boldsymbol{E}(z)\,\boldsymbol{x}_p(z). \tag{7.103}$$

Die Synthese wird durch

$$\hat{\boldsymbol{x}}_p(z) = \boldsymbol{R}(z)\,\boldsymbol{y}_p(z) \tag{7.104}$$

mit

$$\boldsymbol{R}(z) = \begin{bmatrix} G'_{00}(z) & G'_{10}(z) & \cdots & G'_{M-1,0}(z) \\ G'_{01}(z) & G'_{11}(z) & \cdots & G'_{M-1,1}(z) \\ \vdots & \vdots & \ddots & \vdots \\ G'_{0,N-1}(z) & G'_{1,N-1}(z) & \cdots & G'_{M-1,N-1}(z) \end{bmatrix} \tag{7.105}$$

beschrieben. Eine perfekte Rekonstruktion mit einer Verzögerung um $Mq_0 + M - 1$ Takte wird erzielt, wenn die Bedingung

$$\boldsymbol{R}(z)\,\boldsymbol{E}(z) = z^{-q_0}\,\boldsymbol{I} \tag{7.106}$$

erfüllt ist. Gesamtverzögerungen um $Mq_0 + r + M - 1$ Takte mit $0 \leq r \leq M - 1$ lassen sich durch

$$\boldsymbol{R}(z)\,\boldsymbol{E}(z) = z^{-q_0} \begin{bmatrix} \boldsymbol{0} & \boldsymbol{I}_{M-r} \\ z^{-1}\boldsymbol{I}_r & \boldsymbol{0} \end{bmatrix} \tag{7.107}$$

erreichen [53].

FIR-Filterbänke Gleichung (7.106) lautet in umgestellter Form

$$\boldsymbol{R}(z) = z^{-q_0}\,\boldsymbol{E}^{-1}(z) = z^{-q_0}\,\frac{\mathrm{Adj}\{\boldsymbol{E}(z)\}}{\det\{\boldsymbol{E}(z)\}}. \tag{7.108}$$

Geht man davon aus, dass die Elemente von $\boldsymbol{E}(z)$ FIR-Filter sind, dann sind auch die Elemente von $\boldsymbol{R}(z)$ FIR-Filter, wenn $\det\{\boldsymbol{E}(z)\}$ eine einfache Verzögerung ist. Das gleiche Argument hält für die generellere Form (7.107). Das bedeutet, perfekt rekonstruierende M-Kanal-Filterbänke mit FIR-Filtern erhält man, wenn die Determinante der Polyphasenmatrix lediglich eine Verzögerung ist.

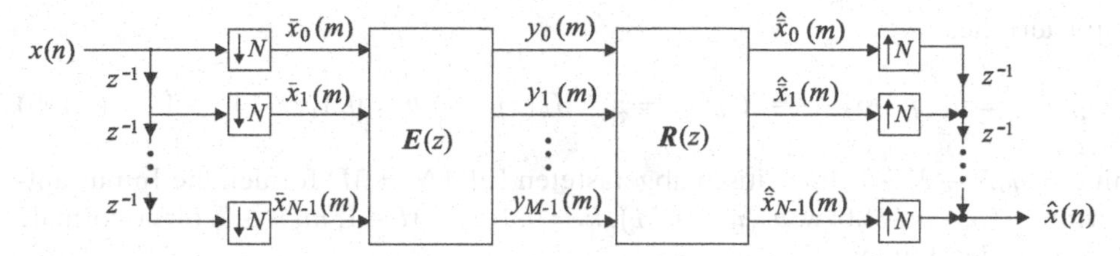

Bild 7.26 Filterbank in Polyphasenstruktur

Beschreibung als Block-Filterung Die zuvor eingeführten Vektoren $\boldsymbol{x}_p(z)$, $\boldsymbol{y}_p(z)$ und Matrizen $\boldsymbol{E}(z)$, $\boldsymbol{R}(z)$, deren Elemente Polynome in z^{-1} sind, können wie folgt auch als Polynome aufgefasst werden, deren Koeffizienten aus Vektoren bzw. Matrizen bestehen:

$$\boldsymbol{x}_p(z) = \sum_{m=-\infty}^{\infty} \boldsymbol{x}(m)\, z^{-m}, \qquad \boldsymbol{y}_p(z) = \sum_{m=-\infty}^{\infty} \boldsymbol{y}(m)\, z^{-m}, \tag{7.109}$$

$$\boldsymbol{E}(z) = \sum_{m=-\infty}^{\infty} \mathbf{E}(m)\, z^{-m}, \qquad \boldsymbol{R}(z) = \sum_{m=-\infty}^{\infty} \mathbf{R}(m)\, z^{-m}. \tag{7.110}$$

Es gelten somit Korrespondenzen der Form

$$\boldsymbol{x}(m) \longleftrightarrow \boldsymbol{x}_p(z), \quad \boldsymbol{y}(m) \longleftrightarrow \boldsymbol{y}_p(z), \quad \mathbf{E}(m) \longleftrightarrow \boldsymbol{E}(z), \quad \mathbf{R}(m) \longleftrightarrow \boldsymbol{R}(z). \tag{7.111}$$

Die Analyse- und Synthesegleichungen (7.103) und (7.104) lassen sich damit als

$$\boldsymbol{y}(m) = \sum_{\ell=-\infty}^{\infty} \mathbf{E}(\ell)\, \boldsymbol{x}(m-\ell), \qquad \hat{\boldsymbol{x}}(m) = \sum_{\ell=-\infty}^{\infty} \mathbf{R}(\ell)\, \boldsymbol{y}(m-\ell) \tag{7.112}$$

schreiben, und es ist eine formale Analogie zwischen skalaren LTI-Systemen und gleichförmigen Multiraten-Filterbänken hergestellt. Die Bedingung (7.106) für eine perfekte Rekonstruktion lautet im Zeitbereich

$$\sum_{\ell=-\infty}^{\infty} \mathbf{R}(\ell)\, \mathbf{E}(m-\ell) = \delta_{m,q_0}\, \boldsymbol{I}. \tag{7.113}$$

7.4.3 Paraunitäre Filterbänke

Wie bereits bei den Zwei-Kanal-Filterbänken erläutert wurde, ist der paraunitäre Fall dadurch charakterisiert, dass die Gesamtenergie der Teilbandsignale gleich der Energie des Eingangssignals ist. Aus $\|\boldsymbol{y}_p\| = \|\boldsymbol{x}_p\|$ für alle $\boldsymbol{x}_p$ mit $\|\boldsymbol{x}_p\| < \infty$ folgt analog zu (7.65), dass die Polyphasenmatrix paraunitär sein muss:

$$\tilde{\boldsymbol{E}}(z)\, \boldsymbol{E}(z) = \boldsymbol{I}. \tag{7.114}$$

Mit

$$\boldsymbol{R}(z) = z^{-q_0}\, \tilde{\boldsymbol{E}}(z) \tag{7.115}$$

impliziert dies

$$g_k(n) = h_k^*(q-n) \longleftrightarrow G_k(z) = z^{-q}\tilde{H}_k(z), \qquad k = 0,1,\dots,M-1 \tag{7.116}$$

mit $q = q_0N + N - 1$. Im kritisch abgetasteten Fall ($N = M$) formen die Impulsantworten $h_k(n-mM)$ bzw. $g_k(n-mM)$, $k = 0,1,\dots,M-1$, $m,n \in \mathbb{Z}$ orthonormale Basen für den Raum $\ell_2(\mathbb{Z})$:

$$\sum_{n=-\infty}^{\infty} h_j^*(mM+n)\, h_k(pM+n) = \delta_{mp}\,\delta_{jk}, \quad j,k = 0,1,\dots,M-1,\ m,p \in \mathbb{Z}, \tag{7.117}$$

$$\sum_{n=-\infty}^{\infty} g_j^*(mM+n)\, g_k(pM+n) = \delta_{mp}\,\delta_{jk}, \quad j,k = 0,1,\dots,M-1,\ m,p \in \mathbb{Z}. \tag{7.118}$$

Im Falle einer Überabtastung bilden sie einen *tight frame*, worauf in Abschnitt 7.8.1 noch genauer eingegangen wird.

7.4.4 Entwurf kritisch abgetasteter FIR-Filterbänke

In Analogie zu der in Abschnitt 7.2.6 eingeführten Lattice-Struktur werden folgende Faktorisierungen der Polyphasenmatrizen betrachtet:

$$\boldsymbol{E}(z) = \boldsymbol{A}_K\boldsymbol{D}(z)\boldsymbol{A}_{K-1}\boldsymbol{D}(z)\cdots\boldsymbol{D}(z)\boldsymbol{A}_0, \tag{7.119}$$

$$\boldsymbol{R}(z) = \boldsymbol{A}_0^{-1}\boldsymbol{\Gamma}(z)\boldsymbol{A}_1^{-1}\boldsymbol{\Gamma}(z)\cdots\boldsymbol{\Gamma}(z)\boldsymbol{A}_K^{-1} \tag{7.120}$$

mit

$$\boldsymbol{D}(z) = \begin{bmatrix} \boldsymbol{I}_{M-1} & \boldsymbol{0} \\ \boldsymbol{0} & z^{-1} \end{bmatrix} \quad \text{und} \quad \boldsymbol{\Gamma}(z) = \begin{bmatrix} z^{-1}\boldsymbol{I}_{M-1} & \boldsymbol{0} \\ \boldsymbol{0} & 1 \end{bmatrix}. \tag{7.121}$$

Die Matrizen $\boldsymbol{A}_k$, $k = 0,1,\dots,K$ können beliebige nichtsinguläre Matrizen sein, und die Matrixelemente können als freie Entwurfsparameter beim Filterentwurf angesehen werden. Die Bedingung

$$\boldsymbol{R}(z)\,\boldsymbol{E}(z) = z^{-K}\boldsymbol{I} \tag{7.122}$$

ist in jedem Fall erfüllt. Eine einfache Parametrisierung, die dafür sorgt, dass die Matrizen $\boldsymbol{A}_k$ nicht singulär werden, besteht darin, die Matrizen als Dreiecksmatrizen mit Einsen auf der Diagonalen anzusetzen. Die Inversen sind dann ebenfalls Dreiecksmatrizen. Entwurfsbeispiele findet man hierzu in [53]. Paraunitäre FIR-Filterbänke erhält man aus dem obigen Schema, indem man die Matrizen $\boldsymbol{A}_k$ so parametrisiert, dass sie stets unitär sind. Dies kann zum Beispiel über Givens-Rotationen [18] oder über Householder-Reflexionen [55] geschehen. Eine spezielle Form, die dafür sorgt, dass alle Analyse- und Synthesefilter der paraunitären Filterbank linearphasig sind, ist in [49] beschrieben.

7.5 DFT-Filterbänke

DFT-Filterbänke gehören zur Klasse der modulierten Filterbänke, bei denen alle Filter über eine Modulation aus vorgegebenen Prototypen erzeugt werden. Sie haben den Vorteil, dass nur geeignete Prototypen und nicht alle einzelnen Filter der Filterbank entworfen werden müssen. Aufgrund der modulierten Struktur sind zudem sehr effiziente Realisierungen möglich.

Bei DFT-Filterbänken werden die Filter $H_k(z)$ und $G_k(z)$, $k = 0, 1, \ldots, M-1$ wie folgt aus zwei Prototypen $p(n) \longleftrightarrow P(z)$ und $q(n) \longleftrightarrow Q(z)$ erzeugt:

$$\begin{aligned} h_k(n) &= p(n)\, W_M^{-kn} \quad \longleftrightarrow \quad H_k(z) = P(W_M^k z), \\ g_k(n) &= q(n)\, W_M^{-kn} \quad \longleftrightarrow \quad G_k(z) = Q(W_M^k z). \end{aligned} \tag{7.123}$$

Die Bedingung für eine perfekte Rekonstruktion lautet bei einer Überabtastung um den Faktor $\mu = (M/N) \in \mathbb{Z}$ [11, 30]

$$\sum_{\ell=0}^{\mu-1} P_{k+\ell N}(z)\, Q_{M-1-k-\ell N}(z) = \frac{z^{-q_0}}{M}. \tag{7.124}$$

Für $\mu > 1$ beinhaltet diese Bedingung ausreichend viele Freiheitsgrade, um FIR-Prototypen $P(z)$ und $Q(z)$ mit guten Filtereigenschaften zu finden. Es sind dabei zwei Arten der Überabtastung denkbar, bei denen die Anzahl der Bänder entweder größer oder kleiner als die Länge L des Prototypen $p(n)$ ist. Gilt $M > L$, so entfallen einige Summanden in der Bedingung (7.124), und der Entwurf der Prototypen vereinfacht sich. Für diesen Fall ist die DFT-Filterbank auch als Kurzzeit-Fourier-Transformation (STFT) bekannt. Die Überabtastung geschieht dabei hauptsächlich in Bezug auf die Frequenzrichtung, weil sich die Teilbänder bei gleich bleibendem Prototypen mit wachsendem M stärker überlappen. Auf die STFT wird in Kapitel 8 noch näher eingegangen. Im Folgenden wird von $M < L$ ausgegangen, so dass die Überabtastung im Wesentlichen durch die Wahl von N erreicht wird. Mit sinkendem N nimmt dabei die zeitliche Überlappung verschobener Impulsantworten $h_k(n)$ und $h_k(n-N)$ zu.

Bei kritischer Abtastung ($N = M$) reduziert sich die Bedingung (7.124) zu

$$P_k(z)\, Q_{M-1-k}(z) = \frac{z^{-q_0}}{M}. \tag{7.125}$$

Das bedeutet, dass die Polyphasenkomponenten des FIR-Prototypen nur die Länge eins besitzen dürfen und somit $L = M$ gelten muss. In diesem Fall degeneriert die Filterung zu einer punktweisen Multiplikation, und die DFT-Filterbank geht in eine Blocktransformation über.

Die Prototypen werden typischerweise als Tiefpass-Prototypen entworfen. Ein übliches Entwurfskriterium besteht dabei darin, die Energie im Sperrbereich und die

Abweichung vom Wert eins im Durchlassbereich zu minimieren. Die entsprechende Zielfunktion lautet

$$\int_{\text{Durchlassbereich}} \alpha\,(|P(e^{j\omega})|-1)^2\,d\omega + \int_{\text{Sperrbereich}} \beta\,|P(e^{j\omega})|^2\,d\omega \to \text{min.} \tag{7.126}$$

An dieser Stelle sollte noch erwähnt werden, dass alle PR-Prototypen für M-Kanal kosinus-modulierte Filterbänke, die im nachfolgenden Abschnitt behandelt werden, als PR-Prototypen für überabgetastete 2M-Kanal-DFT-Filterbänke dienen können. Andersherum genügt es für den Entwurf kosinus-modulierter Filterbänke nicht, nur Gleichung (7.124) zu erfüllen. Das bedeutet, überabgetastete DFT-Filterbänke erlauben mehr Entwurfsfreiheiten als entsprechende kosinus-modulierte Filterbänke.

Eine besonders effiziente Implementierung der DFT-Filterbank ist in Bild 7.27 dargestellt. Diese Struktur ergibt sich, indem die Polyphasenmatrizen wie folgt geschrieben werden [57]:

$$\boldsymbol{E}(z) = \boldsymbol{W}_M^H[\boldsymbol{I}_M, \boldsymbol{I}_M, \ldots, \boldsymbol{I}_M]\,\mathrm{diag}\,\{\boldsymbol{p}\}\,[\boldsymbol{I}_N, z^{-1}\boldsymbol{I}_N, \ldots, z^{-L/N-1}\boldsymbol{I}_N]^T, \tag{7.127}$$

$$\boldsymbol{R}(z) = [z^{-L/N-1}\boldsymbol{I}_N, \ldots, z^{-1}\boldsymbol{I}_N, \boldsymbol{I}_N]\,\mathrm{diag}\,\{\boldsymbol{q}\}\,[\boldsymbol{I}_M, \boldsymbol{I}_M, \ldots, \boldsymbol{I}_M]^T\boldsymbol{W}_M. \tag{7.128}$$

Darin enthalten die Vektoren $\boldsymbol{p}$ und $\boldsymbol{q}$ die Koeffizienten der Prototypen $p(n)$ bzw. $q(n)$ der Länge L. Es wurde dabei angenommen, dass L/N eine ganze Zahl ist. Die Struktur in (7.127) besagt, dass mit einem Vorschub von N Takten jeweils die letzten L Eingangswerte mit den Koeffizienten des Analyseprototypen zu multiplizieren, die Ergebnisse zu addieren und dann mittels einer um den Amplitudenfaktor M skalierten IDFT zu transformieren sind. Auf der Syntheseseite ist zunächst eine DFT auszuführen, und dann sind die Ergebnisse mit den Koeffizienten des Syntheseprototypen zu multiplizieren und zu den Ausgangswerten zu kombinieren.

MDFT-Filterbank Bild 7.28 zeigt die in [22] eingeführte MDFT-Filterbank. Gegenüber der zuvor behandelten einfachen DFT-Filterbank weist diese Filterbank einige Modifikationen auf, die es erlauben, auch mit FIR-Filtern bei kritischer Abtastung eine perfekte Rekonstruktion zu erreichen [22, 28]. Man führt dabei zunächst nur eine Abwärtstastung um $M/2$ durch und entnimmt aufeinanderfolgenden Abtastwerten jeweils den Real- bzw. Imaginärteil. Aus diesen Komponenten können dann die eigentlichen Teilbandsignale $y_k(m)$, $k = 0, 1, \ldots, M-1$ zusammengesetzt werden. Wie man in Bild 7.28 erkennt, geschieht die Entnahme der Real- und Imaginärteile in benachbarten Kanälen in umgekehrter Reihenfolge.

An den Prototyp $H(z)$ dieser Filterbank werden dabei die folgenden Anforderungen gestellt: Der Prototyp wird als reellwertig und linearphasig vorausgesetzt. Seine Autokorrelationsfolge $r_{hh}^E(m) = \sum_n h(n)h(n+m)$ soll die Bedingung

$$r_{hh}^E(mM) = \delta_{m0} \tag{7.129}$$

erfüllen.[1] Die Linearphasigkeit in Verbindung mit (7.129) sorgt dafür, dass der gleiche Prototyp für die Analyse- und Synthesefilterbank verwendet werden kann.

[1] Ein solches Filter bezeichnet man auch als M-tel-Band- oder als Nyquist(M)-Filter.

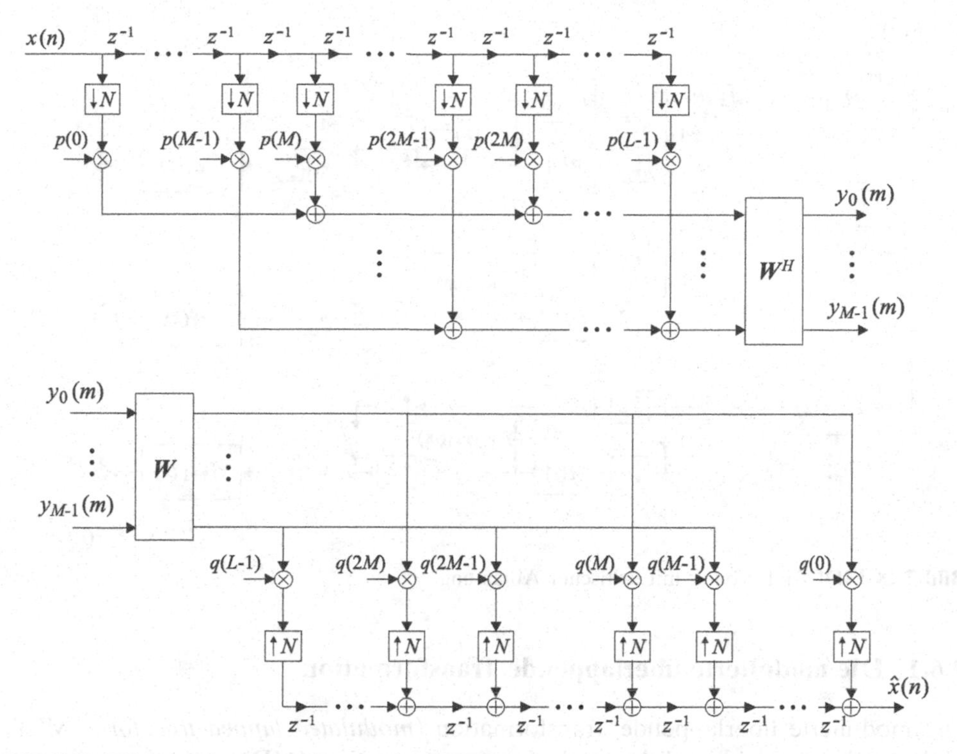

Bild 7.27 Effiziente Implementierung der DFT-Filterbank

7.6 Kosinus-modulierte Filterbänke

Kosinus-modulierte Filterbänke zeichnen sich dadurch aus, dass alle beteiligten Filter über eine reelle Modulation aus Tiefpassprototypen erzeugt werden und dass sie eine effiziente Implementierung über eine Polyphasenstruktur und eine schnelle DCT besitzen. Sie können als Pseudo-QMF-Bänke [45], als paraunitäre Filterbänke [43, 34, 31, 37] und als biorthogonale Filterbänke (zum Beispiel mit kurzer Systemverzögerung) [41, 47, 29, 25, 30] entworfen werden. Die Eigenschaft der perfekten Rekonstruktion wird durch die Wahl geeigneter Prototypen und geeigneter Modulationsformen erreicht. Zum Beispiel basiert der MPEG-Audio-Standard [7] auf einer kosinus-modulierten Filterbank.

Im Folgenden wird zunächst der Fall der modulierten überlappenden Transformationen betrachtet, in dem gleiche Analyse- und Syntheseprototypen verwendet werden und die Filterlänge doppelt so groß wie die Kanalanzahl ist. Im Anschluss daran werden allgemeine kosinus-modulierte Filterbänke behandelt, bei denen die Filterlänge beliebig groß gewählt und damit die Frequenzselektivität verbessert werden kann.

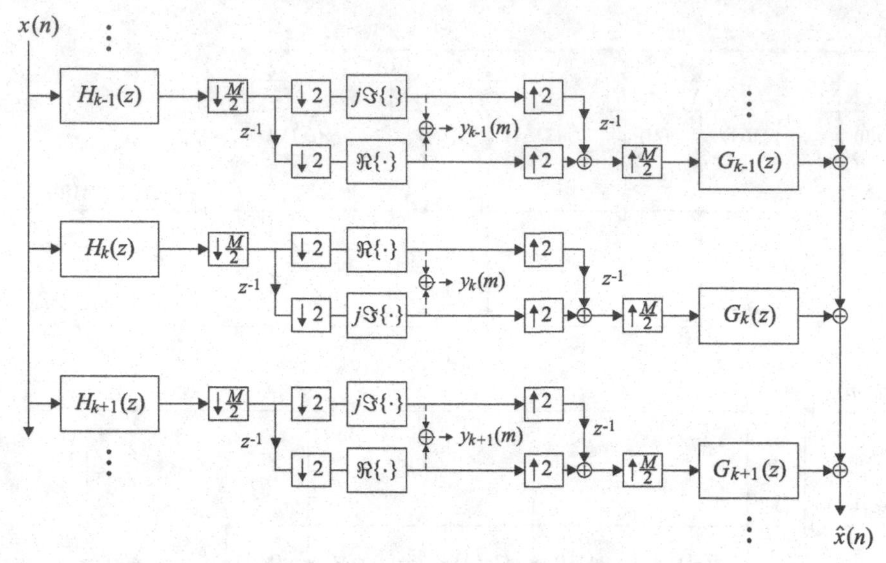

Bild 7.28 MDFT-Filterbank mit kritischer Abtastung

7.6.1 Die modulierte überlappende Transformation

Die modulierte überlappende Transformation (*modulated lapped transform*, MLT [43]), auch modifizierte diskrete Kosinustransformation (MDCT) genannt, ist ein Spezialfall der kosinus-modulierten Filterbänke, in dem die Filterlänge zu $L = 2M$ gewählt und der gleiche Prototyp auf der Analyse- und Syntheseseite verwendet wird. Der Prototyp wird dabei als symmetrisch angesetzt:

$$p(2M - 1 - n) = p(n), \qquad n = 0, 1, \ldots, 2M - 1. \tag{7.130}$$

Die Analyse- und Synthesefilter werden in der Form

$$\begin{aligned} h_k(n) &= 2\,p(n)\cos\left(\frac{2k+1}{4M}(2n + M + 1)\pi\right), \\ g_k(n) &= h_k(2M - 1 - n), \\ &\qquad k = 0, 1, \ldots, M - 1, \qquad n = 0, 1, \ldots, 2M - 1 \end{aligned} \tag{7.131}$$

erzeugt. Um die Bedingungen an den Prototypen für eine perfekte Rekonstruktion zu zeigen, werden die Matrizen

$$\boldsymbol{H}_0 = \begin{bmatrix} h_0(0) & h_0(1) & \ldots & h_0(M-1) \\ \vdots & \vdots & & \vdots \\ h_{M-1}(0) & h_{M-1}(1) & \ldots & h_{M-1}(M-1) \end{bmatrix}, \tag{7.132}$$

$$\boldsymbol{H}_1 = \begin{bmatrix} h_0(M) & h_0(M+1) & \dots & h_0(2M-1) \\ \vdots & \vdots & & \vdots \\ h_{M-1}(M) & h_{M-1}(M+1) & \dots & h_{M-1}(2M-1) \end{bmatrix} \quad (7.133)$$

eingeführt. Die Kosinus-Modulation kann als

$$\boldsymbol{H}_0 = \boldsymbol{C}_0 \boldsymbol{P}_0 \quad \text{mit} \quad \boldsymbol{P}_0 = \text{diag}\,\{p(0),\ p(1),\ \dots,\ p(M-1)\} \quad (7.134)$$

und

$$\boldsymbol{H}_1 = \boldsymbol{C}_1 \boldsymbol{P}_1 \quad \text{mit} \quad \boldsymbol{P}_1 = \text{diag}\,\{p(M),\ p(M+1),\ \dots,\ p(2M-1)\} \quad (7.135)$$

beschrieben werden. Die Matrizen $\boldsymbol{C}_0$ und $\boldsymbol{C}_1$ enthalten dabei die Kosinus-Sequenzen aus (7.131). Sie haben die Eigenschaften

$$\boldsymbol{C}_0^T \boldsymbol{C}_0 = 2M\,(\boldsymbol{I} - \boldsymbol{J}), \quad (7.136)$$

$$\boldsymbol{C}_1^T \boldsymbol{C}_1 = 2M\,(\boldsymbol{I} + \boldsymbol{J}) \quad (7.137)$$

und

$$\boldsymbol{C}_0 \boldsymbol{C}_1^T = \boldsymbol{C}_1^T \boldsymbol{C}_0 = \boldsymbol{0}. \quad (7.138)$$

Unter Ausnutzung der Symmetrie $p(2M-1-n) = p(n)$ erhält man auch

$$\boldsymbol{P}_1 = \boldsymbol{J} \boldsymbol{P}_0 \boldsymbol{J}, \quad (7.139)$$

wobei die Matrix $\boldsymbol{J}$ aus der Einheitsmatrix $\boldsymbol{I}$ hervorgeht, indem die Reihenfolge der Spalten umgekehrt wird. Sie wird im Englischen als *reverse identity matrix* bezeichnet.

Um die Bedingungen an den Prototypen zu zeigen, werden die Analyse- und Synthesegleichungen im Zeitbereich betrachtet. Für die Teilbandsignale

$$\boldsymbol{y}(m) = [y_0(m), y_1(m), \dots, y_{M-1}(m)]^T$$

gilt

$$\boldsymbol{y}(m) = \boldsymbol{H}_0\, \boldsymbol{x}(m) + \boldsymbol{H}_1\, \boldsymbol{x}(m-1) \quad (7.140)$$

mit $\boldsymbol{x}(m) = [x(mM), x(mM-1), \dots, x(mM-M+1)]^T$. Für die Syntheseseite erhält man

$$\hat{\boldsymbol{x}}(m) = \boldsymbol{H}_1^T\, \boldsymbol{y}(m) + \boldsymbol{H}_0^T\, \boldsymbol{y}(m-1). \quad (7.141)$$

Verlangt man $\hat{\boldsymbol{x}}(m) = \boldsymbol{x}(m-1)$, so folgen die Anforderungen

$$\boldsymbol{H}_1^T \boldsymbol{H}_0 = \boldsymbol{0} \quad (7.142)$$

und

$$\boldsymbol{H}_0^T \boldsymbol{H}_0 + \boldsymbol{H}_1^T \boldsymbol{H}_1 = \boldsymbol{I}. \quad (7.143)$$

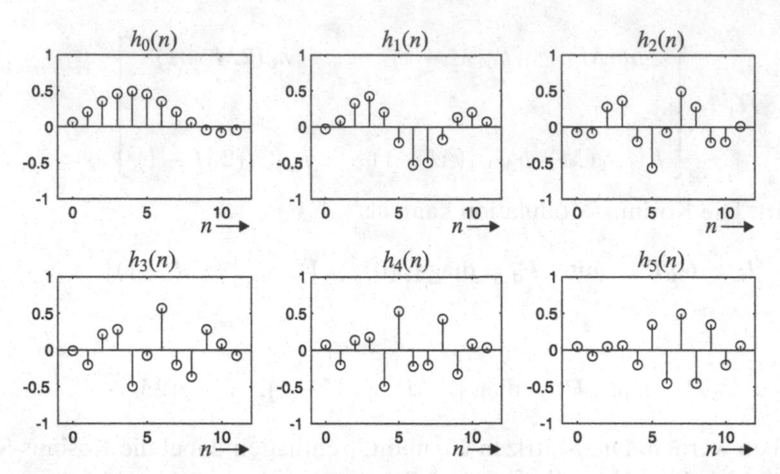

Bild 7.29 Analysefilter-Impulsantworten einer 6-Kanal-MLT

Gleichung (7.142) ist wegen (7.138) automatisch erfüllt. Für den Ausdruck (7.143) ergibt sich zunächst

$$\boldsymbol{H}_0^T \boldsymbol{H}_0 + \boldsymbol{H}_1^T \boldsymbol{H}_1 = \boldsymbol{P}_0 \boldsymbol{C}_0^T \boldsymbol{C}_0 \boldsymbol{P}_0 + \boldsymbol{J} \boldsymbol{P}_0 \boldsymbol{J} \boldsymbol{C}_1^T \boldsymbol{C}_1 \boldsymbol{J} \boldsymbol{P}_0 \boldsymbol{J}. \tag{7.144}$$

Unter Ausnutzung von (7.136) und (7.137) folgt daraus

$$\boldsymbol{P}_0^2 + \boldsymbol{J} \boldsymbol{P}_0^2 \boldsymbol{J} = \frac{1}{2M} \boldsymbol{I}. \tag{7.145}$$

Das bedeutet schließlich

$$p^2(n) + p^2(M+n) = \frac{1}{2M}, \quad n = 0, 1, \ldots, M-1. \tag{7.146}$$

Man erkennt, dass geeignete Prototypen sehr leicht zu entwerfen sind, weil immer nur zwei Koeffizienten zueinander in Beziehung stehen. Ein geschlossener Ausdruck für einen Prototypen mit günstigen Eigenschaften lautet

$$p(n) = \frac{1}{\sqrt{2M}} \sin\left[\left(n + \frac{1}{2}\right) \frac{\pi}{2M}\right], \quad n = 0, 1, \ldots, 2M-1. \tag{7.147}$$

Wie man unter Verwendung von (7.134) – (7.138) überprüfen kann, ist die zur MLT gehörige Polyphasenmatrix

$$\boldsymbol{E}(z) = \boldsymbol{H}_0 + z^{-1} \boldsymbol{H}_1 \tag{7.148}$$

paraunitär. Schließlich bleibt noch zu erwähnen, dass die Impulsantworten der MLT keine Symmetrie aufweisen und damit nichtlinearphasig sind, auch wenn ein symmetrischer Prototyp verwendet wird. Bild 7.29 zeigt die Impulsantworten einer 6-Kanal-MLT, und Bild 7.30 zeigt die Betragsfrequenzgänge der Filter.

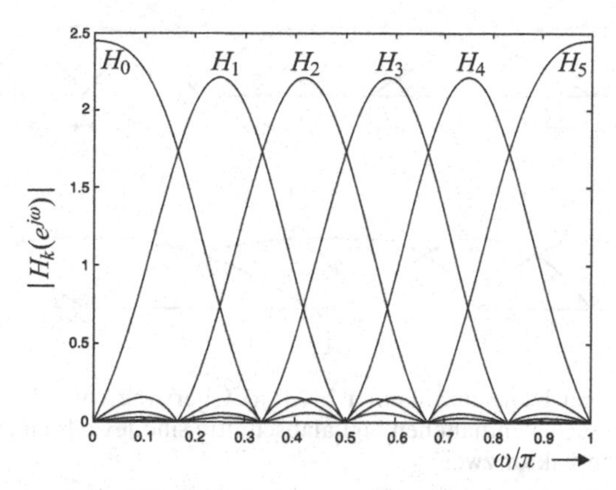

Bild 7.30 Frequenzgänge einer 6-Kanal-MLT

Umschalten der Filterbank (Window Switching) In verschiedenen Audiocodierungsstandards (MPEG-1-Layer-3 (mp3), Advanced Audio Coder (AAC)) ist eine Umschaltung der Filterbank in Abhängigkeit der Signaleigenschaften vorgesehen. Der Hintergrund ist hierbei, dass man in stationären Signalabschnitten durch eine feine Frequenzauflösung einen größtmöglichen Codierungsgewinn erzielen möchte, dass es aufgrund der damit verbundenen langen Filterimpulsantworten in transienten Signalabschnitten aber zu hörbaren Vorechos kommen kann. Diesem Problem begegnet man damit, dass man in stationären Bereichen eine große Kanalanzahl wählt und in transienten Abschnitten die Kanalanzahl reduziert. Damit dabei auch im Übergangsbereich die Eigenschaft der perfekten Rekonstruktion bei kritischer Abtastung erhalten bleibt, müssen die Fensterfunktionen entsprechend aufeinander abgestimmt sein. Die Bedingungen an die Fenster wurden von Edler in [19] erstmals beschrieben.

Wir betrachten den Übergang von einer MLT mit M Kanälen und dem Fenster $p(n)$ zu einer MLT mit $N < M$ Kanälen und dem Fenster $\bar{p}(n)$. Dabei wird $(M - N)/2$ als ganzzahlig vorausgesetzt, was bedeutet, dass M und N entweder gerad- oder ungeradzahlig sein müssen. Beide Filterbänke werden für sich als perfekt rekonstruierend angenommen. Wegen der unterschiedlichen Dimensionen M und N wird die PR-Bedingung (7.146) durch die Forderungen

$$p^2(n) + p^2(n + M) = 1, \quad n = 0, 1, \ldots, M - 1 \tag{7.149}$$

und

$$\bar{p}^2(n) + \bar{p}^2(n + N) = 1, \quad n = 0, 1, \ldots, N - 1 \tag{7.150}$$

ersetzt. Die beim Übergang von (7.146) zu (7.149) und (7.150) entfallenen Faktoren $\frac{1}{2M}$ bzw. $\frac{1}{2N}$ werden an anderer Stelle berücksichtigt. Die M-Kanal-Filterbank wird wie zuvor mit den Matrizen $\boldsymbol{C}_i$ und $\boldsymbol{P}_i$, $i = 1, 2$ beschrieben. Für die N-Kanal-Filterbank definieren wir in Analogie dazu auf Basis des Fensters $\bar{p}(n)$ die Matrizen $\bar{\boldsymbol{C}}_i$ und $\bar{\boldsymbol{P}}_i$, $i = 1, 2$. Bei der Umschaltung wird einmalig ein Übergangsfenster $\tilde{p}(n)$ gemeinsam mit der Kanalanzahl M eingesetzt. Diese Operation wird mit der Matrix

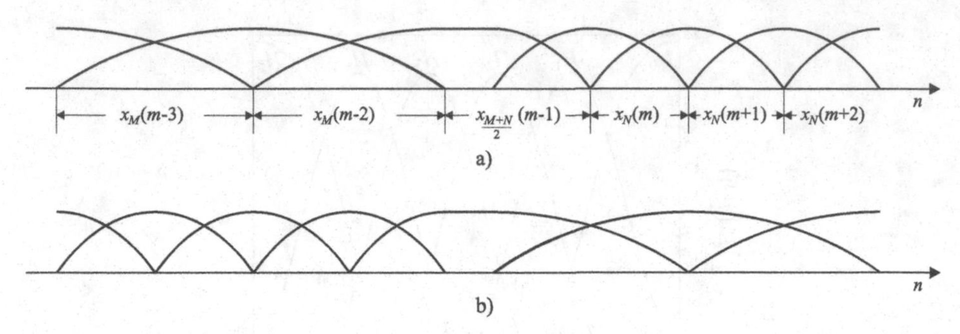

Bild 7.31 Umschaltung der Kanalanzahl einer MLT. a) Übergang von M auf $N = M/2$ Kanäle. Die in den Vektoren $\boldsymbol{x}_{\{\cdot\}}(m)$ enthaltenen Signalabschnitte sind jeweils angedeutet. b) Erhöhung der Kanalanzahl um den Faktor zwei

$$\tilde{\boldsymbol{P}}_0 = \text{diag}\Big\{\underbrace{1,\ldots,1}_{\frac{M-N}{2}}, \bar{p}(N),\ldots,\bar{p}(2N-1)\Big\}. \tag{7.151}$$

beschrieben. Die Umschaltung soll zum Zeitpunkt m vollzogen sein. Die Teilbandsignale ergeben sich dann zu

$$\begin{aligned}
&\vdots\\
\boldsymbol{y}_M(m-2) &= \tfrac{1}{2M}\boldsymbol{C}_0\boldsymbol{P}_0\,\boldsymbol{x}_M(m-2) + \tfrac{1}{2M}\boldsymbol{C}_1\boldsymbol{P}_1\,\boldsymbol{x}_M(m-3),\\
\boldsymbol{y}_M(m-1) &= \tfrac{1}{2M}\boldsymbol{C}_0\begin{bmatrix}\tilde{\boldsymbol{P}}_0\\ \boldsymbol{0}_{\frac{M-N}{2}\times\frac{M+N}{2}}\end{bmatrix}\boldsymbol{x}_{\frac{M+N}{2}}(m-1) + \tfrac{1}{2M}\boldsymbol{C}_1\boldsymbol{P}_1\,\boldsymbol{x}_M(m-2),\\
\boldsymbol{y}_N(m) &= \tfrac{1}{2N}\bar{\boldsymbol{C}}_0\bar{\boldsymbol{P}}_0\,\boldsymbol{x}_N(m) + \tfrac{1}{2N}[\boldsymbol{0}_{N\times\frac{M-N}{2}}, \bar{\boldsymbol{C}}_1\bar{\boldsymbol{P}}_1]\,\boldsymbol{x}_{\frac{M+N}{2}}(m-1),\\
\boldsymbol{y}_N(m+1) &= \tfrac{1}{2N}\bar{\boldsymbol{C}}_0\bar{\boldsymbol{P}}_0\,\boldsymbol{x}_{\bar{M}}(m+1) + \tfrac{1}{2N}\bar{\boldsymbol{C}}_1\bar{\boldsymbol{P}}_1\,\boldsymbol{x}_{\bar{M}}(m).\\
&\vdots
\end{aligned} \tag{7.152}$$

Die Indizes geben jeweils die Vektorlänge bzw. Matrixdimension an. Die Vorfaktoren $1/(2M)$ und $1/(2N)$ in (7.152) sind durch die Eigenschaften (7.136) und (7.136) bzw.

$$\bar{\boldsymbol{C}}_0^T\bar{\boldsymbol{C}}_0 = 2N\,(\boldsymbol{I}-\boldsymbol{J}), \tag{7.153}$$

$$\bar{\boldsymbol{C}}_1^T\bar{\boldsymbol{C}}_1 = 2N\,(\boldsymbol{I}+\boldsymbol{J}) \tag{7.154}$$

bedingt. Bild 7.31a zeigt zur Veranschaulichung die Lage der Fenster bei einer Umschaltung von M auf $N = M/2$ Kanäle.

Die Synthese erfolgt als

$$
\begin{aligned}
&\vdots\\
\hat{\boldsymbol{x}}(m-1) &= \boldsymbol{P}_1^T \boldsymbol{C}_1^T\, \boldsymbol{y}_M(m-1) \quad + \boldsymbol{P}_0^T \boldsymbol{C}_0^T\, \boldsymbol{y}_M(m-2),\\
\hat{\boldsymbol{x}}(m) &= \begin{bmatrix} \boldsymbol{0}_{\frac{M-N}{2}\times N} \\ \bar{\boldsymbol{P}}_1^T \end{bmatrix} \bar{\boldsymbol{C}}_1^T\, \boldsymbol{y}_N(m) \quad + [\tilde{\boldsymbol{P}}_0^T, \boldsymbol{0}_{\frac{M+N}{2}\times\frac{M-N}{2}}]\boldsymbol{C}_0^T\, \boldsymbol{y}_M(m-1),\\
\hat{\boldsymbol{x}}(m+1) &= \bar{\boldsymbol{P}}_1^T \bar{\boldsymbol{C}}_1^T\, \boldsymbol{y}_N(m+1) \quad + \bar{\boldsymbol{P}}_0^T \bar{\boldsymbol{C}}_0^T\, \boldsymbol{y}_N(m).\\
&\vdots
\end{aligned}
\tag{7.155}
$$

Das Zurückschalten von N auf M Kanäle erfolgt in umgekehrter Weise, wie in Bild 7.31b dargestellt. Bei der mathematischen Beschreibung wird anstelle von $\tilde{\boldsymbol{P}}_0$ eine Matrix

$$\tilde{\boldsymbol{P}}_1 = \mathrm{diag}\left\{\bar{p}(0), \ldots, \bar{p}(N-1), 1, \ldots, 1\right\}$$

eingesetzt. Auf eine vollständige Darstellung der Formelausdrücke wird an dieser Stelle verzichtet.

Eine mathematische Formulierung der PR-Bedingungen für den Übergangsbereich ergibt sich aus der Forderung $\hat{\boldsymbol{x}}(m) = \boldsymbol{x}(m-1)$. Im Wesentlichen zeigt sich dabei, dass sich die quadrierten Koeffizienten der Fenster auch im Übergangsbereich zu eins ergänzen müssen.

7.6.2 Kosinus-modulierte Filterbänke mit kritischer Abtastung

In diesem Abschnitt werden biorthogonale kosinus-modulierte Filterbänke mit M Bändern und einer Abtastratenreduktion um den Faktor $N = M$ betrachtet, wobei die Filterlängen prinzipiell beliebig groß sein können. Die Analyse- und Synthesefilter werden aus FIR-Prototypen $p(n)$ und $q(n)$ in der Form

$$
\begin{aligned}
h_k(n) &= 2p(n)\cos\left[\tfrac{\pi}{M}\left(k+\tfrac{1}{2}\right)\left(n-\tfrac{D}{2}\right)+\phi_k\right], \quad n = 0, 1, \ldots, L_p - 1,\\
g_k(n) &= 2q(n)\cos\left[\tfrac{\pi}{M}\left(k+\tfrac{1}{2}\right)\left(n-\tfrac{D}{2}\right)-\phi_k\right], \quad n = 0, 1, \ldots, L_q - 1
\end{aligned}
\tag{7.156}
$$

mit $\phi_k = (-1)^k \frac{\pi}{4}$ erzeugt. Die Längen der Prototypen sind dabei als L_p bzw. L_q angesetzt. In der folgenden Darstellung beschränken wir uns auf eine gerade Kanalanzahl, Prototypen mit Längen $L_p = 2mM$ und $L_q = 2m'M$ mit $m, m' \in \mathbb{N}$ sowie eine Gesamtverzögerung um $D = 2sM + 2M - 1$. Die Verzögerung kann unabhängig von der Filterlänge gewählt werden, so dass Filterbänke mit besonders kurzer Verzögerung (*Low-delay*-Filterbänke) hier eingeschlossen sind. Verallgemeinerungen auf beliebige Filterlängen und Verzögerungen sind in [25] zu finden. Schließlich ist noch zu erwähnen, dass die Filter der kosinus-modulierten Filterbänke nach (7.156) nichtlinearphasig sind. Dies ist auch dann der Fall, wenn symmetrische Prototypen verwendet werden.

Wir betrachten nun die Beschreibung der Filterbank in Polyphasenstruktur. Hierzu werden Polyphasenzerlegungen der Form

$$P_j(z) = \sum_{\ell=0}^{m-1} p(2\ell M + j)\, z^{-\ell}, \qquad j = 0, 1, \ldots, 2M - 1 \tag{7.157}$$

vorgenommen. Zu beachten ist dabei, dass $2M$ Polyphasenkomponenten angesetzt werden, auch wenn die Abwärtstastung nur um den Faktor M geschieht.

Die Polyphasenmatrix kann wie folgt geschrieben werden [25]:

$$\boldsymbol{E}(z) = \boldsymbol{T}_1 \begin{bmatrix} \boldsymbol{P}_0(z^2) \\ z^{-1}\boldsymbol{P}_1(z^2) \end{bmatrix} \tag{7.158}$$

mit

$$\begin{aligned} [\boldsymbol{T}_1]_{k,j} &= 2\cos\left[\frac{\pi}{M}\left(k + \frac{1}{2}\right)\left(j - \frac{D}{2}\right) + \phi_k\right], \\ &\qquad k = 0, 1, \ldots, M-1, \;\; j = 0, 1, \ldots, 2M-1 \end{aligned} \tag{7.159}$$

und

$$\begin{aligned} \boldsymbol{P}_0(z^2) &= \operatorname{diag}\left[P_0(-z^2), P_1(-z^2), \ldots, P_{M-1}(-z^2)\right], \\ \boldsymbol{P}_1(z^2) &= \operatorname{diag}\left[P_M(-z^2), P_{M+1}(-z^2), \ldots, P_{2M-1}(-z^2)\right]. \end{aligned} \tag{7.160}$$

Die Matrizen $\boldsymbol{P}_0(z^2)$ und $\boldsymbol{P}_1(z^2)$ enthalten dabei hochgetastete und modulierte Versionen der Polyphasenfilter. Im einfachen Fall einer MLT mit der Filterlänge $L_p = 2M$ und $P(z) = Q(z)$ reduzieren sich die Matrizen $\boldsymbol{P}_0(z^2)$ und $\boldsymbol{P}_1(z^2)$ zu den in Abschnitt 7.6.1 eingeführten Matrizen $\boldsymbol{P}_0$ und $\boldsymbol{P}_1$.

Für die Polyphasenmatrix der Synthesefilterbank gilt

$$\boldsymbol{R}(z) = \left[z^{-1}\boldsymbol{Q}_1(z^2),\; \boldsymbol{Q}_0(z^2)\right]\, \boldsymbol{T}_2^T \tag{7.161}$$

mit

$$\begin{aligned} [\boldsymbol{T}_2]_{k,j} &= 2\cos\left[\tfrac{\pi}{M}\left(k + \tfrac{1}{2}\right)\left(2M - 1 - j - \tfrac{D}{2}\right) - \phi_k\right], \\ &\qquad k = 0, 1, \ldots, M-1, \quad j = 0, 1, \ldots, 2M-1 \end{aligned} \tag{7.162}$$

und

$$\begin{aligned} \boldsymbol{Q}_0(z^2) &= \operatorname{diag}\left[Q_{M-1}(-z^2), \ldots, Q_1(-z^2), Q_0(-z^2)\right], \\ \boldsymbol{Q}_1(z^2) &= \operatorname{diag}\left[Q_{2M-1}(-z^2), \ldots, Q_{M+1}(-z^2), Q_M(-z^2)\right]. \end{aligned} \tag{7.163}$$

Um die Anforderungen an die Prototypen abzuleiten, wird die PR-Bedingung

$$\boldsymbol{R}(z)\,\boldsymbol{E}(z) = z^{-q_0}\boldsymbol{I}_M \tag{7.164}$$

betrachtet. Setzt man eine Gesamtverzögerung von $D = 2sM + 2M - 1$ an, so gilt [31]

$$\boldsymbol{T}_2^T \boldsymbol{T}_1 = (-1)^s \, 2M \, \boldsymbol{I}_{2M} + 2M \begin{bmatrix} \boldsymbol{J}_M & \boldsymbol{0} \\ \boldsymbol{0} & -\boldsymbol{J}_M \end{bmatrix}, \tag{7.165}$$

und aus (7.164) folgt für die Prototypen

$$P_k(z)\, Q_{2M-1-k}(z) + P_{M+k}(z)\, Q_{M-1-k}(z) = \frac{z^{-s}}{2M}, \tag{7.166}$$

$$P_k(z)\, Q_{M+k}(z) - P_{M+k}(z)\, Q_k(z) = 0 \tag{7.167}$$

für $k = 0, 1, \ldots, \frac{M}{2} - 1$. Der Zusammenhang zwischen q_0 und s lautet dabei

$$q_0 = 2s + 1. \tag{7.168}$$

Die Bedingung (7.167) ist für $Q_k(z) = \alpha z^{-\beta} P_k(z)$ und $Q_{M+k}(z) = \alpha z^{-\beta} P_{M+k}(z)$ mit beliebigen Werten α und β erfüllt, was die Verwendung gleicher Prototypen für die Analyse und die Synthese nahelegt. Mit $Q(z) = P(z)$ lauten die verbleibenden Bedingungen

$$P_{2M-1-k}(z)\, P_k(z) + P_{M+k}(z)\, P_{M-1-k}(z) = \frac{z^{-s}}{2M}, \qquad k = 0, 1, \ldots, \frac{M}{2} - 1. \tag{7.169}$$

Diese Gleichungen können als PR-Bedingungen für $M/2$ undezimierte Zwei-Kanal-Filterbänke verstanden werden. Für den Spezialfall symmetrischer Filter der Länge $2M$ geht (7.169) in die PR-Bedingung (7.146) für die MLT über.

Die Prototypen lassen sich zum Beispiel nach dem QCLS-Ansatz (*quadratic-constrained least-squares*) nach Nguyen [42] entwerfen. Dabei werden die Bedingungen (7.169) in quadratischer Form formuliert und als Nebenbedingungen bei einer numerischen Optimierung eingebracht. Ein weiterer Entwurfsansatz, der die perfekte Rekonstruktion garantiert und zudem zu einer besonders effizienten Implementierung führt, besteht darin, die Filter über ein Lifting-Schema zu entwerfen [47, 29].

Implementierung Die Gleichung (7.158) entsprechende Polyphasen-Implementierung der Analysefilterbank ist in Bild 7.32 dargestellt. Die Synthesefilterbank zur Realisierung von (7.161) hat die gespiegelte Struktur. Eine noch effizientere Implementierung erhält man, indem man die in den Matrizen $\boldsymbol{T}_1$ und $\boldsymbol{T}_2$ enthaltenen Periodizitäten ausnutzt und die Modulation über eine wie folgt definierte $(M \times M)$-Kosinus-Matrix $\tilde{\boldsymbol{T}}$ ausführt [29]:

$$[\tilde{\boldsymbol{T}}]_{k,j} = \begin{cases} 2\cos\left[\frac{\pi}{M}\left(k + \frac{1}{2}\right)\left(j - \frac{D}{2}\right) + \phi_k\right] & \text{für } j = 0, 1, \ldots, \frac{M}{2} - 1 \\ 2\cos\left[\frac{\pi}{M}\left(k + \frac{1}{2}\right)\left(M + j - \frac{D}{2}\right) + \phi_k\right] & \text{für } j = \frac{M}{2}, \frac{M}{2} + 1, \ldots, M - 1. \end{cases} \tag{7.170}$$

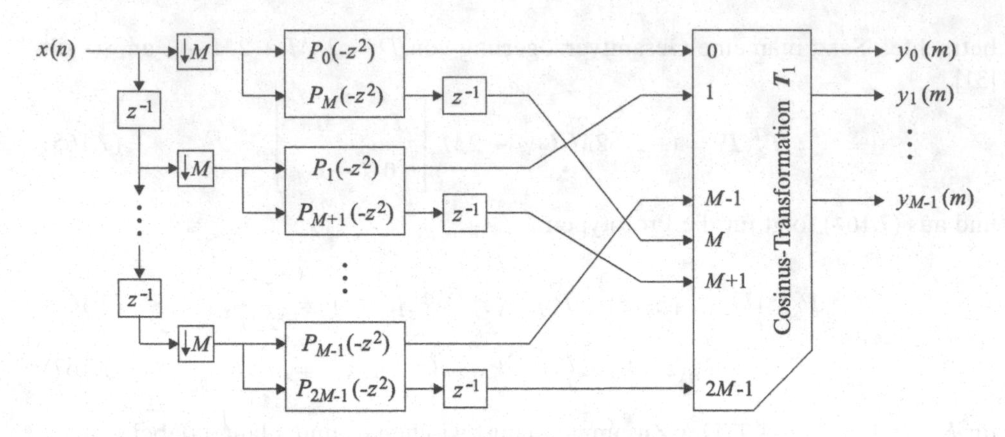

Bild 7.32 Kosinus-modulierte Analysefilterbank mit kritischer Abtastung

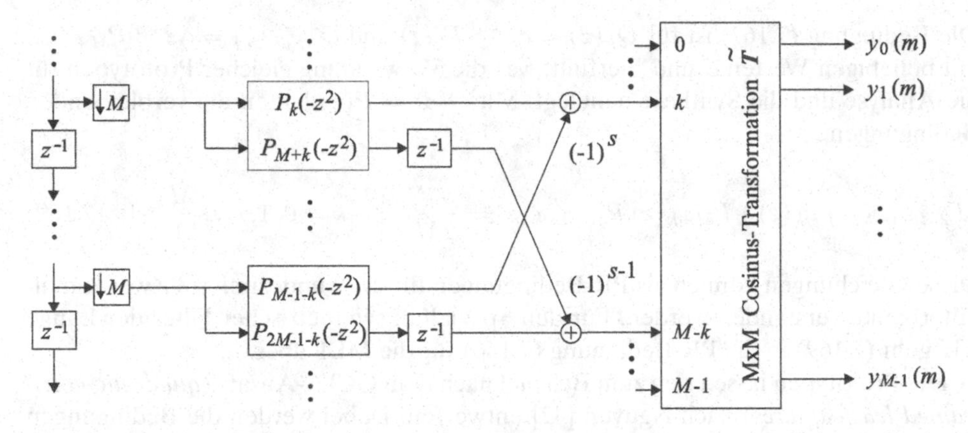

Bild 7.33 Kosinus-modulierte Analysefilterbank mit kritischer Abtastung in effizienter Struktur

Dabei gilt $\tilde{\boldsymbol{T}}^{-1} = \tilde{\boldsymbol{T}}^T$. Am Eingang der Kosinustransformation mit $\tilde{\boldsymbol{T}}$ werden die folgenden Signale benötigt:

$$\begin{bmatrix} \bar{Z}_k(z) \\ \bar{Z}_{M-1-k}(z) \end{bmatrix} = \begin{bmatrix} P_k(-z^2) & (-1)^s P_{M-1-k}(-z^2) \\ (-1)^{s-1} z^{-1} P_{k+M}(-z^2) & z^{-1} P_{2M-1-k}(-z^2) \end{bmatrix} \begin{bmatrix} \bar{X}_k(z) \\ \bar{X}_{M-1-k}(z) \end{bmatrix}. \tag{7.171}$$

In [29] wird weiterhin gezeigt, wie die vier in (7.171) auftretenden Polyphasenfilter in einer gemeinsamen Lifting-Struktur realisiert werden können. Dadurch kann der Implementierungsaufwand gegenüber der direkten Realisierung der Polyphasenfilter noch einmal reduziert werden. Die Struktur der Analysefilterbank ist in Bild 7.33 dargestellt. Die Synthesefilterbank besitzt den entsprechend gespiegelten Aufbau.

Der paraunitäre Fall Im paraunitären Fall mit kritischer Abtastung gilt

$$\tilde{\boldsymbol{E}}(z)\boldsymbol{E}(z) = \boldsymbol{I}_M, \tag{7.172}$$

woraus sich folgende Bedingungen an den Prototypen ergeben:

1. Der Prototyp muss symmetrisch sein, $p(L-1-n) = p(n)$.
2. Für die Analyse und die Synthese ist der gleiche Prototyp zu verwenden.
3. Der Prototyp muss folgende Bedingung erfüllen:

$$\tilde{P}_k(z)P_k(z) + \tilde{P}_{M+k}(z)P_{M+k}(z) = \frac{1}{2M}. \tag{7.173}$$

Eine effiziente Implementierung, bei der jeweils vier Polyphasenfilter gleichzeitig realisiert werden, ist entsprechend Bild 7.33 möglich. Dies wurde in [35] für spezielle Filterlängen gezeigt. Eine Verallgemeinerung ist in [23] zu finden.

Prototypen für paraunitäre Filterbänke Als geschlossene Lösung für Filter der Länge $L = 2M$ wurde bereits der MLT-Prototyp in Gl. (7.147) genannt. Für $L = 4M$ ist die ELT (*extended lapped transform*) bekannt [35]. Der Prototyp lautet dabei

$$p(n) = -\frac{1}{4\sqrt{M}} + \frac{1}{2\sqrt{2M}} \cos\left[\left(n + \frac{1}{2}\right)\frac{\pi}{2M}\right]. \tag{7.174}$$

Längere Filter mit guten Eigenschaften wurden zum Beispiel mit der QCLS-Methode entworfen [42]. In [37] wurde eine Methode vorgeschlagen, die den Entwurf von Prototypen mit ganzzahligen Koeffizienten erlaubt. Tabelle 7.1 zeigt hierzu Prototypen für 8-Kanal-Filterbänke mit ganzzahligen Koeffizienten.

7.6.3 Überabgetastete kosinus-modulierte Filterbänke

Im überabgetasteten Fall mit einer Überabtastung um einen Faktor $\mu = \frac{M}{N} \in \mathbb{Z}$ ergeben sich die PR-Bedingungen für biorthogonale Filterbänke zu [30]

$$\begin{aligned}
&\sum_{\ell=0}^{2\mu-1} P_{k+\ell N}(z)\, Q_{2M-1-k-\ell N}(z) = \frac{z^{-s}}{2M}, \\
&P_{k+\ell N}(z)\, Q_{M+k+\ell N}(z) - P_{M+k+\ell N}(z)\, Q_{k+\ell N}(z) = 0, \\
&\qquad k = 0, 1, \dots, N-1, \; \ell = 0, 1, \dots, \mu - 1.
\end{aligned} \tag{7.175}$$

Die Gesamtverzögerung lautet dabei $q = 2\mu(s+1)N - 1$. Wie man aus dem Vergleich von (7.175) mit (7.166) und (7.167) erkennt, gibt die Überabtastung zusätzliche Freiheiten beim Entwurf der Prototypen. Eine genauere Analyse findet man in [30].

Tabelle 7.1 Perfekt rekonstruierende Prototypen mit ganzzahligen Koeffizienten für 8-Kanal-Filterbänke ($p(L-1-n) = p(n)$). L bezeichnet die Filterlänge. Gelistet ist jeweils die zweite Hälfte der Impulsantwort.

	$p(n)$					
n	#1	#2	#3	#4	#5	#6
$L/2$	1	2	8	68	1105	27421
$L/2+1$	1	2	8	66	1048	26394
$L/2+2$	1	2	7	62	992	24738
$L/2+3$	1	2	7	56	903	22631
$L/2+4$		1	6	48	774	19398
$L/2+5$		1	6	41	656	16359
$L/2+6$		1	4	33	524	13197
$L/2+7$		1	4	24	390	9678
$L/2+8$			2	17	204	6205
$L/2+9$			2	8	194	3802
$L/2+10$			0	0	62	2542
$L/2+11$			0	7	56	497
$L/2+12$			0	-6	-48	-426
$L/2+13$			0	0	-41	-1681
$L/2+14$			-1	-4	-97	-1901
$L/2+15$			-1	-6	-72	-2190

Eine paraunitäre Filterbank ergibt sich mit linearphasigen, identischen Analyse- und Syntheseprototypen $P(z) = Q(z)$, wenn $P(z)$ die folgenden Bedingungen erfüllt [30]:

$$\sum_{\ell=0}^{2\mu-1} \tilde{P}_{k+\ell N}(z)\, P_{k+\ell N}(z) = \frac{1}{2M} \quad \text{für} \quad k = 0, 1, \ldots, \left\lceil \frac{N}{2} \right\rceil - 1. \tag{7.176}$$

Interessanterweise können für $\mu > 1$ aber auch unterschiedliche Prototypen $P(z)$ und $Q(z)$ gewählt werden [30].

Für einen Vergleich der bei kritischer Abtastung und bei Überabtastung erzielbaren Frequenzgänge wird eine 16-Kanal-Filterbank mit linearphasigem Prototypen und einer Gesamtverzögerung um 255 Takte betrachtet. Bild 7.34 zeigt hierzu die Frequenzgänge nach [30]. Man erkennt, dass die Sperrdämpfung bei Überabtastung deutlich erhöht werden kann.

7.6.4 Pseudo-QMF-Bänke

Beim Entwurf von Pseudo-QMF-Bänken stellt man sicher, dass sich die in benachbarten Bändern entstehenden Aliasing-Komponenten exakt kompensieren, während durch eine hohe Sperrdämpfung der Filter versucht wird, die übrigen Aliasing-Komponenten ausreichend klein zu halten [45]. Hierzu müssen der Prototyp und seine um π/M frequenzverschobene Variante leistungskomplementär sein, wie in

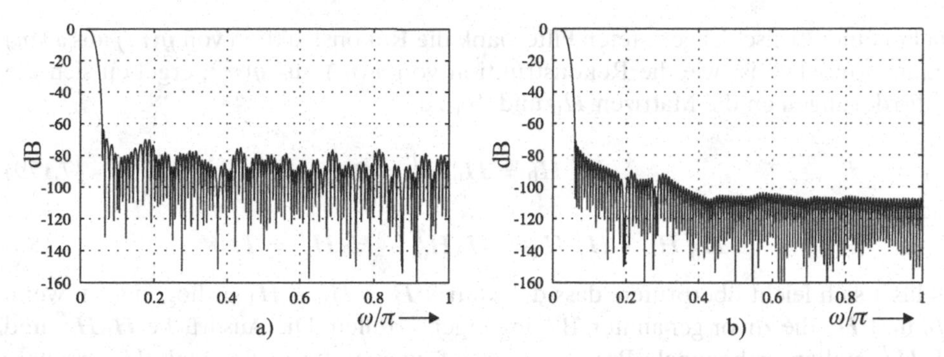

Bild 7.34 Frequenzgang eines 16-Kanal-Prototypen. a) kritische Abtastung; b) Überabtastung um $\mu = 2$

Bild 7.35 dargestellt. Sind zudem die linearen Verzerrungen gering, so wird eine nahezu perfekte Rekonstruktion erreicht. Da die Anforderungen an den Prototypen weniger restriktiv als bei perfekt rekonstruierenden Filterbänken sind, werden bei Pseudo-QMF-Bänken besonders hohe Sperrdämpfungen erzielt. Effiziente Entwurfsmethoden wurden zum Beispiel in [59] vorgeschlagen.

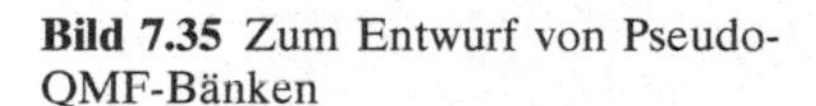

Bild 7.35 Zum Entwurf von Pseudo-QMF-Bänken

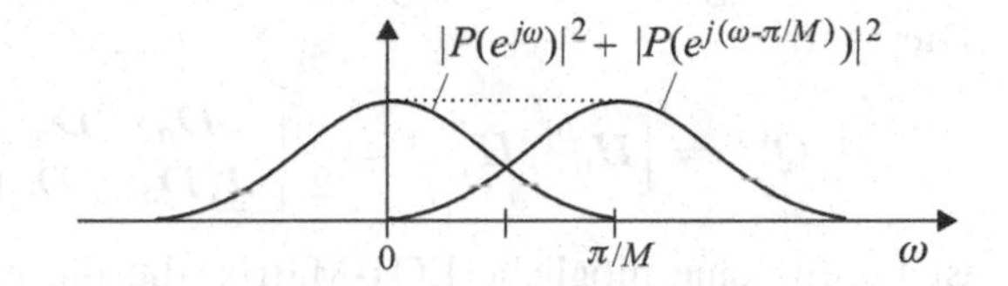

7.7 Überlappende orthogonale Transformationen

Überlappende orthogonale Transformationen (engl. *lapped orthogonal transforms*, LOTs) wurden in [8] eingeführt und in [33, 1] weiterentwickelt. Im Prinzip sind LOTs eine spezielle Form paraunitärer, kritisch abgetasteter Filterbänke. Die Filter haben dabei eine Länge von $L = 2M$, so dass sich benachbarte Blöcke jeweils zur Hälfte überlappen. Generalisierte überlappende orthogonale Transformationen (engl. *generalized lapped orthogonal transforms*, GenLOTs) mit längeren Filtern wurden in [17] vorgeschlagen.

Wie bei der MLT lassen sich die Analyse- und Synthesegleichungen leicht im Zeitbereich angeben:

$$\boldsymbol{y}(m) = \boldsymbol{H}_0\, \boldsymbol{x}(m) + \boldsymbol{H}_1\, \boldsymbol{x}(m-1), \tag{7.177}$$

$$\hat{\boldsymbol{x}}(m) = \boldsymbol{H}_1^T\, \boldsymbol{y}(m) + \boldsymbol{H}_0^T\, \boldsymbol{y}(m-1). \tag{7.178}$$

Da bei einer kritisch abgetasteten Filterbank die Rekonstruktion von $\boldsymbol{y}(m)$ aus $\hat{\boldsymbol{x}}(m)$ genauso möglich ist wie die Rekonstruktion von $\boldsymbol{x}(m)$ aus $\boldsymbol{y}(m)$, ergeben sich die Anforderungen an die Matrizen $\boldsymbol{H}_0$ und $\boldsymbol{H}_1$ zu

$$\boldsymbol{H}_1^T \boldsymbol{H}_0 = \boldsymbol{H}_0 \boldsymbol{H}_1^T = \boldsymbol{0} \tag{7.179}$$

und

$$\boldsymbol{H}_0^T \boldsymbol{H}_0 + \boldsymbol{H}_1^T \boldsymbol{H}_1 = \boldsymbol{H}_0 \boldsymbol{H}_0^T + \boldsymbol{H}_1 \boldsymbol{H}_1^T = \boldsymbol{I}. \tag{7.180}$$

Es lässt sich leicht überprüfen, dass die Matrix $\boldsymbol{B} = \boldsymbol{H}_0 + \boldsymbol{H}_1$ orthogonal ist, wenn $\boldsymbol{H}_0$ und $\boldsymbol{H}_1$ die zuvor genannten Bedingungen erfüllen. Die Ausdrücke $\boldsymbol{H}_0 \boldsymbol{H}_0^T$ und $\boldsymbol{H}_1 \boldsymbol{H}_1^T$ stellen orthogonale Projektionen auf zueinander orthogonale Unterräume dar, denn mit $\boldsymbol{A} = \boldsymbol{H}_0 \boldsymbol{H}_0^T$ gilt $\boldsymbol{H}_1 \boldsymbol{H}_1^T = \boldsymbol{I} - \boldsymbol{A}$. Damit lassen sich geeignete Matrizen $\boldsymbol{H}_0$ und $\boldsymbol{H}_1$ aus einer orthogonalen Matrix $\boldsymbol{B}$ und einer Projektionsmatrix $\boldsymbol{A}$ wie folgt berechnen:

$$\boldsymbol{H}_0 = \boldsymbol{A}\,\boldsymbol{B}, \qquad \boldsymbol{H}_1 = [\boldsymbol{I} - \boldsymbol{A}]\,\boldsymbol{B}. \tag{7.181}$$

Die Wahl von $\boldsymbol{A}$ und $\boldsymbol{B}$ bestimmt die Filter-Eigenschaften.

In [36] wurde eine linearphasige LOT auf der Basis der DCT-II vorgestellt, die im Folgenden kurz erläutert wird. Hierzu werden Matrizen $\boldsymbol{D}_g$ und $\boldsymbol{D}_u$ definiert, deren Spalten die gerade- bzw. ungerade-symmetrischen Vektoren der DCT-II enthalten. Die Matrix

$$\boldsymbol{Q}^{(0)} = \left[\boldsymbol{H}_0^{(0)}, \boldsymbol{H}_1^{(0)}\right] = \frac{1}{2}\begin{bmatrix} \boldsymbol{D}_g - \boldsymbol{D}_u & \boldsymbol{D}_g - \boldsymbol{D}_u \\ \boldsymbol{J}(\boldsymbol{D}_g - \boldsymbol{D}_u) & -\boldsymbol{J}(\boldsymbol{D}_g - \boldsymbol{D}_u) \end{bmatrix}^T \tag{7.182}$$

ist bereits eine mögliche LOT-Matrix, die die genannten Bedingungen erfüllt und symmetrische Zeilen besitzt. Die Eigenschaften der LOT lassen sich weiter verbessern, indem eine Rotation von $\boldsymbol{Q}^{(0)}$ mit einer orthogonalen Matrix $\boldsymbol{Z}$ vorgenommen wird:

$$\boldsymbol{Q} = \boldsymbol{Z}\,\boldsymbol{Q}^{(0)}. \tag{7.183}$$

Bild 7.36 zeigt hierzu die in [36] für $M = 8$ vorgeschlagene LOT.

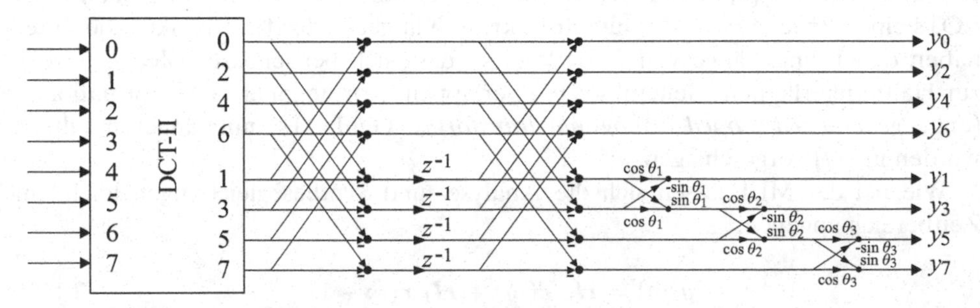

Bild 7.36 Die schnelle LOT für $M = 8$ auf der Basis einer DCT-II und drei Rotationen um die Winkel $\theta_1 = 0.13\pi$, $\theta_2 = 0.16\pi$ und $\theta_3 = 0.13\pi$

7.8 Analyse von Filterbank-Eigenschaften

Neben einer perfekten Rekonstruktion für beliebige Eingangssignale und der Frequenzselektivität der Filter ist zum Beispiel bei biorthogonalen Filterbänken auch die Güte der Energieerhaltung und damit die Nähe zu paraunitären Filterbänken von Interesse. Bei nicht perfekt rekonstruierenden Filterbänken ist man daran interessiert, die Art und Größe der auftretenden Fehler abzuschätzen. Zur Erfassung solcher Filterbank-Eigenschaften werden im Folgenden die Methoden der Frame- und der Bifrequenzanalyse behandelt.

7.8.1 Frame-Analyse

Wir betrachten die allgemeine Filterbank aus Bild 7.1, bei der die Analysefilter die Impulsantworten $h_k(n)$, $k = 0, 1, \ldots, M-1$ besitzen und die Abwärtstastung in den Teilbändern mit den Faktoren N_k geschieht. Um die Signalanalyse in Form von Skalarprodukten schreiben zu können, werden die Vektoren

$$\boldsymbol{h}_{km} \quad \text{mit} \quad 0 \le k \le M-1 \quad \text{und} \quad m \in \mathbb{Z}$$

definiert, deren n-tes Element durch $h_k^*(mN_k - n)$ gegeben ist. Ein Teilbandsignal $y_k(m)$ lässt sich dann als $y_k(m) = \langle \boldsymbol{x}, \boldsymbol{h}_{km} \rangle$ ausdrücken, wobei $\boldsymbol{x}$ die Eingangsfolge $x(n)$ enthält.

Die Energie der Teilbandsignale kann wie folgt abgeschätzt werden:

$$A \, \|\boldsymbol{x}\|^2 \le \sum_{k=0}^{M-1} \sum_{m=-\infty}^{\infty} |\langle \boldsymbol{x}, \boldsymbol{h}_{km} \rangle|^2 \le B \, \|\boldsymbol{x}\|^2 \quad \text{für alle } \boldsymbol{x} \in \ell_2(\mathbb{Z}). \tag{7.184}$$

Die Schranken (*frame bounds*) A und B spiegeln die Energieerhaltung und damit die Stabilität der Analyse bei beliebigen Eingangssignalen wider [15, 13, 14]. Gilt $0 < A \le B < \infty$, so ist theoretisch eine perfekte Rekonstruktion des Eingangssignals aus den Teilbandsignalen möglich. In diesem Fall bilden die Vektoren $\{\boldsymbol{h}_{km};\ k = 0, 1, \ldots, M-1,\ m \in \mathbb{Z}\}$ eine Riesz-Basis für den Raum $\ell_2(\mathbb{Z})$, vgl. Abschnitt 2.3. Man spricht dann auch davon, dass die Filterbank einen *frame* bildet. Die Eigenschaft $A > 0$ impliziert dabei, dass die Vektoren $\boldsymbol{h}_{km}$ den Raum $\ell_2(\mathbb{Z})$ aufspannen. Frames können als Verallgemeinerung von Basen verstanden werden, denn die Vektoren $\boldsymbol{h}_{km}$ können im Allgemeinen linear abhängig sein.

Die Stabilitätsbedingung (7.184) kann auch als

$$A \, \|\boldsymbol{x}\|^2 \le \langle \boldsymbol{F}\boldsymbol{x}, \boldsymbol{x} \rangle \le B \, \|\boldsymbol{x}\|^2 \tag{7.185}$$

geschrieben werden, wobei $\boldsymbol{F}$ den durch

$$\boldsymbol{F}\boldsymbol{x} = \sum_{k=0}^{M-1} \sum_{m=-\infty}^{\infty} \langle \boldsymbol{x}, \boldsymbol{h}_{km} \rangle \, \boldsymbol{h}_{km} \tag{7.186}$$

definierten Frame-Operator bezeichnet. Die Schranke A ist dann das essentielle Infimum und B ist das essentielle Supremum der Eigenwerte von $\boldsymbol{F}$ [13]. Gilt $B/A = 1$, so spricht man von einem *tight frame*. Ein tight frame ist das Äquivalent zu einer orthonormalen Basis, und man erreicht eine perfekte Rekonstruktion in der Form

$$\boldsymbol{x} = \frac{1}{A}\sum_{k=0}^{M-1}\sum_{m=-\infty}^{\infty}\langle\boldsymbol{x},\boldsymbol{h}_{km}\rangle\,\boldsymbol{h}_{km} \quad \text{für alle } \boldsymbol{x}\in\ell_2(\mathbb{Z}). \tag{7.187}$$

Dies gilt auch dann, wenn die Vektoren $\boldsymbol{h}_{km}$ linear abhängig sind. Je kleiner das Verhältnis B/A ist, umso besser sind die numerischen Eigenschaften der Filterbank. Für $B/A \approx 1$ ist die Filterbank nahezu energieerhaltend, und man bezeichnet den *frame* als *snug*. Diese Eigenschaft ist zum Beispiel in Codierungsanwendungen wichtig, da sie garantiert, dass die in den Teilbändern eingebrachten Quantisierungsfehler mit etwa der gleichen Energie am Ausgang erscheinen, so dass die Größe des Ausgangsfehlers während der Quantisierung abgeschätzt werden kann.

Bei gleichförmigen Filterbänken kann der Frame-Operator $\boldsymbol{F}$ durch die Matrix $\boldsymbol{S}(z) = \tilde{\boldsymbol{E}}(z)\boldsymbol{E}(z)$ beschrieben werden, wobei $\boldsymbol{E}(z)$ die Polyphasenmatrix der Analysefilterbank ist.[2] Die Eigenwerte des Operators $\boldsymbol{F}$ sind gleich den Eigenwerten $\lambda_n(\omega)$ der Matrix $\boldsymbol{S}(e^{j\omega}) = \boldsymbol{E}^H(e^{j\omega})\boldsymbol{E}(e^{j\omega})$. Die Schranken A und B sind gleich dem essentiellen Infimum und Supremum der Eigenwerte $\lambda_n(\omega)$ [5]. Damit ist die Berechnung der Schranken relativ einfach möglich. In [40] wurden darüber hinaus die Eigenwerte und Eigenvektoren für kosinus-modulierte Filterbänke explizit berechnet.

Beispiel 7.4 Betrachtet werden die Schranken für die kritisch abgetastete (5/3)-Filterbank aus Abschnitt 7.2.3. Die Polyphasenmatrix der Analysefilterbank lautet hier

$$\boldsymbol{E}(z) = \frac{\sqrt{2}}{8}\begin{bmatrix} -1+6z^{-1}-z^{-2} & 2+2z^{-1} \\ 2+2z^{-1} & -4 \end{bmatrix},$$

und für $\boldsymbol{S}(z)$ ergibt sich

$$\boldsymbol{S}(z) = \frac{1}{32}\begin{bmatrix} z^2-8z+46-8z^{-1}+z^{-2} & -2z^2+2z+2-2z^{-1} \\ -2z+2+2z^{-1}-2z^{-2} & 4z+24+4z^{-1} \end{bmatrix}.$$

Die aus den Eigenwerten von $\boldsymbol{S}(e^{j\omega})$ berechneten Schranken lauten $A = 0{,}5$ und $B = 2$. Das bedeutet, es existiert ein Eingangssignal, für das die Energie der Teilbandsignale nur halb so groß ist wie die Energie des Signals selbst. Ebenso existiert ein zweites Eingangssignal, für das die Energie der Teilbandsignale doppelt so groß wie die eigentliche Signalenergie ist.

[2] Besitzt eine Filterbank unterschiedliche Faktoren N_k, so kann sie in der Regel in eine gleichförmig abwärtsgetastete Filterbank überführt werden, indem der größte gemeinsame Unterabtastfaktor betrachtet wird und Teilbänder, wenn nötig, in mehrere Bänder aufgeteilt werden.

7.8.2 Bifrequenzanalyse

In der Bifrequenzanalyse wird der Zusammenhang zwischen den Eingangs- und Ausgangsfrequenzen einer Filterbank hergestellt. Hierzu wird eine Spektralanalyse des aus einer Analyse- und Synthesefilterbank bestehenden, prinzipiell periodisch zeitvarianten Systems vorgenommen. Die periodische Zeitvarianz entsteht dabei durch die Abtastratenreduktion mit anschließender Abtastratenerhöhung. Im Falle einer perfekt rekonstruierenden Filterbank geht das periodisch zeitvariante System in ein zeitinvariantes System über. Die Bifrequenzanalyse liefert eine vollständige Charakterisierung von linearen, periodisch zeitvarianten Systemen und gibt Auskunft über lineare Verzerrungen sowie auftretende Aliasing-Komponenten [60, 32, 10].

Das gesamte Analyse-Synthese-System kann durch die sogenannte *Green'sche Funktion* $k(m,n)$ mit der Periodizität $k(m,n) = k(m+\ell N, n+\ell N)$ für alle $\ell \in \mathbb{Z}$ beschrieben werden. Die Green'sche Funktion ist die Antwort des Systems zum Zeitpunkt m auf einen zum Zeitpunkt n am Eingang angelegten Impuls. Der Unterabtastfaktor N ist der kleinste gemeinsame Faktor aller im System auftretenden Faktoren N_k, $k = 0, 1, \ldots, M-1$. Der Zusammenhang zwischen dem Eingangssignal $x(n)$ und dem Ausgangssignal $y(m)$, das prinzipiell mit einer anderen Abtastrate auftreten kann, wird durch

$$y(m) = \sum_{n=-\infty}^{\infty} k(m,n)\, x(n) \tag{7.188}$$

beschrieben. Im Spektralbereich gilt

$$Y(e^{j\omega'}) = \int_{-\pi}^{\pi} K(e^{j\omega'}, e^{j\omega})\, X(e^{j\omega})\, d\omega, \tag{7.189}$$

wobei $K(e^{j\omega'}, e^{j\omega})$ die durch

$$K(e^{j\omega'}, e^{j\omega}) = \frac{1}{2\pi} \sum_{n=-\infty}^{\infty} \sum_{m=-\infty}^{\infty} k(m,n)\, e^{j(\omega n - \omega' m)} \tag{7.190}$$

gegebene Bifrequenz-Übertragungsfunktion ist [10].

Als Beispiele für lineare periodisch zeitvariante Systeme werden zunächst die Abwärts- und Aufwärtstastung um den Faktor N betrachtet. Für die Abwärtstastung gilt

$$k(m,n) = \delta_{mN,n}. \tag{7.191}$$

Für die Bifrequenz-Übertragungsfunktion ergibt sich dann

$$\begin{aligned} K(e^{j\omega'}, e^{j\omega}) &= \frac{1}{2\pi} \sum_{n=-\infty}^{\infty} \sum_{m=-\infty}^{\infty} \delta_{mN,n}\, e^{j(\omega n - \omega' m)} \\ &= \frac{1}{2\pi} \sum_{m=-\infty}^{\infty} e^{j(\omega m N - \omega' m)}. \end{aligned} \tag{7.192}$$

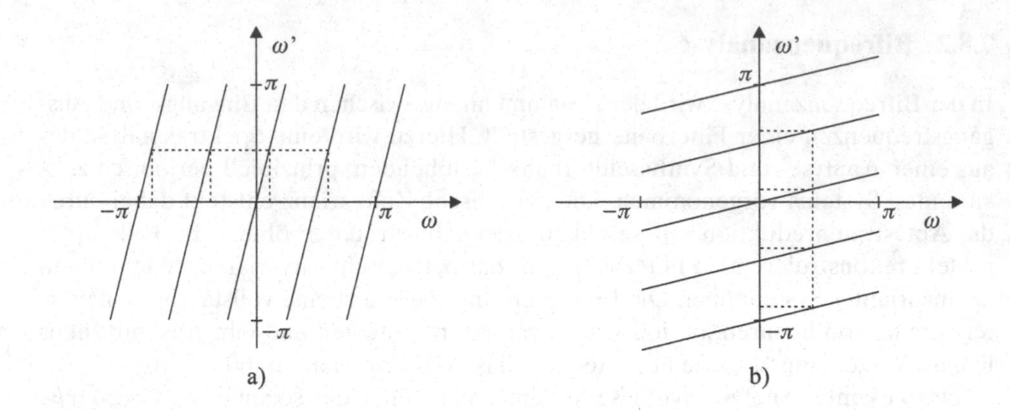

Bild 7.37 Bifrequenz-Zuordnungen für a) eine Reduktion und b) eine Erhöhung der Abtastrate um den Faktor $N = 4$

Beachtet man, dass die Dirac-Impulsfolge $\sum_{n=-\infty}^{\infty} \delta_0(\omega - n\omega_0)$ die Fourier-Reihenentwicklung (vgl. Abschnitt 4.1, Gleichung (3.111))

$$\sum_{n=-\infty}^{\infty} \delta_0(\omega - n\omega_0) = \frac{1}{2\pi} \sum_{m=-\infty}^{\infty} e^{j2\pi m\omega/\omega_0} \tag{7.193}$$

besitzt, so folgt aus (7.192)

$$K(e^{j\omega'}, e^{j\omega}) = \sum_{p=-\infty}^{\infty} \delta_0(\omega N - \omega' + 2\pi p). \tag{7.194}$$

Bild 7.37a illustriert hierzu die Frequenzzuordnung. Man erkennt, wie mehrere Eingangsfrequenzen ω auf die gleiche Ausgangsfrequenz ω' abgebildet werden. Diesen Vorgang bezeichnet man, wie schon in Abschnitt 4.1 beschrieben, als Aliasing.

Eine Aufwärtstastung um den Faktor N wird durch

$$k(m, n) = \delta_{m,nN} \tag{7.195}$$

beschrieben. Daraus ergibt sich

$$K(e^{j\omega'}, e^{j\omega}) = \sum_{p=-\infty}^{\infty} \delta_0(\omega - \omega' N + 2\pi p). \tag{7.196}$$

Bild 7.37b zeigt hierzu die Frequenzzuordnung. Man erkennt, dass bei dem durch die Aufwärtstastung bedingten *Imaging* eine Eingangsfrequenz ω auf N Ausgangsfrequenzen ω' abgebildet wird.

Bild 7.38 zeigt ein Beispiel für die Bifrequenzanalyse einer MLT mit quantisierten Koeffizienten. Hierbei wurden sowohl der Prototyp als auch die Kosinus-Sequenzen

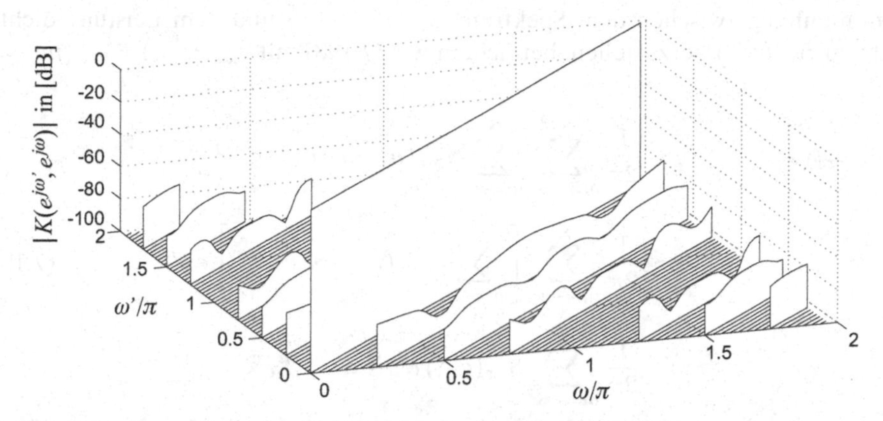

Bild 7.38 Bifrequenzanalyse einer 8-Kanal-MLT mit quantisierten Koeffizienten

auf eine 12-Bit-Genauigkeit quantisiert, so dass die Eigenschaft der perfekten Rekonstruktion nicht mehr gegeben ist. Ohne die Quantisierung wäre die Rekonstruktion perfekt, und die Bifrequenz-Darstellung würde nur die Diagonalkomponente zeigen.

7.9 Beschreibung von Zufallsprozessen in Multiratensystemen

7.9.1 Spektren stationärer und instationärer Prozesse

Ein instationärer Prozess $x(n)$ wird durch seine AKF in der Form

$$\gamma_{xx}(m,n) = E\{x(m)x^*(n)\} \tag{7.197}$$

beschrieben. Mittels einer zweidimensionalen Fourier-Transformation ergibt sich daraus das Spektrum[3]

$$L_{xx}(e^{j\omega'}, e^{j\omega}) = \frac{1}{2\pi} \sum_{m=-\infty}^{\infty} \sum_{n=-\infty}^{\infty} \gamma_{xx}(m,n)\, e^{-j\omega' m} e^{j\omega n}. \tag{7.198}$$

Ist $x(n)$ im weiteren Sinne stationär, so ist die AKF nur von der Differenz $\ell = m - n$ abhängig, und es gilt $r_{xx}(\ell) = \gamma_{xx}(n+\ell, n) = E\{x(n+\ell)x^*(n)\}$. Die spektralen Eigenschaften werden dann über das Leistungsdichtespektrum beschrieben. Um den

[3] Dieser Ausdruck für das Spektrum eines instationären Prozesses $x(n)$ wird auch als *Bispektrum* bezeichnet [2]. In der Literatur zur Stochastik wird ein Bispektrum allerdings auch als zweidimensionale Fourier-Transformierte eines Momentes dritter Ordnung $E\{x(t)x(t+\nu)x(t+\mu)\}$ verstanden. Um Verwechslungen zu vermeiden, wird im Folgenden der Ausdruck Bispektrum nicht gebraucht.

Zusammenhang zwischen dem Spektrum $L_{xx}(e^{j\omega'}, e^{j\omega})$ und dem Leistungsdichtespektrum $S_{xx}(e^{j\omega})$ herzustellen, betrachten wir (7.198) mit $\gamma_{xx}(m,n) = r_{xx}(m-n)$:

$$\begin{aligned} L_{xx}(e^{j\omega'}, e^{j\omega}) &= \frac{1}{2\pi} \sum_{m=-\infty}^{\infty} \sum_{n=-\infty}^{\infty} r_{xx}(m-n)\, e^{-j\omega' m} e^{j\omega n} \\ &= \frac{1}{2\pi} \sum_{m=-\infty}^{\infty} \left[\sum_{n=-\infty}^{\infty} r_{xx}(m+n)\, e^{-j\omega n} \right] e^{-j\omega' m} \\ &= \frac{1}{2\pi} \sum_{m=-\infty}^{\infty} S_{xx}(e^{j\omega})\, e^{j\omega m}\, e^{-j\omega' m}. \end{aligned} \tag{7.199}$$

Unter Verwendung von Gleichung (7.193) ergibt sich daraus

$$L_{xx}(e^{j\omega'}, e^{j\omega}) = S_{xx}(e^{j\omega}) \sum_{q=-\infty}^{\infty} \delta_0(\omega - \omega' + 2\pi q). \tag{7.200}$$

Dem Argument der Dirac-Impulsfolge ist zu entnehmen, dass $L_{xx}(e^{j\omega'}, e^{j\omega})$ nur für $\omega' = \omega + 2\pi q$ von null verschieden ist. Dieses nicht sehr überraschende Ergebnis zeigt, dass die Leistungsdichte durch eine Integration über ω' aus dem Spektrum $L_{xx}(e^{j\omega'}, e^{j\omega})$ gewonnen werden kann.

In den nachfolgenden Abschnitten benötigen wir den Zusammenhang zwischen den Spektren instationärer Prozesse am Ein- und Ausgang eines diskreten LTI-Systems mit der Übertragungsfunktion $H(e^{j\omega})$. Hierzu betrachten wir die AKF am Ausgang des Systems. Sie lautet

$$\begin{aligned} \gamma_{yy}(m,n) &= E\left\{ \sum_{p=-\infty}^{\infty} h(m-p)\, x(p) \sum_{q=-\infty}^{\infty} h^*(n-q)\, x^*(q) \right\} \\ &= \sum_{p=-\infty}^{\infty} h(m-p) \sum_{q=-\infty}^{\infty} h^*(n-q)\, \gamma_{xx}(p,q). \end{aligned} \tag{7.201}$$

Gleichung (7.201) stellt die Faltung von $\gamma_{xx}(p,q)$ mit $h(n)$ bezüglich des Index p und mit $h^*(n)$ bezüglich q dar. Durch die Fourier-Transformation von (7.201) erhält man den gesuchten Zusammenhang zwischen den Spektren:

$$L_{yy}(e^{j\omega'}, e^{j\omega}) = H(e^{j\omega'})\, L_{xx}(e^{j\omega'}, e^{j\omega})\, H^*(e^{j\omega}). \tag{7.202}$$

Für die Leistungsdichtespektren gilt der bekannte Ausdruck (6.115):

$$S_{yy}(e^{j\omega}) = S_{xx}(e^{j\omega}) \left| H(e^{j\omega}) \right|^2. \tag{7.203}$$

7.9.2 Effekte der Abtastratenumsetzung

Abwärtstastung Wir betrachten die Anordnung in Bild 7.39a. Die Autokorrelationsfolge eines abwärtsgetasteten Signals $u(m) = x(mN)$ ist die abwärtsgetastete Version von $\gamma_{xx}(m,n)$:

$$\gamma_{uu}(m,n) = E\{u(m)u^*(n)\} = E\{x(mN)x^*(nN)\} = \gamma_{xx}(mN,nN). \tag{7.204}$$

Das Spektrum lautet wegen der Abwärtstastung um den Faktor N (vgl. (7.8))

$$L_{uu}(e^{j\omega'}, e^{j\omega}) = \frac{1}{N^2}\sum_{p=0}^{N-1}\sum_{q=0}^{N-1} L_{xx}(e^{j(\omega'-2\pi p)/N}, e^{j(\omega-2\pi q)/N}). \tag{7.205}$$

Ist $x(n)$ stationär, so ist auch $u(m)$ stationär. Die Autokorrelationsfolge des abwärtsgetasteten Signals $u(m) = x(mN)$ ist dann die abwärtsgetastete AKF von $x(n)$:

$$r_{uu}(m) = r_{xx}(mN). \tag{7.206}$$

Für die Leistungsdichte von $u(n)$ folgt damit

$$S_{uu}(e^{j\omega}) = \frac{1}{N}\sum_{i=0}^{N-1} S_{xx}(e^{j(\omega/N - i2\pi/N)}). \tag{7.207}$$

Aufwärtstastung Ein Prozess $v(n)$ werde durch Aufwärtstastung des Prozesses $x(n)$ um den Faktor N erzeugt:

$$v(n) = \begin{cases} x(n/N), & \text{falls} \quad n/N \in \mathbb{Z} \\ 0 & \text{sonst.} \end{cases} \tag{7.208}$$

Die AKF lautet

$$\gamma_{vv}(m,n) = E\{v(m)v^*(n)\} = \begin{cases} E\{v(m/N)v^*(n/N)\}, & \text{falls} \quad m/N,\ n/N \in \mathbb{Z} \\ 0 & \text{sonst.} \end{cases} \tag{7.209}$$

Das Spektrum $L_{vv}(e^{j\omega'}, e^{j\omega})$ ergibt sich damit zu

$$L_{vv}(e^{j\omega'}, e^{j\omega}) = L_{xx}(e^{j\omega' N}, e^{j\omega N}). \tag{7.210}$$

Darin erkennt man, wie die Aufwärtstastung zu *Imaging* führt. Ist $x(n)$ stationär, so ist $v(n)$ zyklostationär mit der Periode N.

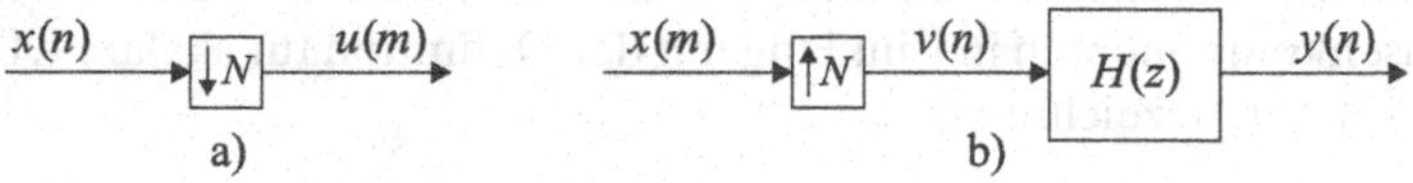

x(n) → ↓N → u(m)   a)

x(m) → ↑N → v(n) → H(z) → y(n)   b)

Bild 7.39 Abtastratenumsetzung und Interpolation

Aufwärtstastung und Interpolation Wir betrachten Bild 7.39b und gehen davon aus, dass der Prozess $x(m)$ stationär ist. Der aufwärtsgetastete Prozess $v(n)$ ist dann zyklostationär mit der Periode N. Die Frage ist nun, welche Bedingung das nachgeschaltete System mit der Systemfunktion $H(z)$ erfüllen muss, damit das Ausgangssignal $y(n)$ stationär wird. Die Antwort wurde erstmals in [46] unter Verwendung pseudozirkulanter Matrizen gegeben. In [2] erfolgte ein einfacherer Beweis auf Basis der Definition (7.198) für das Spektrum eines instationären Prozesses. Hierzu wird das Spektrum $L_{yy}(e^{j\omega'}, e^{j\omega})$ des gefilterten Signals $y(n) = h(n) * v(n)$ betrachtet:

$$\begin{aligned} L_{yy}(e^{j\omega'}, e^{j\omega}) &= H(e^{j\omega'})\, L_{vv}(e^{j\omega'}, e^{j\omega})\, H^*(e^{j\omega}) \\ &= H(e^{j\omega'})\, L_{xx}(e^{j\omega' N}, e^{j\omega N})\, H^*(e^{j\omega}). \end{aligned} \tag{7.211}$$

Weil $x(n)$ stationär ist, folgt mit (7.200)

$$L_{yy}(e^{j\omega'}, e^{j\omega}) = H(e^{j\omega'})\, S_{xx}(e^{j\omega N})\, H^*(e^{j\omega}) \cdot \sum_{q=-\infty}^{\infty} \delta_0(\omega - \omega' + 2\pi q/N). \tag{7.212}$$

Damit $y(n)$ ebenfalls stationär wird, muss das System $H(z)$ dafür sorgen, dass die mit der Periode $2\pi/N$ auftretenden Wiederholungen herausgefiltert werden und ebenso der Zusammenhang

$$L_{yy}(e^{j\omega'}, e^{j\omega}) = H(e^{j\omega'})\, S_{xx}(e^{j\omega N})\, H^*(e^{j\omega}) \cdot \sum_{q=-\infty}^{\infty} \delta_0(\omega - \omega' + 2\pi q) \tag{7.213}$$

besteht. Für $H(z)$ bedeutet dies, dass es sich um ein Filter handeln muss, dessen Ausgangssignal um den Faktor N unterabgetastet werden kann, ohne dass dabei Aliasing auftritt [2]. Dies kann zum Beispiel ein idealer Tiefpass mit der Grenzfrequenz π/N oder ein anderes ideales Filter sein, dessen Durchlassbereich für $-\pi \leq \omega \leq \pi$ eine maximale Gesamtbreite von $2\pi/N$ aufweist.

7.9.3 Signalstatistik in gleichförmigen Filterbänken

Im Folgenden werden die statistischen Eigenschaften der in gleichförmigen M-Kanal-Filterbänken bei stationärer Anregung auftretenden Signale beschrieben. Hierzu wird die Anordnung in Bild 7.40 betrachtet, die sich von der Filterbank aus Bild 7.26 dadurch unterscheidet, dass die Zählweise der Polyphasenkomponenten unterschiedlich ist. Diese Modifikation wird vorgenommen, um die Definition für Korrelationsmatrizen von Polyphasenkomponenten in Einklang mit der Definition für skalare LTI-Systeme zu bringen. Mit der Bezeichnung

$$\boldsymbol{u}(m) = [x(mN - M + 1), x(mN - M + 2), \ldots, x(mN)]^T \longleftrightarrow \boldsymbol{u}_p(z) \tag{7.214}$$

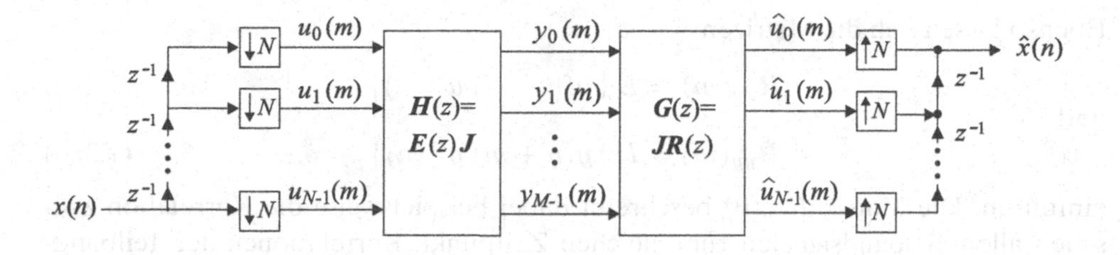

Bild 7.40 Filterbank in Polyphasenstruktur

und den Zusammenhängen $\boldsymbol{H}(z) = \boldsymbol{E}(z)\boldsymbol{J}$, $\boldsymbol{G}(z) = \boldsymbol{J}\boldsymbol{R}(z)$, $\boldsymbol{u}_p(z) = \boldsymbol{J}\boldsymbol{x}_p(z)$ und $\hat{\boldsymbol{x}}_p(z) = \boldsymbol{J}\hat{\boldsymbol{u}}_p(z)$ zu den in Abschnitt 7.4.2 eingeführten Größen lauten die Analyse- und Synthesegleichungen

$$\boldsymbol{y}_p(z) = \boldsymbol{H}(z)\,\boldsymbol{u}_p(z), \qquad \hat{\boldsymbol{u}}_p(z) = \boldsymbol{G}(z)\,\boldsymbol{y}_p(z). \tag{7.215}$$

Diese Zusammenhänge lassen sich im Zeitbereich als

$$\boldsymbol{y}(m) = \sum_{\ell=0}^{L_p-1} \mathbf{H}(\ell)\,\boldsymbol{u}(m-\ell), \qquad \hat{\boldsymbol{u}}(m) = \sum_{\ell=0}^{L_p-1} \mathbf{G}(\ell)\,\boldsymbol{y}(m-\ell) \tag{7.216}$$

schreiben, wobei wir von kausalen FIR-Analyse- und -Synthesefiltern ausgehen und L_p die Länge der Polyphasenfilter bezeichnet.

Bei einer Anregung mit einem stationären Eingangsprozess $x(n)$ ist auch der vektorielle Prozess $\boldsymbol{u}(n)$ stationär. Seine Autokorrelation wird durch eine Folge von Autokorrelationsmatrizen wie folgt beschrieben:

$$\boldsymbol{R}_{uu}(m) = E\left\{\boldsymbol{u}(n+m)\boldsymbol{u}^H(n)\right\}. \tag{7.217}$$

Da der vektorielle Prozess $\boldsymbol{u}(n)$ die Eingangswerte $x(n)$ in unveränderter Form enthält und der Übergang von $x(n)$ zu $\boldsymbol{u}(n)$ nur eine Seriell-Parallel-Wandlung bedeutet, besteht ein enger Zusammenhang zwischen den Matrizen $\boldsymbol{R}_{uu}(m)$ und der Autokorrelationsmatrix $\boldsymbol{R}_{xx}$ des Eingangsprozesses. Mit $L = ML_p$ gilt

$$\begin{aligned}\boldsymbol{R}_{xx} &= \begin{bmatrix} r_{xx}(0) & r_{xx}(-1) & \dots & r_{xx}(-L+1) \\ r_{xx}(1) & r_{xx}(0) & \ddots & \vdots \\ \vdots & \ddots & \ddots & r_{xx}(-1) \\ r_{xx}(L-1) & \dots & r_{xx}(1) & r_{xx}(0) \end{bmatrix} \\ &= \begin{bmatrix} \boldsymbol{R}_{uu}(0) & \boldsymbol{R}_{uu}(-1) & \dots & \boldsymbol{R}_{uu}(-L_p+1) \\ \boldsymbol{R}_{uu}(1) & \boldsymbol{R}_{uu}(0) & \ddots & \vdots \\ \vdots & \ddots & \ddots & \boldsymbol{R}_{uu}(-1) \\ \boldsymbol{R}_{uu}(L_p-1) & \dots & \boldsymbol{R}_{uu}(1) & \boldsymbol{R}_{uu}(0) \end{bmatrix}.\end{aligned} \tag{7.218}$$

Ebenso lassen sich die Matrizen

$$\boldsymbol{R}_{uy}(m) = E\left\{\boldsymbol{y}(n+m)\,\boldsymbol{u}^H(n)\right\} \tag{7.219}$$

und

$$\boldsymbol{R}_{yy}(m) = E\left\{\boldsymbol{y}(n+m)\,\boldsymbol{y}^H(n)\right\} \tag{7.220}$$

einführen. Die Matrix $\boldsymbol{R}_{yy}(0)$ beschreibt dabei beispielsweise die Korrelation zwischen allen Teilbandsignalen zum gleichen Zeitpunkt. Korrelationen der Teilbandsignale zu unterschiedlichen Zeitverschiebungen sind in den Matrizen $\boldsymbol{R}_{yy}(m)$ für $m \neq 0$ enthalten. Aus (7.216), (7.217), (7.219) und (7.220) folgt

$$\begin{aligned}\boldsymbol{R}_{uy}(m) &= \sum_{\ell=0}^{L_p-1} \mathbf{H}(\ell)\, E\left\{\boldsymbol{u}(n+m-\ell)\,\boldsymbol{u}^H(n)\right\} \\ &= \sum_{\ell=0}^{L_p-1} \mathbf{H}(\ell)\, \boldsymbol{R}_{uu}(m-\ell) \;=\; \mathbf{H}(m) * \boldsymbol{R}_{uu}(m),\end{aligned} \tag{7.221}$$

$$\boldsymbol{R}_{yy}(m) = \sum_{k=0}^{L_p-1} \sum_{\ell=0}^{L_p-1} \mathbf{H}(k)\, \boldsymbol{R}_{uu}(m+\ell-k)\, \mathbf{H}^H(\ell) = \mathbf{H}(m) * \boldsymbol{R}_{uu}(m) * \mathbf{H}^H(-m). \tag{7.222}$$

Für die Korrelationsmatrizen $\boldsymbol{R}_{y\hat{u}}(m)$ und $\boldsymbol{R}_{\hat{u}\hat{u}}(m)$ ergibt sich aus (7.216), (7.221) und (7.222)

$$\boldsymbol{R}_{y\hat{u}}(m) = \sum_{\ell=0}^{L_p-1} \mathbf{G}(\ell)\, \boldsymbol{R}_{yy}(m-\ell) = \mathbf{G}(m) * \boldsymbol{R}_{yy}(m) \tag{7.223}$$

und

$$\boldsymbol{R}_{\hat{u}\hat{u}}(m) = \sum_{k=0}^{L_p-1} \sum_{\ell=0}^{L_p-1} \mathbf{G}(j)\, \boldsymbol{R}_{yy}(m+\ell-k)\, \mathbf{G}^H(\ell) = \mathbf{G}(m) * \boldsymbol{R}_{yy}(m) * \mathbf{G}^H(-m). \tag{7.224}$$

Die in den Gleichungen (7.221) – (7.224) ausgedrückten Zusammenhänge weisen große Ähnlichkeit mit den Berechnungsvorschriften für Korrelationsfolgen bei skalaren Systemen auf. Gleichung (7.222) kann gewissermaßen als Erweiterung der Wiener-Lee-Beziehung (6.114) auf Systeme mit N Ein- und Ausgängen verstanden werden. Gleichung (7.221) ist eine Erweiterung der Beziehung (6.111) auf den mehrkanaligen Fall. Die Parallelität zwischen ein- und mehrkanaligen Systemen lässt sich ebenfalls auf die Berechnungsvorschriften für die Leistungsdichtespektren übertragen. Da mehrkanalige Systeme mit Matrizen beschrieben werden, ist lediglich auf die Reihenfolge der Matrizen zu achten. Die Leistungsdichten sind als zeitdiskrete Fourier-Transformierte der Korrelationsfolgen definiert. Man erhält sie aus

$$\begin{aligned}\boldsymbol{R}_{yy}(m) &\longleftrightarrow \boldsymbol{S}_{yy}(z) = \textstyle\sum_m \boldsymbol{R}_{yy}(m)\, z^{-m} = \boldsymbol{H}(z)\, \boldsymbol{S}_{uu}(z)\, \tilde{\boldsymbol{H}}(z), \\ \boldsymbol{R}_{\hat{u}\hat{u}}(m) &\longleftrightarrow \boldsymbol{S}_{\hat{u}\hat{u}}(z) = \textstyle\sum_m \boldsymbol{R}_{\hat{u}\hat{u}}(m)\, z^{-m} = \boldsymbol{G}(z)\, \boldsymbol{S}_{yy}(z)\, \tilde{\boldsymbol{G}}(z)\end{aligned} \tag{7.225}$$

für $z = e^{j\omega}$. Die übrigen Leistungsdichten ergeben sich in gleicher Weise.

Schließlich werden noch die Eigenschaften des Ausgangsprozesses $\hat{x}(n)$ in Bild 7.40 betrachtet. Die $L \times L$ Autokorrelationsmatrix von $\hat{x}(n)$ besitzt in Analogie zum zweiten Ausdruck in (7.218) die Struktur

$$\boldsymbol{R}_{\hat{x}\hat{x}} = \begin{bmatrix} \boldsymbol{R}_{\hat{u}\hat{u}}(0) & \boldsymbol{R}_{\hat{u}\hat{u}}(-1) & \dots & \boldsymbol{R}_{\hat{u}\hat{u}}(-L_p+1) \\ \boldsymbol{R}_{\hat{u}\hat{u}}(1) & \boldsymbol{R}_{\hat{u}\hat{u}}(0) & \ddots & \vdots \\ \vdots & \ddots & \ddots & \boldsymbol{R}_{\hat{u}\hat{u}}(-1) \\ \boldsymbol{R}_{\hat{u}\hat{u}}(L_p-1) & \dots & \boldsymbol{R}_{\hat{u}\hat{u}}(1) & \boldsymbol{R}_{\hat{u}\hat{u}}(0) \end{bmatrix}. \quad (7.226)$$

Während der vektorielle Prozess $\hat{\boldsymbol{u}}(n)$ stationär ist, wird der Ausgangsprozess $\hat{x}(n)$ im Allgemeinen zyklostationär mit der Periode N sein, was sich u. a. in der Block-Toeplitz-Struktur der Matrix $\boldsymbol{R}_{\hat{x}\hat{x}}$ zeigt. Die Matrizen $\boldsymbol{R}_{\hat{u}\hat{u}}(m)$, $m \in \mathbb{Z}$ vereinfachen sich im Falle einer perfekten Rekonstruktion zu $\boldsymbol{R}_{uu}(m)$, und dann wird auch $\hat{x}(n)$ zu einem stationären Prozess. Die einzige weitere Möglichkeit, einen stationären Ausgangsprozess zu erzeugen, ergibt sich, wenn die zu $\boldsymbol{G}(z)$ gehörigen Synthesefilter $G_k(z)$, $k = 0, 1, \dots, M-1$ wie beim Übergang von (7.212) auf (7.213) ideale Filter sind, deren Ausgangssignale um den Faktor N abwärtsgetastet werden können, ohne dass dabei Aliasing auftritt. Hierzu wird die PR-Eigenschaft nicht benötigt.

7.10 Teilbandzerlegung endlich langer Signale

Die in den vorangegangenen Abschnitten verwendete Bezeichnung „kritische Abtastung" bezog sich stets auf die Annahme unendlich langer Eingangssignale. Diese Annahme ist für längere Audio- und Sprachsignale in der Regel hinreichend gut gerechtfertigt. Will man eine Zeile oder Spalte eines Bildes mittels einer kritisch abgetasteten Filterbank in Teilbandsignale zerlegen, so zeigt sich, dass bei der einfachen linearen Faltung die Anzahl der Teilband-Abtastwerte u. U. deutlich größer als die Anzahl der Eingangswerte ist. Im Folgenden werden daher Methoden behandelt, die es ermöglichen, die Anzahl der Teilband-Koeffizienten gleich der Anzahl der Eingangswerte zu halten und dabei eine perfekte Rekonstruktion zu erzielen.

Zirkuläre Faltung Falls die Länge des zu verarbeitenden Signals ein ganzzahliges Vielfaches des Unterabtastfaktors ist, besteht eine relativ einfache Lösung des oben genannten Problems darin, das Eingangssignal periodisch fortzusetzen, das periodische Signal zu filtern und dann unterabzutasten [58]. Dabei entstehen ebenfalls periodische Teilbandsignale, von denen nur eine Periode weiterverarbeitet werden muss. Bei der Synthese werden die Teilbandsignale entsprechend der bekannten Periodizität fortgesetzt und dann mit den Synthesefiltern verarbeitet. Von dem Resultat wird schließlich eine Periode als rekonstruiertes Ausgangssignal ausgegeben. Diese sogenannte *zirkuläre Faltung* wird in Bild 7.41a für ein zweidimensionales Signal verdeutlicht. Wie man erkennt, können dabei allerdings große Sprünge im modifizierten Eingangssignal entstehen. Bei Bildern wird der linke mit dem rechten und

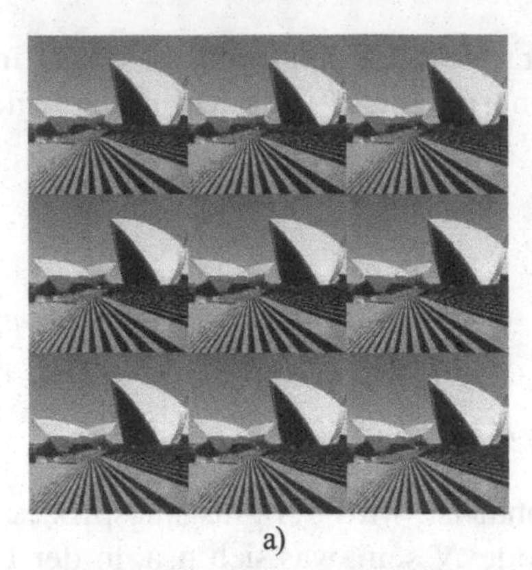
a)

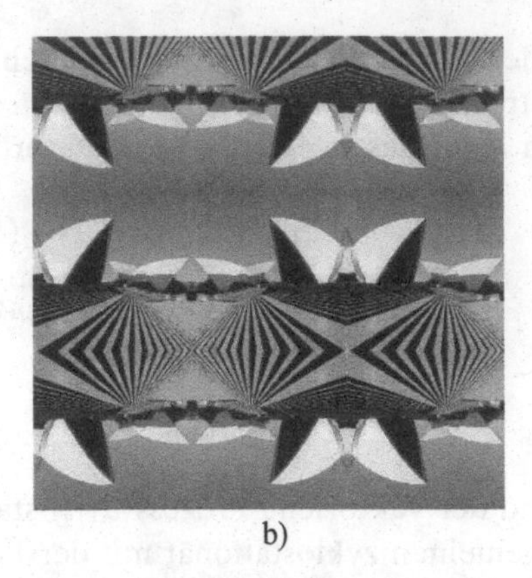
b)

Bild 7.41 Periodische Fortsetzung des Eingangssignals. a) zweidimensionale zirkuläre Faltung; b) zweidimensionale symmetrische Reflexion

der obere mit dem unteren Rand verknüpft. Sind die Helligkeitswerte eines Bildes an den Rändern sehr unterschiedlich, so können erhöhte Randverzerrungen nach einer Rekonstruktion aus quantisierten Teilbandsignalen auftreten.

Symmetrische Reflexion Eine zweite Lösungsmöglichkeit besteht darin, das Eingangssignal symmetrisch zu reflektieren und dann periodisch fortzusetzen [48], [6]. Dies wird in Bild 7.41b verdeutlicht. Diese Methode lässt sich allerdings nur bei linearphasigen Filterbänken anwenden, da die Teilbandsignale nur bei linearphasigen Filtern mit den gewünschten Periodizitäten und Symmetrien auftreten. Der Vergleich mit der zirkulären Faltung zeigt, dass bei der symmetrischen Reflexion erheblich „weichere" Übergänge geschaffen werden. Bei einer Quantisierung der Teilbandsignale äußert sich dies in erheblich geringeren Randverzerrungen.

Die genaue Vorgehensweise bei der Reflexion zeitdiskreter Signale ist von den Symmetrien der verwendeten Filter und dem gewählten Unterabtastfaktor abhängig. In den folgenden Erläuterungen wird von einer Zerlegung des Signals in einen Hoch- und einen Tiefpassanteil und einer Abtastratenreduktion um den Faktor zwei ausgegangen. Falls die Filter eine ungerade Länge L besitzen und linearphasig sind, bedeutet dies, dass sie eine Symmetrie der Form (vgl. Abschnitt 4.6.1)

$$h\left(\frac{L-1}{2}+n\right) = \pm h\left(\frac{L-1}{2}-n\right)$$

aufweisen, wobei $(L-1)/2$ ganzzahlig ist. Gilt das Pluszeichen, so liegt eine Typ-1-Symmetrie vor (*whole-sample symmetry*, WSS). Beim Minuszeichen hat das Filter eine Typ-2-Symmetrie (*whole sample asymmetry*, WSAS). Bei den typischerweise für die Codierung verwendeten Zwei-Kanal-Filterbänken mit ungeraden Filterlängen besitzen die Filter eine Typ-1-Symmetrie, wobei allerdings die Filterlängen unterschiedlich sind. Während ein Filter eine Länge der Form $L = 3 + 4k_1$ mit $k_1 \in \mathbb{N}_0$ besitzt, hat das dazugehörige zweite Filter eine Länge $L = 5 + 4k_2$ mit $k_2 \in \mathbb{N}_0$.

Bild 7.42 Symmetrische Erweiterung bei symmetrischen Filtern ungerader Länge. a) Impulsantwort der Länge $L = 5$; b) Impulsantwort der Länge $L = 3$; c) Periodische Erweiterung mit Typ-1-Symmetrie für ein Signal der Länge $N = 8$ (das ursprüngliche Signal ist mit gefüllten Punkten markiert); d) Teilband-Periodizität für Filter der Länge $L = 5 + 4k$, $k \in \mathbb{N}_0$; e) Teilband-Periodizität für Filter der Länge $L = 3 + 4k$, $k \in \mathbb{N}_0$

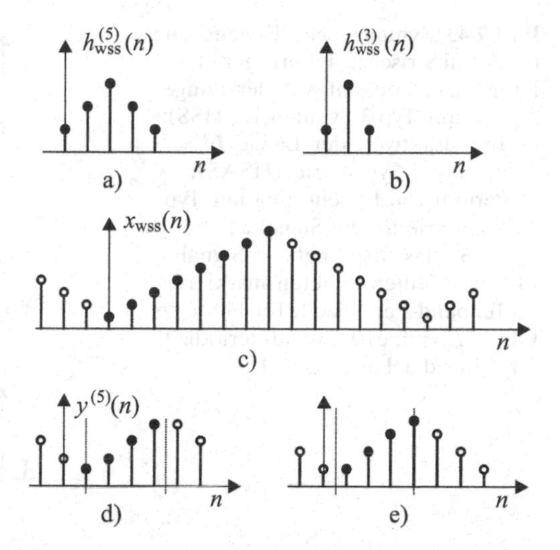

Die Typ-1-Symmetrie eines typischen Filterpaares mit den Längen 5 und 3 wird in den Bildern 7.42a und 7.42b verdeutlicht. Für Filter ungerader Länge mit Typ-1-Symmetrie ist die symmetrische Erweiterung des Eingangssignals mit einer Typ-1-Symmetrie auszuführen. Dies ist in Bild 7.42c gezeigt. Ein Signal mit einer Länge N wird dann in ein periodisches Signal $x_{\text{wss}}(n)$ mit einer Periodenlänge von $2N - 2$ Werten überführt, bei dem eine Symmetrie innerhalb jeder Periode besteht. Es gilt $x_{\text{wss}}(N - 1 - n) = x_{\text{wss}}(N - 1 + n)$. Wenn das erweiterte Signal $x_{\text{wss}}(n)$ mit den Analysefiltern gefiltert und dann unterabgetastet wird, sind die Teilbandsignale ebenfalls periodisch und besitzen eine Symmetrie innerhalb der Periode. Die Art der Symmetrie ist abhängig von der Filterlänge und der Länge des Signals. Für den Fall einer geraden Signallänge sind die Teilbandsymmetrien in den Bildern 7.42d und 7.42e gezeigt. Es ist zu erkennen, dass hierbei nur $N/2$ unterschiedliche Teilbandkoeffizienten auftreten, die gespeichert und weiterverarbeitet werden müssen, denn aus diesen Werten lassen sich die periodischen Teilbandsignale und damit auch das Eingangssignal wieder rekonstruieren.

Linearphasige Filter mit gerader Länge besitzen eine Symmetrie vom Typ 3 (*half-sample symmetry*, HSS) oder Typ 4 (*half-sample asymmetry*, HSAS). Für den Tiefpass gilt dabei die Typ-3- und für den Hochpass die Typ-4-Symmetrie. In diesem Fall ist die Signalerweiterung mit einer Typ-3-Symmetrie vorzunehmen. Die Bilder 7.43a und 7.43b veranschaulichen die Symmetrien der Filter, und Bild 7.43c zeigt das erweiterte Signal mit der Periodenlänge $2N$, wobei wieder von einem geraden N ausgegangen wurde. Auch hier zeigen die Teilbandsignale eine Symmetrie innerhalb der Periode, siehe Bilder 7.43d und 7.43e.

Die zuvor beschriebenen Methoden der symmetrischen Reflexion lassen sich auch bei ungeraden Signallängen anwenden, führen dann aber zu anderen Symmetrien in den Teilbändern. Zudem ist es möglich, mit unterschiedlichen Unterabtastschemen

Bild 7.43 Symmetrische Erweiterung bei symmetrischen Filtern gerader Länge. a) Impulsantwort der Länge $L = 4$ mit Typ-3-Symmetrie (HSS); b) Impulsantwort der Länge $L = 4$ mit Typ-4-Symmetrie (HSAS); c) Periodische Erweiterung mit Typ-3-Symmetrie für ein Signal der Länge $N = 8$ (das ursprüngliche Signal ist mit gefüllten Punkten markiert); d) Teilband-Periodizität für Filter der Länge $L = 4$; e) Teilband-Periodizität für Filter der Länge $L = 4$

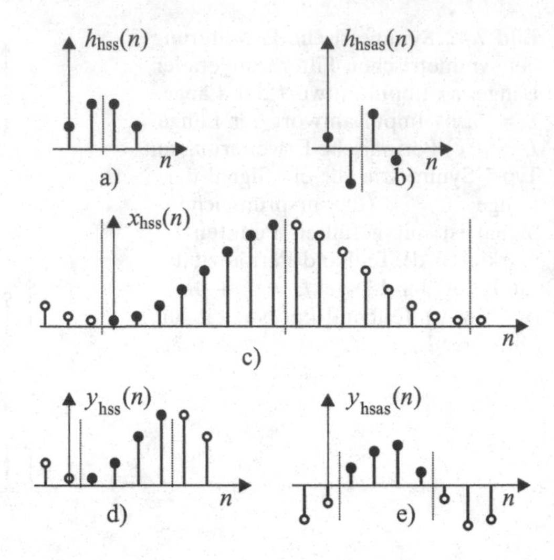

zu arbeiten. Die Abwärtstastung kann ohne oder mit einer zusätzlichen Verzögerung um einen Takt geschehen: $y_k(m) = u_k(2m)$ bzw. $y_k(m) = u_k(2m-1)$. Hierdurch lassen sich zweidimensionale Objekte beliebiger Form mit Zwei-Kanal-Filterbänken in nichtexpansiver Form in Teilbandsignale zerlegen. Siehe zum Beispiel [12] und die darin enthaltenen Referenzen.

Randfilter Viele paraunitäre Filterbänke (zum Beispiel paraunitäre Zwei-Kanal-Filterbänke, deren Filterlänge größer als zwei ist, und kosinus-modulierte Filterbänke) haben die Eigenschaft, dass die Impulsantworten unsymmetrisch sind. In diesen Fällen kann die symmetrische Reflexion nicht verwendet werden. Um zur Verarbeitung endlich langer Signale keine zirkuläre Faltung ausführen zu müssen, können auch spezielle Randfilter eingesetzt werden, die dafür sorgen, dass die Filterung in nichtexpansiver Weise erfolgt. Methoden zur Optimierung solcher Randfilter werden zum Beispiel in [38, 39] beschrieben.

7.11 Teilbandcodierung von Bildern

Zweidimensionale Filterbänke für die Codierung von Bildern lassen sich als separierbare und als nichtseparierbare Filterbänke aufbauen. Der Einfachheit halber wird hier nur der separierbare Fall betrachtet. Bei separierbaren Filterbänken werden die Zeilen und Spalten des Eingangssignals (Bildes) nacheinander gefiltert. Diese Vorgehensweise ist in Bild 7.44 am Beispiel einer Oktavfilterbank gezeigt, die als Kaskade eindimensionaler Zwei-Kanal-Filterbänke aufgebaut ist. In Bild 7.45 ist ein Beispiel einer Oktavzerlegung gezeigt. Man spricht hierbei auch von der diskreten Wavelet-Transformation, siehe Abschnitt 9.5. Wie man erkennt, ist die wesentliche Information über das Original in den tieffrequenten Teilbändern enthalten. Zudem

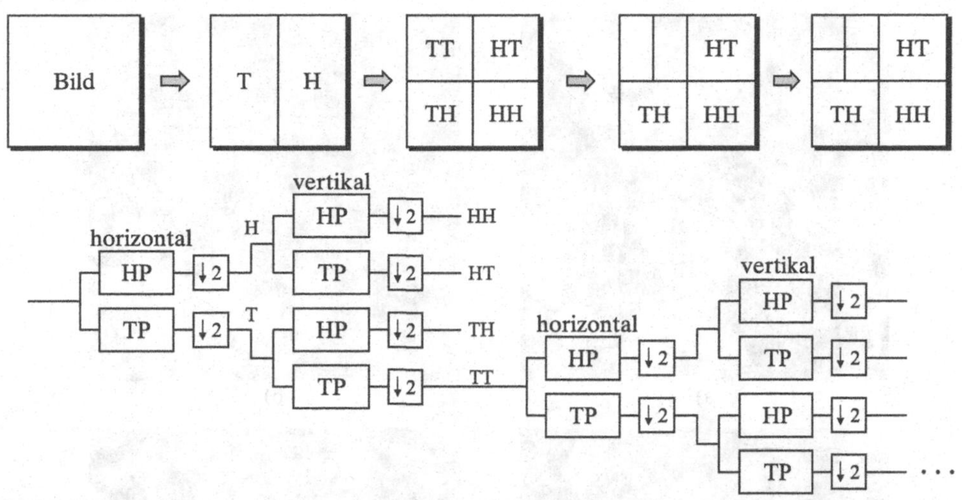

Bild 7.44 Separierbare zweidimensionale Oktavfilterbank

findet man lokale Bildinformation an den entsprechenden Positionen in den Teilbändern. Diese Eigenschaften sind besonders vorteilhaft für die Codierung und haben dazu geführt, dass neuere Bildkompressionsstandards wie JPEG2000 auf Basis der diskreten Wavelet-Transformation arbeiten [51]. Um hohe Kompressionsfaktoren zu erzielen, werden die transformierten Bilder quantisiert, und die quantisierten Werte (bzw. die Indizes der entsprechenden Quantisierungsstufen) werden verlustlos codiert. Klassische Methoden verwenden dabei eine skalare Quantisierung und eine Kompression unter Verwendung von Huffman-Codes oder arithmetischen Codes [26, 24]. Andere Ansätze verwenden eine sukzessive Quantisierung und liefern eingebettete Binärdatenströme, bei denen die wichtigste Information vorne und die weniger wichtige hinten steht. Auf diese Weise erreicht man, dass die Codes für beliebige Datenraten in einem einzigen Datenstrom transparent eingebettet sind. Hierauf wird in Abschnitt 9.10 noch näher eingegangen. Um die Effekte der Quantisierung zu zeigen, sind in den Bildern 7.45c und 7.45d die Codierungsergebnisse für zwei unterschiedliche Datenraten dargestellt.

7.12 Transmultiplexer-Filterbänke

Transmultiplexer sind Filterbänke, die Zeitmultiplex- in Frequenzmultiplex-Signale umwandeln und umgekehrt [56]. Wie die Anordnung in Bild 7.46 zeigt, erhält man einen Transmultiplexer, indem man die Reihenfolge der Analyse- und Synthesefilterbank vertauscht. Die Eingangssignale $y_k(m)$ sind Komponenten eines Zeitmultiplex-Signals, und die Synthesefilterbank führt eine Umwandlung in ein Frequenzmultiplex-Signal $x(n)$ durch, d. h. jeder Datenstrom $y_k(m)$ wird in einem separaten

Bild 7.45 Beispiele für die Teilbandcodierung. a) Original der Größe 512×512; b) 10-Band-Oktavzerlegung; c) Codierung mit 0,2 bit/Pixel; d) Codierung mit 0,1 bit/Pixel

Frequenzbereich übertragen. Die Analysefilterbank wandelt das Frequenzmultiplex-Signal wieder in ein Zeitmultiplex-Signal zurück.

Die Übertragung vom Eingang k zum Ausgang i in Bild 7.46 ist durch die Impulsantwort

$$t_{ik}(m) = q_{ik}(mM) \tag{7.227}$$

mit

$$q_{ik}(n) = g_i(n) * h_k(n) \tag{7.228}$$

beschrieben. Eine perfekte Rekonstruktion der Eingangsdaten mit einer Verzögerung um m_0 Werte ist gegeben, wenn

$$t_{ik}(m) = \delta_{ik}\, \delta_{mm_0}, \qquad i, k = 0, 1, \ldots, M-1 \tag{7.229}$$

gilt. Diese Bedingung wird durch jede perfekt rekonstruierende kritisch abgetastete Codierungsfilterbank erfüllt, sofern die Gesamtverzögerung ein Vielfaches von M

ist. Praktische Probleme entstehen beim Betrieb von Transmultiplexern immer dann, wenn das Signal $x(n)$ über einen Übertragungskanal mit einer nichtidealen Impulsantwort übertragen wird, denn dann entstehen Intersymbol-Interferenzen innerhalb der Kanäle, und es kommt zu einem Übersprechen zwischen den Kanälen.

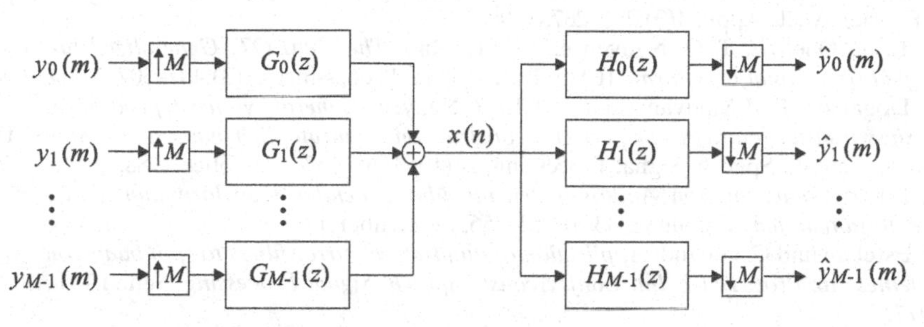

Bild 7.46 Transmultiplexer-Filterbank

Literaturverzeichnis

[1] A. N. Akansu und F. E. Wadas: *On lapped orthogonal transforms.* IEEE Trans. Signal Processing, 40(2):439–443, Februar 1992.

[2] S. Akkarakaran und P. P. Vaidyanathan: *Bifrequency and bispectrum maps: A new look at multirate systems with stochastic inputs.* IEEE Trans. Signal Processing, 48(3):723–736, März 2000.

[3] M. Antonini, M. Barlaud, P. Mathieu und I. Daubechies: *Image coding using wavelet transform.* IEEE Trans. Image Processing, 1(2):205–220, April 1992.

[4] R. E. Blahut: *Fast Algorithms for Digital Signal Processing.* Addison Wesley, Reading, MA, 1995.

[5] H. Bölcskei und F. Hlawatsch: *Oversampled cosine modulated filter banks with perfect reconstruction.* IEEE Trans. Circuits and Systems II, 45(8):1057–1071, August 1998.

[6] J. N. Bradley, C. M. Brislawn und V. Faber: *Reflected boundary conditions for multirate filter banks.* In: *Proc. Int. Symp. Time-Frequency and Time-Scale Analysis*, Seiten 307–310, Kanada, 1992.

[7] K. Brandenburg, G. Stoll, F. Dehery und J. D. Johnston: *The ISO-MPEG-1 audio: A generic standard for coding of high-quality digital audio.* Journal of the Audio Engineering Society, 42(10):780–792, Oktober 1994.

[8] P. M. Cassereau, D. H. Staelin und G. de Jager: *Encoding of images based on a lapped orthogonal transform.* IEEE Trans. Communications, 37(2):189–193, Februar 1989.

[9] R. R. Coifman und M. V. Wickerhauser: *Entropy based algorithms for best basis selection.* IEEE Trans. Inform. Theory, 38(2), März 1992.

[10] R. E. Crochiere und L. R. Rabiner: *Multirate Digital Signal Processing.* Prentice-Hall, Englewood Cliffs, NJ, 1983.

[11] Z. Cvetković und M. Vetterli: *Oversampled filter banks.* IEEE Trans. Signal Processing, 46(5):1245–1255, Mai 1998.

[12] H. Danyali und A. Mertins: *Flexible, highly scalable, object-based wavelet image compression algorithm for network applications.* IEE Proceedings Vision, Image and Signal Processing, 151(6):498–510, Dezember 2004.

[13] I. Daubechies: *The wavelet transform, time-frequency localization and signal analysis*. IEEE Trans. Inform. Theory, 36(5):961–1005, September 1990.
[14] I. Daubechies: *Ten Lectures on Wavelets*. SIAM, 1992.
[15] I. Daubechies, A. Grossmann und Y. Meyer: *Painless non-orthogonal expansions*. J. Math. Phys., 27:1271–1283, 1986.
[16] I. Daubechies und W. Sweldens: *Factoring wavelet transforms into lifting steps*. J. Fourier Anal. Appl., 4(3):245–267, 1998.
[17] R. L. de Queiroz, T. Q. Nguyen und K. R. Rao: *The GenLOT: Generalized linear-phase lapped orthogonal transform*. IEEE Trans. Signal Processing, 44(3):497–507, März 1996.
[18] Z. Doganata, P. P. Vaidyanathan und T. Q. Nguyen: *General synthesis procedures for FIR lossless transfer matrices, for perfect reconstruction multirate filter bank applications*. IEEE Trans. Acoust., Speech, Signal Processing, 36(10):1561–1574, Oktober 1988.
[19] B. Edler: *Codierung von Audiosignalen mit überlappender Transformation und adaptiven Fensterfunktionen*. Frequenz, 43(9):252–256, September 1989.
[20] D. Esteban und C. Galand: *Application of quadrature mirror filters to split band voice coding schemes*. In: *Proc. IEEE Int. Conf. Acoust., Speech, Signal Processing*, Seiten 191–195, Mai 1977.
[21] A. Fettweis, J. A. Nossek und K. Meerkötter: *Reconstruction of signals after filtering and sampling rate reduction*. IEEE Trans. Acoust., Speech, Signal Processing, 33(4):893–901, August 1985.
[22] N. Fliege: *Multiraten Signalverarbeitung*. B.G. Teubner, Stuttgart, 1993.
[23] X. Gao, Z. He und X. G. Xia: *A new implementation of arbitrary-length cosine-modulated filter bank*. In: *Proc. IEEE Int. Conf. Acoust., Speech, Signal Processing*, Band 3, Seiten 1465–1468, Seattle, Mai 1998.
[24] A. Gersho und R. M. Gray: *Vector Quantization and Signal Compression*. Kluwer Academic Publishers, Boston, 1991.
[25] P. N. Heller, T. Karp und T. Q. Nguyen: *A general formulation of modulated filter banks*. IEEE Trans. Signal Processing, 47(4):986–1002, April 1999.
[26] N. S. Jayant und P. Noll: *Digital Coding of Waveforms*. Prentice-Hall, Englewood Cliffs, NJ, 1984.
[27] J. D. Johnston: *A filter family designed for use in quadrature mirror filter banks*. In: *Proc. IEEE Int. Conf. Acoust., Speech, Signal Processing*, Seiten 291–294, 1980.
[28] T. Karp und N. J. Fliege: *Modified DFT filter banks with perfect reconstruction*. IEEE Trans. on Circuits and Systems II, 46(11):1404–1414, November 1999.
[29] T. Karp, A. Mertins und G. Schuller: *Efficient biorthogonal cosine-modulated filter banks*. Signal Processing, 81(5):997–1016, Mai 2001.
[30] J. Kliewer und A. Mertins: *Oversampled cosine-modulated filter banks with low system delay*. IEEE Trans. Signal Processing, 46(4):941–955, April 1998.
[31] R. D. Koilpillai und P. P. Vaidyanathan: *Cosine-modulated FIR filter banks satisfying perfect reconstruction*. IEEE Trans. Signal Processing, 40:770–783, April 1992.
[32] C. Loeffler und C. Burrus: *Optimal design of periodically time-varying and multirate digital filters*. IEEE Trans. Acoust., Speech, Signal Processing, 32(5):991–997, Oktober 1984.
[33] H. S. Malvar: *The LOT: A link between transform coding and multirate filter banks*. In: *Proc. IEEE Int. Symp. Circuits and Systems*, Seiten 835–838, 1988.
[34] H. S. Malvar: *Extended lapped transforms: Fast algorithms and applications*. IEEE Trans. Signal Processing, 40, November 1992.
[35] H. S. Malvar: *Signal Processing with Lapped Transforms*. Artech House, Norwood, MA, 1992.
[36] H. S. Malvar und D. H. Staelin: *The LOT: Transform coding without blocking effects*. IEEE Trans. Acoust., Speech, Signal Processing, 37(4):553–559, April 1989.
[37] A. Mertins: *Subspace approach for the design of cosine-modulated filter banks with linear-phase prototype filter*. IEEE Trans. Signal Processing, 46(10):2812–2818, Oktober 1998.
[38] A. Mertins: *Boundary filter optimization for segmentation-based subband coding*. IEEE Trans. Signal Processing, 49(8):1718–1727, August 2001.

[39] A. Mertins: *Boundary filters for size-limited paraunitary filter banks with maximum coding gain and ideal DC behavior*. IEEE Trans. Circuits and Systems II, 48(2):183–188, Februar 2001.

[40] A. Mertins: *Frame analysis for biorthogonal cosine-modulated filterbanks*. IEEE Trans. Signal Processing, 51(1):172–181, Januar 2003.

[41] K. Nayebi, T. P. Barnwell III und M. J. T. Smith: *Low delay FIR filter banks: Design and evaluation*. IEEE Trans. Signal Processing, SP-42:24–31, Januar 1994.

[42] T. Q. Nguyen: *Digital filter bank design quadratic constraint formulation*. IEEE Trans. Signal Processing, 43:2103–2108, September 1995.

[43] J. P. Princen und A. B. Bradley: *Analysis/synthesis filter bank design based on time domain aliasing cancellation*. IEEE Trans. Acoust., Speech, Signal Processing, 34:1153–1161, Oktober 1986.

[44] K. Ramchandran und M. Vetterli: *Best wavelet packet bases in a rate-distortion sense*. IEEE Trans. Image Processing, 2(2):160–175, 1993.

[45] J. H. Rothweiler: *Polyphase quadrature filters - A new subband coding technique*. In: *Proc. IEEE Int. Conf. Acoust., Speech, Signal Processing*, Seiten 1280–1283, 1983.

[46] V. P. Sathe und P. P. Vaidyanathan: *Effects of multirate systems on the statistical properties of random signals*. IEEE Trans. Signal Processing, 41(1):131–146, Januar 1993.

[47] G. D. T. Schuller und M. J. T. Smith: *A new framework for modulated perfect reconstruction filter banks*. IEEE Trans. Signal Processing, 44(8):1941–1954, August 1996.

[48] M. J. T. Smith und S. L. Eddins: *Analysis/synthesis techniques for subband coding*. IEEE Trans. Acoust., Speech, Signal Processing, Seiten 1446–1456, August 1990.

[49] A. K. Soman, P. P. Vaidyanathan und T. Q. Nguyen: *Linear phase paraunitary filter banks: Theory, factorizations and applications*. IEEE Trans. Signal Processing, 41(12):3480–3496, Mai 1993.

[50] W. Sweldens: *The lifting scheme: A custom design construction of biorthogonal wavelets*. Journal of Appl. and Comput. Harmonic Analysis, 3(2):186–200, 1996.

[51] D. S. Taubman und M. W. Marcellin: *JPEG2000 : Image Compression Fundamentals, Standards, and Practice*. Kluwer, Boston, MA, 2002.

[52] P. P. Vaidyanathan: *On power-complementary FIR filters*. IEEE Trans. Circuits and Systems, 32:1308–1310, Dezember 1985.

[53] P. P. Vaidyanathan: *Multirate Systems and Filter Banks*. Prentice-Hall, Englewood Cliffs, NJ, 1993.

[54] P. P. Vaidyanathan und P. Q. Hoang: *Lattice structures for optimal design and robust implementation of two-band perfect reconstruction QMF banks*. IEEE Trans. Acoust., Speech, Signal Processing, 36:81–95, 1988.

[55] P. P. Vaidyanathan, T. Q. Nguyen, Z. Doganata und T. Saramäki: *Improved technique for design of perfect reconstruction FIR QMF banks with lossless polyphase matrices*. IEEE Trans. Acoust., Speech, Signal Processing, 37(7):1042–1056, Juli 1989.

[56] M. Vetterli: *Perfect transmultiplexers*. In: *Proc. IEEE Int. Conf. Acoustics, Speech, and Signal Processing*, Seiten 48.9.1–48.9.4, Tokyo, April 1986.

[57] S. Weiss und R. W. Stewart: *Fast implementation of oversampled modulated filter banks*. Electronics Letters, 36(17):1502–1503, August 2000.

[58] J. Woods und S. O'Neil: *Subband Coding of Images*. IEEE Trans. Acoust., Speech, Signal Processing, 34(5):1278–1288, Mai 1986.

[59] H. Xu, W.-S. Lu und A. Antoniou: *Efficient iterative design method for cosine-modulated QMF banks*. IEEE Trans. Signal Processing, 44(7):1657–1668, Juli 1996.

[60] L. Zadeh: *Frequency analysis of variable networks*. Proceedings of the IRE, 38(3):291–299, 1950.

[61] U. Zölzer: *Digitale Audiosignalverarbeitung*. Vieweg+Teubner, 3. Auflage, 2005.

Kapitel 8
Die Kurzzeit-Fourier-Transformation

In der Analyse von instationären Prozessen, wie zum Beispiel Sprach- oder Musiksignalen, möchte man häufig Aufschluss über die im Signal enthaltenen Spektralanteile gewinnen und diese zu Zeitpunkten bzw. Zeitintervallen zuordnen. Das bedeutet, man sucht eine Darstellung, in der die Signalanteile wie bei einem Notenblatt bezüglich ihres zeitlichen Auftretens und des spektralen Gehalts aufgetragen sind. Die klassische Fourier-Analyse löst dieses Problem nicht, denn sie ordnet den Spektralanteilen keine Zeitintervalle zu. Die Kurzzeit-Fourier-Transformation beachtet dagegen gleichzeitig zeitliche und spektrale Aspekte und ermöglicht so eine Zeit-Frequenz-Analyse.

8.1 Transformation analoger Signale

8.1.1 Definition

Die *Kurzzeit-Fourier-Transformation* (engl. *short-time Fourier transform*, STFT) ist die klassische Methode der Zeit-Frequenz-Analyse. Hierbei multipliziert man ein zu analysierendes Signal $x \in L_2(\mathbb{R})$ mit einem um τ zeitlich verschiebbaren Analysefenster $\gamma^*(t-\tau)$ und berechnet dann die Fourier-Transformierte des gefensterten Signals:

$$\mathcal{F}_x^\gamma(\tau,\omega) = \int_{-\infty}^{\infty} x(t)\,\gamma^*(t-\tau)\,e^{-j\omega t}\,dt. \tag{8.1}$$

Dabei wird von $\gamma \in L_2(\mathbb{R})$ ausgegangen. Das Analysefenster $\gamma^*(t-\tau)$ unterdrückt das Signal $x(t)$ außerhalb eines bestimmten Bereiches, und die Fourier-Transformation liefert ein lokales Spektrum. Bild 8.1 zeigt die Anwendung des Fensters. Typischerweise verwendet man hierbei ein reellwertiges Fenster, aber um die Allgemeingültigkeit der nachfolgenden Erläuterungen nicht einzuschränken, wird formal mit einem komplexwertigen Fenster gerechnet. Das Fenster selbst kann dabei als Impulsantwort eines Tiefpassfilters verstanden werden.

Ergänzende Information Die elektronische Version dieses Kapitels enthält Zusatzmaterial, auf das über folgenden Link zugegriffen werden kann https://doi.org/10.1007/978-3-658-41529-7_8.

A. Mertins, *Signaltheorie*, https://doi.org/10.1007/978-3-658-41529-7_8

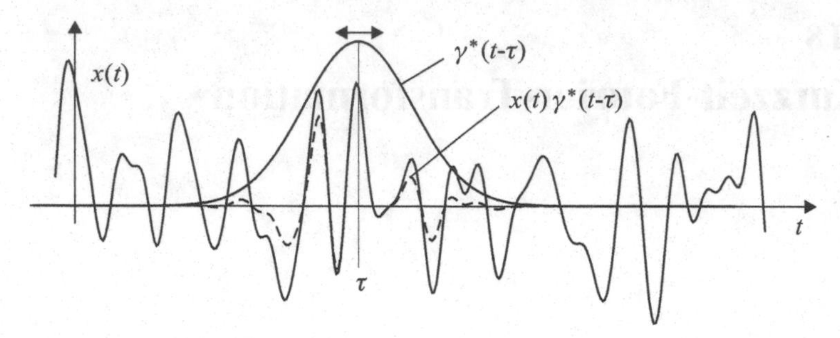

Bild 8.1 Zur Kurzzeit-Fourier-Transformation

Wenn man die Gaußfunktion als Fenster wählt, so spricht man von der *Gabor-Transformation*, denn Gabor hat die Kurzzeit-Fourier-Transformation eingeführt und dabei dieses spezielle Fenster verwendet [10].

Verschiebungseigenschaften Wie man der Analysegleichung (8.1) entnehmen kann, führt eine Zeitverschiebung des Signals ($x(t) \to x(t-t_0)$) zu einer Verschiebung der Kurzzeit-Fourier-Transformierten um t_0. Eine Modulation des Signals ($x(t) \to x(t)\,e^{j\omega_0 t}$) führt zu einer Verschiebung der Kurzzeit-Fourier-Transformierten um ω_0. Da keine weiteren Veränderungen eintreten, spricht man auch von einer verschiebungsinvarianten Transformation. Einige andere Transformationen, wie zum Beispiel die im nächsten Kapitel behandelte Wavelet-Transformation, besitzen nicht immer diese Eigenschaft.

8.1.2 Zeit-Frequenz-Auflösung

Mit den Regeln (3.71) und (3.72) für die Verschiebung und Modulation eines Signals erhält man für die Fourier-Transformierte des Analysefensters

$$
\begin{aligned}
\gamma_{\tau;\omega}(t) &:= \gamma(t-\tau)\,e^{j\omega t} \\
&\updownarrow \\
\Gamma_{\tau;\omega}(\nu) &:= \int_{-\infty}^{\infty} \gamma(t-\tau)\,e^{-j(\nu-\omega)t}\,dt \;=\; \Gamma(\nu-\omega)\,e^{-j(\nu-\omega)\tau}.
\end{aligned}
\tag{8.2}
$$

Aus der Parseval'schen Gleichung in der Form

$$
\begin{aligned}
\langle x, \gamma_{\tau;\omega}\rangle &= \int_{-\infty}^{\infty} x(t)\,\gamma^*(t-\tau)\,e^{-j\omega t}\,dt \\
&= \frac{1}{2\pi}\,\langle X, \Gamma_{\tau;\omega}\rangle \\
&= \frac{1}{2\pi}\int_{-\infty}^{\infty} X(\nu)\,\Gamma^*(\nu-\omega)\,e^{j(\nu-\omega)\tau}\,d\nu
\end{aligned}
\tag{8.3}
$$

folgt dann

$$\mathcal{F}_x^{\gamma}(\tau,\omega) = e^{-j\omega\tau}\,\frac{1}{2\pi}\int_{-\infty}^{\infty} X(\nu)\,\Gamma^*(\nu-\omega)\,e^{j\nu\tau}\,d\nu. \tag{8.4}$$

Das heißt, die Fensterung im Zeitbereich mit $\gamma^*(t-\tau)$ führt gleichzeitig zu einer Fensterung im Spektralbereich mit dem Fenster $\Gamma^*(\nu-\omega)$.

Es wird nun davon ausgegangen, dass $\gamma^*(t-\tau)$ maßgeblich auf das Zeitintervall

$$[\tau + t_0 - \Delta_t\,,\ \tau + t_0 + \Delta_t] \tag{8.5}$$

und $\Gamma^*(\nu-\omega)$ auf das Frequenzintervall

$$[\omega + \omega_0 - \Delta_\omega\,,\ \omega + \omega_0 + \Delta_\omega] \tag{8.6}$$

konzentriert ist. Die Größe $\mathcal{F}_x^{\gamma}(\tau,\omega)$ enthält damit Informationen über das Signal $x(t)$ und dessen Spektrum $X(\omega)$ in dem Zeit-Frequenz-Fenster

$$[\tau + t_0 - \Delta_t\,,\ \tau + t_0 + \Delta_t] \times [\omega + \omega_0 - \Delta_\omega\,,\ \omega + \omega_0 + \Delta_\omega]. \tag{8.7}$$

Die Lage des Zeit-Frequenz-Fensters wird durch die Parameter τ und ω bestimmt. Die Form des Zeit-Frequenz-Fensters ist unabhängig von τ und ω, so dass man eine gleichmäßige Auflösung in der Zeit-Frequenz-Ebene erhält, siehe Bild 8.2. Aus diesem Grund spricht man auch von einer Analyse mit konstanter Bandbreite.

Im Folgenden sollen die Größe und die Position des Zeit-Frequenz-Fensters genauer analysiert werden. Damit $\gamma^*(t)$ als Zeitfenster bezeichnet werden kann, verlangt man, dass neben $\gamma \in L_2(\mathbb{R})$ auch $t\cdot\gamma(t) \in L_2(\mathbb{R})$ gilt. Entsprechend verlangt man, dass $\Gamma \in L_2(\mathbb{R})$ und $\omega\cdot\Gamma(\omega) \in L_2(\mathbb{R})$ gilt, um $\Gamma^*(\omega)$ als Frequenzfenster bezeichnen zu können.

Das Zentrum t_0 und den Radius Δ_t des Zeitfensters $\gamma^*(t)$ definiert man analog zum Mittelwert und zur Standardabweichung einer Zufallsvariablen als

$$t_0 = \int_{-\infty}^{\infty} t\cdot\frac{|\gamma(t)|^2}{\|\gamma\|^2}\,dt, \tag{8.8}$$

$$\Delta_t = \left(\int_{-\infty}^{\infty} (t-t_0)^2\cdot\frac{|\gamma(t)|^2}{\|\gamma\|^2}\,dt\right)^{\frac{1}{2}}. \tag{8.9}$$

Das Zentrum ω_0 und den Radius Δ_ω des Frequenzfensters $\Gamma^*(\omega)$ definiert man entsprechend als

$$\omega_0 = \int_{-\infty}^{\infty} \omega\cdot\frac{|\Gamma(\omega)|^2}{\|\Gamma\|^2}\,d\omega, \tag{8.10}$$

$$\Delta_\omega = \left(\int_{-\infty}^{\infty} (\omega-\omega_0)^2\cdot\frac{|\Gamma(\omega)|^2}{\|\Gamma\|^2}\,d\omega\right)^{\frac{1}{2}}. \tag{8.11}$$

Der Radius Δ_ω kann dabei als halbe Bandbreite des Filters $h(t) = \gamma^*(-t)$ verstanden werden.

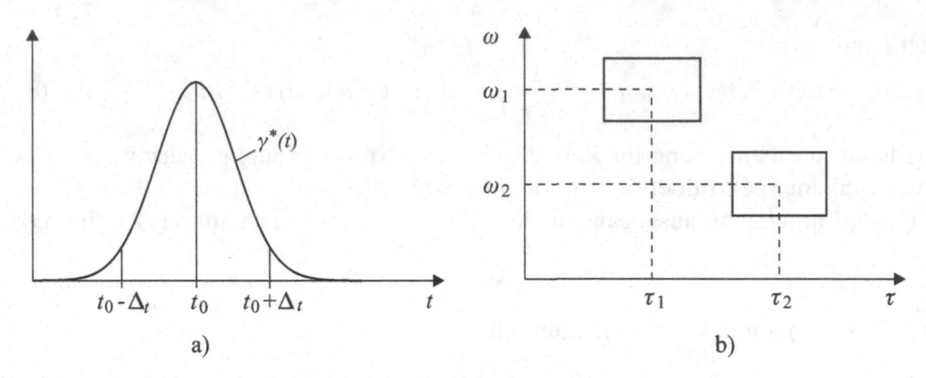

Bild 8.2 Zum Zeit-Frequenz-Fenster der Kurzzeit-Fourier-Transformation

In der Zeit-Frequenz-Analyse möchte man nach Möglichkeit eine hohe Zeit- und gleichzeitig auch eine hohe Frequenzauflösung erreichen. Mit anderen Worten, man strebt ein Zeit-Frequenz-Fenster mit möglichst kleiner Fläche an. Dieser Wunsch lässt sich allerdings nur bedingt umsetzen, denn es gilt die Unschärferelation, die eine untere Schranke für die Fläche des Zeit-Frequenz-Fensters angibt. Das bedeutet, ein kurzes Fenster liefert zwar eine gute Zeitauflösung, führt aber unweigerlich zu einer schlechten Frequenzauflösung. Andersherum erlaubt ein langes Fenster eine gute Frequenzauflösung, besitzt aber entsprechend eine schlechte Zeitauflösung.

8.1.3 Die Unschärferelation

Wir gehen davon aus, dass $\gamma(t)$ und $t\,\gamma(t)$ sowie die Fourier-Spektren $\Gamma(\omega)$ und $\omega\,\Gamma(\omega)$ quadratisch integrierbar sind und betrachten den Term $(\Delta_t\Delta_\omega)^2$, der bis auf einen Faktor $1/16$ das Quadrat der durch das Fenster belegten Fläche angibt. Ohne Einschränkung der Allgemeinheit kann von $\int t\,|\gamma(t)|^2\,dt = 0$ und $\int \omega\,|\Gamma(\omega)|^2\,d\omega = 0$ ausgegangen werden, denn diese Bedingungen lassen sich für jedes Fenster durch eine Verschiebung und eine Modulation erfüllen. Mit (8.9) und (8.11) ergibt sich

$$(\Delta_t\Delta_\omega)^2 = \frac{\left(\int_{-\infty}^{\infty} t^2\,|\gamma(t)|^2\,dt\right)\left(\int_{-\infty}^{\infty} \omega^2\,|\Gamma(\omega)|^2\,d\omega\right)}{\|\gamma\|^2\,\|\Gamma\|^2}. \tag{8.12}$$

Für den linken Term im Zähler von (8.12) gilt mit der Abkürzung $\xi(t) = t\,\gamma(t)$

$$\int_{-\infty}^{\infty} t^2\,|\gamma(t)|^2\,dt = \|\xi\|^2\,. \tag{8.13}$$

Der rechte Term im Zähler von (8.12) lässt sich mit der Differentiationseigenschaft (3.78) der Fourier-Transformation als

$$\begin{aligned} \int_{-\infty}^{\infty} \omega^2 \, |\Gamma(\omega)|^2 \, d\omega &= \int_{-\infty}^{\infty} |\mathcal{F}\{\gamma'(t)\}|^2 \, d\omega \\ &= 2\pi \, \|\gamma'\|^2 \end{aligned} \tag{8.14}$$

mit $\gamma'(t) = \frac{d}{dt}\gamma(t)$ schreiben. Mit (8.13), (8.14) und der Parseval'schen Gleichung $\|\Gamma\|^2 = 2\pi \, \|\gamma\|^2$ ergibt sich für (8.12)

$$(\Delta_t \Delta_\omega)^2 = \frac{1}{\|\gamma\|^4} \, \|\xi\|^2 \, \|\gamma'\|^2 . \tag{8.15}$$

Eine Abschätzung erhält man über die Schwarz'sche Ungleichung. Es gilt

$$\begin{aligned} (\Delta_t \Delta_\omega)^2 &\geq \tfrac{1}{\|\gamma\|^4} \, | \langle \xi, \gamma' \rangle |^2 \\ &\geq \tfrac{1}{\|\gamma\|^4} \, |\Re\{\langle \xi, \gamma' \rangle\}|^2 \\ &= \tfrac{1}{\|\gamma\|^4} \left| \Re\left\{ \int_{-\infty}^{\infty} t \, \gamma(t) \, \gamma'^*(t) \, dt \right\} \right|^2 . \end{aligned} \tag{8.16}$$

Unter Ausnutzung der Beziehung

$$\Re\{t \, \gamma(t) \, \gamma'^*(t)\} = \frac{1}{2} \, t \, \frac{d}{dt} \, |\gamma(t)|^2 , \tag{8.17}$$

die sich leicht durch Ableiten überprüfen lässt, kann man das Integral in der letzten Zeile von (8.16) als

$$\Re\left\{ \int_{-\infty}^{\infty} t \, \gamma(t) \, \gamma'^*(t) \, dt \right\} = \frac{1}{2} \int_{-\infty}^{\infty} t \, \frac{d}{dt} \, |\gamma(t)|^2 \, dt \tag{8.18}$$

schreiben. Eine partielle Integration ergibt

$$\frac{1}{2} \int_{-\infty}^{\infty} t \, \frac{d}{dt} \, |\gamma(t)|^2 \, dt = \frac{1}{2} \, t \, |\gamma(t)|^2 \Big|_{-\infty}^{\infty} - \frac{1}{2} \int_{-\infty}^{\infty} |\gamma(t)|^2 \, dt. \tag{8.19}$$

Mit der Eigenschaft

$$\lim_{|t| \to \infty} t \, |\gamma(t)|^2 = 0, \tag{8.20}$$

die unmittelbar aus $t \, \gamma(t) \in L_2(\mathbb{R})$ folgt, erhält man

$$\Re\left\{ \int_{-\infty}^{\infty} t \, \gamma(t) \, \gamma'^*(t) \, dt \right\} = -\frac{1}{2} \, \|\gamma\|^2 , \tag{8.21}$$

so dass mit (8.16) schließlich die sogenannte Unschärferelation

$$\Delta_t \Delta_\omega \geq \frac{1}{2} \tag{8.22}$$

folgt. Sie zeigt, dass die Fläche eines Zeit-Frequenz-Fensters nicht beliebig klein gemacht werden kann und dass somit keine beliebig gute Zeit-Frequenz-Auflösung erzielt werden kann.

Anhand von (8.16) erkennt man, dass das Gleichheitszeichen in (8.22) nur dann gilt, wenn $t\,\gamma(t)$ ein Vielfaches von $\gamma'(t)$ ist. Mit anderen Worten, $\gamma(t)$ muss die Differenzialgleichung

$$t\,\gamma(t) = c\,\gamma'(t) \tag{8.23}$$

erfüllen, deren allgemeine Lösung durch

$$\gamma(t) = \alpha\, e^{-\frac{t^2}{2\beta^2}} \tag{8.24}$$

gegeben ist. Das Gleichheitszeichen in (8.22) lässt sich also genau dann erreichen, wenn $\gamma(t)$ die Gaußfunktion mit $\alpha \neq 0$ und $\beta > 0$ ist. Indem man die Bedingungen an die Lage des Zeit-Frequenz-Fensters verallgemeinert, erhält man als allgemeine Lösung für ein Zeit-Frequenz-Fenster minimaler Größe einen modulierten und zeitverschobenen Gaußimpuls.

8.1.4 Das Spektrogramm

Da die Kurzzeit-Fourier-Transformierte im Allgemeinen komplexwertig ist, verwendet man für die bildliche Darstellung und für die weitere Verarbeitung einer Zeit-Frequenz-Verteilung häufig das Betragsquadrat

$$S_x(\tau,\omega) = |\,\mathcal{F}_x^\gamma(\tau,\omega)|^2 = \left| \int_{-\infty}^{\infty} x(t)\,\gamma^*(t-\tau)\,e^{-j\omega t}\,dt \right|^2 . \tag{8.25}$$

Man spricht dabei auch von einem *Spektrogramm*. Bild 8.3 zeigt hierzu ein Beispiel eines Spektrogramms, in dem die Werte $S_x(\tau,\omega)$ durch unterschiedliche Graustufen repräsentiert sind. Die Unschärfe der STFT erkennt man durch Vergleich des Ergebnisses in Bild 8.3c mit der idealen Zeit-Frequenz-Darstellung in Bild 8.3b.

Ein zweites Beispiel, das die Anwendung in der Analyse von Sprachsignalen zeigt, ist in Bild 8.4 dargestellt. Die dabei sichtbaren vertikalen Strukturen zeigen die impulshafte Anregung des Vokaltrakts durch die Glottis. Eine hohe Anregungsfrequenz äußert sich dabei in einer schnellen Folge der vertikalen Streifen. Die Resonanzfrequenzen des Vokaltrakts, die auch als Formanten bezeichnet werden, zeigen sich in den intensiven horizontalen Färbungen des Spektrogramms. In Bild 8.4 sind drei Formanten im stimmhaften Bereich des Signals sowie die Grundfrequenz, die ebenfalls zu einer starken horizontalen Färbung führt, zu erkennen. Stimmlose Laute zeigen sich eher als breitbandiges Rauschen.

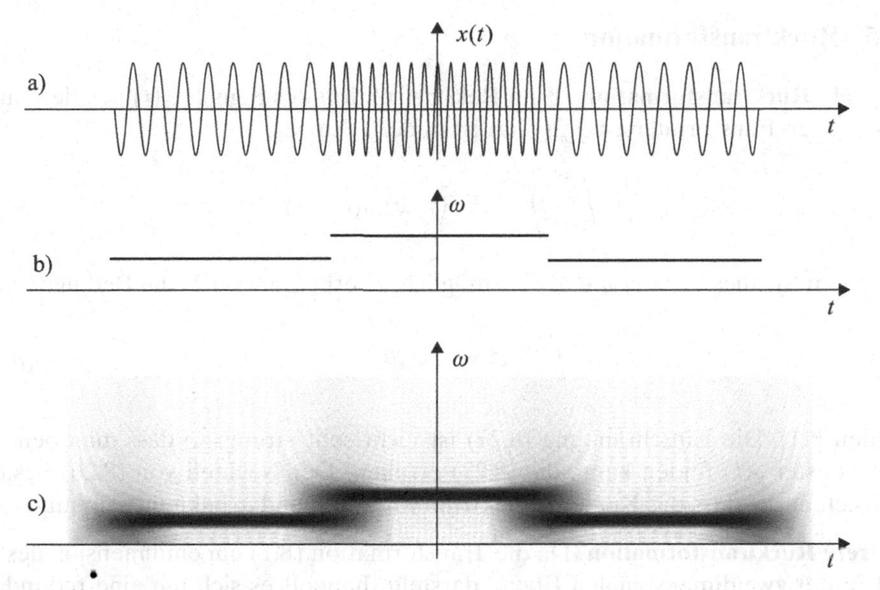

Bild 8.3 Beispiel für ein Spektrogramm. a) Testsignal; b) ideale Zeit-Frequenz-Darstellung; c) Spektrogramm

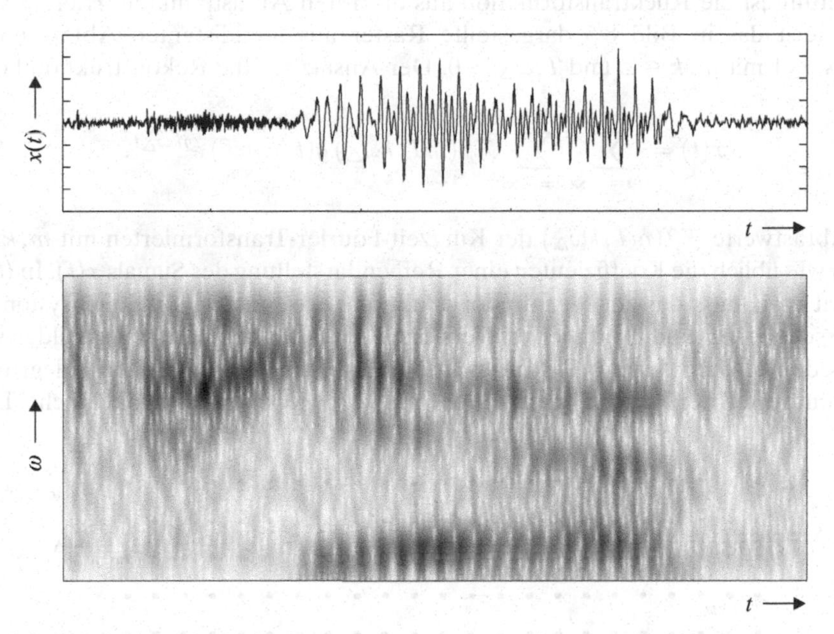

Bild 8.4 Sprachsignal und sein Spektrogramm

8.1.5 Rücktransformation

Integrale Rücktransformation Eine Rekonstruktion des Signals $x(t)$ aus der Kurzzeit-Fourier-Transformierten $\mathcal{F}_x^\gamma(\tau,\omega)$ ist in der Form

$$x(t) = \frac{1}{2\pi} \int_{-\infty}^{\infty} \int_{-\infty}^{\infty} \mathcal{F}_x^\gamma(\tau,\omega)\, g(t-\tau)\, e^{j\omega t}\, d\tau\, d\omega \tag{8.26}$$

mit einem Synthesefenster $g \in L_2(\mathbb{R})$ möglich. Hierbei muss $g(t)$ die Bedingung

$$\int_{-\infty}^{\infty} \gamma^*(t)\, g(t)\, dt \;=\; 1 \tag{8.27}$$

erfüllen [11]. Die Einschränkung (8.27) ist nicht sehr streng, so dass man beliebig viele Fenster $g(t)$ finden kann, die (8.27) erfüllen. Der Nachteil von (8.26) besteht natürlich darin, dass das Kurzzeit-Spektrum für alle τ und ω bekannt sein muss.

Diskrete Rücktransformation Da die Transformation (8.1) ein eindimensionales Signal in der zweidimensionalen Ebene darstellt, handelt es sich um eine redundante Signaldarstellung. Diese Redundanz kann man ausnutzen, um nur bestimmte Bereiche der Zeit-Frequenz-Ebene bzw. Abtastwerte der Kurzzeit-Fourier-Transformierten für die Rücktransformation zu verwenden. Von besonderer praktischer Bedeutung ist die Rücktransformation aus diskreten Abtastpunkten. Hierbei wählt man meist das in Bild 8.5 dargestellte Raster aus äquidistanten Abtastpunkten $\{mT, k\omega_\Delta\}$ mit $m, k \in \mathbb{Z}$ und $T, \omega_\Delta > 0$. Der Ansatz für die Rekonstruktion lautet

$$x(t) = \sum_{m=-\infty}^{\infty} \sum_{k=-\infty}^{\infty} \mathcal{F}_x^\gamma(mT, k\omega_\Delta)\, g(t-mT)\, e^{jk\omega_\Delta t}. \tag{8.28}$$

Die Abtastwerte $\mathcal{F}_x^\gamma(mT, k\omega_\Delta)$ der Kurzzeit-Fourier-Transformierten mit $m, k \in \mathbb{Z}$ bilden wie üblich die Koeffizienten einer Reihendarstellung des Signals $x(t)$. In (8.28) erkennt man, dass das zur Signalrekonstruktion verwendete Funktionensystem aus zeitverschobenen und modulierten Versionen eines Prototypen $g(t)$ gebildet wird. Das bedeutet, jede der zur Rekonstruktion verwendeten Funktionen belegt einen bestimmten Teil der Zeit-Frequenz-Ebene mit vorgegebener Form und Fläche. Diese

Bild 8.5 Abtastung der Kurzzeit-Fourier-Transformierten

Art der Reihenentwicklung wurde von Gabor [10] eingeführt und wird als *Gabor-Entwicklung* bezeichnet. Eine fehlerfreie Rekonstruktion nach (8.28) ist genau dann möglich, wenn die Fenster die Eigenschaft

$$\frac{2\pi}{\omega_\Delta} \sum_{m=-\infty}^{\infty} g(t-mT)\,\gamma^*\left(t-mT-\ell\frac{2\pi}{\omega_\Delta}\right) = \delta_{\ell 0} \quad \text{für alle } t \in \mathbb{R} \tag{8.29}$$

besitzen [11]. Hierbei muss eine minimale Abtastrate eingehalten werden, denn (8.29) lässt sich grundsätzlich nur für

$$T\,\omega_\Delta \leq 2\pi \tag{8.30}$$

erfüllen [4], [11]. Es ist allerdings nicht möglich, bei Verwendung gleicher Analyse- und Synthesefenster und kritischer Abtastung ($T\omega_\Delta = 2\pi$) sowohl eine gute Zeit- als auch eine gute Frequenzauflösung zu erzielen. Wenn mit $\gamma(t) = g(t)$ und kritischer Abtastung eine perfekte Rekonstruktion erreicht wird, gilt entweder $\Delta_t \to \infty$ oder $\Delta_\omega \to \infty$. Diese Eigenschaft ist als das *Balian-Low-Theorem* bekannt [5]. Es zeigt u. a., dass es nicht möglich ist, eine orthonormale Kurzzeit-Fourier-Basis zu erzeugen, bei der das zugrunde liegende Fenster differenzierbar ist und eine endliche Länge besitzt.

Die Werte $\mathcal{F}_x^\gamma(mT, k\omega_\Delta)$ lassen sich mit $\gamma_{mk}(t) = \gamma(t-mT)\,e^{j\omega_\Delta k}$ auch als Skalarprodukt ausdrücken:

$$\mathcal{F}_x^\gamma(mT, k\omega_\Delta) = \langle x, \gamma_{mk} \rangle\,. \tag{8.31}$$

Wenn das Fenster $\gamma(t)$ und die Parameter T, ω_Δ dabei so gewählt sind, dass für alle Signale $x \in L_2(\mathbb{R})$ die Bedingung

$$A\,\|x\| \leq \sum_{m=-\infty}^{\infty} \sum_{k=-\infty}^{\infty} |\langle x, \gamma_{mk} \rangle|^2 \leq B\,\|x\| \tag{8.32}$$

mit $0 < A \leq B < \infty$ erfüllt ist, dann nennt man die Funktionen $\{\gamma_{mk}(t);\ m, k \in \mathbb{Z}\}$ einen *Weyl-Heisenberg frame* oder *Gabor frame*. Dabei gelten die in Abschnitt 7.8.1 beschriebenen Eigenschaften von *frames*, wobei die Signale x nun aus $L_2(\mathbb{R})$ statt $\ell_2(\mathbb{Z})$ stammen.

8.2 Transformation zeitdiskreter Signale

Die Kurzzeit-Fourier-Transformierte eines zeitdiskreten Signals erhält man durch Ersetzen der Integration in (8.1) durch eine Summation. Die Kurzzeit-Fourier-Transformierte lässt sich dann in der Form

$$\mathcal{F}_x^\gamma(m, e^{j\omega}) = \sum_{n=-\infty}^{\infty} x(n)\,\gamma^*(n-mN)\,e^{-j\omega n} \tag{8.33}$$

angeben [1, 13, 3]. Hierbei wird davon ausgegangen, dass die Abtastrate des Signals um den Faktor $N \in \mathbb{N}$ höher ist als die Rate, mit der das Spektrum berechnet wird.

Die Analyse- und Synthesefenster werden wie in Abschnitt 8.1 mit γ^* und g bezeichnet, sie sind im Folgenden aber als zeitdiskret zu verstehen. Das Abtastintervall bei der Erzeugung von $x(n)$ ist als $T = 1$ angenommen.

In (8.33) ist zu beachten, dass das Kurzzeit-Spektrum zunächst einmal eine Funktion des diskreten Parameters m und des kontinuierlichen Parameters ω ist. In der Praxis wird man allerdings nur die diskreten Frequenzen

$$\omega_k = 2\pi k/M, \qquad k = 0, 1, \ldots, M-1 \tag{8.34}$$

betrachten. Die diskreten Werte des Kurzzeit-Spektrums lassen sich dann in der Form

$$X(m, k) = \sum_{n=-\infty}^{\infty} x(n)\, \gamma^*(n - mN)\, W_M^{kn} \tag{8.35}$$

mit

$$X(m, k) = \mathcal{F}_x^{\gamma}(m, e^{j\omega_k}), \qquad W_M = e^{-j2\pi/M} \tag{8.36}$$

angeben. Die Implementierung von (8.35) kann mittels der FFT geschehen. Falls dabei neben dem Betrag auch die korrekte Phase der STFT benötigt wird, sind die FFT-Ergebnisse ggf. noch in der Phase zu drehen. Auf diese Phasendrehungen wird im Rahmen der Bandpass-Realisierung der STFT noch näher eingegangen.

Bezüglich des Fensterentwurfs für die STFT kommen zum Beispiel die in Abschnitt 4.6.3 genannten Standardfenster wie das Hamming- oder das Hann-Fenster, aber auch alle Prototypen für perfekt rekonstruierende modulierte Filterbänke in Frage.

Synthese Die Signalrekonstruktion kann wie in (8.28) aus diskreten Werten des Spektrums erfolgen. Mit der Bezeichnung $g(n)$ für das Synthesefenster gilt

$$\hat{x}(n) = \sum_{m=-\infty}^{\infty} \sum_{k=0}^{M-1} X(m, k)\, g(n - mN)\, W_M^{-kn}. \tag{8.37}$$

Um die Analyse- und Synthesefenster so zu entwerfen, dass die STFT eine perfekte Rekonstruktion garantiert, kann auf die in Abschnitt 7.5 behandelten Methoden für überabgetastete DFT-Filterbänke zurückgegriffen werden. Dies wird aus der im Folgenden noch dargestellten Analogie zu komplex modulierten Filterbänken deutlich. Während bei den DFT-Filterbänken prinzipiell davon ausgegangen wurde, dass die Filterlänge (L) größer als die Zahl der Bänder (M) ist, erweist es sich aus Sicht der STFT aber auch als sinnvoll, $M \geq L$ zu wählen. Dies dient zum einen dazu, eine größere Kontinuität bei der bildlichen Darstellung von Spektrogrammen zu erzielen, zum anderen ermöglicht es die Implementierung der schnellen Faltung im Rahmen der STFT, auf die in Abschnitt 8.3 noch näher eingegangen wird.

Die Signalrekonstruktion wird für den Fall $N = 1$ (keine Abwärtstastung) besonders einfach, denn dann sind für $g(n) = \delta_{n0} \longleftrightarrow G(e^{j\omega}) = 1$ und beliebige Fenster $\gamma(n)$ der Länge L mit $1 \leq L \leq M$ und $\gamma(0) = 1/M$ alle Bedingungen für die perfekte Rekonstruktion erfüllt [1, 13]. Die Analyse- und Synthesegleichungen

(8.35) und (8.37) lauten dann

$$X(m,k) = \sum_{n=-\infty}^{\infty} x(n)\,\gamma^*(n-m)\,W_M^{kn} \tag{8.38}$$

und

$$\hat{x}(n) = \sum_{k=0}^{M-1} X(n,k)\,W_M^{-kn}. \tag{8.39}$$

Diese Rekonstruktionsmethode wird auch als *spektrale Summation* bezeichnet. Die Gültigkeit von $\hat{x}(n) = x(n)$ unter der Voraussetzung $\gamma(0) = 1/M$ lässt sich durch Einsetzen von (8.38) in (8.39) und Umformen des gewonnenen Ausdrucks leicht überprüfen:

$$\hat{x}(n) = \sum_{\ell=-\infty}^{\infty} x(\ell)\,\gamma^*(\ell-m) \underbrace{\sum_{k=0}^{M-1} W_M^{k\ell}\,W_M^{-kn}}_{M\delta(n-\ell)} = x(n)\cdot \underbrace{M\,\gamma^*(0)}_{1}. \tag{8.40}$$

Aus numerischen Gründen ist es bei der Analyse und Synthese nach (8.38) und (8.39) sinnvoll, das Analysefenster so zu definieren, dass $\gamma(0)$ den betragsmäßig größten Wert des Fensters bildet (bei einem symmetrischen Fenster würde $\gamma(0)$ typischerweise in der Fenstermitte liegen, das Fenster müsste also als nichtkausal definiert sein). Für eine festgelegte Form des Analysefensters und die Rekonstruktion nach (8.39) weisen die Werte $X(m,k)$ dann den minimalen Betrag auf. Soll das Analysefenster als kausal angesetzt werden, so kann mit der modifizierten Rekonstruktionsformel

$$\hat{x}(n) = \sum_{k=0}^{M-1} X(n,k)\,W_M^{-k(n+p)} \tag{8.41}$$

mit ganzzahligem p und $0 \le p \le L-1$ das gleiche Ziel erreicht werden: Mit $\gamma(p) = 1/M$ ergibt sich $\hat{x}(n) = x(n+p)$. Der Wert für p wird so gewählt, dass $\gamma(p) = 1/M$ der betragsmäßig größte Wert des Fensters ist.

Realisierung der STFT als Filterbank Die als Fourier-Transformation gefensterter Signale eingeführte Kurzzeit-Fourier-Transformation lässt sich auch als DFT-Filterbank (vgl. Abschnitt 7.5) interpretieren und entsprechend realisieren. Hierbei sind zwei Arten der Realisierung denkbar. Die Analysegleichung (8.35) kann zunächst einmal als Filterung modulierter Signale $x(n)W_M^{kn}$ mit einem Filter $h(n) = \gamma^*(-n)$ angesehen werden. Die Synthesegleichung (8.37) lässt sich als Filterung des Kurzzeit-Spektrums mit anschließender Modulation verstehen. Bild 8.6 zeigt hierzu die Realisierung der Kurzzeit-Fourier-Transformation mittels einer Filterbank, wobei davon ausgegangen wird, dass $h(n)$ und $g(n)$ Impulsantworten von Tiefpässen sind.

Alternativ können die Signalanalyse und -synthese mit äquivalenten Bandpassfiltern durchgeführt werden. Durch Umschreiben von (8.35) in

$$X(m,k) = W_M^{kmN} \sum_{n=-\infty}^{\infty} x(n)\,\gamma^*(n-mN)\,W_M^{k(n-mN)} \tag{8.42}$$

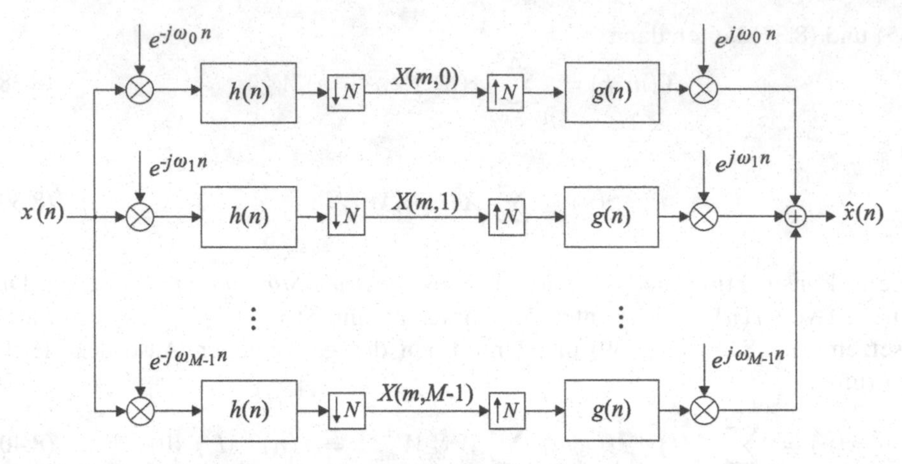

Bild 8.6 Tiefpass-Realisierung der Kurzzeit-Fourier-Transformation

erkennt man, dass die Analyse auch durch eine Faltung der Folge $x(n)$ mit den Bandpass-Impulsantworten

$$h_k(n) = \gamma^*(-n)\, W_M^{-kn}, \qquad k = 0, 1, \ldots, M-1, \tag{8.43}$$

eine Abtastratenreduktion um den Faktor N und eine nachträgliche Modulation erfolgen kann. Es gilt

$$X(m,k) = W_M^{kmN} \sum_{n=-\infty}^{\infty} x(n)\, h_k(mN-n). \tag{8.44}$$

Die Umformung von (8.37) in

$$\hat{x}(n) = \sum_{m=-\infty}^{\infty} \sum_{k=0}^{M-1} X(m,k)\, W_M^{-kmN}\, g(n-mN)\, W_M^{-k(n-mN)} \tag{8.45}$$

zeigt, dass die Synthese ebenfalls mit modulierten Filtern ausgeführt werden kann. Hierzu wird zunächst das Kurzzeit-Spektrum moduliert, dann erfolgt eine Filterung mit den Bandpässen

$$g_k(n) = g(n)\, W_M^{-kn}, \qquad k = 0, 1, \ldots, M-1. \tag{8.46}$$

Bild 8.7 zeigt die entsprechende Implementierung. Der einzige Unterschied zu der in Abschnitt 7.5 eingeführten DFT-Filterbank ist die Modulation der Teilbandsignale $X(m,k)$, die für die Frage nach einer perfekten Rekonstruktion allerdings unerheblich ist, weil die auf der Analyseseite auftretende Modulation auf der Syntheseseite wieder rückgängig gemacht wird.

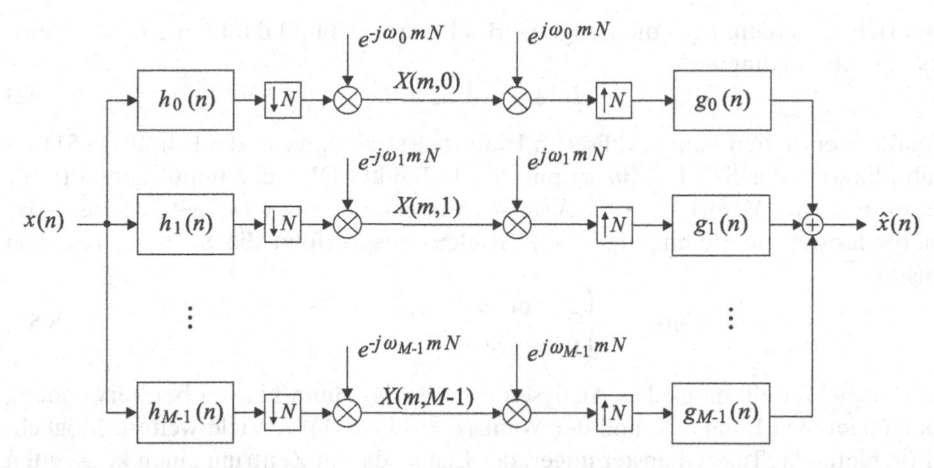

Bild 8.7 Bandpass-Realisierung der Kurzzeit-Fourier-Transformation

8.3 Die schnelle Faltung mittels der STFT

Die schnelle Faltung unter Verwendung von Rechteckfenstern wurde bereits in Abschnitt 5.3 behandelt. Die dabei betrachtete Overlap-Add-Methode lässt sich aber auch problemlos auf andere Fensterfunktionen erweitern. Hierzu wird von einem reellwertigen Analysefenster $\gamma(n)$ ausgegangen, dessen um mN, $m \in \mathbb{Z}$ verschobene Versionen sich wie folgt zu eins addieren:

$$\sum_{m=-\infty}^{\infty} \gamma(n - mN) = 1 \quad \text{für alle } n \in \mathbb{Z}. \tag{8.47}$$

Die bei der STFT in (8.42) auftretenden Terme

$$x_m(n - mN) = x(n)\,\gamma(n - mN) \tag{8.48}$$

stellen damit Teile der folgenden Zerlegung des Eingangssignals dar:

$$x(n) = \sum_{m=-\infty}^{\infty} x(n)\,\gamma(n - mN) = \sum_{m=-\infty}^{\infty} x_m(n - mN). \tag{8.49}$$

Die auszuführende Faltung des Eingangssignals $x(n)$ mit einer Impulsantwort $c(n)$ kann so als

$$y(n) = x(n) * c(n) = \sum_{m=-\infty}^{\infty} x_m(n - mN) * c(n) = \sum_{m=-\infty}^{\infty} y_m(n - mN) \tag{8.50}$$

mit

$$y_m(n) = x_m(n) * c(n) \tag{8.51}$$

geschrieben werden. Falls die Länge L_c des Filters $c(n)$ und die Länge L_γ des Fensters $\gamma(n)$ die Bedingung

$$L_c + L_\gamma \leq M - 1 \tag{8.52}$$

einhalten, entstehen keine zyklischen Faltungsartefakte, wenn die Faltung (8.51) als Multiplikation der STFT $X(m,k)$ mit der M-Punkte-DFT der Impulsantwort $c(n)$ ausgeführt wird: $Y(m,k) = C(k)X(m,k)$, wobei $c(n) \longleftrightarrow C(k)$ gilt. Während das Analysefenster die Bedingung (8.47) erfüllen muss, erfolgt die Synthese mit dem Fenster

$$g(n) = \begin{cases} 1 & \text{für } n = 0, 1, \ldots M-1 \\ 0 & \text{sonst.} \end{cases} \tag{8.53}$$

Ein Beispiel für ein mögliches Analysefenster ist das Hann-Fenster bei Verwendung einer ungeraden Länge L_γ und der Wahl $N = (L_\gamma - 1)/2$. Viele weitere Möglichkeiten bietet das Tukey-Fenster ungerader Länge, das im Zentrum einen konstanten Teil aufweist und an den Rändern mit Kosinus-Flanken abfällt.

Vergleicht man den Rechenaufwand der schnellen Faltung unter Verwendung des Hann- und des Rechteckfensters, so stellt sich heraus, dass die Verwendung eines nicht rechteckförmigen Fensters zu einem größeren Rechenaufwand führt. Wenn die Aufgabe also nur darin bestünde, ein gegebenes Filter mittels der schnellen Faltung möglichst effizient zu implementieren, so wäre die Verwendung eines speziellen Fensters nicht gerechtfertigt. Allerdings ist es in einigen Anwendungen so, dass ein benötigtes Filter $c(n)$ zunächst unbekannt ist und erst durch eine Adaptation gefunden werden muss. Dabei ist es häufig so, dass die Zielfunktion sich leichter im Frequenz- als im Zeitbereich formulieren lässt. Ein Beispiel ist hierbei die blinde Quellentrennung mit gedächtnisbehafteten Mischungs- und Entmischungssystemen. Da die STFT mit einem gut entworfenen Analysefenster eine bessere Spektralschätzung als eine einfache blockweise DFT liefert (vgl. Abschnitt 6.4.4), ist die STFT-Methode in solchen Fällen oft vorzuziehen.

8.4 Spektrale Subtraktion auf Basis der STFT

In vielen praktischen Anwendungen begegnet man Signalen, die von additivem Rauschen überlagert sind. Es sind viele Methoden bekannt, um den Einfluss des Rauschens in mehr oder weniger optimaler Weise zu reduzieren. Zum Beispiel werden in Kapitel 11 optimale lineare Filter entworfen, die das Signal-zu-Rausch-Verhältnis verbessern. Oft sind nichtlineare Methoden allerdings effektiver als lineare Ansätze. Die spektrale Subtraktion ist ein nichtlineares Verfahren zur Rauschreduktion, das insbesondere für die Verbesserung von Sprachsignalen geeignet ist.

Ausgangspunkt ist das Modell

$$y(t) = x(t) + n(t), \tag{8.54}$$

wobei angenommen wird, dass das additive Rauschen $n(t)$ statistisch unabhängig vom Signal $x(t)$ ist. Geht man davon aus, dass die Fourier-Transformierten von $x(t)$ und $n(t)$ existieren, dann gilt im Frequenzbereich

$$Y(\omega) = X(\omega) + N(\omega). \tag{8.55}$$

Aufgrund der statistischen Unabhängigkeit von Signal und Rauschen erhält man

$$|Y(\omega)|^2 = |X(\omega)|^2 + |N(\omega)|^2. \tag{8.56}$$

Ist $E\left\{|N(\omega)|^2\right\}$ bekannt, dann lautet die Least-Squares-Schätzung für $|X(\omega)|^2$

$$|\hat{X}(\omega)|^2 = |Y(\omega)|^2 - E\left\{|N(\omega)|^2\right\}. \tag{8.57}$$

Bei der spektralen Subtraktion wird lediglich versucht, den Betrag des Spektrums zu entstören, während die Phase unangetastet bleibt. Das rauschreduzierte Signal lautet demnach im Frequenzbereich

$$\hat{X}(\omega) = |\hat{X}(\omega)|\, e^{j \arg\{Y(\omega)\}}. \tag{8.58}$$

Die Beibehaltung der gestörten Phase ist u. a. dadurch motiviert, dass die Phase eines Sprachsignals von geringer Bedeutung für die wahrgenommene Sprachqualität ist.

In den vorherigen Ausführungen blieben die Zeitabhängigkeit der statistischen Eigenschaften des Signals und des Rauschens noch unberücksichtigt. Sprachsignale müssen im Allgemeinen als hochgradig instationär angenommen werden, aber die statistischen Eigenschaften ändern sich nur wenig innerhalb von Intervallen von ca. 20 ms Dauer, so dass von einer Stationarität auf einer Kurzzeit-Basis ausgegangen werden kann. Ersetzt man die in (8.55) auftretenden Spektren durch die Kurzzeit-Spektren der STFT, so erhält man

$$Y(m,k) = X(m,k) + N(m,k), \tag{8.59}$$

wobei m den Zeit- und k den Frequenzindex bezeichnet.

Statt nur eine Subtraktion des durchschnittlichen Rauschspektrums $E\left\{|N(\omega)|^2\right\}$ vorzunehmen, versucht man nun, den zeitvarianten Rauschprozess und seine Leistungsdichte zu schätzen und diese Schätzung vom Gesamtspektrum zu subtrahieren. Eine Schätzung des Rauschspektrums kann dabei zum Beispiel in Sprachpausen geschehen. Die Gleichungen (8.57) und (8.58) werden dann durch

$$|\hat{X}(m,k)|^2 = |Y(m,k)|^2 - |\widehat{N(m,k)}|^2 \tag{8.60}$$

und

$$\hat{X}(m,k) = |\hat{X}(m,k)|\, e^{j \arg\{Y(m,k)\}} \tag{8.61}$$

ersetzt, wobei $|\widehat{N(m,k)}|^2$ das geschätzte Rauschspektrum ist. Da nicht garantiert werden kann, dass $|Y(m,k)|^2 - |\widehat{N(m,k)}|^2 > 0$ für alle Paare $\{m,k\}$ erfüllt ist, müssen noch weitere Modifikationen wie zum Beispiel eine Begrenzung auf positive Werte vorgenommen werden. Hierzu und zur effektiven Schätzung des Rauschspektrums sind verschiedene Methoden bekannt. Für weitere Details sei auf die Literatur [2, 7, 8, 9, 6, 12] verwiesen. Eine eng verwandte Methode, die man als *Wavelet-Denoising* bezeichnet, wird in Abschnitt 9.11.2 behandelt.

Literaturverzeichnis

[1] J. B. Allen und L. R. Rabiner: *A unified approach to STFT analysis and synthesis*. Proceedings of the IEEE, 65:1558–1564, November 1977.
[2] S. Boll: *Suppression of acoustic noise in speech using spectral subtraction*. IEEE Trans. Acoust., Speech, Signal Processing, 27(2):113–120, April 1979.
[3] R. E. Crochiere und L. R. Rabiner: *Multirate Digital Signal Processing*. Prentice-Hall, Englewood Cliffs, NJ, 1983.
[4] I. Daubechies: *The wavelet transform, time-frequency localization and signal analysis*. IEEE Trans. Inform. Theory, 36(5):961–1005, September 1990.
[5] I. Daubechies: *Ten Lectures on Wavelets*. SIAM, 1992.
[6] Y. Ephraim: *Statistical-model-based speech enhancement systems*. Proceedings of the IEEE, 80(10):1526–1555, Oktober 1992.
[7] Y. Ephraim und D. Malah: *Speech enhancement using a minimum mean-square error short-time spectral amplitude estimator*. IEEE Trans. Acoust., Speech, Signal Processing, 32(6):1109–1121, Dezember 1984.
[8] Y. Ephraim und D. Malah: *Speech enhancement using a minimum mean-square log-spectral amplitude estimator*. IEEE Trans. Acoust., Speech, Signal Processing, 33(2):443–445, April 1985.
[9] S. Furui und M. M. Sondhi: *Advances in Speech Signal Processing*. Marcel Dekker, New York, 1991.
[10] D. Gabor: *Theory of communication*. Journal of the Institute for Electrical Engineers, 93:429–439, 1946.
[11] F. Hlawatsch und G. F. Boudreaux-Bartels: *Linear and quadratic time-frequency signal representations*. IEEE Signal Processing Magazine, 9(2):21–67, April 1992.
[12] R. Martin: *Noise power spectral density estimation based on optimal smoothing and minimum statistics*. IEEE Trans. Speech and Audio Processing, 9(5):504–512, Juli 2001.
[13] L. R. Rabiner und R. W. Schafer: *Digital Processing of Speech Signals*. Prentice-Hall, Englewood Cliffs, NJ, 1978.

Kapitel 9
Die Wavelet-Transformation

Die Wavelet-Transformation wurde 1982 von Morlet et al. eingeführt, wobei die Anwendung in der Auswertung seismischer Messdaten bestand [20], [21]. Seither wurden verschiedene Arten der Wavelet-Transformation vorgeschlagen, und es haben sich viele weitere Anwendungen gefunden. Die zeitkontinuierliche Wavelet-Transformation, auch *integrale Wavelet-Transformation* genannt, hat Anwendungen in der Signalanalyse, wo sie eine affin-invariante Zeit-Frequenz-Repräsentation liefert. Eine besonders häufig angewandte Form ist die *diskrete Wavelet-Transformation* (DWT). Die DWT besitzt exzellente Codierungseigenschaften für viele Klassen natürlicher Signale und kann zudem sehr recheneffizient implementiert werden. Sie hat Anwendungen in vielen Bereichen der Technik, wie zum Beispiel der Bildkompression, der Rauschreduktion und der Mustererkennung.

9.1 Die zeitkontinuierliche Wavelet-Transformation

Die Wavelet-Transformierte eines Signals $x \in L_2(\mathbb{R})$, die im Folgenden mit $\mathcal{W}_x(b,a)$ bezeichnet wird, ist als

$$\mathcal{W}_x(b,a) = |a|^{-\frac{1}{2}} \int_{-\infty}^{\infty} x(t)\, \psi^*\left(\frac{t-b}{a}\right) dt \tag{9.1}$$

definiert. Das bedeutet, die Wavelet-Transformierte wird als inneres Produkt des Signals $x(t)$ mit verschobenen und skalierten Versionen einer einzigen Funktion $\psi(t)$ berechnet. Dabei wird von $\psi \in L_2(\mathbb{R})$ ausgegangen. Der Vorfaktor $|a|^{-1/2}$ sorgt dafür, dass alle Funktionen $|a|^{-1/2}\psi(t/a)$ für alle $a \in \mathbb{R}^+$ die gleiche Energie besitzen. Die Funktion $\psi(t)$ bezeichnet man als *Wavelet*.

Wie sich noch zeigen wird, besitzt $\psi(t)$ ein Bandpass-Spektrum, so dass die gesamte Wavelet-Analyse im Prinzip eine Bandpassanalyse ist. Durch die Variation des Skalierungsparameters a werden die Mittenfrequenz und die Bandbreite des Bandpasses beeinflusst. Die Variation von b bedeutet eine Zeitverschiebung,

---

Ergänzende Information Die elektronische Version dieses Kapitels enthält Zusatzmaterial, auf das über folgenden Link zugegriffen werden kann https://doi.org/10.1007/978-3-658-41529-7_9.

A. Mertins, *Signaltheorie*, https://doi.org/10.1007/978-3-658-41529-7_9

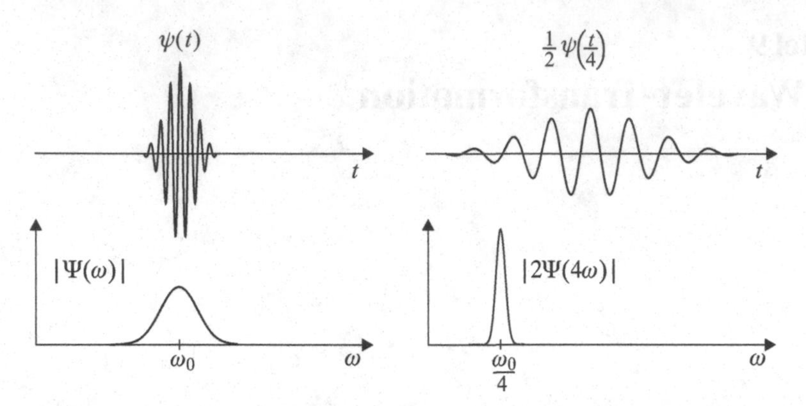

Bild 9.1 Analysekern $\psi(t)$ der Wavelet-Transformation und sein Spektrum $\Psi(\omega)$ (links) sowie die skalierte Version $\frac{1}{2}\psi(t/4)$ und ihr Spektrum (rechts)

so dass die Transformation (9.1) für einen festen Wert a als Faltung des Signals $x(t)$ mit dem zeitlich gespiegelten Wavelet verstanden werden kann: $\mathcal{W}_x(t,a) = |a|^{-\frac{1}{2}} x(t) * \psi^*\left(\frac{-t}{a}\right)$. Da der Transformationskern $\psi(t)$ skaliert und nicht wie bei der STFT moduliert wird, spricht man hierbei von einer *Zeit-Skalen-Analyse*. Durch die Umskalierung des vorgegebenen Wavelets, und damit durch die Umskalierung einer Bandpass-Impulsantwort, ergibt sich bei einer hohen Analysefrequenz (kleines a) eine gute Zeit- und eine schlechte Frequenzauflösung. Umgekehrt ergibt sich bei einer niedrigen Analysefrequenz eine gute Frequenz- und dafür eine schlechte Zeitauflösung. Bild 9.1 veranschaulicht dies an einem Beispiel.

Da die Variation der Skalierung keine Auswirkung auf die eigentliche Form des Transformationskerns hat, bleibt das Verhältnis aus Bandbreite und Mittenfrequenz des Bandpasses unverändert. Daher spricht man auch von einer Bandpassanalyse mit konstanter Güte (engl. *constant-Q analysis*). Eine solche angepasste Auflösung entspricht in weiten Frequenzbereichen den Eigenschaften des menschlichen Gehörs, das die Tonhöhe in einer näherungsweise nach Oktaven gestaffelten Auflösung wahrnimmt und das auch eine entsprechend angepasste Frequenzauflösung besitzt.[1]

Wenn eine Transformation angewandt wird, um Einsichten in die Eigenschaften eines Signals zu erlangen, sollte sichergestellt sein, dass die Transformation auch eine fehlerfreie Rücktransformation erlaubt. Die Bedingung, unter der ein Signal aus seiner Wavelet-Transformierten zurückgewonnen werden kann, lautet

$$C_\psi = \int_{-\infty}^{\infty} \frac{|\Psi(\omega)|^2}{|\omega|}\, d\omega \; < \infty, \tag{9.2}$$

wobei $\Psi(\omega)$ die Fourier-Transformierte des Wavelets $\psi(t)$ ist. Diese Bedingung wird auch als die *Zulässigkeitsbedingung* bezeichnet. Den Beweis der Notwendigkeit von (9.2) findet man in Abschnitt 9.3.

[1] Eine genauere Skala für die Tonhöhenwahrnehmung ist die Mel-Skala [26]. Die Frequenzauflösung wird mit guter Näherung durch die ERB-Skala beschrieben [12].

Um die Bedingung (9.2) zu erfüllen, muss wiederum

$$\Psi(0) = \int_{-\infty}^{\infty} \psi(t)\, dt = 0 \tag{9.3}$$

gelten, und $|\Psi(\omega)|$ muss für $|\omega| \to 0$ und für $|\omega| \to \infty$ stark abfallen. Das heißt, $\Psi(\omega)$ muss die Übertragungsfunktion eines Bandpasses sein. Der Graph von $\psi(t)$ kann daher nur eine *kleine Welle* sein, womit sich auch der Name *Wavelet-Transformation* erklärt.

Berechnung der Wavelet-Transformierten aus dem Spektrum des Signals Die in Gleichung (9.1) eingeführte integrale Wavelet-Transformation lässt sich mit der Abkürzung

$$\psi_{b,a}(t) = |a|^{-\frac{1}{2}} \psi\left(\frac{t-b}{a}\right) \tag{9.4}$$

auch als

$$\mathcal{W}_x(b,a) = \langle x, \psi_{b,a} \rangle \tag{9.5}$$

schreiben. Mit den Korrespondenzen $x(t) \longleftrightarrow X(\omega)$ und $\psi(t) \longleftrightarrow \Psi(\omega)$ sowie den Verschiebungs- und Modulationseigenschaften (3.71) und (3.72) der Fourier-Transformation erhält man

$$\begin{aligned} \psi_{b,a}(t) &= |a|^{-\frac{1}{2}} \psi\left(\frac{t-b}{a}\right) \\ &\updownarrow \\ \Psi_{b,a}(\omega) &= |a|^{\frac{1}{2}} e^{-j\omega b}\, \Psi(a\omega). \end{aligned} \tag{9.6}$$

Unter Ausnutzung der Parseval'schen Gleichung ergibt sich schließlich

$$\begin{aligned} \mathcal{W}_x(b,a) &= \frac{1}{2\pi} \langle X, \Psi_{b,a} \rangle \\ &= |a|^{\frac{1}{2}} \frac{1}{2\pi} \int_{-\infty}^{\infty} X(\omega)\, \Psi^*(a\omega)\, e^{j\omega b}\, d\omega. \end{aligned} \tag{9.7}$$

Gleichung (9.7) besagt, dass sich die Wavelet-Transformierte ebenfalls über eine inverse Fourier-Transformation aus dem gefensterten Spektrum $X(\omega)\Psi^*(a\omega)$ berechnen lässt.

Zeit-Frequenz-Auflösung Es wird davon ausgegangen, dass $\psi(t)$, $t\psi(t)$, $\Psi(\omega)$ und $\omega\Psi(\omega)$ quadratisch integrierbar sind. Wie bei der Kurzzeit-Fourier-Transformation erkennt man, dass $\mathcal{W}_x(b,a)$ Informationen über das Signal $x(t)$ in einem bestimmten Zeit-Frequenz-Fenster liefert. Das Zentrum (t_0, ω_0) und die Radien Δ_t, Δ_ω des Zeit-Frequenz-Fensters berechnen sich zu

$$t_0 = \int_{-\infty}^{\infty} t \cdot \frac{|\psi(t)|^2}{\|\psi\|^2}\, dt, \tag{9.8}$$

$$\omega_0 = \int_{-\infty}^{\infty} \omega \cdot \frac{|\Psi(\omega)|^2}{\|\Psi\|^2}\, d\omega, \tag{9.9}$$

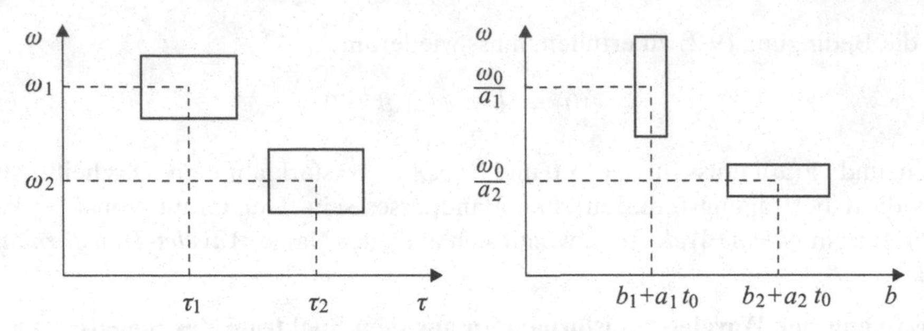

Bild 9.2 Auflösung der Kurzzeit-Fourier-Transformation (links) und der Wavelet-Transformation (rechts)

$$\Delta_t = \left(\int_{-\infty}^{\infty} (t - t_0)^2 \cdot \frac{|\psi(t)|^2}{\|\psi\|^2} \, dt \right)^{\frac{1}{2}}, \tag{9.10}$$

$$\Delta_\omega = \left(\int_{-\infty}^{\infty} (\omega - \omega_0)^2 \cdot \frac{|\Psi(\omega)|^2}{\|\Psi\|^2} \, d\omega \right)^{\frac{1}{2}}. \tag{9.11}$$

Für das Zentrum und die Radien der skalierten Funktion $\psi(\frac{t}{a}) \longleftrightarrow |a|\Psi(a\omega)$ gilt dann $\{a \cdot t_0,\ \frac{1}{a}\omega_0\}$ bzw. $\{a \cdot \Delta_t,\ \frac{1}{a}\Delta_\omega\}$. Daraus erkennt man, dass die Wavelet-Transformierte $\mathcal{W}_x(b, a)$ Informationen über das Signal $x(t)$ und sein Spektrum innerhalb des Zeit-Frequenz-Fensters

$$[b + a \cdot t_0 - a \cdot \Delta_t\,,\ b + a \cdot t_0 + a \cdot \Delta_t] \times \left[\frac{\omega_0}{a} - \frac{\Delta_\omega}{a},\ \frac{\omega_0}{a} + \frac{\Delta_\omega}{a} \right] \tag{9.12}$$

liefert. Die Fläche $4\Delta_t\Delta_\omega$ ist unabhängig von den Parametern a und b, sie ist nur durch das verwendete Wavelet $\psi(t)$ bestimmt. Das Zeitfenster wird schmal, wenn a klein wird, und es wird breit, wenn a groß wird. Umgekehrt wird das Frequenzfenster breit, wenn a klein wird, und es wird schmal, wenn a groß wird. Ein kurzes Analysefenster führt zwar zu einer guten Zeit-, aber grundsätzlich auch zu einer schlechten Frequenzauflösung. Umgekehrt liefert ein langes Analysefenster eine gute Frequenz-, aber auch eine schlechte Zeitauflösung. Bild 9.2 zeigt hierzu einen Vergleich der unterschiedlichen Auflösungen der Kurzzeit-Fourier- und der Wavelet-Transformation.

Wie man der Definitionsgleichung (9.1) entnehmen kann, wird die Wavelet-Transformierte bei einer Zeitskalierung des Signals ($x(t) \to x(t/c)$) ebenfalls skaliert, sie erfährt ansonsten aber keine weitere Veränderung. Aus diesem Grund spricht man auch von einer *affin-invarianten Transformation.* Weiterhin ist die Wavelet-Transformation *translationsinvariant* in dem Sinne, dass eine Verschiebung des Signals ($x(t) \to x(t - t_0)$) nur zu einer Verschiebung der Wavelet-Transformierten um t_0, aber zu keiner weiteren Modifikation der Wavelet-Transformierten führt.

9.2 Wavelets für die Zeit-Skalen-Analyse

In der Zeit-Skalen-Analyse möchte man die Eigenschaften des zu analysierenden Signals in einfacher Weise der Wavelet-Transformierten entnehmen können. Hier bieten sich *analytische Wavelets* an, die wie ein *analytisches Signal* nur positive Frequenzen enthalten, vgl. Abschnitt 3.5. Mit anderen Worten, für die Fourier-Transformierte eines analytischen Wavelets $\psi_{b,a}(t)$ gilt

$$\Psi_{b,a}(\omega) = 0 \qquad \text{für} \qquad \omega \leq 0. \tag{9.13}$$

Analytische Wavelets besitzen die Eigenschaft, dass der Betrag der Wavelet-Transformierten $\mathcal{W}_x(b,a)$ eines Signals $x(t) = \cos(\omega_0 t)$ unabhängig von b ist, so dass der Betrag von $\mathcal{W}_x(b,a)$ direkt die Zeit-Frequenz-Verteilung der Signalenergie anzeigt.

Das Skalogramm Unter einem *Skalogramm* versteht man das Betragsquadrat der Wavelet-Transformierten eines Signals:

$$|\mathcal{W}_x(b,a)|^2 = \left| \, |a|^{-\frac{1}{2}} \int_{-\infty}^{\infty} x(t)\, \psi^*\left(\frac{t-b}{a}\right) dt \, \right|^2 . \tag{9.14}$$

Skalogramme lassen sich wie Spektrogramme als Bilder darstellen, in denen die Intensität durch unterschiedliche Graustufen ausgedrückt wird. Bild 9.3 zeigt hierzu Skalogramme für das spezielle Testsignal $x(t) = \delta_0(t)$. Man erkennt, dass man hierbei ein analytisches Wavelet verwenden muss, um einen Eindruck von der Verteilung der Signalenergie bezüglich der Zeit und der Frequenz (bzw. Skalierung) zu erhalten.

Das Morlet-Wavelet Das am häufigsten in der Signalanalyse verwendete Wavelet ist das Morlet-Wavelet, ein moduliertes Gaußsignal:

$$\psi(t) = e^{j\omega_0 t}\, e^{-\beta^2 t^2/2}. \tag{9.15}$$

Streng genommen darf man hierbei nicht von einem Wavelet sprechen, denn das Morlet-Wavelet erfüllt die Zulässigkeitsbedingung (9.2) nur näherungsweise. Durch entsprechende Wahl der Parameter ω_0 und β in (9.15) lässt sich allerdings erreichen, dass das Wavelet zumindest „praktisch zulässig“ ist. Hierzu betrachten wir die Fourier-Transformierte des Morlet-Wavelets, für die gilt

$$\Psi(\omega) = \frac{1}{\beta}\, e^{-(\omega-\omega_0)^2/(2\beta^2)} > 0 \quad \text{für alle } \omega. \tag{9.16}$$

Mit der Wahl

$$\omega_0 \geq 2\pi\beta \tag{9.17}$$

ergibt sich $\Psi(\omega) \leq 2{,}7\ 10^{-9}$ für $\omega \leq 0$, und man kann das Morlet-Wavelet als „praktisch zulässig“ und auch als „praktisch analytisch“ verstehen [25]. Oft wird bereits $\omega_0 \geq 5\beta$ als ausreichend angesehen, was in etwa zu $\Psi(\omega) \leq 10^{-5}$ für $\omega \leq 0$ führt [13].

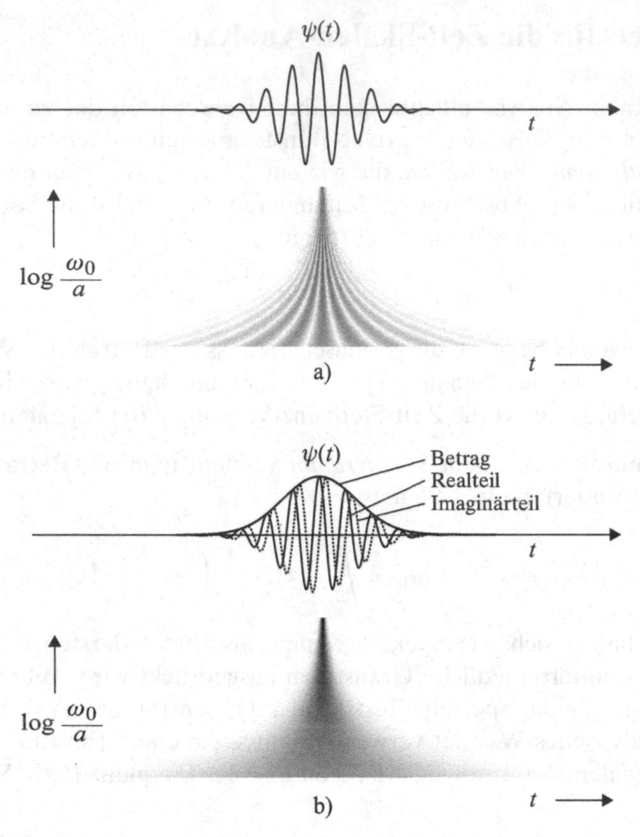

Bild 9.3 Skalogramm eines Delta-Impulses ($\mathcal{W}_{\delta_0}(b,a) = |\psi(b/a)|^2$). a) reelles Wavelet; b) analytisches Wavelet

Beispiel 9.1 Das im Folgenden betrachtete Beispiel soll einen optischen Eindruck von einer Wavelet-Analyse geben und dabei den Unterschied zur Kurzzeit-Fourier-Analyse verdeutlichen. Das gewählte Testsignal ist zeitdiskret, es enthält zwei periodische Anteile und zwei Impulse.[2] Verwendet wird dabei ein abgetastetes Morlet-Wavelet. Ein Ausschnitt des Signals ist in Bild 9.4a dargestellt. Die Bilder 9.4b und 9.4c zeigen dazu zwei Kurzzeit-Fourier-Analysen mit gaußförmigen Analysefenstern. Die gewählten Längen der Analysefenster sind $N = 32$ und $N = 128$. In Bild 9.4b erkennt man, dass bei Verwendung eines sehr kurzen Analysefensters keine Auflösung der periodischen Anteile möglich ist, die Impulse werden dagegen zeitlich gut lokalisiert. Eine große Fensterlänge ermöglicht eine gute Auflösung der periodischen Anteile, die Impulse werden allerdings schlecht lokalisiert. Anders ist dies bei der in Bild 9.4d dargestellten Wavelet-Analyse. Sowohl die periodischen Komponenten als auch die Impulse sind deutlich zu erkennen.

[2] Auf die Frage, wie man die Wavelet-Transformierte eines zeitdiskreten Signals berechnen kann, wird in Abschnitt 9.8 noch näher eingegangen.

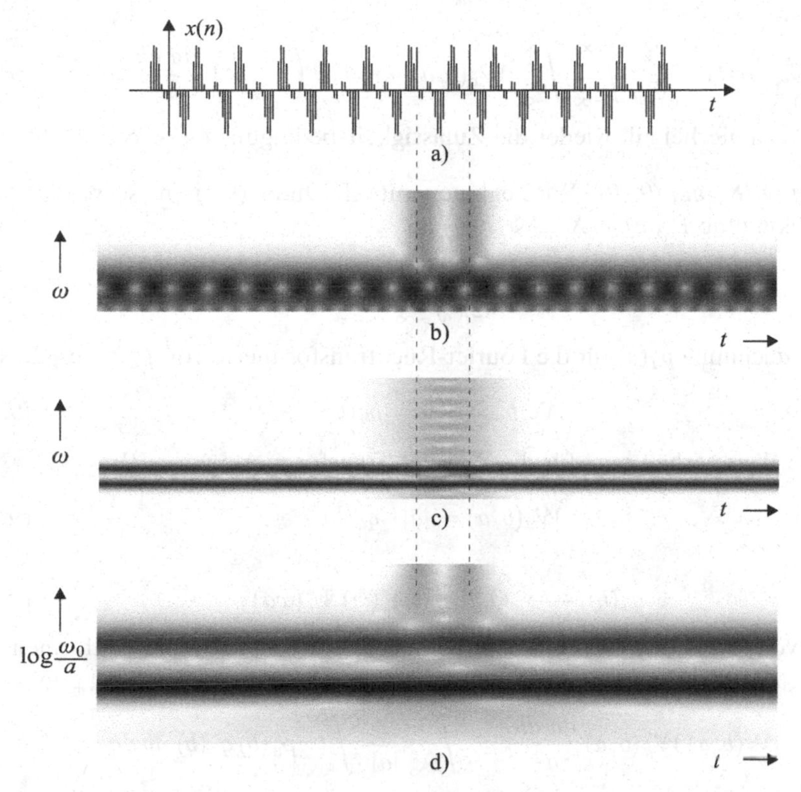

Bild 9.4 Beispiel für die Kurzzeit-Fourier- und die Wavelet-Analyse. a) Testsignal; b) Spektrogramm (kurzes Fenster); c) Spektrogramm (langes Fenster); d) Skalogramm (12 Teilbänder je Oktave)

9.3 Integrale Rücktransformation und Energieerhaltung

Das Skalarprodukt zweier Energiesignale $x(t)$ und $y(t)$ lässt sich prinzipiell auch als Skalarprodukt von linearen Transformationen der Signale angeben (vgl. Parseval'sche Gleichung), sofern die Transformationen auch eine Rücktransformation erlauben. Wie noch gezeigt wird, lautet dieser Zusammenhang für die Wavelet-Transformation

$$\langle x, y\rangle = \frac{1}{C_\psi}\int_{-\infty}^{\infty}\int_{-\infty}^{\infty} \mathcal{W}_x(b,a)\,\mathcal{W}_y^*(b,a)\,\frac{da\,db}{a^2}, \tag{9.18}$$

wobei $\mathcal{W}_x(b,a)$ und $\mathcal{W}_y(b,a)$ die Wavelet-Transformierten der Signale $x(t)$ und $y(t)$ sind. Die Bedingung $C_\psi < \infty$ mit C_ψ nach (9.2) stellt dabei die *Zulässigkeitsbedingung* für das Wavelet $\psi(t)$ dar. Die Rücktransformation eines Signals $x(t)$ aus $\mathcal{W}_x(b,a)$ kann in der Form

$$x(t) = \frac{1}{C_\psi} \int_{-\infty}^{\infty} \int_{-\infty}^{\infty} \mathcal{W}_x(b,a)\, |a|^{-\frac{1}{2}}\, \psi\left(\frac{t-b}{a}\right) \frac{da\, db}{a^2} \tag{9.19}$$

erfolgen. Auch hierbei gilt wieder die Zulässigkeitsbedingung $C_\psi < \infty$.

Beweis von (9.18) und (9.19). Wir beginnen mit Gleichung (9.7) und schreiben diese mit der Abkürzung $P_a(\omega) = X(\omega)\Psi^*(\omega a)$ als

$$\mathcal{W}_x(b,a) = |a|^{\frac{1}{2}} \frac{1}{2\pi} \int_{-\infty}^{\infty} P_a(\omega)\, e^{j\omega b}\, d\omega. \tag{9.20}$$

Mit der Bezeichnung $p_a(b)$ für die Fourier-Rücktransformierte von $P_a(\omega)$ ergibt sich

$$\mathcal{W}_x(b,a) = |a|^{\frac{1}{2}}\, p_a(b). \tag{9.21}$$

Auf gleiche Weise erhält man für die Wavelet-Transformierte von $y(t)$

$$\mathcal{W}_y(b,a) = |a|^{\frac{1}{2}}\, q_a(b) \tag{9.22}$$

mit

$$q_a(b) \longleftrightarrow Q_a(\omega) = Y(\omega)\, \Psi^*(\omega a)\,. \tag{9.23}$$

Einsetzen von (9.21) und (9.22) in den rechten Term von (9.18) und Umformen des gewonnenen Ausdrucks unter Anwendung der Parseval'schen Gleichung ergibt

$$\begin{aligned} \int_{-\infty}^{\infty} \int_{-\infty}^{\infty} \mathcal{W}_x(b,a)\, \mathcal{W}_y^*(b,a)\, \frac{da\, db}{a^2} &= \int_{-\infty}^{\infty} \frac{1}{|a|} \int_{-\infty}^{\infty} p_a(b)\, q_a^*(b)\, db\, da \\ &= \int_{-\infty}^{\infty} \frac{1}{|a|} \langle p_a, q_a \rangle\, da \\ &= \int_{-\infty}^{\infty} \frac{1}{|a|} \frac{1}{2\pi} \langle P_a, Q_a \rangle\, da \\ &= \frac{1}{2\pi} \int_{-\infty}^{\infty} X(\nu)\, Y^*(\nu) \int_{-\infty}^{\infty} \frac{|\Psi(\nu a)|^2}{|a|}\, da\, d\nu. \end{aligned} \tag{9.24}$$

Mit der Substitution $\omega = \nu a$ lässt sich zeigen, dass das innere Integral in der letzten Zeile von (9.24) eine nur von $\psi(t)$ abhängige Konstante C_ψ ist:

$$C_\psi = \int_{-\infty}^{\infty} \frac{|\Psi(\nu a)|^2}{|a|}\, da = \int_{-\infty}^{\infty} \frac{|\Psi(\omega)|^2}{|\omega|}\, d\omega. \tag{9.25}$$

Damit lautet (9.24)

$$\begin{aligned} \int_{-\infty}^{\infty} \int_{-\infty}^{\infty} \mathcal{W}_x(b,a)\, \mathcal{W}_y^*(b,a)\, \frac{da\, db}{a^2} &= C_\psi \frac{1}{2\pi} \int_{-\infty}^{\infty} X(\nu)\, Y^*(\nu)\, d\nu \\ &= C_\psi \int_{-\infty}^{\infty} x(\tau)\, y^*(\tau)\, d\tau, \end{aligned} \tag{9.26}$$

und der Ausdruck (9.18) für das Skalarprodukt der Signale $x(t)$ und $y(t)$ ist bewiesen. Um auch (9.19) zu beweisen, betrachten wir die Wavelet-Transformierte von $y_t(t') = \delta_0(t' - t)$, die

$$\mathcal{W}_{y_t}(b,a) = |a|^{-\frac{1}{2}} \int_{-\infty}^{\infty} \delta_0(t'-t)\, \psi^*\left(\frac{t'-b}{a}\right) dt' = |a|^{-\frac{1}{2}}\, \psi^*\left(\frac{t-b}{a}\right) \tag{9.27}$$

lautet. Unter Beachtung von

$$\langle x, y_t \rangle = \int_{-\infty}^{\infty} x(t')\, \delta_0(t'-t)\, dt' = x(t) \tag{9.28}$$

folgt aus (9.27) und (9.18) die Rekonstruktionsformel (9.19). □

9.4 Wavelet-Reihen

9.4.1 Dyadische Abtastung

Wie bei der Kurzzeit-Fourier-Transformation ist auch bei der Wavelet-Transformation eine Rücktransformation aus diskreten Werten der Transformierten möglich. Von besonderer praktischer Bedeutung ist dabei die Rücktransformation aus dyadisch angeordneten Punkten in der Zeit-Frequenz-Ebene. Die Abtastpunkte wählt man wie in Bild 9.5 dargestellt in der Form

$$a_m = 2^m, \qquad b_{mn} = a_m nT = 2^m nT, \tag{9.29}$$

wobei T das Abtastintervall für die Analyse mit dem unskalierten Wavelet ist. Die Abtastwerte der Wavelet-Transformierten lassen sich mit

$$\begin{aligned} \psi_{mn}(t) &= |a_m|^{-\frac{1}{2}} \cdot \psi\left(\frac{t-b_{mn}}{a_m}\right) \\ &= 2^{-\frac{m}{2}} \cdot \psi(2^{-m}t - nT) \end{aligned} \tag{9.30}$$

als Skalarprodukte in der Form

$$\mathcal{W}_x\left(b_{mn}, a_m\right) = \mathcal{W}_x\left(2^m nT, 2^m\right) = \langle x, \psi_{mn} \rangle \tag{9.31}$$

Bild 9.5 Dyadische Abtastung der Wavelet-Transformierten

berechnen. Damit alle Signale $x \in L_2(\mathbb{R})$ aus den Abtastwerten $\mathcal{W}_x(b_{mn}, a_m)$ rekonstruierbar sind, muss ein duales Funktionensystem $\{\tilde{\psi}_{mn}(t);\ m, n \in \mathbb{Z}\}$ existieren, und sowohl $\{\psi_{mn}(t);\ m, n \in \mathbb{Z}\}$ als auch $\{\tilde{\psi}_{mn}(t);\ m, n \in \mathbb{Z}\}$ müssen den Raum $L_2(\mathbb{R})$ aufspannen. Im Folgenden wird davon ausgegangen, dass ein solches duales System existiert und dass es aus einem Wavelet $\tilde{\psi}(t)$ abgeleitet werden kann:

$$\tilde{\psi}_{mn}(t) = 2^{-\frac{m}{2}} \cdot \tilde{\psi}(2^{-m}t - nT), \qquad m, n \in \mathbb{Z}. \tag{9.32}$$

Unter den genannten Voraussetzungen kann jede Funktion $x \in L_2(\mathbb{R})$ als

$$x(t) = \sum_{m=-\infty}^{\infty} \sum_{n=-\infty}^{\infty} \langle x, \psi_{mn} \rangle\, \tilde{\psi}_{mn}(t) \tag{9.33}$$

und alternativ auch als

$$x(t) = \sum_{m=-\infty}^{\infty} \sum_{n=-\infty}^{\infty} \left\langle x, \tilde{\psi}_{mn} \right\rangle \psi_{mn}(t) \tag{9.34}$$

dargestellt werden. Bei einem vorgegebenen Wavelet $\psi(t)$ ist das Abtastintervall T dafür entscheidend, ob eine Rekonstruktion möglich ist oder nicht. Wenn T sehr klein gewählt ist (Überabtastung), dann enthalten die Werte $\{\mathcal{W}_x(b_{mn}, a_m);\ m, n \in \mathbb{Z}\}$ eine hohe Redundanz, und eine Rekonstruktion ist sehr einfach möglich. Die Funktionen $\psi_{mn}(t)$, $m, n \in \mathbb{Z}$ sind dann linear abhängig, und es existieren beliebig viele duale Funktionensysteme. Die Frage, ob überhaupt ein duales Funktionensystem existiert, lässt sich durch Überprüfung der Stabilitätsbedingung

$$A\,\|x\|^2 \le \sum_{m=-\infty}^{\infty} \sum_{n=-\infty}^{\infty} |\langle x, \psi_{mn} \rangle|^2 \le B\,\|x\|^2 \tag{9.35}$$

beantworten. Ist (9.35) mit $0 < A \le B < \infty$ für alle Funktionen $x \in L_2(\mathbb{R})$ erfüllt, dann sind die Vollständigkeit des Funktionensystems $\{\psi_{mn}(t);\ m, n \in \mathbb{Z}\}$ und die Existenz eines dualen Funktionensystems garantiert [6].[3] Die Funktionen $\{\psi_{mn}(t);\ m, n \in \mathbb{Z}\}$ bezeichnet man in diesem Fall als *frame*. Bei gleichen Schranken $A = B$ (*tight frame*) ist eine exakte Rekonstruktion mit $\tilde{\psi}_{mn}(t) = \psi_{mn}(t)$ möglich. Dies gilt auch dann, wenn die Abtastwerte Redundanz enthalten, also wenn die Funktionen $\psi_{mn}(t)$, $m, n \in \mathbb{Z}$ linear abhängig sind. Je dichter die Schranken A und B zusammenliegen, um so kleiner ist der Rekonstruktionsfehler, wenn die Rekonstruktion nach der Formel

$$\hat{x}(t) = \frac{2}{A+B} \sum_{m=-\infty}^{\infty} \sum_{n=-\infty}^{\infty} \langle x, \psi_{mn} \rangle\, \psi_{mn}(t) \tag{9.36}$$

durchgeführt wird. Wenn das Abtastintervall T bei vorgegebenem Wavelet $\psi(t)$ gerade so groß gewählt ist, dass die Werte $\mathcal{W}_x(b_{mn}, a_m)$, $m, n \in \mathbb{Z}$ keinerlei Redundanz mehr enthalten (kritische Abtastung), dann sind die Funktionen $\psi_{mn}(t)$,

[3] Auf die Berechnung der Riesz-Schranken A und B wird am Ende dieses Abschnitts näher eingegangen.

$m, n \in \mathbb{Z}$ linear unabhängig. Ist weiterhin (9.35) mit $0 < A \leq B < \infty$ erfüllt, dann bilden die Funktionen $\psi_{mn}(t)$, $m, n \in \mathbb{Z}$ eine Basis des Raumes $L_2(\mathbb{R})$. Zwischen der Basis $\psi_{mn}(t)$, $m, n \in \mathbb{Z}$ und der dazu reziproken Basis $\tilde{\psi}_{mn}(t)$, $m, n \in \mathbb{Z}$ gilt dann analog zu (2.123) die *Biorthogonalitätsbeziehung*

$$\left\langle \psi_{mn}, \tilde{\psi}_{lk} \right\rangle = \delta_{ml}\, \delta_{nk}, \qquad m, n, l, k \in \mathbb{Z}. \tag{9.37}$$

Wavelets, die (9.37) erfüllen, nennt man biorthogonale Wavelets.

Einen Spezialfall bilden die orthonormalen Wavelets. Diese sind selbstreziprok und erfüllen die Orthonormalitätsrelation

$$\langle \psi_{mn}, \psi_{lk} \rangle = \delta_{ml}\, \delta_{nk}, \qquad m, n, l, k \in \mathbb{Z}. \tag{9.38}$$

Hier können die Funktionen $\psi_{mn}(t)$, $m, n \in \mathbb{Z}$ für die Analyse (Berechnung der Koeffizienten $\mathcal{W}_x(b_{mn}, a_m)$, $m, n \in \mathbb{Z}$) und für die Synthese (Rekonstruktion) verwendet werden. Orthonormale Basissysteme besitzen stets gleiche Schranken (*tight frame*), denn hierbei geht (9.35) in die Parseval'sche Gleichung über.

9.4.2 Erhöhung der Frequenzauflösung durch die Aufteilung von Oktaven

Für die Analyse von Audiosignalen ist eine Oktav-Analyse häufig nicht ausreichend. Man möchte vielmehr jede Oktave in M Teilbänder unterteilen, also die Frequenzauflösung um den Faktor M verbessern. Meist geht man dabei so vor, dass man für alle M Teilbänder einer Oktave die gleiche Abtastrate verwendet. Dies entspricht einer Verschachtelung von M dyadischen Wavelet-Analysen mit den skalierten Wavelets

$$\psi^{(k)}(t) = 2^{\frac{k}{2M}}\, \psi\left(2^{\frac{k}{M}} t\right), \qquad k = 0, 1, \ldots, M-1. \tag{9.39}$$

Bild 9.6 zeigt hierzu das Abtastraster einer Analyse mit drei Intervallen je Oktave. Man spricht in diesem Fall auch von einer Terz-Analyse.

Das Schema zur Abtastung der Wavelet-Transformierten kann noch weiter verallgemeinert werden, indem man die Abtastpunkte als

$$a_m = a_0^m, \qquad b_{mn} = a_m\, n T, \qquad m, n \in \mathbb{Z} \tag{9.40}$$

mit $a_0 > 1$ wählt und wie zuvor jedes Frequenzband in M Teilbänder unterteilt. Dies

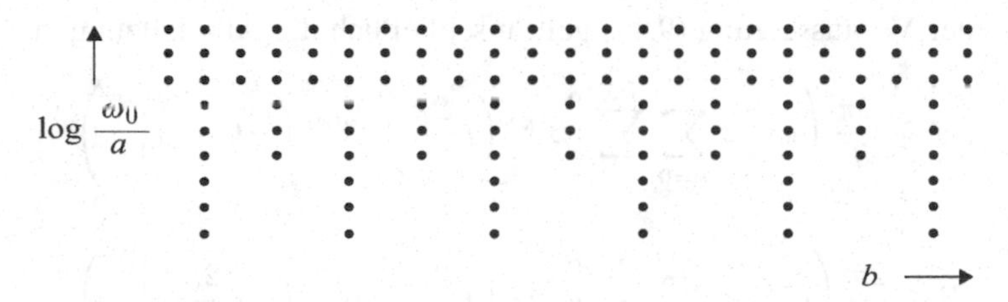

Bild 9.6 Abtastung der Wavelet-Transformierten gemäß einer physikalischen Terz-Analyse

entspricht M verschachtelten Analysen mit den Wavelets

$$\psi^{(k)}(t) = a_0^{\frac{k}{2M}}\, \psi\left(a_0^{\frac{k}{M}} t\right), \quad k = 0, 1, \ldots, M-1. \tag{9.41}$$

Für diesen allgemeinen Fall werden im Folgenden die von Daubechies [6] hergeleiteten Abschätzungen der Schranken A und B in (9.35) genannt. Die Voraussetzungen für die Gültigkeit der Abschätzungen sind:

$$\operatorname*{ess\,inf}_{|\omega|\in[1,a_0]} \sum_{m=-\infty}^{\infty} |\Psi(a_0^m \omega)|^2 > 0, \tag{9.42}$$

$$\operatorname*{ess\,sup}_{|\omega|\in[1,a_0]} \sum_{m=-\infty}^{\infty} |\Psi(a_0^m \omega)|^2 < \infty \tag{9.43}$$

sowie

$$\sup_{s\in\mathbb{R}} \left[(1+s^2)^{(1+\varepsilon)/2}\, \beta(s)\right] = C_\varepsilon < \infty \qquad (\text{für ein } \varepsilon > 0) \tag{9.44}$$

mit

$$\beta(s) = \sup_{|\omega|\in[1,a_0]} \sum_{m=-\infty}^{\infty} |\Psi(a_0^m \omega)|\, |\Psi(a_0^m \omega + s)|. \tag{9.45}$$

Sind die Voraussetzungen (9.42) – (9.44) für alle in (9.41) definierten Wavelets erfüllt, dann lassen sich die Schranken A und B aus den Größen

$$c = \operatorname*{ess\,inf}_{|\omega|\in[1,a_0]} \sum_{k=0}^{M-1} \sum_{m=-\infty}^{\infty} \left|\Psi^{(k)}(a_0^m \omega)\right|^2, \tag{9.46}$$

$$C = \operatorname*{ess\,sup}_{|\omega|\in[1,a_0]} \sum_{k=0}^{M-1} \sum_{m=-\infty}^{\infty} \left|\Psi^{(k)}(a_0^m \omega)\right|^2, \tag{9.47}$$

$$\beta^{(k)}(s) = \sup_{|\omega|\in[1,a_0]} \sum_{m=-\infty}^{\infty} \left|\Psi^{(k)}(a_0^m \omega)\right| \left|\Psi^{(k)}(a_0^m \omega + s)\right| \tag{9.48}$$

ermitteln. Das Abtastintervall T ist hierbei so zu wählen, dass

$$2 \sum_{k=0}^{M-1} \sum_{\ell=1}^{\infty} \left[\beta^{(k)}\left(\ell\,\frac{2\pi}{T}\right)\, \beta^{(k)}\left(-\ell\,\frac{2\pi}{T}\right)\right]^{\frac{1}{2}} < c \tag{9.49}$$

gilt. Unter der Voraussetzung (9.49) gelten schließlich die Abschätzungen

$$A \geq \frac{2\pi}{T}\left(c - 2 \sum_{k=0}^{M-1} \sum_{\ell=1}^{\infty} \left[\beta^{(k)}\left(\ell\,\frac{2\pi}{T}\right)\, \beta^{(k)}\left(-\ell\,\frac{2\pi}{T}\right)\right]^{\frac{1}{2}}\right) \tag{9.50}$$

und

$$B \leq \frac{2\pi}{T}\left(C + 2 \sum_{k=0}^{M-1} \sum_{\ell=1}^{\infty} \left[\beta^{(k)}\left(\ell\,\frac{2\pi}{T}\right)\, \beta^{(k)}\left(-\ell\,\frac{2\pi}{T}\right)\right]^{\frac{1}{2}}\right). \tag{9.51}$$

9.5 Die diskrete Wavelet-Transformation

In diesem Abschnitt werden das von Meyer und Mallat eingeführte Konzept der Mehrfach-Auflösung und die effiziente Filterbank-Realisierung für die Wavelet-Analyse und -Synthese behandelt [19, 17, 16, 28, 7]. Dabei wird prinzipiell von biorthogonalen Wavelets ausgegangen. Man spricht hierbei auch von dem *Mallat-Algorithmus* oder von der *diskreten Wavelet-Transformation* (DWT).

9.5.1 Das Konzept der Mehrfach-Auflösung

Im Folgenden wird davon ausgegangen, dass die in Abschnitt 9.4.1 definierten Funktionensysteme $\{\psi_{mn}(t);\ m,n \in \mathbb{Z}\}$ und $\{\tilde{\psi}_{mn}(t);\ m,n \in \mathbb{Z}\}$ Basen des Raumes $L_2(\mathbb{R})$ sind und die Biorthogonalitätsrelation (9.37) erfüllen. Weiterhin wird angenommen, dass beide genannten Funktionensysteme aus Wavelets gebildet werden. Zur Vereinfachung der Schreibweise wird $T = 1$ gewählt. Es gilt dann

$$\begin{aligned} \psi_{mn}(t) &= 2^{-\frac{m}{2}}\, \psi(2^{-m}t - n), \qquad m,n \in \mathbb{Z}, \\ \tilde{\psi}_{mn}(t) &= 2^{-\frac{m}{2}}\, \tilde{\psi}(2^{-m}t - n), \qquad m,n \in \mathbb{Z}. \end{aligned} \tag{9.52}$$

Unter den genannten Voraussetzungen lässt sich jedes Signal $x \in L_2(\mathbb{R})$ als dyadische Wavelet-Reihe darstellen.

Im Folgenden wird die Wavelet-Transformation bezüglich des dualen Wavelets $\tilde{\psi}(t)$ betrachtet. Die Koeffizienten der Wavelet-Reihenentwicklung, die mit $d_m(n)$ abgekürzt werden, lauten dann

$$d_m(n) = \mathcal{W}_x^{\tilde{\psi}}(2^m n, 2^m) = \left\langle x, \tilde{\psi}_{mn} \right\rangle, \qquad m,n \in \mathbb{Z}. \tag{9.53}$$

Wir zerlegen nun den Signalraum $L_2(\mathbb{R})$ in die direkte Summe von abgeschlossenen Unterräumen, die jeweils von den Wavelets mit gleicher Skalierung aufgespannt werden:

$$L_2(\mathbb{R}) = \ldots \oplus W_{-1} \oplus W_0 \oplus W_1 \oplus \ldots \tag{9.54}$$

mit

$$W_m = \overline{\text{span}}\, \{\psi(2^{-m}t - n),\ n \in \mathbb{Z}\}, \qquad m \in \mathbb{Z}. \tag{9.55}$$

Wegen der Bandpass-Eigenschaft der Wavelets belegt dabei jeder Unterraum W_m ein bestimmtes Frequenzband. Die in den Unterräumen W_m liegenden Teilbandsignale $y_m(t)$ lassen sich als

$$y_m(t) = \sum_{n=-\infty}^{\infty} d_m(n)\, \psi_{mn}(t), \qquad y_m \in W_m \tag{9.56}$$

definieren. Jedes Signal $x \in L_2(\mathbb{R})$ kann dann in eindeutiger Weise als Summe von

Signalen $y_m \in W_m$ dargestellt werden:

$$x(t) = \sum_{m=-\infty}^{\infty} y_m(t), \quad y_m \in W_m. \tag{9.57}$$

Es wird nun eine zweite Folge von abgeschlossenen Unterräumen des Raumes $L_2(\mathbb{R})$ eingeführt, die Tiefpass-Signale mit unterschiedlichen Bandbreiten enthalten. Diese Räume bezeichnen wir mit V_m. Die Grenzfrequenz der in V_m enthaltenen Signale verringert sich dabei mit wachsendem Index m. Das gesamte Konzept wird als Analyse mit Mehrfach-Auflösung (engl. *multiresolution analysis*, MRA) bezeichnet. Die Analyse mit Mehrfach-Auflösung wird formal über folgende Eigenschaften definiert:

1. Die Räume V_m bilden eine Folge von eingebetteten abgeschlossenen Unterräumen:
$$\ldots \subset V_{m+1} \subset V_m \subset V_{m-1} \subset \ldots \tag{9.58}$$
2. Es gilt die Verschiebungsinvarianz
$$x(t) \in V_m \quad \Leftrightarrow \quad x(t - n2^m) \in V_m \qquad \text{für alle} \quad m, n \in \mathbb{Z}. \tag{9.59}$$
3. Eine Zeitskalierung eines Signals $x(t)$ um den Faktor zwei ($x(t) \to x(2t)$) führt dazu, dass das skalierte Signal $x(2t)$ ein Element des übergeordneten Unterraumes ist und umgekehrt:
$$x(t) \in V_m \quad \Longleftrightarrow \quad x(2t) \in V_{m-1}. \tag{9.60}$$
4. Es gilt die Vollständigkeit in $L_2(\mathbb{R})$. Die abgeschlossene Hülle der Summe aller Unterräume V_m ist der Raum $L_2(\mathbb{R})$,
$$\lim_{m\to-\infty} V_m = \operatorname{clos}_{L_2}\left(\bigcup_{m\in\mathbb{Z}} V_m\right) = L_2(\mathbb{R}), \tag{9.61}$$
und der Durchschnitt aller Unterräume V_m ist der Nullvektor:
$$\lim_{m\to\infty} V_m = \bigcap_{m\in\mathbb{Z}} V_m = \{\mathbf{0}\}. \tag{9.62}$$

Bildet man eine Folge von Funktionen $x_m(t)$ durch Projektion einer Funktion $x \in L_2(\mathbb{R})$ auf die Unterräume V_m, so konvergiert diese Folge gegen das Signal $x(t)$, es gilt also

$$\lim_{m\to-\infty} x_m(t) = x(t), \qquad x \in L_2(\mathbb{R}), \qquad x_m \in V_m. \tag{9.63}$$

Damit kann jedes Signal $x \in L_2(\mathbb{R})$ beliebig genau approximiert werden.

Im Rahmen der Wavelet-Transformation definiert man die Räume V_m rekursiv in der Form

$$V_m = V_{m+1} \oplus W_{m+1}, \tag{9.64}$$

wobei $\oplus$ die direkte Summe der Unterräume V_{m+1} und W_{m+1} bezeichnet. Es ist leicht zu überprüfen, dass die über (9.54), (9.55) und (9.64) eingeführten Räume V_m die Bedingungen an eine Analyse mit Mehrfach-Auflösung erfüllen.

Wegen der Skalierungseigenschaft (9.60) kann davon ausgegangen werden, dass die Unterräume V_m ähnlich wie die Unterräume W_m durch skalierte und zeitverschobene Versionen einer einzigen Funktion $\phi(t)$ in der Form

$$V_m = \overline{\operatorname{span}} \left\{\phi(2^{-m}t - n),\ n \in \mathbb{Z}\right\} \tag{9.65}$$

aufgespannt werden. Die Teilsignale $x_m(t) \in V_m$ lassen sich damit als

$$x_m(t) = \sum_{n=-\infty}^{\infty} c_m(n)\, \phi_{mn}(t) \tag{9.66}$$

mit

$$\phi_{mn}(t) = 2^{-\frac{m}{2}}\, \phi(2^{-m}t - n) \tag{9.67}$$

und entsprechenden Koeffizienten $c_m(n)$ schreiben. Die Funktion $\phi(t)$ bezeichnet man als *Skalierungsfunktion*. Auf die Berechnung der Folgen $c_m(n)$ wird in Abschnitt 9.5.2 noch näher eingegangen. Analog zum dualen Wavelet $\tilde{\psi}(t)$ lässt sich auch eine duale Skalierungsfunktion $\tilde{\phi}(t)$ definieren. Daraus lassen sich wiederum Funktionen

$$\tilde{\phi}_{mn}(t) = 2^{-\frac{m}{2}}\, \tilde{\phi}(2^{-m}t - n) \tag{9.68}$$

ableiten, die die Biorthogonalitätsrelation

$$\left\langle \phi_{m\ell}, \tilde{\phi}_{mn} \right\rangle = \delta_{\ell n} \tag{9.69}$$

für $m, n, \ell \in \mathbb{Z}$ erfüllen.

Die zu $V_m = V_{m+1} \oplus W_{m+1}$ gehörige Summe der Signale lautet

$$x_m(t) = x_{m+1}(t) + y_{m+1}(t). \tag{9.70}$$

Geht man nun davon aus, dass man eines der Signale $x_m(t),\ m \in \mathbb{Z}$ (zum Beispiel $x_0(t)$) kennt, dann kann man dieses Signal nach (9.70) in der Form

$$\begin{array}{ccccccccc} & & y_1(t) & & y_2(t) & & y_3(t) & & y_4(t) \\ & \nearrow & & \nearrow & & \nearrow & & \nearrow & \\ x_0(t) & \rightarrow & x_1(t) & \rightarrow & x_2(t) & \rightarrow & x_3(t) & \rightarrow & x_4(t) \ \rightarrow \end{array}$$

sukzessive zerlegen. Die abgespaltenen Signale $y_1(t),\ y_2(t), \dots, y_K(t)$ enthalten die hochfrequenten Anteile von $x_0(t), x_1(t), \dots, x_{K-1}(t)$, so dass die Zerlegung einer sukzessiven Tiefpassfilterung und Abspaltung von Bandpasssignalen entspricht.

Orthonormale Wavelets Wenn die Funktionen $\psi_{mn}(t)$ *orthonormale Wavelets* sind und daher eine orthonormale Basis des Raumes $L_2(\mathbb{R})$ bilden, dann wird der Raum $L_2(\mathbb{R})$ in eine orthogonale Summe von abgeschlossenen Unterräumen zerlegt, es gilt

$$L_2(\mathbb{R}) = \ldots \overset{\perp}{\oplus} W_{-1} \overset{\perp}{\oplus} W_0 \overset{\perp}{\oplus} W_1 \overset{\perp}{\oplus} \ldots . \tag{9.71}$$

In diesem Fall wird die Zerlegung (9.64) ebenfalls zu einer orthogonalen Zerlegung:

$$V_m = V_{m+1} \overset{\perp}{\oplus} W_{m+1}. \tag{9.72}$$

Geht man von der Normierung $\|\phi\| = 1$ aus, dann bilden die Funktionen

$$\phi_{mn}(t) = 2^{-\frac{m}{2}} \phi(2^{-m}t - n), \qquad m, n \in \mathbb{Z} \tag{9.73}$$

orthonormale Basen der Räume V_m, $m \in \mathbb{Z}$.

Das Haar-Wavelet Ein besonders einfaches Beispiel für ein orthonormales Wavelet ist die *Haar-Funktion*

$$\psi(t) = \begin{cases} 1 & \text{für } 0 \le t < 1/2 \\ -1 & \text{für } 1/2 \le t < 1 \\ 0 & \text{sonst.} \end{cases} \tag{9.74}$$

Die dazugehörige Skalierungsfunktion ist ein Rechteckimpuls:

$$\phi(t) = \begin{cases} 1 & \text{für } 0 \le t < 1 \\ 0 & \text{sonst.} \end{cases} \tag{9.75}$$

Die Funktionen $\psi(t-n)$, $n \in \mathbb{Z}$ spannen den Unterraum W_0 auf, und die Funktionen $\psi(\frac{1}{2}t-n)$, $n \in \mathbb{Z}$ spannen den Unterraum W_1 auf. Weiterhin spannen die Funktionen $\phi(t-n)$, $n \in \mathbb{Z}$ den Unterraum V_0 und die Funktionen $\phi(\frac{1}{2}t-n)$, $n \in \mathbb{Z}$ den Unterraum V_1 auf. Die Orthogonalität der Basisfunktionen $\psi(2^{-m}t-n)$, $m, n \in \mathbb{Z}$ untereinander sowie die Orthogonalität der Funktionen $\psi(2^{-m}t-n)$, $m, n \in \mathbb{Z}$ und $\phi(2^{-j}t-n)$ für $j \ge m$ sind in Bild 9.7 leicht zu erkennen. Ein Beispiel für eine Signalanalyse mit dem Haar-Wavelet ist in den Bildern 9.8 und 9.9 gezeigt.

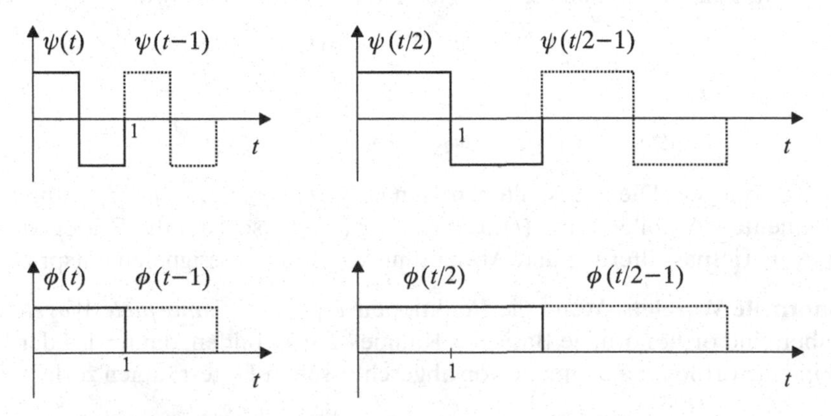

Bild 9.7 Haar-Wavelet und Skalierungsfunktion

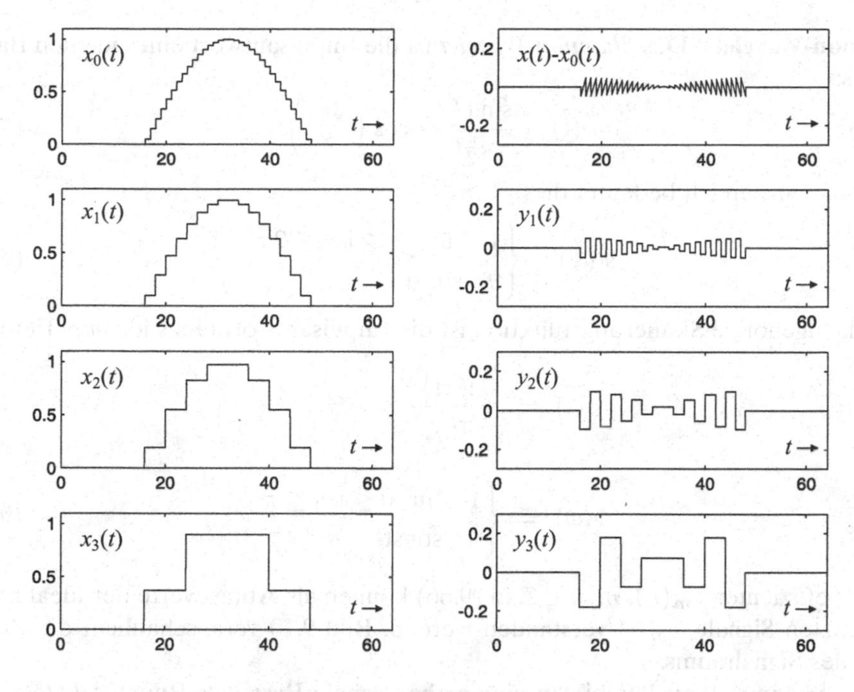

Bild 9.8 Analyse einer Sinus-Halbwelle mit dem Haar-Wavelet. Links: Approximationen $x_m(t)$, $m = 0, 1, 2, 3$; rechts: Anfangsfehler $x(t) - x_0(t)$ und Detailsignale $y_m(t)$, $m = 1, 2, 3$

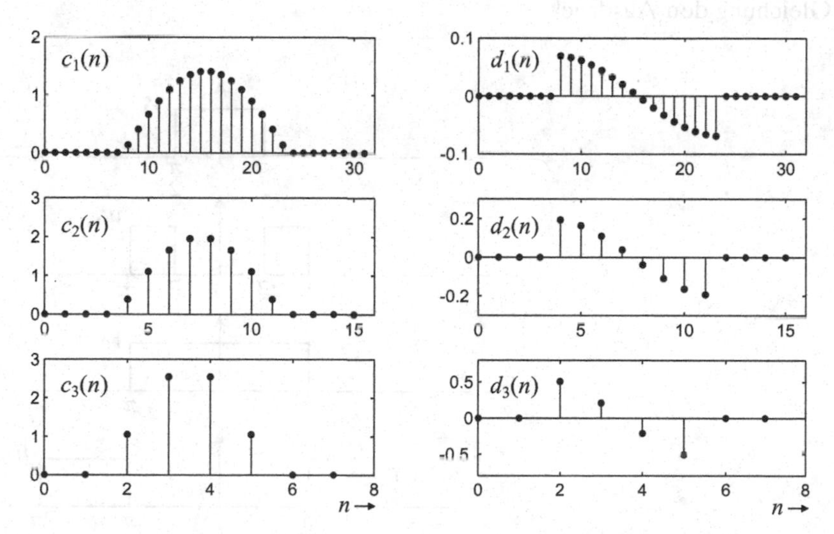

Bild 9.9 Sequenzen $c_m(n)$ und $d_m(n)$, $m = 1, 2, 3$ zu dem Beispiel aus Bild 9.8

Shannon-Wavelets Das *Shannon-Wavelet* ist die Impulsantwort eines idealen Bandpasses:

$$\psi(t) = \frac{\sin\left(\frac{\pi}{2}t\right)}{\frac{\pi}{2}t} \cos\left(\frac{3\pi}{2}t\right). \tag{9.76}$$

Im Frequenzbereich bedeutet dies

$$\Psi(\omega) = \begin{cases} 1 & \text{für} \quad \pi \leq |\omega| \leq 2\pi \\ 0 & \text{sonst.} \end{cases} \tag{9.77}$$

Die dazugehörige Skalierungsfunktion ist die Impulsantwort eines idealen Tiefpassfilters:

$$\phi(t) = \frac{\sin(\pi t)}{\pi t} \tag{9.78}$$

$$\updownarrow$$

$$\Phi(\omega) = \begin{cases} 1 & \text{für} \ 0 \leq |\omega| \leq \pi \\ 0 & \text{sonst.} \end{cases} \tag{9.79}$$

Die Koeffizienten $c_m(n)$, $m, n \in \mathbb{Z}$ in (9.66) können als Abtastwerte der ideal bandbegrenzten Signale $x_m(t)$ verstanden werden. Bild 9.10 veranschaulicht die Zerlegung des Signalraums.

Die Shannon-Wavelets bilden eine orthonormale Basis des Raumes $L_2(\mathbb{R})$. Die Orthogonalität zwischen den verschiedenen Skalen ist offensichtlich, da sich die Spektren nicht überlappen. Für die Skalarprodukte zeitverschobener Versionen von $\phi(t)$ mit der gleichen Zeitskalierung erhält man unter Verwendung der Parseval'schen Gleichung den Ausdruck

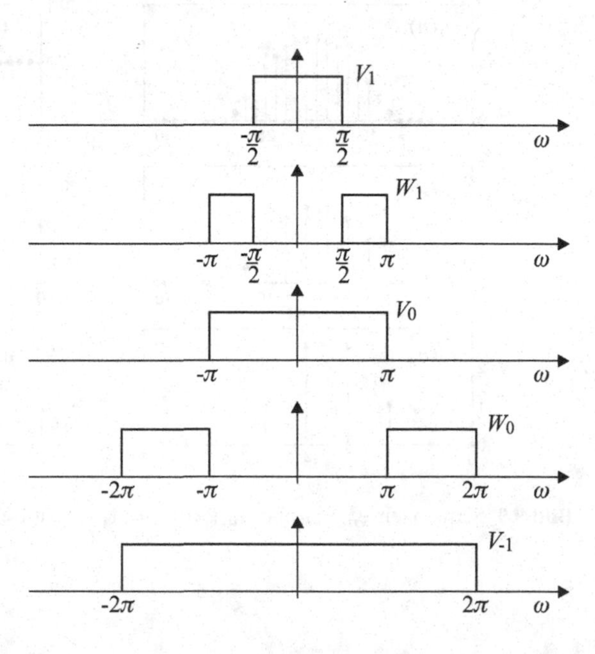

Bild 9.10 Unterräume der Shannon-Wavelets

$$\begin{aligned}\int_{-\infty}^{\infty} \phi(t-m)\,\phi^*(t-n)\,dt &= \frac{1}{2\pi}\int_{-\pi}^{\pi} \Phi(\omega)\,\Phi^*(\omega)\,e^{-j(m-n)\omega}\,d\omega \\ &= \frac{1}{2\pi}\int_{-\pi}^{\pi} e^{-j(m-n)\omega}\,d\omega \\ &= \delta_{mn}.\end{aligned} \tag{9.80}$$

Damit sind die zeitverschobenen Versionen der Skalierungsfunktion orthogonal zueinander. Die Orthogonalität verschobener Versionen des Wavelets lässt sich auf gleiche Weise zeigen.

9.5.2 Signalanalyse durch Multiraten-Filterung

Die Basisfunktionen des Raumes V_0 müssen sich wegen $V_0 = V_1 \oplus W_1$ als Linearkombination der Basisfunktionen der Räume V_1 und W_1 angeben lassen. Der Ansatz dazu lautet

$$\phi_{0n}(t) = \sum_{\ell=-\infty}^{\infty} h_0(2\ell-n)\,\phi_{1\ell}(t) + h_1(2\ell-n)\,\psi_{1\ell}(t), \tag{9.81}$$

wobei für $\phi_{0,2n}(t)$ die Teilfolgen $h_0(2n)$ und $h_1(2n)$ und für $\phi_{0,2n+1}(t)$ die Teilfolgen $h_0(2n+1)$ und $h_1(2n+1)$ benötigt werden. Gleichung (9.81) wird als die *Zerlegungsrelation* bezeichnet.

Es wird nun (9.81) für $m = 0$ in (9.66) eingesetzt:

$$\begin{aligned} x_0(t) &= \sum_{n=-\infty}^{\infty} c_0(n)\,\phi_{0n}(t) \\ &= \sum_{n=-\infty}^{\infty} c_0(n) \sum_{\ell=-\infty}^{\infty} h_0(2\ell-n)\,\phi_{1\ell}(t) + h_1(2\ell-n)\psi_{1\ell}(t) \\ &= \sum_{\ell=-\infty}^{\infty} \underbrace{\sum_{n=-\infty}^{\infty} c_0(n)h_0(2\ell-n)}_{c_1(\ell)}\,\phi_{1\ell}(t) + \sum_{\ell=-\infty}^{\infty} \underbrace{\sum_{n=-\infty}^{\infty} c_0(n)h_1(2\ell-n)}_{d_1(\ell)}\,\psi_{1\ell}(t). \end{aligned} \tag{9.82}$$

Aus der letzten Zeile erkennt man, dass sich mit dieser Methode aus jeder Sequenz $\{c_m(n);\ m,n \in \mathbb{Z}\}$ die Sequenzen $\{c_{m+1}(\ell);\ \ell \in \mathbb{Z}\}$ und $\{d_{m+1}(\ell);\ \ell \in \mathbb{Z}\}$ berechnen lassen:

$$\left.\begin{aligned} c_{m+1}(\ell) &= \sum_{n=-\infty}^{\infty} c_m(n)\,h_0(2\ell-n) \\ d_{m+1}(\ell) &= \sum_{n=-\infty}^{\infty} c_m(n)\,h_1(2\ell-n) \end{aligned}\right\}, \qquad m,\ell \in \mathbb{Z}. \tag{9.83}$$

Diese Zerlegung kann mit der in Bild 9.11 dargestellten Zwei-Kanal-Filterbank mit den Analysefiltern $h_0(n)$ und $h_1(n)$ ausgeführt werden. Wenn man nun davon ausgeht, dass ein Signal $x_0(t)$ eine ausreichend gute Approximation von $x(t)$

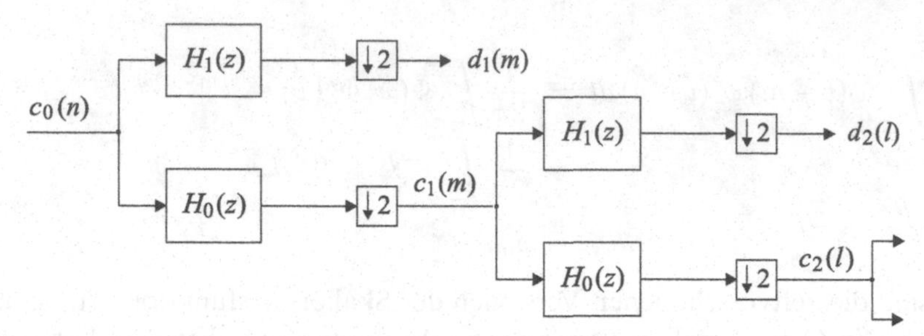

Bild 9.11 Analysefilterbank zur Berechnung der DWT

gewährleistet und man dazu die Koeffizienten $c_0(n)$ der Reihendarstellung (9.66) kennt, dann können mit der Filterbank-Struktur für alle $m > 0$ die Werte $c_m(n)$ und $d_m(n)$ und damit die Koeffizienten der Wavelet-Transformierten in effizienter Weise bestimmt werden.

Um aus bekannten Wavelets und Skalierungsfunktionen die Impulsantworten $h_0(n)$ und $h_1(n)$ zu ermitteln, bilden wir die Skalarprodukte der Zerlegungsrelation (9.81) mit den zu $\phi_{1m}(t)$ und $\psi_{1m}(t)$, $m \in \mathbb{Z}$ reziproken Basisfunktionen $\tilde{\phi}_{1\ell}(t)$ und $\tilde{\psi}_{1\ell}(t)$, $\ell \in \mathbb{Z}$. Unter Beachtung der Biorthogonalitätsbeziehungen

$$\begin{aligned} \langle \phi_{1m}, \tilde{\phi}_{1\ell} \rangle &= \delta_{\ell m}, & \langle \psi_{1m}, \tilde{\psi}_{1\ell} \rangle &= \delta_{\ell m}, \\ \langle \phi_{1m}, \tilde{\psi}_{1\ell} \rangle &= 0, & \langle \psi_{1m}, \tilde{\phi}_{1\ell} \rangle &= 0 \end{aligned} \tag{9.84}$$

ergibt dies

$$h_0(2\ell - n) = \langle \phi_{0n}, \tilde{\phi}_{1\ell} \rangle, \qquad h_1(2\ell - n) = \langle \phi_{0n}, \tilde{\psi}_{1\ell} \rangle. \tag{9.85}$$

9.5.3 Wavelet-Synthese durch Multiraten-Filterung

Wie die Analyse kann auch die Signalrekonstruktion sehr effizient mittels einer Multiraten-Filterbank durchgeführt werden. Hierzu benötigt man zwei Folgen $g_0(n)$ und $g_1(n)$, mit denen sich die Funktionen $\phi_{10}(t) \in V_1$ und $\psi_{10}(t) \in W_1$ durch die Funktionen $\phi_{0n}(t) \in V_0,\ n \in \mathbb{Z}$ ausdrücken lassen:

$$\begin{aligned} \phi_{10}(t) &= \sum_{n=-\infty}^{\infty} g_0(n)\, \phi_{0n}(t), \\ \psi_{10}(t) &= \sum_{n=-\infty}^{\infty} g_1(n)\, \phi_{0n}(t). \end{aligned} \tag{9.86}$$

Gleichung (9.86) wird als die *Zwei-Skalen-Relation* bezeichnet. Für zeitverschobene Funktionen ergibt sich daraus

$$\begin{aligned} \phi_{1\ell}(t) &= \sum_{n=-\infty}^{\infty} g_0(n - 2\ell)\, \phi_{0n}(t), \\ \psi_{1\ell}(t) &= \sum_{n=-\infty}^{\infty} g_1(n - 2\ell)\, \phi_{0n}(t). \end{aligned} \tag{9.87}$$

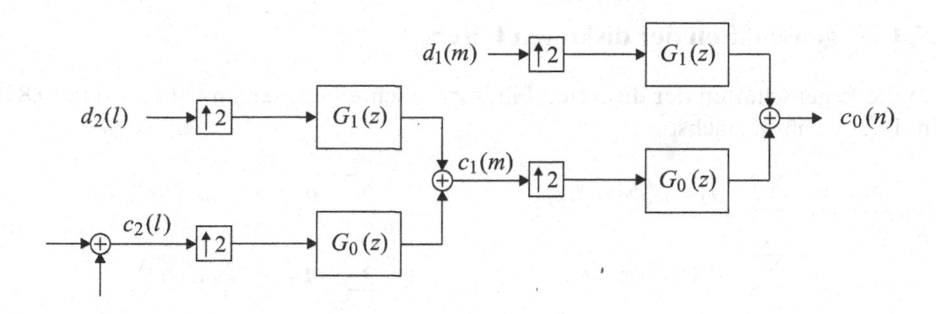

Bild 9.12 Synthesefilterbank der DWT

Aus den Gleichungen (9.87), (9.56), (9.66) und (9.70) folgt

$$\begin{aligned}
x_0(t) &= x_1(t) + y_1(t) \\
&= \sum_{\ell=-\infty}^{\infty} c_1(\ell)\, \phi_{1\ell}(t) + \sum_{\ell=-\infty}^{\infty} d_1(\ell)\, \psi_{1\ell}(t) \\
&= \sum_{\ell=-\infty}^{\infty} c_1(\ell) \sum_{n=-\infty}^{\infty} g_0(n-2\ell)\phi_{0n}(t) + \sum_{\ell=-\infty}^{\infty} d_1(\ell) \sum_{n=-\infty}^{\infty} g_1(n-2\ell)\phi_{0n}(t) \\
&= \sum_{n=-\infty}^{\infty} \sum_{\ell=-\infty}^{\infty} \left[c_1(\ell)\, g_0(n-2\ell) + d_1(\ell)\, g_1(n-2\ell)\right] \phi_{0n}(t) \\
&= \sum_{n=-\infty}^{\infty} c_0(n)\, \phi_{0n}(t).
\end{aligned} \tag{9.88}$$

Die Verallgemeinerung von (9.88) ergibt die Berechnungsvorschrift für die Sequenz $c_m(n)$ aus den mit halber Rate auftretenden Sequenzen $c_{m+1}(\ell)$ und $d_{m+1}(\ell)$:

$$c_m(n) = \sum_{\ell=-\infty}^{\infty} c_{m+1}(\ell)\, g_0(n-2\ell) + \sum_{\ell=-\infty}^{\infty} d_{m+1}(\ell)\, g_1(n-2\ell). \tag{9.89}$$

Die Sequenzen $g_0(n)$ und $g_1(n)$ können dabei als Impulsantworten zeitdiskreter Filter verstanden werden. Die Struktur der entsprechenden Filterbank ist in Bild 9.12 zu sehen.

Durch Bildung der Skalarprodukte der Funktionen $\tilde{\phi}_{0n}(t)$ mit der Zwei-Skalen-Relation (9.86) und Ausnutzen der Biorthogonalität (9.69) erhält man die Gleichungen zur Berechnung der Koeffizienten $g_0(n)$ und $g_1(n)$ aus bekannten Skalierungsfunktionen und Wavelets:

$$g_0(n) = \langle \phi_{10}, \tilde{\phi}_{0n} \rangle, \qquad g_1(n) = \langle \psi_{10}, \tilde{\phi}_{0n} \rangle. \tag{9.90}$$

9.5.4 Eigenschaften der diskreten Filter

Um die Eigenschaften der diskreten Filter zu beschreiben, setzen wir (9.86) in (9.84) ein. Dies ergibt zunächst

$$\begin{aligned}\delta_{\ell 0} &= \sum_{n=-\infty}^{\infty} g_0(n)\,\langle \phi_{0n}, \tilde{\phi}_{1\ell}\rangle, & 0 &= \sum_{n=-\infty}^{\infty} g_0(n)\,\langle \phi_{0n}, \tilde{\psi}_{1\ell}\rangle,\\ \delta_{\ell 0} &= \sum_{n=-\infty}^{\infty} g_1(n)\,\langle \phi_{0n}, \tilde{\psi}_{1\ell}\rangle, & 0 &= \sum_{n=-\infty}^{\infty} g_1(n)\,\langle \phi_{0n}, \tilde{\phi}_{1\ell}\rangle.\end{aligned} \tag{9.91}$$

Durch den Vergleich von (9.91) mit (9.85) erhalten wir

$$\begin{aligned}\delta_{\ell 0} &= \sum_{n=-\infty}^{\infty} g_0(n)\,h_0(2\ell-n), & 0 &= \sum_{n=-\infty}^{\infty} g_0(n)\,h_1(2\ell-n),\\ \delta_{\ell 0} &= \sum_{n=-\infty}^{\infty} g_1(n)\,h_1(2\ell-n), & 0 &= \sum_{n=-\infty}^{\infty} g_1(n)\,h_0(2\ell-n).\end{aligned} \tag{9.92}$$

Die Beziehungen (9.92) sind nichts anderes als die im Zeitbereich formulierten Bedingungen an perfekt rekonstruierende Zwei-Kanal-Filterbänke, vgl. Abschnitt 7.2.

Orthonormale Wavelets Es wird davon ausgegangen, dass die Funktionensysteme $\phi_{mn}(t)$ und $\psi_{mn}(t)$, $m, n \in \mathbb{Z}$ nach (9.30) und (9.73) orthonormale Basissysteme der Unterräume V_m und W_m, $m \in \mathbb{Z}$ sind. Da orthonormale Basissysteme selbstreziprok sind, lautet (9.85) jetzt

$$h_0(2\ell-n) = \langle \phi_{0n}, \phi_{1\ell}\rangle, \qquad h_1(2\ell-n) = \langle \phi_{0n}, \psi_{1\ell}\rangle. \tag{9.93}$$

Einsetzen der Zwei-Skalen-Relation (9.87) in (9.93) ergibt

$$\begin{aligned}h_0(2\ell-n) &= \sum_{k=-\infty}^{\infty} g_0^*(k-2\ell)\,\langle \phi_{0n}, \phi_{0k}\rangle,\\ h_1(2\ell-n) &= \sum_{k=-\infty}^{\infty} g_1^*(k-2\ell)\,\langle \phi_{0n}, \phi_{0k}\rangle.\end{aligned} \tag{9.94}$$

Unter Beachtung von $\langle \phi_{0n}, \phi_{0k}\rangle = \delta_{nk}$ erhält man daraus

$$\begin{aligned}h_0(n) &= g_0^*(-n) \longleftrightarrow H_0(z) = \tilde{G}_0(z),\\ h_1(n) &= g_1^*(-n) \longleftrightarrow H_1(z) = \tilde{G}_1(z).\end{aligned} \tag{9.95}$$

Gleichung (9.92) geht damit in

$$\begin{aligned}\delta_{\ell 0} &= \sum_{n=-\infty}^{\infty} g_0(n)\,g_0^*(n-2\ell), & 0 &= \sum_{n=-\infty}^{\infty} g_0(n)\,g_1^*(n-2\ell),\\ \delta_{\ell 0} &= \sum_{n=-\infty}^{\infty} g_1(n)\,g_1^*(n-2\ell), & 0 &= \sum_{n=-\infty}^{\infty} g_1(n)\,g_0^*(n-2\ell)\end{aligned} \tag{9.96}$$

über.

Durch die Z-Transformation von (9.96) erhält man

$$\begin{aligned}
2 &= G_0(z)\,\tilde{G}_0(z) + G_0(-z)\,\tilde{G}_0(-z), \\
2 &= G_1(z)\,\tilde{G}_1(z) + G_1(-z)\,\tilde{G}_1(-z), \\
0 &= G_0(z)\,\tilde{G}_1(z) + G_0(-z)\,\tilde{G}_1(-z), \\
0 &= G_1(z)\,\tilde{G}_0(z) + G_1(-z)\,\tilde{G}_0(-z).
\end{aligned} \tag{9.97}$$

Gleichung (9.97) entspricht den Anforderungen an paraunitäre Zwei-Kanal-Filterbänke, siehe Kapitel 7.

Bisher wurde gezeigt, dass die zu orthonormalen Wavelets gehörigen Filter $G_0(z)$ und $G_1(z)$ die Bedingungen in (9.97) erfüllen. Bei der Konstruktion von Wavelets geht man im Allgemeinen so vor, dass man die Filter $G_0(z)$ und $G_1(z)$ vorgibt und anschließend überprüft, ob hierzu kontinuierliche Skalierungsfunktionen und Wavelets gehören. Hierbei genügt es, ein Filter $G_0(z)$ zu finden, das die erste Bedingung in (9.97) erfüllt. Das bedeutet, die Filter $G_0(z)$ und $G_0(-z)$ müssen leistungskomplementär sein:

$$2 = \left|G_0(e^{j\omega})\right|^2 + \left|G_0(e^{j(\omega+\pi)})\right|^2. \tag{9.98}$$

Wie aus Abschnitt 7.2 bekannt ist, sind mit

$$G_1(z) = -z^{2\ell-1}\,\tilde{G}_0(-z), \qquad \ell \in \mathbb{Z} \tag{9.99}$$

automatisch alle Forderungen in (9.97) erfüllt. Eine weitere, aus Abschnitt 7.2 bekannte Eigenschaft besteht darin, dass die ℓ_2-Norm der Koeffizienten gleich eins ist:

$$\|g_0\|_2 = \|g_1\|_2 = \|h_0\|_2 = \|h_1\|_2 = 1. \tag{9.100}$$

9.6 Konstruktion von Wavelets durch Vorgabe von Filterkoeffizienten

9.6.1 Die allgemeine Vorgehensweise

In den vorangegangenen Abschnitten wurde davon ausgegangen, dass die Wavelets und Skalierungsfunktionen bekannt sind. Auf Basis der Eigenschaften der Wavelet-Transformation konnte dann die Existenz von Sequenzen $h_0(n)$, $h_1(n)$, $g_0(n)$ und $g_1(n)$ gezeigt werden, mit denen sich die Transformation als Multiratenfilterbank realisieren lässt. Bei der Konstruktion von Wavelets und Skalierungsfunktionen geht man häufig den umgekehrten Weg. Man gibt die Koeffizienten einer perfekt rekonstruierenden Zwei-Kanal-Filterbank derart vor, dass die daraus bestimmten Wavelets und Skalierungsfunktionen die gewünschten Eigenschaften besitzen. Diese Eigenschaften können je nach Anwendungsfall unterschiedlich sein.

Skalierungsfunktion Der Ausgangspunkt für die Konstruktion von Skalierungsfunktionen ist der erste Teil der Zwei-Skalen-Relation (9.86), die sich auch als

$$\phi(t) = \sqrt{2} \sum_{n=-\infty}^{\infty} g_0(n)\, \phi(2t-n) \tag{9.101}$$

ausdrücken lässt. Die Zahl der Filterkoeffizienten der Impulsantwort $g_0(n)$ wird an dieser Stelle nicht spezifiziert. In der Regel wird $g_0(n)$ ein FIR-Filter sein, so dass in (9.101) endlich viele Summanden auftreten. Da die Skalierungsfunktion $\phi(t)$ eine Tiefpass-Impulsantwort sein soll, kann man für die Konstruktion die Normierung

$$\Phi(0) = \int_{-\infty}^{\infty} \phi(t)\, dt = 1 \tag{9.102}$$

einführen. Diese Normierung führt wegen (9.101) auf

$$\int_{-\infty}^{\infty} \phi(t)\, dt = \frac{1}{\sqrt{2}} \sum_{n=-\infty}^{\infty} g_0(n) \underbrace{\int_{-\infty}^{\infty} \phi(2t-n)\, d(2t)}_{1} \tag{9.103}$$

und damit auf

$$\sum_{n=-\infty}^{\infty} g_0(n) = \sqrt{2}. \tag{9.104}$$

Unter Verwendung der Korrespondenz

$$\phi(2t-n) \longleftrightarrow \frac{1}{2}\, \Phi\left(\frac{\omega}{2}\right) e^{-\frac{j\omega n}{2}} \tag{9.105}$$

ergibt sich für die Fourier-Transformierte der Gleichung (9.101)

$$\Phi(\omega) = \Phi\left(\frac{\omega}{2}\right) \frac{1}{\sqrt{2}} \sum_{n=-\infty}^{\infty} g_0(n)\, e^{-\frac{j\omega n}{2}}. \tag{9.106}$$

Mit

$$G_0(e^{j\omega}) = \sum_{n=-\infty}^{\infty} g_0(n)\, e^{-j\omega n} \tag{9.107}$$

lautet (9.106) schließlich

$$\Phi(\omega) = \frac{1}{\sqrt{2}}\, G_0\left(e^{j\frac{\omega}{2}}\right) \Phi\left(\frac{\omega}{2}\right). \tag{9.108}$$

Wenn man jetzt Gleichung (9.101) bzw. (9.108) insgesamt K mal anwendet, dann erhält man

$$\Phi(\omega) = \left(\prod_{k=1}^{K} \frac{1}{\sqrt{2}}\, G_0\left(e^{j\omega/2^k}\right) \right) \Phi\left(\frac{\omega}{2^K}\right). \tag{9.109}$$

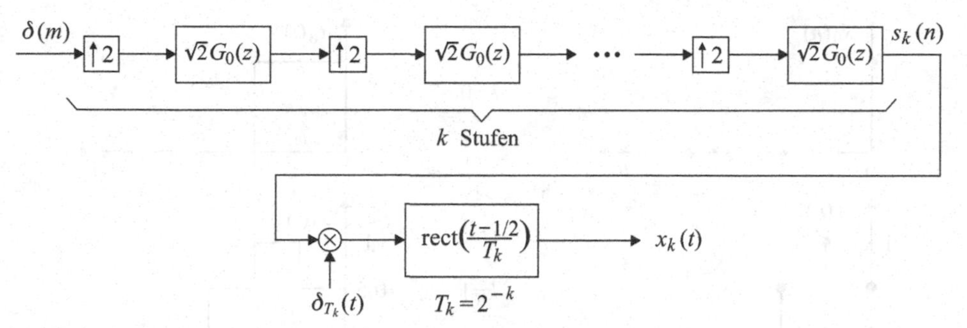

Bild 9.13 Filter-Kaskade und Rechteck-Interpolation zur rekursiven Berechnung der Skalierungsfunktion

Falls das Produkt in (9.109) für $K \to \infty$ konvergiert, dann konvergiert es unter der Voraussetzung einer bei $\omega = 0$ stetigen Funktion $\Phi(\omega)$ wegen $\lim_{K\to\infty} \Phi\left(\frac{\omega}{2^K}\right) = \Phi(0) = 1$ punktweise zu

$$\Phi(\omega) = \prod_{k=1}^{\infty} \frac{1}{\sqrt{2}} G_0\left(e^{j\omega/2^k}\right). \tag{9.110}$$

Damit kann man (9.101) als Möglichkeit zur rekursiven Bestimmung der Skalierungsfunktion nutzen. Definiert man die stückweise konstanten Funktionen $x_k(t)$ über die Rekursion

$$x_{k+1}(t) = \sqrt{2} \sum_{n=-\infty}^{\infty} g_0(n)\, x_k(2t-n) \tag{9.111}$$

und startet mit

$$x_0(t) = \begin{cases} 1 & \text{für } 0 \le t < 1 \\ 0 & \text{sonst,} \end{cases} \tag{9.112}$$

dann erhält man für $k \to \infty$ die Skalierungsfunktion $x_\infty(t) = \phi(t)$. Die Bilder 9.13 und 9.14 verdeutlichen die rekursive Berechnung von $\phi(t)$. Bild 9.13 zeigt die Filter-Kaskade und die Interpolation mit Rechteck-Funktionen. In Bild 9.14 sind die ersten Schritte der Iteration für eine ausgewählte Folge $g_0(n)$ gezeigt. Für den Grenzwert in Bild 9.14 gilt $x_\infty(t) = \mathrm{tri}(t-1)$. Bild 9.15 zeigt ein weiteres Beispiel, das zu einer „glatten" Funktion $\phi(t)$ führt. Die in Bild 9.16 dargestellte Iteration liefert dagegen eine „fraktale" Skalierungsfunktion.

Da $\phi(t)$ eine Tiefpass-Charakteristik besitzen soll, ist es sinnvoll, für die Impulsantwort $g_0(n)$ die Eigenschaft

$$\sum_{n=-\infty}^{\infty} (-1)^n g_0(n) = 0 \longleftrightarrow G_0(e^{j\pi}) = 0 \tag{9.113}$$

zu fordern. Diese Nullstelle erweist sich auch als notwendig, um stetige Skalierungsfunktionen zu erhalten, siehe Abschnitt 9.6.3. Wie im Folgenden gezeigt wird, führt

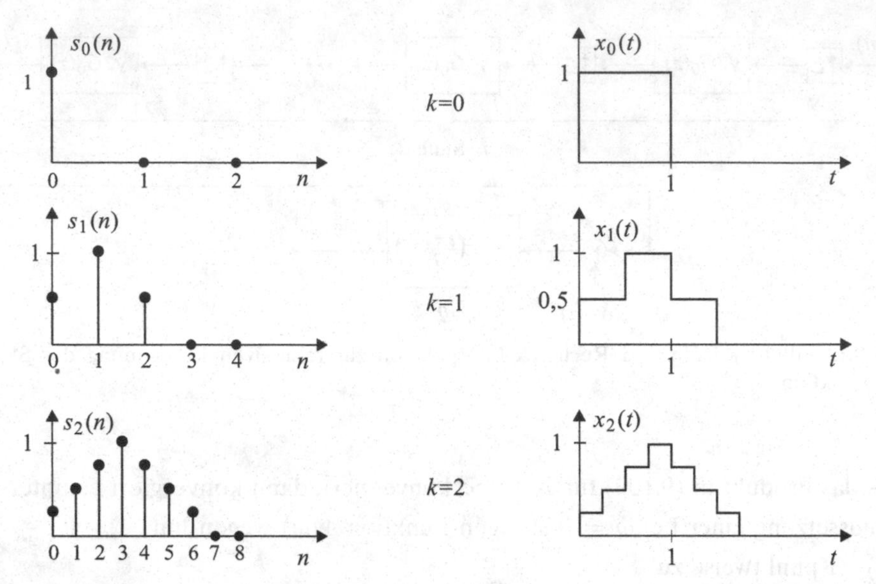

Bild 9.14 Rekursive Berechnung der Skalierungsfunktion $\phi(t)$ unter Verwendung der Koeffizienten $\{g_0(n)\} = \frac{\sqrt{2}}{2}\{\frac{1}{2}, 1, \frac{1}{2}\})$. Gezeigt sind die Sequenzen $s_k(n)$ aus Bild 9.13 und die dazugehörigen Funktionen $x_k(t)$ für $k = 0, 1, 2$

(9.113) auf

$$\Phi(2\pi k) = \delta_{k,0} \tag{9.114}$$

und damit auf

$$\sum_{n=-\infty}^{\infty} \phi(t-n) = 1. \tag{9.115}$$

Das bedeutet, die Bedingung (9.113) führt auf Skalierungsfunktionen, die sich zur Eins ergänzen.

Beweis von (9.114) und (9.115). Betrachtet wird (9.108) für $\omega = 2\pi k$ unter Berücksichtigung von (9.104) und (9.113):

$$\Phi(2\pi k) = \frac{1}{\sqrt{2}}\, G_0(e^{j\pi k})\, \Phi(\pi k) = \begin{cases} \Phi(\pi k) & \text{für gerade } k \\ 0 & \text{für ungerade } k. \end{cases} \tag{9.116}$$

Für $k = 0$ gilt laut Voraussetzung $\Phi(0) = 1$. Für $k = \pm 1$ gilt wegen $G_0(-1) = 0$ bereits $\Phi(\pm 2\pi) = 0$. Führt man diese Rekursion für $|k| > 1$ fort, so ergibt sich $\Phi(2\pi k) = \delta_{k,0}$. Die Tatsache, dass aus (9.114) auch (9.115) folgt, lässt sich erkennen, indem man (9.115) als Faltung von $\phi(t)$ mit dem Impulskamm $\delta_T(t)$ mit $T = 1$ betrachtet. Im Frequenzbereich entspricht dies einer Multiplikation von $\Phi(\omega)$ mit der Impulsfolge $2\pi\delta_{2\pi}(\omega - 2\pi k)$. Wegen (9.114) folgt $2\pi\Phi(\omega)\delta_{2\pi}(\omega - 2\pi k) = 2\pi\delta_0(\omega)$, und die inverse Fourier-Transformation von $2\pi\delta_0(\omega)$ bestätigt (9.115). □

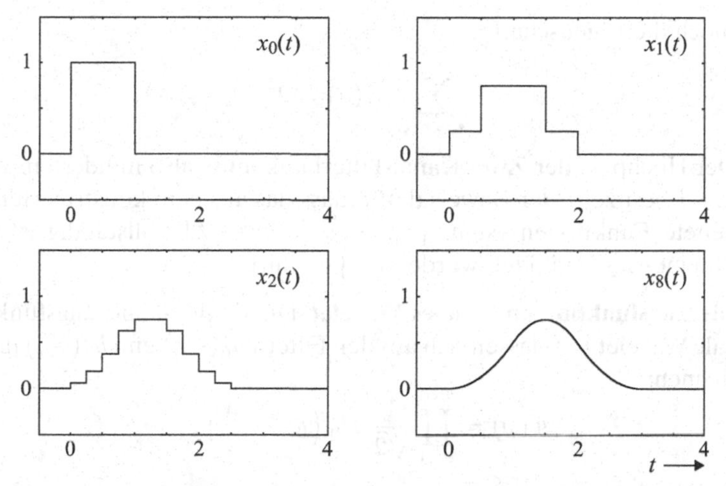

Bild 9.15 Rekursive Berechnung der Skalierungsfunktion $\phi(t)$ aus $\{g_0(n)\} = \frac{\sqrt{2}}{8}\{1,\ 3,\ 3,\ 1\}$

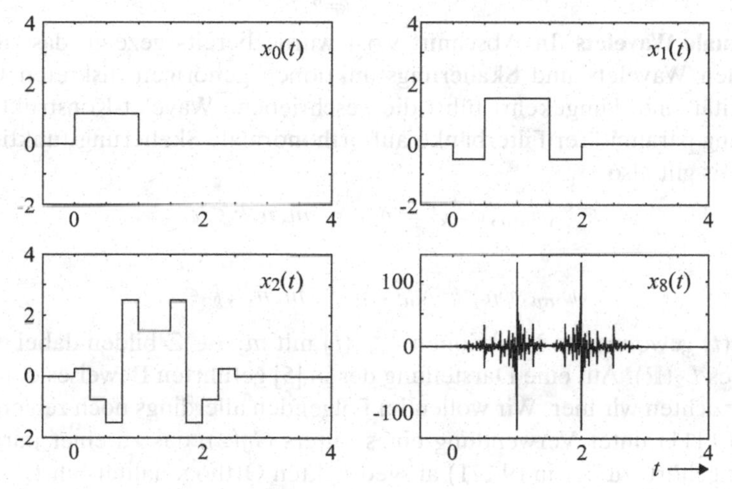

Bild 9.16 Rekursive Berechnung der Skalierungsfunktion aus $\{g_0(n)\} = \frac{\sqrt{2}}{4}\{-1,\ 3,\ 3,\ -1\}$

Wavelet Bei bekannter Skalierungsfunktion $\phi(t)$ kann die Funktion $\psi(t)$ über den zweiten Teil der Zwei-Skalen-Relation (9.86) berechnet werden:

$$\psi(t) = \sum_{n=-\infty}^{\infty} g_1(n)\,\sqrt{2}\ \phi(2t-n). \tag{9.117}$$

Unabhängig von den Koeffizienten $g_1(n)$ führt eine glatte Funktion $\phi(t)$ dabei auch zu einer glatten Funktion $\psi(t)$. Alle Überlegungen bezüglich der Glattheit der konstruierten Funktionen beziehen sich daher auf die Koeffizienten $g_0(n)$. Damit ein mittelwertfreies und damit zulässiges Wavelet entsteht, muss die Sequenz $g_1(n)$

allerdings noch die Eigenschaft

$$\sum_{n=-\infty}^{\infty} g_1(n) = 0 \tag{9.118}$$

besitzen. Der Hochpass der Zwei-Kanal-Filterbank muss also mindestens eine Nullstelle bei $z = 1$ besitzen. Der Beweis dafür, dass das aus dem konstruierten Wavelet $\psi(t)$ abgeleitete Funktionensystem $\{\psi_{mn}(t);\ m, n \in \mathbb{Z}\}$ vollständig ist und eine Basis des Raumes $L_2(\mathbb{R})$ bildet, wurde in [3] geführt.

Duale Skalierungsfunktion und duales Wavelet Die duale Skalierungsfunktion $\tilde{\phi}(t)$ und das duale Wavelet $\tilde{\psi}(t)$ lassen sich aus den Filtern $h_0^*(-n)$ und $h_1^*(-n)$ in analoger Weise berechnen:

$$\tilde{\Phi}(\omega) = \prod_{k=1}^{\infty} \frac{1}{\sqrt{2}}\, H_0\left(e^{-j\omega/2^k}\right), \tag{9.119}$$

$$\tilde{\Psi}(\omega) = \frac{1}{\sqrt{2}}\, H_1\left(e^{-j\omega/2}\right) \prod_{k=2}^{\infty} \frac{1}{\sqrt{2}}\, H_0\left(e^{-j\omega/2^k}\right). \tag{9.120}$$

Orthonormale Wavelets In Abschnitt 9.5.4 wurde bereits gezeigt, dass die zu orthonormalen Wavelets und Skalierungsfunktionen gehörigen diskreten Filterbänke paraunitär sind. Umgekehrt führt die beschriebene Wavelet-Konstruktion unter Verwendung paraunitärer Filterbänke auf orthonormale Skalierungsfunktionen und Wavelets. Es gilt also

$$\langle \phi_{mn}, \phi_{mk} \rangle = \delta_{nk}, \qquad m, n, k \in \mathbb{Z} \tag{9.121}$$

und

$$\langle \psi_{mn}, \psi_{lk} \rangle = \delta_{ml}\, \delta_{nk}, \qquad m, n, l, k \in \mathbb{Z}. \tag{9.122}$$

Die aus $\psi(t)$ gewonnenen Funktionen $\psi_{mn}(t)$ mit $m, n \in \mathbb{Z}$ bilden dabei eine Basis des Raumes $L_2(\mathbb{R})$. Auf eine Darstellung des in [5] geführten Beweises der Vollständigkeit verzichten wir hier. Wir wollen im Folgenden allerdings noch zeigen, dass die Iteration (9.111) unter Verwendung eines Filters $G_0(z)$, das zu einer paraunitären Filterbank gehört, zu der in (9.121) ausgedrückten Orthogonalität führt.

Beweis von (9.121). Wir interpretieren (9.121) für $m = 0$ und $k = 0$ als Abtastung der deterministischen Autokorrelationsfunktion

$$r(\tau) = \int_{-\infty}^{\infty} \phi^*(t)\, \phi(t+\tau)\, dt \tag{9.123}$$

zu den Zeitpunkten $\tau = nT$ mit $n \in \mathbb{Z}$ und $T = 1$. Es gilt dann für die Abtastwerte $r(n) = \langle \phi_{0n}, \phi_{00} \rangle = \delta_{n,0}$. Die zeitdiskrete Fourier-Transformierte der Folge $r(n)$ lautet $R(e^{j\omega}) = 1$, und für das Spektrum des dazugehörigen zeitkontinuierlichen Signals folgt nach (4.11) und (4.55) unter Beachtung von $r(\tau) \longleftrightarrow |\Phi(\omega)|^2$

$$\sum_{i=-\infty}^{\infty} |\Phi(\omega + 2i\pi)|^2 = 1. \tag{9.124}$$

Um zu zeigen, unter welchen Bedingungen die Iteration (9.111) mit dem Filter $G_0(z)$ auf (9.124) führt, betrachten wir den Ausdruck $\sum_{i=-\infty}^{\infty} |X_{k+1}(2\omega + 2i\pi)|^2$ und gehen davon aus, dass

$$\sum_{i=-\infty}^{\infty} |X_k(\omega + 2i\pi)|^2 = 1 \tag{9.125}$$

gilt. Mit der Fourier-Transformierten von (9.111),

$$X_{k+1}(2\omega) = \frac{1}{\sqrt{2}} G_0\left(e^{j\omega}\right) X_k(\omega), \tag{9.126}$$

erhalten wir

$$\begin{aligned}\sum_{i=-\infty}^{\infty} |X_{k+1}(2\omega + 2i\pi)|^2 &= \frac{1}{2} \sum_{i=-\infty}^{\infty} \left|G_0\left(e^{j(\omega+i\pi)}\right)\right|^2 |X_k(\omega + i\pi)|^2 \\ &= \frac{1}{2} \sum_{i=-\infty}^{\infty} \left|G_0\left(e^{j(\omega+2i\pi)}\right)\right|^2 |X_k(\omega + 2i\pi)|^2 \\ &\quad + \frac{1}{2} \sum_{i=-\infty}^{\infty} \left|G_0\left(e^{j(\omega+(2i+1)\pi)}\right)\right|^2 |X_k(\omega + (2i+1)\pi)|^2 .\end{aligned} \tag{9.127}$$

Mit (9.125) und unter Berücksichtigung der Periodizität von $G_0(e^{j\omega})$ mit der Periode 2π folgt daraus

$$\left|G_0\left(e^{j\omega}\right)\right|^2 + \left|G_0\left(e^{j(\omega+\pi)}\right)\right|^2 = 2. \tag{9.128}$$

Das bedeutet, $G_0(e^{j\omega})$ und $G_0(e^{j(\omega+\pi)})$ müssen leistungskomplementär sein, um die Eigenschaft (9.125) während der Iteration zu erhalten. Das Filter $G_0(z)$ muss damit zu einer paraunitären Filterbank gehören. □

In Abschnitt 7.2.5 wurde gezeigt, dass paraunitäre Zwei-Kanal-Filterbänke im Allgemeinen nichtlinearphasig sind. Diese Eigenschaft überträgt sich auf die daraus konstruierten Skalierungsfunktionen und Wavelets. Damit sind orthonormale Wavelets im Allgemeinen nichtlinearphasig. Ausnahmen bilden das Haar-Wavelet und das Shannon-Wavelet.

9.6.2 Momente

Das k-te Moment eines Wavelets $\psi(t)$ ist durch

$$m_k = \int_{-\infty}^{\infty} t^k \, \psi(t) \, dt \tag{9.129}$$

gegeben. Mit der Eigenschaft (3.85) der Fourier-Transformation gilt ebenfalls

$$m_k = (-j)^{-k} \left. \frac{d^k \, \Psi(\omega)}{d\omega^k} \right|_{\omega=0} . \tag{9.130}$$

Das bedeutet, wenn $\Psi(\omega)$ insgesamt N_ψ Nullstellen bei der Frequenz $\omega = 0$ besitzt, dann hat das Wavelet $\psi(t)$ auch N_ψ verschwindende Momente. Es gilt also

$$\int_{-\infty}^{\infty} t^k\, \psi(t)\, dt = 0 \qquad \text{für} \quad k = 0, 1, \ldots, N_\psi - 1. \tag{9.131}$$

Damit ist das Skalarprodukt eines Analyse-Wavelets $\tilde{\psi}(t)$, das $N_{\tilde{\psi}}$ verschwindende Momente besitzt, mit einem polynomialen Signal der Form

$$x(t) = \sum_{k=0}^{N_{\tilde{\psi}}-1} a_k\, t^k \tag{9.132}$$

exakt null. Mit anderen Worten, ein polynomiales Signal der Ordnung $N_{\tilde{\psi}} - 1$ wird nur durch die Koeffizienten bezüglich der Skalierungsfunktion repräsentiert. Da viele natürliche Signale lokal sehr gut durch Polynome niedriger Ordnung approximiert werden können, ergeben sich hieraus gute Kompressionseigenschaften für Wavelets mit vielen verschwindenden Momenten.

Die Anzahl verschwindender Momente lässt sich durch die Koeffizienten der Filterbank kontrollieren. Um dies zu sehen, betrachten wir Gleichung (9.120):

$$\tilde{\Psi}(\omega) = \frac{1}{\sqrt{2}}\, H_1\left(e^{-j\omega/2}\right) \prod_{k=2}^{\infty} \frac{1}{\sqrt{2}}\, H_0\left(e^{-j\omega/2^k}\right). \tag{9.133}$$

$N_{\tilde{\psi}}$ ist dabei durch die Zahl der Nullstellen von $H_1(e^{j\omega})$ bei $\omega = 0$ bestimmt. Da nach (7.40) das Filter $H_1(z)$ eine modulierte Version von $G_0(z)$ ist, kann alternativ festgestellt werden, dass $N_{\tilde{\psi}}$ durch die Zahl der Nullstellen von $G_0(z)$ bei $z = -1$ gegeben ist. Entsprechend ist die Anzahl verschwindender Momente des Synthese-Wavelets durch die Zahl der Nullstellen des Analyse-Tiefpasses bei $z = -1$ gegeben.

Auch die zeitdiskreten Filter selbst besitzen verschwindende Momente und die entsprechenden Approximationseigenschaften für polynomiale Signale. Die k-te Ableitung von

$$H_1(e^{j\omega}) = \sum_{n=-\infty}^{\infty} h_1(n)\, e^{-j\omega n} \tag{9.134}$$

lautet

$$\frac{d^k\, H_1(e^{j\omega})}{d\omega^k} = \sum_{n=-\infty}^{\infty} (-jn)^k\, h_1(n)\, e^{-j\omega n}. \tag{9.135}$$

Daran erkennt man, dass ein Filter $H_1(z)$ mit $N_{\tilde{\psi}}$ Nullstellen bei $z = 1$ insgesamt $N_{\tilde{\psi}}$ verschwindende Momente besitzt:

$$\sum_{n=-\infty}^{\infty} n^k\, h_1(n) = 0 \qquad \text{für} \quad k = 0, 1, \ldots, N_\psi - 1. \tag{9.136}$$

Ein abgetastetes polynomiales Signal der Ordnung $N_{\tilde{\psi}} - 1$ wird also nur durch die Tiefpass-Koeffizienten repräsentiert.

9.6.3 Regularität

In der Praxis wünscht man sich einen „glatten" Verlauf der iterierten Skalierungsfunktion $\phi(t)$, die nach Möglichkeit auch mehrere stetige Ableitungen besitzen sollte. Solche Skalierungsfunktionen bezeichnet man als regulär. Im Folgenden wird der von Daubechies [5] hergeleitete Test vorgestellt, mit dem man die Konvergenz des Produktes in (9.109) und die Regularität überprüfen kann.

Geht man davon aus, dass die Funktion $G_0(z)$ eine N-fache Nullstelle bei $z = -1$ besitzt, dann lässt sich $G_0(z)$ wie folgt zerlegen:

$$G_0(z) = \sqrt{2} \left(\frac{1 + z^{-1}}{2} \right)^N S(z). \tag{9.137}$$

Aus $G_0(1) = \sqrt{2}$ erhält man $S(1) = 1$. Daubechies hat gezeigt, dass die in (9.111) definierten Funktionen $x_k(t)$ dann punktweise gegen eine stetige Funktion $x_\infty(t) = \phi(t)$ konvergieren, wenn

$$\sup_{0 \le \omega \le 2\pi} |S(e^{j\omega})| < 2^{N-1} \tag{9.138}$$

gilt. Falls $G_0(z)$ keine Nullstelle $G_0(-1) = 0$ besitzt, dann lässt sich (9.138) wegen $S(1) = 1$ auf keinen Fall erfüllen.

Im Falle biorthogonaler Wavelets kann man die Sequenz $h_0^*(-n)$ zur Konstruktion der dualen Skalierungsfunktion $\tilde{\phi}(t)$ verwenden und daraus mit $h_1^*(-n)$ das duale Wavelet $\tilde{\psi}(t)$ berechnen. Damit dic Filterkoeffizienten $g_0(n)$ und $h_0(n)$ zu stetigen Skalierungsfunktionen $\phi(t)$ und $\tilde{\phi}(t)$ führen, müssen dabei beide Sequenzen die Forderung nach Regularität erfüllen.

9.6.4 Wavelets mit endlicher Zeitdauer

Wenn die Sequenzen $g_0(n)$ und $g_1(n)$ eine endliche Länge besitzen, also die Impulsantworten von FIR-Filtern sind, dann besitzen auch die daraus konstruierten Skalierungsfunktionen und Wavelets eine endliche Länge [5], vgl. Bilder 9.15 und 9.16. Der Nachweis ist relativ einfach. Man muss nur die Iteration (9.111) mit den L Koeffizienten $g_0(0), g_0(1), \ldots, g_0(L-1)$ betrachten und von einer auf das Intervall $[0, L-1]$ beschränkten Funktion $x_k(t)$ ausgehen:

$$x_{k+1}(t) = \sqrt{2} \sum_{n=0}^{L-1} g_0(n)\, x_k(2t - n). \tag{9.139}$$

Bei der Iteration ergeben sich nur Beiträge für $0 \le 2t - n \le L-1$, $n = 0, 1, \ldots, L-1$. Für $n = 0$ erhält man hieraus $x_{k+1}(t) = 0$ für $t < 0$. Für $n = L-1$ ergibt sich $x_{k+1}(t) = 0$ für $t > L-1$. Damit sind alle an der Iteration beteiligten Funktionen $x_k(t)$ auf das Intervall $[0,\ L-1]$ beschränkt. Weil die Konvergenz eindeutig ist, ist $x_\infty(t) = \phi(t)$ für jede beliebige Startfunktion $x_0(t)$ auf $[0,\ L-1]$ beschränkt.

9.7 Wavelet-Familien

In der Literatur sind viele verschiedene Wavelet-Familien mit unterschiedlichen Eigenschaften bekannt. Im Folgenden werden davon nur einige wenige betrachtet. Weitere Entwurfsmethoden findet man zum Beispiel in [7, 29, 18].

9.7.1 Biorthogonale linearphasige Wavelets

In diesem Abschnitt betrachten wir die biorthogonalen linearphasigen Wavelets nach Cohen, Daubechies und Feauveau [3]. Wir beginnen mit der PR-Bedingung (7.41) für kritisch abgetastete Zwei-Kanal-Filterbänke mit einer Gesamtverzögerung um τ, die mit $z = e^{j\omega}$ wie folgt lautet:

$$H_0(e^{j\omega})\, G_0(e^{j\omega}) + H_0(e^{j(\omega+\pi)})\, G_0(e^{j(\omega+\pi)}) = 2e^{-j\omega\tau}. \tag{9.140}$$

Um linearphasige Wavelets zu erhalten, müssen die beiden Filter $H_0(z)$ und $G_0(z)$ dabei linearphasig sein. Die Filterkoeffizienten werden im Folgenden als reellwertig angesetzt, und die zu Linearphasigkeit führenden Symmetrien von Filtern ungerader und gerader Länge werden gesondert behandelt.

Filter ungerader Länge Symmetrische Filter ungerader Länge mit reellen Koeffizienten erfüllen

$$H_0(e^{j\omega}) = e^{-j\omega\tau_h}\, H_0'(\cos\omega), \tag{9.141}$$

wobei die Verzögerung τ_h ganzzahlig ist. Die Abhängigkeit der Übertragungsfunktion H_0' von $\cos\omega$ drückt dabei aus, dass $H_0'(e^{-j\omega}) = H_0'(e^{j\omega})$ gilt. Wegen der ungeraden Länge der Impulsantwort muss die Zahl der Nullstellen bei $\omega = \pi$ gerade sein. Geht man von insgesamt 2ℓ Nullstellen bei $\omega = \pi$ aus, dann lässt sich $H_0'(\cos\omega)$ prinzipiell als

$$H_0'(e^{j\omega}) = \sqrt{2}\left(\cos\frac{\omega}{2}\right)^{2\ell} P(\cos\omega) \tag{9.142}$$

schreiben. Das Filter $G_0(e^{j\omega})$ besitzt die gleiche Art der Symmetrie, so dass gilt

$$G_0(e^{j\omega}) = e^{-j\omega\tau_g}\, G_0'(\cos\omega), \qquad G_0'(e^{j\omega}) = \sqrt{2}\left(\cos\frac{\omega}{2}\right)^{2\tilde{\ell}} Q(\cos\omega), \tag{9.143}$$

wobei $2\tilde{\ell}$ die Anzahl von Nullstellen bei $\omega = \pi$ bezeichnet. Die Gesamtverzögerung lautet $\tau = \tau_h + \tau_g$.

Filter gerader Länge Für symmetrische Filter gerader Länge gelten die Darstellungen

$$H_0(e^{j\omega}) = \sqrt{2}\, e^{-j\omega(\tau_h + \frac{1}{2})} \left(\cos\frac{\omega}{2}\right)^{2\ell+1} P(\cos\omega), \tag{9.144}$$

und

$$G_0(e^{j\omega}) = \sqrt{2}\; e^{-j\omega(\tau_g + \frac{1}{2})} \left(\cos\frac{\omega}{2}\right)^{2\tilde{\ell}+1} Q(\cos\omega). \tag{9.145}$$

Filter-Konstruktion Mit den zuvor beschriebenen Faktorisierungen für $H_0(e^{j\omega})$ und $G_0(e^{j\omega})$ und der Abkürzung

$$M(\cos\omega) = P(\cos\omega)\,Q(\cos\omega) \tag{9.146}$$

folgt aus (9.140)

$$\left(\cos\frac{\omega}{2}\right)^{2k} M(\cos\omega) + \left(\sin\frac{\omega}{2}\right)^{2k} M(-\cos\omega) = 1. \tag{9.147}$$

Bei ungerader Filterlänge ist der Wert k durch $k = \ell + \tilde{\ell}$ gegeben, und bei gerader Filterlänge lautet er $k = \ell + \tilde{\ell} + 1$. Der Term $M(\cos\omega)$ wird nun als

$$M(\cos\omega) = F\left(\frac{1-\cos\omega}{2}\right) \tag{9.148}$$

umformuliert. Mit

$$\frac{1-\cos\omega}{2} = \sin^2(\omega/2) \qquad \text{und} \qquad \frac{1+\cos\omega}{2} = \cos^2(\omega/2) \tag{9.149}$$

erhält man den Ausdruck

$$\left(\cos\frac{\omega}{2}\right)^{2k} F\left(\sin^2(\omega/2)\right) + \left(\sin\frac{\omega}{2}\right)^{2k} F\left(\cos^2(\omega/2)\right) = 1, \tag{9.150}$$

der mit $x = \sin^2(\omega/2)$ als

$$(1-x)^k\,F(x) + x^k\,F(1-x) = 1 \tag{9.151}$$

geschrieben werden kann. An dieser Stelle wird das *Bezout'sche Theorem* benötigt. Es besagt, dass zu zwei Polynomen $p_1(x)$ und $p_2(x)$ vom Grad n, die keine gemeinsamen Nullstellen besitzen, zwei eindeutige Polynome $q_1(x)$ und $q_2(x)$ vom Grad $n-1$ existieren, so dass

$$p_1(x)q_1(x) + p_2(x)q_2(x) = 1 \tag{9.152}$$

gilt. Den Beweis findet man in [7]. Da $p_1(x) = (1-x)^k$ und $p_2(x) = x^k$ keine gemeinsamen Nullstellen aufweisen, müssen nach dem Bezout'schen Theorem zwei Polynome $F_1(x)$ und $F_2(x)$ vom Grad $k-1$ existieren, die

$$(1-x)^k F_1(x) + x^k F_2(x) = 1 \tag{9.153}$$

erfüllen. Im vorliegenden Falle gilt wegen (9.151) der Zusammenhang $F_1(x) = F(x)$ und $F_2(x) = F(1-x)$, wobei $F(x)$ den maximalen Grad $k-1$ besitzt. Dieses Polynom kann gefunden werden, indem man (9.151) nach $F(x)$ auflöst, den erhaltenen Ausdruck in eine Taylor-Reihe entwickelt und davon die ersten k Terme verwendet.

Dies ergibt

$$F(x) = \sum_{n=0}^{k-1} \binom{k+n-1}{n} x^n. \tag{9.154}$$

Mit

$$x = \sin^2(\omega/2) = \frac{1}{4}(-e^{j\omega} + 2 - e^{-j\omega}) \tag{9.155}$$

sowie $z = e^{j\omega}$ bedeutet dies

$$F(z) = \sum_{n=0}^{k-1} \binom{k+n-1}{n} \left(\frac{-z+2-z^{-1}}{4}\right)^n. \tag{9.156}$$

Die gesuchten Filter erhält man, indem man eine gegebene Funktion $F(z)$ in $F(z) = P(z)Q(z)$ faktorisiert und daraus dann nach (9.141) – (9.145) die Filter $H_0(z)$ und $G_0(z)$ bildet. Für ungerade Filterlängen gilt dabei

$$H_0'(z) = \sqrt{2}\left(\frac{z+2+z^{-1}}{4}\right)^{\ell} P(z), \tag{9.157}$$

$$G_0'(z) = \sqrt{2}\left(\frac{z+2+z^{-1}}{4}\right)^{\tilde{\ell}} Q(z). \tag{9.158}$$

Die Verzögerungen τ_h bzw. τ_g sind in Abhängigkeit der gewählten Ordnungen für $P(z)$ und $Q(z)$ so zu wählen, dass $H_0(z)$ und $G_0(z)$ kausal werden. Das folgende Beispiel soll die Entwurfsmethode noch einmal im Detail zeigen.

Beispiel 9.2 Wir betrachten den Fall $k = 2$. Für $F(z)$ erhalten wir aus (9.156)

$$F(z) = -\frac{1}{2}z + 2 - \frac{1}{2}z^{-1}.$$

Mit der Wahl $P(z) = F(z)$ und $Q(z) = 1$ sowie $\ell = \tilde{\ell} = 1$ ergibt sich

$$H_0'(z) = \sqrt{2}\left(\frac{z+2+z^{-1}}{4}\right)\left(-\frac{1}{2}z + 2 - \frac{1}{2}z^{-1}\right)$$

und

$$G_0'(z) = \sqrt{2}\left(\frac{z+2+z^{-1}}{4}\right).$$

Nach der Verschiebung um $\tau_h = 2$ und $\tau_g = 1$ erhält man die bereits in Abschnitt 7.2.3 durch Faktorisierung eines Polynoms $T(z)$ entworfenen (5/3)-Filter.

Spline-Wavelets Splines sind Funktionen, die durch eine Interpolation diskreter Punkte durch Polynome erzeugt werden. Ein Spline n-ter Ordnung ist dabei eine Funktion, die zwischen diskreten Zeitpunkten t_m mit $m \in \mathbb{Z}$ aus Polynomen n-ter Ordnung besteht. Unter B-Splines n-ter Ordnung versteht man Funktionen, die durch die Faltung von $n+1$ Rechteck-Funktionen entstehen.

Spline-Wavelets auf der Basis von Filtern ungerader Länge erhält man über die Konstruktion (9.154) mit der Wahl

$$G_0(e^{j\omega}) = \sqrt{2}\, e^{-j\omega\tau_g} \left(\cos\frac{\omega}{2}\right)^{2\tilde{\ell}}. \tag{9.159}$$

Das entsprechende Analysefilter lautet

$$H_0(e^{j\omega}) = \sqrt{2}\, e^{-j\omega\tau_h} \left(\cos\frac{\omega}{2}\right)^{2\ell} \sum_{n=0}^{\ell+\tilde{\ell}-1} \binom{\ell+\tilde{\ell}+n-1}{n} \left(\sin^2\frac{\omega}{2}\right)^n. \tag{9.160}$$

Filter gerader Länge erfüllen

$$G_0(e^{j\omega}) = \sqrt{2}\, e^{-j\omega(\tau_g + \frac{1}{2})} \left(\cos\frac{\omega}{2}\right)^{2\tilde{\ell}+1} \tag{9.161}$$

und führen auf

$$H_0(e^{j\omega}) = \sqrt{2}\, e^{-j\omega(\tau_h + \frac{1}{2})} \left(\cos\frac{\omega}{2}\right)^{2\ell+1} \sum_{n=0}^{\ell+\tilde{\ell}} \binom{\ell+\tilde{\ell}+n}{n} \left(\sin^2\frac{\omega}{2}\right)^n. \tag{9.162}$$

Die aus $G_0(z)$ nach (9.159) konstruierten Skalierungsfunktionen $\phi(t)$ sind B-Splines mit dem Zentrum τ_g, und die Konstruktion aus $G_0(z)$ nach (9.161) liefert B-Splines mit einem Zentrum bei $\tau_g + \frac{1}{2}$.

Filter mit nahezu gleichen Längen Beim Spline-Ansatz ist die Länge von $H_0(z)$ typischerweise deutlich größer als die Länge von $G_0(z)$. Um Filter mit nahezu gleichen Längen zu erhalten, gruppiert man die Nullstellen von $F(x)$ in reelle Nullstellen x_i und konjugiert komplexe Paare (z_j, z_j^*) und schreibt $F(x)$ als

$$F(x) = A \prod_{i=1}^{I} (x - x_i) \prod_{j=1}^{J} \left(x^2 - 2\Re\{z_j\}\, x + |z_j|^2\right). \tag{9.163}$$

Jede Zuordnung der Nullstellen zu den Filtern $H_0(z)$ und $G_0(z)$ liefert ein perfekt rekonstruierendes Filterpaar. Dies erlaubt die Konstruktion von Filtern mit nahezu gleicher Länge. Zum Beispiel wurden die oft in der Bildcodierung eingesetzten (9/7)-Filter nach dieser Methode gefunden [3].

Beispiele Tabelle 9.1 zeigt Beispiele von Filtern ungerader Länge. Die Koeffizienten der Spline-Filter (5/3) und (9/3) sind bis auf einen Vorfaktor ganzzahlig, während die nach (9.163) konstruierten (9/7)-Filters nicht einmal rationale Koeffizienten besitzen. Dadurch ergibt sich ein Implementierungsvorteil für die (5/3)- und (9/3)-Filter bei Verwendung endlicher Rechengenauigkeit. Die (9/7)-Filter haben dagegen bessere Codierungseigenschaften [4, 30]. Im JPEG2000-Bildcodierungsstandard [27] werden die (9/7)-Filter zur Erzielung höchster Kompressionsfaktoren eingesetzt. Für

Tabelle 9.1 Linearphasige biorthogonale Wavelet-Filter mit ungerader Länge

	5-3		9-3		9-7	
n	$2\sqrt{2}\,g_0$	$4\sqrt{2}\,h_0$	$2\sqrt{2}\,g_0$	$64\sqrt{2}\,h_0$	g_0	h_0
0	1	-1	1	3	-0,06453888265083	0,03782845543778
1	2	2	2	-6	-0,04068941758680	-0,02384946495431
2	1	6	1	-16	0,41809227351029	-0,11062440401143
3		2		38	0,78848561689252	0,37740285554759
4		-1		90	0,41809227351029	0,85269867833384
5				38	-0,04068941758680	0,37740285554759
6				-16	-0,06453888265083	-0,11062440401143
7				-6		-0,02384946495431
8				3		0,03782845543778

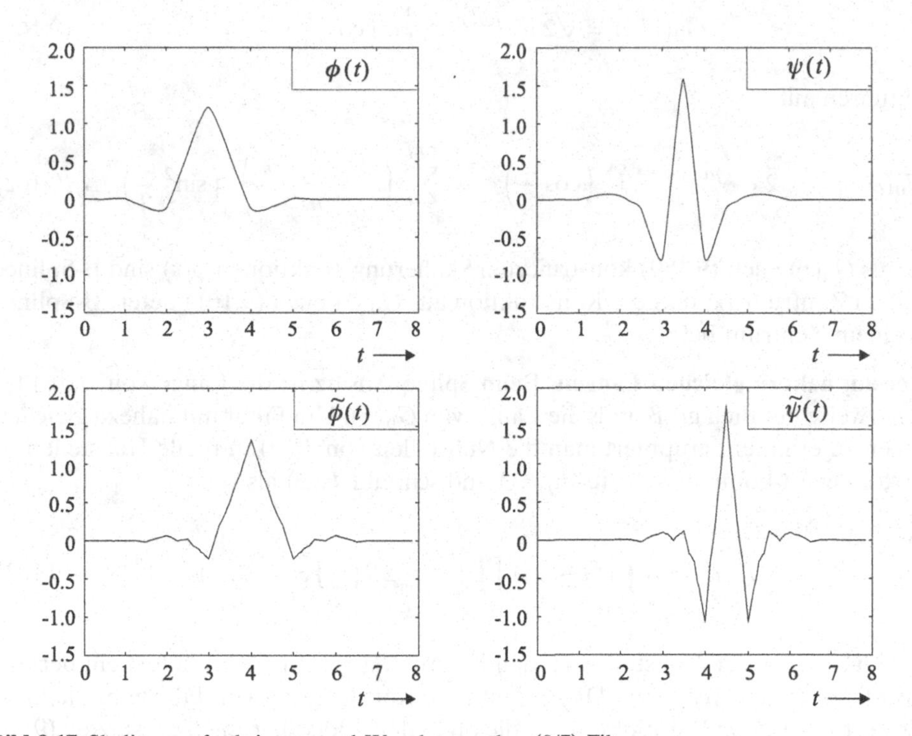

Bild 9.17 Skalierungsfunktionen und Wavelets zu den (9/7)-Filtern

eine integrierte verlustbehaftete und verlustlose Codierung sind bei JPEG2000 die (5/3)-Filter spezifiziert, denn diese führen bei ganzzahligen Bilddaten und geeigneter Verteilung der Vorfaktoren auf $H_0(z)$ und $G_0(z)$ auf ganzzahlige Teilbandkoeffizienten, die gut für die verlustlose Speicherung geeignet sind. Bild 9.17 zeigt zu den (9/7)-Filtern die Analyse- und Synthese-Skalierungsfunktionen und -Wavelets.

9.7.2 Orthonormale Daubechies-Wavelets

Eine Familie von orthonormalen Wavelets mit maximaler Anzahl verschwindender Momente bei gegebener Länge wurde von Daubechies entworfen [5]. Um die Zahl der Nullstellen bei $\omega = \pi$ zu kontrollieren, wurde dabei die folgende Faktorisierung von $H_0(e^{j\omega})$ betrachtet:

$$H_0(e^{j\omega}) = \sqrt{2}\left(\frac{1+e^{-j\omega}}{2}\right)^k P(e^{j\omega}). \tag{9.164}$$

Wegen der Orthonormalität lautet die PR-Bedingung für das Filter

$$\left|H_0(e^{j\omega})\right|^2 + \left|H_0(e^{j(\omega+\pi)})\right|^2 = 2. \tag{9.165}$$

Weil $h_0(n)$ reellwertig sein soll, wird $|H_0(e^{j\omega})|^2$ als

$$\left|H_0(e^{j\omega})\right|^2 = \sqrt{2}\left(\cos\frac{\omega}{2}\right)^{2k} M(\cos\omega) \tag{9.166}$$

mit

$$M(\cos\omega) = |P(e^{j\omega})|^2 \tag{9.167}$$

geschrieben. Einsetzen von (9.166) in (9.165) ergibt (vgl. (9.147))

$$\left(\cos\frac{\omega}{2}\right)^{2k} M(\cos\omega) + \left(\sin\frac{\omega}{2}\right)^{2k} M(-\cos\omega) = 1. \tag{9.168}$$

Mit den gleichen Argumenten wie im vorangegangenen Abschnitt kann (9.168) auch als

$$\left(\cos\frac{\omega}{2}\right)^{2k} F(\sin^2(\omega/2)) + \left(\sin\frac{\omega}{2}\right)^{2k} F(\cos^2(\omega/2)) = 1 \tag{9.169}$$

oder äquivalent als

$$(1-x)^k F(x) + x^k F(1-x) = 1 \tag{9.170}$$

mit $x = \sin^2(\omega/2)$ formuliert werden. Dies ist prinzipiell der gleiche Ausdruck wie im biorthogonalen Fall, doch jetzt muss F wegen $F(\sin^2(\omega/2)) = |P(e^{j\omega})|^2$ die Eigenschaft $F(\sin^2(\omega/2)) \geq 0$ für alle ω besitzen.

Daubechies schlug die Wahl

$$F(x) = \sum_{n=0}^{k-1} \binom{k+n-1}{n} x^n + x^k R(1-2x) \tag{9.171}$$

vor, wobei $R(x)$ ein ungerades Polynom ist, so dass $F(x) \geq 0$ für $0 \leq x \leq 1$ gilt. Die Familie der Daubechies-Wavelets wird mit $R(x) \equiv 0$ durch die spektrale Faktorisierung von $F(x)$ in $F(x) = P(x)P(x^{-1})$ abgeleitet. Hierzu sind die Nullstellen von $F(x)$ in zwei Gruppen einzuteilen, von denen die eine die Nullstellen innerhalb und die zweite die Nullstellen außerhalb des Einheitskreises enthält. $P(x)$ ist dann das Polynom, das nur Nullstellen innerhalb des Einheitskreises besitzt. Diese Faktorisierung resultiert in minimalphasigen Skalierungsfunktionen. Für Filter $H_0(z)$ mit wenigstens acht Koeffizienten lassen sich auch andere Faktorisierungen finden, bei denen die Impulsantworten eine größere Symmetrie aufweisen.

Bild 9.18 zeigt einige Daubechies-Wavelets sowie die dazugehörigen Skalierungsfunktionen und Frequenzgänge der Filter. Dabei ist festzustellen, dass die Skalierungsfunktionen und Wavelets mit zunehmender Länge glatter werden. Beispiele von Daubechies-Wavelets mit maximaler Symmetrie (sogenannte *symmlets*) und die dazugehörigen Skalierungsfunktionen sind in Bild 9.19 dargestellt. Die Frequenzgänge sind bei gleicher Filterordnung identisch zu denen in Bild 9.18.

Verbindung zu Lagrange-Halbbandfiltern In [1] und [25] wurde unabhängig voneinander gezeigt, dass die Familie der Daubechies-Wavelets ebenfalls durch Faktorisierung der sogenannten *Lagrange-Halbbandfilter* entworfen werden können. Die Systemfunktion eines solchen Filters mit $4k-1$ Koeffizienten lautet

$$T_k(z) = 1 + \sum_{n=1}^{k} t_k(2n-1)\left(z^{-2n+1} + z^{2n-1}\right) \tag{9.172}$$

mit

$$t_k(2n-1) = 2\,\frac{(-1)^{n+k-1}\prod_{i=1}^{2k}\left(k-i+\frac{1}{2}\right)}{(k-n)!\,(k-1+n)!\,(2n-1)}, \qquad n = 1,2,\ldots,k. \tag{9.173}$$

Die Systemfunktion $T_k(z)$ kann ebenfalls in der Form

$$T_k(z) = \frac{z^{2k-1}(1+z^{-1})^{2k}}{4^{2k}} \sum_{i=0}^{k-1}(-1)^i \binom{2k-1}{i} (1+z^{-1})^{2k-2-2i}\,(1-z^{-1})^{2i} \tag{9.174}$$

angegeben werden. Durch die Faktorisierung $T_k(z) = H(z)H(z^{-1})$ erhält man den Prototyp $H(z)$, aus dem sich alle weiteren Filter, die Skalierungsfunktion und das Wavelet ableiten lassen. Für $k = 2$ liefert (9.174) die in den Beispielen 7.1 und 7.3 verwendete Folge $t(n)$.

9.7.3 Coiflets

Die orthonormalen Daubechies-Wavelets besitzen bei gegebener Länge eine maximale Anzahl verschwindender Momente. Bei den Coiflets werden nun einige der verschwindenden Wavelet-Momente an die Skalierungsfunktion abgetreten. Dies wird wie folgt ausgedrückt:

$$\int_{-\infty}^{\infty} t^k \phi(t)\,dt = \begin{cases} 1 & \text{für } k = 0 \\ 0 & \text{für } k = 1,2,\ldots,\ell-1. \end{cases} \tag{9.175}$$

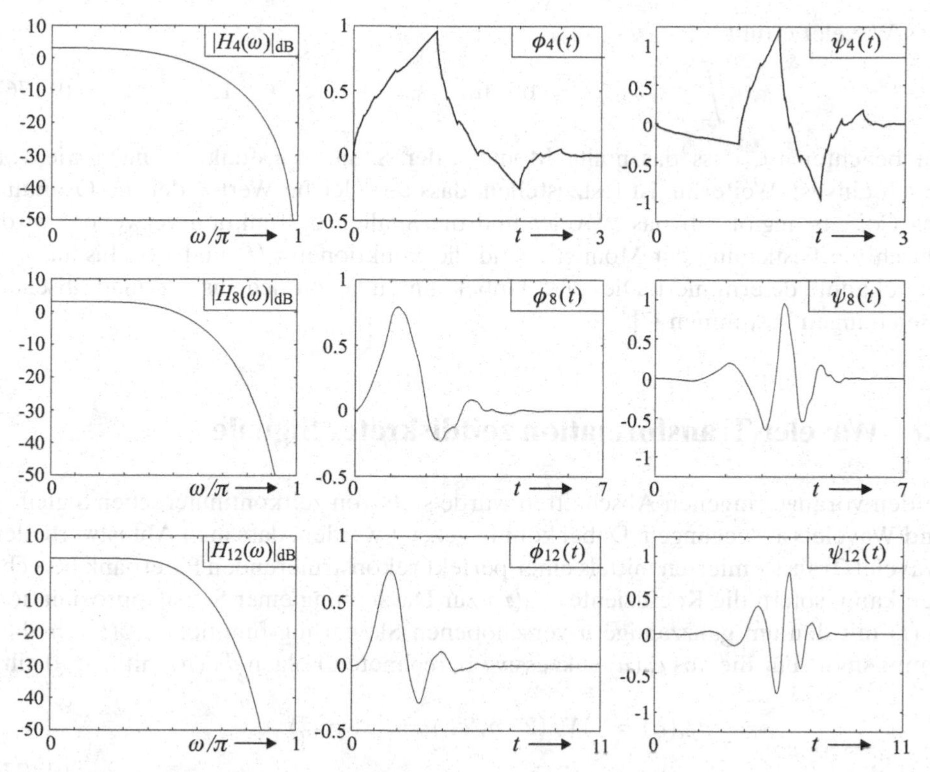

Bild 9.18 Frequenzgänge der minimalphasigen Daubechies-Filter und die dazugehörigen Skalierungsfunktionen und Wavelets (die Indizes geben die Filterlänge an)

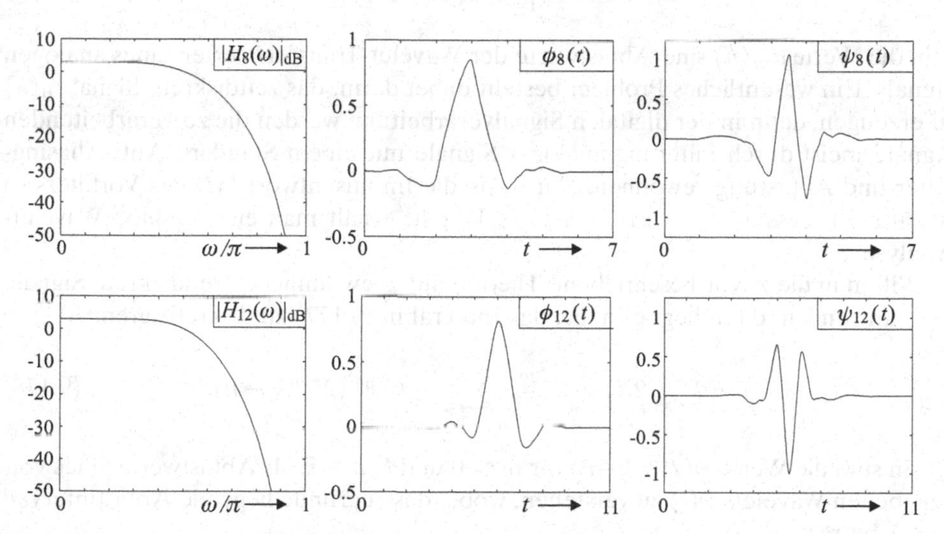

Bild 9.19 Frequenzgänge der maximal symmetrischen Daubechies-Filter und die dazugehörigen Skalierungsfunktionen und Wavelets (die Indizes geben die Filterlänge an; die Frequenzgänge sind identisch mit denen in Bild 9.18)

Das Wavelet erfüllt

$$\int_{-\infty}^{\infty} t^k \psi(t)\, dt = 0 \quad \text{für} \quad k = 0, 1, \ldots, \ell - 1. \tag{9.176}$$

Zu beachten ist, dass das nullte Moment der Skalierungsfunktion nach wie vor gleich eins ist. Weiterhin ist festzustellen, dass der gleiche Wert ℓ, der die Ordnung des Coiflets angibt, für das Wavelet und die Skalierungsfunktion verwendet wird. Durch die Festlegung der Momente sind die Funktionen $\phi(t)$ und $\psi(t)$ bis auf $\ell/2$ Unbekannte determiniert. Diese $\ell/2$ Unbekannten lassen sich aus $\ell/2$ quadratischen Gleichungen bestimmen [7].

9.8 Wavelet-Transformation zeitdiskreter Signale

In den vorangegangenen Abschnitten wurde stets von zeitkontinuierlichen Signalen und Wavelets ausgegangen. Dabei konnte gezeigt werden, dass man Abtastwerte der Wavelet-Transformierten mittels einer perfekt rekonstruierenden Filterbank berechnen kann, sofern die Koeffizienten $c_0(n)$ zur Darstellung einer Signalapproximation $x_0(t)$ mit den um ganzzahlige n verschobenen Skalierungsfunktionen $\tilde{\phi}(t-n)$ bekannt sind.[4] Für die aus $c_0(n)$ sukzessive berechneten Folgen $d_m(n)$ mit $m > 0$ gilt

$$\begin{aligned} d_m(n) &= \mathcal{W}_x(2^m n, 2^m) = \langle x, \psi_{mn} \rangle \\ &= 2^{-\frac{m}{2}} \int_{-\infty}^{\infty} x(t)\, \psi^*(2^{-m}t - n)\, dt, \end{aligned} \tag{9.177}$$

d. h. die Werte $d_m(n)$ sind Abtastwerte der Wavelet-Transformierten eines analogen Signals. Ein wesentliches Problem besteht dabei darin, das zeitdiskrete Signal $c_0(n)$ zu erzeugen, denn in der digitalen Signalverarbeitung werden die zu verarbeitenden Signale meist durch Filterung analoger Signale mit einem Standard-Anti-Aliasing-Filter und Abtastung gewonnen. Nur wenn die Impulsantwort $h(t)$ des Vorfilters so gewählt ist, dass $x_0(t) = x(t) * h(t) \in V_0$ gilt, erhält man eine „echte“ Wavelet-Analyse.

Will man die zuvor beschriebene Theorie auf „gewöhnliche“ zeitdiskrete Signale $x(n)$ anwenden, dann liegt es nahe, das Integral in (9.177) zu diskretisieren:

$$w_x(2^m n, 2^m) = 2^{-\frac{m}{2}} \sum_{k=-\infty}^{\infty} x(k)\, \psi^*(2^{-m}k - n). \tag{9.178}$$

Darin sind die Werte $\psi(2^{-m}k - n)$ für $m > 0$ und $k, n \in \mathbb{Z}$ als Abtastwerte eines vorgegebenen Wavelets $\psi(t)$ zu verstehen, wobei das zugrunde liegende Abtastintervall $T = 1$ beträgt.

[4] Im Gegensatz zur Betrachtungsweise in den Abschnitten 9.5 und 9.6 wird hier von einer Analyse mit dem Wavelet $\psi(t)$ und einer Synthese mit dem dualen Wavelet $\tilde{\psi}(t)$ ausgegangen.

Translationsinvarianz [5] Wie zuvor werden nach (9.178) nur dyadisch gestaffelte Werte berechnet. In dieser Form ist die Wavelet-Analyse nicht translationsinvariant, denn ein verzögertes Eingangssignal $x(n-\ell)$ führt zu den Werten

$$\begin{aligned} w_x(2^m(n-2^{-m}\ell), 2^m) &= 2^{-\frac{m}{2}} \sum_{k=-\infty}^{\infty} x(k-\ell)\, \psi^*(2^{-m}k-n) \\ &= 2^{-\frac{m}{2}} \sum_{i=-\infty}^{\infty} x(i)\, \psi^*(2^{-m}i-[n-2^{-m}\ell]). \end{aligned} \tag{9.179}$$

Eine ganzzahlige Verschiebung ergibt sich nur, wenn ℓ ein Vielfaches von 2^m ist. Theoretisch ist dies kein Problem, weil ja die volle Information in den Wavelet-Koeffizienten enthalten ist. So gesehen, besitzt eine kritische Abtastung sogar Vorteile, weil nur eine minimale Anzahl von Werten zu verarbeiten ist. Andererseits ist es denkbar, dass die Algorithmen für die nachfolgende Signalverarbeitung (zum Beispiel die Mustererkennung) erheblich einfacher sein können, wenn translationsinvariante Merkmale berechnet werden.

Das Problem der fehlenden Translationsinvarianz lässt sich beheben, indem in allen Teilbändern mit der Abtastrate des Eingangssignals gearbeitet wird, d. h. indem man alle Werte

$$w_x(n, 2^m) = 2^{-\frac{m}{2}} \sum_{k=-\infty}^{\infty} x(k)\, \psi^*(2^{-m}(k-n)) \tag{9.180}$$

berechnet. Eine effiziente Methode zur Berechnung dieser Werte ist durch den im Folgenden behandelten À-Trous-Algorithmus gegeben.

9.8.1 Der À-Trous-Algorithmus

Eine direkte Auswertung von (9.178) bzw. (9.180) ist sehr aufwendig, wenn die Werte der Wavelet-Transformierten für mehrere Oktaven zu bestimmen sind, denn die Anzahl der Filterkoeffizienten verdoppelt sich in etwa von Oktave zu Oktave. Eine recheneffiziente Auswertung ist dagegen mit dem *À-Trous-Algorithmus* [14], [11] möglich. Der Zusammenhang zwischen dem À-Trous- und dem in Abschnitt 9.5 behandelten Mallat-Algorithmus wurde von Shensa hergestellt [25].

Im Folgenden wird zunächst von einer dyadischen Abtastung entsprechend Gleichung (9.178) ausgegangen. Die Impulsantwort des Filters $H_1(z)$ wird dabei zu

$$h_1(n) = 2^{-\frac{1}{2}}\, \psi^*(-n/2) \tag{9.181}$$

gewählt. Mit $H_1(z)$ nach (9.181) stimmen die durch die Filterbank in Bild 9.20 bestimmten Werte in der ersten Stufe mit den Werten nach Gleichung (9.178) überein, es gilt

$$w_x(2n, 2) = \tilde{w}_x(2n, 2). \tag{9.182}$$

---

[5] Der Begriff „Translationsinvarianz" ist hierbei so zu verstehen, dass eine Verzögerung des Eingangssignals zu verzögerten Ausgangswerten führt. Es werden also nicht etwa Merkmale berechnet, die gänzlich unabhängig von einer Signalverzögerung oder anderen Parametern sind.

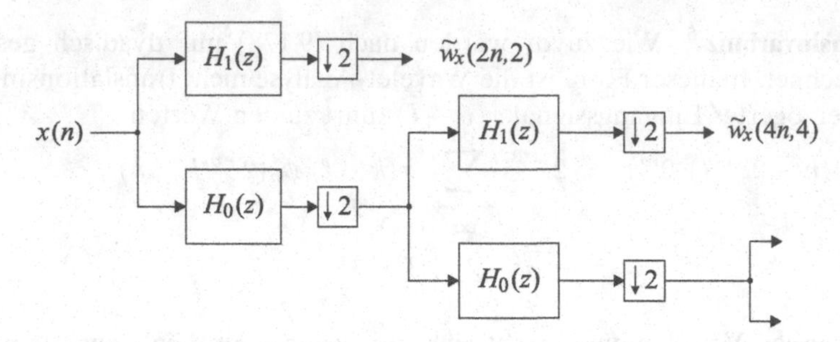

Bild 9.20 Analysefilterbank mit Abtastratenreduktion

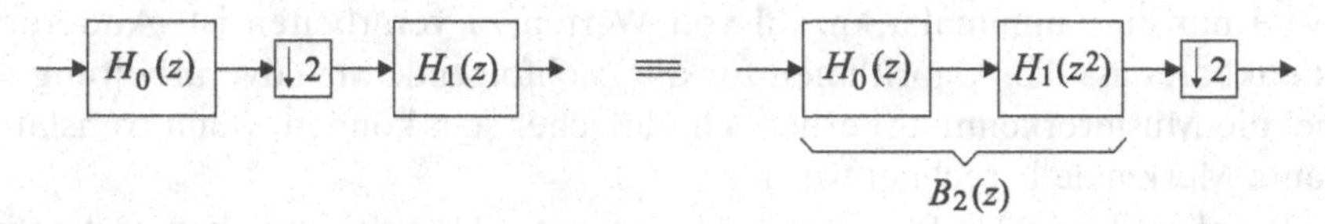

Bild 9.21 Äquivalente Strukturen

Der Grundgedanke des À-Trous-Algorithmus besteht darin, Gleichung (9.178) nicht exakt, sondern nur näherungsweise auszuwerten. Hierzu wird als Tiefpass ein Interpolationsfilter mit der Eigenschaft

$$h_0(2n) = h_0(2n_0) \cdot \delta_{n,n_0} \tag{9.183}$$

verwendet. Ein solches Filter erhält die in einer um den Faktor zwei aufwärts getasteten Folge vorhandenen Werte und interpoliert die fehlenden Zwischenwerte. Man nennt (9.183) auch die À-Trous-Bedingung, was bedeutet „mit Löchern".

Um die Funktion des Interpolationsfilters $H_0(z)$ näher zu erläutern, werden die Anordnungen in Bild 9.21 betrachtet, die beide die Systemfunktion

$$\frac{1}{2}\, H_1(z^2)\; [H_0(z) + H_0(-z)]$$

besitzen. Für die Systemfunktion $B_2(z)$ in der rechten Abbildung in Bild 9.21 gilt

$$B_2(z) = H_0(z)\, H_1(z^2). \tag{9.184}$$

Wenn $H_0(z)$ ein Interpolationsfilter ist, dann lässt sich (9.184) wie folgt interpretieren: Zunächst werden in die Impulsantwort $h_1(n)$ Nullen eingefügt. Durch Faltung der gespreizten Impulsantwort $h_1^{'}(2n) = h_1(n)$ mit der Impulsantwort $h_0(n)$ des Interpolationsfilters werden die Werte $h_1^{'}(2n)$ nicht bzw. nur um einen gemeinsamen Faktor verändert. Die dazwischenliegenden Nullen werden durch interpolierte Werte ersetzt. Bei entsprechender Normierung des Filters $H_0(z)$ stimmt jeder zweite Wert der Impulsantwort $b_2(n) \longleftrightarrow B_2(z)$ mit jedem zweiten Wert von $2^{-1}\psi^*(-n/4)$

überein. Die interpolierten Zwischenwerte entsprechen im Allgemeinen näherungsweise den dazwischenliegenden Abtastwerten, es gilt also

$$b_2(n) \approx 2^{-1}\,\psi^*(-n/4). \tag{9.185}$$

Dies lässt sich weiterführen:

$$B_m(z) = \begin{cases} H_1(z) & \text{für } m = 1 \\ H_1\left(z^{2^{m-1}}\right) \prod_{j=0}^{m-2} H_0\left(z^{2^j}\right) & \text{für } m > 1. \end{cases} \tag{9.186}$$

Für die Impulsantworten $b_m(n) \longleftrightarrow B_m(z)$ folgt

$$b_m(n) \approx 2^{-\frac{m}{2}}\,\psi^*(-2^{-m}n), \qquad m \geq 1, \tag{9.187}$$

und für die mit der Filterbank in Bild 9.20 berechneten Werte $\tilde{w}_x(2^m n, 2^m)$ gilt

$$\tilde{w}_x(2^m n, 2^m) \approx w_x(2^m n, 2^m). \tag{9.188}$$

Mit anderen Worten, man kann ein Wavelet $\psi(t)$ mit gewünschten Eigenschaften vorgeben und die Werte der Transformierten zumindest näherungsweise mittels der Filterbank in Bild 9.20 berechnen.

Überabgetastete Wavelet-Reihen Bisher wurden im Wesentlichen Wavelet-Reihen mit kritischer Abtastung betrachtet. Die Koeffizienten kritisch abgetasteter Wavelet-Reihen enthalten zwar die vollständige Information über das analysierte Signal, sie sind aber nicht translationsinvariant. In einigen Anwendungen benötigt man jedoch translationsinvariante Koeffizienten und damit die gleiche Abtastrate in allen Frequenzbändern. Geht man wie zuvor von einer Oktav-Analyse und einem zeitdiskreten Signal $x(n)$ aus, dann sind die Koeffizienten

$$w_x(n, 2^m) = 2^{-\frac{m}{2}} \sum_{k=-\infty}^{\infty} x(k)\,\psi^*(2^{-m}(k-n)) \tag{9.189}$$

bzw.

$$\tilde{w}_x(n, 2^m) = 2^{-\frac{m}{2}} \sum_{k=-\infty}^{\infty} x(k)\,b_m(n-k) \tag{9.190}$$

mit den Filtern $B_m(z)$ nach (9.186) zu berechnen. Während die direkte Auswertung von (9.189) einen sehr hohen Rechenaufwand erfordert, lassen sich die Werte $\tilde{w}_x(n, 2^m)$ in effizienter Weise mit der Filterbank in Bild 9.22 gewinnen. Die Filter $H_0(z^{2^m})$ und $H_1(z^{2^m})$ für $m > 1$ können dabei in Polyphasenstruktur realisiert werden. Die Anzahl auszuführender Operationen ist sehr gering, so dass diese Auswertung auch für Echtzeit-Anwendungen geeignet ist. Falls die Frequenzauflösung von reinen Oktav-Analysen nicht ausreichend ist, was zum Beispiel für grafische Darstellungen häufig der Fall ist, kann eine Berechnung mit mehreren Teilbändern je Oktave erfolgen, bei der man die Filterbank in Bild 9.22 mehrfach mit entsprechend geänderten Filtern aufbaut.

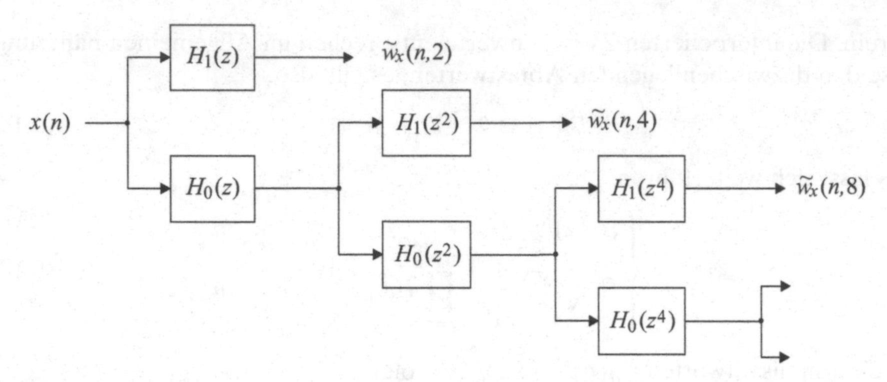

Bild 9.22 Analysefilterbank ohne Abtastratenreduktion

Beziehung zum Mallat-Algorithmus Die vorherigen Betrachtungen haben gezeigt, dass der einzige formale Unterschied zwischen den beim Mallat- und À-Trous-Algorithmus verwendeten Filtern darin besteht, dass die Impulsantwort des Filters $H_1(z)$ beim Mallat-Algorithmus im Allgemeinen nicht aus Abtastwerten des analogen Wavelets besteht. Beide Konzepte lassen sich aber sehr leicht in Übereinstimmung bringen [25]. Hierzu betrachten wir eine Zwei-Kanal-Filterbank, bei der $H_0(z)$ ein Interpolationsfilter und $H_1(z)$ ein Bandpass mit der Eigenschaft $H_1(1) = 0$ ist. Auf Basis der Filterbank lassen sich die Skalierungsfunktion und das Wavelet bestimmen. Dabei ergibt sich der Zusammenhang

$$h_1(n) = 2^{-\frac{1}{2}}\ \psi^*(-n/2) \tag{9.191}$$

zwischen der Impulsantwort $h_1(n)$ und den Abtastwerten des Wavelets $\psi(t)$. Für die Filter $B_m(z)$ in (9.186) ergibt sich

$$b_m(n) = 2^{-\frac{m}{2}}\ \psi^*(-2^{-m}n), \tag{9.192}$$

was bedeutet

$$\tilde{w}_x(2^m n, 2^m) = w_x(2^m n, 2^m). \tag{9.193}$$

Das heißt, der À-Trous-Algorithmus berechnet die exakten Abtastwerte der kontinuierlichen Wavelet-Transformation, wenn $H_0(z)$ und $H_1(z)$ zu einer perfekt rekonstruierenden Zwei-Kanal-Filterbank gehören und $H_0(z)$ ein Interpolationsfilter ist.

Um Filter $H_0(z)$ und $H_1(z)$ zu finden, die eine exakte Wavelet-Analyse zeitdiskreter Signale mit $\tilde{w}_x(2^m k, 2^m) = w_x(2^m n, 2^m)$ liefern, kann wie folgt vorgegangen werden: Man gibt ein À-Trous-Filter $H_0(z)$ vor und berechnet $G_0(z)$ aus dem unterbestimmten linearen Gleichungssystem

$$\sum_{n=-\infty}^{\infty} g_0(n)\, h_0(2\ell - n) = \delta_{\ell 0}. \tag{9.194}$$

Aus $H_0(z)$ und $G_0(z)$ können dann die Filter $H_1(z)$ und $G_1(z)$ nach Gleichung (7.40) berechnet werden. Die Länge der Impulsantwort $g_0(n)$ kann man dabei frei wählen, so dass man zu einem vorgegebenen Filter $H_0(z)$ beliebig viele Hochpassfilter $H_1(z)$ mit unterschiedlich langen Impulsantworten und damit Wavelets mit beliebiger Zeitdauer bestimmen kann. Man kann aber auch den umgekehrten Weg gehen, indem man die Abtastwerte eines Wavelets und damit $H_1(z)$ vorgibt und $G_1(z)$ aus einem linearen Gleichungssystem so bestimmt, dass $G_1(z)$ und damit $H_0(z)$ ein À-Trous-Filter ist. Hierbei besteht allerdings das Problem, dass nicht zu jedem vorgegebenen Hochpass $H_1(z)$ auch ein À-Trous-Tiefpass $H_0(z)$ existiert, mit dem der Aufbau einer perfekt rekonstruierenden Filterbank möglich ist.

Beispiel 9.3 Als Analyse-Tiefpass wird ein Halbbandfilter mit 31 Koeffizienten verwendet. Die Länge des Analyse-Hochpasses wird auf 63 Koeffizienten festgelegt. Die Gesamtverzögerung des Analyse-Synthese-Systems wird so vorgegeben, dass sich ein linearphasiger Hochpass ergibt. Die Bilder 9.23a und 9.23b zeigen hierzu die Skalierungsfunktion, das Wavelet sowie die Abtastwerte $\phi(-n/2) = h_0(n)$ und $\psi(-n/2) = h_1(n)$. Die Frequenzgänge der Filter $H_0(z)$ und $H_1(z)$ sind in Bild 9.23c dargestellt. Die Überhöhung im Frequenzgang des Hochpassfilters ist typisch für diesen Filterentwurf.

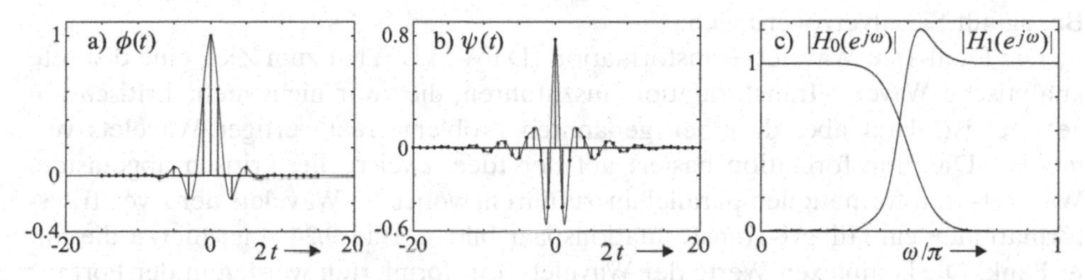

Bild 9.23 Beispiel. a) Skalierungsfunktion $\phi(t)$ sowie die Abtastwerte $\phi(-nT/2) = h_0(n)$; b) Wavelet $\psi(t)$ und die Abtastwerte $\psi(-nT/2) = h_1(n)$; c) Frequenzgänge der Analysefilter

9.8.2 Zeitdiskretes Morlet-Wavelet

Das Morlet-Wavelet wurde bereits in Abschnitt 9.2 vorgestellt. Um die Analyse zeitdiskreter Signale zu ermöglichen, wird das Wavelet so abgetastet, dass für den Analyse-Hochpass bzw. für das Filter $b_1(n)$ nach (9.186)

$$h_1(n) = b_1(n) = e^{j\omega_0 n}\, e^{-\beta^2 n^2/2} \tag{9.195}$$

gilt. Um ein „praktisch zulässiges“ und analytisches Wavelet zu erhalten, wird entsprechend (9.17)

$$\omega_0 \geq 2\pi\beta \qquad \text{mit} \qquad 0 \leq \omega_0 \leq \frac{\pi}{2} \tag{9.196}$$

gewählt. Im zeitdiskreten Fall tritt noch ein zusätzliches Problem auf. Um sicherzustellen, dass mit einem analytischen Wavelet gearbeitet wird, muss wegen der Periodizität der Spektren die gegenüber dem analogen Fall etwas schärfere Forderung

$\Psi(e^{j\omega}) = 0$ für $\pi < \omega \leq 2\pi$ erfüllt sein. Um dies zumindest näherungsweise zu gewährleisten, werden die Parameter ω_0 und β nach Shensa [25] so gewählt, dass auch

$$\omega_0 \leq \pi - \sqrt{2}\,\beta \tag{9.197}$$

gilt. Die Forderung (9.197) besagt, dass das Spektrum $H_1(e^{j\omega})$ bei $\omega = \pi$ auf den $1/e$-ten Wert des Maximums abgefallen sein soll.

9.9 Die Dual-Tree-Wavelet-Transformation

Wie schon in Abschnitt 9.2 erläutert wurde, sind reellwertige Wavelets wenig geeignet, um Zeit-Skalen-Analysen auszuführen, denen die Signaleigenschaften in einfacher Weise entnommen werden sollen. Bei analytischen Wavelets zeigt der Betrag der Transformierten dagegen in klarer Weise die Singularitäten im Signal auf. Ein weiteres Problem der reellen Wavelets ist die Verschiebungsvarianz. Eine kleine Verzögerung des Signals kann zu gänzlich anderen Wavelet-Koeffizienten führen. Bei analytischen Wavelets ist der Betrag der Koeffizienten dagegen wenig anfällig in Bezug auf Signalverzögerungen.

Die Dual-Tree-Wavelet-Transformation (DTWT) [15] hat zum Ziel, eine diskrete analytische Wavelet-Transformation auszuführen, die zwar nicht mehr kritisch abgetastet ist, dafür aber die oben genannten Probleme reellwertiger Wavelets vermeidet. Die Transformation basiert auf der Idee, zwei reelle, kritisch abgetastete Wavelet-Transformationen parallel auszuführen, wobei die Wavelets der zwei Transformationen ein Hilbert-Transformationspaar bilden. Bild 9.24 zeigt hierzu die Filterbank. Die komplexen Werte der Wavelet-Transformierten werden in der Form

$$d_k^c(m) = d_k(m) + j\,\hat{d}_k(m) \tag{9.198}$$

gebildet. Jede der einzelnen Wavelet-Transformationen ist in sich perfekt rekonstruierend. Allerdings müssen beide Filterbänke gemeinsam entworfen werden, damit die Wavelets zueinander Hilbert-transformiert sind. Die Kopplungsbedingung für die Analysefilter lautet dabei

$$P_0(e^{j\omega}) = e^{-j\omega/2} H_0(e^{j\omega}). \tag{9.199}$$

Für die Impulsantworten der Filter bedeutet dies in etwa $p_0(n) \approx h_0(n-0.5)$, so dass $p_0(n)$ näherungsweise eine um einen halben Takt verschobene Version von $h_0(n)$ ist.

Die Eigenschaft (9.199) führt auf

$$\psi_p(t) = \mathcal{H}\{\psi_h(t)\}, \tag{9.200}$$

wobei $\psi_h(t)$ und $\psi_p(t)$ die zu $H_k(z)$ bzw. $P_k(z)$ gehörigen Wavelets sind und $\mathcal{H}$ die Hilbert-Transformation bedeutet. Beispiele für geeignete Filterbankentwürfe mit kurzen FIR-Filtern sind in [15] zu finden.

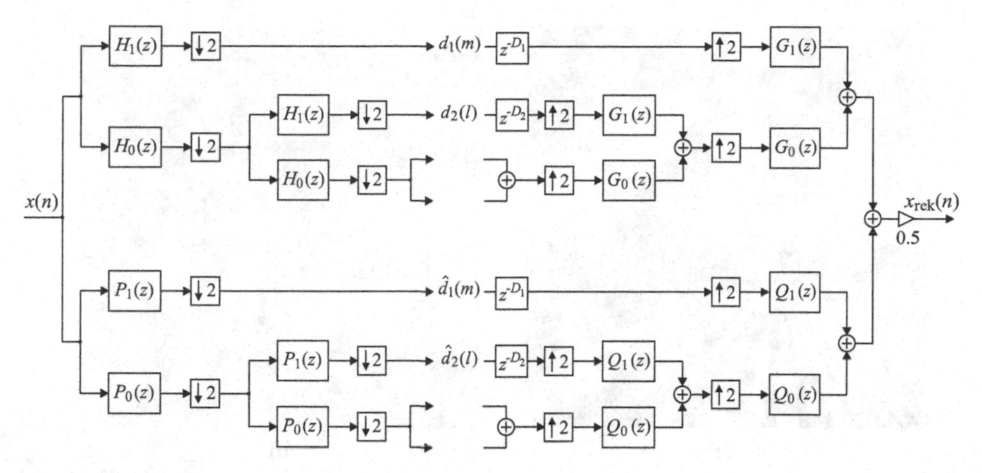

Bild 9.24 Dual-Tree-Wavelet-Transformation

9.10 Wavelet-basierte Bildkompression

Die Bildkompression mittels der diskreten Wavelet-Transformation ist prinzipiell äquivalent zur Kompression auf Basis der in Abschnitt 7.3 gezeigten Oktavfilterbänke. Die Filter erfüllen dabei allerdings die Anforderungen an Wavelet-Filter, wie zum Beispiel die Regularität oder eine bestimmte Anzahl verschwindender Momente. Zunächst wird das Bild mittels einer zweidimensionalen DWT in Teilbänder zerlegt. Um hohe Kompressionsfaktoren zu erzielen, werden die transformierten Bilder dann quantisiert, und die quantisierten Werte werden schließlich verlustlos codiert. Bild 9.25 zeigt ein Beispiel für eine entsprechende Wavelet-Transformation. Wie man erkennt, ist die wesentliche Information über das Original in den tieffrequenten Teilbändern enthalten. In den überlagerten Quadraten in Bild 9.25 ist zu sehen, in welcher Weise lokale Bildinformation lokal in den Teilbändern enthalten ist. Die hierarchische Struktur, die hier mittels der Pfeile angedeutet ist, wird in speziellen kombinierten Quantisierungs- und Kompressionsverfahren wie dem *embedded zerotree wavelet coding* (EZW) [24] und dem *set partitioning in hierarchical trees* (SPIHT) [23] ausgenutzt. Eine wichtige Beobachtung ist dabei die folgende: Wenn in einem Gebiet in einem tieffrequenten Band nur kleine Koeffizienten vorliegen, dann ist die Wahrscheinlichkeit groß, dass in den höherfrequenten Bändern in den entsprechenden Gebieten auch nur kleine Koeffizienten vorliegen. Dies wird ausgenutzt, indem man die Koeffizienten, wie in Bild 9.25b angedeutet, zu Bäumen verknüpft und dann Informationen über ganze Bäume gemeinsam codiert. Die Quantisierung der Koeffizienten geschieht dabei sukzessive. Es wird mit einer groben Quantisierung begonnen, bei der nur wenige Koeffizienten ungleich null sind, und dann wird die Größe der Quantisierungsstufe in jedem Codierungszyklus halbiert. Falls alle Koeffizienten in einem Baum zu null quantisiert sind, was in den ersten Codierungszyklen mit einer großen Quantisierungsstufe sehr häufig der Fall ist, wird der gesamte Baum mit

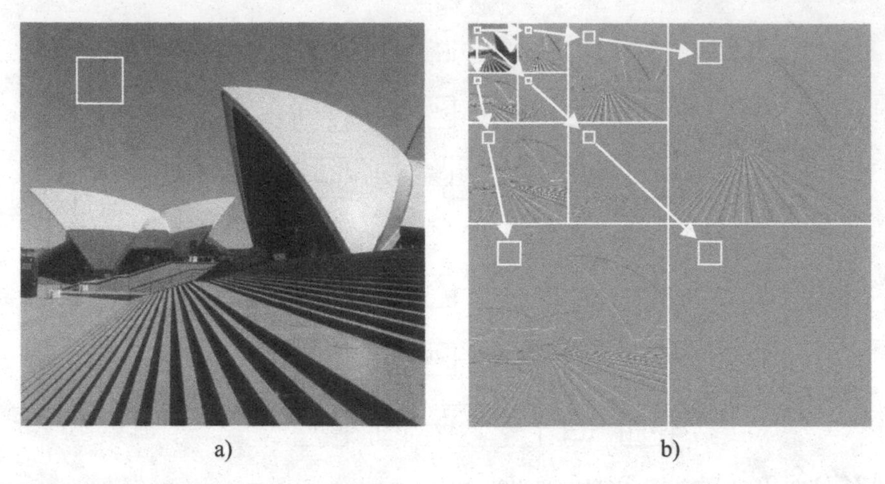

Bild 9.25 Separierbare 2-D-Wavelet-Transformation. a) Original; b) DWT

einem einzigen Symbol als „Nullbaum" codiert. Mit abnehmender Quantisierungsstufe sinkt die Zahl der „Nullbäume", und die Genauigkeit der Koeffizienten steigt. Werden in einem anfänglichen „Nullbaum" bei kleiner werdender Quantisierungsstufe nicht mehr alle Koeffizienten zu null quantisiert, so wird der Baum in kleinere Teilbäume partitioniert, von denen meist wieder einige als Nullbaum codiert werden können. Insgesamt erhält man einen fein-granular eingebetteten Binärdatenstrom, bei dem die wichtigste Information vorne und die unwichtigste hinten steht. Der Datenstrom kann an jeder beliebigen Stelle abgebrochen werden, um eine gewünschte Ziel-Datenrate zu erreichen und dabei die jeweils nahezu bestmögliche Bildqualität zu erzielen.

9.11 Spärliche Wavelet-Repräsentationen und ihre Anwendung

Eine bereits zuvor genannte Eigenschaft der Wavelet-Transformation besteht darin, dass die Wavelet-Transformierte für natürliche Signale typischerweise sehr spärlich wird, so dass meist nur relativ wenige der Wavelet-Koeffizienten signifikant von null verschieden sind. Die Anwendung in der Bildkompression ist somit ein Beispiel dafür, wie wichtig die Spärlichkeit für das Erzielen eines guten Verhältnisses aus Signalqualität und Datenrate ist. Es existiert aber noch eine Reihe weiterer Anwendungen, in denen die Spärlichkeit ebenso bedeutsam oder sogar zwingend erforderlich ist. Hierzu gehören die Rauschreduktion, das *inpainting*, bei dem fehlende Bilddaten aufgefüllt werden sollen, die komprimierte Abtastung und die Merkmalsextraktion für die Mustererkennung. Bevor auf zwei dieser Anwendungen genauer eingegangen wird, soll die Erzeugung spärlicher Repräsentationen etwas genauer betrachtet werden. Die Darstellung ist dabei relativ knapp gehalten und soll nur einen Eindruck davon vermitteln, welches Potential in den mit Wavelets und anderen Basen erzielbaren Repräsentationen steckt und welche Anwendungen sie ermöglichen.

9.11.1 Erzeugung spärlicher Repräsentationen

Es sind verschiedene, mehr oder weniger strenge Definitionen der Spärlichkeit denkbar. Um diese zu formulieren, betrachten wir die Darstellung eines Vektors $\boldsymbol{x}$ in der Form

$$\boldsymbol{x} = \sum_{k=1}^{M} a_k \, \boldsymbol{g}_k = \boldsymbol{G}\boldsymbol{a} \tag{9.201}$$

mit

$$\boldsymbol{G} = [\boldsymbol{g}_1, \boldsymbol{g}_2, \ldots, \boldsymbol{g}_M], \qquad \boldsymbol{a} = [a_1, a_2, \ldots, a_M]^T. \tag{9.202}$$

K-spärliche Darstellungen Wenn nur $K \ll M$ Koeffizienten in $\boldsymbol{a}$ ungleich null sind, dann spricht man von einer K-spärlichen Darstellung. In diesem Fall lässt sich die Summe in (9.201) auch als

$$\boldsymbol{x} = \sum_{k \in \boldsymbol{I}_K} a_k \, \boldsymbol{g}_k \tag{9.203}$$

schreiben, wobei I_K den Index-Satz der K benötigten Koeffizienten bezeichnet. Die Anzahl der von null verschiedenen Elemente in $\boldsymbol{a}$ lässt sich über die ℓ_0-Norm[6] von $\boldsymbol{a}$ ausdrücken, wobei gilt $\|\boldsymbol{a}\|_0 = K$. Da man in praktischen Anwendungen, in denen zu einem Vektor $\boldsymbol{x}$ eine spärliche Darstellung gesucht wird, den Index-Satz nicht *a priori* kennt und auch nur eine Abschätzung des benötigten Wertes K hat, formuliert man die Bestimmung von $\boldsymbol{a}$ zum Beispiel in der Form

$$\boldsymbol{a} = \underset{\boldsymbol{\alpha}}{\operatorname{argmin}} \; \|\boldsymbol{x} - \boldsymbol{G}\boldsymbol{\alpha}\|_2 \quad \text{NB} \quad \|\boldsymbol{\alpha}\|_0 \leq K \tag{9.204}$$

oder

$$\boldsymbol{a} = \underset{\boldsymbol{\alpha}}{\operatorname{argmin}} \; \|\boldsymbol{\alpha}\|_0 \quad \text{NB} \quad \|\boldsymbol{x} - \boldsymbol{G}\boldsymbol{\alpha}\|_2 \leq \varepsilon. \tag{9.205}$$

In (9.204) wird als Nebenbedingung ein maximaler Wert für K vorgegeben, und der Fehler des Datenterms wird minimiert. In (9.205) wird dagegen ein maximaler Fehler ε für den Datenterm vorgegeben, und die Anzahl K soll minimiert werden.

Falls die Vektoren $\boldsymbol{g}_1, \boldsymbol{g}_2, \ldots, \boldsymbol{g}_M$ eine orthonormale Basis bilden, ist die Lösung der o. g. Probleme sehr einfach. Hierbei genügt es, die K größten Koeffizienten auszuwählen, um die beste Approximation mit K Koeffizienten zu finden. Interessant ist die Erzeugung spärlicher Darstellungen daher eher für den Fall, dass die Vektoren $\boldsymbol{g}_k$ ein übervollständiges System zur Beschreibung von $\boldsymbol{x}$ bilden. Zum Beispiel lässt sich die Suche nach einer spärlichen Repräsentation mit dem in Abschnitt 7.3 beschriebenen *Best-Basis*-Algorithmus verbinden, wobei die Vektoren $\boldsymbol{g}_k$ dann die zu verschiedenen Baumstrukturen gehörigen Basisvektoren sind. Aufwendiger wird es, wenn die Vektoren $\boldsymbol{g}_k$ ein übervollständiges System bilden, das nicht wie beim

[6] Dies ist keine Norm im eigentlichen Sinne, weil ℓ_p-Normen mit $p < 1$ die Dreiecksungleichung (2.23) nicht erfüllen. Die ℓ_0-Norm zählt die von null verschiedenen Einträge und erfüllt zudem nicht (2.24).

Best-Basis-Algorithmus aus der Zusammenfassung mehrerer orthonormaler Basen besteht, von denen eine ausgewählt wird. In diesem Fall ist die Suche nach dem spärlichsten Koeffizientenvektor „NP-schwer", so dass eine vollständige Suche nicht möglich ist. Ein häufig angewandter Algorithmus ist das *orthogonal matching pursuit* [22], bei dem die Koeffizientenanzahl sukzessive erhöht wird. Ausgehend von einem Index-Satz I_κ wird der nächste Index $\kappa + 1$ in der Form

$$\kappa + 1 = \underset{\ell}{\operatorname{argmax}} \left\| \boldsymbol{g}_\ell^H (\boldsymbol{I} - \boldsymbol{G}_{I_\kappa} \boldsymbol{G}_{I_\kappa}^+) \boldsymbol{x} \right\|_2 \tag{9.206}$$

bestimmt. Die Vektoren $\boldsymbol{g}_\ell$ sind dabei auf $\|\boldsymbol{g}_\ell\|_2 = 1$ normiert, und die Matrix $\boldsymbol{G}_{I_\kappa}$ enthält die zum Index-Satz I_κ gehörigen Basisvektoren. Der Term $(\boldsymbol{I} - \boldsymbol{G}_{I_\kappa} \boldsymbol{G}_{I_\kappa}^+)\boldsymbol{x}$ stellt das Residuum bei Verwendung des Index-Satzes I_κ dar. Gestartet wird mit einem leeren Satz I_0. Die Berechnung ist sehr effizient, aber es ist bei diesem „gierigen" Algorithmus, der in jedem Schritt nach dem Koeffizienten $a_{\kappa+1}$ sucht, der die maximale Reduktion von $\|\boldsymbol{x} - \boldsymbol{G}_{I_{\kappa+1}} \boldsymbol{G}_{I_{\kappa+1}}^+ \boldsymbol{x}\|_2$ verspricht, nicht garantiert, dass das globale Optimum gefunden wird.

Relaxationsmethoden Bei den Relaxationsmethoden wird das schwierige ℓ_0-Norm-Problem durch ein einfacher zu lösendes Optimierungsproblem ersetzt, bei dem die Spärlichkeit des Koeffizientenvektors durch spezielle Strafterme oder Nebenbedingungen begünstigt wird. Ein konvexes Optimierungsproblem erhält man zum Beispiel für

$$\boldsymbol{a} = \underset{\boldsymbol{\alpha}}{\operatorname{argmin}} \, \frac{1}{2} \|\boldsymbol{x} - \boldsymbol{G\alpha}\|_2^2 + \lambda \|\boldsymbol{\alpha}\|_1 \tag{9.207}$$

mit einem reellen $\lambda > 0$. Aus Sicht der Schätztheorie ist dies äquivalent zur Maximum-a-Posteriori-Schätzung von $\boldsymbol{a}$ unter Annahme des Modells $\boldsymbol{x} = \boldsymbol{Ga} + \boldsymbol{n}$, wobei die Störungen $\boldsymbol{n}$ weiß und gaußverteilt sind und $\boldsymbol{a}$ eine Laplace-Verteilung besitzt. Der Strafterm $\lambda \|\boldsymbol{\alpha}\|_1$ kann auch als eine Regularisierung für eine schlecht konditionierte Matrix $\boldsymbol{G}$ verstanden werden. Er sorgt dafür, dass kleine Koeffizienten in $\boldsymbol{a}$ während der Optimierung zu null konvergieren, so dass sich insgesamt eine spärliche Lösung ergibt. Andere Formulierungen sind

$$\boldsymbol{a} = \underset{\boldsymbol{\alpha}}{\operatorname{argmin}} \, \|\boldsymbol{\alpha}\|_1 \quad \text{NB} \quad \|\boldsymbol{x} - \boldsymbol{G\alpha}\|_2 \leq \varepsilon \tag{9.208}$$

und

$$\boldsymbol{a} = \underset{\boldsymbol{\alpha}}{\operatorname{argmin}} \, \|\boldsymbol{x} - \boldsymbol{G\alpha}\|_2 \quad \text{NB} \quad \|\boldsymbol{\alpha}\|_1 \leq t \tag{9.209}$$

mit reellen Schranken $\varepsilon > 0$ und $t > 0$. Der Ausdruck (9.208) ist ein lineares Optimierungsproblem mit quadratischer Nebenbedingung. Mit $\varepsilon = 0$ wird er zu einem linearen Programm und ist als *basis pursuit algorithm* bekannt. Der Ausdruck (9.209) ist der *LASSO-Algorithmus* (*least absolute shrinkage and selection operator*). Sowohl (9.208) als auch (9.209) liefern Lösungen zu (9.207) und resultieren in einem spärlichen Koeffizientenvektor. Je größer der Vorrat an Vektoren $\boldsymbol{g}_k$ ist, umso größer ist die Chance, eine sehr spärliche Darstellung zu erzielen.

9.11.2 Wavelet-basierte Rauschreduktion

Wir betrachten ein Modell der Form

$$y(n) = x(n) + w(n), \tag{9.210}$$

wobei $x(n)$ das ungestörte Originalsignal und $y(n)$ eine durch ein Rauschen $w(n)$ gestörte Beobachtung ist. Es wird angenommen, dass $w(n)$ mittelwertfrei und statistisch unabhängig von $x(n)$ ist. Das Ziel der Rauschreduktion besteht darin, das Signal $x(n)$ aus $y(n)$ möglichst genau wiederzugewinnen. Die gleiche Problemstellung wurde in Abschnitt 8.4 im Zusammenhang mit der Kurzzeit-Fourier-Transformation behandelt.

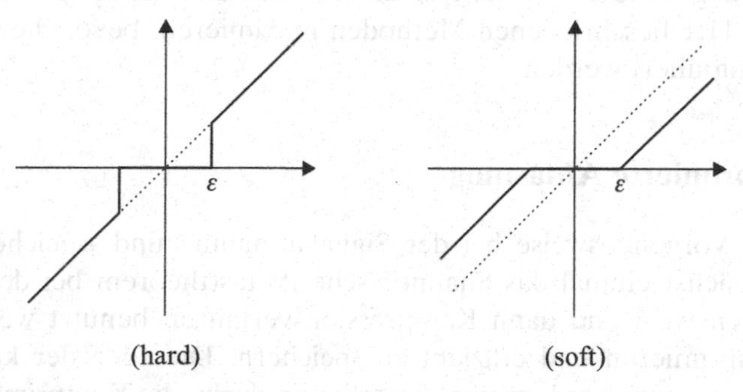

Bild 9.26 Schwellwert-Techniken (*thresholding*)

Bei der Wavelet-basierten Rauschreduktion wird das Signal $y(n)$ zunächst mittels einer Wavelet-Reihe dargestellt. Dann werden die Koeffizienten in nichtlinearer Weise manipuliert, um das Rauschen zu reduzieren. Hierbei sind verschiedene Nichtlinearitäten denkbar, von denen die bekanntesten Formen das *hard* und das *soft thresholding* sind [10, 9]:

$$\hat{y}(n) = \begin{cases} y(n) & \text{für } y(n) > \varepsilon \\ y(n) & \text{für } y(n) < -\varepsilon \\ 0 & \text{für } |y(n)| \leq \varepsilon, \end{cases} \qquad (hard) \tag{9.211}$$

$$\hat{y}(n) = \begin{cases} y(n) - \varepsilon & \text{für } y(n) > \varepsilon \\ y(n) + \varepsilon & \text{für } y(n) < -\varepsilon \\ 0 & \text{für } |y(n)| \leq \varepsilon. \end{cases} \qquad (soft) \tag{9.212}$$

Bild 9.26 illustriert die beiden Techniken. Die Grundidee dieser Methode besteht im Wesentlichen darin, dass ein Signal $x(n)$ in der Regel mit relativ wenigen von null verschiedenen Wavelet-Koeffizienten repräsentiert werden kann, während sich das Rauschen über alle Koeffizienten verteilt. Bei der Schwellwertmethode werden dann alle kleinen Wavelet-Koeffizienten, die im Wesentlichen auf das Rauschen $w(n)$ zurückzuführen sind, auf null gesetzt, während die großen (signaltragenden) Koeffizienten relativ zu ihrer Größe nur minimal modifiziert werden. Wenn der Schwellwert ε geeignet gewählt ist, wird das Signal $\hat{y}(n)$, das aus den modifizierten Wavelet-Koeffizienten rekonstruiert wird, wesentlich weniger Rauschen enthalten als $y(n)$. In der Praxis besteht das Problem in der Wahl des Schwellwerts ε, denn die Größe des Rauschens ist typischerweise nicht *a priori* bekannt. Ist ε zu klein, so wird das Rauschen nicht effektiv entfernt, ist ε zu groß, wird das Signal zu stark modifiziert. Je spärlicher die Wavelet-Reihe ist, umso effektiver ist die Methode. Man kann zum einen eine biorthogonale oder orthonormale DWT ausführen und sich darauf verlassen, dass die Wavelet-Koeffizienten ausreichend spärlich sind. Andererseits kann man überabgetastete Wavelet-Reihen vorsehen und deren Spärlichkeit mit den in Abschnitt 9.11.1 beschriebenen Methoden maximieren, bevor die Koeffizienten nichtlinear manipuliert werden.

9.11.3 Komprimierte Abtastung

Die klassische Vorgehensweise bei der Signalaufnahme und -speicherung besteht darin, dass zunächst einmal das Shannon'sche Abtasttheorem bei der Diskretisierung eingehalten wird und dann Kompressionsverfahren benutzt werden, um die Daten zu komprimieren und effizient zu speichern. Die Idee der komprimierten Abtastung (engl. *compressed sensing*) besteht nun darin, die Komprimierbarkeit der Signale direkt bei der Messung auszunutzen und von vornherein weniger Abtastwerte zu erzeugen als nach dem Abtasttheorem benötigt werden, ohne dass darunter die Qualität des gespeicherten Signals leidet [2, 8].

Um das Prinzip der komprimierten Abtastung zu erläutern, betrachten wir die Messung eines Signals $\boldsymbol{x} \in \mathbb{C}^N$ in der Form

$$\boldsymbol{y} = \boldsymbol{A}\boldsymbol{x}, \tag{9.213}$$

wobei $\boldsymbol{y} \in \mathbb{C}^M$ die Messwerte enthält und $\boldsymbol{A}$ als die Messmatrix bezeichnet wird. Gilt $M \geq N$ und besitzt $\boldsymbol{A}$ den vollen Rang, so ist die Bestimmung von $\boldsymbol{x}$ aus $\boldsymbol{y}$ eindeutig. Für den bei der komprimierten Abtastung vorliegenden Fall $M < N$ erhält man zunächst einmal keine eindeutige Lösung. Wir gehen nun davon aus, dass $\boldsymbol{x}$ in der Form

$$\boldsymbol{x} = \boldsymbol{B}\boldsymbol{s} \tag{9.214}$$

dargestellt werden kann, wobei der Koeffizientenvektor $\boldsymbol{s} \in \mathbb{C}^N$ spärlich besetzt ist. Die Basis $\boldsymbol{B}$ muss also so gewählt sein, dass sie für die Klasse der erwarteten Signale (zum Beispiel natürliche Bilder, tomografische Aufnahmen o. Ä.) eine spärliche Repräsentation erlaubt. Die Rekonstruktion von $\boldsymbol{x}$ aus $\boldsymbol{y}$ ist möglich, wenn die Matrix $\boldsymbol{C} = \boldsymbol{A}\boldsymbol{B}$ die sogenannte eingeschränkte Isometriebedingung (engl. *restricted isometry property*, RIP)

$$(1-\delta)\,\|\boldsymbol{s}\|_2^2 \leq \|\boldsymbol{C}\boldsymbol{s}\|_2^2 \leq (1+\delta)\,\|\boldsymbol{s}\|_2^2 \tag{9.215}$$

mit einem ausreichend kleinen $\delta \geq 0$ für jeden beliebigen $2K$-spärlichen Vektor $\boldsymbol{s}$ erfüllt. Dabei ist angenommen, dass die Spalten von $\boldsymbol{C}$ die Norm eins besitzen. Die Eigenschaft (9.215) bedeutet, dass jede Auswahl von $2K$ Spalten von $\boldsymbol{C}$ näherungsweise eine orthonormale Basis ergibt. Die Rekonstruktion von $\boldsymbol{x}$ aus den Messwerten $\boldsymbol{y}$ geschieht dann durch Lösung eines der Probleme

$$\hat{\boldsymbol{s}} = \underset{\boldsymbol{s}}{\operatorname{argmin}} \, \|\boldsymbol{s}\|_0 \quad \text{NB} \quad \boldsymbol{y} = \boldsymbol{C}\boldsymbol{s} \tag{9.216}$$

oder

$$\hat{\boldsymbol{s}} = \underset{\boldsymbol{s}}{\operatorname{argmin}} \, \|\boldsymbol{s}\|_1 \quad \text{NB} \quad \boldsymbol{y} = \boldsymbol{C}\boldsymbol{s}. \tag{9.217}$$

Das bedeutet, die Messwerte $\boldsymbol{y}$ müssen durch einen K-spärlichen Koeffizientenvektor $\boldsymbol{s}$ erklärt werden können. Es konnte gezeigt werden, dass die Rekonstruktion von $\boldsymbol{x}$ in der Form $\boldsymbol{x}\boldsymbol{B}\,\hat{\boldsymbol{s}}$ mit sehr nahe an eins liegender Wahrscheinlichkeit exakt ist, wenn der Vektor $\boldsymbol{s}$ dabei tatsächlich K-spärlich ist, die Messmatrix $\boldsymbol{A}$ weißes gaußsches Rauschen enthält und die Bedingung

$$M \geq cK \log(N/K) \tag{9.218}$$

eingehalten wird, wobei c eine Konstante ist. Die Wahl einer aus weißem Rauschen bestehenden Messmatrix ist dadurch begründet, dass dann die Bedingung (9.215) mit großer Wahrscheinlichkeit eingehalten wird. Für praktische Anwendungen ist die Wahl rauschartiger Messmatrizen natürlich oft nicht zu erfüllen. In der Magnetresonanztomografie beschreibt die Messmatrix zum Beispiel die Fourier-Transformation, so dass die gegenseitige Abstimmung der Matrizen $\boldsymbol{A}$ und $\boldsymbol{B}$ sehr genau erfolgen muss, damit eine fehlerfreie Rekonstruktion nach dem Prinzip der komprimierten Abtastung möglich wird.

Literaturverzeichnis

[1] R. Ansari, C. Guillemot und J. F. Kaiser: *Wavelet construction using Lagrange halfband filters*. IEEE Trans. Circuits and Systems, 38:1116–1118, 1991.

[2] E. Candes, J. Romberg und T. Tao: *Robust uncertainty principles: Exact signal reduction from highly incomplete frequency information*. IEEE Trans. Inform. Theory, 52(2):489–509, Februar 2006.

[3] A. Cohen, I. Daubechies und J. C. Feauveau: *Biorthogonal bases of compactly supported wavelets*. Comm. Pure and Appl. Math., XLV:485–560, 1992.

[4] E. A. B. da Silva und M. Ghanbari: *On the performance of linear phase wavelet transforms in low bit-rate image coding*. IEEE Trans. Image Processing, 5(5):689–704, Mai 1996.

[5] I. Daubechies: *Orthonormal bases of compactly supported wavelets*. Comm. Pure and Appl. Math., 41:909–996, 1988.

[6] I. Daubechies: *The wavelet transform, time-frequency localization and signal analysis*. IEEE Trans. Inform. Theory, 36(5):961–1005, September 1990.

[7] I. Daubechies: *Ten Lectures on Wavelets*. SIAM, 1992.

[8] D. Donoho: *Compressed sensing*. IEEE Trans. on Information Theory, 52(4):1289–1306, April 2006.

[9] D. L. Donoho: *De-noising by soft-thresholding*. IEEE Trans. Inform. Theory, 41(3):613–627, Mai 1995.

[10] D. L. Donoho und I. M. Johnstone: *Ideal spatial adaptation via wavelet shrinkage*. Biometrika, 81:425–455, 1994.

[11] P. Dutilleux: An implementation of the algorithm à trous to compute the wavelet transform. In *Wavelets: Time-Frequency Methods and Phase Space, IPTI*, Seiten 289–304. Springer, New York, 1989.

[12] B. R. Glasberg und B. C. J. Moore: *Derivation of auditory filter shapes from notched-noise data*. Hearing Research, 47:103–138, 1990.

[13] A. Grossmann, R. Kronland-Martinet und J. Morlet: Reading and understanding continuous wavelet transforms. In *Time-Frequency Methods and Phase Space, IPTI*, Seiten 2–20. Springer, New York, 1989.

[14] M. Holschneider, R. Kronland-Martinet, J. Morlet und Ph. Tchamitchian: A real-time algorithm for signal analysis with the help of the wavelet transform. In *Time-Frequency Methods and Phase Space, IPTI*, Seiten 286–297. Springer, New York, 1989.

[15] N. G. Kingsbury: *Complex wavelets for shift invariant analysis and filtering of signals*. Applied and Computational Harmonic Analysis, 10(3):234–253, Mai 2001.

[16] S. Mallat: *Multifrequency channel decomposition of images and wavelet models*. IEEE Trans. Acoust., Speech, Signal Processing, 37:2091–2110, Dezember 1989.

[17] S. Mallat: *A theory for multiresolution signal decomposition: The wavelet representation*. IEEE Trans. Patt. Anal. and Mach. Intell., 11(7):674–693, Juli 1989.

[18] S. Mallat: *A Wavelet Tour of Signal Processing: The Sparse Way*. Academic Press, 3. Auflage, 2009.

[19] Y. Meyer: *Ondelettes et fonction splines*. Séminare EDP, École Polytechnique, Paris, Dezember 1986.

[20] J. Morlet: Sampling theory and wave propagation. In *NATO ASI series, Issues in acoustic signal/image processing and recognition*, Band 1, Seiten 233–261. Springer, New York, 1983.

[21] J. Morlet, G. Arens, I. Fourgeau und D. Giard: *Wave propagation and sampling theory*. Geophysics, 47:203–236, 1982.

[22] Y.C. Pati, R. Rezaiifar und P.S. Krishnaprasad: *Orthogonal matching pursuit: Recursive function approximation with applications to wavelet decomposition*. In: *Proc. 27th Annu. Asilomar Conf. Signals, Systems and Computers*, Seiten 40–44, November 1993.

[23] A. Said und W. A. Pearlman: *A new fast and efficient image codec based on set partitioning in hierarchical trees*. IEEE Trans. Circ. and Syst. for Video Technology, 6(3):243–250, Juni 1996.

[24] J. M. Shapiro: *Embedded image coding using zerotrees of wavelet coefficients*. IEEE Trans. Signal Processing, 41(12):3445–3462, Dezember 1993.

[25] M. J. Shensa: *The discrete wavelet transform: Wedding the à trous and Mallat algorithms*. IEEE Trans. Signal Processing, 40(10):2464–2482, Oktober 1992.

[26] S. S. Stevens und J. Volkman: *The relation of pitch to frequency*. American Journal of Psychology, 53:329–353, 1940.

[27] D. S. Taubman und M. W. Marcellin: *JPEG2000 : Image Compression Fundamentals, Standards, and Practice*. Kluwer, Boston, MA, 2002.

[28] M. Vetterli und C. Herley: *Wavelets and filter banks: Theory and design*. IEEE Trans. Acoust., Speech, Signal Processing, 40(9):2207–2232, September 1992.

[29] M. Vetterli und J. Kovačević: *Wavelets and Subband Coding*. Prentice-Hall, Englewood Cliffs, NJ, 1995.

[30] J. D. Villasenor, B. Belzer und J. Liao: *Wavelet filter evaluation for image compression*. IEEE Trans. Image Processing, 4(8):1053–1060, August 1995.

Kapitel 10
Zeit-Frequenz-Verteilungen

In den Kapiteln 8 und 9 wurden bereits zwei Zeit-Frequenz-Verteilungen behandelt: das Spektrogramm und das Skalogramm. Beide Verteilungen entstehen durch lineare Filterung des zu analysierenden Signals, gefolgt von der Bildung des Betragsquadrats. In diesem Kapitel werden Zeit-Frequenz-Verteilungen behandelt, die nicht über lineare Filterungen gewonnen werden und die im Gegensatz zum Spektrogramm bzw. Skalogramm nicht in ihrer Auflösung durch die Unschärferelation eingeschränkt sind. Obwohl bei diesen Methoden nicht in jedem Fall sichergestellt werden kann, dass die Verteilungen positiv sind, lassen sich damit in speziellen Anwendungsfällen extrem aussagekräftige Erkenntnisse gewinnen.

10.1 Die Ambiguitätsfunktion

Das Ziel der folgenden Überlegungen besteht darin, Verwandtschaften zwischen Signalen und zeit- sowie frequenzverschobenen Versionen der Signale zu beschreiben. Um einen einfachen Zugang zu erhalten, werden Zeit- und Frequenzverschiebungen zunächst getrennt betrachtet.

Ähnlichkeit zeitverschobener Signale Die Verwandtschaft eines Signals $x \in L_2(\mathbb{R})$ zu seiner zeitverschobenen Version $x_\tau(t) = x(t + \tau)$ kann durch den Abstand $d(x, x_\tau)$ bzw. mittels der Autokorrelationsfunktion $r_{xx}^E(\tau)$ beschrieben werden. Hierbei gilt der Zusammenhang (vgl. (3.129))

$$d(x, x_\tau)^2 = 2\,\|x\|^2 - 2\,\Re\{r_{xx}^E(\tau)\} \tag{10.1}$$

mit

$$r_{xx}^E(\tau) = \langle x_\tau, x\rangle = \int_{-\infty}^{\infty} x^*(t)\, x(t+\tau)\, dt. \tag{10.2}$$

Wie in Abschnitt 3.3 erläutert wurde, bildet die Autokorrelationsfunktion $r_{xx}^E(\tau)$ zusammen mit der Energiedichte $S_{xx}^E(\omega) = |X(\omega)|^2$ ein Fourier-Transformationspaar.

Ergänzende Information Die elektronische Version dieses Kapitels enthält Zusatzmaterial, auf das über folgenden Link zugegriffen werden kann https://doi.org/10.1007/978-3-658-41529-7_10.

A. Mertins, *Signaltheorie*, https://doi.org/10.1007/978-3-658-41529-7_10

Man erhält $r_{xx}^E(\tau)$ also auch über eine inverse Fourier-Transformation aus $S_{xx}^E(\omega)$:

$$r_{xx}^E(\tau) = \frac{1}{2\pi}\int_{-\infty}^{\infty} S_{xx}^E(\omega)\, e^{j\omega\tau}\, d\omega = \frac{1}{2\pi}\int_{-\infty}^{\infty} X^*(\omega)\, X(\omega)\, e^{j\omega\tau}\, d\omega. \tag{10.3}$$

In Anwendungen, in denen das Signal $x(t)$ gesendet und aus dem gemessenen/empfangenen Signal $x(t-t_0)$ die Zeitverschiebung t_0 mit hoher Genauigkeit ermittelt werden soll, ist es wichtig, dass sich $x(t)$ und $x(t+\tau)$ für $\tau \neq 0$ möglichst unähnlich sind. Das heißt, das Sendesignal $x(t)$ sollte eine möglichst impulsförmige Autokorrelationsfunktion bzw. ein möglichst konstantes Energiedichtespektrum besitzen.

Ähnlichkeit frequenzverschobener Signale Frequenzverschobene Versionen eines Signals $x(t)$ entstehen häufig aufgrund des Doppler-Effektes. Will man derartige Frequenzverschiebungen messen, um daraus Rückschlüsse auf die Geschwindigkeit eines bewegten Objektes zu ziehen, so ist die Ähnlichkeit des Signals $x(t)$ zu seiner frequenzverschobenen Version $x_\nu(t) = x(t)\, e^{j\nu t}$ für die Genauigkeit der Messung bzw. Schätzung entscheidend. Um ein Maß für die Ähnlichkeit anzugeben, gehen wir wieder von $x \in L_2(\mathbb{R})$ aus und betrachten den Abstand

$$d(x, x_\nu) = 2\,\|x\|^2 - 2\,\Re\{\langle x_\nu, x\rangle\}. \tag{10.4}$$

Für das Skalarprodukt $\langle x_\nu, x\rangle$ in (10.4) wird im Folgenden die Abkürzung $\rho_{xx}^E(\nu)$ verwendet. Es gilt

$$\begin{aligned} \rho_{xx}^E(\nu) &= \langle x_\nu, x\rangle \\ &= \int_{-\infty}^{\infty} x^*(t)\, x(t)\, e^{j\nu t}\, dt \\ &= \int_{-\infty}^{\infty} s_{xx}^E(t)\, e^{j\nu t}\, dt \qquad \text{mit} \qquad s_{xx}^E(t) = |x(t)|^2, \end{aligned} \tag{10.5}$$

wobei $s_{xx}^E(t)$ als zeitliche Energiedichte verstanden werden kann.[1] Der Vergleich von (10.5) mit (10.3) zeigt eine gewisse Übereinstimmung der Berechnungsvorschriften für $r_{xx}^E(\tau)$ und $\rho_{xx}^E(\nu)$, wobei allerdings der Zeit- mit dem Frequenzbereich vertauscht ist. Dieses wird noch deutlicher, wenn man $\rho_{xx}^E(\nu)$ im Frequenzbereich angibt:

$$\rho_{xx}^E(\nu) = \frac{1}{2\pi}\int_{-\infty}^{\infty} X(\omega)\, X^*(\omega+\nu)\, d\omega. \tag{10.6}$$

Man erkennt, dass $\rho_{xx}^E(\nu)$ als Autokorrelationsfunktion des Spektrums $X(\omega)$ verstanden werden kann.

[1] In (10.5) findet man eine Fourier-Rücktransformation, in der der sonst übliche Vorfaktor $1/2\pi$ nicht auftritt, weil über t und nicht über ω integriert wird. Diese Eigenart ließe sich zwar vermeiden, wenn man ν durch $-\nu$ ersetzen und (10.5) als Hintransformation auffassen würde, im nachfolgenden Abschnitt müsste man dann aber eine zweidimensionale Fourier-Transformation definieren, bei der in der einen Variablen eine Hin- und in der anderen Variablen eine Rücktransformation ausgeführt wird.

Ähnlichkeit zeit- und frequenzverschobener Signale Um ein gemeinsames Maß für die Ähnlichkeit zeit- und frequenzverschobener Versionen eines Signals $x \in L_2(\mathbb{R})$ zu erhalten, ist es im Gegensatz zu den vorherigen Betrachtungen üblich, die Verschiebungen τ und ν gleichmäßig aufzuteilen, also die Verwandtschaft der Signale

$$x_{-\frac{\tau}{2},-\frac{\nu}{2}}(t) = x\left(t - \frac{\tau}{2}\right) e^{-j\nu t/2} \tag{10.7}$$

und

$$x_{\frac{\tau}{2},\frac{\nu}{2}}(t) = x\left(t + \frac{\tau}{2}\right) e^{j\nu t/2} \tag{10.8}$$

zu betrachten. Mit der Abkürzung

$$A_{xx}(\nu, \tau) = \left\langle x_{\frac{\tau}{2},\frac{\nu}{2}},\, x_{-\frac{\tau}{2},-\frac{\nu}{2}} \right\rangle \tag{10.9}$$

für die sogenannte *Zeit-Frequenz-Autokorrelations-* bzw. *Ambiguitätsfunktion*[2] ergibt sich für den Abstand

$$\begin{aligned} d(x_{-\frac{\tau}{2},-\frac{\nu}{2}},\, x_{\frac{\tau}{2},\frac{\nu}{2}}) &= 2\,\|x\|^2 - 2\,\Re\left\{\left\langle x_{\frac{\tau}{2},\frac{\nu}{2}},\, x_{-\frac{\tau}{2},-\frac{\nu}{2}} \right\rangle\right\} \\ &= 2\,\|x\|^2 - 2\,\Re\{A_{xx}(\nu, \tau)\}. \end{aligned} \tag{10.10}$$

In ausgeschriebener Form lautet (10.9)

$$A_{xx}(\nu, \tau) = \int_{-\infty}^{\infty} x^*\left(t - \frac{\tau}{2}\right) x\left(t + \frac{\tau}{2}\right) e^{j\nu t}\, dt, \tag{10.11}$$

und über die Parseval'sche Gleichung erhält man aus (10.9) ebenfalls

$$A_{xx}(\nu, \tau) = \frac{1}{2\pi} \int_{-\infty}^{\infty} X\left(\omega - \frac{\nu}{2}\right) X^*\left(\omega + \frac{\nu}{2}\right) e^{j\omega\tau}\, d\omega. \tag{10.12}$$

Beispiel 10.1 Betrachtet wird das Gaußsignal

$$x(t) = \left(\frac{\alpha}{\pi}\right)^{\frac{1}{4}} e^{-\frac{1}{2}\alpha t^2}, \tag{10.13}$$

das die Energie $E_x = 1$ besitzt. Unter Verwendung der Korrespondenz

$$e^{-\pi t^2} \longleftrightarrow e^{-\frac{1}{4\pi^2}\omega^2} \tag{10.14}$$

erhält man für die Ambiguitätsfunktion

$$A_{xx}(\nu, \tau) = e^{-\frac{\alpha}{4}\tau^2}\, e^{-\frac{1}{4\alpha}\nu^2}. \tag{10.15}$$

Die Ambiguitätsfunktion ist damit ein zweidimensionales Gaußsignal, dessen Zentrum im Ursprung der τ-ν-Ebene liegt.

[2] Dieser Begriff ist in der Literatur nicht einheitlich definiert. Einige Autoren verwenden ihn auch für den Term $|A_{xx}(\nu, \tau)|^2$.

Eigenschaften der Ambiguitätsfunktion

1. Eine Zeitverschiebung eines Signals $x \in L_2(\mathbb{R})$ führt zu einer Modulation der Ambiguitätsfunktion bezüglich der Frequenzverschiebung ν:
$$\tilde{x}(t) = x(t - t_0) \quad \Rightarrow \quad A_{\tilde{x}\tilde{x}}(\nu, \tau) = e^{j\nu t_0}\, A_{xx}(\nu, \tau). \tag{10.16}$$
Diese Beziehung lässt sich unter Ausnutzung von $\tilde{X}(\omega) = e^{-j\omega t_0} X(\omega)$ leicht aus (10.12) ableiten.
2. Eine Modulation eines Signals $x \in L_2(\mathbb{R})$ führt zu einer Modulation der Ambiguitätsfunktion bezüglich der Zeitverschiebung τ:
$$\tilde{x}(t) = e^{j\omega_0 t} x(t) \quad \Rightarrow \quad A_{\tilde{x}\tilde{x}}(\nu, \tau) = e^{j\omega_0 \tau}\, A_{xx}(\nu, \tau). \tag{10.17}$$
Die Herleitung erfolgt direkt aus (10.11).
3. Die Ambiguitätsfunktion nimmt im Ursprung ihr Maximum
$$\max\{A_{xx}(\nu, \tau)\} = A_{xx}(0, 0) = E_x \tag{10.18}$$
an, wobei E_x die Signalenergie ist. Eine Modulation und/oder eine Zeitverschiebung des Signals $x(t)$ führen zwar zu einer Modulation der Ambiguitätsfunktion, die prinzipielle Lage in der τ-ν-Ebene ändert sich aber nicht.

Radar-Unschärfeprinzip Das „klassische“ Problem der Radartechnik besteht darin, dass man Sendesignale sucht, die gleichzeitig eine hohe Genauigkeit bei der Schätzung von Laufzeiten und Geschwindigkeiten ermöglichen. Zum Entwurf geeigneter Sendesignale $x(t)$ wird daher im Wesentlichen der Ausdruck
$$|A_{xx}(\nu, \tau)|^2$$
betrachtet, der Aufschluss über die mit einem gegebenen Radarsignal $x(t)$ mögliche Auflösung in der τ-ν-Ebene gibt. Die Wunschvorstellung von einem Impuls im Ursprung der τ-ν-Ebene lässt sich dabei nicht verwirklichen, denn es gilt [14]
$$\frac{1}{2\pi} \int_{-\infty}^{\infty} \int_{-\infty}^{\infty} |A_{xx}(\nu, \tau)|^2 \, d\tau \, d\nu = |A_{xx}(0, 0)|^2 = E_x^2. \tag{10.19}$$
Das heißt, wenn man es erreicht, dass $|A_{xx}(\nu, \tau)|^2$ in der Umgebung des Ursprungs einem ausgeprägten Impuls entspricht, muss $|A_{xx}(\nu, \tau)|^2$ wegen des begrenzten Maximalwertes $|A_{xx}(0, 0)|^2 = E_x^2$ in anderen Regionen der τ-ν-Ebene wieder stark anwachsen. Aus diesem Grund wird (10.19) auch als das *Radar-Unschärfeprinzip* bezeichnet.

Kreuz-Ambiguitätsfunktion Schließlich sei noch darauf hingewiesen, dass man in Analogie zur Kreuzkorrelation auch sogenannte *Kreuz-Ambiguitätsfunktionen* definiert:
$$\begin{aligned} A_{yx}(\nu, \tau) &= \int_{-\infty}^{\infty} x(t + \frac{\tau}{2})\, y^*(t - \frac{\tau}{2})\, e^{j\nu t} \, dt \\ &= \frac{1}{2\pi} \int_{-\infty}^{\infty} X(\omega - \frac{\nu}{2})\, Y^*(\omega + \frac{\nu}{2})\, e^{j\omega\tau} \, d\omega. \end{aligned} \tag{10.20}$$

10.2 Die Wigner-Verteilung

10.2.1 Definition und Eigenschaften

Um ein Motiv für die Definitionsgleichung der Wigner-Verteilung zu geben, betrachten wir zunächst noch einmal die Ambiguitätsfunktion. Aus $A_{xx}(\nu, \tau)$ erhält man für $\nu = 0$ die zeitliche Autokorrelationsfunktion

$$r_{xx}^E(\tau) = A_{xx}(0, \tau), \tag{10.21}$$

aus der sich wiederum über eine Fourier-Transformation das Energiedichtespektrum berechnen lässt:

$$\begin{aligned} S_{xx}^E(\omega) &= \int_{-\infty}^{\infty} r_{xx}^E(\tau)\, e^{-j\omega\tau}\, d\tau \\ &= \int_{-\infty}^{\infty} A_{xx}(0, \tau)\, e^{-j\omega\tau}\, d\tau . \end{aligned} \tag{10.22}$$

Andererseits erhält man die Autokorrelationsfunktion $\rho_{xx}^E(\nu)$ des Spektrums $X(\omega)$ aus $A_{xx}(\nu, \tau)$ für $\tau = 0$:

$$\rho_{xx}^E(\nu) = A_{xx}(\nu, 0). \tag{10.23}$$

Die zeitliche Energiedichte $s_{xx}^E(t)$ ist wiederum die Fourier-Transformierte der Funktion $\rho_{xx}^E(\nu)$:

$$\begin{aligned} s_{xx}^E(t) &= \frac{1}{2\pi} \int_{-\infty}^{\infty} \rho_{xx}^E(\nu)\, e^{-j\nu t}\, d\nu \\ &= \frac{1}{2\pi} \int_{-\infty}^{\infty} A_{xx}(\nu, 0)\, e^{-j\nu t}\, d\nu . \end{aligned} \tag{10.24}$$

Diese Zusammenhänge legen es nahe, der zweidimensionalen Ambiguitätsfunktion $A_{xx}(\nu, \tau)$ eine zweidimensionale *Zeit-Frequenz-Verteilung* $W_{xx}(t, \omega)$ zuzuordnen, die aus $A_{xx}(\nu, \tau)$ mittels einer zweidimensionalen Fourier-Transformation berechnet wird:

$$W_{xx}(t, \omega) = \frac{1}{2\pi} \int_{-\infty}^{\infty} \int_{-\infty}^{\infty} A_{xx}(\nu, \tau)\, e^{-j\nu t}\, e^{-j\omega\tau}\, d\nu\, d\tau . \tag{10.25}$$

Die Zeit-Frequenz-Verteilung $W_{xx}(t, \omega)$ bezeichnet man als *Wigner-Verteilung*.[3] Die zweidimensionale Fourier-Transformation in (10.25) kann als Ausführung zweier aufeinanderfolgender eindimensionaler Fourier-Transformationen bezüglich τ und ν verstanden werden.

---

[3] Die Wigner-Verteilung wurde von Wigner zur Beschreibung von Phänomenen der Quantenmechanik verwendet [16], Ville hat sie später in die Signalanalyse eingeführt [15], so dass man häufig auch von der Wigner-Ville-Verteilung spricht.

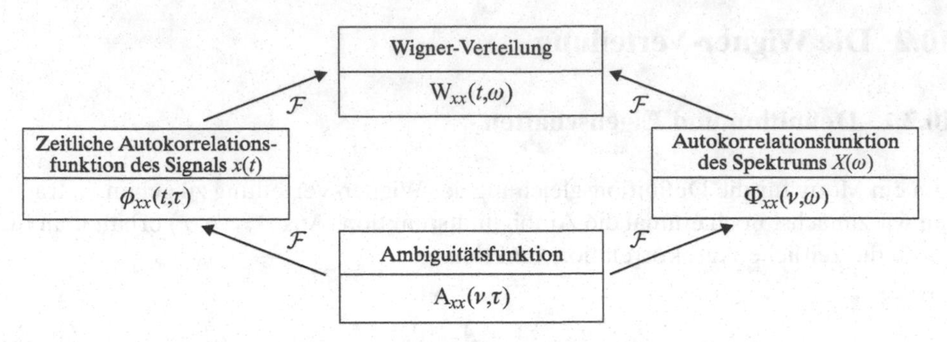

Bild 10.1 Zusammenhang zwischen Ambiguitätsfunktion und Wigner-Verteilung

Die Fourier-Transformation von $A_{xx}(\nu,\tau)$ bezüglich der Frequenzverschiebung ν liefert dabei die *zeitliche Autokorrelationsfunktion*[4]

$$\begin{aligned} \phi_{xx}(t,\tau) &= \frac{1}{2\pi}\int_{-\infty}^{\infty} A_{xx}(\nu,\tau)\, e^{-j\nu t}\, d\nu \\ &= x^*(t-\tfrac{\tau}{2})\, x(t+\tfrac{\tau}{2}). \end{aligned} \tag{10.26}$$

Die Fourier-Transformation von $A_{xx}(\nu,\tau)$ bezüglich der Verschiebungszeit τ liefert

$$\begin{aligned} \Phi_{xx}(\nu,\omega) &= \int_{-\infty}^{\infty} A_{xx}(\nu,\tau)\, e^{-j\omega\tau}\, d\tau \\ &= X(\omega-\tfrac{\nu}{2})\, X^*(\omega+\tfrac{\nu}{2}). \end{aligned} \tag{10.27}$$

Die Funktion $\Phi_{xx}(\nu,\omega)$ ist gewissermaßen als Autokorrelationsfunktion des Spektrums $X(\omega)$ anzusehen. Insgesamt erhält man für $W_{xx}(t,\omega)$

$$\begin{aligned} W_{xx}(t,\omega) &= \int_{-\infty}^{\infty} \phi_{xx}(t,\tau)\, e^{-j\omega\tau}\, d\tau \\ &= \frac{1}{2\pi}\int_{-\infty}^{\infty} \Phi_{xx}(\nu,\omega)\, e^{-j\nu t}\, d\nu \end{aligned} \tag{10.28}$$

mit $\phi_{xx}(t,\tau)$ nach (10.26) und $\Phi_{xx}(\nu,\omega)$ nach (10.27). Ausgeschrieben bedeutet dies

$$\begin{aligned} W_{xx}(t,\omega) &= \int_{-\infty}^{\infty} x^*(t-\frac{\tau}{2})\, x(t+\frac{\tau}{2})\, e^{-j\omega\tau}\, d\tau \\ &= \frac{1}{2\pi}\int_{-\infty}^{\infty} X(\omega-\frac{\nu}{2})\, X^*(\omega+\frac{\nu}{2})\, e^{-j\nu t}\, d\nu. \end{aligned} \tag{10.29}$$

Bild 10.1 zeigt noch einmal die zuvor genannten Zusammenhänge.

---
[4] Würde man $x(t)$ als Zufallsprozess ansehen, so wäre $E\{\phi_{xx}(t,\tau)\}$ die Autokorrelationsfunktion des Prozesses.

Man spricht hier von einer Verteilung, weil man von der Vorstellung ausgeht, dass die Funktion $W_{xx}(t,\omega)$ die Verteilung der Signalenergie in der Zeit-Frequenz-Ebene widerspiegelt. Streng genommen kann die Wigner-Verteilung aber nicht punktweise als Verteilungsdichte interpretiert werden, weil sie auch negative Werte annehmen kann. Abgesehen von dieser Einschränkung besitzt sie aber alle Merkmale, die man von einer Zeit-Frequenz-Verteilungsdichte erwarten würde. Die wichtigsten dieser Eigenschaften, die man Gleichung (10.29) entweder direkt oder unter Ausnutzung der Eigenschaften der Fourier-Transformation entnehmen kann, werden im Folgenden kurz genannt.

Einige Eigenschaften der Wigner-Verteilung:

1. Die Wigner-Verteilung eines beliebigen Signals $x(t)$ ist stets reell, es gilt
$$W_{xx}(t,\omega) = W_{xx}^*(t,\omega) = \Re\{W_{xx}(t,\omega)\}. \tag{10.30}$$
Ist das Signal $x(t)$ selbst reell, so folgt aus (10.29) unter Beachtung der Eigenschaften der Fourier-Transformation, dass $W_{xx}(t,\omega)$ eine gerade Funktion der Frequenz ist ($W_{xx}(t,\omega) = W_{xx}(t,-\omega)$).

2. Durch Integration über die Frequenz ω erhält man die zeitliche Energiedichte
$$s_{xx}^E(t) = \frac{1}{2\pi}\int_{-\infty}^{\infty} W_{xx}(t,\omega)\, d\omega = |x(t)|^2. \tag{10.31}$$

3. Durch Integration über die Zeit t erhält man das Energiedichtespektrum
$$S_{xx}^E(\omega) = \int_{-\infty}^{\infty} W_{xx}(t,\omega)\, dt = |X(\omega)|^2. \tag{10.32}$$

4. Die Integration über die Zeit und die Frequenz ergibt die Signalenergie:
$$\frac{1}{2\pi}\int_{-\infty}^{\infty}\int_{-\infty}^{\infty} W_{xx}(t,\omega)\, d\omega\, dt = \int_{-\infty}^{\infty} |x(t)|^2\, dt = E_x. \tag{10.33}$$

5. Ist ein Signal $x(t)$ nur in einem bestimmten Zeitintervall von null verschieden, so ist auch die Wigner-Verteilung auf dieses Zeitintervall beschränkt:
$$\begin{aligned} x(t) &= 0 \quad \text{für} \quad t < t_1 \quad \text{und/oder} \quad t > t_2 \\ &\Downarrow \\ W_{xx}(t,\omega) &= 0 \quad \text{für} \quad t < t_1 \quad \text{und/oder} \quad t > t_2. \end{aligned} \tag{10.34}$$
Diese Eigenschaft folgt unmittelbar aus (10.29).

6. Ist $X(\omega)$ nur in einem bestimmten Frequenzbereich von null verschieden, so ist auch die Wigner-Verteilung auf diesen Frequenzbereich beschränkt:
$$\begin{aligned} X(\omega) &= 0 \quad \text{für} \quad \omega < \omega_1 \quad \text{und/oder} \quad \omega > \omega_2 \\ &\Downarrow \\ W_{xx}(t,\omega) &= 0 \quad \text{für} \quad \omega < \omega_1 \quad \text{und/oder} \quad \omega > \omega_2. \end{aligned} \tag{10.35}$$

7. Eine Zeitverschiebung des Signals führt zu einer Zeitverschiebung der Wigner-Verteilung (vgl. (10.26) und (10.28)):

$$\tilde{x}(t) = x(t - t_0) \qquad \Rightarrow \qquad W_{\tilde{x}\tilde{x}}(t, \omega) = W_{xx}(t - t_0, \omega). \tag{10.36}$$

8. Eine Modulation des Signals führt zu einer Frequenzverschiebung der Wigner-Verteilung (vgl. (10.27) und (10.28)):

$$\tilde{x}(t) = x(t)\, e^{j\omega_0 t} \qquad \Rightarrow \qquad W_{\tilde{x}\tilde{x}}(t, \omega) = W_{xx}(t, \omega - \omega_0). \tag{10.37}$$

9. Eine gleichzeitige Zeitverschiebung und Modulation des Signals führen zu einer Zeit- und Frequenzverschiebung der Wigner-Verteilung:

$$\tilde{x}(t) = x(t - t_0)\, e^{j\omega_0 t} \qquad \Rightarrow \qquad W_{\tilde{x}\tilde{x}}(t, \omega) = W_{xx}(t - t_0, \omega - \omega_0). \tag{10.38}$$

10. Eine Zeitskalierung führt zu

$$\tilde{x}(t) = x(at) \qquad \Rightarrow \qquad W_{\tilde{x}\tilde{x}}(t, \omega) = \frac{1}{|a|}\, W_{xx}(at, \frac{\omega}{a}). \tag{10.39}$$

Signalrekonstruktion Durch eine inverse Fourier-Transformation bezüglich der Frequenz ω erhält man aus $W_{xx}(t, \omega)$ die Funktion

$$\phi_{xx}(t, \tau) = x^*\left(t - \frac{\tau}{2}\right) x\left(t + \frac{\tau}{2}\right), \tag{10.40}$$

vgl. (10.28). Entlang der Linie $t = \tau/2$ ergibt sich

$$\hat{x}(\tau) = \phi_{xx}\left(\frac{\tau}{2}, \tau\right) = x^*(0)\, x(\tau). \tag{10.41}$$

Das bedeutet, man kann ein Signal $x(t)$ bis auf den Vorfaktor $x^*(0)$ exakt aus seiner Wigner-Verteilung rekonstruieren. Auf gleiche Weise erhält man für das Spektrum

$$\hat{X}^*(\nu) = \Phi_{xx}\left(\frac{\nu}{2}, \nu\right) = X(0)\, X^*(\nu). \tag{10.42}$$

Moyals Formel für Auto-Wigner-Verteilungen Das Betragsquadrat des inneren Produkts zweier Signale $x(t)$ und $y(t)$ lässt sich als inneres Produkt ihrer Wigner-Verteilungen angeben [11], [6]:

$$\left| \int_{-\infty}^{\infty} x(t)\, y^*(t)\, dt \right|^2 = \frac{1}{2\pi} \int_{-\infty}^{\infty} \int_{-\infty}^{\infty} W_{xx}(t, \omega)\, W_{yy}(t, \omega)\, dt\, d\omega. \tag{10.43}$$

10.2.2 Beispiele von Zeit-Frequenz-Verteilungen

Signale mit linearer Zeit-Frequenz-Abhängigkeit Das Musterbeispiel zur Demonstration der hervorragenden Eigenschaften der Wigner-Verteilung in der Zeit-Frequenz-Analyse ist das sogenannte Chirp-Signal, ein frequenzmoduliertes Signal (FM-Signal), dessen Momentanfrequenz sich linear mit der Zeit ändert:

$$x(t) = A\, e^{j\frac{1}{2}\beta t^2}\, e^{j\omega_0 t}. \tag{10.44}$$

Die *Momentanfrequenz* eines Signals ist allgemein als

$$\omega(t) = \frac{d}{dt}\varphi_x(t) \tag{10.45}$$

definiert, wobei $\varphi_x(t)$ die Phase des Signals ist. Sie lautet hier

$$\omega(t) = \omega_0 + \beta t. \tag{10.46}$$

Für die Wigner-Verteilung des Signals in (10.44) erhält man

$$W_{xx}(t,\omega) = 2\pi\,|A|^2\,\delta_0(\omega - \omega_0 - \beta t). \tag{10.47}$$

Das bedeutet, die Wigner-Verteilung eines linear modulierten FM-Signals zeigt die Momentanfrequenz exakt an.

Gaußsignal Betrachtet wird das Signal

$$\tilde{x}(t) = e^{j\omega_0 t}\,x(t - t_0) \qquad \text{mit} \qquad x(t) = \left(\frac{\alpha}{\pi}\right)^{\frac{1}{4}}\,e^{-\frac{1}{2}\alpha t^2}. \tag{10.48}$$

Die Wigner-Verteilung $W_{xx}(t,\omega)$ lautet

$$W_{xx}(t,\omega) = 2\,e^{-\alpha t^2}\,e^{-\frac{1}{\alpha}\,\omega^2}, \tag{10.49}$$

und für $W_{\tilde{x}\tilde{x}}(t,\omega)$ ergibt sich

$$W_{\tilde{x}\tilde{x}}(t,\omega) = 2\,e^{-\alpha(t-t_0)^2}\,e^{-\frac{1}{\alpha}\,[\omega - \omega_0]^2}. \tag{10.50}$$

Die Wigner-Verteilung eines modulierten Gaußsignals ist damit ein zweidimensionales Gaußsignal, dessen Zentrum im Punkt $[t_0, \omega_0]$ liegt. Die Ambiguitätsfunktion ist dagegen ein moduliertes zweidimensionales Gaußsignal, dessen Zentrum im Ursprung der τ-ν-Ebene liegt (vgl. (10.15), (10.16) und (10.17)).

Signale mit einer positiven Wigner-Verteilung Nur Signale, die sich in der Form

$$x(t) = \left(\frac{\alpha}{\pi}\right)^{\frac{1}{4}}\,e^{-\frac{1}{2}\alpha t^2}\,e^{j\frac{1}{2}\beta t^2}\,e^{j\omega_0 t} \tag{10.51}$$

beschreiben lassen, besitzen eine positive Wigner-Verteilung [5]. Das Gaußsignal und das Chirp-Signal sind dabei als Spezialfälle anzusehen. Für die Wigner-Verteilung des Signals $x(t)$ nach (10.51) ergibt sich

$$W_{xx}(t,\omega) = 2\,e^{-\alpha t^2}\,e^{-\frac{1}{\alpha}\,[\omega - \omega_0 - \beta t]^2} \tag{10.52}$$

mit $W_{xx}(t,\omega) \geq 0$ für alle $t, \omega \in \mathbb{R}$.

Zeitbegrenzte Exponentialschwingung Betrachtet wird eine auf das Intervall $[-T, T]$ begrenzte Exponentialschwingung:

$$x(t) = \begin{cases} e^{j\omega_0 t} & \text{für } |t| < T \\ 0 & \text{sonst.} \end{cases} \tag{10.53}$$

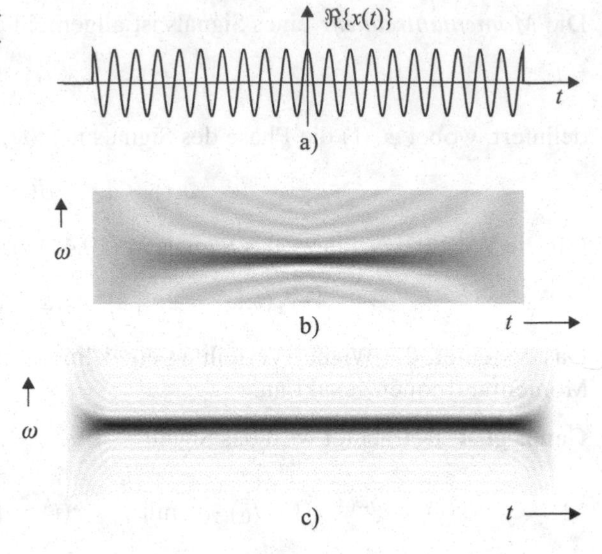

Bild 10.2 Zeitbegrenzte Exponentialschwingung. a) Zeitsignal; b) Wigner-Verteilung; c) Spektrogramm

Die Wigner-Verteilung lautet

$$W_{xx}(t,\omega) = \begin{cases} \frac{2}{\omega-\omega_0}\,\sin(2(\omega-\omega_0)(T-|t|)) & \text{für } |t|<T \\ 0 & \text{sonst.} \end{cases} \tag{10.54}$$

Bild 10.2 zeigt hierzu ein Signal $x(t)$ und die Graustufendarstellungen der Wigner-Verteilung und des Spektrogramms. Man erkennt, dass das Spektrogramm nicht auf das Intervall $[-T,T]$ begrenzt ist. Weiterhin zeigen sich deutliche Unterschiede in den Interferenzgeometrien der Wigner-Verteilung und des Spektrogramms.

10.2.3 Kreuzterme und Kreuz-Wigner-Verteilungen

Die *Kreuz-Wigner-Verteilung*[5] wird in der Form

$$\begin{aligned} W_{yx}(t,\omega) &= \int_{-\infty}^{\infty} y^*(t-\frac{\tau}{2})\,x(t+\frac{\tau}{2})\,e^{-j\omega\tau}\,d\tau \\ &= \frac{1}{2\pi}\int_{-\infty}^{\infty} X(\omega-\frac{\nu}{2})\,Y^*(\omega+\frac{\nu}{2})\,e^{-j\nu t}\,d\nu \end{aligned} \tag{10.55}$$

definiert. Wie man leicht überprüfen kann, gilt dabei für beliebige Signale $x(t)$ und $y(t)$

$$W_{yx}(t,\omega) = W_{xy}^*(t,\omega). \tag{10.56}$$

[5] Die Kreuz-Wigner-Verteilung $W_{yx}(t,\omega)$ kann dabei als zweidimensionale Fourier-Transformierte der Kreuz-Ambiguitätsfunktion $A_{yx}(\nu,\tau)$ aufgefasst werden.

Wir betrachten nun ein Signal

$$z(t) = x(t) + y(t) \tag{10.57}$$

und die dazugehörige Wigner-Verteilung

$$\begin{aligned} W_{zz}(t,\omega) &= \int_{-\infty}^{\infty} [x^*(t-\frac{\tau}{2}) + y^*(t-\frac{\tau}{2})]\,[x(t+\frac{\tau}{2}) + y(t+\frac{\tau}{2})]\,e^{-j\omega\tau}\,d\tau \\ &= W_{xx}(t,\omega) + 2\,\Re\{W_{yx}(t,\omega)\} + W_{yy}(t,\omega). \end{aligned} \tag{10.58}$$

Man erkennt, dass die Wigner-Verteilung der Summe zweier Signale nicht gleich der Summe der zwei individuellen Wigner-Verteilungen ist. Das Auftreten von Kreuztermen $W_{yx}(t,\omega)$ macht die Interpretation der Wigner-Verteilung beliebiger realer Signale schwierig. Die Größenordnung und die Lage der Interferenz werden in den nachfolgenden Beispielen verdeutlicht.

Beispiel 10.2 Betrachtet wird die Summe zweier komplexer Exponentialfunktionen:

$$z(t) = \frac{A_1}{\sqrt{2\pi}}\,e^{j\omega_1 t} + \frac{A_2}{\sqrt{2\pi}}\,e^{j\omega_2 t}. \tag{10.59}$$

Für $W_{zz}(t,\omega)$ ergibt sich

$$\begin{aligned} W_{zz}(t,\omega) &= A_1^2\,\delta_0(\omega-\omega_1) + A_2^2\,\delta_0(\omega-\omega_2) \\ &\quad +2A_1A_2\cos((\omega_2-\omega_1)t)\,\delta_0(\omega-\tfrac{1}{2}(\omega_1+\omega_2)). \end{aligned} \tag{10.60}$$

Bild 10.3 zeigt hierzu eine Darstellung von $W_{zz}(t,\omega)$, die den Einfluss des Kreuzterms

$$2A_1A_2\cos((\omega_2-\omega_1)t)\,\delta_0(\omega-\frac{1}{2}(\omega_1+\omega_2))$$

verdeutlicht.

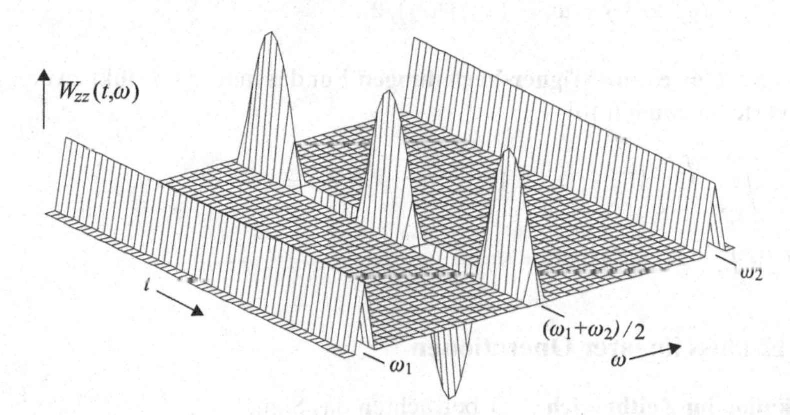

Bild 10.3 Wigner-Verteilung der Summe zweier Sinussignale (gezeigt sind die Gewichte der Dirac-Impulse)

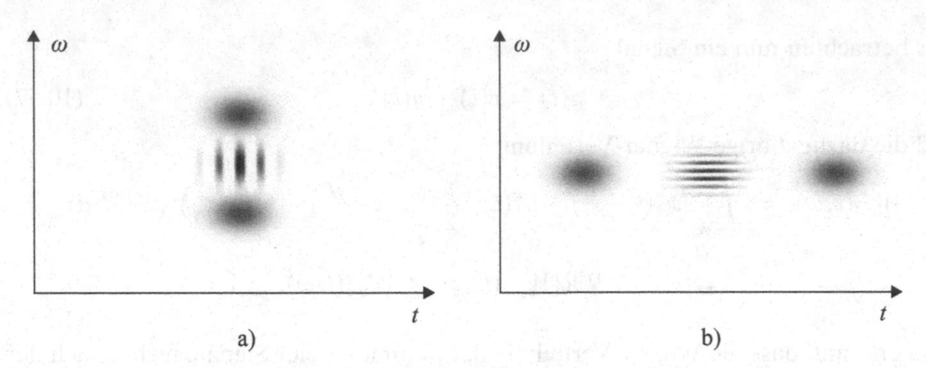

Bild 10.4 Wigner-Verteilung für die Überlagerung zweier modulierter bzw. zeitverschobener Gaußsignale. a) $t_1 = t_2, \omega_1 \neq \omega_2$; b) $t_1 \neq t_2, \omega_1 = \omega_2$

Beispiel 10.3 In diesem Beispiel wird die Summe zweier modulierter Gaußsignale betrachtet. Das Signal lautet

$$z(t) = x(t) + y(t) \tag{10.61}$$

mit

$$x(t) = e^{j\omega_1(t-t_1)}\, e^{-\frac{1}{2}\alpha(t-t_1)^2}, \tag{10.62}$$

$$y(t) = e^{j\omega_2(t-t_2)}\, e^{-\frac{1}{2}\alpha(t-t_2)^2}. \tag{10.63}$$

Die Bilder 10.4 und 10.5 zeigen hierzu Beispiele für die Wigner-Verteilung. Man erkennt deutlich, dass die Modulation des Interferenzterms jeweils senkrecht zur Verbindungslinie der beiden Signalterme erfolgt. Anders ist dies bei der ebenfalls in Bild 10.5 dargestellten Ambiguitätsfunktion. Das Zentrum des Signalterms liegt im Ursprung der τ-ν-Ebene, was sich daraus erklärt, dass die Ambiguitätsfunktion eine Zeit-Frequenz-Autokorrelationsfunktion ist. Die Interferenzterme konzentrieren sich um die Punkte $\tau_1 = t_1 - (t_1 + t_2)/2$, $\nu_1 = \omega_2 - (\omega_1 + \omega_2)/2$ und $\tau_2 = t_2 - (t_1 + t_2)/2$, $\nu_2 = \omega_1 - (\omega_1 + \omega_2)/2$.

Moyals Formel für Kreuz-Wigner-Verteilungen Für das innere Produkt zweier Kreuz-Wigner-Verteilungen gilt [6]

$$\frac{1}{2\pi}\int_{-\infty}^{\infty}\int_{-\infty}^{\infty} W_{x_1y_1}(t,\omega)\, W_{x_2y_2}(t,\omega)\, dt\, d\omega = \langle x_1, y_1\rangle\, \langle x_2, y_2\rangle \tag{10.64}$$

mit $\langle x, y\rangle = \int_{-\infty}^{\infty} x(t)\, y^*(t)\, dt$.

10.2.4 Einfluss linearer Operationen

Multiplikation im Zeitbereich Wir betrachten das Signal

$$\tilde{x}(t) = x(t)\, h(t). \tag{10.65}$$

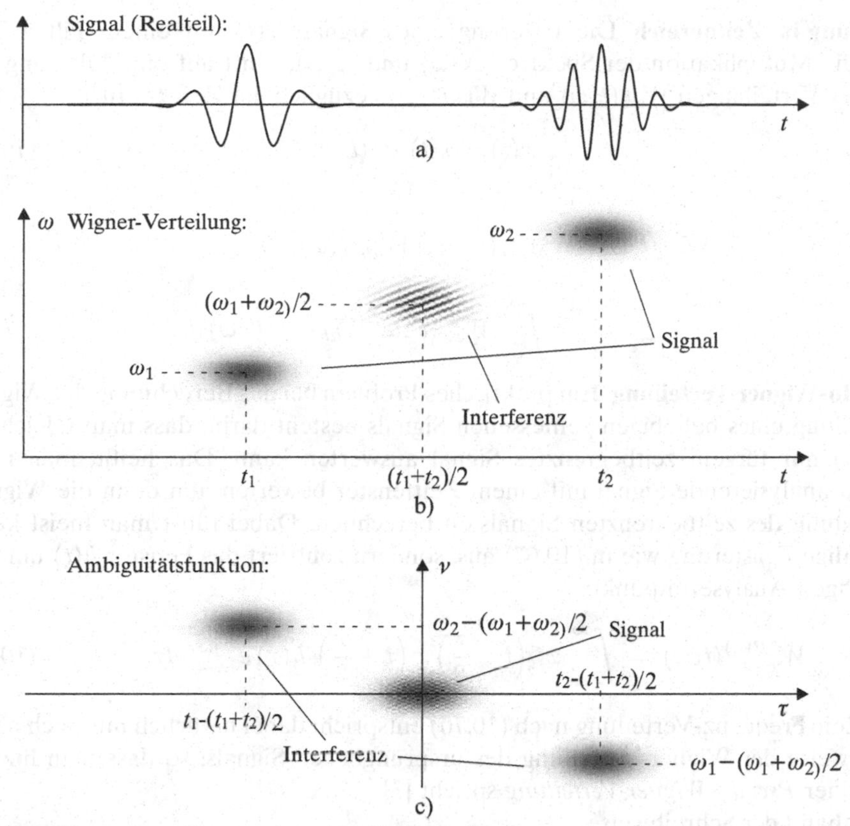

Bild 10.5 Wigner-Verteilung und Ambiguitätsfunktion von zwei modulierten, zeitverschobenen und überlagerten Gaußsignalen ($t_1 \neq t_2$, $\omega_1 \neq \omega_2$)

Für die Wigner-Verteilung $W_{\tilde{x}\tilde{x}}(t,\omega)$ ergibt sich zunächst

$$\begin{aligned} W_{\tilde{x}\tilde{x}}(t,\omega) &= \int_{-\infty}^{\infty} x^*(t-\frac{\tau}{2})\,x(t+\frac{\tau}{2})\,h^*(t-\frac{\tau}{2})\,h(t+\frac{\tau}{2})\,e^{-j\omega\tau}\,d\tau \\ &= \int_{-\infty}^{\infty} \phi_{xx}(t,\tau)\,\phi_{hh}(t,\tau)\,e^{-j\omega\tau}\,d\tau. \end{aligned} \tag{10.66}$$

Die Multiplikation von $\phi_{xx}(t,\tau)$ mit $\phi_{hh}(t,\tau)$ bezüglich τ kann dabei durch eine Faltung im Frequenzbereich ersetzt werden, und man erhält

$$\begin{aligned} W_{\tilde{x}\tilde{x}}(t,\omega) &= \frac{1}{2\pi}\,W_{xx}(t,\omega) \overset{\omega}{*} W_{hh}(t,\omega) \\ &= \frac{1}{2\pi}\int_{-\infty}^{\infty} W_{xx}(t,\omega')\,W_{hh}(t,\omega-\omega')\,d\omega'. \end{aligned} \tag{10.67}$$

Das heißt, eine Multiplikation im Zeitbereich entspricht einer Faltung der Wigner-Verteilungen $W_{xx}(t,\omega)$ und $W_{hh}(t,\omega)$ bezüglich der Frequenz ω.

Filterung im Zeitbereich Die Filterung eines Signals $x(t)$ mit einem Filter $h(t)$, d. h. die Multiplikation der Spektren $X(\omega)$ und $H(\omega)$, führt auf eine Filterung der Wigner-Verteilungen $W_{xx}(t,\omega)$ und $W_{hh}(t,\omega)$ bezüglich der Zeit t. Mit

$$\tilde{x}(t) = x(t) * h(t) \tag{10.68}$$

gilt

$$\begin{aligned} W_{\tilde{x}\tilde{x}}(t,\omega) &= W_{xx}(t,\omega) \overset{t}{*} W_{hh}(t,\omega) \\ &= \int_{-\infty}^{\infty} W_{xx}(t',\omega)\, W_{hh}(t-t',\omega)\, dt'. \end{aligned} \tag{10.69}$$

Pseudo-Wigner-Verteilung Ein praktisches Problem bei der Berechnung der Wigner-Verteilung eines beliebigen gemessenen Signals besteht darin, dass man Gleichung (10.29) nur für ein zeitbegrenztes Signal auswerten kann. Das heißt, man muss das zu analysierende Signal mit einem Zeitfenster bewerten, um dann die Wigner-Verteilung des zeitbegrenzten Signals zu berechnen. Dabei führt man meist keine einmalige Fensterung wie in (10.67) aus, sondern zentriert das Fenster $h(t)$ um den jeweiligen Analysezeitpunkt:

$$W_{xx}^{(PW)}(t,\omega) := \int_{-\infty}^{\infty} x^*\left(t - \frac{\tau}{2}\right) x\left(t + \frac{\tau}{2}\right) h(\tau)\, e^{-j\omega\tau}\, d\tau. \tag{10.70}$$

Die Zeit-Frequenz-Verteilung nach (10.70) entspricht dabei natürlich nur noch näherungsweise der Wigner-Verteilung des ursprünglichen Signals, so dass man hierbei von einer *Pseudo-Wigner-Verteilung* spricht [3].

Anhand der Schreibweise

$$W_{xx}^{(PW)}(t,\omega) = \int_{-\infty}^{\infty} h(\tau)\, \phi_{xx}(t,\tau)\, e^{-j\omega\tau}\, d\tau \tag{10.71}$$

ist leicht zu erkennen, dass sich die Pseudo-Wigner-Verteilung auch aus der Wigner-Verteilung $W_{xx}(t,\omega)$ in der Form

$$\begin{aligned} W_{xx}^{(PW)}(t,\omega) &= \frac{1}{2\pi} W_{xx}(t,\omega) * H(\omega) \\ &= \frac{1}{2\pi} \int_{-\infty}^{\infty} W_{xx}(t,\omega')\, H(\omega - \omega')\, d\omega' \end{aligned} \tag{10.72}$$

berechnen lässt, wobei $H(\omega)$ die Fourier-Transformierte von $h(t)$ bezeichnet.

10.3 Allgemeine Zeit-Frequenz-Verteilungen

Die Betrachtungen im vorherigen Abschnitt haben gezeigt, dass die Wigner-Verteilung ein perfektes Zeit-Frequenz-Analysewerkzeug ist, solange ein linearer Zusammenhang zwischen der Momentanfrequenz und der Zeit besteht. Bei allgemeinen

Signalen nimmt die Wigner-Verteilung dagegen auch negative Werte an und kann nicht mehr als „echte“ Verteilungsdichte interpretiert werden. Abhilfe lässt sich hier durch Einführung zusätzlicher zweidimensionaler Glättungskerne schaffen, durch die zum Beispiel die Positivität der Zeit-Frequenz-Verteilung für alle Signale $x(t)$ sichergestellt werden kann. Je nach Art des Kerns gehen dabei jedoch einige andere Eigenschaften verloren, die man von einer Verteilungsdichte erwarten würde. Hierzu werden im Folgenden die verschiebungsinvarianten und die affin-invarianten Zeit-Frequenz-Verteilungen betrachtet.

10.3.1 Verschiebungsinvariante Zeit-Frequenz-Verteilungen

Cohen hat eine generelle Klasse von Zeit-Frequenz-Verteilungen in der Form

$$T_{xx}(t,\omega) = \frac{1}{2\pi} \iiint e^{j\nu(u-t)}\, g(\nu,\tau)\, x^*\left(u-\frac{\tau}{2}\right) x\left(u+\frac{\tau}{2}\right) e^{-j\omega\tau}\, d\nu\, du\, d\tau \quad (10.73)$$

eingeführt [4]. Man spricht dabei auch von der *Cohen-Klasse*. Da der Kern[6] $g(\nu,\tau)$ in (10.73) von t und ω unabhängig ist, sind alle Zeit-Frequenz-Verteilungen der Cohen-Klasse verschiebungsinvariant. Es gilt

$$\begin{aligned} \tilde{x}(t) = x(t-t_0) \;&\Rightarrow\; T_{\tilde{x}\tilde{x}}(t,\omega) = T_{xx}(t-t_0,\omega), \\ \tilde{x}(t) = x(t)e^{j\omega_0 t} \;&\Rightarrow\; T_{\tilde{x}\tilde{x}}(t,\omega) = T_{xx}(t,\omega-\omega_0). \end{aligned} \quad (10.74)$$

Durch Variation des Kerns $g(\nu,\tau)$ lassen sich alle denkbaren verschiebungsinvarianten Zeit-Frequenz-Verteilungen erzeugen. Man hat die Möglichkeit, den Kern $g(\nu,\tau)$ derart festzulegen, dass die dadurch ebenfalls festgelegte Zeit-Frequenz-Verteilung die gewünschten Eigenschaften besitzt.

Führt man in (10.73) zunächst die Integration über u aus, so ergibt sich

$$T_{xx}(t,\omega) = \frac{1}{2\pi} \int_{-\infty}^{\infty} \int_{-\infty}^{\infty} g(\nu,\tau)\, A_{xx}(\nu,\tau)\, e^{-j\nu t}\, e^{-j\omega\tau}\, d\nu\, d\tau. \quad (10.75)$$

Das bedeutet, die Zeit-Frequenz-Verteilungen der *Cohen-Klasse* berechnen sich als zweidimensionale Fourier-Transformierte von zweidimensional gefensterten Ambiguitätsfunktionen. Aus (10.75) ergibt sich mit $g(\nu,\tau) = 1$ die Wigner-Verteilung, und mit $g(\nu,\tau) = h(\tau)$ ergibt sich die Pseudo-Wigner-Verteilung. Das Produkt

$$M(\nu,\tau) = g(\nu,\tau)\, A_{xx}(\nu,\tau) \quad (10.76)$$

bezeichnet man dabei auch als *verallgemeinerte Ambiguitätsfunktion.*

---

[6] Es sind auch Kerne denkbar, die von t, ω und vom Signal $x(t)$ abhängig sind.

Die Multiplikation von $A_{xx}(\nu,\tau)$ mit $g(\nu,\tau)$ in (10.75) lässt sich auch als Faltung der Wigner-Verteilung $W_{xx}(t,\omega)$ mit der Fourier-Transformierten des Kerns angeben. Es gilt

$$\begin{aligned} T_{xx}(t,\omega) &= \frac{1}{2\pi} W_{xx}(t,\omega) ** G(t,\omega) \\ &= \frac{1}{2\pi} \int_{-\infty}^{\infty} \int_{-\infty}^{\infty} W_{xx}(t',\omega')\, G(t-t',\omega-\omega')\, dt'\, d\omega' \end{aligned} \tag{10.77}$$

mit

$$G(t,\omega) = \frac{1}{2\pi} \int_{-\infty}^{\infty} \int_{-\infty}^{\infty} g(\nu,\tau)\, e^{-j\nu t} e^{-j\omega\tau}\, d\nu\, d\tau. \tag{10.78}$$

Das heißt, alle Zeit-Frequenz-Verteilungen der Cohen-Klasse lassen sich durch eine Faltung der Wigner-Verteilung mit einer zweidimensionalen Impulsantwort $G(t,\omega)$ berechnen.

Im Allgemeinen besteht die Funktion des Kerns $g(\nu,\tau)$ darin, die weit vom Ursprung der τ-ν-Ebene gelegenen Interferenzterme der Ambiguitätsfunktion (siehe Bild 10.5) zu unterdrücken, was wiederum zu reduzierten Interferenztermen in der Zeit-Frequenz-Verteilung $T_{xx}(t,\omega)$ führt. Gleichung (10.77) zeigt, dass die Reduktion der Interferenzterme dabei mit einer „Glättung", also mit einer reduzierten Zeit-Frequenz-Auflösung verbunden ist.

Will man bei der Einführung eines Glättungskerns die Eigenschaft

$$\frac{1}{2\pi} \int_{-\infty}^{\infty} T_{xx}(t,\omega)\, d\omega = |x(t)|^2 \tag{10.79}$$

erhalten, so muss der Kern die Bedingung

$$g(\nu,0) = 1 \tag{10.80}$$

erfüllen. Dies erkennt man durch Einsetzen von (10.75) in (10.79) und Integrieren in der Reihenfolge $d\omega$, $d\tau$, $d\nu$. Entsprechend muss der Kern die Bedingung

$$g(0,\tau) = 1 \tag{10.81}$$

erfüllen, um die Eigenschaft

$$\int_{-\infty}^{\infty} T_{xx}(t,\omega)\, dt = |X(\omega)|^2 \tag{10.82}$$

zu erhalten. Eine reelle Verteilung, d. h.

$$T_{xx}(t,\omega) = T_{xx}^*(t,\omega), \tag{10.83}$$

erhält man, wenn der Kern die Bedingung

$$g(\nu,\tau) = g^*(-\nu,-\tau) \tag{10.84}$$

erfüllt.

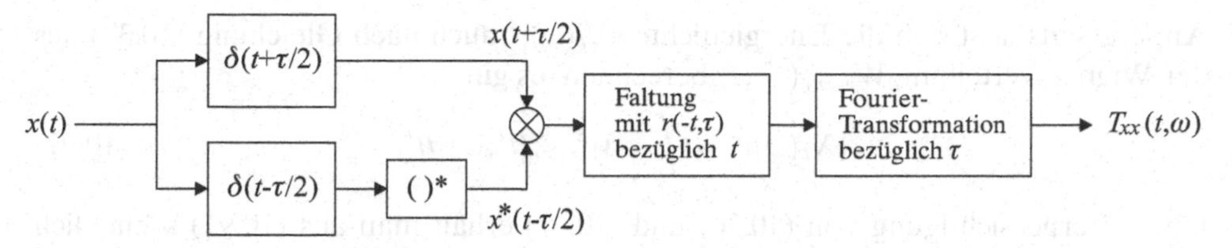

Bild 10.6 Erzeugung einer allgemeinen Zeit-Frequenz-Verteilung der Cohen-Klasse

Schließlich sei noch darauf hingewiesen, dass die Schreibweise (10.75) für die Cohen-Klasse zwar eine anschauliche Interpretation liefert, dass es für die Implementierung jedoch günstiger ist, in (10.73) zunächst die Integration über ν auszuführen. Mit

$$r(u,\tau) = \frac{1}{2\pi}\int_{-\infty}^{\infty} g(\nu,\tau)\, e^{j\nu u}\, d\nu \tag{10.85}$$

erhält man

$$T_{xx}(t,\omega) = \int_{-\infty}^{\infty}\int_{-\infty}^{\infty} r(u-t,\tau)\, x^*\left(u-\frac{\tau}{2}\right) x\left(u+\frac{\tau}{2}\right) e^{-j\omega\tau}\, du\, d\tau. \tag{10.86}$$

Bild 10.6 zeigt hierzu die entsprechende Implementierung.

10.3.2 Beispiele verschiebungsinvarianter Zeit-Frequenz-Verteilungen

Spektrogramm Das bekannteste Beispiel für eine verschiebungsinvariante Zeit-Frequenz-Verteilung ist das bereits in Kapitel 8 beschriebene Spektrogramm. Hierbei lässt sich ein interessanter Zusammenhang zwischen dem Spektrogramm und der Wigner-Verteilung herstellen, siehe auch [3], Teil III. Um den Zusammenhang zu erläutern, wird die Kurzzeit-Fourier-Transformation in der Form

$$\mathcal{F}_x(t,\omega) = \int_{-\infty}^{\infty} x(t')\, h^*(t-t')\, e^{-j\omega t'}\, dt' \tag{10.87}$$

beschrieben. Das Spektrogramm lautet dann

$$S_x(t,\omega) = |\mathcal{F}_x(t,\omega)|^2 = \left|\int_{-\infty}^{\infty} x(t')\, h^*(t-t')\, e^{-j\omega t'}\, dt'\right|^2. \tag{10.88}$$

Alternativ kann (10.87) mit der Abkürzung

$$x_t(t') = x(t')\, h^*(t-t') \tag{10.89}$$

auch als

$$S_{x_t}(\omega) = |X_t(\omega)|^2 \tag{10.90}$$

geschrieben werden.

Andererseits lässt sich die Energiedichte $|X_t(\omega)|^2$ auch nach Gleichung (10.32) aus der Wigner-Verteilung $W_{x_t x_t}(t',\omega)$ berechnen, es gilt

$$|X_t(\omega)|^2 = \int_{-\infty}^{\infty} W_{x_t x_t}(t',\omega)\,dt'. \tag{10.91}$$

Unter Berücksichtigung von (10.36) und (10.67) erhält man aus (10.91) schließlich den Zusammenhang

$$\begin{aligned} S_x(t,\omega) &= \frac{1}{2\pi}\int_{-\infty}^{\infty}\int_{-\infty}^{\infty} W_{xx}(t',\omega')\,W_{hh}(t-t',\omega-\omega')\,dt'\,d\omega' \\ &= \frac{1}{2\pi}\,W_{xx}(t,\omega) ** W_{hh}(t,\omega). \end{aligned} \tag{10.92}$$

Das Spektrogramm ergibt sich also durch Faltung der Wigner-Verteilung des Signals $x(t)$ mit der Wigner-Verteilung der Impulsantwort $h(t)$. Damit gehört das Spektrogramm zur Cohen-Klasse, der Kern $g(\nu,\tau)$ in (10.75) ist die Ambiguitätsfunktion der Impulsantwort $h(t)$ (vgl. (10.77)):

$$g(\nu,\tau) = A_{hh}(\nu,\tau) = \int_{-\infty}^{\infty} h^*\left(t-\frac{\tau}{2}\right) h\left(t+\frac{\tau}{2}\right) e^{j\nu t}\,dt. \tag{10.93}$$

Das Spektrogramm besitzt zwar die Eigenschaften (10.83) und (10.74), die Auflösung in der Zeit-Frequenz-Ebene ist allerdings in einer solchen Weise begrenzt (Unschärferelation), dass die Forderungen (10.79) und (10.82) nicht erfüllt werden können. Dies wird sofort deutlich, wenn man an das Spektrogramm eines zeitbegrenzten Signals denkt (siehe auch Bild 10.2).

Separierbare Glättungskerne Die Verwendung separierbarer Glättungskerne

$$g(\nu,\tau) = G_1(\nu)\,g_2(\tau) \tag{10.94}$$

bedeutet, dass die Glättung in Zeit- und in Frequenzrichtung getrennt vorgenommen wird. Dies erkennt man anhand von Gleichung (10.77), die hier

$$\begin{aligned} T_{xx}(t,\omega) &= \frac{1}{2\pi}\,G(t,\omega) ** W_{xx}(t,\omega) \\ &= \frac{1}{2\pi}\,g_1(t) * [\,G_2(\omega) * W_{xx}(t,\omega)\,] \end{aligned} \tag{10.95}$$

mit

$$G(t,\omega) = g_1(t)\,G_2(\omega), \qquad g_1(t) \longleftrightarrow G_1(\omega), \qquad G_2(\omega) \longleftrightarrow g_2(t) \tag{10.96}$$

lautet. Aus (10.85) und (10.86) erhält man die folgende effizient implementierbare Berechnungsvorschrift für die Zeit-Frequenz-Verteilung:

$$T_{xx}(t,\omega) = \int_{-\infty}^{\infty}\left[\int_{-\infty}^{\infty} x^*\left(u-\frac{\tau}{2}\right) x\left(u+\frac{\tau}{2}\right) g_1(u-t)\,du\right] g_2(\tau)\,e^{-j\omega\tau}\,d\tau. \tag{10.97}$$

Zeit-Frequenz-Verteilungen, die durch eine Faltung von Wigner-Verteilungen mit separierbaren zweidimensionalen Impulsantworten entstehen, können auch als in zeitlicher Richtung geglättete Pseudo-Wigner-Verteilungen verstanden werden. Die Fensterfunktion $g_2(\tau)$ in (10.97) übernimmt dabei die Funktion von $h(\tau)$ in (10.70). Die zeitliche Glättung geschieht durch die Filterung mit $g_1(t)$.

Ein insbesondere in der Analyse von Sprachsignalen häufig verwendeter Glättungskern ist der gaußsche Kern

$$g(\nu,\tau) = \frac{1}{2}\, e^{-\alpha^2\nu^2/4}\, e^{-\beta^2\tau^2/4} \quad \text{mit} \quad \alpha,\beta \in \mathbb{R}^+. \tag{10.98}$$

Daraus ergibt sich die Verteilung

$$T_{xx}^{(\text{Gauss})}(t,\omega) = \frac{1}{2\alpha\sqrt{\pi}} \int_{-\infty}^{\infty}\int_{-\infty}^{\infty} e^{-\frac{(u-t)^2}{\alpha^2} - \frac{\beta^2}{4}\tau^2 - j\omega\tau}\, x^*\!\left(u-\frac{\tau}{2}\right) x\!\left(u+\frac{\tau}{2}\right) du\, d\tau. \tag{10.99}$$

Für die zweidimensionale Impulsantwort $G(t,\omega)$ gilt

$$G(t,\omega) = g_1(t)\, G_2(\omega) \tag{10.100}$$

mit

$$g_1(t) = \frac{1}{\alpha}\, e^{-t^2/\alpha^2} \quad \text{und} \quad G_2(\omega) = \frac{1}{\beta}\, e^{-\omega^2/\beta^2}. \tag{10.101}$$

Es lässt sich zeigen, dass sich für beliebige Signale $x(t)$ genau dann eine positive Verteilung ergibt, wenn

$$\alpha\beta \geq 1 \tag{10.102}$$

gewählt wird [9]. Für $\alpha\beta = 1$ entspricht $T_{xx}^{(\text{Gauss})}(t,\omega)$ jedoch einem Spektrogramm (Spezialfall: gaußsches Analysefenster). Für $\alpha\beta > 1$ ist $T_{xx}^{(\text{Gauss})}(t,\omega)$ sogar stärker geglättet als ein Spektrogramm.

Da sich $T_{xx}^{(\text{Gauss})}(t,\omega)$ für $\alpha\beta \geq 1$ in erheblich einfacherer und recheneffizienterer Weise über ein Spektrogramm berechnen lässt, ist die Berechnung als geglättete Pseudo-Wigner-Verteilung nur für den Fall

$$\alpha\beta < 1 \tag{10.103}$$

interessant. Die geeignete Wahl von α und β ist dabei vom jeweiligen Signal abhängig. Um hierzu einige Hinweise zu geben, wird von der Vorstellung Gebrauch gemacht, das Signal $x(t)$ würde aus zwei modulierten, zeitverschobenen und überlagerten Gaußsignalen bestehen. Es ist einleuchtend, dass man eine Glättung in Richtung der Modulation des Kreuzterms durchführen sollte (vgl. Bilder 10.4 und 10.5). Obwohl die Modulation des Kreuzterms in allen denkbaren Richtungen erfolgen kann, wird zunächst eine Einteilung in Zeit- und Frequenzrichtung vorgenommen. Betrachtet man die Überlagerung zweier Signalkomponenten, die bis auf eine unterschiedliche Modulationsfrequenz gleich sind ($x(t) = x_0(t)e^{j\omega_1 t} + x_0(t)e^{j\omega_2 t}$ mit $\omega_2 > \omega_1$), so wird der Kreuzterm in zeitlicher Richtung mit der Frequenz $\omega_\Delta = \omega_2 - \omega_1$ moduliert sein (vgl. Bild 10.4a). Man sollte also $\alpha > 2\pi/(\omega_2 - \omega_1)$ wählen, um eine wirksame Glättung zu erzielen. Die Überlagerung zweier Signalkomponenten, die bis auf eine Zeitverschiebung gleich sind ($x(t) = x_0(t-t_1) + x_0(t-t_2)$), führt zu einem Kreuzterm, der in Richtung der Frequenzachse moduliert ist (vgl. Bild 10.4b).

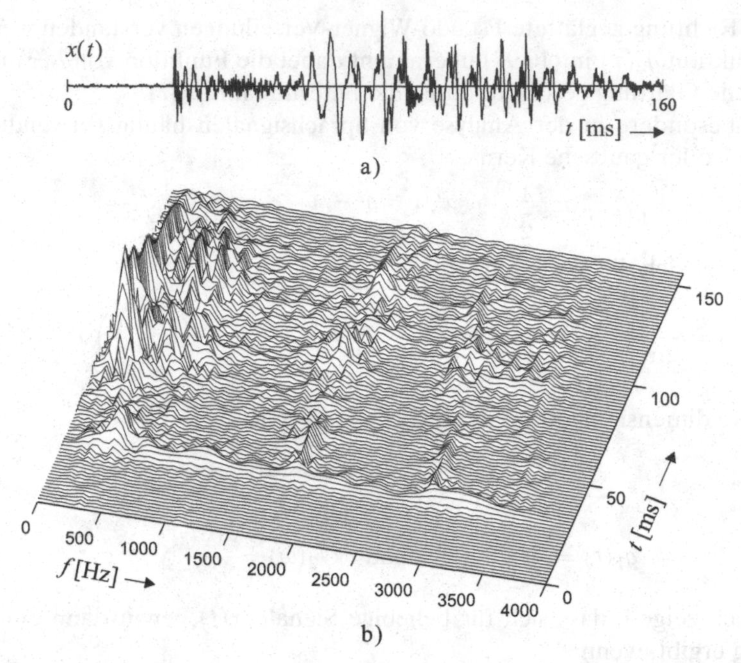

Bild 10.7 Zeit-Frequenz-Analyse des Wortes „Taxi" (engl. Sprecher; das Signal und die Analyse sind bis zum Beginn des „x" dargestellt). a) Zeitsignal; b) geglättete Pseudo-Wigner-Verteilung

Hier ist β gerade so groß zu wählen, dass eine wirksame Glättung der Oszillationen in Frequenzrichtung erreicht wird.

Bild 10.7 zeigt die geglättete Pseudo-Wigner-Verteilung eines Sprachsignals, und Bild 10.8 zeigt zum Vergleich zwei Spektrogramme. Die Zeitauflösung in Bild 10.7 entspricht der in Bild 10.8a, während die Frequenzauflösung in Bild 10.7 gleich der in Bild 10.8b ist.

Beispiele für Zeit-Frequenz-Verteilungen der Cohen-Klasse In der Literatur finden sich außerordentlich viele Vorschläge für verschiebungsinvariante Zeit-Frequenz-Verteilungen. Bezüglich einer ausführlichen Übersicht sei hier zum Beispiel auf [8] verwiesen. Im Folgenden werden drei Beispiele genannt.

Rihaczek-Verteilung. Die Rihaczek-Verteilung lautet [12]

$$T_{xx}^{(R)}(t,\omega) = \int_{-\infty}^{\infty} x^*(t)\, x(t+\tau)\, e^{-j\omega\tau}\, d\tau \;= x^*(t)\, X(\omega)\, e^{j\omega t}. \tag{10.104}$$

Die Verteilung besticht durch ihre Einfachheit, sie ist aber im Allgemeinen nicht reellwertig.

Choi-Williams-Verteilung. Bei der Choi-Williams-Verteilung wird der folgende Produktkern verwendet [2]:

$$g(\nu,\tau) = e^{-\nu^2\tau^2/(4\pi^2\sigma)}, \qquad \sigma > 0. \tag{10.105}$$

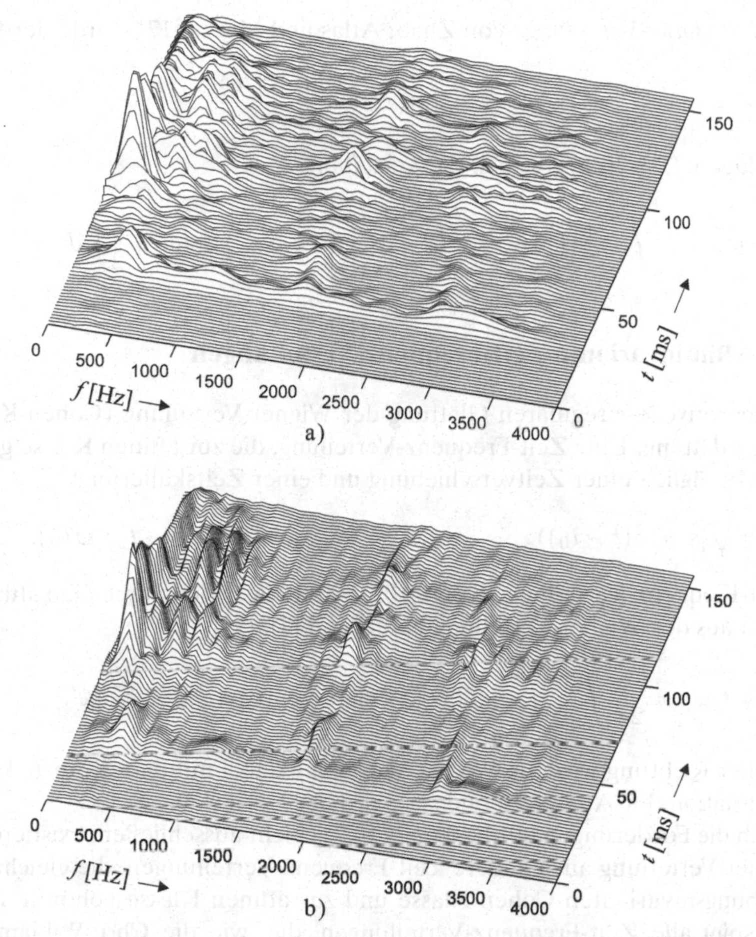

Bild 10.8 Spektrogramm des in Bild 10.7 gezeigten Signals. a) gute Zeitauflösung; b) gute Frequenzauflösung

Man erkennt, dass die Forderungen $g(\nu, 0) = 1$ und $g(0, \tau) = 1$ erfüllt werden, so dass die Choi-Williams-Verteilung die Eigenschaften (10.79) und (10.82) besitzt. Die Größe σ in (10.105) ist als Parameter zu verstehen. Bei Wahl eines kleinen Wertes σ ist der Kern abgesehen von der τ- und der ν-Achse um den Ursprung der τ-ν-Ebene konzentriert. Damit ergibt sich eine verallgemeinerte Ambiguitätsfunktion $M(\nu, \tau) = g(\nu, \tau)\, A_{xx}(\nu, \tau)$ mit reduzierten Interferenztermen, und die entsprechende Zeit-Frequenz-Verteilung besitzt ebenfalls reduzierte Interferenzterme. Für die Verteilung erhält man aus (10.73) bzw. aus (10.85) und (10.86)

$$T_{xx}^{(CW)}(t, \omega) = \int_{-\infty}^{\infty} \int_{-\infty}^{\infty} \sqrt{\frac{\pi\sigma}{\tau^2}}\, e^{-\pi^2\sigma(u-t)^2/\tau^2}\, x^*\left(u - \frac{\tau}{2}\right) x\left(u + \frac{\tau}{2}\right) e^{-j\omega\tau}\, du\, d\tau. \tag{10.106}$$

Zhao-Atlas-Marks-Verteilung. Von Zhao, Atlas und Marks [17] wurde der Kern

$$g(\nu,\tau) = g_1(\tau)\,\frac{2\sin(\nu|\tau|/a)}{\nu} \tag{10.107}$$

vorgeschlagen. Daraus ergibt sich die Verteilung

$$T_{xx}^{(ZAM)}(t,\omega) = \int_{-\infty}^{\infty} g_1(\tau)\, e^{-j\omega\tau} \int_{t-|\tau|/a}^{t+|\tau|/a} x^*\left(u-\frac{\tau}{2}\right) x\left(u+\frac{\tau}{2}\right) du\, d\tau. \tag{10.108}$$

10.3.3 Affin-invariante Zeit-Frequenz-Verteilungen

Eine Alternative zur regulären Glättung der Wigner-Verteilung (Cohen-Klasse) ist die affine Glättung. Eine Zeit-Frequenz-Verteilung, die zur affinen Klasse gehört, ist invariant bezüglich einer Zeitverschiebung und einer Zeitskalierung:

$$\tilde{x}(t) = \sqrt{|a|}\; x(a(t-t_0)) \qquad \Rightarrow \qquad T_{\tilde{x}\tilde{x}}(t,\omega) = T_{xx}(a(t-t_0),\omega/a). \tag{10.109}$$

Jede Zeit-Frequenz-Verteilung, die (10.109) erfüllt, lässt sich durch eine affine Transformation aus der Wigner-Verteilung berechnen [7], [13]:

$$T_{xx}(t,\omega) = \frac{1}{2\pi}\int_{-\infty}^{\infty}\int_{-\infty}^{\infty} K(\omega(t'-t),\omega'/\omega)\, W_{xx}(t',\omega')\, dt'\, d\omega'. \tag{10.110}$$

In zeitlicher Richtung wird die Wigner-Verteilung dabei mit dem Kern K korreliert. Durch Variation der Analysefrequenz ω wird der Kern skaliert.

Da sich die Forderungen (10.109) und (10.74) nicht ausschließen, existieren neben der Wigner-Verteilung auch andere Zeit-Frequenz-Verteilungen, die gleichzeitig zur verschiebungsinvarianten Cohen-Klasse und zur affinen Klasse gehören. Dies sind zum Beispiel alle Zeit-Frequenz-Verteilungen, die, wie die Choi-Williams-Verteilung, aus einem Produktkern hervorgehen.

Skalogramm Ein typisches Beispiel für die affine Klasse ist das Skalogramm, also das Betragsquadrat der Wavelet-Transformierten eines Signals:

$$|\mathcal{W}_x(b,a)|^2 = \left|\int_{-\infty}^{\infty} x(t)\,\psi_{b,a}^*(t)\,dt\right|^2 \quad \text{mit} \quad \psi_{b,a}(t) = |a|^{-\frac{1}{2}}\,\psi\left(\frac{t-b}{a}\right). \tag{10.111}$$

Moyals Formel (10.43) liefert den Zusammenhang

$$|\mathcal{W}_x(b,a)|^2 = \frac{1}{2\pi}\int_{-\infty}^{\infty}\int_{-\infty}^{\infty} W_{\psi_{b,a},\psi_{b,a}}(t',\,\omega')\, W_{xx}(t',\,\omega')\, dt'\, d\omega'. \tag{10.112}$$

Für $W_{\psi_{b,a},\psi_{b,a}}(t',\,\omega')$ ergibt sich

$$W_{\psi_{b,a},\psi_{b,a}}(t',\omega') = W_{\psi,\psi}\left(\frac{t'-b}{a},\, a\omega'\right), \tag{10.113}$$

so dass man aus (10.112)

$$|\mathcal{W}_x(b,a)|^2 = \frac{1}{2\pi}\int_{-\infty}^{\infty}\int_{-\infty}^{\infty} W_{\psi,\psi}\left(\frac{t'-b}{a},\, a\omega'\right) W_{xx}(t',\,\omega')\,dt'\,d\omega' \qquad (10.114)$$

erhält. Die Substitutionen $b = t$ und $a = \omega_0/\omega$ liefern schließlich

$$\begin{aligned} T_{xx}(t,\omega) &= |\mathcal{W}_x(t,\,\omega_0/\omega)|^2 \\ &= \frac{1}{2\pi}\int_{-\infty}^{\infty}\int_{-\infty}^{\infty} W_{\psi,\psi}\left(\frac{\omega}{\omega_0}(t'-t),\, \frac{\omega_0}{\omega}\omega'\right) W_{xx}(t',\,\omega')\,dt'\,d\omega'. \end{aligned} \qquad (10.115)$$

Die Auflösung des Skalogramms ist, wie die des Spektrogramms, durch die Unschärferelation begrenzt. Dafür ist allerdings die Positivität sichergestellt. Das Skalogramm ist zwar affin-invariant, es ist aber nicht verschiebungsinvariant und gehört damit nicht zur Cohen-Klasse.

10.3.4 Zeitdiskrete Berechnung von Zeit-Frequenz-Verteilungen

Will man die Wigner-Verteilung oder eine der anderen Zeit-Frequenz-Verteilungen auf einem Computer berechnen, so ist man gezwungen, die Signale sowie den Kern der Transformation zu diskretisieren und die Integrale durch Summen zu ersetzen. Sind die Signale sowie der Kern dabei bandbegrenzt und ist die Abtastrate weit oberhalb der Nyquist-Rate für Signal und Kern, so ergibt sich dabei kein prinzipielles Problem. In einigen Fällen, wie zum Beispiel bei der Choi-Williams-Verteilung, bereitet aber bereits die Diskretisierung des Kerns Probleme. Andererseits kann das Testsignal von vornherein zeitdiskret sein, so dass man ohnehin zeitdiskrete Definitionen für Zeit-Frequenz-Verteilungen benötigt. Allgemein ist dabei zu sagen, dass sich viele der Eigenschaften zeitkontinuierlicher Zeit-Frequenz-Verteilungen auf den diskreten Fall übertragen lassen. Bei einigen Eigenschaften gelingt dies jedoch nicht ohne weiteres.

Zeitdiskrete Wigner-Verteilung [3] Die *zeitdiskrete Wigner-Verteilung* definiert man als

$$W_{xx}(n, e^{j\omega}) = 2\sum_m x^*(n-m)\,x(n+m)\,e^{-j2\omega m}. \qquad (10.116)$$

Gleichung (10.116) ist dabei die diskretisierte Version von Gleichung (10.29), die mit der Substitution $\tau' = \tau/2$ als

$$W_{xx}(t,\omega) = 2\int_{-\infty}^{\infty} x^*(t-\tau')\,x(t+\tau')\,e^{-j2\omega\tau'}\,d\tau' \qquad (10.117)$$

geschrieben werden kann.

Zeitdiskrete Signale besitzen bekanntlich ein periodisches Spektrum, so dass man erwarten kann, dass auch die Wigner-Verteilung eines zeitdiskreten Signals ein periodisches Spektrum hat. Hierbei ergibt sich aber folgende Besonderheit: Während das Signal $x(n)$ ein Spektrum $X(e^{j\omega})$ mit der Periode 2π besitzt, ist die Periode der zeitdiskreten Wigner-Verteilung nur π, es gilt

$$W_{xx}(n, e^{j\omega}) = W_{xx}(n, e^{j\omega + k\pi}) \quad \text{für alle } \omega \in \mathbb{R} \text{ und } k \in \mathbb{Z}. \tag{10.118}$$

Der Grund hierfür ist die Abtastratenreduktion um den Faktor zwei bezüglich der Zeitverschiebung τ. Um Aliasing-Effekte in der Wigner-Verteilung zu vermeiden, muss man daher dafür sorgen, dass ein bandbegrenztes Signal $x(t)$, dessen Spektrum die Eigenschaft $X(\omega) = 0$ für $|\omega| \geq \omega_g = 2\pi f_g$ besitzt, mit der Rate

$$f_a \geq 4 f_g \tag{10.119}$$

und nicht nur mit $f_a \geq 2 f_g$ abgetastet wird.

Aufgrund der unterschiedlichen Periodizität von $X(e^{j\omega})$ und $W_{xx}(n, e^{j\omega})$ ist es nicht möglich, alle Eigenschaften der zeitkontinuierlichen Wigner-Verteilung auf die zeitdiskrete Wigner-Verteilung zu übertragen. Eine ausführliche Diskussion dieser Thematik findet man in [3], Teil II.

Allgemeine zeitdiskrete Zeit-Frequenz-Verteilungen In Analogie zu den Gleichungen (10.86) und (10.116) definiert man eine allgemeine zeitdiskrete Zeit-Frequenz-Verteilung der Cohen-Klasse als

$$T_{xx}(n,k) = 2 \sum_{m=-M}^{M} \sum_{\ell=-N}^{N} \rho(\ell, m)\, x^*(\ell + n - m)\, x(\ell + n + m)\, e^{-j4\pi k m/L}. \tag{10.120}$$

Darin ist bereits berücksichtigt, dass man in der Praxis nur diskrete Frequenzen $2\pi k/L$ betrachten wird, wobei L die DFT-Länge ist. Im Wesentlichen kann man sich vorstellen, dass der Term $\rho(\ell, m)$ in (10.120) eine $(2M+1) \times (2N+1)$-Matrix ist, die Abtastwerte der Funktion $r(u, \tau)$ in (10.86) enthält. Bei Kernen, die nicht bandbegrenzt sind, ist eine einfache Abtastung aber nicht ohne weiteres möglich. Für die zeitdiskrete Choi-Williams-Verteilung verwendet man daher zum Beispiel die Matrix

$$\rho^{(CW)}(n,m) = \begin{cases} \frac{1}{|m|\,\alpha_m}\, e^{-\sigma n^2/4m^2} & \text{für } m \neq 0 \\ \delta(n) & \text{für } m = 0 \end{cases} \tag{10.121}$$

mit $-N \leq n \leq N$ und

$$\alpha_m = \sum_{k=-N}^{N} \frac{1}{|m|}\, e^{-\sigma k^2/4m^2}, \qquad -M \leq m \leq M. \tag{10.122}$$

Die Normierung auf $\sum_n \rho(n,m) = 1$ in (10.121) ist nötig, um die Eigenschaften

$$\sum_n T_{xx}^{(CW)}(n,k) = |X(k)|^2 = |X(e^{j\omega_k})|^2 \tag{10.123}$$

und

$$\sum_k T_{xx}^{(CW)}(n,k) = |x(n)|^2 \tag{10.124}$$

zu erhalten [1].

10.4 Das Wigner-Ville-Spektrum

In den vorangegangenen Abschnitten wurden die zu analysierenden Signale stets als determiniert angesehen. Im Unterschied dazu wird $x(t)$ im Folgenden als ein zu analysierender stochastischer Prozess definiert. Man kann sich dabei vorstellen, dass sich die zuvor betrachteten deterministischen Analysen auf einzelne Musterfunktionen eines stochastischen Prozesses bezogen. Um Aussagen über den gesamten stochastischen Prozess zu erhalten, definiert man das sogenannte *Wigner-Ville-Spektrum* als Erwartungswert der Wigner-Verteilung:

$$\bar{W}_{xx}(t,\omega) = E\left\{W_{xx}(t,\omega)\right\} = \int_{-\infty}^{\infty} \gamma_{xx}\left(t+\frac{\tau}{2}, t-\frac{\tau}{2}\right) e^{-j\omega\tau}\, d\tau \tag{10.125}$$

mit

$$\gamma_{xx}\left(t+\frac{\tau}{2}, t-\frac{\tau}{2}\right) = E\left\{\phi_{xx}(t,\tau)\right\} = E\left\{x^*\left(t-\frac{\tau}{2}\right) x\left(t+\frac{\tau}{2}\right)\right\}. \tag{10.126}$$

Das bedeutet, die zeitliche Korrelationsfunktion $\phi_{xx}(t,\tau)$ wird durch ihren Erwartungswert, die Autokorrelationsfunktion $\gamma_{xx}(t+\frac{\tau}{2}, t-\frac{\tau}{2})$ des Prozesses $x(t)$, ersetzt. Die Eigenschaften des Wigner-Ville-Spektrums entsprechen im Wesentlichen denen der Wigner-Verteilung. Durch die Erwartungswertbildung enthält es aber in der Regel weniger negative Werte als die Wigner-Verteilung einer einzigen Musterfunktion.

Von Interesse ist das Wigner-Ville-Spektrum insbesondere bei der Betrachtung instationärer oder zyklostationärer Prozesse, denn dort liefern die üblichen mittleren Kenngrößen, wie zum Beispiel die spektrale Leistungsdichte, keine gemeinsame Aussage über die zeitliche und spektrale Verteilung der Leistung bzw. der Energie. Um dies zu verdeutlichen, wird das Wigner-Ville-Spektrum im Folgenden für verschiedene Prozess-Typen mit den mittleren Kenngrößen in Verbindung gebracht.

Stationäre Prozesse Bei stationären Prozessen ist die Autokorrelationsfunktion nur von der Verschiebung τ abhängig, und das Wigner-Ville-Spektrum geht in die spektrale Leistungsdichte über:

$$\bar{W}_{xx}(t,\omega) = S_{xx}(\omega) = \int_{-\infty}^{\infty} r_{xx}(\tau)\, e^{-j\omega\tau}\, d\tau, \quad \text{falls } x(t) \text{ stationär ist.} \tag{10.127}$$

Prozesse mit endlicher Energie Geht man davon aus, dass der Prozess $x(t)$ eine endliche Energie besitzt, so lassen sich mittlere Energiedichtespektren aus dem Wigner-Ville-Spektrum in der Form

$$\bar{s}_{xx}(t) = E\left\{|x(t)|^2\right\} = \frac{1}{2\pi}\int_{-\infty}^{\infty} \bar{W}_{xx}(t,\omega)\, d\omega, \tag{10.128}$$

$$\bar{S}_{xx}(\omega) = E\left\{|X(\omega)|^2\right\} = \int_{-\infty}^{\infty} \bar{W}_{xx}(t,\omega)\, dt \tag{10.129}$$

ableiten. Für die mittlere Energie gilt dann

$$E_x = E\left\{\int_{-\infty}^{\infty} |x(t)|^2\, dt\right\} = \frac{1}{2\pi}\int_{-\infty}^{\infty} \bar{W}_{xx}(t,\omega)\, d\omega\, dt. \tag{10.130}$$

Instationäre Prozesse mit unendlicher Energie Für instationäre Prozesse mit unendlicher Energie ist die Leistungsdichte nicht definiert. Eine mittlere Leistungsdichte lässt sich aber in der Form

$$\bar{S}_{xx}(\omega) = \lim_{T\to\infty} \frac{1}{T} \int_{-T/2}^{T/2} \bar{W}_{xx}(t,\omega)\,dt \tag{10.131}$$

angeben.

Zyklostationäre Prozesse Bei zyklostationären Prozessen (Zyklus T) genügt es, über eine Periode zu integrieren, um die mittlere Leistungsdichte anzugeben:

$$\bar{S}_{xx}(\omega) = \frac{1}{T} \int_{-T/2}^{T/2} \bar{W}_{xx}(t,\omega)\,dt. \tag{10.132}$$

Beispiel 10.4 Als Beispiel für einen zyklostationären Prozess wird ein Signal der Form

$$x(t) = \sum_{i=-\infty}^{\infty} d(i)\,g(t-iT) \tag{10.133}$$

betrachtet. Darin ist $g(t)$ die Impulsantwort eines Sendefilters, das im Symboltakt T mit statistisch unabhängigen Daten $d(i)$, $i \in \mathbb{Z}$ angeregt wird. Der Prozess $d(i)$ wird als mittelwertfrei und stationär vorausgesetzt. Das Signal $x(t)$ kann als komplexe Einhüllende eines reellen Sendesignals (Bandpasssignals) aufgefasst werden.

Es wird nun die Autokorrelationsfunktion des Prozesses $x(t)$ betrachtet:

$$\gamma_{xx}(t+\tau,t) = E\{x^*(t)x(t+\tau)\} = \sigma_d^2 \sum_{i=-\infty}^{\infty} g^*(t-iT)\,g(t-iT+\tau). \tag{10.134}$$

Wie (10.134) zeigt, ist die Autokorrelationsfunktion von t und τ abhängig, und der Prozess $x(t)$ kann im Allgemeinen nicht stationär sein. Er ist jedoch zyklostationär, denn die statistischen Eigenschaften wiederholen sich mit der Periode T:

$$\gamma_{xx}(t+\tau,t) = \gamma_{xx}(t+\tau+T,t+T) \quad \text{für alle } t \in \mathbb{R}. \tag{10.135}$$

Typischerweise wählt man die Impulsantwort $g(t)$ des Sendefilters so, dass seine Autokorrelationsfunktion $r_{gg}^E(\tau)$ die erste Nyquist-Bedingung [10]

$$r_{gg}^E(mT) = \begin{cases} 1 & \text{für } m = 0 \\ 0 & \text{für } m \neq 0,\, m \in \mathbb{Z} \end{cases} \tag{10.136}$$

erfüllt. Ein Beispiel ist hier der sogenannte *Kosinus-roll-off-Entwurf* [10]: Für die Energiedichte $S_{gg}^E(\omega) = \mathcal{F}\{r_{gg}^E(t)\}$ wird

$$S_{gg}^E(\omega) = \begin{cases} 1 & \text{für } |\omega T|/\pi \leq 1-r \\ \frac{1}{2}\left[1+\cos\left[\frac{\pi}{2r}(\omega T/\pi - (1-r))\right]\right] & \text{für } 1-r \leq |\omega T|/\pi \leq 1+r \\ 0 & \text{für } |\omega T|/\pi \geq 1+r \end{cases} \tag{10.137}$$

angesetzt. Darin ist r der sogenannte *Roll-off-Faktor*, der im Bereich $0 \leq r \leq 1$ gewählt werden kann. Für $r = 0$ ergibt sich der ideale Tiefpass. Für $r > 0$ fällt die Energiedichte kosinusförmig ab. Aus (10.137) folgt für die Autokorrelationsfunktion

$$r_{gg}^{E}(t) = \frac{1}{T}\,\frac{\sin(\pi t/T)}{\pi t/T}\,\frac{\cos(r\pi t/T)}{1-(2rt/T)^2}. \tag{10.138}$$

Wie man darin erkennt, ist $r_{gg}^{E}(t)$ für $r > 0$ eine gefensterte Version der Impulsantwort des idealen Tiefpasses. Wegen der äquidistanten Nulldurchgänge der si-Funktion ist die Bedingung (10.136) für beliebige Roll-off-Faktoren erfüllt. Die benötigte Impulsantwort $g(t)$ lässt sich mit dem Ansatz

$$G(\omega) = \sqrt{S_{gg}^{E}(\omega)} \tag{10.139}$$

aus (10.137) über eine inverse Fourier-Transformation gewinnen:

$$g(t) = \frac{(4rt/T)\,\cos(\pi t(1+r)/T) + \sin(\pi t(1-r)/T)}{\pi t\,[1-(4rt/T)^2]} \tag{10.140}$$

mit

$$\begin{aligned} g(0) &= \frac{1}{T}\left(1 + r(\frac{4}{\pi} - 1)\right), \\ g(\pm\frac{T}{4r}) &= -\frac{r}{T}\left[\frac{2}{\pi}\cos\left(\frac{\pi(1+r)}{4r}\right) - \cos\left(\frac{\pi(1-r)}{4r}\right)\right]. \end{aligned} \tag{10.141}$$

Ein solches Filter bezeichnet man als *Wurzel-Kosinus-roll-off-Filter*. Für einen Wurzel-Kosinus-roll-off-Filterentwurf sind in Bild 10.9 drei Beispiele für die mit T periodischen Autokorrelationsfunktionen und Wigner-Ville-Spektren gezeigt. Bei großen Roll-off-Faktoren erkennt man darin deutliche Leistungsschwankungen im Verlauf einer Periode. Bei der klassischen Angabe der Leistungsdichte gemäß (10.132) sind diese Effekte nicht sichtbar (vgl. Bild 10.10).

Wie man in Bild 10.9 erkennt, verringern sich die Leistungsschwankungen mit abnehmendem Roll-off-Faktor. Im Grenzfall $r = 0$, dem idealen Tiefpass, wird der Prozess $x(t)$ im weiteren Sinne stationär. Um dies zu zeigen, wird die Autokorrelationsfunktion $\gamma_{xx}(t+\tau, t)$ zunächst als Fourier-Rücktransformierte einer Faltung der Spektren $G^*(-\omega)$ und $G(\omega)$ geschrieben:

$$\begin{aligned} \gamma_{xx}(t+\tau, t) = \sigma_d^2 \sum_{k=-\infty}^{\infty} \frac{1}{4\pi^2} \int_{-\infty}^{\infty}\int_{-\infty}^{\infty} & G^*(-\omega')\,G(\omega-\omega') \\ & \cdot e^{j(\omega-\omega')\tau - j\omega kT}\,d\omega'\,e^{j\omega t}\,d\omega. \end{aligned} \tag{10.142}$$

Darin ist die Summation nur über die komplexen Exponentialfunktionen auszuführen.

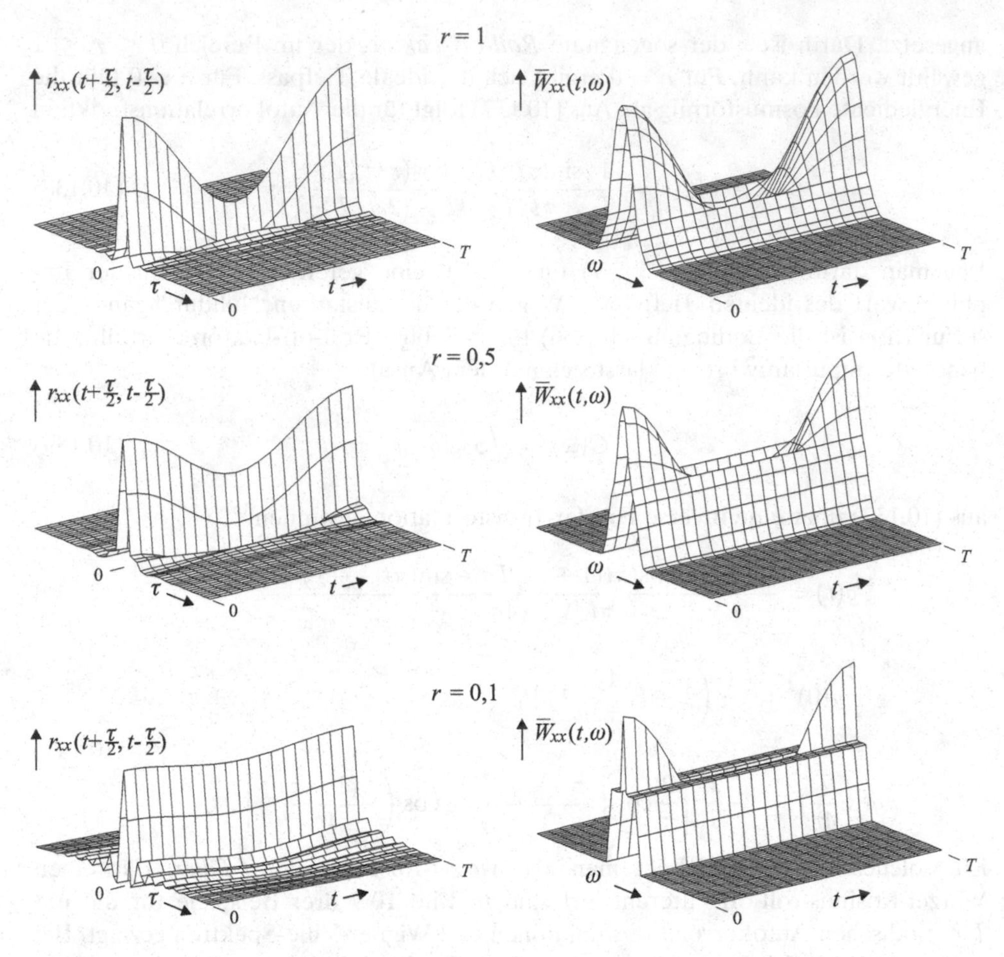

Bild 10.9 Periodische Autokorrelationsfunktionen und Wigner-Ville-Spektren (Wurzel-Kosinus-roll-off-Impulsformung; verschiedene Roll-off-Faktoren r)

Unter Ausnutzung der Summenformel

$$\sum_{k=-\infty}^{\infty} e^{-j\omega kT} = \frac{2\pi}{T} \sum_{k=-\infty}^{\infty} \delta_0 \left(\omega - k\frac{2\pi}{T}\right), \tag{10.143}$$

die Gleichung (3.110) mit vertauschten Rollen der Zeit- und Frequenzvariablen entspricht, kann (10.142) auch als

$$\begin{aligned} \gamma_{xx}(t+\tau, t) \;=\; & \frac{\sigma_d^2}{2\pi T} \int_{-\infty}^{\infty} \int_{-\infty}^{\infty} G^*(-\omega')\, G(\omega - \omega')\, e^{-j\omega'\tau} \\ & \cdot e^{j\omega\tau}\, e^{j\omega t} \sum_{k=-\infty}^{\infty} \delta_0 \left(\omega - k\frac{2\pi}{T}\right) d\omega\, d\omega' \end{aligned} \tag{10.144}$$

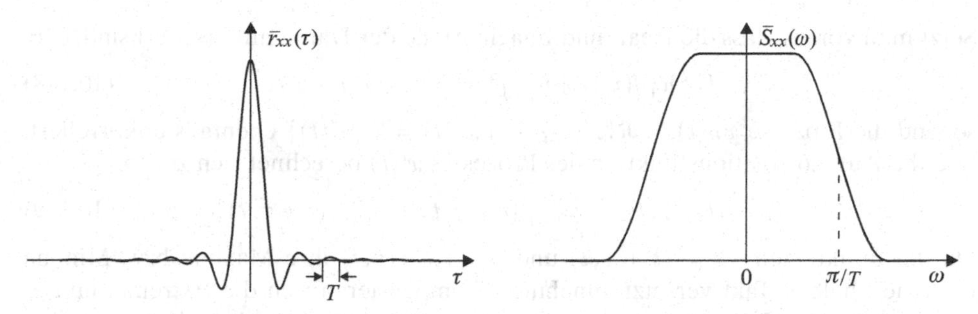

Bild 10.10 Mittlere Autokorrelationsfunktionen $\bar{r}_{xx}(\tau) = \frac{1}{T}\int_0^T r_{x'x'}(t+\tau,t)\,dt$ und mittlere Leistungsdichte (Roll-off-Faktor $r = 1/2$)

geschrieben werden. Die Integration über ω ergibt

$$\gamma_{xx}(t+\tau,t) = \frac{\sigma_d^2}{2\pi T}\int_{-\infty}^{\infty}\sum_{k=-\infty}^{\infty} G^*(-\omega')\,G\left(k\frac{2\pi}{T}-\omega'\right)\,e^{-j\omega'\tau}\,e^{jk\frac{2\pi}{T}\tau}\,e^{jk\frac{2\pi}{T}t}\,d\omega'. \tag{10.145}$$

Ist $G(\omega)$ auf π/T bandbegrenzt, so verbleibt nur der Summand für $k = 0$, und die Autokorrelationsfunktion ist nur noch von τ abhängig:

$$\begin{aligned}\gamma_{xx}(t+\tau,t) &= \sigma_d^2\,\frac{1}{2\pi T}\int_{-\infty}^{\infty} G^*(-\omega')\,G(-\omega')\,e^{-j\omega'\tau}\,d\omega' \\ &= \sigma_d^2\,\frac{1}{2\pi T}\int_{-\infty}^{\infty} S_{gg}^E(\omega')\,e^{j\omega'\tau}\,d\omega' \\ &= \sigma_d^2\,\frac{1}{T}\,r_{gg}^E(\tau).\end{aligned} \tag{10.146}$$

Dies ist im Wesentlichen das Ergebnis, das auch in Abschnitt 7.9.1 erzielt wurde. Wenn man als Sendefilter den idealen Tiefpass mit der Bandbreite π/T ansetzt, erhält man somit ein Nyquist-System, bei dem $x(t)$ ein im weiteren Sinne stationärer Prozess ist. Betrachtet man dagegen realisierbare Systeme, so ist von einem zyklostationären Prozess auszugehen.

Die in Bild 10.9 erkennbaren Leistungsschwankungen können zu unerwünschten Effekten in den zur Datenübertragung verwendeten Sendestufen führen und sollten vermieden werden. Diesem in der Datenübertragung bekannten Problem begegnet man zum Beispiel damit, dass man die Imaginärteile der Daten um einen halben Takt verzögert auf das Sendefilter gibt (*offset phase shift keying*). Das Sendesignal lautet dann

$$x'(t) = \sum_{i=-\infty}^{\infty}\left[\Re\{d(i)\}\,g(t-iT) \;+\; j\Im\{d(i)\}\,g(t-iT-T/2)\right]. \tag{10.147}$$

Setzt man voraus, dass die Real- und Imaginärteile der Daten unkorreliert sind, d. h.

$$E\{\Re\{d(i)\}\Im\{d(j)\}\} = 0, \qquad i,j \in \mathbb{Z}, \tag{10.148}$$

so sind die Prozesse $x_R(t) = \Re\{x'(t)\}$ und $x_I(t) = \Im\{x'(t)\}$ ebenfalls unkorreliert, und die Autokorrelationsfunktion des Prozesses $x'(t)$ berechnet sich zu

$$\gamma_{x'x'}(t+\tau,t) = \gamma_{x_Rx_R}(t+\tau,t) + \gamma_{x_Ix_I}(t+\tau,t). \tag{10.149}$$

Da die Funktionen $\gamma_{x_Rx_R}(t+\tau,t)$ und $\gamma_{x_Ix_I}(t+\tau,t)$ ihre Maxima bzw. Minima um einen halben Takt versetzt annehmen, kompensieren sich die Extrema, und es ergibt sich eine gleichmäßige Energieverteilung. In der Tat wird $x'(t)$ im vorliegenden Beispiel (Kosinus-roll-off-Entwurf) zu einem im weiteren Sinne stationären Prozess, wenn die Leistung des Realteils von $x'(t)$ gleich der des Imaginärteils ist. Der Beweis wird analog zur Ableitung von (10.146) geführt.

Literaturverzeichnis

[1] B. Boashash und A. Riley: Algorithms for time-frequency signal analysis. In *Time-Frequency Signal Analysis,* B. Boashash (ed.). Longman, Cheshire, 1992.

[2] H. I. Choi und W. J. Williams: *Improved time-frequency representation on multicomponent signals using exponential kernels.* IEEE Trans. Acoust., Speech, Signal Processing, 37(6):862–871, 1989.

[3] T. A. C. M. Claasen und W. F. G. Mecklenbräuker: *The Wigner distribution - a tool for time-frequency signal analysis - parts I-III.* Philips J. Res., 35: 217–250, 276–300, 372–389, 1980.

[4] L. Cohen: *Generalized phase-space distribution functions.* J. Math. Phys., 7:781–786, 1966.

[5] L. Cohen: Introduction: A primer on time-frequency analysis. In *Time-Frequency Signal Analysis,* B. Boashash (ed.). Longman, Cheshire, 1992.

[6] N. G. De Bruijn: *A theory of generalized functions, with applications to Wigner distribution and Weyl correspondence.* Nieuw Archief voor Wiskunde (3), XXI:205–280, 1980.

[7] P. Flandrin und O. Rioul: *Affine smoothing of the Wigner–Ville distribution.* In: *Proc. IEEE Int. Conf. Acoust., Speech, Signal Processing*, Seiten 2455–2458, Albuquerque, NM, April 1990.

[8] F. Hlawatsch und G. F. Boudreaux-Bartels: *Linear and quadratic time-frequency signal representations.* IEEE Signal Processing Magazine, 9(2):21–67, April 1992.

[9] A. J. E. M. Janssen: *Positivity of time-frequency distribution functions.* Signal Processing, 14:243–252, 1988.

[10] K.-D. Kammeyer: *Nachrichtenübertragung.* Vieweg+Teubner, Stuttgart, 4. Auflage, 2008.

[11] J. E. Moyal: *Quantum mechanics as a statistical theory.* Camb. Phil. Soc., 45:99–124, 1949.

[12] A. W. Rihaczek: *Signal energy distribution in time and frequency.* IEEE Trans. Inform. Theory, 14(3):369–374, 1968.

[13] O. Rioul und P. Flandrin: *Time-scale energy distributions: A general class extending wavelet transforms.* IEEE Trans. Signal Processing, Juli 1992.

[14] H. L. Van Trees: *Detection, Estimation, and Modulation Theory, Part III.* Wiley, New York, 1971.

[15] J. Ville: *Theorie et applications de la notion de signal analytique.* Cables et Transmission, 2 A, Seiten 61–74, 1948.

[16] E. P. Wigner: *On the quantum correction for thermodynamic equilibrium.* Physical Review, 40:749–759, 1932.

[17] Y. Zhao, L. E. Atlas und R. J. Marks II: *The use of cone-shaped kernels for generalized time-frequency representations of non-stationary signals.* IEEE Trans. Acoust., Speech, Signal Processing, 38(7):1084–1091, 1990.

Kapitel 11
Parameter- und Signalschätzung

In der Parameterschätzung besteht das Ziel in der Regel darin, eine oder mehrere unbekannte Größen mit möglichst hoher Genauigkeit aus gestörten Beobachtungen zu bestimmen. In der Signalschätzung ist dagegen ein gesamter Signalverlauf aus einem gestörten Signal zu ermitteln. Im ersten Abschnitt dieses Kapitels werden allgemeine statistische Schätzverfahren für die Parameterschätzung behandelt, die je nach Problemstellung zu linearen oder nichtlinearen Lösungen führen können. In diesem Zusammenhang werden auch prinzipielle Eigenschaften von Schätzverfahren beschrieben, und es werden Schranken für die erzielbare Genauigkeit angegeben. In Abschnitt 11.2 werden dann lineare Schätzungen betrachtet. Lineare Schätzungen haben eine große Bedeutung in der Signalverarbeitung, da sie zu relativ einfachen und recheneffizienten Lösungen führen. Im Anschluss daran folgen Methoden zum Entwurf linearer Optimalfilter für die Signalschätzung. Adaptive Systeme, die sich zeitlich veränderlichen Prozessen anpassen können, werden ausgeklammert.

11.1 Prinzipien der Parameterschätzung

11.1.1 Maximum-a-posteriori-Schätzung

Die Problemstellungen der Parameterschätzung lassen sich so formulieren, dass ein Schätzwert $\hat{a}$ für den wahren Parametervektor $\boldsymbol{a}$ aus Signalen $\boldsymbol{x}(\boldsymbol{a}, \boldsymbol{n})$ zu bestimmen ist. Darin ist $\boldsymbol{n}$ als Störprozess zu verstehen. Die Vorgehensweise wird in Bild 11.1 verdeutlicht, wobei die Abbildung $p_{\boldsymbol{x}|\boldsymbol{a}}(\mathbf{x}|\mathbf{a})$ die Dichte der Beobachtung $\boldsymbol{x}$ unter der Voraussetzung $\boldsymbol{a}$ ist. Unter $p_{\boldsymbol{a}}(\mathbf{a})$ ist die Dichte des zu schätzenden Parameters zu verstehen. Die Zusammenhänge zwischen dem Parametervektor $\boldsymbol{a}$, der Störung $\boldsymbol{n}$ und der Beobachtung $\boldsymbol{x}$ können dabei nichtlinear sein.

Bei der *Maximum-a-posteriori-Schätzung* (MAP) sucht man nach dem Parametervektor $\mathbf{a}$ mit der maximalen A-posteriori-Dichte $p_{\mathbf{a}|\boldsymbol{x}}(\mathbf{a}|\mathbf{x})$. Dies ist die Dichte des Vektors $\mathbf{a}$ unter der Bedingung, dass die Beobachtung $\mathbf{x}$ bereits gemacht wurde.

Ergänzende Information Die elektronische Version dieses Kapitels enthält Zusatzmaterial, auf das über folgenden Link zugegriffen werden kann https://doi.org/10.1007/978-3-658-41529-7_11.

A. Mertins, *Signaltheorie*, https://doi.org/10.1007/978-3-658-41529-7_11

Die Beobachtung selbst ist dabei als Wirkung des „wahren“ Parametervektors zu verstehen. Das Kriterium der Maximum-a-posteriori-Schätzung lautet

$$\hat{\mathrm{a}}(\mathrm{x}) = \underset{\mathrm{a}}{\operatorname{argmax}}\, p_{\boldsymbol{a}|\boldsymbol{x}}(\mathrm{a}|\mathrm{x}). \tag{11.1}$$

Der Operator $\operatorname{argmax}_a Q(a)$ liefert dabei den Wert a, der zum Maximum von $Q(a)$ führt. Alternativ lässt sich die Forderung (11.1) unter Verwendung der *Bayes-Regel*

$$p_{\boldsymbol{a}|\boldsymbol{x}}(\mathrm{a}|\mathrm{x}) = \frac{p_{\boldsymbol{a}}(\mathrm{a})\, p_{\boldsymbol{x}|\boldsymbol{a}}(\mathrm{x}|\mathrm{a})}{p_{\boldsymbol{x}}(\mathrm{x})} \tag{11.2}$$

und der Tatsache, dass $p_{\boldsymbol{x}}(\mathrm{x})$ nicht von a abhängt, durch folgenden Ausdruck ersetzen:

$$\hat{\mathrm{a}}(\mathrm{x}) = \underset{\mathrm{a}}{\operatorname{argmax}}\, p_{\boldsymbol{a}}(\mathrm{a})\, p_{\boldsymbol{x}|\boldsymbol{a}}(\mathrm{x}|\mathrm{a}). \tag{11.3}$$

Diese Formulierung hat den Vorteil, dass sich die enthaltenen Größen $p_{\boldsymbol{a}}(\mathrm{a})$ und $p_{\boldsymbol{x}|\boldsymbol{a}}(\mathrm{x}|\mathrm{a})$ oft einfacher beschreiben lassen als $p_{\boldsymbol{a}|\boldsymbol{x}}(\mathrm{a}|\mathrm{x})$. Im Falle eines Modells der Form $\boldsymbol{x} = \boldsymbol{s}(\boldsymbol{a}) + \boldsymbol{n}$, bei dem die Störungen $\boldsymbol{n}$ statistisch unabhängig vom Parametervektor $\boldsymbol{a}$ sind, gilt

$$p_{\boldsymbol{x}|\boldsymbol{a}}(\mathrm{x}|\mathrm{a}) = p_{\boldsymbol{n}}(\mathrm{x} - \boldsymbol{s}(\mathrm{a})), \tag{11.4}$$

und es ergibt sich

$$\hat{\mathrm{a}}(\mathrm{x}) = \underset{\mathrm{a}}{\operatorname{argmax}}\, p_{\boldsymbol{a}}(\mathrm{a})\, p_{\boldsymbol{n}}(\mathrm{x} - \boldsymbol{s}(\mathrm{a})). \tag{11.5}$$

Da ein Logarithmieren die Lage des Optimums nicht verändert und insbesondere bei Gaußverteilungen (siehe nachfolgendes Beispiel) zu einfacheren Ausdrücken führt, wird anstelle von (11.3) oft auch

$$\hat{\mathrm{a}}(\mathrm{x}) = \underset{\mathrm{a}}{\operatorname{argmax}} \left[\ln p_{\boldsymbol{a}}(\mathrm{a}) + \ln p_{\boldsymbol{x}|\boldsymbol{a}}(\mathrm{x}|\mathrm{a}) \right] \tag{11.6}$$

geschrieben. Die Forderung (11.5) wird entsprechend zu

$$\hat{\mathrm{a}}(\mathrm{x}) = \underset{\mathrm{a}}{\operatorname{argmax}} \left[\ln p_{\boldsymbol{a}}(\mathrm{a}) + \ln p_{\boldsymbol{n}}(\mathrm{x} - \boldsymbol{s}(\mathrm{a})) \right]. \tag{11.7}$$

Da der Gradient des zu maximierenden Ausdrucks im Maximum zu null wird, lässt sich (11.7) alternativ als

$$\frac{d}{d\mathrm{a}} \left[\ln p_{\boldsymbol{a}}(\mathrm{a}) + \ln p_{\boldsymbol{n}}(\mathrm{x} - \boldsymbol{s}(\mathrm{a})) \right] \Big|_{\mathrm{a}=\hat{\mathrm{a}}(\mathrm{x})} = \mathbf{0} \tag{11.8}$$

formulieren.

MAP-Amplitudenschätzung bei gaußschen Störungen Betrachtet wird die Maximum-a-posteriori-Schätzung gaußverteilter Amplitudenfaktoren $\boldsymbol{a}$ bei gaußschen Störungen. Das Modell lautet

$$\boldsymbol{x} = \boldsymbol{S}\boldsymbol{a} + \boldsymbol{n}, \tag{11.9}$$

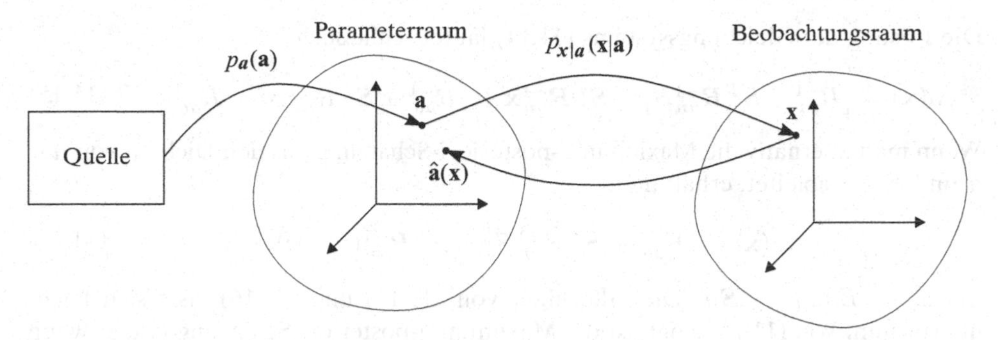

Bild 11.1 Schätzung eines Parametervektors $\boldsymbol{a}$

wobei alle Größen als reellwertig angenommen werden und $\boldsymbol{n}$ ein zu $\boldsymbol{a}$ unkorrelierter Störprozess mit gaußscher Dichte ist. Für die Dichten des Beobachtungsvektors $\boldsymbol{x}$ und des Parametervektors $\boldsymbol{a}$ gelte[1]

$$p_{\boldsymbol{x}|\boldsymbol{a}}(\mathbf{x}|\mathbf{a}) = p_{\boldsymbol{n}}(\mathbf{x} - \boldsymbol{S}\mathbf{a}) = \left[(2\pi)^{\frac{n}{2}} \det(\boldsymbol{R}_{nn})^{\frac{1}{2}}\right]^{-1} e^{-\frac{1}{2}[\mathbf{x} - \boldsymbol{S}\,\mathbf{a}]^T \boldsymbol{R}_{nn}^{-1} [\mathbf{x} - \boldsymbol{S}\,\mathbf{a}]} \tag{11.10}$$

und

$$p_{\boldsymbol{a}}(\mathbf{a}) = \left[(2\pi)^{\frac{n}{2}} \det(\boldsymbol{R}_{aa})^{\frac{1}{2}}\right]^{-1} e^{-\frac{1}{2}[\mathbf{a} - \bar{\boldsymbol{a}}]^T \boldsymbol{R}_{aa}^{-1} [\mathbf{a} - \bar{\boldsymbol{a}}]} \tag{11.11}$$

mit

$$E\{\boldsymbol{n}\} = \mathbf{0}, \quad \boldsymbol{R}_{nn} = E\{\boldsymbol{n}\boldsymbol{n}^T\}, \quad \bar{\boldsymbol{a}} = E\{\boldsymbol{a}\}, \quad \boldsymbol{R}_{aa} = E\{[\boldsymbol{a} - \bar{\boldsymbol{a}}][\boldsymbol{a} - \bar{\boldsymbol{a}}]^T\}. \tag{11.12}$$

Den Ausdruck

$$d_M^2(\mathbf{x}, \boldsymbol{S}\mathbf{a}) := [\mathbf{x} - \boldsymbol{S}\,\mathbf{a}]^T \boldsymbol{R}_{nn}^{-1} [\mathbf{x} - \boldsymbol{S}\,\mathbf{a}],$$

den man im Exponenten in (11.10) findet, bezeichnet man als den quadrierten *Mahalanobis-Abstand* der Vektoren $\mathbf{x}$ und $\boldsymbol{S}\mathbf{a}$. Bei diesem Abstandsmaß werden alle quadrierten Abweichungen vom Mittelwert entlang der Eigenrichtungen des Prozesses $\boldsymbol{n}$ auf die jeweiligen Varianzen bezogen. Für den eindimensionalen Fall bedeutet dies $d_M(x, a \cdot s) = |x - a \cdot s|/\sigma$.

Die Forderung (11.8) lautet hier

$$\frac{d}{d\mathbf{a}} \left[[\mathbf{a} - \bar{\boldsymbol{a}}]^T \boldsymbol{R}_{aa}^{-1} [\mathbf{a} - \bar{\boldsymbol{a}}] + [\mathbf{x} - \boldsymbol{S}\,\mathbf{a}]^T \boldsymbol{R}_{nn}^{-1} [\mathbf{x} - \boldsymbol{S}\,\mathbf{a}]\right]\Bigg|_{\mathbf{a} = \hat{\mathbf{a}}(\mathbf{x})} = \mathbf{0}. \tag{11.13}$$

Daraus erhält man

$$\boldsymbol{R}_{aa}^{-1}\mathbf{a} - \boldsymbol{R}_{aa}^{-1}\bar{\boldsymbol{a}} - \boldsymbol{S}^T\boldsymbol{R}_{nn}^{-1}\mathbf{x} + \boldsymbol{S}^T\boldsymbol{R}_{nn}^{-1}\boldsymbol{S}\mathbf{a}\Big|_{\mathbf{a} = \hat{\mathbf{a}}(\mathbf{x})} = \mathbf{0}. \tag{11.14}$$

[1] Eine Herleitung der multivariaten Gaußverteilung findet man in Anhang A.2.

Die Lösung des Gleichungssystems (11.14) lautet schließlich

$$\hat{\mathrm{a}}(\mathrm{x}) = \left[\boldsymbol{R}_{aa}^{-1} + \boldsymbol{S}^T \boldsymbol{R}_{nn}^{-1} \boldsymbol{S}\right]^{-1} \boldsymbol{S}^T \boldsymbol{R}_{nn}^{-1} \mathrm{x} + \left[\boldsymbol{R}_{aa}^{-1} + \boldsymbol{S}^T \boldsymbol{R}_{nn}^{-1} \boldsymbol{S}\right]^{-1} \boldsymbol{R}_{aa}^{-1} \bar{\boldsymbol{a}}. \tag{11.15}$$

Wenn man alternativ die Maximum-a-posteriori-Schätzung aus den Dichten von $\boldsymbol{a} - \bar{\boldsymbol{a}}$ und $\boldsymbol{x} - \bar{\boldsymbol{x}}$ ableitet, erhält man

$$\hat{\mathrm{a}}(\mathrm{x}) = \left[\boldsymbol{R}_{aa}^{-1} + \boldsymbol{S}^T \boldsymbol{R}_{nn}^{-1} \boldsymbol{S}\right]^{-1} \boldsymbol{S}^T \boldsymbol{R}_{nn}^{-1} (\mathrm{x} - \bar{\boldsymbol{x}}) + \bar{\boldsymbol{a}} \tag{11.16}$$

mit $\bar{\boldsymbol{x}} = E\{\boldsymbol{x}\} = \boldsymbol{S}\bar{\boldsymbol{a}}$. Die Gleichheit von (11.15) und (11.16) lässt sich leicht überprüfen. Wie (11.15) zeigt, ist die Maximum-a-posteriori-Schätzung linear, wenn die Parameter $\boldsymbol{a}$ und die Störungen $\boldsymbol{n}$ gaußverteilt sind. Auf lineare Schätzungen, bei denen nicht unbedingt eine Gaußverteilung vorausgesetzt wird, wird in Abschnitt 11.2 noch näher eingegangen.

11.1.2 Maximum-Likelihood-Schätzung

Falls man keine A-priori-Kenntnis der Dichte $p_{\boldsymbol{a}}$ besitzt, oder falls man das Schätzergebnis nicht durch evtl. vorhandenes A-priori-Wissen beeinflussen möchte, vernachlässigt man $p_{\boldsymbol{a}}$ in (11.3) und erhält die Forderung

$$\hat{\mathrm{a}}(\mathrm{x}) = \underset{\mathrm{a}}{\operatorname{argmax}}\; p_{\boldsymbol{x}|\boldsymbol{a}}(\mathrm{x}|\mathrm{a}). \tag{11.17}$$

Eine Schätzung nach (11.17) wird *Maximum-Likelihood-Schätzung* genannt. Da der Gradient der Dichte im Maximum zu null wird, kann man (11.17) auch in Form der *Likelihood-Gleichung*

$$\frac{d}{d\mathrm{a}} p_{\boldsymbol{x}|\boldsymbol{a}}(\mathrm{x}|\mathrm{a}) \bigg|_{\mathrm{a}=\hat{\mathrm{a}}(\mathrm{x})} = \mathbf{0} \tag{11.18}$$

angeben. Durch ein Logarithmieren von (11.18) verändert sich die Lage des Optimums nicht, und man erhält die *Log-Likelihood-Gleichung*

$$\frac{d}{d\mathrm{a}} \ln p_{\boldsymbol{x}|\boldsymbol{a}}(\mathrm{x}|\mathrm{a}) \bigg|_{\mathrm{a}=\hat{\mathrm{a}}(\mathrm{x})} = \mathbf{0}. \tag{11.19}$$

Im Falle additiver, von den Parametern $\boldsymbol{a}$ statistisch unabhängiger Störungen lässt sich die Log-Likelihood-Gleichung auch in der Form

$$\frac{d}{d\mathrm{a}} \ln p_{\boldsymbol{n}}(\mathrm{x} - \boldsymbol{s}(\mathrm{a})) \bigg|_{\mathrm{a}=\hat{\mathrm{a}}(\mathrm{x})} = \mathbf{0} \tag{11.20}$$

angeben. Auf Basis dieser Formulierung lässt sich leicht zeigen, dass die Maximum-Likelihood-Schätzung von Signalamplituden bei additiven, von den Parametern $\boldsymbol{a}$ statistisch unabhängigen gaußverteilten Störungen ($\boldsymbol{x} = \boldsymbol{S}\boldsymbol{a} + \boldsymbol{n}$) auf den linearen Schätzer

$$\hat{\mathrm{a}}(\mathrm{x}) = \left[\boldsymbol{S}^T \boldsymbol{R}_{nn}^{-1} \boldsymbol{S}\right]^{-1} \boldsymbol{S}^T \boldsymbol{R}_{nn}^{-1} \mathrm{x} \tag{11.21}$$

führt. Im Falle nichtgaußscher Störungen oder bei der Schätzung von Parametern, die in keinem linearen Zusammenhang zur Beobachtung stehen, ist das Verfahren nichtlinear. Man muss also Suchstrategien zur Ermittlung der Schätzwerte anwenden. Die Gewichtung mit $\boldsymbol{R}_{nn}^{-1}$ in (11.21) bewirkt ein implizites Weißmachen der Störung. Ist die Störung nicht weiß, dann lässt sich das Modell $\boldsymbol{x} = \boldsymbol{S}\boldsymbol{a} + \boldsymbol{n}$ mit einer Whitening-Transformation $\boldsymbol{T}$ (vgl. Abschnitt 6.7) in ein äquivalentes Modell $\tilde{\boldsymbol{x}} = \tilde{\boldsymbol{S}}\boldsymbol{a} + \tilde{\boldsymbol{n}}$ mit $\tilde{\boldsymbol{x}} = \boldsymbol{T}\boldsymbol{x}$, $\tilde{\boldsymbol{S}} = \boldsymbol{T}\boldsymbol{S}$ und $\tilde{\boldsymbol{n}} = \boldsymbol{T}\boldsymbol{n}$ überführen, für das die Lösung als $\hat{\mathrm{a}}(\tilde{\mathrm{x}}) = \left[\tilde{\boldsymbol{S}}^T\tilde{\boldsymbol{S}}\right]^{-1}\tilde{\boldsymbol{S}}^T\tilde{\mathrm{x}}$ angegeben werden kann.

Beispiel 11.1 Betrachtet wird die Maximum-Likelihood-Schätzung von Signallaufzeiten auf Basis des Modells

$$x(t) = s(t-D) + n(t). \tag{11.22}$$

Die Störung $n(t)$ sei gaußverteilt, stationär und statistisch unabhängig vom Signal $s(t-D)$. Alle Signale seien reellwertig. Die Signale lassen sich mittels eines vollständigen orthonormalen Funktionensystems durch Vektoren darstellen, so dass man das äquivalente Modell

$$\boldsymbol{x} = \boldsymbol{s}(D) + \boldsymbol{n} \tag{11.23}$$

verwenden kann. Das Kriterium (11.17) lautet hier in logarithmierter Form

$$\hat{D}(\mathbf{x}) = \underset{\Delta}{\operatorname{argmax}} \log p_{\boldsymbol{x}|D}(\mathbf{x}|\Delta) = \underset{\Delta}{\operatorname{argmax}} \log p_{\boldsymbol{n}}(\mathbf{x} - \boldsymbol{s}(\Delta)). \tag{11.24}$$

Bei gaußscher Dichte reduziert sich (11.24) zu

$$\hat{D}(\mathbf{x}) = \underset{\Delta}{\operatorname{argmin}} \left[\mathbf{x} - \boldsymbol{s}(\Delta)\right]^T \boldsymbol{R}_{nn}^{-1}[\mathbf{x} - \boldsymbol{s}(\Delta)], \tag{11.25}$$

und ein Weglassen der von Δ unabhängigen Terme (inkl. $\boldsymbol{s}^T(\Delta)\boldsymbol{R}_{nn}^{-1}\boldsymbol{s}(\Delta)$) liefert

$$\hat{D}(\mathbf{x}) = \underset{\Delta}{\operatorname{argmax}}\, \mathbf{x}^T \boldsymbol{R}_{nn}^{-1}\boldsymbol{s}(\Delta). \tag{11.26}$$

Nimmt man noch an, dass das Rauschen weiß ist, d. h. $\boldsymbol{R}_{nn} = \sigma^2\boldsymbol{I}$, dann lautet die Lösung in ausgeschriebener Form

$$\hat{D}(x) = \underset{\Delta}{\operatorname{argmax}} \int_{-\infty}^{\infty} x(t)s(t-\Delta)\,dt. \tag{11.27}$$

Es ist somit das Signal $x(t)$ mit $h(t) = s(-t)$ zu falten und dann das Maximum des Ausgangssignals zu suchen. Damit entspricht die gefundene Lösung genau dem in Abschnitt 6.2.4 beschriebenen Matched-Filter-Prinzip. Ist die Störung nicht weiß, dann bewirkt die Bewertung mit $\boldsymbol{R}_{nn}^{-1}$ in (11.26) ein implizites Weißmachen der Störung, das auch explizit durch eine Whitening-Transformation (zum Beispiel durch ein entsprechend entworfenes lineares Filter) ausgeführt werden kann.

Alternativ zur Suche nach dem Maximum am Ausgang eines Matched-Filters kann die Log-Likelihood-Gleichung (11.20) betrachtet werden:

$$\frac{d}{d\Delta} \ln p_{\boldsymbol{n}}(\mathbf{x} - \boldsymbol{s}(\Delta))\Big|_{\Delta = \hat{D}(\mathbf{x})} = 0. \tag{11.28}$$

Dies führt nach einigen Umformungen unter der Annahme weißer, gaußverteilter Störungen auf

$$y(t)\Big|_{t=\hat{D}} = 0 \quad \text{mit} \quad y(t) = \dot{s}(-t) * x(t). \tag{11.29}$$

Zur Bestimmung des Schätzwerts wird somit ausgenutzt, dass ein Signal $s(t)$ orthogonal zu seiner Ableitung $\dot{s}(t)$ ist. Der Zeitpunkt des Nulldurchgangs des Faltungsergebnisses $y(t)$ ist der gesuchte Schätzwert.

11.1.3 Schätzung mit minimalem quadratischen Fehler

Wir gehen von dem Modell $\boldsymbol{x} = \boldsymbol{x}(\boldsymbol{a}, \boldsymbol{n})$ aus und nehmen an, dass die A-posteriori-Dichte $p_{\boldsymbol{a}|\boldsymbol{x}}(\mathrm{a}|\mathrm{x})$ des Parametervektors bekannt ist. Die Schätzung mit dem kleinsten quadratischen Fehler $E\{\|\boldsymbol{a} - \hat{\boldsymbol{a}}\|^2\}$ zwischen dem Parametervektor $\boldsymbol{a}$ und dem Schätzwert $\hat{\boldsymbol{a}}$ lautet dann [21, 14]

$$\hat{\boldsymbol{a}}(\mathrm{x}) = \int_{-\infty}^{\infty} \mathrm{a}\, p_{\boldsymbol{a}|\boldsymbol{x}}(\mathrm{a}|\mathrm{x})\, d\mathrm{a}. \tag{11.30}$$

Man spricht hierbei von einer *MMSE-Schätzung*, wobei MMSE für *minimum mean-square error* steht. Der Schätzwert ist der bedingte Mittelwert der A-posteriori-Verteilungsdichte, und der Schätzer nach (11.30) wird daher auch als *conditional mean estimator* bezeichnet. Bei symmetrischen Verteilungen ist der MMSE-Schätzwert identisch mit dem MAP-Schätzwert.

11.1.4 Eigenschaften von Schätzverfahren

Erwartungstreue Wir betrachten den Prozess $\hat{\boldsymbol{a}}(\boldsymbol{x})$ mit $\boldsymbol{x} = \boldsymbol{x}(\mathrm{a})$, wobei a ein beliebiger, aber fest vorgegebener Parametervektor ist. Der Vektor a ist dabei als Realisierung eines Zufallsprozesses $\boldsymbol{a}$ zu verstehen. Der bedingte Erwartungswert des Schätzwertes berechnet sich zu

$$E\{\hat{\boldsymbol{a}}(\boldsymbol{x})|\mathrm{a}\} = \int_{-\infty}^{\infty} \hat{\mathrm{a}}(\mathrm{x})\, p_{\boldsymbol{x}|\boldsymbol{a}}(\mathrm{x}|\mathrm{a})\, d\mathrm{x}. \tag{11.31}$$

Falls $E\{\hat{\boldsymbol{a}}(\boldsymbol{x})|\mathrm{a}\} = \mathrm{a}$ gilt, ist der Schätzwert erwartungstreu.

Cramer-Rao-Schranke Um für ein gegebenes Problem die Qualität von Schätzern bewerten zu können, ist die Kenntnis einer unteren Schranke für die Varianz sinnvoll. Hierzu wird im Folgenden die *Cramer-Rao-Schranke* betrachtet, wobei zunächst von skalaren Schätzwerten $\hat{a}(\boldsymbol{x})$ ausgegangen wird. Unter den Voraussetzungen, dass die Schätzung erwartungstreu ist und die Ableitungen

$$\frac{\partial p_{\boldsymbol{x}|a}(\mathrm{x}|\mathrm{a})}{\partial \mathrm{a}}, \qquad \frac{\partial^2\, p_{\boldsymbol{x}|a}(\mathrm{x}|\mathrm{a})}{\partial \mathrm{a}^2}$$

existieren und integrierbar sind, kann die Cramer-Rao-Schranke als

$$\sigma_{\hat{a}}^2 \geq E\left\{\left[\frac{\partial \ln p_{x|a}(\mathrm{x}|\mathrm{a})}{\partial \mathrm{a}}\right]^2\right\}^{-1} = -E\left\{\frac{\partial^2 \ln p_{x|a}(\mathrm{x}|\mathrm{a})}{\partial \mathrm{a}^2}\right\}^{-1} \tag{11.32}$$

angegeben werden. Die Beweise erfolgen unter Verwendung der Schwarz'schen Ungleichung. Man findet sie zum Beispiel in [21].

Zur Angabe von unteren Schranken für die Varianzen von erwartungstreuen vektoriellen Schätzungen $\hat{\boldsymbol{a}} = [\hat{a}_1, \hat{a}_2, \ldots, \hat{a}_k]^T$ wird die *Fisher'sche Informationsmatrix* benötigt, deren Elemente durch

$$[\boldsymbol{J}]_{ij} = E\left\{\left[\frac{\partial}{\partial \mathrm{a}_i} \ln p_{\boldsymbol{x}|\boldsymbol{a}}(\mathbf{x}|\mathbf{a})\right]\left[\frac{\partial}{\partial \mathrm{a}_j} \ln p_{\boldsymbol{x}|\boldsymbol{a}}(\mathbf{x}|\mathbf{a})\right]\right\} = -E\left\{\frac{\partial^2}{\partial \mathrm{a}_i \partial \mathrm{a}_j} \ln p_{\boldsymbol{x}|\boldsymbol{a}}(\mathbf{x}|\mathbf{a})\right\} \tag{11.33}$$

gegeben sind [21]. In Matrizenschreibweise gilt

$$\boldsymbol{J} = E\left\{\left[\frac{d \ln p_{\boldsymbol{x}|\boldsymbol{a}}(\mathbf{x}|\mathbf{a})}{d\mathbf{a}}\right]\left[\frac{d \ln p_{\boldsymbol{x}|\boldsymbol{a}}(\mathbf{x}|\mathbf{a})}{d\mathbf{a}}\right]^T\right\} = -E\left\{\frac{d}{d\mathbf{a}}\left(\left[\frac{d}{d\mathbf{a}} \ln p_{\boldsymbol{x}|\boldsymbol{a}}(\mathbf{x}|\mathbf{a})\right]^T\right)\right\}. \tag{11.34}$$

Für die Varianzen $\sigma_{\hat{a}_1}^2, \sigma_{\hat{a}_2}^2, \ldots, \sigma_{\hat{a}_k}^2$ gelten die Ungleichungen

$$\sigma_{\hat{a}_i}^2 \geq J^{ii}, \qquad i = 1, 2, \ldots, k, \tag{11.35}$$

wobei J^{ii} das i-te Diagonalelement der Matrix $\boldsymbol{J}^{-1}$ ist.

Wenn die Cramer-Rao-Ungleichung (bzw. (11.35)) mit Gleichheitszeichen erfüllt ist, heißt eine Schätzung *wirksam*. Konvergiert die Varianz mit einer gegen unendlich strebenden Zahl von Beobachtungen (d. h. den Komponenten des Vektors $\boldsymbol{x}$) gegen die Cramer-Rao-Schranke, so nennt man die Schätzung *asymptotisch wirksam*. Strebt die Varianz bei einer gegen unendlich strebenden Zahl von Beobachtungen gegen null, so spricht man von einer *konsistenten Schätzung*.

11.2 Lineare Parameterschätzung

Lineare Verfahren der Parameterschätzung sind wegen ihrer einfachen Realisierbarkeit weit verbreitet. Bei den linearen Schätzern wird keine genaue Kenntnis der Statistik der Prozesse vorausgesetzt, es werden lediglich Momente bis zur zweiten Ordnung berücksichtigt.

11.2.1 Lineare erwartungstreue Schätzungen

Betrachtet wird das Modell

$$\boldsymbol{x} = \boldsymbol{S}\,\boldsymbol{a} + \boldsymbol{n}, \tag{11.36}$$

wobei $\boldsymbol{x}$ den Beobachtungsvektor, $\boldsymbol{a}$ den gesuchten Parametervektor und $\boldsymbol{n}$ einen additiven, zum Parametervektor $\boldsymbol{a}$ unkorrelierten Störprozess bezeichnet. Dabei wird vorausgesetzt, dass die Spalten der Matrix $\boldsymbol{S}$ linear unabhängig voneinander sind. Die Forderung nach einer erwartungstreuen Schätzung lässt sich als

$$E\{\hat{a}(\boldsymbol{x})|\mathrm{a}\} = \mathrm{a} \tag{11.37}$$

schreiben. Darin ist a als beliebiger, aber fest vorgegebener Parametervektor zu verstehen. Die Schätzung $\hat{\boldsymbol{a}}(\boldsymbol{x})|\mathrm{a}$ ist wegen der additiven Störungen wieder ein Zufallsprozess.

Der Ansatz für die lineare Schätzung[2] lautet

$$\hat{a}(\boldsymbol{x}) = \boldsymbol{A}\,\boldsymbol{x}. \tag{11.38}$$

Geht man von mittelwertfreien Störungen $\boldsymbol{n}$ aus, dann muss die Matrix $\boldsymbol{A}$ wegen

$$\begin{aligned} E\{\hat{a}(\boldsymbol{x})|\mathrm{a}\} &= E\{\boldsymbol{A}\,\boldsymbol{x}|\mathrm{a}\} \\ &= \boldsymbol{A}\,E\{\boldsymbol{x}|\mathrm{a}\} \\ &= \boldsymbol{A}\,E\{\boldsymbol{S}\,\mathrm{a}+\boldsymbol{n}\} \\ &= \boldsymbol{A}\,\boldsymbol{S}\,\mathrm{a} \end{aligned} \tag{11.39}$$

die Bedingung

$$\boldsymbol{A}\,\boldsymbol{S} = \boldsymbol{I} \tag{11.40}$$

erfüllen, um eine erwartungstreue Schätzung zu gewährleisten.

Least-Squares-Schätzer Aus Abschnitt 2.3.2 wissen wir, dass man durch orthogonale Projektionen einen Approximationsfehler $\mathbf{x}-\boldsymbol{S\alpha}$ mit minimaler ℓ_2-Norm $\|\mathbf{x}-\boldsymbol{S\alpha}\|$ erhält. Diese Eigenschaft kann man zur Schätzung von Signalparametern ausnutzen, wobei man $\boldsymbol{\alpha}$ als Schätzung für den gesuchten Parametervektor auffasst. Betrachtet man einen Raum mit dem Skalarprodukt $\langle \boldsymbol{x}, \boldsymbol{y}\rangle = \boldsymbol{y}^H\boldsymbol{G}\boldsymbol{x}$ und verwendet

$$\hat{\mathrm{a}}(\mathbf{x}) = \underset{\boldsymbol{\alpha}}{\operatorname{argmin}}\ \|\mathbf{x}-\boldsymbol{S\alpha}\|_G \tag{11.41}$$

zur Schätzung des Parametervektors $\hat{\mathrm{a}}(\mathbf{x})$, dann ergibt sich nach Gleichung (2.160)

$$\hat{\mathrm{a}}(\mathbf{x}) = [\boldsymbol{S}^H\boldsymbol{G}\boldsymbol{S}]^{-1}\boldsymbol{S}^H\boldsymbol{G}\mathbf{x}. \tag{11.42}$$

Setzt man die Existenz von $[\boldsymbol{S}^H\boldsymbol{G}\boldsymbol{S}]^{-1}$ voraus, dann ist die Forderung nach einer erwartungstreuen Schätzung für beliebige Gewichtungsmatrizen in (11.42) erfüllt, denn mit $\boldsymbol{A} = [\boldsymbol{S}^H\boldsymbol{G}\boldsymbol{S}]^{-1}\boldsymbol{S}^H\boldsymbol{G}$ gilt stets $\boldsymbol{A}\boldsymbol{S} = \boldsymbol{I}$.

Wählt man $\boldsymbol{G} = \boldsymbol{I}$, so spricht man von einem *Least-Squares-Schätzer*. Im Falle von Gewichtungsmatrizen $\boldsymbol{G} \neq \boldsymbol{I}$ spricht man von einem *generalisierten Least-*

---

[2] Der Schätzwert wird als Linearkombination der Komponenten des Vektors $\boldsymbol{x}$ berechnet. In (11.38) ist der Prozess $\hat{\boldsymbol{a}}(\boldsymbol{x})$ angegeben. Ausgehend von einer Messung $\mathbf{x}$ ergibt sich die aktuelle Schätzung $\hat{\mathbf{a}}(\mathbf{x})$.

Squares-Schätzer. Bei dem geometrisch anschaulichen Ansatz bleibt allerdings noch die Frage nach der Wahl einer geeigneten Gewichtungsmatrix $\boldsymbol{G}$ offen, auf die im Folgenden näher eingegangen wird.

Bester linearer erwartungstreuer Schätzer Wir gehen wieder von dem linearen Modell (11.36) aus und nehmen an, dass der additive Rauschprozess $\boldsymbol{n}$ mittelwertfrei und zum Parametervektor $\boldsymbol{a}$ unkorreliert ist. Wie noch gezeigt wird, ergibt sich mit der Wahl $\boldsymbol{G} = \boldsymbol{R}_{nn}^{-1}$ mit $\boldsymbol{R}_{nn} = E\left\{\boldsymbol{n}\boldsymbol{n}^H\right\}$ eine Schätzung mit minimaler Varianz. Die Matrix $\boldsymbol{A}$ für den *besten linearen erwartungstreuen Schätzer* (engl. *best linear unbiased estimator*, BLUE) lautet dann

$$\boldsymbol{A} = [\boldsymbol{S}^H \boldsymbol{R}_{nn}^{-1} \boldsymbol{S}]^{-1} \boldsymbol{S}^H \boldsymbol{R}_{nn}^{-1}. \tag{11.43}$$

Der Schätzwert berechnet sich zu

$$\hat{\boldsymbol{a}}(\boldsymbol{x}) = [\boldsymbol{S}^H \boldsymbol{R}_{nn}^{-1} \boldsymbol{S}]^{-1} \boldsymbol{S}^H \boldsymbol{R}_{nn}^{-1}\, \boldsymbol{x}. \tag{11.44}$$

Der Zusammenhang zwischen dem besten linearen erwartungstreuen Schätzer und der Schätzung (11.42) nach dem Prinzip der orthogonalen Projektion wird als das *Gauß-Markov-Theorem* bezeichnet.

Die Varianzen der einzelnen Schätzwerte lassen sich auf der Hauptdiagonalen der durch

$$\boldsymbol{R}_{ee} = E\left\{\boldsymbol{e}(\boldsymbol{x})\boldsymbol{e}^H(\boldsymbol{x})\right\} = E\left\{[\mathrm{a} - \hat{\boldsymbol{a}}(\boldsymbol{x})]\,[\mathrm{a} - \hat{\boldsymbol{a}}(\boldsymbol{x})]^H\right\} \tag{11.45}$$

gegebenen Kovarianzmatrix des Schätzfehlers ablesen. Mit $\mathrm{a} = E\left\{\hat{\boldsymbol{a}}(\boldsymbol{x})|\mathrm{a}\right\}$ gilt

$$\sigma_{\hat{\mathrm{a}}_i}^2 = [\boldsymbol{R}_{ee}]_{ii}. \tag{11.46}$$

Die Kovarianzmatrix $\boldsymbol{R}_{ee}$ berechnet sich prinzipiell zu

$$\boldsymbol{R}_{ee} = \boldsymbol{A}\boldsymbol{R}_{nn}\boldsymbol{A}^H. \tag{11.47}$$

Unter Verwendung des Schätzers $\boldsymbol{A}$ nach (11.43) ergibt sich daraus

$$\boldsymbol{R}_{ee} = [\boldsymbol{S}^H \boldsymbol{R}_{nn}^{-1} \boldsymbol{S}]^{-1}. \tag{11.48}$$

Die Beweise von (11.48) und der Optimalität von (11.43) bzw. (11.44) folgen weiter unten. Im Falle eines weißen Störprozesses $\boldsymbol{n}$ vereinfacht sich (11.44) zu

$$\hat{\boldsymbol{a}}(\boldsymbol{x}) = [\boldsymbol{S}^H \boldsymbol{S}]^{-1} \boldsymbol{S}^H \boldsymbol{x}. \tag{11.49}$$

Andernfalls lässt sich die Gewichtung mit $\boldsymbol{G} = \boldsymbol{R}_{nn}^{-1}$ in (11.44) als implizites „Weißmachen" des Störprozesses deuten. Mit der Cholesky-Zerlegung $\boldsymbol{R}_{nn} = \boldsymbol{L}\boldsymbol{L}^H$ und der Transformation

$$\tilde{\boldsymbol{x}} = \boldsymbol{L}^{-1}\boldsymbol{x}, \qquad \tilde{\boldsymbol{S}} = \boldsymbol{L}^{-1}\boldsymbol{S}, \qquad \tilde{\boldsymbol{n}} = \boldsymbol{L}^{-1}\boldsymbol{n} \tag{11.50}$$

entspricht (11.44) der Lösung

$$\hat{\boldsymbol{a}}(\tilde{\boldsymbol{x}}) = [\tilde{\boldsymbol{S}}^H \tilde{\boldsymbol{S}}]^{-1} \tilde{\boldsymbol{S}}^H\, \tilde{\boldsymbol{x}} \tag{11.51}$$

für das äquivalente Modell

$$\tilde{\boldsymbol{x}} = \tilde{\boldsymbol{S}}\boldsymbol{a} + \tilde{\boldsymbol{n}} \tag{11.52}$$

mit einem weißen Störprozess $\tilde{\boldsymbol{n}}$.

Beweis von (11.48) und der Optimalität von (11.43). Mit $\boldsymbol{AS} = \boldsymbol{I}$ gilt

$$(\hat{\boldsymbol{a}}(\boldsymbol{x}) - \mathrm{a})|\mathrm{a} \;=\; \boldsymbol{AS}\,\mathrm{a} + \boldsymbol{An} - \mathrm{a} \;=\; \boldsymbol{An}, \tag{11.53}$$

so dass $\boldsymbol{R}_{ee}$ mit $\boldsymbol{A}$ nach (11.43) wie folgt lautet:

$$\begin{aligned} \boldsymbol{R}_{ee} &= \boldsymbol{A}E\left\{\boldsymbol{n}\boldsymbol{n}^H\right\}\boldsymbol{A}^H \\ &= \boldsymbol{A}\boldsymbol{R}_{nn}\boldsymbol{A}^H \\ &= [\boldsymbol{S}^H\boldsymbol{R}_{nn}^{-1}\boldsymbol{S}]^{-1}\boldsymbol{S}^H\boldsymbol{R}_{nn}^{-1}\boldsymbol{R}_{nn}\boldsymbol{R}_{nn}^{-1}\boldsymbol{S}\,[\boldsymbol{S}^H\boldsymbol{R}_{nn}^{-1}\boldsymbol{S}]^{-1} \\ &= [\boldsymbol{S}^H\boldsymbol{R}_{nn}^{-1}\boldsymbol{S}]^{-1}. \end{aligned} \tag{11.54}$$

Damit ist (11.48) bereits gezeigt. Um zu überprüfen, ob $\boldsymbol{A}$ nach (11.43) optimal ist, wird eine Schätzung der Form

$$\tilde{\boldsymbol{a}}(\boldsymbol{x}) = \tilde{\boldsymbol{A}}\,\boldsymbol{x} \tag{11.55}$$

mit

$$\tilde{\boldsymbol{A}} = \boldsymbol{A} + \boldsymbol{D} \tag{11.56}$$

betrachtet. Damit man eine erwartungstreue Schätzung erhält, muss

$$\tilde{\boldsymbol{A}}\boldsymbol{S} = \boldsymbol{I} \tag{11.57}$$

gelten, was wegen $\boldsymbol{AS} = \boldsymbol{I}$ nur dann möglich ist, wenn

$$\boldsymbol{DS} = \boldsymbol{0} \tag{11.58}$$

gilt. Für die Kovarianzmatrix des Fehlers $\tilde{e}(\boldsymbol{x}) = \tilde{a}(\boldsymbol{x}) - \mathrm{a}$ erhält man mit $\tilde{\boldsymbol{A}}\boldsymbol{S} = \boldsymbol{I}$ den Ausdruck

$$\begin{aligned} \boldsymbol{R}_{\tilde{e}\tilde{e}} &= \tilde{\boldsymbol{A}}\boldsymbol{R}_{nn}\tilde{\boldsymbol{A}}^H \\ &= [\boldsymbol{A} + \boldsymbol{D}]\boldsymbol{R}_{nn}[\boldsymbol{A} + \boldsymbol{D}]^H \\ &= \boldsymbol{A}\boldsymbol{R}_{nn}\boldsymbol{A}^H + \boldsymbol{A}\boldsymbol{R}_{nn}\boldsymbol{D}^H + \boldsymbol{D}\boldsymbol{R}_{nn}\boldsymbol{A}^H + \boldsymbol{D}\boldsymbol{R}_{nn}\boldsymbol{D}^H. \end{aligned} \tag{11.59}$$

Wegen

$$\boldsymbol{D}\boldsymbol{R}_{nn}\boldsymbol{A}^H = \boldsymbol{D}\boldsymbol{R}_{nn}\boldsymbol{R}_{nn}^{-1}\boldsymbol{S}\,[\boldsymbol{S}^H\boldsymbol{R}_{nn}^{-1}\boldsymbol{S}]^{-1} = \underbrace{\boldsymbol{DS}}_{\boldsymbol{0}}[\boldsymbol{S}^H\boldsymbol{R}_{nn}^{-1}\boldsymbol{S}]^{-1} = \boldsymbol{0} \tag{11.60}$$

und $\boldsymbol{D}\boldsymbol{R}_{nn}\boldsymbol{A}^H = [\boldsymbol{A}\boldsymbol{R}_{nn}\boldsymbol{D}^H]^H$ vereinfacht sich (11.59) zu

$$\boldsymbol{R}_{\tilde{e}\tilde{e}} = \boldsymbol{A}\boldsymbol{R}_{nn}\boldsymbol{A}^H + \boldsymbol{D}\boldsymbol{R}_{nn}\boldsymbol{D}^H. \tag{11.61}$$

$\boldsymbol{R}_{\tilde{e}\tilde{e}}$ ist die Summe zweier nichtnegativ definiter Ausdrücke, so dass sich minimale Hauptdiagonalelemente für $\boldsymbol{D} = \boldsymbol{0}$ (Nullmatrix) ergeben. □

Bester linearer erwartungstreuer Schätzer bei singulärer Kovarianzmatrix Es wird wieder von dem linearen Modell (11.36) und der Annahme ausgegangen, dass der additive Rauschprozess $\boldsymbol{n}$ mittelwertfrei und zum Parametervektor $\boldsymbol{a}$ unkorreliert ist. Allerdings sei $\boldsymbol{R}_{nn}$ nicht invertierbar, so dass der BLUE nicht in der Standardform (11.43) angegeben werden kann. Dieser Fall tritt zum Beispiel ein, wenn Signale vor einer Abtastung durch ein Anti-Aliasing-Filter bandbegrenzt werden und dann eine Überabtastung stattfindet. Es handelt sich somit um einen für die Praxis durchaus relevanten Fall.

Eine Lösung für den BLUE im Falle einer singulären Kovarianzmatrix $\boldsymbol{R}_{nn}$ wurde 1973 in [1] angegeben. Dabei wurde von reellwertigen Größen ausgegangen, aber die Lösung lässt sich auch auf den komplexwertigen Fall übertragen. Sie lautet dann

$$\boldsymbol{A} = \boldsymbol{S}^{+}\left[\boldsymbol{I} - [\boldsymbol{Q}\boldsymbol{R}_{nn}\boldsymbol{Q}]^{+}\boldsymbol{Q}\boldsymbol{R}_{nn}\right]^{H} \tag{11.62}$$

mit

$$\boldsymbol{Q} = \boldsymbol{I} - \boldsymbol{S}\boldsymbol{S}^{+}, \tag{11.63}$$

Bezüglich des Beweises sei auf [1] verwiesen.

Wir betrachten im Folgenden eine andere Formulierung, die eine größere Ähnlichkeit zu (11.43) aufweist und praktisch oft leichter zu realisieren ist. Diese alternative Lösung lautet in ihrer allgemeinen Form

$$\boldsymbol{A} = \left[\boldsymbol{S}^{H}\boldsymbol{R}_{xx}^{+}\boldsymbol{S}\right]^{-1}\boldsymbol{S}^{H}\boldsymbol{R}_{xx}^{+}, \tag{11.64}$$

wobei für $\boldsymbol{R}_{xx}$ die durch

$$\boldsymbol{R}_{xx} = E\left\{\boldsymbol{x}\boldsymbol{x}^{H}\right\} = \boldsymbol{S}\boldsymbol{R}_{aa}\boldsymbol{S}^{H} + \boldsymbol{R}_{nn}, \qquad \boldsymbol{R}_{aa} = E\left\{\boldsymbol{a}\boldsymbol{a}^{H}\right\} \tag{11.65}$$

gegebene Korrelationsmatrix der Beobachtung oder ein damit verwandter Ausdruck der Form

$$\boldsymbol{R}_{xx} = \boldsymbol{S}\boldsymbol{R}_{\tilde{a}\tilde{a}}\boldsymbol{S}^{H} + \boldsymbol{R}_{nn} \tag{11.66}$$

mit einer beliebigen Korrelationsmatrix $\boldsymbol{R}_{\tilde{a}\tilde{a}}$ vollen Ranges eingesetzt werden kann. Unabhängig von $\boldsymbol{R}_{\tilde{a}\tilde{a}}$ sind alle nach (11.64) entworfenen Schätzer identisch, weil die Matrix $\boldsymbol{R}_{\tilde{a}\tilde{a}}$ im nachfolgenden Beweis der Optimalität ohne Bedeutung ist. Die wahre Matrix $\boldsymbol{R}_{aa}$ muss also nicht bekannt sein, und eine mögliche Wahl für den Entwurf des Schätzers wäre $\boldsymbol{R}_{\tilde{a}\tilde{a}} = \boldsymbol{I}$.

Wenn $\boldsymbol{R}_{xx}$ invertierbar ist, vereinfacht sich (11.64) zu

$$\boldsymbol{A} = \left[\boldsymbol{S}^{H}\boldsymbol{R}_{xx}^{-1}\boldsymbol{S}\right]^{-1}\boldsymbol{S}^{H}\boldsymbol{R}_{xx}^{-1}. \tag{11.67}$$

Ist auch $\boldsymbol{R}_{nn}$ invertierbar, dann ist der hier angegebene Schätzer identisch mit dem nach der Standardlösung (11.43). Die Lösung (11.67) kann zum Beispiel die Standardlösung ersetzen, wenn es bei einem gegebenen Problem einfacher ist, die Korrelationsmatrix der Beobachtungen statt der des Rauschens zu bestimmen.

Beweis der Optimalität von (11.64). Wir machen den Ansatz einer erwartungstreuen Schätzung der Form

$$\tilde{\boldsymbol{a}}(\boldsymbol{x}) = \tilde{\boldsymbol{A}}\boldsymbol{x} \quad \text{mit} \quad \tilde{\boldsymbol{A}} = \boldsymbol{A} + \boldsymbol{D} \tag{11.68}$$

und $\boldsymbol{A}$ nach (11.64). Aufgrund der Eigenschaft $\boldsymbol{AS} = \boldsymbol{I}$ muss $\boldsymbol{DS} = \boldsymbol{0}$ gelten, damit für $\tilde{\boldsymbol{A}}$ die Erwartungstreue sichergestellt ist. Die Matrix $\boldsymbol{D}$ wird daher als $\boldsymbol{D} = \boldsymbol{Q}\boldsymbol{N}^H$ parametrisiert, wobei $\boldsymbol{N}$ eine Basis für den Nullraum von $\boldsymbol{S}^H$ enthält:

$$\boldsymbol{S}^H \boldsymbol{N} = \boldsymbol{0}. \tag{11.69}$$

Damit bleibt die Erwartungstreue unabhängig von der Wahl von $\boldsymbol{Q}$ erhalten. Um zu zeigen, dass $\boldsymbol{Q} = \boldsymbol{0}$ die optimale Wahl ist, betrachten wir die Fehler-Korrelationsmatrix $\boldsymbol{R}_{\tilde{e}\tilde{e}}$, die analog zu (11.59) durch

$$\boldsymbol{R}_{\tilde{e}\tilde{e}} = \boldsymbol{A}\boldsymbol{R}_{nn}\boldsymbol{A}^H + \boldsymbol{A}\boldsymbol{R}_{nn}\boldsymbol{N}\boldsymbol{Q}^H + \boldsymbol{Q}\boldsymbol{N}^H\boldsymbol{R}_{nn}\boldsymbol{A}^H + \boldsymbol{Q}\boldsymbol{N}^H\boldsymbol{R}_{nn}\boldsymbol{N}\boldsymbol{Q}^H \tag{11.70}$$

gegeben ist. Dabei ist festzustellen, dass wegen (11.69) mit $\boldsymbol{R}_{xx}$ nach (11.65) der Zusammenhang

$$\boldsymbol{R}_{nn}\boldsymbol{N} = \boldsymbol{R}_{xx}\boldsymbol{N} \tag{11.71}$$

gilt. Für den in (11.70) enthaltenen Ausdruck $\boldsymbol{A}\boldsymbol{R}_{nn}\boldsymbol{N}$ ergibt sich mit $\boldsymbol{A}$ nach (11.64) unter Beachtung von (11.71)

$$\boldsymbol{A}\boldsymbol{R}_{nn}\boldsymbol{N} = \left[\boldsymbol{S}^H\boldsymbol{R}_{xx}^+\boldsymbol{S}\right]^{-1}\boldsymbol{S}^H\boldsymbol{R}_{xx}^+\boldsymbol{R}_{xx}\boldsymbol{N}. \tag{11.72}$$

Bedenkt man nun, dass der in (11.72) enthaltene Ausdruck $\boldsymbol{R}_{xx}^+\boldsymbol{R}_{xx}$ nichts anderes als eine orthogonale Projektion auf einen Unterraum beschreibt, dann folgt aus (11.69) auch

$$\boldsymbol{S}^H\boldsymbol{R}_{xx}^+\boldsymbol{R}_{xx}\boldsymbol{N} = \boldsymbol{0}. \tag{11.73}$$

Somit verschwinden der zweite und dritte Term in (11.70) und es verbleibt

$$\boldsymbol{R}_{\tilde{e}\tilde{e}} = \boldsymbol{A}\boldsymbol{R}_{nn}\boldsymbol{A}^H + \boldsymbol{Q}\boldsymbol{N}^H\boldsymbol{R}_{nn}\boldsymbol{N}\boldsymbol{Q}^H. \tag{11.74}$$

Da beide Summanden aufgrund der Symmetrie nichtnegativ definit sind, werden minimale Varianzen mit der Wahl $\boldsymbol{Q} = \boldsymbol{0}$ und somit durch den Schätzer nach (11.64) erreicht. □

11.2.2 Lineare Schätzungen mit minimalem mittleren quadratischen Fehler (MMSE-Schätzer)

Der Vorzug der im vorangegangenen Abschnitt betrachteten linearen Schätzungen war die Erwartungstreue. Gibt man diese Eigenschaft auf, so kann man u. U. Schätzungen mit kleineren mittleren quadratischen Fehlern erhalten. Ausgehend von den

Annahmen[3] $E\{\boldsymbol{x}\} = \mathbf{0}$ und $E\{\boldsymbol{a}\} = \mathbf{0}$ lautet der Ansatz für den linearen Schätzer

$$\hat{\boldsymbol{a}}(\boldsymbol{x}) = \boldsymbol{A}\,\boldsymbol{x}, \tag{11.75}$$

wobei $\boldsymbol{x}$ von $\boldsymbol{a}$ abhängig ist. Die inneren Zusammenhänge zwischen $\boldsymbol{x}$ und $\boldsymbol{a}$ müssen dabei nicht bekannt sein. Die Matrix $\boldsymbol{A}$ erhält man aus der Forderung nach minimalen Hauptdiagonalelementen der Korrelationsmatrix des Schätzfehlers $\boldsymbol{e} = \boldsymbol{a} - \hat{\boldsymbol{a}}$. Das bedeutet, der mittlere quadratische Fehler wird für jeden der Schätzwerte minimiert. Man spricht daher von einem linearen *MMSE-Schätzer* (*minimum mean-square error*).

Für die Fehlerkorrelationsmatrix $\boldsymbol{R}_{ee}$ gilt

$$\begin{aligned} \boldsymbol{R}_{ee} &= E\left\{[\hat{\boldsymbol{a}} - \boldsymbol{a}]\,[\hat{\boldsymbol{a}} - \boldsymbol{a}]^H\right\} \\ &= E\{\boldsymbol{a}\boldsymbol{a}^H\} - E\{\hat{\boldsymbol{a}}\boldsymbol{a}^H\} - E\{\boldsymbol{a}\hat{\boldsymbol{a}}^H\} + E\{\hat{\boldsymbol{a}}\hat{\boldsymbol{a}}^H\}. \end{aligned} \tag{11.76}$$

Einsetzen von (11.75) in (11.76) ergibt

$$\boldsymbol{R}_{ee} = \boldsymbol{R}_{aa} - \boldsymbol{A}\boldsymbol{R}_{ax} - \boldsymbol{R}_{xa}\boldsymbol{A}^H + \boldsymbol{A}\boldsymbol{R}_{xx}\boldsymbol{A}^H \tag{11.77}$$

mit

$$\begin{aligned} \boldsymbol{R}_{aa} &= E\{\boldsymbol{a}\boldsymbol{a}^H\}, \\ \boldsymbol{R}_{ax} &= \boldsymbol{R}_{xa}^H = E\{\boldsymbol{x}\boldsymbol{a}^H\}, \\ \boldsymbol{R}_{xx} &= E\{\boldsymbol{x}\boldsymbol{x}^H\}. \end{aligned} \tag{11.78}$$

Geht man von der Existenz von $\boldsymbol{R}_{xx}^{-1}$ aus, dann lässt sich (11.77) um

$$\boldsymbol{R}_{xa}\boldsymbol{R}_{xx}^{-1}\boldsymbol{R}_{ax} - \boldsymbol{R}_{xa}\boldsymbol{R}_{xx}^{-1}\boldsymbol{R}_{ax}$$

erweitern und als

$$\boldsymbol{R}_{ee} = \left[\boldsymbol{A} - \boldsymbol{R}_{xa}\boldsymbol{R}_{xx}^{-1}\right]\boldsymbol{R}_{xx}\left[\boldsymbol{A}^H - \boldsymbol{R}_{xx}^{-1}\boldsymbol{R}_{ax}\right] - \boldsymbol{R}_{xa}\boldsymbol{R}_{xx}^{-1}\boldsymbol{R}_{ax} + \boldsymbol{R}_{aa} \tag{11.79}$$

schreiben. Abgesehen vom Vorzeichen des zweiten Terms tritt in (11.79) die Summe von drei Matrizen mit positiven Diagonalelementen auf. Da nur der erste Term von $\boldsymbol{A}$ abhängig ist, ergeben sich minimale Diagonalelemente von $\boldsymbol{R}_{ee}$ und damit kleinste mittlere Schätzfehler mit der Wahl

$$\boldsymbol{A} = \boldsymbol{R}_{xa}\boldsymbol{R}_{xx}^{-1}. \tag{11.80}$$

Die Korrelationsmatrix des Schätzfehlers lautet dann

$$\boldsymbol{R}_{ee} = \boldsymbol{R}_{aa} - \boldsymbol{R}_{xa}\boldsymbol{R}_{xx}^{-1}\boldsymbol{R}_{ax}. \tag{11.81}$$

[3] Am Ende dieses Abschnitts wird auf mittelwertbehaftete Prozesse eingegangen.

Orthogonalitätsprinzip Aus Abschnitt 2.3.2 wissen wir, dass man Approximationen $\hat{\boldsymbol{x}}$ von Signalen $\boldsymbol{x}$ mit minimalem mittleren quadratischen Fehler erhält, wenn der Fehlervektor $\hat{\boldsymbol{x}} - \boldsymbol{x}$ senkrecht auf $\hat{\boldsymbol{x}}$ steht. Eine ähnliche Beziehung gilt auch zwischen Parametervektoren $\boldsymbol{a}$ und den linearen MMSE-Schätzungen $\hat{\boldsymbol{a}}(\boldsymbol{x}) = \boldsymbol{A}\boldsymbol{x}$. Für den Schätzer $\boldsymbol{A}$ nach (11.80) gilt

$$\boldsymbol{R}_{xa} = \boldsymbol{A}\boldsymbol{R}_{xx}, \qquad \text{d. h.} \quad E\left\{\boldsymbol{a}\boldsymbol{x}^H\right\} = \boldsymbol{A}\, E\left\{\boldsymbol{x}\boldsymbol{x}^H\right\}, \tag{11.82}$$

womit er die folgende im statistischen Mittel formulierte Orthogonalitätsbeziehung erfüllt, in der $\boldsymbol{0}$ die Nullmatrix bezeichnet:

$$\begin{aligned} E\left\{[\hat{\boldsymbol{a}} - \boldsymbol{a}]\, \hat{\boldsymbol{a}}^H\right\} &= \boldsymbol{R}_{\hat{a}\hat{a}} - \boldsymbol{R}_{\hat{a}a} \\ &= [\,\boldsymbol{A}\boldsymbol{R}_{xx} - \boldsymbol{R}_{xa}\,]\, \boldsymbol{A}^H \\ &= \boldsymbol{0}. \end{aligned} \tag{11.83}$$

Es ergibt sich noch eine weitere Eigenschaft aus (11.82): Mit $\boldsymbol{A}\,\boldsymbol{x} = \hat{\boldsymbol{a}}$ lässt sich (11.82) als

$$E\left\{\boldsymbol{a}\boldsymbol{x}^H\right\} = E\left\{\hat{\boldsymbol{a}}\boldsymbol{x}^H\right\} \tag{11.84}$$

schreiben, woraus unmittelbar die Orthogonalitätsbeziehung

$$E\left\{[\hat{\boldsymbol{a}} - \boldsymbol{a}]\, \boldsymbol{x}^H\right\} = \boldsymbol{0} \qquad \text{(Nullmatrix)} \tag{11.85}$$

folgt. Der in Gleichung (11.85) ausgedrückte Zusammenhang wird als das *Orthogonalitätsprinzip* bezeichnet. Das Orthogonalitätsprinzip besagt, dass sich genau dann eine Schätzung mit minimalem mittleren quadratischen Fehler ergibt, wenn der Schätzfehler $\hat{\boldsymbol{a}}(\boldsymbol{x}) - \boldsymbol{a}$ unkorreliert zu allen Komponenten des zur Berechnung von $\hat{\boldsymbol{a}}(\boldsymbol{x})$ verwendeten Vektors $\boldsymbol{x}$ ist.

Singuläre Korrelationsmatrix In einigen Fällen kann es vorkommen, dass die Korrelationsmatrix $\boldsymbol{R}_{xx}$ singulär wird und der lineare Schätzer nicht in der Form (11.80) angegeben werden kann. Eine allgemeinere Lösung, bei der die Inverse durch die Pseudoinverse (siehe Anhang A.1.2) ersetzt wird, lautet

$$\boldsymbol{A} = \boldsymbol{R}_{xa}\, \boldsymbol{R}_{xx}^{+}. \tag{11.86}$$

Um die Optimalität von (11.86) zu zeigen, wird der Schätzer

$$\tilde{\boldsymbol{A}} = \boldsymbol{A} + \boldsymbol{D} \tag{11.87}$$

mit $\boldsymbol{A}$ nach (11.86) und einer beliebigen Matrix $\boldsymbol{D}$ betrachtet. Aus (11.77), (11.87) und (11.86) folgt zunächst

$$\begin{aligned} \boldsymbol{R}_{ee} &= \boldsymbol{R}_{aa} - \tilde{\boldsymbol{A}}\boldsymbol{R}_{ax} - \boldsymbol{R}_{xa}\tilde{\boldsymbol{A}}^H + \tilde{\boldsymbol{A}}\boldsymbol{R}_{xx}\tilde{\boldsymbol{A}}^H \\ &= \boldsymbol{R}_{aa} - \boldsymbol{R}_{xa}\boldsymbol{R}_{xx}^{+}\boldsymbol{R}_{ax} - \boldsymbol{D}\boldsymbol{R}_{ax} - \boldsymbol{R}_{xa}\boldsymbol{D}^H \\ &\quad + \boldsymbol{D}\boldsymbol{R}_{xx}\boldsymbol{R}_{xx}^{+}\boldsymbol{R}_{ax} + \boldsymbol{R}_{xa}\boldsymbol{R}_{xx}^{+}\boldsymbol{R}_{xx}\boldsymbol{D}^H + \boldsymbol{D}\boldsymbol{R}_{xx}\boldsymbol{D}^H. \end{aligned} \tag{11.88}$$

Da Terme der Form $\boldsymbol{R}_{xx}\boldsymbol{R}_{xx}^{+}$ eine orthogonale Projektion beschreiben und die Spalten von $\boldsymbol{R}_{ax}$ bereits aus dem Unterraum stammen, auf den projiziert wird, gilt $\boldsymbol{R}_{ax} = \boldsymbol{R}_{xx}\boldsymbol{R}_{xx}^{+}\boldsymbol{R}_{ax}$. Damit heben sich mehrere Terme in (11.88) auf und der Ausdruck für die Fehlerkorrelationsmatrix reduziert sich zu

$$\boldsymbol{R}_{ee} = \boldsymbol{R}_{aa} - \boldsymbol{R}_{xa}\boldsymbol{R}_{xx}^{+}\boldsymbol{R}_{ax} + \boldsymbol{D}\boldsymbol{R}_{xx}\boldsymbol{D}^{H}. \tag{11.89}$$

Weil $\boldsymbol{R}_{xx}$ wenigstens positiv semidefinit ist, ergibt sich für $\boldsymbol{D} = \boldsymbol{0}$ ein Minimum der Diagonalelemente von $\boldsymbol{R}_{ee}$, und (11.86) stellt eine der optimalen Lösungen dar. Weitere Lösungen erhält man unter Hinzunahme von Matrizen $\boldsymbol{D}$ aus dem Nullraum von $\boldsymbol{R}_{xx}$ (zum Nullraum siehe Anhang A.1.3), so dass $\boldsymbol{R}_{xx}\boldsymbol{D}^{H} = \boldsymbol{0}$ mit $\boldsymbol{D} \neq \boldsymbol{0}$ gilt.

Additive Störungen Bisher ist bei der linearen MMSE-Schätzung noch nichts über evtl. vorhandene Abhängigkeiten zwischen dem Parametervektor $\boldsymbol{a}$ und den in $\boldsymbol{x}$ enthaltenen Störungen gesagt worden. Geht man von dem Modell

$$\boldsymbol{x} = \boldsymbol{S}\boldsymbol{a} + \boldsymbol{n} \tag{11.90}$$

mit additiven, zu den Parametern $\boldsymbol{a}$ unkorrelierten Störungen aus, dann gilt

$$\begin{aligned} \boldsymbol{R}_{xa} &= \boldsymbol{R}_{ax}^{H} = \boldsymbol{R}_{aa}\,\boldsymbol{S}^{H}, \\ \boldsymbol{R}_{xx} &= \boldsymbol{S}\,\boldsymbol{R}_{aa}\,\boldsymbol{S}^{H} + \boldsymbol{R}_{nn}. \end{aligned} \tag{11.91}$$

Für die Matrix $\boldsymbol{A}$ ergibt sich nach (11.80)

$$\boldsymbol{A} = \boldsymbol{R}_{aa}\boldsymbol{S}^{H}\left[\boldsymbol{S}\boldsymbol{R}_{aa}\boldsymbol{S}^{H} + \boldsymbol{R}_{nn}\right]^{-1}. \tag{11.92}$$

Alternativ lässt sich die Schätzmatrix $\boldsymbol{A}$ unter der Annahme nichtsingulärer Matrizen $\boldsymbol{R}_{aa}$ und $\boldsymbol{R}_{nn}$ auch in der Form

$$\boldsymbol{A} = \left[\boldsymbol{R}_{aa}^{-1} + \boldsymbol{S}^{H}\boldsymbol{R}_{nn}^{-1}\boldsymbol{S}\right]^{-1}\boldsymbol{S}^{H}\boldsymbol{R}_{nn}^{-1} \tag{11.93}$$

angeben. Die Übereinstimmung von (11.92) und (11.93) lässt sich überprüfen, indem beide Ausdrücke gleichgesetzt werden und die erhaltene Gleichung mit $[\boldsymbol{R}_{aa}^{-1} + \boldsymbol{S}^{H}\boldsymbol{R}_{nn}^{-1}\boldsymbol{S}]$ von links sowie mit $[\boldsymbol{S}\boldsymbol{R}_{aa}\boldsymbol{S}^{H} + \boldsymbol{R}_{nn}]$ von rechts multipliziert wird:

$$[\boldsymbol{R}_{aa}^{-1} + \boldsymbol{S}^{H}\boldsymbol{R}_{nn}^{-1}\boldsymbol{S}]\,\boldsymbol{R}_{aa}\boldsymbol{S}^{H} = \boldsymbol{S}^{H}\boldsymbol{R}_{nn}^{-1}[\boldsymbol{S}\boldsymbol{R}_{aa}\boldsymbol{S}^{H} + \boldsymbol{R}_{nn}].$$

Durch Ausmultiplizieren beider Seiten und Vergleich der Ergebnisse zeigt sich die Gleichheit.

Die in (11.93) zu invertierenden Matrizen besitzen mit Ausnahme von $\boldsymbol{R}_{nn}$ in vielen Fällen eine erheblich kleinere Dimension als die in (11.92). Ist die Störung weiß, so kann $\boldsymbol{R}_{nn}^{-1}$ direkt angegeben werden, und die Lösung (11.93) besitzt rechentechnische Vorteile gegenüber (11.92).

Für die Fehlerkorrelationsmatrix ergibt sich aus den Gleichungen (11.80), (11.81), (11.91) und (11.93)

$$\begin{aligned} \boldsymbol{R}_{ee} &= \boldsymbol{R}_{aa} - \boldsymbol{A}\boldsymbol{R}_{ax} \\ &= \boldsymbol{R}_{aa} - \left[\boldsymbol{R}_{aa}^{-1} + \boldsymbol{S}^H \boldsymbol{R}_{nn}^{-1} \boldsymbol{S}\right]^{-1} \boldsymbol{S}^H \boldsymbol{R}_{nn}^{-1} \boldsymbol{S} \boldsymbol{R}_{aa}. \end{aligned} \tag{11.94}$$

Die Multiplikation von (11.94) mit $[\boldsymbol{R}_{aa}^{-1} + \boldsymbol{S}^H \boldsymbol{R}_{nn}^{-1} \boldsymbol{S}]$ von links ergibt

$$\begin{aligned} \left[\boldsymbol{R}_{aa}^{-1} + \boldsymbol{S}^H \boldsymbol{R}_{nn}^{-1} \boldsymbol{S}\right] \boldsymbol{R}_{ee} &= \left[\boldsymbol{R}_{aa}^{-1} + \boldsymbol{S}^H \boldsymbol{R}_{nn}^{-1} \boldsymbol{S}\right] \boldsymbol{R}_{aa} - \boldsymbol{S}^H \boldsymbol{R}_{nn}^{-1} \boldsymbol{S} \boldsymbol{R}_{aa} \\ &= \boldsymbol{I}, \end{aligned} \tag{11.95}$$

woraus man schließlich den folgenden Ausdruck für die Fehlerkorrelationsmatrix erhält:

$$\boldsymbol{R}_{ee} = \left[\boldsymbol{R}_{aa}^{-1} + \boldsymbol{S}^H \boldsymbol{R}_{nn}^{-1} \boldsymbol{S}\right]^{-1}. \tag{11.96}$$

Mittelwertbehaftete Prozesse Es ist leicht vorstellbar, dass die Genauigkeit linearer Schätzungen bei mittelwertbehafteten Prozessen $\boldsymbol{x}$ und $\boldsymbol{a}$ gegenüber den vorherigen Lösungen erhöht werden kann, wenn im Ansatz für den Schätzer noch ein additiver Term berücksichtigt wird. Mit

$$\bar{\boldsymbol{a}} = E\left\{\boldsymbol{a}\right\} \tag{11.97}$$

und einem noch unbekannten Vektor $\boldsymbol{c}$ lautet der neue Ansatz

$$\hat{\boldsymbol{a}} = \boldsymbol{A}\boldsymbol{x} + \bar{\boldsymbol{a}} + \boldsymbol{c}. \tag{11.98}$$

Dieser Ausdruck lässt sich mit

$$\hat{\boldsymbol{b}} = \hat{\boldsymbol{a}} - \bar{\boldsymbol{a}}, \qquad \boldsymbol{M} = [\boldsymbol{c}, \boldsymbol{A}], \qquad \boldsymbol{r} = \begin{bmatrix} 1 \\ \boldsymbol{x} \end{bmatrix} \tag{11.99}$$

in

$$\hat{\boldsymbol{b}} = \boldsymbol{M}\boldsymbol{r} \tag{11.100}$$

umformen. Die Schätzung $\hat{\boldsymbol{b}}$ für den Vektor $\boldsymbol{b} = \boldsymbol{a} - \bar{\boldsymbol{a}}$ ist in gewohnter Weise linear in $\boldsymbol{r}$, so dass die optimale Lösung für die Matrix $\boldsymbol{M}$ entsprechend (11.80) angegeben werden kann:

$$\boldsymbol{M} = \boldsymbol{R}_{rb} \boldsymbol{R}_{rr}^{-1}. \tag{11.101}$$

Die Matrizen $\boldsymbol{R}_{rb}$ und $\boldsymbol{R}_{rr}^{-1}$ werden im Folgenden durch Korrelationsmatrizen der Prozesse $\boldsymbol{a}$ und $\boldsymbol{r}$ ausgedrückt. Aus (11.99) und $E\left\{\boldsymbol{b}\right\} = \boldsymbol{0}$ folgt bereits

$$\boldsymbol{R}_{rb} = [\boldsymbol{0}, \boldsymbol{R}_{xb}] \tag{11.102}$$

mit

$$\boldsymbol{R}_{xb} = E\left\{\boldsymbol{b}\,\boldsymbol{x}^H\right\} = E\left\{[\boldsymbol{a} - \bar{\boldsymbol{a}}]\,\boldsymbol{x}^H\right\} = E\left\{[\boldsymbol{a} - \bar{\boldsymbol{a}}]\,[\boldsymbol{x} - \bar{\boldsymbol{x}}]^H\right\}, \qquad \bar{\boldsymbol{x}} = E\left\{\boldsymbol{x}\right\}. \tag{11.103}$$

Die Matrix $\boldsymbol{R}_{rr}$ lautet

$$\boldsymbol{R}_{rr} = \begin{bmatrix} 1 & \bar{\boldsymbol{x}}^H \\ \bar{\boldsymbol{x}} & \boldsymbol{R}_{xx} \end{bmatrix}. \tag{11.104}$$

Unter Ausnutzung der Matrizengleichung [4]

$$\begin{bmatrix} \mathcal{E} & \mathcal{F} \\ \mathcal{G} & \mathcal{H} \end{bmatrix}^{-1} = \begin{bmatrix} \mathcal{E}^{-1} + \mathcal{E}^{-1}\mathcal{F}\mathcal{D}^{-1}\mathcal{G}\mathcal{E}^{-1} & -\mathcal{E}^{-1}\mathcal{F}\mathcal{D}^{-1} \\ -\mathcal{D}^{-1}\mathcal{G}\mathcal{E}^{-1} & \mathcal{D}^{-1} \end{bmatrix} \tag{11.105}$$

$$\text{mit} \quad \mathcal{D} = \mathcal{H} - \mathcal{G}\mathcal{E}^{-1}\mathcal{F}$$

erhält man für die Inverse

$$\boldsymbol{R}_{rr}^{-1} = \begin{bmatrix} 1 + \bar{\boldsymbol{x}}^H \left[\boldsymbol{R}_{xx} - \bar{\boldsymbol{x}}\bar{\boldsymbol{x}}^H\right]^{-1} \bar{\boldsymbol{x}} & -\bar{\boldsymbol{x}}^H \left[\boldsymbol{R}_{xx} - \bar{\boldsymbol{x}}\bar{\boldsymbol{x}}^H\right]^{-1} \\ -\left[\boldsymbol{R}_{xx} - \bar{\boldsymbol{x}}\bar{\boldsymbol{x}}^H\right]^{-1} \bar{\boldsymbol{x}} & \left[\boldsymbol{R}_{xx} - \bar{\boldsymbol{x}}\bar{\boldsymbol{x}}^H\right]^{-1} \end{bmatrix}. \tag{11.106}$$

Aus (11.99) – (11.106) und dem Zusammenhang

$$\left[\boldsymbol{R}_{xx} - \bar{\boldsymbol{x}}\bar{\boldsymbol{x}}^H\right] = E\left\{[\boldsymbol{x} - \bar{\boldsymbol{x}}]\,[\boldsymbol{x} - \bar{\boldsymbol{x}}]^H\right\} \tag{11.107}$$

folgt schließlich die Schätzgleichung

$$\hat{\boldsymbol{a}} - \bar{\boldsymbol{a}} = E\left\{[\boldsymbol{a} - \bar{\boldsymbol{a}}]\,[\boldsymbol{x} - \bar{\boldsymbol{x}}]^H\right\}\; E\left\{[\boldsymbol{x} - \bar{\boldsymbol{x}}]\,[\boldsymbol{x} - \bar{\boldsymbol{x}}]^H\right\}^{-1} [\boldsymbol{x} - \bar{\boldsymbol{x}}]. \tag{11.108}$$

Gleichung (11.108) lässt sich wie folgt interpretieren: Die mittelwertbehafteten Prozesse $\boldsymbol{a}$ und $\boldsymbol{x}$ sind zunächst in die mittelwertfreien Prozesse $\boldsymbol{a} - \bar{\boldsymbol{a}}$ und $\boldsymbol{x} - \bar{\boldsymbol{x}}$ zu überführen. Für die mittelwertfreien Prozesse kann dann das Schätzproblem wie gewohnt gelöst werden. Anschließend ist der Mittelwert $\bar{\boldsymbol{a}}$ wieder hinzuzufügen, um schließlich den Schätzwert $\hat{\boldsymbol{a}}$ zu erhalten. Das Modell und die MMSE-Lösung lauten somit explizit (vgl. (11.90) und (11.92))

$$\boldsymbol{y} = \boldsymbol{S}\boldsymbol{b} + \boldsymbol{n}, \qquad \boldsymbol{y} = \boldsymbol{x} - \bar{\boldsymbol{x}}, \qquad \boldsymbol{b} = \boldsymbol{a} - \bar{\boldsymbol{a}} \tag{11.109}$$

und

$$\hat{\boldsymbol{a}} = \boldsymbol{B}\boldsymbol{y} + \bar{\boldsymbol{a}}, \qquad \boldsymbol{B} = \boldsymbol{R}_{bb}\boldsymbol{S}^H \left[\boldsymbol{S}\boldsymbol{R}_{bb}\boldsymbol{S}^H + \boldsymbol{R}_{nn}\right]^{-1}. \tag{11.110}$$

Beispiel 11.2 Wir betrachten das Modell $\boldsymbol{x} = \boldsymbol{S}\boldsymbol{a} + \boldsymbol{n}$ mit $\boldsymbol{a} = [a_1, a_2]^T$, $E\{\boldsymbol{a}\} = [1,\ 1]^T$ und

$$\boldsymbol{R}_{aa} = \begin{bmatrix} 2 & 1 \\ 1 & 2 \end{bmatrix}, \quad \boldsymbol{S} = \begin{bmatrix} 1 & -1 \\ 1 & 0 \\ 1 & 1 \end{bmatrix}, \quad \boldsymbol{R}_{nn} = \frac{1}{3}\begin{bmatrix} 1{,}0 & 0{,}5 & 0{,}25 \\ 0{,}5 & 1{,}0 & 0{,}5 \\ 0{,}25 & 0{,}5 & 1{,}0 \end{bmatrix}.$$

Es wird angenommen, dass keine Korrelation zwischen den Parametern $\boldsymbol{a}$ und dem Rauschen $\boldsymbol{n}$ besteht. Der BLUE und seine Fehlerkorrelationsmatrix berechnen sich dann zu

$$\boldsymbol{A}_{\text{BLUE}} = \begin{bmatrix} 0{,}4 & 0{,}2 & 0{,}4 \\ -0{,}5 & 0 & 0{,}5 \end{bmatrix}, \quad \boldsymbol{R}_{ee} = \begin{bmatrix} 0{,}2 & 0 \\ 0 & 0{,}125 \end{bmatrix}.$$

Das bedeutet, die Parameter a_1 und a_2 werden mit den Varianzen $\sigma^2_{\hat{a}_1} = 0{,}2$ und $\sigma^2_{\hat{a}_2} = 0{,}125$ geschätzt. Um den MMSE-Schätzer anzugeben, bilden wir $\boldsymbol{R}_{xx}$ und $\boldsymbol{R}_{xa}$ nach (11.91). Für den Schätzer nach (11.92) und die Fehlerkorrelationsmatrix nach (11.94) ergibt sich

$$\boldsymbol{A}_{\text{MMSE}} = \begin{bmatrix} 0{,}3265 & 0{,}1769 & 0{,}3810 \\ -0{,}4490 & 0{,}0068 & 0{,}4762 \end{bmatrix}, \quad \boldsymbol{R}_{ee} = \begin{bmatrix} 0{,}1769 & 0{,}0068 \\ 0{,}0068 & 0{,}1156 \end{bmatrix}.$$

Man erkennt auf der Hauptdiagonalen der Fehlerkorrelationsmatrix, dass die Fehlerleistung gegenüber dem BLUE verringert ist. Da die Diagonalelemente von

$$\boldsymbol{A}_{\text{MMSE}}\, \boldsymbol{S} = \begin{bmatrix} 0{,}8844 & 0{,}0544 \\ 0{,}0340 & 0{,}9252 \end{bmatrix}$$

kleiner als eins sind, unterschätzt der MMSE-Schätzer $\boldsymbol{A}_{\text{MMSE}}$ den wahren Wert. Dieses Verhalten ist typisch für alle MMSE-Schätzungen.

Im vorliegenden Fall ist der Parametervektor mittelwertbehaftet. Aus diesem Grund wird noch ein Schätzer nach (11.109) und (11.110) angesetzt. Mit $\boldsymbol{y} = \boldsymbol{S}\boldsymbol{b} + \boldsymbol{n}$, $\boldsymbol{y} = \boldsymbol{x} - \bar{\boldsymbol{x}}$, $\boldsymbol{b} = \boldsymbol{a} - \bar{\boldsymbol{a}}$ und $\bar{\boldsymbol{a}} = [1,\ 1]^T$ sowie $\bar{\boldsymbol{x}} = \boldsymbol{S}\bar{\boldsymbol{a}} = [0,\ 1,\ 2]^T$ ergibt sich der MMSE-Schätzwert zu

$$\hat{\boldsymbol{a}} = \boldsymbol{B}[\boldsymbol{x} - \bar{\boldsymbol{x}}] + \bar{\boldsymbol{a}}$$

mit

$$\boldsymbol{B} = \begin{bmatrix} 0{,}3333 & 0{,}1667 & 0{,}3333 \\ -0{,}4444 & 0 & 0{,}4444 \end{bmatrix}, \quad \boldsymbol{R}_{ee} = \begin{bmatrix} 0{,}1667 & 0 \\ 0 & 0{,}1111 \end{bmatrix}.$$

Man sieht, dass hiermit die Fehlerleistung weiter gesenkt werden konnte.

Erwartungstreue für zufällige Parametervektoren In den bisherigen Definitionen der Erwartungstreue wurde der zu schätzende Parametervektor als beliebig, aber fest vorgegeben angesehen. Geht man nun davon aus, dass $\boldsymbol{a}$ ein Zufallsprozess ist, der bei jeder Beobachtung einen anderen Vektor liefert, so sind verschiedene, gegenüber (11.37) abgeschwächte Definitionen der Erwartungstreue möglich. Die einfache Forderung $E\{\hat{\boldsymbol{a}}(\boldsymbol{x})\} = \boldsymbol{A}E\{\boldsymbol{x}\} = E\{\boldsymbol{a}\}$ ist bedeutungslos, denn dieser Ausdruck ist offenbar für jede beliebige Matrix $\boldsymbol{A}$ erfüllt, sofern die Prozesse $\boldsymbol{x}$ und $\boldsymbol{a}$ mittelwertfrei sind.

Eine praktisch brauchbare Definition der Erwartungstreue bei zufälligen Parametervektoren ergibt sich, indem man einen der in $\boldsymbol{a}$ enthaltenen Parameter (zum Beispiel a_k) als fest vorgegeben und alle übrigen Parameter $a_1, \ldots, a_{k-1}, a_{k+1}, \ldots$ als zufällig ansieht und die Erwartungstreue in der Form

$$E\{\ \hat{a}_k(\boldsymbol{x}) \mid \mathrm{a}_k\ \} = \mathrm{a}_k \tag{11.111}$$

fordert. Um einen Schätzer für a_k zu erhalten, der im Sinne von (11.111) erwartungstreu ist, wird das Modell $\boldsymbol{x} = \boldsymbol{S}\boldsymbol{a} + \boldsymbol{n}$ durch

$$\boldsymbol{x} = \boldsymbol{s}_k a_k + \tilde{\boldsymbol{n}} \tag{11.112}$$

ersetzt, wobei $\tilde{\boldsymbol{n}}$ jetzt die additiven Störungen $\boldsymbol{n}$ und den durch alle zufälligen Parameter a_j mit $j \neq k$ erzeugten Signalanteil enthält. Man erhält dann

$$\hat{a}_k = \boldsymbol{h}_k^H \boldsymbol{x} \tag{11.113}$$

mit

$$\boldsymbol{h}_k^H = \left[\boldsymbol{s}_k^H \boldsymbol{R}_{\tilde{n}\tilde{n}}^{-1} \boldsymbol{s}_k\right]^{-1} \boldsymbol{s}_k^H \boldsymbol{R}_{\tilde{n}\tilde{n}}^{-1}. \tag{11.114}$$

Die aus einzelnen Schätzern für die Parameter $a_1, a_2, \ldots$ aufgebaute Matrix

$$\boldsymbol{A} = [\boldsymbol{h}_1, \boldsymbol{h}_2, \ldots]^H \tag{11.115}$$

ist dann ein erwartungstreuer Schätzer im Sinne von (11.111).

Wenn im Sinne von (11.37) kein erwartungstreuer Schätzer existiert, oder wenn die Varianz der (gleichzeitigen) erwartungstreuen Schätzung aller in $\boldsymbol{a}$ enthaltenen Parameter sehr hoch ist, zum Beispiel weil die zu invertierende Matrix schlecht konditioniert ist, stellt (11.113) eine praktisch sinnvolle Alternative dar.

Verbindung zwischen dem MMSE-Schätzer und dem BLUE Falls die Korrelationsmatrix $\boldsymbol{R}_{aa} = E\left\{\boldsymbol{a}\boldsymbol{a}^H\right\}$ unbekannt ist, setzt man $\boldsymbol{R}_{aa}^{-1} = \boldsymbol{0}$ in (11.93) ein und erhält wieder den besten linearen erwartungstreuen Schätzer (vgl. (11.43)):

$$\boldsymbol{A} = \left[\boldsymbol{S}^H \boldsymbol{R}_{nn}^{-1} \boldsymbol{S}\right]^{-1} \boldsymbol{S}^H \boldsymbol{R}_{nn}^{-1}. \tag{11.116}$$

Aus den vorangegangenen Betrachtungen ist klar, dass es auch möglich ist, nur einen Teil der Parameter erwartungstreu und den anderen Teil mit minimalem mittleren quadratischen Fehler zu schätzen. Interessant ist diese Vorgehensweise u. a. für den Fall, dass sich aufgrund von linearen Abhängigkeiten der Spalten von $\boldsymbol{S}$ eine singuläre Matrix $\boldsymbol{S}^H \boldsymbol{R}_{nn}^{-1} \boldsymbol{S}$ ergibt und kein erwartungstreuer Schätzer für alle Parameter angegeben werden kann.

11.3 Lineare Optimalfilter

11.3.1 Wiener-Filter ohne Einschränkung der Filterlänge

Das Ziel der folgenden Überlegungen besteht darin, ein Zufallssignal $x(n)$ so zu filtern, dass das Filterausgangssignal einem mit $x(n)$ in Verbindung stehenden Referenzsignal $d(n)$ möglichst ähnlich wird. Bild 11.2 zeigt hierzu die Anordnung. Die Signale $x(n)$ und $d(n)$ werden dabei als im weiteren Sinne stationär angenommen. Die Impulsantwort des zu entwerfenden Filters wird mit $h(n)$ bezeichnet. Bezüglich der Filterlänge oder der Kausalität werden keine Vorgaben gemacht. Als Optimalitätskriterium betrachten wir die Minimierung der mittleren Leistung des Fehlers $e(n) = d(n) - h(n) * x(n)$:

$$\boldsymbol{h}_{\text{opt}} = \underset{\boldsymbol{h}}{\operatorname{argmin}}\, E\left\{|d(n) - h(n) * x(n)|^2\right\}, \tag{11.117}$$

wobei der Vektor $\boldsymbol{h}$ die Filterkoeffizienten $h(n)$ enthält. Nach dem Orthogonalitätsprinzip (11.85) muss der Fehler $e(n)$ für das optimale Filter $h(n)$ im statistischen Sinne orthogonal zum Signal $x(n)$ sein. Es muss also gelten

$$E\left\{[d(n) - h_{\text{opt}}(n) * x(n)]x^*(m)\right\} = 0 \quad \text{für alle } m \in \mathbb{Z}. \tag{11.118}$$

Unter Ausnutzung der Linearität der Erwartungswertbildung ergibt sich daraus

$$\sum_{i=-\infty}^{\infty} h_{\text{opt}}(i) \underbrace{E\left\{x(n-i)x^*(m)\right\}}_{r_{xx}(n-i-m)} = \underbrace{E\left\{d(n)x^*(m)\right\}}_{r_{xd}(n-m)} \quad \text{für alle } m \in \mathbb{Z}, \tag{11.119}$$

also

$$h_{\text{opt}}(n) * r_{xx}(n) = r_{xd}(n). \tag{11.120}$$

Im Frequenzbereich kann damit die Übertragungsfunktion des Optimalfilters als Funktion der spektralen Leistungsdichten $S_{xx}(e^{j\omega})$ und $S_{xd}(e^{j\omega})$ ausgedrückt werden:

$$H_{\text{opt}}(e^{j\omega}) = \frac{S_{xd}(e^{j\omega})}{S_{xx}(e^{j\omega})}. \tag{11.121}$$

Das Filter nach (11.121) wird nach dem amerikanischen Mathematiker Norbert Wiener als Wiener-Filter bezeichnet.[4] Die erzielte Lösung ist zunächst einmal nichtkausal. Es ist jedoch möglich, die Ausdrücke so anzupassen, dass das Filter $h_{\text{opt}}(n)$ kausal wird. Dies wird im nachfolgenden Abschnitt für Filter mit einer endlichen Filterlänge erläutert.

Additive Störungen Bislang wurde noch keine Aussage über den Zusammenhang zwischen den Signalen $x(n)$ und $d(n)$ getroffen. Wir gehen nun davon aus, dass $x(n)$ durch Kontamination eines Originalsignals $s(n)$ mit additivem Rauschen $\eta(n)$ entsteht:

$$x(n) = s(n) + \eta(n). \tag{11.122}$$

Die Prozesse $s(n)$ und $\eta(n)$ werden als zueinander unkorreliert und im weiteren Sinne stationär angenommen. Das Referenzsignal wird als

$$d(n) = s(n) \tag{11.123}$$

definiert. Unter diesen Voraussetzungen ergibt sich für die in (11.120) auftretenden

[4] Zur gleichen Zeit wie Wiener hat der Mathematiker A. Kolmogoroff unabhängig davon Lösungen für sehr ähnliche Probleme entwickelt.

Bild 11.2 Zum Entwurf linearer Optimalfilter

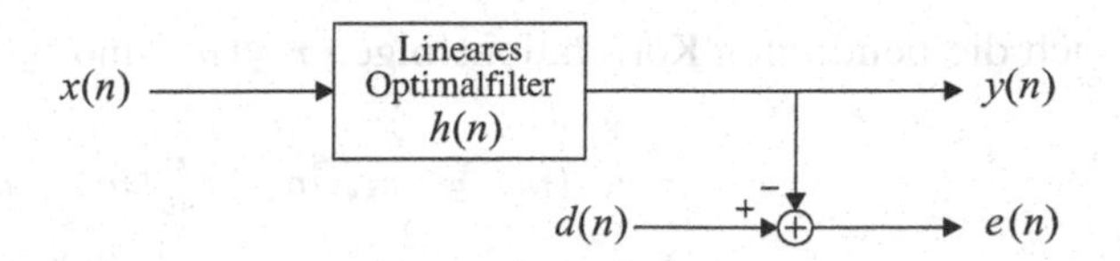

Korrelationsfolgen

$$\begin{aligned} r_{xx}(m) &= r_{ss}(m) + r_{\eta\eta}(m), \\ r_{xd}(m) &= r_{ss}(m). \end{aligned} \tag{11.124}$$

Aus (11.120) und (11.121) folgt dann

$$H_{\text{opt}}(e^{j\omega}) = \frac{S_{ss}(e^{j\omega})}{S_{ss}(e^{j\omega}) + S_{\eta\eta}(e^{j\omega})}. \tag{11.125}$$

Definiert man ein frequenzabhängiges Signal-zu-Rausch-Verhältnis (SNR) als

$$\text{SNR}(\omega) = \frac{S_{ss}(\omega)}{S_{\eta\eta}(\omega)},$$

so lässt sich das Optimalfilter als

$$H_{\text{opt}}(e^{j\omega}) = \frac{\text{SNR}(e^{j\omega})}{\text{SNR}(e^{j\omega}) + 1} \tag{11.126}$$

angeben. Daraus erkennt man, dass $H_{\text{opt}}(e^{j\omega})$ die folgenden Eigenschaften besitzt:

- für $\text{SNR}(e^{j\omega}) \gg 1$ gilt $H_{\text{opt}}(e^{j\omega}) \approx 1$,
- für $\text{SNR}(e^{j\omega}) \ll 1$ ergibt sich $H_{\text{opt}}(e^{j\omega}) \approx 0$.

Das Wiener-Filter lässt somit die Spektralanteile mit einem hohen SNR passieren, während es die Anteile mit einem geringen SNR unterdrückt.

Filterung und additive Störungen Das vorherige Modell lässt sich wie folgt um eine Faltung mit einer Impulsantwort $g(n)$ erweitern:

$$x(n) = g(n) * s(n) + \eta(n). \tag{11.127}$$

Die Prozesse $s(n)$ und $\eta(n)$ werden wieder als zueinander unkorreliert und im weiteren Sinne stationär angenommen, und das Referenzsignal wird als

$$d(n) = s(n) \tag{11.128}$$

definiert. Das Optimalfilter soll nun den Einfluss der Filterung mit $g(n)$ rückgängig machen und gleichzeitig das Rauschen $\eta(n)$ unterdrücken. In diesem Fall ergeben sich die benötigten Korrelationsfolgen $r_{xx}(m)$ und $r_{xd}(m)$ zu

$$\begin{aligned} r_{xx}(m) &= r_{ss}(m) * r_{gg}^E(m) + r_{\eta\eta}(m), \\ r_{xd}(m) &= r_{ss}(m) * g^*(-m). \end{aligned} \tag{11.129}$$

Aus (11.120) folgt damit im Spektralbereich

$$\left[S_{ss}(e^{j\omega})\,|G(e^{j\omega})|^2 + S_{\eta\eta}(e^{j\omega})\right] H_{\text{opt}}(e^{j\omega}) = S_{ss}(e^{j\omega})\, G^*(e^{j\omega}), \tag{11.130}$$

und die Lösung für das Optimalfilter ergibt sich zu

$$H_{\text{opt}}(e^{j\omega}) = \frac{S_{ss}(e^{j\omega})\, G^*(e^{j\omega})}{S_{ss}(e^{j\omega})\,|G(e^{j\omega})|^2 + S_{\eta\eta}(e^{j\omega})}. \tag{11.131}$$

Der zeitkontinuierliche Fall Die vorherigen Überlegungen lassen sich unmittelbar auf zeitkontinuierliche Signale und Systeme übertragen, und in der Tat wurden die ursprünglichen Lösungen für den zeitkontinuierlichen Fall hergeleitet. Zum Beispiel wird die allgemeine Lösung (11.121) dann zu

$$H_{\text{opt}}(\omega) = \frac{S_{xd}(\omega)}{S_{xx}(\omega)}. \tag{11.132}$$

Aus der Lösung (11.125) für den Fall additiven Rauschens wird

$$H_{\text{opt}}(\omega) = \frac{S_{ss}(\omega)}{S_{ss}(\omega) + S_{nn}(\omega)}. \tag{11.133}$$

Auch diese Lösungen liefern nichtkausale Filter, aber es ist durch Modifikation der Ausdrücke möglich, analoge kausale Wiener-Filter zu entwerfen. Darauf soll hier jedoch nicht näher eingegangen werden.

11.3.2 Wiener-Filter mit endlicher Länge

Betrachtet wird wieder die in Bild 11.2 gezeigte Problemstellung, wobei die Filterung jetzt mit einem kausalen FIR-Filter mit einer Impulsantwort $h(n)$ der Länge p geschehen soll:

$$h(n) = \begin{cases} h_n & \text{für } 0 \le n \le p-1 \\ 0 & \text{sonst.} \end{cases} \tag{11.134}$$

Für das Signal am Filterausgang gilt damit

$$y(n) = \sum_{i=0}^{p-1} h(i)\, x(n-i). \tag{11.135}$$

Nach dem Orthogonalitätsprinzip (11.85) ergibt sich die kleinste mittlere Fehlerleistung $E\left\{|e(n)|^2\right\}$, wenn die folgende Orthogonalitätsbedingung erfüllt ist (vgl. (11.118)):

$$E\left\{\left[d(n)-\sum_{i=0}^{p-1} h(i)\, x(n-i)\right] x^*(n-j)\right\}=0, \qquad j=0,1,\ldots,p-1. \tag{11.136}$$

Unter der Annahme von im weiteren Sinne stationären Prozessen folgt daraus die sogenannte *Wiener-Hopf-Gleichung*

$$\sum_{i=0}^{p-1} h(i)\, r_{xx}(j-i)=r_{xd}(j), \qquad j=0,1,\ldots,p-1 \tag{11.137}$$

mit

$$\begin{aligned} r_{xx}(m) &= E\left\{x^*(n)\, x(n+m)\right\}, \\ r_{xd}(m) &= E\left\{x^*(n)\, d(n+m)\right\}. \end{aligned} \tag{11.138}$$

Das Optimalfilter findet man durch Lösung des linearen Gleichungssystems (11.137).

Fehlerleistung Für die Fehlerleistung $\sigma_e^2=E\left\{|e(n)|^2\right\}$ gilt zunächst

$$\begin{aligned} \sigma_e^2 &= E\left\{|e(n)|^2\right\} \\ &= \sigma_d^2-\sum_{i=0}^{p-1} h(i)\, r_{xd}^*(i)-\sum_{i=0}^{p-1} h^*(i)\, r_{xd}(i)+\sum_{i=0}^{p-1}\sum_{j=0}^{p-1} h(i)\, h^*(j)\, r_{xx}(j-i) \end{aligned} \tag{11.139}$$

mit $\sigma_d^2=E\left\{|d(n)|^2\right\}$. Einsetzen der optimalen Lösung (11.137) in (11.139) ergibt

$$\sigma_{e_\text{min}}^2=\sigma_d^2-\sum_{i=0}^{p-1} h(i)\, r_{xd}^*(i). \tag{11.140}$$

Matrizenschreibweise In Matrizenschreibweise lautet (11.137)

$$\boldsymbol{R}_{xx}\, \boldsymbol{h}=\boldsymbol{r}_{xd} \tag{11.141}$$

mit

$$\boldsymbol{h} = \left[h(0), h(1), \ldots, h(p-1)\right]^T, \tag{11.142}$$

$$\boldsymbol{r}_{xd} = \left[r_{xd}(0), r_{xd}(1), \ldots, r_{xd}(p-1)\right]^T \tag{11.143}$$

und

$$\boldsymbol{R}_{xx}=\begin{bmatrix} r_{xx}(0) & r_{xx}(-1) & \ldots & r_{xx}(-p+1) \\ r_{xx}(1) & r_{xx}(0) & \ldots & r_{xx}(-p+2) \\ \vdots & \vdots & & \vdots \\ r_{xx}(p-1) & r_{xx}(p-1) & \ldots & r_{xx}(0) \end{bmatrix}. \tag{11.144}$$

Aus (11.141) und (11.140) erhält man die folgenden alternativen Schreibweisen für die minimale Fehlerleistung:

$$\sigma^2_{e_{\min}} = \sigma^2_d - \boldsymbol{r}^H_{xd}\,\boldsymbol{h} = \sigma^2_d - \boldsymbol{r}^H_{xd}\,\boldsymbol{R}^{-1}_{xx}\,\boldsymbol{r}_{xd}. \tag{11.145}$$

Spezialfälle Wir gehen von dem Modell

$$x(n) = s(n) + \eta(n) \tag{11.146}$$

aus, wobei die Prozesse $s(n)$ und $\eta(n)$ als im weiteren Sinne stationär und zueinander unkorreliert angenommen werden. Von besonderem Interesse sind die folgenden drei Fälle, in denen das Ausgangssignal mit einer Zeitverschiebung D möglichst gut mit dem ungestörten Eingangssignal $s(n)$ übereinstimmen soll

1. Filterung: $d(n) = s(n)$.
2. Interpolation: $d(n) = s(n + D)$ mit $D < 0$.
3. Prädiktion: $d(n) = s(n+D)$ mit $D > 0$. Hierbei möchte man einen zukünftigen Wert des Eingangssignals vorhersagen.

Für die oben genannten drei Fälle lautet die Wiener-Hopf-Gleichung in einheitlicher Form

$$\sum_{i=0}^{p-1} h(i)\, r_{xx}(j-i) = r_{xs}(j+D), \qquad j = 0, 1, \ldots, p-1. \tag{11.147}$$

Unter der Annahme, dass die Störungen $\eta(n)$ unkorreliert zum Signal $s(n)$ sind, gelten die Beziehungen

$$r_{xx}(m) = r_{ss}(m) + r_{\eta\eta}(m) \tag{11.148}$$

und

$$r_{xd}(m) = r_{ss}(m + D). \tag{11.149}$$

In Analogie zu (11.144) lassen sich nun die Korrelationsmatrizen $\boldsymbol{R}_{ss}$ und $\boldsymbol{R}_{\eta\eta}$ definieren, und mit

$$\boldsymbol{r}_{ss}(D) = [r_{ss}(D),\, r_{ss}(D+1), \ldots,\, r_{ss}(D+p-1)]^T \tag{11.150}$$

wird das Gleichungssystem (11.141) zur Berechnung von $\boldsymbol{h}$ zu

$$[\boldsymbol{R}_{ss} + \boldsymbol{R}_{\eta\eta}]\,\boldsymbol{h} = \boldsymbol{r}_{ss}(D). \tag{11.151}$$

Filterung und additives Rauschen Wir betrachten das Modell

$$x(n) = g(n) * s(n) + \eta(n), \tag{11.152}$$

bei dem die Prozesse $s(n)$ und $\eta(n)$ als im weiteren Sinne stationär und zueinander unkorreliert angenommen werden. Das Referenzsignal lautet $d(n) = s(n-q)$ mit $q > 0$. Die Aufgabe des Optimalfilters $h(n)$ besteht somit darin, den Einfluss der Filterung mit $g(n)$ rückgängig zu machen und gleichzeitig das Rauschen $\eta(n)$ zu unterdrücken, wobei insgesamt eine Verzögerung um q Werte gefordert wird. Die Korrelationsfolgen $r_{xx}(m)$ und $r_{xd}(m)$ lauten hier

$$r_{xx}(m) = \left[\sum_{\ell} r_{gg}^{E}(\ell)\, r_{ss}(m-\ell)\right] + r_{\eta\eta}(m) \tag{11.153}$$

und

$$r_{xd}(m) = \sum_{\ell} g^{*}(\ell)\, r_{ss}(m+\ell-q). \tag{11.154}$$

Das gesuchte Filter erhält man durch Lösung des Gleichungssystems (11.141).

Beispiel 11.3 Wir betrachten die näherungsweise Inversion eines Systems mit der Systemfunktion

$$G(z) = 1 + j0{,}5z^{-1} + 0{,}25z^{-2}.$$

Der Eingangsprozess $s(n)$ wird als weiß mit der AKF $r_{ss}(m) = \delta(m)$ angesetzt, und das Rauschen $\eta(n)$ sei nicht vorhanden. Die Filterlänge des Wiener-Filters wird zu $p = 4$ und die angestrebte Gesamtverzögerung zu null gesetzt. Damit ergeben sich die für den Filterentwurf benötigten Korrelationsfolgen zu

$$r_{xx}(m) = 0{,}25\delta(m+2) - 0{,}375j\delta(m+1) + 1{,}3125\delta(m) + 0{,}375j\delta(m-1) + 0{,}25\delta(m-2)$$

und

$$r_{xd}(m) = g^{*}(-m) = 1 - j0{,}5\delta(m+1) + 0{,}25\delta(m+2).$$

Das zu lösende Gleichungssystem lautet

$$\begin{bmatrix} 1{,}3125 & -0{,}375j & 0{,}25 & 0 \\ 0{,}375j & 1{,}3125 & -0{,}375j & 0{,}25 \\ 0{,}25 & 0{,}375j & 1{,}3125 & -0{,}375j \\ 0 & 0{,}25 & 0{,}375j & 1{,}3125 \end{bmatrix} \begin{bmatrix} h(0) \\ h(1) \\ h(2) \\ h(3) \end{bmatrix} = \begin{bmatrix} 1 \\ 0 \\ 0 \\ 0 \end{bmatrix},$$

und das Optimalfilter berechnet sich zu

$$H_{\text{opt}}(z) = 0{,}9418 - 0{,}4005j\, z^{-1} - 0{,}3437z^{-2} + 0{,}1745j\, z^{-3}.$$

Bild 11.3 zeigt hierzu die Impulsantworten $g(n)$ und $h(n)$ sowie die Gesamtimpulsantwort $c(n) = g(n) * h(n)$. Um die komplexwertigen Impulsantworten in das gleiche Diagramm eintragen zu können, wurde $g(n)$ in diesem Beispiel so gewählt, dass die Koeffizienten von $h(n)$ und $c(n)$ entweder reell oder imaginär sind.

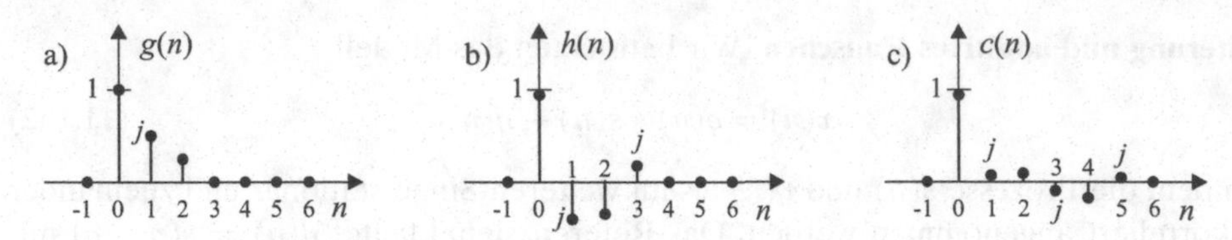

Bild 11.3 Beispiel für die näherungsweise Inversion eines Systems. a) Systemimpulsantwort $g(n)$; b) Impulsantwort $h(n)$ des Wiener-Filters; c) Gesamtimpulsantwort $c(n) = g(n) * h(n)$

11.3.3 Lineare Prädiktion um einen Schritt

Im Wesentlichen kann die lineare Prädiktion um einen Schritt als Spezialfall der im vorangegangenen Abschnitt behandelten Wiener-Hopf-Filterung aufgefasst werden. Wegen der besonderen praktischen Bedeutung wird auf diesen Spezialfall im Folgenden noch einmal gesondert eingegangen. Typische Anwendungen findet man zum Beispiel in der Sprach- und Bildcodierung bei Verfahren wie DPCM, ADPCM oder LPC, in der Spektralschätzung und in der Merkmalsextraktion für die Spracherkennung.

Die Problemstellung ist in Bild 11.4 dargestellt. Der Vergleich mit Bild 11.2 zeigt, dass die Lösung zur Minimierung der Fehlerleistung $E\left\{|e(n)|^2\right\}$ im Prinzip durch die Wiener-Hopf-Gleichung (11.147) mit $D = 1$ gegeben ist.

Im Zusammenhang mit der linearen Prädiktion um einen Schritt ist es üblich, die Verzögerung direkt in die Prädiktorkoeffizienten einzubeziehen und auch das Vorzeichen der Koeffizienten zu drehen, denn dann lässt sich ein Prädiktor leicht zu einem Prädiktionsfehlerfilter erweitern, an dessen Ausgang das Fehlersignal $e(n)$ erscheint. Geht man von einem Prädiktor mit einer Impulsantwort $h(n)$ der Länge p nach (11.134) aus, dann gilt mit

$$a(n) = -h(n-1) \tag{11.155}$$

für den prädizierten Wert

$$\hat{x}(n) = -\sum_{i=1}^{p} a(i)\, x(n-i). \tag{11.156}$$

Der Fehler lautet dann

$$\begin{aligned} e(n) &= x(n) - \hat{x}(n) \\ &= x(n) + \sum_{i=1}^{p} a(i)\, x(n-i). \end{aligned} \tag{11.157}$$

Die Minimierung der Fehlerleistung ergibt das Gleichungssystem

$$-\sum_{i=1}^{p} a(i)\, r_{xx}(j-i) = r_{xx}(j), \qquad j = 1, 2, \ldots, p, \tag{11.158}$$

das als *Normalengleichungen der linearen Prädiktion* bezeichnet wird.

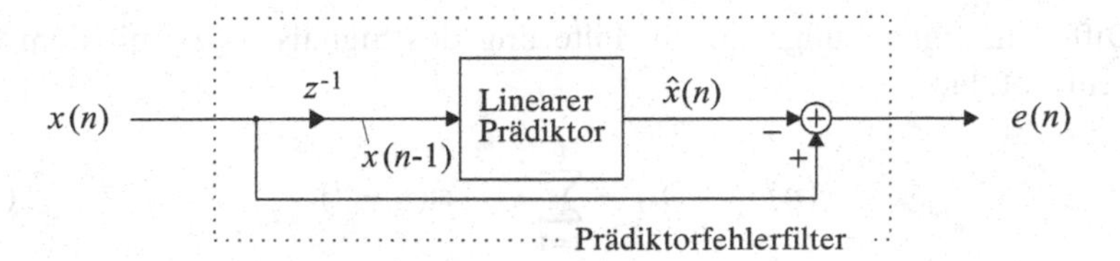

Bild 11.4 Lineare Prädiktion um einen Schritt

Mit

$$a = [a(1), a(2), \ldots, a(p)]^T \tag{11.159}$$

und einem Vektor $\boldsymbol{r}_{xx}(1)$, der analog zu $\boldsymbol{r}_{ss}(D)$ in (11.150) definiert ist, lautet Gleichung (11.158) in Matrizenschreibweise

$$\boldsymbol{R}_{xx}\, \boldsymbol{a} = -\boldsymbol{r}_{xx}(1), \tag{11.160}$$

ausgeschrieben:

$$\begin{bmatrix} r_{xx}(0) & r_{xx}(-1) & \ldots & r_{xx}(-p+1) \\ r_{xx}(1) & r_{xx}(0) & \ldots & r_{xx}(-p+2) \\ \vdots & \vdots & & \vdots \\ r_{xx}(p-1) & r_{xx}(p-2) & \ldots & r_{xx}(0) \end{bmatrix} \begin{bmatrix} a(1) \\ a(2) \\ \vdots \\ a(p) \end{bmatrix} = - \begin{bmatrix} r_{xx}(1) \\ r_{xx}(2) \\ \vdots \\ r_{xx}(p) \end{bmatrix}. \tag{11.161}$$

Für die minimale Fehlerleistung ergibt sich

$$\begin{aligned} \sigma^2_{e_{\min}} = E\left\{|e(n)|^2\right\} &= r_{xx}(0) - \boldsymbol{r}^H_{xx}(1)\, \boldsymbol{R}^{-1}_{xx}\, \boldsymbol{r}_{xx}(1) \\ &= r_{xx}(0) + \boldsymbol{r}^H_{xx}(1)\, \boldsymbol{a}. \end{aligned} \tag{11.162}$$

Autoregressive Prozesse und die Yule-Walker-Gleichungen Es zeigt sich, dass alle Parameter eines autoregressiven Prozesses aus den Parametern eines linearen Prädiktors ermittelt werden können. Hierzu wird ein autoregressiver Prozess der Ordnung p (AR(p)-Prozess) betrachtet. Wie bereits in Abschnitt 6.6 erläutert wurde, entsteht ein solcher Prozess durch Anregung eines stabilen rekursiven Filters mit einem stationären weißen Prozess $w(n)$. Die Übertragungsfunktion des rekursiven Systems wird in der Form

$$U(z) = \frac{1}{1 + \sum\limits_{i=1}^{p} a(i)\, z^{-i}}, \qquad a(p) \neq 0 \tag{11.163}$$

angesetzt.[5]

[5] Um im Einklang mit der in der Literatur üblichen Schreibweise zu bleiben, werden die in (6.156) eingeführten Koeffizienten $\rho(i),\ i = 1, 2, \ldots, p$ durch die Koeffizienten $-a(i),\ i = 1, 2, \ldots, p$ ersetzt.

Die Differenzengleichung, die die Filterung des Signals $w(n)$ mit dem System $U(z)$ beschreibt, lautet

$$x(n) = w(n) - \sum_{i=1}^{p} a(i)\, x(n-i). \tag{11.164}$$

Daraus folgt für die Autokorrelationsfolge des Prozesses

$$\begin{aligned} r_{xx}(m) &= E\{x^*(n)x(n+m)\} \\ &= r_{xw}(m) - \sum_{i=1}^{p} a(i)\, r_{xx}(m-i). \end{aligned} \tag{11.165}$$

Mit der Bezeichnung $u(n)$ für die Impulsantwort des rekursiven Systems $U(z)$ lässt sich die Kreuzkorrelation zwischen dem Ein- und dem Ausgangssignal des Systems als

$$\begin{aligned} r_{wx}(m) &= E\{w^*(n)x(n+m)\} \\ &= \sum_{i=0}^{\infty} u(i)\, \underbrace{r_{ww}(m-i)}_{\sigma_w^2\,\delta(m-i)} = \sigma_w^2\, u(m) \end{aligned} \tag{11.166}$$

beschreiben. Da $U(z)$ ein kausales System ist, gilt dabei $r_{wx}(m) = \sigma_w^2\, u(m) = 0$ für $m < 0$. Für $r_{xw}(m) = r_{wx}^*(-m)$ folgt

$$r_{xw}(m) = \begin{cases} 0 & \text{für } m > 0 \\ \sigma_w^2\, u^*(-m) & \text{für } m \le 0. \end{cases} \tag{11.167}$$

Durch Kombination der Gleichungen (11.165) und (11.167) unter Berücksichtigung von $u(0) = 1$ und der Symmetrie $r_{xx}(m) = r_{xx}^*(-m)$ erhält man schließlich

$$r_{xx}(m) = \begin{cases} -\sum_{i=1}^{p} a(i)\, r_{xx}(m-i) & \text{für } m > 0 \\ \sigma_w^2 - \sum_{i=1}^{p} a(i)\, r_{xx}(-i) & \text{für } m = 0 \\ r_{xx}^*(-m) & \text{für } m < 0. \end{cases} \tag{11.168}$$

Die Gleichungen (11.168) sind als die *Yule-Walker-Gleichungen* bekannt. In kompakter Matrizenschreibweise lauten sie

$$\begin{bmatrix} r_{xx}(0) & r_{xx}(-1) & r_{xx}(-2) & \dots & r_{xx}(-p) \\ r_{xx}(1) & r_{xx}(0) & r_{xx}(-1) & \dots & r_{xx}(1-p) \\ \vdots & \vdots & \vdots & & \vdots \\ r_{xx}(p) & r_{xx}(p-1) & r_{xx}(p-2) & \dots & r_{xx}(0) \end{bmatrix} \begin{bmatrix} 1 \\ a(1) \\ \vdots \\ a(p) \end{bmatrix} = \begin{bmatrix} \sigma_w^2 \\ 0 \\ \vdots \\ 0 \end{bmatrix}. \tag{11.169}$$

Ein Vergleich von (11.168) mit (11.158) bzw. (11.169) mit (11.161) zeigt, dass die Yule-Walker-Gleichungen für $m = 1, 2, \ldots, p$ genau den Normalengleichungen der linearen Prädiktion entsprechen. Bei Kenntnis der Autokorrelationsfolge $r_{xx}(m)$ ist es somit möglich, über eine Prädiktionsanalyse auf die Koeffizienten $a(i)$, $i = 1, 2, \ldots, p$ des rekursiven Filters $U(z)$ zu schließen.

Die Leistung des Eingangsprozesses lässt sich aus Gleichung (11.168) für $m = 0$ bzw. aus (11.162) bestimmen, es gilt

$$\begin{aligned} \sigma_w^2 = \sigma_{e_{\min}}^2 &= r_{xx}(0) + \sum_{i=1}^{p} a(i)\, r_{xx}(-i) \\ &= r_{xx}(0) + \boldsymbol{r}_{xx}^H(1)\, \boldsymbol{a}. \end{aligned} \tag{11.170}$$

Prädiktionsfehlerfilter Das Ausgangssignal des sogenannten *Prädiktionsfehlerfilters* ist das Signal $e(n)$ in Bild 11.4 mit den Koeffizienten $a(n)$ nach (11.161). Unter Hinzunahme des Koeffizienten $a(0)$ lässt sich $e(n)$ in der Form

$$e(n) = \sum_{i=0}^{p} a(i)\, x(n-i) \quad \text{mit} \quad a(0) = 1 \tag{11.171}$$

angeben. Die Systemfunktion des Prädiktionsfehlerfilters lautet damit

$$A(z) = 1 + \sum_{i=1}^{p} a(i)\, z^{-i} = \sum_{i=0}^{p} a(i)\, z^{-i} \quad \text{mit} \quad a(0) = 1. \tag{11.172}$$

Ist $x(n)$ ein autoregressiver Prozess ($x(n) = u(n) * w(n)$ mit $U(z)$ nach (11.163)), so ist das Prädiktionsfehlerfilter $A(z)$ das zu dem rekursiven Filter $U(z)$ inverse System. Das bedeutet auch, dass das Ausgangssignal des Prädiktionsfehlerfilters in diesem Fall ein weißer Prozess ist. Das Prädiktionsfehlerfilter führt also eine Whitening-Transformation aus und stellt damit eine Alternative zu den in Abschnitt 6.7 betrachteten Methoden dar. Ist der Prozess $x(n)$ nicht autoregressiv, so wird die Whitening-Transformation zumindest näherungsweise durch ein Prädiktionsfehlerfilter ausgeführt.

Minimalphasigkeit des Prädiktionsfehlerfilters Die Betrachtung autoregressiver Prozesse hat gezeigt, dass das Prädiktionsfehlerfilter $A(z)$ invers zu dem rekursiven Filter $U(z)$ ist. Da ein stabiles rekursives Filter keine Pole außerhalb des Einheitskreises der z-Ebene besitzen kann, kann das entsprechende Prädiktionsfehlerfilter keine Nullstellen außerhalb des Einheitskreises besitzen. Auch wenn der Prozess $x(n)$ nicht autoregressiv ist, erhält man ein minimalphasiges Prädiktionsfehlerfilter, denn in die Berechnung von $A(z)$ geht nur die Statistik zweiter Ordnung (AKF) ein, die wiederum keine Phaseninformation enthält. Um dies zu erkennen, betrachten wir die Autokorrelation eines Prozesses $x(n) = u(n) * w(n)$, wobei $w(n)$ ein weißer Rauschprozess mit der Varianz σ_w^2 und $u(n)$ die Impulsantwort eines beliebigen BIBO-stabilen Systems ist. Man erhält

$$r_{xx}(m) = \sigma_w^2 r_{uu}^E(m).$$

Im Frequenzbereich ergibt sich (vgl. (6.51) und (6.52))

$$S_{xx}(e^{j\omega}) = \sigma_w^2 |U(e^{j\omega})|^2.$$

Der Zusammenhang zeigt, dass $r_{xx}(m)$ nur vom Betragsfrequenzgang des Systems, nicht aber von seiner Phase abhängt.

11.3.4 Prädiktorentwurf auf Basis endlicher Datenmengen

In den vorherigen Abschnitten wurde von stationären Prozessen und bekannten Korrelationsfolgen ausgegangen. In der Praxis muss man lineare Prädiktoren allerdings auf der Basis endlich vieler Beobachtungen entwerfen. Um das Prädiktionsfilter $a(n)$ aus Messdaten $x(n)$ mit $n = 0, 1, \ldots, N-1$ zu bestimmen, werden die Prädiktionsfehler $e(n) = x(n) + \sum_{i=1}^{p} a(i)x(n-i)$ in Form der folgenden Matrizengleichung beschrieben:

$$\boldsymbol{e} = \boldsymbol{X}\boldsymbol{a} + \boldsymbol{x}. \tag{11.173}$$

Darin enthält $\boldsymbol{a}$ die Prädiktorkoeffizienten, $\boldsymbol{X}$ und $\boldsymbol{x}$ enthalten die Eingangsdaten. Der Term $\boldsymbol{X}\boldsymbol{a}$ beschreibt die Faltung der Daten mit der Impulsantwort $a(n)$. Als Optimalitätskriterium wird die Minimierung der Norm $\|\boldsymbol{e}\| = \|\boldsymbol{X}\boldsymbol{a} + \boldsymbol{x}\|$ herangezogen. Die Eigenschaften des Prädiktors sind dabei von der Definition von $\boldsymbol{X}$ und $\boldsymbol{x}$ abhängig. Hierzu werden im Folgenden zwei Methoden betrachtet.

Autokorrelationsmethode Bei der *Autokorrelationsmethode* wird der Prädiktionsfehler für alle vorhandenen Datenwerte minimiert, wobei auch die Ein- und Ausschwingvorgänge am Beginn und Ende des Signals berücksichtigt werden. Dies ergibt

$$\underbrace{\begin{bmatrix} e(1) \\ \vdots \\ e(p) \\ \vdots \\ e(N-1) \\ e(N) \\ \vdots \\ e(N+p-1) \end{bmatrix}}_{\boldsymbol{e}} = \underbrace{\begin{bmatrix} x(1) \\ \vdots \\ x(p) \\ \vdots \\ x(N-1) \\ 0 \\ \vdots \\ 0 \end{bmatrix}}_{\boldsymbol{x}} + \underbrace{\begin{bmatrix} x(0) & & \\ \vdots & \ddots & \\ x(p-1) & \ldots & x(0) \\ \vdots & & \vdots \\ x(N-2) & \ldots & x(N-p-1) \\ x(N-1) & \ldots & x(N-p) \\ & \ddots & \vdots \\ & & x(N-1) \end{bmatrix}}_{\boldsymbol{X}} \cdot \underbrace{\begin{bmatrix} a(1) \\ a(2) \\ \vdots \\ a(p) \end{bmatrix}}_{\boldsymbol{a}}. \tag{11.174}$$

Die Minimierung von $\|\boldsymbol{x} + \boldsymbol{X}\boldsymbol{a}\|$ führt auf das Gleichungssystem (vgl. Abschnitt 2.3.3)

$$\hat{\boldsymbol{R}}_{xx}^{(AC)}\, \hat{\boldsymbol{a}} = -\hat{\boldsymbol{r}}_{xx}^{(AC)} \tag{11.175}$$

mit

$$\hat{\boldsymbol{R}}_{xx}^{(AC)} = \frac{1}{N}\boldsymbol{X}^H\boldsymbol{X}, \qquad \hat{\boldsymbol{r}}_{xx}^{(AC)} = \frac{1}{N}\boldsymbol{X}^H\boldsymbol{x}. \tag{11.176}$$

Die Autokorrelationsmatrix besitzt dabei die folgende Toeplitz-Struktur

$$\hat{\boldsymbol{R}}_{xx}^{(AC)} = \begin{bmatrix} \hat{r}_{xx}^{(AC)}(0) & \hat{r}_{xx}^{(AC)}(-1) & \dots & \hat{r}_{xx}^{(AC)}(1-p) \\ \hat{r}_{xx}^{(AC)}(1) & \hat{r}_{xx}^{(AC)}(0) & \dots & \hat{r}_{xx}^{(AC)}(2-p) \\ \vdots & \vdots & \ddots & \vdots \\ \hat{r}_{xx}^{(AC)}(p-1) & \hat{r}_{xx}^{(AC)}(p-2) & \dots & \hat{r}_{xx}^{(AC)}(0) \end{bmatrix}, \tag{11.177}$$

wobei sich die Einträge für $m \geq 0$ in der Form

$$\hat{r}_{xx}^{(AC)}(m) = \frac{1}{N}\sum_{n=0}^{N-m-1} x^*(n)\,x(n+m) \tag{11.178}$$

berechnen lassen. Für negative m ist der Zusammenhang $\hat{r}_{xx}^{(AC)}(m) = \hat{r}_{xx}^{(AC)^*}(-m)$ auszunutzen. Die Werte $\hat{r}_{xx}^{(AC)}(m)$ entsprechen der nicht erwartungstreuen Schätzung (6.124) für die Autokorrelationsfolge. Auch wenn die fehlende Erwartungstreue als Nachteil gesehen werden kann, ist es andererseits so, dass sich das lineare Gleichungssystem (11.175) aufgrund der Toeplitz-Struktur der Korrelationsmatrix sehr effizient mittels der *Levinson-Durbin-Rekursion* oder des *Schur-Algorithmus* lösen lässt [6], [16]. Weiterhin führt die beschriebene Autokorrelationsmethode auf Prädiktionsfehlerfilter, die stets minimalphasig sind.

Kovarianzmethode Bei der *Kovarianzmethode* werden die transienten Vorgänge am Anfang und Ende des Signals ausgeklammert. Das Fehlersignal wird wie folgt angesetzt:

$$\underbrace{\begin{bmatrix} e(p) \\ e(p+1) \\ \vdots \\ e(N-1) \end{bmatrix}}_{\boldsymbol{e}} = \underbrace{\begin{bmatrix} x(p) \\ x(p+1) \\ \vdots \\ x(N-1) \end{bmatrix}}_{\boldsymbol{x}} + \underbrace{\begin{bmatrix} x(p-1) & \dots & x(0) \\ x(p) & \dots & x(1) \\ \vdots & & \vdots \\ x(N-2) & \dots & x(N-p-1) \end{bmatrix}}_{\boldsymbol{X}} \cdot \underbrace{\begin{bmatrix} a(1) \\ a(2) \\ \vdots \\ a(p) \end{bmatrix}}_{\boldsymbol{a}}. \tag{11.179}$$

Das zu lösende Gleichungssystem lautet hierbei

$$\hat{\boldsymbol{R}}_{xx}^{(CV)}\,\hat{\boldsymbol{a}} = -\hat{\boldsymbol{r}}_{xx}^{(CV)} \tag{11.180}$$

mit

$$\hat{\boldsymbol{R}}_{xx}^{(CV)} = \frac{1}{N-p}\,\boldsymbol{X}^H\boldsymbol{X}, \qquad \hat{\boldsymbol{r}}_{xx}^{(CV)} = \frac{1}{N-p}\,\boldsymbol{X}^H\boldsymbol{x}. \tag{11.181}$$

Die Elemente der Autokorrelationsmatrix berechnen sich explizit zu

$$[\hat{\boldsymbol{R}}_{xx}^{(CV)}]_{ij} = \frac{1}{N-p} \sum_{n=p-1}^{N-2} x^*(n-i)\, x(n-j), \qquad i,j = 0,1,\ldots,p-1, \tag{11.182}$$

und die Einträge des Korrelationsvektors lauten

$$[\hat{\boldsymbol{r}}_{xx}^{(CV)}]_i = \frac{1}{N-p} \sum_{n=p-1}^{N-2} x^*(n-i)\, x(n+1), \qquad i = 0,1,\ldots,p-1. \tag{11.183}$$

Da darin unabhängig von i jeweils $N-p$ Summanden auftreten, ist die Schätzung der AKF erwartungstreu. Weil der Prädiktionsfehler nur im eingeschwungenen Zustand betrachtet wird, ist die mit der Kovarianzmethode verbundene Spektralschätzung genauer als die der Autokorrelationsmethode. Andererseits besitzt die Kovarianzmethode den Nachteil, dass das Gleichungssystem keine spezielle Struktur aufweist, die eine besonders effiziente Lösung ermöglicht.

Anwendung in der Spektralschätzung Im vorherigen Abschnitt wurde gezeigt, dass die Prädiktorkoeffizienten im Falle autoregressiver Prozesse mit den Prozessparametern übereinstimmen. Damit ergibt sich folgende Möglichkeit zur Schätzung der spektralen Leistungsdichte von AR-Prozessen:

$$\hat{S}_{xx}(e^{j\omega}) = \frac{\hat{\sigma}_w^2}{\left|1 + \sum_{n=1}^{p} \hat{a}(n)\, e^{-j\omega n}\right|^2}. \tag{11.184}$$

Die Koeffizienten $\hat{a}(n)$ in (11.184) sind die aus den beobachteten Daten bestimmten Prädiktorkoeffizienten, und $\hat{\sigma}_w^2$ ist die nach (11.170) geschätzte Leistung des weißen Eingangsprozesses:

$$\hat{\sigma}_w^2 = \hat{r}_{xx}(0) + \hat{\boldsymbol{r}}_{xx}^H(1)\, \hat{\boldsymbol{a}}. \tag{11.185}$$

11.4 Mehrkanalige Optimalfilter

Mehrkanalige Optimalfilter werden in vielen Bereichen der Signalverarbeitung benötigt. Zum Beispiel werden diese in der mehrkanaligen Audiosignalverarbeitung eingesetzt, wo Signale mit Mikrofonfeldern aufgenommen und dann gemeinsam verarbeitet werden, um zum Beispiel die Beiträge mehrerer simultan aktiver akustischer Quellen zu trennen oder durch eine inverse Filterung den Nachhall zu reduzieren. Durch die Mehrkanaligkeit eröffnen sich dabei Lösungsmöglichkeiten, die bei einkanaligen Systemen nicht gegeben sind. Während zum Beispiel ein einkanaliges FIR-System nur dann ein stabiles inverses System besitzt, wenn alle Nullstellen im Inneren des Einheitskreises der z-Ebene liegen, kann ein mehrkanaliges FIR-System auch bei außerhalb des Einheitskreises gelegenen Nullstellen ein aus FIR-Filtern bestehendes inverses System haben. Die genauen Bedingungen werden in dem *MINT-Theorem* (mehrkanaliges Inversionstheorem) [13] formuliert.

Im Folgenden wird zunächst die Problemstellung der mehrkanaligen Optimalfilterung beschrieben. Im Anschluss daran werden die Bedingungen für die Invertierbarkeit nach dem MINT-Theorem diskutiert. Zum Abschluss erfolgen dann die Erweiterungen der linearen BLUE- und MMSE-Schätzer auf den mehrkanaligen Fall, und es wird eine kurze Einführung in die Methoden der blinden Quellentrennung gegeben.

11.4.1 Beschreibung der mehrkanaligen Filterung

Wir betrachten die Verarbeitung von N Signalen $s_1(n), s_2(n), \ldots, s_N(n)$ mit einem System, das N Ein- und $M \geq N$ Ausgänge besitzt. Die Ausgangssignale lauten

$$x_m(n) = \sum_{i=1}^{N} \sum_{\ell=0}^{L_g-1} g_{mi}(\ell)\, s_i(n-\ell) + \eta_m(n), \qquad m = 1, 2, \ldots, M, \tag{11.186}$$

wobei $g_{mi}(n)$ die Impulsantwort vom Eingang i zum Ausgang m darstellt und $\eta_m(n)$ ein potentiell vorhandenes additives Rauschen beschreibt. L_g ist die Filterlänge. Ein solches System wird als *MIMO-System* bezeichnet, wobei MIMO für *multiple input multiple output* steht.

Die Signale $s_i(n)$, $i = 1, 2, \ldots, N$ können zum Beispiel akustische Quellensignale sein, die in einem Raum zu Mikrofonsignalen $x_m(n)$ gemischt werden. Das Ziel kann dann darin bestehen, die Quellensignale $s_i(n)$ aus den Beobachtungen $x_m(n)$ möglichst gut zu rekonstruieren. Hierzu wird ein zweites mehrkanaliges System mit Impulsantworten $h_{km}(n)$ der Länge L_h vorgesehen, das die Signale $x_m(n)$ zu den Ausgangssignalen $y_k(n)$, $k = 1, 2, \ldots, N$ verknüpft:

$$y_k(n) = \sum_{m=1}^{M} \sum_{\ell=0}^{L_h-1} h_{km}(\ell)\, x_m(n-\ell), \qquad k = 1, 2, \ldots, N. \tag{11.187}$$

Bild 11.5 zeigt hierzu die Filteranordnung. In einem zweiten Szenario kann die Zielsetzung zum Beispiel darin bestehen, Lautsprechersignale $x_m(n)$ so vorzufiltern, dass die Ausgangssignale $y_k(n)$ eines aus den Filtern $H_{km}(z)$, $k = 1, 2, \ldots, N$, $m = 1, 2, \ldots, M$ bestehenden akustischen Mischungssystems den ursprünglichen Quellensignalen $s_i(n)$ entsprechen. In diesem Fall spricht man von einer Übersprechkompensation des Systems oder einer Vorcodierung der Lautsprechersignale. Die Struktur ist die gleiche wie in Bild 11.5, das Rauschen $\eta_m(n)$ ist in diesem Fall allerdings nicht vorzusehen.

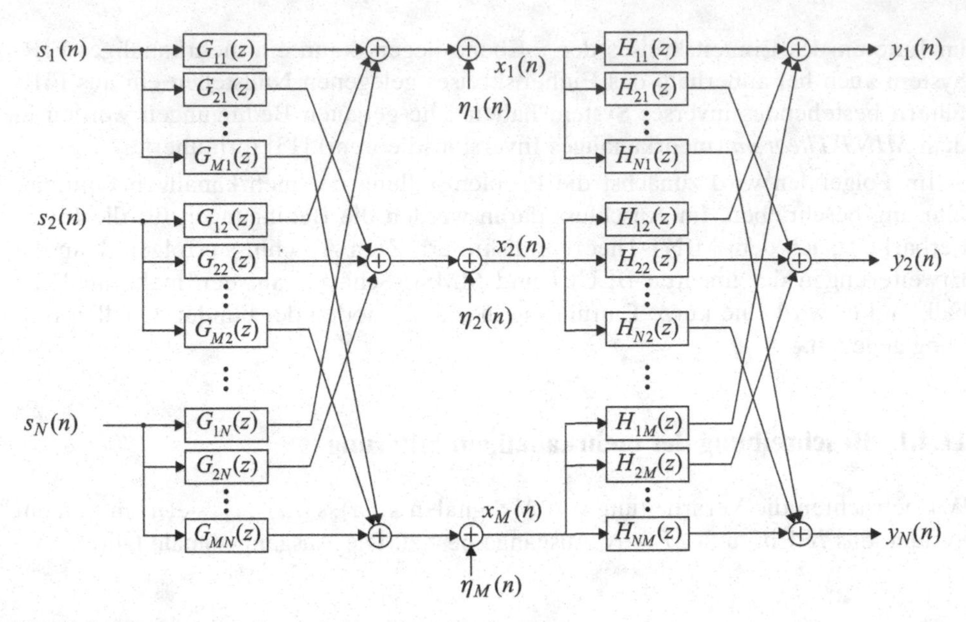

Bild 11.5 Konfiguration der mehrkanaligen Optimalfilterung

Bevor auf die weitere Verarbeitung eingegangen wird, soll noch die folgende Vektor-Notation als alternative Formulierung zu (11.186) eingeführt werden:

$$\mathbf{x}(n) = \sum_{\ell=0}^{L_g-1} \mathbf{G}(\ell)\,\mathbf{s}(n-\ell) + \boldsymbol{\eta}(n). \tag{11.188}$$

Die Elemente von $\mathbf{G}(n)$ sind dabei durch $[\mathbf{G}(n)]_{mi} = g_{mi}(n)$ gegeben, und die Vektoren lauten

$$\begin{aligned}\mathbf{s}(n) &= [s_1(n), s_2(n), \ldots, s_N(n)]^T, \\ \mathbf{x}(n) &= [x_1(n), x_2(n), \ldots, x_M(n)]^T, \\ \boldsymbol{\eta}(n) &= [\eta_1(n), \eta_2(n), \ldots, \eta_M(n)]^T.\end{aligned}$$

Entsprechend lässt sich (11.187) als

$$\mathbf{y}(n) = \sum_{\ell=0}^{L_h-1} \mathbf{H}(\ell)\,\mathbf{x}(n-\ell) \tag{11.189}$$

mit $\mathbf{y}(n) = [y_1(n), y_2(n), \ldots, y_N(n)]^T$ und $[\mathbf{H}(n)]_{km} = h_{km}(n)$ schreiben.

Für eine kompakte Beschreibung der Filter-Operationen werden nun die Z-Transformierten der Matrizenfolgen $\mathbf{G}(n)$ und $\mathbf{H}(n)$ gebildet:

$$\boldsymbol{G}(z) = \sum_{n=0}^{L_g-1} \mathbf{G}(n)\,z^{-n}, \qquad \boldsymbol{H}(z) = \sum_{n=0}^{L_h-1} \mathbf{H}(n)\,z^{-n}. \tag{11.190}$$

Die Matrizen $\boldsymbol{G}(z)$ und $\boldsymbol{H}(z)$ haben die gleiche Bedeutung wie die Polyphasenmatrizen von M-Kanal-Filterbänken, die mit einer Überabtastung um den Faktor M/N betrieben werden. Die Notation ist jetzt allerdings so, dass $\boldsymbol{G}(z)$ die Analyse- und $\boldsymbol{H}(z)$ die Synthesefilterbank beschreibt. Eine perfekte Rekonstruktion der Eingangswerte $\mathbf{s}(n)$ ist im rauschfreien Fall gewährleistet, wenn $\boldsymbol{H}(z)\boldsymbol{G}(z) = z^{-q}\boldsymbol{I}$ gilt.

Beim Entwurf von $\boldsymbol{H}(z)$ oder $\boldsymbol{G}(z)$ sind unter anderem die folgenden Szenarien denkbar:

1. Das System $\boldsymbol{G}(z)$ ist bekannt, und $\boldsymbol{H}(z)$ soll so entworfen werden, dass ein Fehlermaß $Q(\mathbf{y}(n), \mathbf{s}(n-q))$ minimal wird. Die Anwendung kann zum Beispiel die zuvor beschriebene Nachfilterung von Mikrofonsignalen sein. Besteht dabei die Nebenbedingung der Erwartungstreue,

$$\boldsymbol{H}(z)\,\boldsymbol{G}(z) = z^{-q}\boldsymbol{I}, \qquad (11.191)$$

so wird $\boldsymbol{H}(z)$ im Englischen auch als *zero-forcing equalizer* bezeichnet. Handelt es sich zudem bei dem Fehlermaß um den mittleren quadratischen Fehler $Q = E\left\{\|\mathbf{y}(n) - \mathbf{s}(n-q)\|^2\right\}$, so entspricht $\boldsymbol{H}(z)$ dem BLUE-Schätzer. Besteht die Nebenbedingung (11.191) nicht und wird der mittlere quadratische Fehler als Gütemaß verwendet, so wird $\boldsymbol{H}(z)$ zu einem mehrkanaligen Wiener- bzw. MMSE-Filter. Es sind aber auch andere Fehlermaße denkbar, die in akustischen Anwendungen zum Beispiel den von menschlichen Zuhörern wahrgenommenen Fehler besser ausdrücken.

2. Das System $\boldsymbol{H}(z)$ ist bekannt, und es soll eine Vorfilterung mit einem MIMO-System $\boldsymbol{G}(z)$ so entworfen werden, dass ein Fehlermaß $Q(\mathbf{y}(n), \mathbf{s}(n-q))$ minimal wird. Als Anwendung ist die zuvor erwähnte Vorfilterung von Lautsprechersignalen zu nennen. Der Entwurf kann wieder mit und ohne Nebenbedingung der Erwartungstreue geschehen. Ein weiteres Anwendungsfeld ist die Vorcodierung von Daten für die Übertragung über MIMO-Systeme, wobei dann neben der Vor- auch eine Nachfilterung stattfindet und zusätzlich zum additiven Rauschen auch eine Leistungsbegrenzung im Sender zu beachten ist.

3. Eines der Systeme $\boldsymbol{G}(z)$ oder $\boldsymbol{H}(z)$ ist bekannt, und das andere System soll so entworfen werden, dass kein Übersprechen auftritt und die Impulsantworten des Gesamtsystems ein gewünschtes Verhalten aufweisen. Es gilt dann

$$\boldsymbol{H}(z)\,\boldsymbol{G}(z) = \text{diag}\left\{Q_{11}(z), Q_{22}(z), \ldots, Q_{NN}(z)\right\}.$$

Die Forderung an die Impulsantworten $q_{ii}(n) \longleftrightarrow Q_{ii}(z)$ kann zum Beispiel darin bestehen, dass die Koeffizientenenergie $|q_{ii}(n)|^2$ mit wachsendem n so schnell abfällt, dass ein ursprünglich in einem akustischen System vorhandener Nachhall nicht mehr hörbar ist und so die wahrgenommene Qualität oder die Sprachverständlichkeit verbessert wird. Wird $\boldsymbol{G}(z)$ optimiert, so handelt es sich um eine aktive Nachhallreduktion in einem Raum, so dass der Nachhall an einer gegebenen Abhörposition nicht wahrnehmbar ist. Bei einer Optimierung von $\boldsymbol{H}(z)$ besteht die Aufgabe typischerweise in der Nachbearbeitung aufgezeichneter Mikrofonsignale.

4. Das System $\boldsymbol{G}(z)$ und die Signale $\mathbf{s}(n)$ sind unbekannt und nicht beobachtbar, und $\boldsymbol{H}(z)$ muss allein auf der Basis gemessener Signale $\mathbf{x}(n)$ entworfen werden. Dies gelingt, wenn die Quellensignale $s_i(n)$ statistisch unabhängig voneinander sind und man $\boldsymbol{H}(z)$ so bestimmt, dass auch die Ausgangssignale $y_k(n)$ statistisch unabhängig voneinander werden. In diesem Fall spricht man von einer blinden Quellentrennung. Auf diese Problemstellung wird in Abschnitt 11.4.4 noch näher eingegangen.

•

11.4.2 Das MINT-Theorem

Wir gehen von der Forderung

$$\sum_{m=1}^{M} H_{km}(z)\, G_{mi}(z) = z^{-q}\delta_{ki}, \qquad 1 \le k, i \le N \tag{11.192}$$

mit $M > N$ aus, die in Kurzform als

$$\boldsymbol{H}(z)\, \boldsymbol{G}(z) = z^{-q}\boldsymbol{I} \tag{11.193}$$

geschrieben werden kann. Darin ist $\boldsymbol{H}(z)$ eine $(N \times M)$- und $\boldsymbol{G}(z)$ eine $(M \times N)$-Matrix. Das System $\boldsymbol{H}(z)$ wird als gegeben angenommen, und $\boldsymbol{G}(z)$ ist so zu entwerfen, dass (11.193) erfüllt wird. Das MINT-Theorem [13] besagt nun, dass (11.193) exakt mit FIR-Filtern $\boldsymbol{G}(z)$ erfüllt werden kann, wenn die *Smith-Form* [20] der Matrix $\boldsymbol{H}(z)$ äquivalent zu $[\boldsymbol{I}, \boldsymbol{0}]$ ist. Unter der Smith-Form einer Matrix $\boldsymbol{H}(z)$ versteht man die Matrix $\boldsymbol{\Gamma}(z)$ in der Darstellung

$$\boldsymbol{H}(z) = \boldsymbol{U}(z)\, \boldsymbol{\Gamma}(z)\, \boldsymbol{V}(z), \tag{11.194}$$

in der $\boldsymbol{\Gamma}(z)$ diagonal ist und $\boldsymbol{U}(z)$ und $\boldsymbol{V}(z)$ *unimodular* sind. Unimodulare Matrizen sind Matrizen, deren Determinante ungleich null und unabhängig von z ist. Das bedeutet, dass $\boldsymbol{G}(z) = \boldsymbol{V}^{-1}(z)[\boldsymbol{I}, \boldsymbol{0}]^T \boldsymbol{U}^{-1}(z)$ gilt, wobei $\boldsymbol{V}^{-1}(z)$ und $\boldsymbol{U}^{-1}(z)$ Polynome von der gleichen Ordnung wie $\boldsymbol{V}(z)$ und $\boldsymbol{U}(z)$ enthalten. Diese noch nicht sehr anschauliche Formulierung wird im Folgenden noch aus einer anderen Sicht beleuchtet. Zunächst soll jedoch der Spezialfall $N = 1$ betrachtet werden, in dem $\boldsymbol{G}(z)$ zu einem *SIMO-System* und $\boldsymbol{H}(z)$ zu einem *MISO-System* wird, wobei die Akronyme SIMO und MISO für *single-input multiple-output* bzw. *multiple-input single-output* stehen. In diesem Fall lautet (11.193)

$$\sum_{m=1}^{M} H_m(z)\, G_m(z) = z^{-q}, \tag{11.195}$$

wobei der wegen $N = 1$ überflüssige zweite Index weggelassen wurde. In dieser Form entspricht das MINT-Theorem dem Bezout'schen Theorem (vgl. Abschnitt 9.7.1). Gleichung (11.195) wird genau dann in eindeutiger Weise mit FIR-Filtern $G_m(z)$ der Länge $L_g = (L_h - 1)/(M - 1)$ erfüllt, wenn die Filter $H_m(z)$, $m = 1, 2, \ldots, M$ keine gemeinsamen Nullstellen aufweisen und ihr größter gemeinsamer Teiler somit gleich eins ist.

Um den allgemeinen Fall näher zu beleuchten, werden die Beiträge eines einzelnen Eingangssignals $s_i(n)$ zu den N Ausgängen $y_1(n), y_2(n), \ldots, y_N(n)$ betrachtet. Die Beschreibung erfolgt im Zeitbereich. Mit Faltungsmatrizen $\boldsymbol{H}_{km}$ der Größe $(L_g + L_h - 1) \times L_g$ und Koeffizientenvektoren $\boldsymbol{g}_{mi}$ der Dimension $L_g \times 1$ ergibt sich aus (11.192) mit festem i ein Gleichungssystem der Form

$$\begin{bmatrix} \mathbf{0} \\ \vdots \\ \mathbf{0} \\ \boldsymbol{e}_1 \\ \mathbf{0} \\ \vdots \\ \mathbf{0} \end{bmatrix} = \underbrace{\begin{bmatrix} \boldsymbol{H}_{11} & \ldots & \boldsymbol{H}_{1M} \\ \vdots & & \vdots \\ \boldsymbol{H}_{j1} & \ldots & \boldsymbol{H}_{jM} \\ \vdots & & \vdots \\ \boldsymbol{H}_{N1} & \ldots & \boldsymbol{H}_{NM} \end{bmatrix}}_{\mathbf{H}} \underbrace{\begin{bmatrix} \boldsymbol{g}_{1i} \\ \boldsymbol{g}_{2i} \\ \vdots \\ \vdots \\ \boldsymbol{g}_{Mi} \end{bmatrix}}_{\mathbf{g}_i}, \tag{11.196}$$

bei dem die Matrix $\mathbf{H}$ die Größe $N(L_g + L_h - 1) \times ML_g$ besitzt. Der Vektor $\boldsymbol{e}_1$ lautet $\boldsymbol{e}_1 = [1, 0, \ldots, 0]^T$. Eine eindeutige Lösung für $\mathbf{g}_i$ ergibt sich, wenn $\mathbf{H}$ quadratisch ist und dabei den vollen Rang hat. Wie im SIMO-Fall verliert $\mathbf{H}$ den vollen Rang, wenn die Filter $H_{km}(z)$, $m = 1, 2, \ldots, M$ für ein beliebiges k mit $1 \leq k \leq N$ gemeinsame Nullstellen aufweisen. Aus der Forderung nach einer quadratischen Matrix $\mathbf{H}$ erhält man

$$L_g = \left\lceil \frac{N(L_h - 1)}{M - N} \right\rceil. \tag{11.197}$$

Man erkennt, dass sich die notwendige Länge L_g proportional zu $1/(M - N)$ verhält. Hätte man $\boldsymbol{G}(z)$ als bekannt angenommen und $\boldsymbol{H}(z)$ entworfen, so hätte sich entsprechend

$$L_h = \left\lceil \frac{N(L_g - 1)}{M - N} \right\rceil \tag{11.198}$$

ergeben. Die Länge der zu entwerfenden Filter kann also deutlich reduziert werden, wenn die Anzahl M vergrößert wird.

Beispiel 11.4 Wir betrachten die Inversion eines Systems mit einem Eingang und zwei Ausgängen. Die Impulsantworten $g_1(n)$ und $g_2(n)$ besitzen die Länge drei. Damit lässt sich der Zusammenhang $\delta(n) - y_1(n) * h_1(n) + g_2(n) * h_2(n)$ als

$$\begin{bmatrix} 1 \\ 0 \\ 0 \\ 0 \end{bmatrix} = \begin{bmatrix} g_1(0) & 0 & g_2(0) & 0 \\ g_1(1) & g_1(0) & g_2(1) & g_2(0) \\ g_1(2) & g_1(1) & g_2(2) & g_2(1) \\ 0 & g_1(2) & 0 & g_2(2) \end{bmatrix} \begin{bmatrix} h_1(0) \\ h_1(1) \\ h_2(0) \\ h_2(1) \end{bmatrix} \tag{11.199}$$

formulieren, wobei für die Filter $h_1(n)$ und $h_2(n)$ die Minimallänge $L_h = 2$ angesetzt ist. Die Impulsantworten $h_1(n)$ und $h_2(n)$ erhält man durch Lösung des Gleichungssystems (11.199). Stünde noch eine weitere Impulsantwort $g_3(n)$ zur Verfügung, so würde bereits die Länge $L_h = 1$ ausreichen.

11.4.3 Mehrkanalige lineare Optimalfilter

Es wird von dem Modell

$$\mathbf{x}(n) = \left[\sum_{\ell=0}^{L_g-1} \mathbf{G}(\ell)\,\mathbf{s}(n-\ell)\right] + \boldsymbol{\eta}(n) \tag{11.200}$$

und einer Filterung der Form

$$\mathbf{y}(n) = \sum_{\ell=0}^{L_h-1} \mathbf{H}(\ell)\,\mathbf{x}(n-\ell) \tag{11.201}$$

ausgegangen. Das Rauschen $\boldsymbol{\eta}(n)$ wird als prinzipiell farbig, mittelwertfrei, im weiteren Sinne stationär und unkorreliert zu $\mathbf{s}(n)$ angenommen und kann durch die Korrelationsmatrizen

$$\boldsymbol{R}_{\eta\eta}(m) = E\left\{\boldsymbol{\eta}(n+m)\,\boldsymbol{\eta}^H(n)\right\}, \qquad m \in \mathbb{Z} \tag{11.202}$$

bzw. die Matrix der spektralen Leistungsdichte

$$\boldsymbol{S}_{\eta\eta}(e^{j\omega}) = \sum_{m=-\infty}^{\infty} \boldsymbol{R}_{\eta\eta}(m)\,e^{-j\omega m} \tag{11.203}$$

beschrieben werden. Das Ziel besteht darin, den mittleren quadratischen Fehler

$$Q = E\left\{\|\mathbf{e}(n)\|^2\right\} = \operatorname{spur}\left\{\boldsymbol{R}_{ee}(0)\right\} \tag{11.204}$$

mit $\mathbf{e}(n) = \mathbf{y}(n) - \mathbf{s}(n-q)$ und $\boldsymbol{R}_{ee}(m) = E\left\{\mathbf{e}(n+m)\,\mathbf{e}^H(n)\right\}$ zu minimieren. Unter Anwendung der Parseval'schen Gleichung kann das Maß Q alternativ mit Hilfe der Leistungsdichtematrix

$$\boldsymbol{S}_{ee}(e^{j\omega}) = \sum_{n=-\infty}^{\infty} \boldsymbol{R}_{ee}(n)\,e^{-j\omega n}$$

ausgedrückt werden. Q ergibt sich dann über eine Integration der Spur von $\boldsymbol{S}_{ee}(e^{j\omega})$:

$$Q = \frac{1}{2\pi}\int_{-\pi}^{\pi} \operatorname{spur}\left\{\boldsymbol{S}_{ee}(e^{j\omega})\right\}\,d\omega. \tag{11.205}$$

Die allgemeine Wiener-Lösung ohne Einschränkung der Filterlänge Zur Herleitung des mehrkanaligen Wiener-Filters kann wie im einkanaligen Fall in Abschnitt 11.3.1 das Orthogonalitätsprinzip verwendet werden. Die Orthogonalitätsforderung lautet dabei in Analogie zu (11.85) und (11.118)

$$E\left\{\left[\mathbf{s}(n)-\sum_{\ell=0}^{L_h-1}\mathbf{H}(\ell)\,\mathbf{x}(n-\ell)\right]\mathbf{x}^H(m)\right\}=\mathbf{0}\quad\text{für alle } m\in\mathbb{Z}. \tag{11.206}$$

Hieraus folgt

$$\sum_{\ell=0}^{L_h-1}\mathbf{H}(\ell)\;\underbrace{E\left\{\mathbf{x}(n-\ell)\,\mathbf{x}^H(m)\right\}}_{\boldsymbol{R}_{xx}(n-\ell-m)}=\underbrace{E\left\{\mathbf{s}(n)\,\mathbf{x}^H(m)\right\}}_{\boldsymbol{R}_{xs}(n-m)}, \tag{11.207}$$

d. h.

$$\mathbf{H}(n)*\boldsymbol{R}_{xx}(n)=\boldsymbol{R}_{xs}(n). \tag{11.208}$$

Mittels der Z-Transformation ergibt sich daraus

$$\boldsymbol{H}(z)\,\boldsymbol{S}_{xx}(z)=\boldsymbol{S}_{xs}(z), \tag{11.209}$$

wobei die Matrizen $\boldsymbol{S}_{xx}(z)$ und $\boldsymbol{S}_{xs}(z)$ die Z-Transformierten der Folgen $\boldsymbol{R}_{xx}(m) = E\left\{\mathbf{x}(n+m)\,\mathbf{x}^H(n)\right\}$ und $\boldsymbol{R}_{xs}(m) = E\left\{\mathbf{s}(n+m)\,\mathbf{x}^H(n)\right\}$ sind. Die Lösung für das mehrkanalige Wiener-Filter lautet schließlich (vgl. (11.80))

$$\boldsymbol{H}(z)=\boldsymbol{S}_{xs}(z)\,\boldsymbol{S}_{xx}^{-1}(z). \tag{11.210}$$

Für die Leistungsdichte des Schätzfehlers ergibt sich analog zu (11.81)

$$\boldsymbol{S}_{ee}(z)=\boldsymbol{S}_{ss}(z)-\boldsymbol{S}_{xs}^{-1}(z)\,\boldsymbol{S}_{xx}^{-1}(z)\,\boldsymbol{S}_{sx}^{-1}(z). \tag{11.211}$$

Modell mit additivem Rauschen Geht man von dem Modell

$$\mathbf{x}(n)=\mathbf{G}(n)*\mathbf{s}(n)+\boldsymbol{\eta}(n)$$

aus, wobei der Störprozess $\boldsymbol{\eta}(n)$ stationär und unkorreliert zu den Signalen $\mathbf{s}(n)$ ist, so lässt sich die Wiener-Lösung als

$$\boldsymbol{H}(z)=\left[\boldsymbol{S}_{ss}^{-1}(z)+\tilde{\boldsymbol{G}}(z)\,\boldsymbol{S}_{\eta\eta}^{-1}(z)\,\boldsymbol{G}(z)\right]^{-1}\,\tilde{\boldsymbol{G}}(z)\,\boldsymbol{S}_{\eta\eta}^{-1}(z) \tag{11.212}$$

schreiben (vgl. (11.93)). Darin ist $\tilde{\boldsymbol{G}}(z)$ die Parakonjugierte von $\boldsymbol{G}(z)$. Für die Leistungsdichte des Schätzfehlers erhält man analog zu Gleichung (11.96)

$$\boldsymbol{S}_{ee}(z)=\left[\boldsymbol{S}_{ss}^{-1}(z)+\tilde{\boldsymbol{G}}(z)\,\boldsymbol{S}_{\eta\eta}^{-1}(z)\,\boldsymbol{G}(z)\right]^{-1}. \tag{11.213}$$

Zero-Forcing-Entzerrer Eine erwartungstreue Signalschätzung mit minimaler Varianz, die dem BLUE nach Gleichung (11.43) entspricht, ergibt sich aus (11.212) durch Nullsetzen von $\boldsymbol{S}_{ss}^{-1}(z)$. Die Lösung für das Optimalfilter lautet dann

$$\boldsymbol{H}(z) = \left[\tilde{\boldsymbol{G}}(z)\,\boldsymbol{S}_{\eta\eta}^{-1}(z)\,\boldsymbol{G}(z)\right]^{-1}\tilde{\boldsymbol{G}}(z)\,\boldsymbol{S}_{\eta\eta}^{-1}(z). \tag{11.214}$$

Für die spektrale Leistungsdichtematrix des Fehlers gilt in Analogie zu (11.48)

$$\boldsymbol{S}_{ee}(z) = \left[\tilde{\boldsymbol{G}}(z)\,\boldsymbol{S}_{\eta\eta}^{-1}(z)\,\boldsymbol{G}(z)\right]^{-1}. \tag{11.215}$$

FIR-Lösungen Die zuvor beschriebenen Lösungen für die Optimalfilter sind zunächst einmal nichtkausale IIR-Lösungen. Um kausale mehrkanalige Optimalfilter endlicher Länge (d. h. FIR-Optimalfilter) zu entwerfen, ist ein endlicher Ausschnitt der Sequenz $\mathbf{x}(n)$ zu betrachten. Die MMSE-Lösung unter expliziter Verwendung der invertierten Korrelationsmatrix der Beobachtungen lässt sich dabei direkt angeben. Hierzu definieren wir einen Vektor

$$\mathbf{r}(n) = \begin{bmatrix} \mathbf{x}(n) \\ \mathbf{x}(n-1) \\ \vdots \\ \mathbf{x}(n-L_g+1) \end{bmatrix} \tag{11.216}$$

und die Korrelationsmatrizen

$$\boldsymbol{R}_{rr} = E\left\{\mathbf{r}(n)\,\mathbf{r}^H(n)\right\}, \qquad \boldsymbol{R}_{rs} = E\left\{\mathbf{s}(n-q)\,\mathbf{r}^H(n)\right\} \tag{11.217}$$

und schreiben die Lösung als

$$\mathbf{y}(n) = \hat{\mathbf{s}}(n-q) = \boldsymbol{R}_{rs}\,\boldsymbol{R}_{rr}^{-1}\,\mathbf{r}(n). \tag{11.218}$$

Um eine Lösung entsprechend (11.212) angeben zu können, ist der Vektor $\mathbf{r}(n)$ explizit durch die Eingangsdaten, die Filter $g_{ik}(n)$ und das Rauschen zu beschreiben. Dies kann in der Form

$$\mathbf{r}(n) = \boldsymbol{\mathcal{G}}\,\mathbf{f}(n) + \boldsymbol{\xi}(n) \tag{11.219}$$

mit

$$\boldsymbol{\mathcal{G}} = \begin{bmatrix} \mathbf{G}(0) & \mathbf{G}(1) & \dots & \mathbf{G}(L_g-1) & & & \\ & \mathbf{G}(0) & \mathbf{G}(1) & \dots & \mathbf{G}(L_g-1) & & \\ & & \ddots & \ddots & & \ddots & \\ & & & \mathbf{G}(0) & \mathbf{G}(1) & \dots & \mathbf{G}(L_g-1) \end{bmatrix} \tag{11.220}$$

und

$$\mathbf{f}(n) = \begin{bmatrix} \mathbf{s}(n) \\ \mathbf{s}(n-1) \\ \vdots \\ \mathbf{s}(n-L_g-L_h+2) \end{bmatrix}, \qquad \boldsymbol{\xi}(n) = \begin{bmatrix} \boldsymbol{\eta}(n) \\ \boldsymbol{\eta}(n-1) \\ \vdots \\ \boldsymbol{\eta}(n-L_h+1) \end{bmatrix} \tag{11.221}$$

geschehen. Die Lösung kann dann als

$$\mathbf{y}(n) = \boldsymbol{\mathcal{H}}_q\,\mathbf{r}(n) \tag{11.222}$$

mit

$$\boldsymbol{\mathcal{H}}_q = \boldsymbol{\mathcal{S}}_q \left[\boldsymbol{R}_{ss}^{-1} + \boldsymbol{\mathcal{G}}^H\,\boldsymbol{R}_{\xi\xi}^{-1}\,\boldsymbol{\mathcal{G}}\right]^{-1} \boldsymbol{\mathcal{G}}^H \boldsymbol{R}_{\xi\xi}^{-1} \tag{11.223}$$

angegeben werden, wobei $\boldsymbol{\mathcal{S}}_q = [\mathbf{0}, \ldots, \mathbf{0}, \boldsymbol{I}, \mathbf{0}, \ldots, \mathbf{0}]$ die für den gesuchten Schätzwert $\hat{\mathbf{s}}(n-q)$ benötigten Zeilen aus der Schätzmatrix $\left(\left[\boldsymbol{R}_{ss}^{-1} + \boldsymbol{\mathcal{G}}^H \boldsymbol{R}_{\xi\xi}^{-1}\boldsymbol{\mathcal{G}}\right]^{-1} \boldsymbol{\mathcal{G}}^H \boldsymbol{R}_{\xi\xi}^{-1}\right)$ selektiert.

Durch Umschreiben des Modells (11.219) in

$$\mathbf{r}(n) = \boldsymbol{\mathcal{G}}_q\,\mathbf{s}(n-q) + \tilde{\boldsymbol{\xi}}(n) \qquad \text{mit} \qquad \tilde{\boldsymbol{\xi}}(n) = \bar{\boldsymbol{\mathcal{G}}}\,\bar{\mathbf{f}}(m) + \boldsymbol{\xi}(n), \tag{11.224}$$

wobei $\bar{\mathbf{f}}(n)$ die Vektoren $\mathbf{s}(n-i)$ mit $0 \le i \le L_g + L_h - 2$ und $i \ne q$ enthält und die Matrizen $\bar{\boldsymbol{\mathcal{G}}}$ und $\boldsymbol{\mathcal{G}}_q$ aus den entsprechenden Spalten von $\boldsymbol{\mathcal{G}}$ aufgebaut sind, kann alternativ auch eine Lösung für $\boldsymbol{\mathcal{H}}_q$ angegeben werden, die keine nachträgliche Selektion der Schätzwerte mit der Verzögerung q erfordert. Der Signalanteil $\bar{\boldsymbol{\mathcal{G}}}\,\bar{\mathbf{f}}(m)$ wird dabei als Teil des Störprozesses aufgefasst und entsprechend beim Filterentwurf berücksichtigt. Die Lösung besitzt dann die übliche Gestalt

$$\boldsymbol{\mathcal{H}}_q = \left[\boldsymbol{R}_{s_q s_q}^{-1} + \boldsymbol{\mathcal{G}}_q^H\,\boldsymbol{R}_{\tilde{\xi}\tilde{\xi}}^{-1}\,\boldsymbol{\mathcal{G}}_q\right]^{-1} \boldsymbol{\mathcal{G}}_q^H \boldsymbol{R}_{\tilde{\xi}\tilde{\xi}}^{-1} \tag{11.225}$$

mit $\boldsymbol{R}_{s_q s_q} = E\left\{\mathbf{s}(n-q)\mathbf{s}^H(n-q)\right\}$ und $\boldsymbol{R}_{\tilde{\xi}\tilde{\xi}} = E\left\{\tilde{\boldsymbol{\xi}}(n)\tilde{\boldsymbol{\xi}}^H(n)\right\}$.

11.4.4 Blinde Quellentrennung

Wir betrachten die Anordnung in Bild 11.5 und gehen davon aus, dass voneinander statistisch unabhängige Quellensignale $s_i(n)$, $i = 1, 2, \ldots, N$ mit einem unbekannten System $\boldsymbol{G}(z)$ zu beobachtbaren Signalen $x_i(n)$, $i = 1, 2, \ldots, M$ gemischt werden. Das Ziel besteht darin, allein auf Basis der beobachteten Signale ein System $\boldsymbol{H}(z)$ zu entwerfen, das in der Lage ist, die Signale $x_i(n)$, $i = 1, 2, \ldots, M$ mittels einer linearen Filterung in statistisch unabhängige Signale $y_\ell(n)$, $\ell = 1, 2, \ldots, N$ zu überführen. Da die Quellen unbekannt sind und Permutationen und Filterungen der getrennten Signale keinen Einfluss auf deren statistische Unabhängigkeit haben, muss die Forderung (11.191) nach einer idealen Entzerrung durch die abgeschwächte Forderung

$$\boldsymbol{H}(z)\,\boldsymbol{G}(z) = \boldsymbol{\Delta}(z)\,\boldsymbol{P} \tag{11.226}$$

ersetzt werden. Darin ist $\boldsymbol{P}$ eine Permutationsmatrix und $\boldsymbol{\Delta}(z)$ eine diagonale Matrix von Übertragungsfunktionen. Der Vergleich mit Abschnitt 6.8 zeigt, dass es sich hierbei im Prinzip um die Erweiterung der ICA auf den Fall einer Mischung und Entmischung mit LTI-Systemen handelt. Die beschriebene Problemstellung ist zum Beispiel für akustische Szenarien von Interesse, wo mehrere Sprecher in einem halligen Raum simultan sprechen, die überlagerten Sprachsignale mit Mikrofonen aufgenommenen werden und die individuellen Sprachsignale ohne Kenntnis des Mischungssystems getrennt werden sollen. Die Impulsantworten akustischer Mischungssysteme haben dabei typischerweise mehrere tausend Koeffizienten, so dass auch die Entmischungssysteme entsprechend lange Impulsantworten benötigen und eine sehr große Zahl von Filterkoeffizienten blind zu bestimmen ist.

Eine Möglichkeit zum Entwurf des Entmischungsnetzwerks besteht darin, die Entmischungsfilter direkt im Zeitbereich zu entwerfen [3]. Eine zweite Vorgehensweise, die sich insbesondere bei sehr langen Impulsantworten als vorteilhaft erweist, nutzt die Eigenschaft aus, dass eine Faltung im Zeitbereich einer Multiplikation im Frequenzbereich entspricht. Wie bei der schnellen Faltung werden dabei die Entmischungsfilter über eine Multiplikation im Zeit-Frequenz-Bereich implementiert [19]. Mit der Bezeichnung $X_i(m,k)$ für die Kurzzeit-Fourier-Transformierte eines Signals $x_i(n)$, wobei m den Zeit- und k den Frequenzindex darstellt, lautet der Entmischungsprozess dann

$$Y_\ell(m,k) = \sum_{i=1}^{M} H_{\ell i}(k)\, X_i(m,k), \qquad \ell = 1,2,\ldots,N, \quad k = 0,1,\ldots,K-1. \tag{11.227}$$

Darin ist K die DFT-Länge. Aus den entmischten Komponenten $Y_\ell(m,k)$ werden, wie in Abschnitt 8.3 für den einkanaligen Fall beschrieben, die Ausgangssignale $y_\ell(n)$, $\ell = 1,2,\ldots,N$ erzeugt. Für jeden Frequenzindex k kann die in (11.227) vorgenommene Entmischung als instantane Entmischung mit einer Matrix $[\mathbf{H}(k)]_{\ell i} = H_{\ell i}(k)$ verstanden werden. Der Entwurf der Entmischungsmatrizen $\mathbf{H}(k)$ für $k = 0,1,\ldots,K-1$ kann im Prinzip mit den in Abschnitt 6.8 beschriebenen ICA-Methoden geschehen, wobei die Auswahl einer ICA-Methode durch die Eigenschaften der Quellen bestimmt ist. Zudem muss die Methode wegen der Verarbeitung im STFT-Bereich in der Lage sein, mit komplexwertigen Prozessen zu arbeiten. Darüber hinaus treten verschiedene neue Probleme auf, auf die im Folgenden zusammen mit Lösungsansätzen kurz eingegangen wird.

Wenn die Entmischungssysteme für jeden Frequenzindex k unabhängig voneinander entworfen werden, treten jeweils beliebige Amplitudenskalierungen und Permutationen auf, die vor der Rücktransformation in den Zeitbereich korrigiert bzw. angepasst werden müssen. Eine Wahl von Amplitudenfaktoren, die dafür sorgen, dass die Signale durch die Entmischungsfilter keine erneute spektrale Färbung erfahren, ist mit den Methoden in [5, 8] möglich. In [10] wird versucht, die Amplitudenskalierungen so zu wählen, dass die Entmischungsfilter eine möglichst kurze Länge aufweisen. Für die Angleichung der Permutationen existieren ebenfalls verschiedene Methoden. In [19] wird davon ausgegangen, dass sich die Separationsmatrizen in benachbarten Frequenzbändern ähnlicher sind, wenn sie die gleiche Permutation aufweisen, und in [17] wird die Ähnlichkeit der Zeitverläufe der Kurzzeitspektren in benachbarten Frequenzbändern ausgenutzt. In [18] werden die Entmischungsmatrizen $\mathbf{H}(k)$ als *beamformer* aufgefasst, und die Komponenten werden entsprechend der Einfallsrichtung gruppiert. Die Methode in [9] modelliert die Dichten der Quellen als generalisierte Gaußverteilungen und gruppiert die Komponenten anhand der Dichteschätzungen und der Zeitverläufe der Signale in benachbarten Frequenzgruppen.

Ein weiterer Ansatz zur Vermeidung beliebiger frequenzabhängiger Amplitudenskalierungen und Permutationen besteht darin, die zu den Koeffizienten $H_{\ell i}(k)$ gehörigen Impulsantworten $h_{\ell i}(n)$ in ihrer Länge einzuschränken und so eine sinnvolle Kopplung der Koeffizienten $H_{\ell i}(k)$ herbeizuführen [15, 7, 2, 12]. Auch die DFT-Länge K spielt hierbei eine wichtige Rolle, denn sie muss so groß gewählt sein, dass bei der Frequenzbereichsimplementierung der Entmischungsfilter keine zyklischen Artefakte und Mehrdeutigkeiten zurückbleiben. In [11] wurde für die Quellentrennung durch gemeinsame Diagonalisierung mehrerer Leistungsdichtematrizen gezeigt, dass die DFT-Länge die Bedingung $K \geq L_h N^2/(N-1)$ erfüllen muss, damit sichergestellt ist, dass für die rekonstruierten Signale $y_\ell(n)$ eine Quellentrennung erreicht wird. L_h ist dabei die Länge der Entmischungsfilter.

Literaturverzeichnis

[1] A. Albert: *The Gauss-Markov Theorem for Regression Models with Possibly Singular Covariances.* SIAM Journal on Applied Mathematics, 24(2):182–187, 1973.

[2] H. Buchner, R. Aichner und W. Kellermann: Blind source separation for convolutive mixtures: A unified treatment. In *Audio Signal Processing for Next-Generation Multimedia Communication Systems,* Y. Huang and J. Benesty (ed.), Seiten 255–293. Kluwer Academic Publishers, Boston/Dordrecht/London, 2004.

[3] S. C. Douglas, H. Sawada und S. Makino: *Natural gradient multichannel blind deconvolution and speech separation using causal FIR filters.* IEEE Trans. Speech and Audio Processing, 13(1):92–104, Januar 2005.

[4] A. S. Goldberger: *Econometric Theory.* Wiley, New York, 1964.

[5] S. Ikeda und N. Murata: *A method of blind separation based on temporal structure of signals.* In: *Proc. Int. Conf. on Neural Information Processing*, Seiten 737–742, 1998.

[6] K.-D. Kammeyer und K. Kroschel: *Digitale Signalverarbeitung.* Springer Vieweg, Wiesbaden, 9. Auflage, 2018.

[7] M. Kawamoto und Y. Inouye: *Blind separation of multiple convolved colored signals using second-order statistics.* In: *4th Int. Symp. on Independent Component Analysis and Blind Source Separation*, Seiten 933–938, April 2003.

[8] K. Matsuoka: *Minimal distortion principle for blind source separation.* In: *Proc. of the 41st SICE Annual Conference*, Band 4, Seiten 2138–2143, August 2002.

[9] R. Mazur und A. Mertins: *An approach for solving the permutation problem of convolutive blind source separation based on statistical signal models.* IEEE Trans. Audio, Speech, and Language Processing, 17(1):117–126, Januar 2009.

[10] R. Mazur und A. Mertins: *A method for filter shaping in convolutive blind source separation*, Band 5441 der Reihe *LNCS*, Seiten 282–289. Springer, 2009.

[11] T. Mei, A. Mertins, F. Yin, J. Xi und J. F. Chicharo: *Blind source separation for convolutive mixtures based on the joint diagonalization of power spectral density matrices.* Signal Processing, 88(8):1990–2007, 2008.

[12] T. Mei, J. Xi, F. Yin, A. Mertins und J. F. Chicharo: *Blind source separation based on time-domain optimizations of a frequency-domain independence criterion.* IEEE Trans. Audio, Speech, and Language Processing, 14(6):2075–2085, November 2006.

[13] M. Miyoshi und Y. Kaneda: *Inverse filtering of room acoustics.* IEEE Trans. Acoust., Speech, Signal Processing, 36(2):145–152, Februar 1988.

[14] A. Papoulis: *Probability, Random Variables, and Stochastic Processes*. McGraw-Hill, New York, 3. Auflage, 1991.

[15] L. Parra und C. Spence: *Convolutive blind source separation of non-stationary sources*. IEEE Trans. Speech and Audio Processing, 8(3):320–327, Mai 2000.

[16] J. G. Proakis, C. M. Rader, F. Ling und C. L. Nikias: *Advanced Digital Signal Processing*. Macmillan, New York, 1992.

[17] K. Rahbar und J. P. Reilly: *A frequency domain method for blind source separation of convolutive audio mixtures*. IEEE Trans. Speech and Audio Processing, 13(5):832–844, September 2005.

[18] H. Sawada, R. Mukai, S. Araki und S. Makino: *A robust and precise method for solving the permutation problem of frequency-domain blind source separation*. IEEE Trans. Speech and Audio Processing, 12(5):530–538, September 2004.

[19] P. Smaragdis: *Blind separation of convolved mixtures in the frequency domain*. Neurocomputing, 22(1-3):21–34, 1998.

[20] P. P. Vaidyanathan: *Multirate Systems and Filter Banks*. Prentice-Hall, Englewood Cliffs, NJ, 1993.

[21] H. L. Van Trees: *Detection, Estimation, and Modulation Theory, Part I*. Wiley, New York, 1968.

Anhang

A.1 Mathematische Methoden für die Verarbeitung von N-Tupeln

A.1.1 Die QR-Zerlegung

Die in Kapitel 2 beschriebenen Verfahren zur Lösung des Projektionsproblems erfordern typischerweise eine Inversion der Gram'schen Matrix. Die Inversion stellt theoretisch kein Problem dar, solange die beteiligten Vektoren linear unabhängig sind. Aufgrund einer endlichen Rechengenauigkeit kann eine schlecht konditionierte Gram'sche Matrix allerdings trotz einer linearen Unabhängigkeit der Vektoren zu großen Fehlern führen.

Eine numerisch stabile Lösung von

$$\boldsymbol{a} = \underset{\boldsymbol{\alpha}}{\operatorname{argmin}} \; \|\boldsymbol{B}\boldsymbol{\alpha} - \boldsymbol{x}\| \tag{A.1}$$

erhält man, indem man eine QR-Zerlegung [1, 3, 4] der Matrix $\boldsymbol{B}$ vornimmt:

$$\boldsymbol{B} = \boldsymbol{Q}\boldsymbol{R}. \tag{A.2}$$

Hierbei ist $\boldsymbol{Q}$ eine unitäre Matrix, und $\boldsymbol{R}$ hat die Gestalt

$$\boldsymbol{R} = \begin{bmatrix} r_{11} & \cdots & r_{1m} \\ & \ddots & \vdots \\ & & r_{mm} \\ & & \\ & & \end{bmatrix}. \tag{A.3}$$

Die QR-Zerlegung kann zum Beispiel mittels *Householder-Reflexionen* oder durch *Givens-Rotationen* berechnet werden, siehe Abschnitte A.1.4 und A.1.5. Im Folgenden wird gezeigt, wie (A.1) durch eine QR-Zerlegung gelöst werden kann. Einsetzen von (A.2) in (A.1) ergibt

$$\boldsymbol{a} = \underset{\boldsymbol{\alpha}}{\operatorname{argmin}} \; \|\boldsymbol{Q}\boldsymbol{R}\boldsymbol{\alpha} - \boldsymbol{x}\|. \tag{A.4}$$

A. Mertins, *Signaltheorie*, https://doi.org/10.1007/978-3-658-41529-7

Für (A.4) kann auch

$$\boldsymbol{a} = \underset{\boldsymbol{\alpha}}{\text{argmin}} \left\| \boldsymbol{Q}^H \boldsymbol{Q} \boldsymbol{R} \boldsymbol{\alpha} - \boldsymbol{Q}^H \boldsymbol{x} \right\| = \underset{\boldsymbol{\alpha}}{\text{argmin}} \left\| \boldsymbol{R} \boldsymbol{\alpha} - \boldsymbol{Q}^H \boldsymbol{x} \right\| \tag{A.5}$$

geschrieben werden, denn durch die Multiplikation mit einer unitären Matrix ändert sich die Norm des Differenzvektors nicht. Mit der Abkürzung $\boldsymbol{y} = \boldsymbol{Q}^H \boldsymbol{x}$ erhält man folgende Struktur:

$$\|\boldsymbol{R}\boldsymbol{\alpha} - \boldsymbol{y}\| = \left\| \begin{bmatrix} r_{11} & \cdots & r_{1m} \\ & \ddots & \vdots \\ & & r_{mm} \\ & & \\ & & \end{bmatrix} \cdot \begin{bmatrix} \alpha_1 \\ \vdots \\ \alpha_m \end{bmatrix} - \begin{bmatrix} y_1 \\ \vdots \\ y_m \\ y_{m+1} \\ \vdots \\ y_n \end{bmatrix} \right\| . \tag{A.6}$$

Mit

$$\boldsymbol{X} = \begin{bmatrix} r_{11} & \cdots & r_{1m} \\ & \ddots & \vdots \\ & & r_{mm} \end{bmatrix}, \quad \boldsymbol{z} = \begin{bmatrix} y_1 \\ \vdots \\ y_m \end{bmatrix}, \quad \boldsymbol{N} = \begin{bmatrix} 0 & \cdots & 0 \\ \vdots & & \vdots \\ 0 & \cdots & 0 \end{bmatrix}, \quad \boldsymbol{f} = \begin{bmatrix} y_{m+1} \\ \vdots \\ y_n \end{bmatrix} \tag{A.7}$$

lautet (A.6) schließlich

$$\|\boldsymbol{R}\boldsymbol{\alpha} - \boldsymbol{y}\| = \left\| \begin{bmatrix} \boldsymbol{X} \\ \boldsymbol{N} \end{bmatrix} \boldsymbol{\alpha} - \begin{bmatrix} \boldsymbol{z} \\ \boldsymbol{f} \end{bmatrix} \right\| = \left\| \begin{bmatrix} \boldsymbol{X}\boldsymbol{\alpha} - \boldsymbol{z} \\ \boldsymbol{N}\boldsymbol{\alpha} - \boldsymbol{f} \end{bmatrix} \right\| . \tag{A.8}$$

Die Norm wird minimal, wenn der Vektor $\boldsymbol{\alpha} = \boldsymbol{a}$ die Lösung des Gleichungssystems

$$\boldsymbol{X}\boldsymbol{a} = \boldsymbol{z} \tag{A.9}$$

ist. Das Gleichungssystem ist dabei bereits nach dem gaußschen Eliminationsverfahren aufgelöst. Für die Norm des Fehlers gilt dann

$$\|\boldsymbol{R}\boldsymbol{a} - \boldsymbol{y}\| = \left\| \begin{bmatrix} \boldsymbol{X}\boldsymbol{a} - \boldsymbol{z} \\ \boldsymbol{f} \end{bmatrix} \right\| = \|\boldsymbol{f}\| . \tag{A.10}$$

A.1.2 Die Moore-Penrose-Pseudoinverse

Betrachtet wird das Kriterium

$$\boldsymbol{a} = \underset{\boldsymbol{\alpha}}{\text{argmin}} \left\| \boldsymbol{B}\boldsymbol{\alpha} - \boldsymbol{x} \right\| , \tag{A.11}$$

wobei $\|\cdot\|$ die ℓ_2-Norm bezeichnet. Die bekannten Lösungen (2.155) und (2.157), d. h.

$$\begin{aligned} \boldsymbol{a} &= \left[\boldsymbol{B}^H\boldsymbol{B}\right]^{-1}\boldsymbol{B}^H\boldsymbol{x}, \\ \hat{\boldsymbol{x}} &= \boldsymbol{B}\left[\boldsymbol{B}^H\boldsymbol{B}\right]^{-1}\boldsymbol{B}^H\boldsymbol{x}, \end{aligned} \tag{A.12}$$

können nur angewendet werden, wenn $\left[\boldsymbol{B}^H\boldsymbol{B}\right]^{-1}$ existiert, also wenn die Spalten der Matrix $\boldsymbol{B}$ linear unabhängig sind. Es ist aber auch dann eine orthogonale Projektion möglich, wenn die Matrix $\boldsymbol{B}$ linear abhängige Vektoren enthält. Eine allgemeine Lösung des Projektionsproblems erhält man, wenn man anstelle von $\left[\boldsymbol{B}^H\boldsymbol{B}\right]^{-1}\boldsymbol{B}^H$ eine Matrix $\boldsymbol{B}^+$ über

$$\boldsymbol{B}^+\boldsymbol{B} = (\boldsymbol{B}^+\boldsymbol{B})^H, \tag{A.13}$$

$$\boldsymbol{B}\boldsymbol{B}^+ = (\boldsymbol{B}\boldsymbol{B}^+)^H, \tag{A.14}$$

$$\boldsymbol{B}\boldsymbol{B}^+\boldsymbol{B} = \boldsymbol{B}, \tag{A.15}$$

$$\boldsymbol{B}^+\boldsymbol{B}\boldsymbol{B}^+ = \boldsymbol{B}^+ \tag{A.16}$$

einführt. Es gibt zu einer gegebenen Matrix $\boldsymbol{B}$ genau eine Matrix $\boldsymbol{B}^+$, die die Bedingungen (A.13) – (A.16) erfüllt. Diese Matrix wird als *Moore-Penrose-Pseudoinverse* von $\boldsymbol{B}$ bezeichnet. Die Ausdrücke $\boldsymbol{B}^+\boldsymbol{B}$ und $\boldsymbol{B}\boldsymbol{B}^+$ beschreiben orthogonale Projektionen, denn unter den Voraussetzungen (A.13) – (A.16) gilt

$$\begin{aligned} \left[\boldsymbol{x} - \boldsymbol{B}\boldsymbol{B}^+\boldsymbol{x}\right]^H \boldsymbol{B}\boldsymbol{B}^+\boldsymbol{x} &= 0, \\ \left[\boldsymbol{a} - \boldsymbol{B}^+\boldsymbol{B}\boldsymbol{a}\right]^H \boldsymbol{B}^+\boldsymbol{B}\boldsymbol{a} &= 0. \end{aligned} \tag{A.17}$$

Geht man davon aus, dass $\boldsymbol{B}$ eine $n \times m$ Matrix ist, die den Rang $k = m$ oder $k = n$ besitzt, dann gilt

$$\begin{aligned} \boldsymbol{B}^+ &= \left[\boldsymbol{B}^H\boldsymbol{B}\right]^{-1}\boldsymbol{B}^H, & k &= m, \\ \boldsymbol{B}^+ &= \boldsymbol{B}^H\left[\boldsymbol{B}\boldsymbol{B}^H\right]^{-1}, & k &= n, \\ \boldsymbol{B}^+ &= \boldsymbol{B}^{-1}, & k &= n = m. \end{aligned} \tag{A.18}$$

Die Matrix $\boldsymbol{B}^+$ lässt sich mit hoher Genauigkeit über die Singulärwertzerlegung

$$\boldsymbol{B} = \boldsymbol{U}\boldsymbol{\Sigma}\boldsymbol{V}^H \tag{A.19}$$

berechnen. $\boldsymbol{U}$ und $\boldsymbol{V}$ sind hierbei unitäre Matrizen. Für $m < n$ hat $\boldsymbol{\Sigma}$ die Gestalt

$$\boldsymbol{\Sigma} = \begin{bmatrix} \boldsymbol{S} \\ \boldsymbol{0}_{(n-m)\times m} \end{bmatrix} \quad \text{mit} \quad \boldsymbol{S} = \operatorname{diag}\{\sigma_1, \sigma_2, \ldots, \sigma_m\}. \tag{A.20}$$

Diejenigen Werte σ_i, für die $\sigma_i > 0$ gilt, werden als die singulären Werte von $\boldsymbol{B}$ bezeichnet.

Mit

$$\boldsymbol{\Sigma}^{+} = \left[\boldsymbol{T},\, \boldsymbol{0}_{m\times(n-m)}\right], \quad \boldsymbol{T} = \operatorname{diag}\{\tau_1, \tau_2, \ldots, \tau_m\}, \quad \tau_i = \begin{cases} 1/\sigma_i, & \text{falls } \sigma_i \neq 0 \\ 0, & \text{falls } \sigma_i = 0 \end{cases} \tag{A.21}$$

berechnet sich die Pseudoinverse $\boldsymbol{B}^{+}$ zu

$$\boldsymbol{B}^{+} = \boldsymbol{V}\boldsymbol{\Sigma}^{+}\boldsymbol{U}^{H}. \tag{A.22}$$

Es lässt sich einfach zeigen, dass die Forderungen (A.13) – (A.16) mit $\boldsymbol{B}^{+}$ nach (A.22) erfüllt sind. Gleichung (A.12) wird durch

$$\begin{aligned} \boldsymbol{a} &= \boldsymbol{B}^{+}\boldsymbol{x}, \\ \hat{\boldsymbol{x}} &= \boldsymbol{B}\boldsymbol{B}^{+}\boldsymbol{x} \end{aligned} \tag{A.23}$$

ersetzt. Durch die Bildung der Produkte $\boldsymbol{B}^{H}\boldsymbol{B}$ und $\boldsymbol{B}\boldsymbol{B}^{H}$ erhält man Gleichungen zur Berechnung der Singulärwertzerlegung. Mit $\boldsymbol{B}$ nach (A.19) gilt

$$\begin{aligned} \boldsymbol{B}^{H}\boldsymbol{B} &= \boldsymbol{V}\boldsymbol{\Sigma}^{H}\boldsymbol{U}^{H}\boldsymbol{U}\boldsymbol{\Sigma}\boldsymbol{V}^{H} &= \boldsymbol{V}\left[\boldsymbol{\Sigma}^{H}\boldsymbol{\Sigma}\right]\boldsymbol{V}^{H}, \\ \boldsymbol{B}\boldsymbol{B}^{H} &= \boldsymbol{U}\boldsymbol{\Sigma}\boldsymbol{V}^{H}\boldsymbol{V}\boldsymbol{\Sigma}^{H}\boldsymbol{U}^{H} &= \boldsymbol{U}\left[\boldsymbol{\Sigma}\boldsymbol{\Sigma}^{H}\right]\boldsymbol{U}^{H}. \end{aligned} \tag{A.24}$$

Das heißt, die Quadrate der singulären Werte von $\boldsymbol{B}$ sind die Eigenwerte von $\boldsymbol{B}^{H}\boldsymbol{B}$ und gleichzeitig von $\boldsymbol{B}\boldsymbol{B}^{H}$. Die Matrix $\boldsymbol{V}$ enthält die orthonormalen Eigenvektoren von $\boldsymbol{B}^{H}\boldsymbol{B}$. Entsprechend enthält $\boldsymbol{U}$ die Eigenvektoren von $\boldsymbol{B}\boldsymbol{B}^{H}$.

Anmerkung Es gilt auch $\boldsymbol{B}^{+} = \left[\boldsymbol{B}^{H}\boldsymbol{B}\right]^{+}\boldsymbol{B}^{H}$. Diese Eigenschaft lässt sich auf den Fall kontinuierlicher Funktionen übertragen, und mit $\boldsymbol{\Gamma} = [\boldsymbol{\Phi}^{T}]^{+}$ anstelle von $\boldsymbol{\Gamma} = [\boldsymbol{\Phi}^{T}]^{-1}$ in (2.134) kann man das zu einem Funktionensystem $\varphi_i(t)$ duale Funktionensystem $\theta_k(t)$ berechnen.

A.1.3 Der Nullraum

Betrachtet wird das Problem

$$\boldsymbol{B}\boldsymbol{a} = \hat{\boldsymbol{x}}, \tag{A.25}$$

wobei $\hat{\boldsymbol{x}} = \boldsymbol{B}\boldsymbol{B}^{+}\boldsymbol{x}$ die orthogonale Projektion eines beliebigen Vektors $\boldsymbol{x}$ auf den Spaltenraum von $\boldsymbol{B}$ ist. Es ist leicht festzustellen, dass die Lösung von (A.25) auch die Lösung von (A.11) ist. In Abhängigkeit von $\boldsymbol{B}$ kann die Lösung für $\boldsymbol{a}$ entweder eindeutig sein, oder es existiert eine unendliche Menge von Lösungen. Die Lösungsmenge kann dabei über den Nullraum der Matrix $\boldsymbol{B}$ beschrieben werden.

Der Nullraum einer Matrix $\boldsymbol{B}$ enthält alle Vektoren $\boldsymbol{a}$, die zu $\boldsymbol{B}\boldsymbol{a} = \boldsymbol{0}$ führen. Die Schreibweise lautet $\mathcal{N}(\boldsymbol{B})$. Um $\mathcal{N}(\boldsymbol{B})$ zu beschreiben, gehen wir von einer Matrix $\boldsymbol{B}$ mit der Dimension $n \times m$ und dem Rang r aus. Wenn $r = m$ gilt, dann ist $\mathcal{N}(\boldsymbol{B})$ lediglich der Nullvektor, und $\boldsymbol{a} = \boldsymbol{B}^{+}\hat{\boldsymbol{x}} = \boldsymbol{B}^{+}\boldsymbol{x}$ ist die eindeutige Lösung zu (A.25) und damit auch zu (A.11). Im Falle $r < m$ besitzt $\mathcal{N}(\boldsymbol{B})$ die Dimension $m - r$, was bedeutet, dass $\mathcal{N}(\boldsymbol{B})$ durch $m - r$ linear unabhängige Vektoren aufgespannt wird. Diese Vektoren können so gewählt werden, dass sie eine orthonormale Basis für den Nullraum bilden. Mit der Definition einer Matrix $\boldsymbol{N}$ der Dimension $m \times (m - r)$, deren Spaltenraum der Nullraum von $\boldsymbol{B}$ ist, gilt

$$\boldsymbol{BN} = \boldsymbol{0}. \tag{A.26}$$

Die Gesamtheit der Lösungen zu (A.25) ist dann durch

$$\boldsymbol{a} = \tilde{\boldsymbol{a}} + \boldsymbol{Np} \qquad \text{mit} \qquad \tilde{\boldsymbol{a}} = \boldsymbol{B}^+\hat{\boldsymbol{x}} = \boldsymbol{B}^+\boldsymbol{x} \tag{A.27}$$

und beliebigem Vektor $\boldsymbol{p} \in \mathbb{C}^{m-r}$ gegeben. In einigen Anwendungen ist es sinnvoll, die durch $\boldsymbol{p}$ gegebenen Lösungsfreiheiten zu nutzen, um zusätzliche Kriterien bei der Bestimmung von $\boldsymbol{a}$ zu erfüllen. Die durch die Pseudoinverse gegebene Lösung $\tilde{\boldsymbol{a}} = \boldsymbol{B}^+\boldsymbol{x}$ stellt dabei die Lösung mit minimaler euklidischer Norm dar. Um dies zu sehen, betrachten wir die quadrierte Norm von $\boldsymbol{a}$:

$$\begin{aligned} \|\boldsymbol{a}\|^2 &= \boldsymbol{a}^H\boldsymbol{a} \\ &= [\boldsymbol{B}^+\boldsymbol{x} + \boldsymbol{Np}]^H [\boldsymbol{B}^+\boldsymbol{x} + \boldsymbol{Np}] \\ &= \boldsymbol{x}^H(\boldsymbol{B}^+)^H\boldsymbol{B}^+\boldsymbol{x} + \boldsymbol{p}^H\boldsymbol{N}^H\boldsymbol{B}^+\boldsymbol{x} + \boldsymbol{x}^H(\boldsymbol{B}^+)^H\boldsymbol{Np} + \boldsymbol{p}^H\boldsymbol{N}^H\boldsymbol{Np}. \end{aligned} \tag{A.28}$$

Der zweite und dritte Summand verschwinden wegen $\boldsymbol{BN} = \boldsymbol{0}$, was auch $\boldsymbol{N}^H\boldsymbol{B}^+ = \boldsymbol{0}$ impliziert. Den Lösungsvektor mit kürzester euklidischer Länge erhält man daher für $\boldsymbol{p} = \boldsymbol{0}$, d. h. für $\boldsymbol{a} = \tilde{\boldsymbol{a}}$. Andere interessante Lösungen, die allerdings eine numerische Optimierung von $\boldsymbol{p}$ erfordern, sind Lösungen mit kleinster ℓ_1-Norm, weil diese zu spärlich besetzten Vektoren $\boldsymbol{a}$ führen.

Die Matrix $\boldsymbol{N}$, die die Basis des Nullraums enthält, lässt sich leicht über die Singulärwertzerlegung

$$\boldsymbol{B} = \boldsymbol{U\Sigma V}^H \tag{A.29}$$

finden. Eine orthonormale Matrix $\boldsymbol{N}$ ist durch die zu den Singulärwerten $[\boldsymbol{\Sigma}]_{ii} = 0$ gehörenden Spalten von $\boldsymbol{V}$ gegeben.

A.1.4 Householder-Transformationen

Householder-Transformationen bieten eine einfache und numerisch sehr stabile Möglichkeit, um QR-Zerlegungen vorzunehmen und auf diese Weise Normalengleichungen zu lösen. Die QR-Zerlegung wird dabei schrittweise mittels Reflexionen von Vektoren an Hyperebenen ausgeführt. Um den Grundgedanken der Householder-Transformationen zu erläutern, wird von zwei Vektoren $\boldsymbol{x}, \boldsymbol{w} \in \mathbb{C}^n$ ausgegangen, und es wird die Projektion von $\boldsymbol{x}$ auf den eindimensionalen Unterraum $W = \text{span}\,\{\boldsymbol{w}\}$ betrachtet:

$$\boldsymbol{P}_w\,\boldsymbol{x} = \boldsymbol{w}\,\frac{1}{\boldsymbol{w}^H\boldsymbol{w}}\,\boldsymbol{w}^H\boldsymbol{x}. \tag{A.30}$$

Bild A.1 Householder-Reflexion

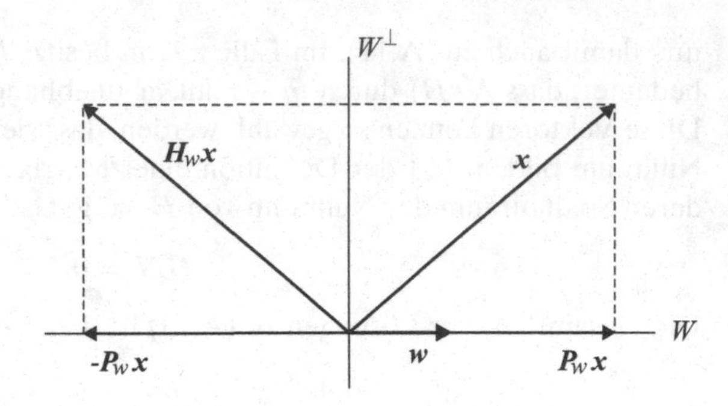

Der Raum $\mathbb{C}^n$ wird hierbei in die orthogonale Summe

$$\mathbb{C}^n = W \stackrel{\perp}{\oplus} W^\perp \tag{A.31}$$

zerlegt. Unter der Householder-Transformation $\boldsymbol{H}_w\,\boldsymbol{x}$, auch *Householder-Reflexion* genannt, versteht man nun die in Bild A.1 dargestellte Spiegelung von $\boldsymbol{x}$ an der Hyperebene $W^\perp$. Wie man in Bild A.1 erkennt, berechnet sich der gespiegelte Vektor $\boldsymbol{H}_w\,\boldsymbol{x}$ zu

$$\boldsymbol{H}_w\,\boldsymbol{x} = \boldsymbol{x} - 2\,\boldsymbol{P}_w\,\boldsymbol{x}. \tag{A.32}$$

Mit $\boldsymbol{P}_w$ nach (A.30) ergibt sich für die *Householder-Matrix* $\boldsymbol{H}_w$:

$$\boldsymbol{H}_w = \boldsymbol{I} - \frac{2}{\boldsymbol{w}^H\boldsymbol{w}}\,\boldsymbol{w}\boldsymbol{w}^H. \tag{A.33}$$

Aus (A.33) ergibt sich die folgende Eigenschaft von Householder-Matrizen:

$$\begin{aligned}
\boldsymbol{H}_w^H\boldsymbol{H}_w = \boldsymbol{H}_w\boldsymbol{H}_w &= \left[\boldsymbol{I} - \tfrac{2}{\boldsymbol{w}^H\boldsymbol{w}}\,\boldsymbol{w}\boldsymbol{w}^H\right]\left[\boldsymbol{I} - \tfrac{2}{\boldsymbol{w}^H\boldsymbol{w}}\,\boldsymbol{w}\boldsymbol{w}^H\right] \\
&= \boldsymbol{I} - \tfrac{4}{\boldsymbol{w}^H\boldsymbol{w}}\,\boldsymbol{w}\boldsymbol{w}^H + \tfrac{4}{\boldsymbol{w}^H\boldsymbol{w}}\,\boldsymbol{w}\boldsymbol{w}^H\boldsymbol{w}\boldsymbol{w}^H \\
&= \boldsymbol{I}.
\end{aligned} \tag{A.34}$$

Die Matrix $\boldsymbol{H}_w$ ist also unitär und hermitesch. Weiterhin gilt

$$\det\{\boldsymbol{H}_w\} = -1. \tag{A.35}$$

Um die Householder-Transformation praktisch nutzen zu können, wird ausgehend von einem gegebenen Vektor $\boldsymbol{x}$ nach demjenigen Vektor $\boldsymbol{w}$ gesucht, für den nur die i-te Komponente von $\boldsymbol{H}_w\,\boldsymbol{x}$ von null verschieden ist. Hierzu wird der Ansatz

$$\boldsymbol{w} = \boldsymbol{x} + \alpha\,\boldsymbol{e}_i, \qquad \boldsymbol{e}_i^T = [0, \ldots, 0, 1, 0, \ldots, 0] \tag{A.36}$$

$\uparrow$ i-tes Element

gemacht. Für $\boldsymbol{H}_w\,\boldsymbol{x}$ ergibt sich

$$\begin{aligned}\boldsymbol{H}_w\,\boldsymbol{x} &= \boldsymbol{x} - 2\frac{\boldsymbol{w}\boldsymbol{w}^H}{\boldsymbol{w}^H\boldsymbol{w}}\,\boldsymbol{x} \\ &= \boldsymbol{x} - 2\frac{\boldsymbol{w}^H\boldsymbol{x}}{\boldsymbol{w}^H\boldsymbol{w}}\,\boldsymbol{w} \\ &= \boldsymbol{x} - 2\frac{\boldsymbol{w}^H\boldsymbol{x}}{\boldsymbol{w}^H\boldsymbol{w}}\,[\boldsymbol{x} + \alpha\,\boldsymbol{e}_i] \\ &= \left(1 - 2\frac{\boldsymbol{w}^H\boldsymbol{x}}{\boldsymbol{w}^H\boldsymbol{w}}\right)\boldsymbol{x} - 2\alpha\,\frac{\boldsymbol{w}^H\boldsymbol{x}}{\boldsymbol{w}^H\boldsymbol{w}}\,\boldsymbol{e}_i.\end{aligned} \tag{A.37}$$

Damit nur die i-te Komponente von $\boldsymbol{H}_w\,\boldsymbol{x}$ von null verschieden ist, muss der in runden Klammern in (A.37) stehende Ausdruck verschwinden:

$$1 - 2\frac{\boldsymbol{w}^H\boldsymbol{x}}{\boldsymbol{w}^H\boldsymbol{w}} = 1 - 2\frac{\|\boldsymbol{x}\|^2 + \alpha^* x_i}{\|\boldsymbol{x}\|^2 + \alpha x_i^* + \alpha^* x_i + |\alpha|^2} = 0. \tag{A.38}$$

Darin ist x_i die i-te Komponente von $\boldsymbol{x}$. Wie man leicht überprüfen kann, ist (A.38) für

$$\alpha = \pm\frac{x_i}{|x_i|}\,\|\boldsymbol{x}\| \tag{A.39}$$

erfüllt. Um zu verhindern, dass sich für den Fall $\boldsymbol{x} \approx \beta\boldsymbol{e}_i$ mit $\beta \in \mathbb{R}$ ein Vektor $\boldsymbol{w} \approx \boldsymbol{0}$ ergibt, zieht man das positive Vorzeichen in (A.39) vor und erhält damit

$$\boldsymbol{w} = \boldsymbol{x} + \frac{x_i}{|x_i|}\,\|\boldsymbol{x}\|\,\boldsymbol{e}_i. \tag{A.40}$$

Durch Einsetzen von $\boldsymbol{w}$ nach (A.40) in (A.37) ergibt sich schließlich noch

$$\boldsymbol{H}_w\,\boldsymbol{x} = -\frac{x_i}{|x_i|}\,\|\boldsymbol{x}\|\,\boldsymbol{e}_i. \tag{A.41}$$

Anwendung der Householder-Transformation zur QR-Zerlegung Wir betrachten das Ausgleichsproblem $\|\boldsymbol{A}\boldsymbol{v} - \boldsymbol{b}\| \to \min$ mit

$$\boldsymbol{A} = \begin{bmatrix} a_{11}^{(1)} & \dots & a_{1m}^{(1)} \\ \vdots & & \vdots \\ a_{n1}^{(1)} & \dots & a_{nm}^{(1)} \end{bmatrix}, \qquad \boldsymbol{A} \in \mathbb{C}^{n,m}, \qquad n > m \tag{A.42}$$

und streben eine Lösung durch QR-Zerlegung an. Zunächst wählen wir den Vektor $\boldsymbol{x}_1$ als erste Spalte der Matrix $\boldsymbol{A}$:

$$\boldsymbol{x}_1 = \left[a_{11}^{(1)}, \dots, a_{n,1}^{(1)}\right]^T. \tag{A.43}$$

Die Multiplikation der Matrix $\boldsymbol{A}$ mit der Householder-Matrix

$$\boldsymbol{H}_1 = \boldsymbol{I} - 2\frac{\boldsymbol{w}_1\boldsymbol{w}_1^H}{\boldsymbol{w}_1^H\boldsymbol{w}_1}, \qquad \boldsymbol{w}_1 = \boldsymbol{x}_1 + \frac{a_{11}^{(1)}}{|a_{11}^{(1)}|}\,\|\boldsymbol{x}_1\|\,\boldsymbol{e}_1 \tag{A.44}$$

ergibt eine Matrix, in deren erster Spalte nur das Element r_{11} von null verschieden ist:

$$H_1 A = \begin{bmatrix} r_{11} & r_{12} & \dots & r_{1m} \\ 0 & a_{22}^{(2)} & \dots & a_{2m}^{(2)} \\ \vdots & \vdots & & \vdots \\ 0 & a_{n2}^{(2)} & \dots & a_{nm}^{(2)} \end{bmatrix}. \tag{A.45}$$

Im zweiten Schritt wählen wir

$$x_2 = \left[0, a_{22}^{(2)}, \dots, a_{n2}^{(2)}\right]^T, \qquad w_2 = x_2 + \frac{a_{22}^{(2)}}{|a_{22}^{(2)}|} \|x_2\| \, e_2, \qquad H_2 = I - 2\frac{w_2 w_2^H}{w_2^H w_2} \tag{A.46}$$

und erhalten

$$H_2 H_1 A = \begin{bmatrix} r_{11} & r_{12} & r_{13} & \dots & r_{1m} \\ 0 & r_{22} & r_{23} & \dots & r_{2m} \\ 0 & 0 & a_{33}^{(3)} & \dots & a_{3m}^{(3)} \\ \vdots & \vdots & \vdots & & \vdots \\ 0 & 0 & a_{n3}^{(3)} & \dots & a_{nm}^{(3)} \end{bmatrix}. \tag{A.47}$$

Nach maximal m Schritten ergibt sich

$$H_m \cdots H_2 H_1 A = R, \tag{A.48}$$

wobei nur die obere rechte Dreiecksmatrix der Matrix R von null verschieden ist. Das bedeutet, die QR-Zerlegung ist ausgeführt. Tritt bei der Berechnung der Fall ein, dass einer der Werte $a_{ii}^{(i)}$ gleich null ist, so wird w_i zu $w_i = x_i + \|x_i\| \, e_i$ gewählt. Tritt der Fall $\|x_i\| = 0$ ein, so ist eine Vertauschung der Spalten vorzunehmen.

A.1.5 Givens-Rotationen

Rotationen bieten neben den Householder-Reflexionen eine weitere Möglichkeit, um eine QR-Zerlegung auszuführen. Hierzu betrachten wir zunächst die Drehung eines reellwertigen Vektors x um den Winkel ϕ durch Multiplikation von x mit einer Rotationsmatrix G. Mit

$$x = \begin{bmatrix} x_1 \\ x_2 \end{bmatrix} = \begin{bmatrix} r\cos\alpha \\ r\sin\alpha \end{bmatrix} \qquad \text{und} \qquad G = \begin{bmatrix} \cos\phi & \sin\phi \\ -\sin\phi & \cos\phi \end{bmatrix} \tag{A.49}$$

erhält man

$$x' = Gx = \begin{bmatrix} r\cos(\alpha - \phi) \\ r\sin(\alpha - \phi) \end{bmatrix}. \tag{A.50}$$

Man erkennt, dass sich für $\phi = \alpha$ ein Vektor $\boldsymbol{x}'$ ergibt, dessen zweite Komponente gleich null ist. Diese spezielle Rotationsmatrix lautet

$$\boldsymbol{G} = \begin{bmatrix} c & s \\ -s & c \end{bmatrix} \tag{A.51}$$

mit

$$c = \cos\alpha = \frac{x_1}{\sqrt{x_1^2 + x_2^2}} \qquad \text{und} \qquad s = \sin\alpha = \frac{x_2}{\sqrt{x_1^2 + x_2^2}}. \tag{A.52}$$

Für den gedrehten Vektor gilt

$$\boldsymbol{x}' = \boldsymbol{G}\boldsymbol{x} = \begin{bmatrix} r \\ 0 \end{bmatrix} = \begin{bmatrix} \sqrt{x_1^2 + x_2^2} \\ 0 \end{bmatrix}. \tag{A.53}$$

Wie man leicht überprüfen kann, lassen sich komplexwertige Vektoren mittels der Rotationsmatrix

$$\boldsymbol{G} = \begin{bmatrix} c & s \\ -s^* & c \end{bmatrix} \tag{A.54}$$

mit

$$c = \frac{x_1}{r}, \qquad s = \frac{x_2^*}{r} \qquad \text{und} \qquad r = \sqrt{|x_1|^2 + |x_2|^2} \tag{A.55}$$

in Vektoren $\boldsymbol{x}' = [r, 0]^T$ überführen. Die Matrix $\boldsymbol{G}$ nach (A.54) ist unitär, es gilt $\boldsymbol{G}^H\boldsymbol{G} = \boldsymbol{I}$.

Es wird nun ein Vektor

$$\boldsymbol{x} = [x_1, \ldots, x_{i-1}, x_i, x_{i+1}, \ldots, x_{j-1}, x_j, x_{j+1}, \ldots, x_n]^T \tag{A.56}$$

betrachtet, aus dem sich durch Ausführung einer Rotation ein Vektor

$$\boldsymbol{x}' = [x_1, \ldots, x_{i-1}, r, x_{i+1}, \ldots, x_{j-1}, 0, x_{j+1}, \ldots, x_n]^T \tag{A.57}$$

mit

$$r = \sqrt{|x_i|^2 + |x_j|^2} \tag{A.58}$$

erzeugen lässt. Die Drehung wird dabei nur auf die Elemente x_i und x_j angewandt. Mit

$$\boldsymbol{G} = \begin{bmatrix} 1 & & & & & & & \\ & \ddots & & & & & & \\ & & 1 & & & & & \\ & & & c & & s & & \\ & & & & 1 & & & \\ & & & & & \ddots & & \\ & & & & & 1 & & \\ & & & -s^* & & c & & \\ & & & & & & 1 & \\ & & & & & & & \ddots \\ & & & & & & & & 1 \end{bmatrix} \begin{matrix} \\ \\ \\ \leftarrow i \\ \\ \\ \\ \leftarrow j \\ \\ \\ \\ \end{matrix} \tag{A.59}$$

$\qquad\qquad\qquad\qquad\qquad\qquad\quad \uparrow_i \qquad \uparrow_j$

gilt

$$\boldsymbol{x}' = \boldsymbol{G}\boldsymbol{x}, \tag{A.60}$$

wobei die Matrix G unitär ist. Indem man die zuvor beschriebenen Rotationen wiederholt auf die Elemente einer Matrix anwendet, lässt sich eine QR-Zerlegung der Matrix ausführen.

A.2 Multivariate Gaußprozesse

Reellwertige Zufallsvariablen Es wird ein mittelwertfreier Zufallsprozess

$$\boldsymbol{x} = [x_1, x_2, \ldots, x_n]^T$$

betrachtet, dessen Komponenten reellwertige gaußverteilte Zufallsvariablen sind. Gesucht ist eine Beschreibung der Verbunddichte

$$p_{x_1,x_2,\ldots,x_n}(\alpha_1, \alpha_2, \ldots, \alpha_n) = p_{\boldsymbol{x}}(\boldsymbol{\alpha}). \tag{A.61}$$

Im Falle statistisch unabhängiger Komponenten x_i lässt sich die Verbunddichte als Produkt der skalaren Dichten

$$p_{x_i}(\alpha_i) = \frac{1}{\sqrt{2\pi\sigma_i^2}}\, e^{\frac{-\alpha_i^2}{2\sigma_i^2}} \tag{A.62}$$

angeben. Sind die Komponenten x_i korreliert, dann können mit der Karhunen-Loève-Transformation unkorrelierte Koeffizienten erzeugt werden. Hierzu wird der Prozess als

$$\boldsymbol{x} = \boldsymbol{U}\,\boldsymbol{v}, \qquad \boldsymbol{v} = \boldsymbol{U}^T\boldsymbol{x} \tag{A.63}$$

geschrieben, wobei $\boldsymbol{U}$ die Eigenvektoren der Kovarianzmatrix $\boldsymbol{R}_{xx} = E\left\{\boldsymbol{x}\boldsymbol{x}^T\right\}$ enthält. Die Komponenten v_i des Vektors $\boldsymbol{v}$ sind unkorreliert, so dass für dessen Kovarianzmatrix nach (6.151)

$$E\left\{\boldsymbol{v}\boldsymbol{v}^T\right\} = \boldsymbol{\Lambda} = \text{diag}\left[\lambda_1, \lambda_2, \ldots, \lambda_n\right] \tag{A.64}$$

gilt. Da eine Linearkombination gaußscher Zufallsvariablen wieder auf eine gaußsche Zufallsvariable führt, lässt sich die Dichte der Koeffizienten v_i als

$$p_{v_i}(\beta_i) = \frac{1}{\sqrt{2\pi\lambda_i}}\, e^{\frac{-\beta_i^2}{2\lambda_i}} \tag{A.65}$$

schreiben. Da unkorrelierte gaußsche Zufallsvariablen auch statistisch unabhängig voneinander sind, kann die Verbunddichte der Koeffizienten als Produkt der einzelnen Dichten geschrieben werden:

$$p_{\boldsymbol{v}}(\boldsymbol{\beta}) = \prod_{i=1}^{n} p_{v_i}(\beta_i) = \frac{1}{(2\pi)^{\frac{n}{2}}\left(\prod_{i=1}^{n}\lambda_i\right)^{\frac{1}{2}}}\, e^{-\frac{1}{2}\sum_{i=1}^{n}\frac{\beta_i^2}{\lambda_i}}. \tag{A.66}$$

Mit $\det(\boldsymbol{\Lambda}) = \prod_{i=1}^{n} \lambda_i$ und (6.154) lautet (A.66)

$$p_{\boldsymbol{v}}(\boldsymbol{\beta}) = \left((2\pi)^{\frac{n}{2}} \det(\boldsymbol{\Lambda})^{\frac{1}{2}}\right)^{-1} e^{-\frac{1}{2}\boldsymbol{\beta}^T \boldsymbol{\Lambda}^{-1} \boldsymbol{\beta}}. \tag{A.67}$$

Daraus ergibt sich unter Beachtung von (6.152) und (6.155) sowie

$$\det(\boldsymbol{U}^T \boldsymbol{R}_{xx} \boldsymbol{U}) = \det(\boldsymbol{U}^T)\ \det(\boldsymbol{R}_{xx})\ \det(\boldsymbol{U}) \tag{A.68}$$

mit $|\det(\boldsymbol{U})| = 1$ (orthonormale Matrix) der folgende Ausdruck für die gesuchte Dichte:

$$p_{\boldsymbol{x}}(\boldsymbol{\alpha}) = \left((2\pi)^{\frac{n}{2}} \det(\boldsymbol{R}_{xx})^{\frac{1}{2}}\right)^{-1} e^{-\frac{1}{2}\boldsymbol{\alpha}^T \boldsymbol{R}_{xx}^{-1} \boldsymbol{\alpha}}. \tag{A.69}$$

Betrachtet man einen mittelwertbehafteten Zufallsprozess

$$\boldsymbol{z} = \boldsymbol{m}_z + \boldsymbol{x} \tag{A.70}$$

mit dem Mittelwert $\boldsymbol{m}_z = E\{\boldsymbol{z}\}$, dann lässt sich die Dichte als

$$p_{\boldsymbol{z}}(\boldsymbol{\gamma}) = \left((2\pi)^{\frac{n}{2}} \det(\boldsymbol{R}_{xx})^{\frac{1}{2}}\right)^{-1} e^{-\frac{1}{2}[\boldsymbol{\gamma} - \boldsymbol{m}_z]^T \boldsymbol{R}_{xx}^{-1} [\boldsymbol{\gamma} - \boldsymbol{m}_z]} \tag{A.71}$$

angeben.

Komplexwertige Zufallsvariablen Betrachtet wird ein mittelwertfreier, komplexwertiger, gaußverteilter Prozess $\boldsymbol{x} \in \mathbb{C}^n$. Um die Dichte des Prozesses anzugeben, kann man einen reellwertigen Vektor

$$\boldsymbol{y} = \begin{bmatrix} \boldsymbol{x}_R \\ \boldsymbol{x}_I \end{bmatrix} \tag{A.72}$$

mit $\boldsymbol{x}_R = \Re\{\boldsymbol{x}\}$ und $\boldsymbol{x}_I = \Im\{\boldsymbol{x}\}$ definieren und die Dichte nach Gleichung (A.69) beschreiben. Der Vektor $\boldsymbol{y}$ ist $2n$-dimensional, so dass man

$$p_{\boldsymbol{x}}(\boldsymbol{\alpha}) = p_{\boldsymbol{y}}(\boldsymbol{\beta}) = \left((2\pi)^{n} \det(\boldsymbol{R}_{yy})^{\frac{1}{2}}\right)^{-1} e^{-\frac{1}{2}\boldsymbol{\beta}^T \boldsymbol{R}_{yy}^{-1} \boldsymbol{\beta}} \tag{A.73}$$

mit $\boldsymbol{R}_{yy} = E\{\boldsymbol{y}\boldsymbol{y}^T\}$ erhält.

Unter der Voraussetzung, dass der komplexwertige Prozess $\boldsymbol{x}$ und seine in der Phase gedrehte Variante $e^{j\theta}\boldsymbol{x}$ für jeden Winkel θ mit $0 \leq \theta < 2\pi$ identisch verteilt sind, lässt sich die Dichte von $\boldsymbol{x}$ auch in der Form

$$p_{\boldsymbol{x}}(\boldsymbol{\gamma}) = (\pi^n \det(\boldsymbol{R}_{xx}))^{-1} e^{-\boldsymbol{\gamma}^H \boldsymbol{R}_{xx}^{-1} \boldsymbol{\gamma}} \tag{A.74}$$

mit $\boldsymbol{R}_{xx} = E\{\boldsymbol{x}\boldsymbol{x}^H\}$ angeben. Dieser Zusammenhang ist als das *Grettenberg-Theorem* bekannt. Er wurde von Grettenberg in [2] für den Fall gezeigt, dass die Komponenten von $\boldsymbol{x}$ die zu beliebigen Zeitpunkten $t_1, t_2, \ldots, t_N$ entnommenen

Werte $x(t_i)$ eines komplexwertigen stationären, mittelwertfreien Gaußprozesses $x(t)$ sind. Solche Prozesse treten zum Beispiel in der Nachrichtentechnik als komplexe Einhüllende stationärer Bandpassprozesse auf. Der Ausdruck (A.74) gilt jedoch auch für beliebige andere komplexwertige Gaußprozesse, sofern die oben genannte Bedingung der Phaseninvarianz erfüllt ist.

Um den Ausdruck (A.74) herzuleiten, betrachten wir den speziellen Winkel $\theta = \frac{\pi}{2}$ und definieren den Prozess $\boldsymbol{z} = j\boldsymbol{x}$. Wegen $\boldsymbol{z}_R = \Re\{\boldsymbol{z}\} = -\boldsymbol{x}_I$ und $\boldsymbol{z}_I = \Im\{\boldsymbol{z}\} = \boldsymbol{x}_R$ gilt unter der Annahme identischer Verteilungen für $\boldsymbol{x}$ und $\boldsymbol{z}$

$$E\left\{\boldsymbol{z}_R\boldsymbol{z}_R^T\right\} = E\left\{\boldsymbol{x}_R\boldsymbol{x}_R^T\right\} = E\left\{\boldsymbol{x}_I\boldsymbol{x}_I^T\right\} \tag{A.75}$$

sowie

$$E\left\{\boldsymbol{z}_R\boldsymbol{z}_I^T\right\} = E\left\{\boldsymbol{x}_R\boldsymbol{x}_I^T\right\} = -E\left\{\boldsymbol{x}_I\boldsymbol{x}_R^T\right\}. \tag{A.76}$$

Diese Besonderheit lässt sich auch als

$$E\left\{\boldsymbol{x}\boldsymbol{x}^T\right\} = E\left\{\boldsymbol{x}_R\boldsymbol{x}_R^T\right\} - E\left\{\boldsymbol{x}_I\boldsymbol{x}_I^T\right\} + j\left[E\left\{\boldsymbol{x}_I\boldsymbol{x}_R^T\right\} + E\left\{\boldsymbol{x}_R\boldsymbol{x}_I^T\right\}\right] = \boldsymbol{0} \tag{A.77}$$

formulieren. Mit der Karhunen-Loève-Transformation kann aus $\boldsymbol{x}$ ein Prozess $\boldsymbol{v} = \boldsymbol{U}^H\boldsymbol{x}$ mit reeller, diagonaler Kovarianzmatrix $\boldsymbol{\Lambda} = E\left\{\boldsymbol{v}\boldsymbol{v}^H\right\} = \mathrm{diag}\{\lambda_1, \ldots, \lambda_n\}$ erzeugt werden. Der Ausdruck $E\left\{\boldsymbol{v}\boldsymbol{v}^T\right\} = \boldsymbol{U}^H E\left\{\boldsymbol{x}\boldsymbol{x}^T\right\}\boldsymbol{U} = \boldsymbol{0}$ zeigt, dass dabei

$$E\left\{\boldsymbol{v}_R\boldsymbol{v}_R^T\right\} = E\left\{\boldsymbol{v}_I\boldsymbol{v}_I^T\right\} \tag{A.78}$$

und

$$E\left\{\boldsymbol{v}_I\boldsymbol{v}_R^T\right\} + E\left\{\boldsymbol{v}_R\boldsymbol{v}_I^T\right\} = \boldsymbol{0} \tag{A.79}$$

gilt. Beachtet man noch, dass die Kovarianzmatrix

$$\boldsymbol{\Lambda} = E\left\{\boldsymbol{v}\boldsymbol{v}^H\right\} = E\left\{\boldsymbol{v}_R\boldsymbol{v}_R^T\right\} + jE\left\{\boldsymbol{v}_I\boldsymbol{v}_R^T\right\} - jE\left\{\boldsymbol{v}_R\boldsymbol{v}_I^T\right\} + E\left\{\boldsymbol{v}_I\boldsymbol{v}_I^T\right\} \tag{A.80}$$

lautet und dass $\boldsymbol{\Lambda}$ reellwertig ist, so folgt

$$E\left\{\boldsymbol{v}_I\boldsymbol{v}_R^T\right\} = E\left\{\boldsymbol{v}_R\boldsymbol{v}_I^T\right\} = \boldsymbol{0} \tag{A.81}$$

und

$$\begin{aligned}\boldsymbol{\Lambda} &= E\left\{\boldsymbol{v}_R\boldsymbol{v}_R^T\right\} + E\left\{\boldsymbol{v}_I\boldsymbol{v}_I^T\right\} \\ &= 2\,E\left\{\boldsymbol{v}_R\boldsymbol{v}_R^T\right\} \\ &= 2\,E\left\{\boldsymbol{v}_I\boldsymbol{v}_I^T\right\}.\end{aligned} \tag{A.82}$$

Wegen $\boldsymbol{\Lambda} = \mathrm{diag}\{\lambda_1, \ldots, \lambda_n\}$ sind die Komponenten von $\boldsymbol{v}_R$ und $\boldsymbol{v}_I$ untereinander unkorreliert, so dass man die Dichte als Produkt der Dichten

$$
\begin{aligned}
p_{v_R}(\boldsymbol{\alpha}) &= \left((2\pi)^{\frac{n}{2}} \det\left(\tfrac{1}{2}\boldsymbol{\Lambda}\right)^{\frac{1}{2}}\right)^{-1} e^{-\boldsymbol{\alpha}^T\boldsymbol{\Lambda}^{-1}\boldsymbol{\alpha}}, \\
p_{v_I}(\boldsymbol{\beta}) &= \left((2\pi)^{\frac{n}{2}} \det\left(\tfrac{1}{2}\boldsymbol{\Lambda}\right)^{\frac{1}{2}}\right)^{-1} e^{-\boldsymbol{\beta}^T\boldsymbol{\Lambda}^{-1}\boldsymbol{\beta}}
\end{aligned} \tag{A.83}
$$

schreiben kann. Unter Beachtung der Beziehung

$$
\begin{aligned}
[\boldsymbol{\alpha} + j\boldsymbol{\beta}]^H \boldsymbol{\Lambda}^{-1} [\boldsymbol{\alpha} + j\boldsymbol{\beta}] &= [\boldsymbol{\alpha} - j\boldsymbol{\beta}]^T \boldsymbol{\Lambda}^{-1} [\boldsymbol{\alpha} + j\boldsymbol{\beta}] \\
&= \boldsymbol{\alpha}^T\boldsymbol{\Lambda}^{-1}\boldsymbol{\alpha} + \boldsymbol{\beta}^T\boldsymbol{\Lambda}^{-1}\boldsymbol{\beta},
\end{aligned} \tag{A.84}
$$

die wegen $\boldsymbol{\Lambda} = \text{diag}\{\lambda_1, \ldots, \lambda_n\}$ für beliebige reellwertige Vektoren $\boldsymbol{\alpha}$ und $\boldsymbol{\beta}$ gilt, kann die gesuchte Dichte als

$$
p_{\boldsymbol{v}}(\boldsymbol{\gamma}) = (\pi^n \det(\boldsymbol{\Lambda}))^{-1} e^{-\boldsymbol{\gamma}^H\boldsymbol{\Lambda}^{-1}\boldsymbol{\gamma}} \tag{A.85}
$$

angegeben werden. Unter Beachtung von $\boldsymbol{\Lambda} = \boldsymbol{U}^H \boldsymbol{R}_{xx} \boldsymbol{U}$ und $\det(\boldsymbol{\Lambda}) = \det(\boldsymbol{R}_{xx})$ erhält man schließlich die Formulierung (A.74).

Literaturverzeichnis

[1] G. H. Golub und C. F. Van Loan: *Matrix Computations*. John Hopkins University Press, Baltimore, 2nd ed. 1989.

[2] T. Grettenberg: *Representation theorem for complex normal processes*. IEEE Trans. on Information Theory, 11(2):305 – 306, April 1965.

[3] R. A. Horn und C. R. Johnson: *Matrix Analysis*. Cambridge University Press, 1990.

[4] G. Strang: *Introduction to Linear Algebra*. Wellesley-Cambridge Press, Wellesley, MA, USA, 4. Auflage, 2009.

A.3 Verzeichnis der wichtigsten Formelzeichen

$\mathbb{N}$	Menge der natürlichen Zahlen: $1, 2, 3, \ldots$
$\mathbb{N}_0$	Menge der natürlichen Zahlen inklusive der Null: $0, 1, 2, \ldots$
$\mathbb{Z}$	Menge der ganzen Zahlen: $\ldots, -1, 0, 1, \ldots$
$\mathbb{R}$	Menge der reellen Zahlen $(-\infty, \infty)$
$\mathbb{R}^+$	Menge der positiven reellen Zahlen $(0, \infty)$
$\mathbb{C}$	Menge der komplexen Zahlen $x = a + jb = re^{j\varphi}$ mit $a, b, r, \varphi \in \mathbb{R}$
$\Re\{\cdot\}$	Realteil einer komplexen Größe
$\Im\{\cdot\}$	Imaginärteil einer komplexen Größe
e	Eulersche Zahl
$\lvert\cdot\rvert$	Betrag eines Skalars
$\arg\{z\}$	Argument einer komplexen Zahl $z = re^{j\varphi}$ mit $r \in \mathbb{R}^+$, $\varphi \in [0, 2\pi)$ oder $\varphi \in (-\pi, \pi]$: $\varphi = \arg\{z\}$
z^*	Konjugation einer komplexen Zahl: $z^* = a - jb$, wenn $z = a + jb,\ a, b \in \mathbb{R}$
$\langle \cdot\,, \cdot \rangle$	Skalarprodukt zweier Vektoren
$\lVert\cdot\rVert_p$	ℓ_p- bzw. L_p-Norm eines Vektors (ohne Angabe des Index: ℓ_2 bzw. L_2)
$\ell_p(\mathbb{Z})$	Raum der Folgen mit beschränkter ℓ_p-Norm (für ein $p \in \mathbb{R}$ mit $p \geq 1$)
$L_p(\mathbb{R})$	Raum der Funktionen mit endlicher L_p-Norm (für ein $p \in \mathbb{R}$ mit $p \geq 1$)
δ_{ij}	Kronecker-Symbol: $\delta_{ij} = \begin{cases} 1 & \text{für } i = j \\ 0 & \text{sonst} \end{cases}$
$\delta(n)$	Impulsfolge: $\delta(n) = \delta_{n,0}$
$\delta_0(t)$	Dirac-Impuls, Delta-Impuls, Einheitsimpuls: $\int x(t)\delta_0(t)dt = x(0)$
$\boldsymbol{a}, \boldsymbol{x}, \boldsymbol{A}$	Vektoren und Matrizen. Fettschrift wird auch verwendet, wenn eine Funktion $x(t)$ als Vektor aufgefasst wird und die Norm angegeben werden soll. Schreibweise: $\lVert\boldsymbol{x}\rVert$ für die Norm von $x(t)$
$[\boldsymbol{A}]_{mn}$	Element in der m-ten Zeile und n-ten Spalte der Matrix $\boldsymbol{A}$
$\boldsymbol{I}, \boldsymbol{I}_M$	Einheitsmatrix ohne/mit Angabe der Größe (hier $M \times M$)
$\boldsymbol{A}^T$	Transponierte einer Matrix; $\boldsymbol{A}^T$ entsteht durch Vertauschung der Zeilen und Spalten von $\boldsymbol{A}$
$\boldsymbol{A}^H$	Hermitesche einer Matrix; $\boldsymbol{A}^H$ entsteht durch Transposition der Matrix $\boldsymbol{A}$ bei gleichzeitiger Konjugation der Elemente
$\boldsymbol{A}^*$	Konjugierte einer Matrix; $\boldsymbol{A}^*$ entsteht durch Konjugation der Elemente von $\boldsymbol{A}$
$\boldsymbol{A}^+$	Moore-Penrose-Pseudoinverse der Matrix $\boldsymbol{A}$
$\det(\cdot)$	Determinante einer Matrix
$\mathrm{diag}\{\cdot\}$	Operator zur Erzeugung einer Diagonalmatrix aus Elementen eines Vektors
$\mathrm{spur}\{\boldsymbol{A}\}$	Spur einer Matrix $\boldsymbol{A}$, d. h. die Summe der Diagonalelemente von $\boldsymbol{A}$.
$[\boldsymbol{A}]_{\ell k}$	Element der Matrix $\boldsymbol{A}$ in der ℓ-ten Zeile und k-ten Spalte.
$\tilde{X}(z)$	Parakonjugierte einer Funktion $X(z)$. Ist $X(z)$ ein Polynom, so entsteht $\tilde{X}(z)$ durch Konjugation der Koeffizienten bei gleichzeitiger Inversion von z. Aus $X(z) = a_0 + a_1 z^{-1}$ mit $a_0, a_1, z \in \mathbb{C}$ wird $\tilde{X}(z) = a_0^* + a_1^* z$
$E\{\cdot\}$	Erwartungswertoperator

A.4 Korrespondenztabellen

Korrespondenzen der kontinuierlichen Fourier-Transformation

$x(t), \quad t \in \mathbb{R}$	$X(\omega), \quad \omega \in \mathbb{R}$
$\delta_0(t)$	1
1	$2\pi\, \delta_0(\omega)$
$\mathrm{sgn}(t)$	$\frac{2}{j\omega}$
$\varepsilon(t)$	$\pi\, \delta_0(\omega) + \frac{1}{j\omega}$
$\mathrm{rect}(t/T)$	$\lvert T\rvert\, \mathrm{si}(\omega T/2)$
$\mathrm{tri}(t/T)$	$\lvert T\rvert\, \mathrm{si}^2(\omega T/2)$
$\mathrm{si}(\omega_0 t)$	$\frac{\pi}{\lvert\omega_0\rvert}\, \mathrm{rect}\left(\frac{\omega}{2\omega_0}\right)$
$\mathrm{si}^2(\omega_0 t)$	$\frac{\pi}{\lvert\omega_0\rvert}\, \mathrm{tri}\left(\frac{\omega}{2\omega_0}\right)$
$\cos(\omega_0 t)$	$\pi\, [\delta_0(\omega - \omega_0) + \delta_0(\omega + \omega_0)]$
$\sin(\omega_0 t)$	$-j\, \pi\, [\delta_0(\omega - \omega_0) - \delta_0(\omega + \omega_0)]$
$e^{-a\lvert t\rvert}$, $a > 0$	$\frac{2a}{\omega^2 + a^2}$
$\varepsilon(t) \cdot e^{-at}$, $a > 0$	$\frac{1}{j\omega + a}$
$\varepsilon(t) \cdot e^{-at}\, \frac{t^{n-1}}{(n-1)!}$, $a > 0$	$\frac{1}{(j\omega + a)^n}$
$\sum_{n=-\infty}^{\infty} \delta_0(t - nT)$	$\omega_0 \sum_{k=-\infty}^{\infty} \delta_0(\omega - k\omega_0)$ mit $\omega_0 = 2\pi/T$
$e^{j\omega_0 t}$	$2\pi\, \delta_0(\omega - \omega_0)$
$\frac{d^n}{dt^n}\, \delta_0(t)$	$(j\omega)^n$
$\lvert t\rvert$	$\frac{-2}{\omega^2}$
t^n	$2\pi\, j^n\, \frac{d^n}{d\omega^n}\, \delta_0(\omega)$
$e^{-a^2 t^2}$	$\frac{\sqrt{\pi}}{a} e^{-\frac{\omega^2}{4a^2}}$

Korrespondenzen der Laplace-Transformation für einige kausale Signale

$x(t), \quad t \in \mathbb{R}$	$X_L(s)$	Konvergenzgebiet
$\delta_0(t)$	1	alle s
$\delta_0(t-\tau), \quad \tau > 0$	$e^{-s\tau}$	alle s
$\varepsilon(t)$	$\frac{1}{s}$	$\Re\{s\} > 0$
$t\varepsilon(t)$	$\frac{1}{s^2}$	$\Re\{s\} > 0$
$\frac{t^{n-1}}{(n-1)!}\varepsilon(t)$	$\frac{1}{s^n}$	$\Re\{s\} > 0$
$e^{-at}\varepsilon(t)$	$\frac{1}{s+a}$	$\Re\{s\} > -a$
$te^{-at}\varepsilon(t)$	$\frac{1}{(s+a)^2}$	$\Re\{s\} > -a$
$\cos(\omega_0 t)\varepsilon(t)$	$\frac{s}{s^2+\omega_0^2}$	$\Re\{s\} > 0$
$\sin(\omega_0 t)\varepsilon(t)$	$\frac{\omega_0}{s^2+\omega_0^2}$	$\Re\{s\} > 0$
$e^{-at}\cos(\omega_0 t)\varepsilon(t)$	$\frac{s+a}{(s+a)^2+\omega_0^2}$	$\Re\{s\} > -a$
$e^{-at}\sin(\omega_0 t)\varepsilon(t)$	$\frac{\omega_0}{(s+a)^2+\omega_0^2}$	$\Re\{s\} > -a$

Korrespondenzen der Laplace-Transformation für einige antikausale Signale

$x(t), \quad t \in \mathbb{R}$	$X_L(s)$	Konvergenzgebiet
$\delta_0(t-\tau), \quad \tau < 0$	$e^{-s\tau}$	alle s
$-\varepsilon(-t)$	$\frac{1}{s}$	$\Re\{s\} < 0$
$-t\varepsilon(-t)$	$\frac{1}{s^2}$	$\Re\{s\} < 0$
$-\frac{t^{n-1}}{(n-1)!}\varepsilon(-t)$	$\frac{1}{s^n}$	$\Re\{s\} < 0$
$-e^{-at}\varepsilon(-t)$	$\frac{1}{s+a}$	$\Re\{s\} < -a$
$-te^{-at}\varepsilon(-t)$	$\frac{1}{(s+a)^2}$	$\Re\{s\} < -a$

Korrespondenzen der zeitdiskreten Fourier-Transformation

$x(n), \quad n \in \mathbb{Z}$	$X(e^{j\omega}), \quad \omega \in \mathbb{R}$
$\delta(n)$	1
$\delta(n - n_0)$	$e^{-j\omega n_0}$
1	$2\pi \sum_{k=-\infty}^{\infty} \delta_0(\omega + 2\pi k)$
$e^{j\omega_0 n}$	$2\pi \sum_{k=-\infty}^{\infty} \delta_0(\omega - \omega_0 + 2\pi k)$
$\cos(\omega_0 n + \varphi)$	$\sum_{k=-\infty}^{\infty} \pi\big(e^{j\varphi}\delta_0(\omega - \omega_0 + 2\pi k) + e^{-j\varphi}\delta_0(\omega + \omega_0 + 2\pi k)\big)$
$\begin{cases} 1 & (0 \le n \le M-1) \\ 0 & \text{sonst} \end{cases}$	$e^{-j\omega(M-1)/2} \dfrac{\sin(\omega M/2)}{\sin(\omega/2)}$
$u(n)$	$\dfrac{1}{1 - e^{-j\omega}} + \pi \sum_{k=-\infty}^{\infty} \delta_0(\omega + 2\pi k)$
$\dfrac{\sin(\omega_g n)}{\pi n}$	$\begin{cases} 1 & \text{für } \lvert\omega\rvert \le \omega_g \\ 0 & \text{für } \omega_g < \lvert\omega\rvert \le \pi \end{cases}$

Korrespondenzen der Z-Transformation

$x(n), \quad n \in \mathbb{Z}$	$X(z)$	Konvergenzgebiet
$\delta(n)$	1	$z \in \mathbb{C}$
$\delta(n - n_0)$	z^{-n_0}	$\begin{cases} z \in \mathbb{C} \setminus 0 & (0 < n_0 < \infty) \\ z \in \mathbb{C} \setminus \infty & (-\infty < n_0 < 0) \end{cases}$
$u(n)$	$\dfrac{1}{1 - z^{-1}}$	$\lvert z\rvert > 1$
$a^n\, u(n)$	$\dfrac{1}{1 - az^{-1}}$	$\lvert z\rvert > \lvert a\rvert$
$-a^n\, u(-n-1)$	$\dfrac{1}{1 - az^{-1}}$	$\lvert z\rvert < \lvert a\rvert$
$\binom{n+k-1}{k-1} a^n\, u(n)$	$\dfrac{1}{(1 - az^{-1})^k}$	$\lvert z\rvert > \lvert a\rvert$
$\cos(\omega_0 n)\, u(n)$	$\dfrac{1 - z^{-1}\cos\omega_0}{1 - 2z^{-1}\cos\omega_0 + z^{-2}}$	$\lvert z\rvert > \lvert 1\rvert$
$\sin(\omega_0 n)\, u(n)$	$\dfrac{z^{-1}\sin\omega_0}{1 - 2z^{-1}\cos\omega_0 + z^{-2}}$	$\lvert z\rvert > \lvert 1\rvert$

Sachverzeichnis

A. Mertins, *Signaltheorie*, https://doi.org/10.1007/978-3-658-41529-7

Printed in the United States
by Baker & Taylor Publisher Services